国家哲学社会科学成果文库

NATIONAL ACHIEVEMENTS LIBRARY
OF PHILOSOPHY AND SOCIAL SCIENCES

生产者责任延伸理论及其在中国的实践研究

李勇建　著

科学出版社

内 容 简 介

党的十八大以来，我国高度重视生态文明建设。制造型企业作为经济社会的发展主体，其生产者责任延伸是新运营时代的可持续发展议题，本书从理论基础、宏观政策、企业实践和决策建议四个角度，探索生产者责任延伸理论及其在中国的实践问题。其特色是将理论探索与实践经验总结相结合，拓展生产者责任延伸制、循环经济、企业社会责任、产品全生命周期管理、可持续供应链治理的相关问题研究，构建了具有中国特色和现实解释力的生产者责任延伸理论分析框架，强化了学科交叉创新研究的效果，为政府完善相关法律体系和企业实践可持续运营管理提供政策参考和决策建议。

本书适合与生产者责任延伸相关的政府管理者、企业从业者和高校师生阅读。

图书在版编目（CIP）数据

生产者责任延伸理论及其在中国的实践研究 / 李勇建著 . —北京：科学出版社，2023.5
（国家哲学社会科学成果文库）
ISBN 978-7-03-074970-3

Ⅰ . ①生… Ⅱ . ①李… Ⅲ . ①企业环境管理—责任制—研究—中国
Ⅳ . ① X322.2

中国国家版本馆 CIP 数据核字（2023）第 035910 号

责任编辑：徐 倩 陈会迎 / 责任校对：贾娜娜
责任印制：霍 兵 / 封面设计：有道设计

科学出版社 出版
北京东黄城根北街 16 号
邮政编码：100717
http://www.sciencep.com

北京中科印刷有限公司 印刷
科学出版社发行 各地新华书店经销

*

2023 年 5 月第 一 版 开本：720×1000 1/16
2023 年 5 月第一次印刷 印张：54 1/4 插页：2
字数：760 000
定价：298.00 元
（如有印装质量问题，我社负责调换）

《国家哲学社会科学成果文库》
出版说明

为充分发挥哲学社会科学优秀成果和优秀人才的示范引领作用，促进我国哲学社会科学繁荣发展，自 2010 年始设立《国家哲学社会科学成果文库》。入选成果经同行专家严格评审，反映新时代中国特色社会主义理论和实践创新，代表当前相关学科领域前沿水平。按照"统一标识、统一风格、统一版式、统一标准"的总体要求组织出版。

全国哲学社会科学工作办公室

2023 年 3 月

前　言

　　生产者责任延伸不仅关系到企业的社会责任、国家的生态文明建设，更关系到人类社会的可持续发展。党的十八大以来，我国高度重视生态文明建设，持续践行着建设美丽中国，维护全球生态安全的大国使命。环境保护和经济发展之间存在着对立与统一的辩证关系，企业作为经济社会的发展主体，特别是在制造产品阶段对环境影响大和对资源需求大的生产企业，其社会责任的延伸是协调这一关系的有效措施。在此背景下，本书分理论篇、制度篇、实践篇和建议篇四个篇章，探究了生产者责任延伸理论及其在中国的实践问题。

　　理论篇基于政府规制理论、循环经济理论、供应链治理理论、产品全生命周期理论和企业社会责任理论，重点研究了生产者责任延伸制（extended producer responsibility，EPR）的内涵界定和概念模型、政府规制理论中 EPR 规制体系、循环经济理论中 EPR 实施路径、供应链治理理论中 EPR 实施机制、产品全生命周期理论中 EPR 实施边界和企业社会责任理论中 EPR 实施要素等基本理论问题。在此基础上深入研究了以下具体问题——生产者责任延伸制下政企关系治理及供应链决策问题、生产者责任延伸制下供应商行为治理及实证问题、生产者责任延伸制下核心企业关系治理和生态设计的决策问题、生产者责任延伸制下产品再制造运营决策问题和生产者责任延伸制下非正规回收渠道管理问题，为后续 EPR 相关研究提供理论基础。

制度篇从制度体系建设角度对国外 EPR 实施情况进行比较分析。通过梳理国外 EPR 立法资料，归纳出代表国家的 EPR 实施模式。在国外 EPR 立法体系研究中，本书对不同国家废物法规中的回收处理责任模式进行梳理，分析其制度框架和具体政策。在 EPR 社会实践方面，从物质责任、经济责任上对 EPR 实施的具体手段和费用分摊方式进行对比研究。通过分析发达国家及地区 EPR 实施模式的差异性，为我国实施 EPR 提供可借鉴的模式和机制。在国外 EPR 实施模式研究基础上，重点研究我国 EPR 的政府体系规划现状，深入分析中国 EPR 规范效力，探究基于 EPR 原则的立法演进趋势。

实践篇依据企业社会责任报告公开数据、社会公共责任平台数据，以及各类自然资源保护协会等世界环保机构公布信息，通过搜集汽车产业、回收产业和电子行业 EPR 相关实践数据，从泛化逐步深入，形成泛化案例研究和深度案例研究两部分，经由"案例筛选—案例描述—案例分析"流程构建了一套完整的国内外企业 EPR 案例库。在案例库构建基础上，深入研究了基于供应链治理的电子行业 EPR 驱动因素、基于 EPR 成熟度的汽车产业运营实践治理和 EPR 下考虑生态设计的可持续供应链价值创造等问题，归纳优秀企业的成功经验，最终为中国政府及企业更好地落实 EPR 提供决策依据和政策建议。

建议篇基于前面的理论基础研究、宏观政策研究和企业实践研究，从中国 EPR 政策落实机制总体设计出发，分别给出我国构建 EPR 政策落实机制、加强 EPR 规制体系建设的战略思考和政策建议。同时，本书衔接政府 EPR 规制体系，从企业实践出发，针对中国的 EPR 相关政策，如绿色采购政策，分析当前政府和企业在绿色采购中遇到的问题，给出完善 EPR 下绿色采购政策、推动我国企业 EPR 实践的政策指导和对策建议。

本书的主要创新和价值体现在新的 EPR 相关理论观点和具体政策建议两个方面。

在理论研究方面，首先，本书提出了 20 个 EPR 理论研究的重要观点，融合了政府规制、循环经济、供应链治理、产品全生命周期和企业社会责任等经典理论及国际前沿理论视角，首次提出了具有中国特色和现实解释力的生产者责任延伸理论及其在中国的实践研究问题。其次，研究成果以 EPR 相关规范性文件为样本，以典型企业案例为对象，首次构建了覆盖全国范围的"中国政府 EPR 规范性文件数据库"和"中国企业 EPR 政策落实典型案例数据库"，搭建了 EPR 理论和实践交流的大数据平台，为今后我国 EPR 持续研究提供重要数据支撑。最后，研究成果创新性地融合了法学、环境科学和管理学三大学科的理论和方法，凸显了学科交叉创新研究的效果，对 EPR 实施过程中内在机理问题的研究具有重要的学术创新价值。

在政策建议方面，本书提出了 18 项 EPR 实践创新对策建议，分为运营决策、规制体系、公共治理、消费理念、学科建设和人才培养六种类型。本书站在人口、资源和环境可持续发展的战略高度，在分析 EPR 实施驱动和阻碍因素的基础上，探讨 EPR 实施模式选择，为企业在 EPR 下的战略和战术决策提供具体思路和依据，为我国持续完善 EPR 相关制度体系提供政策建议，承接《生产者责任延伸制度推行方案》中提出的"到 2025 年，生产者责任延伸制度相关法律法规基本完善"的国家生态环境治理效果提升目标。

本书在南开大学李勇建教授主持完成的国家社会科学基金重大项目"生产者责任延伸理论及其在中国的实践研究"（13&ZD147）的研究报告的基础上补充和修改完成。

对本书存在的不足之处，敬请大家批评指正。

李勇建

2022 年 12 月 12 日于南开大学

目　录

制度篇　生产者责任延伸的宏观政策研究

实践篇　生产者责任延伸的企业应用研究与案例分析

建议篇　生产者责任延伸的决策建议研究

CONTENTS

THE INSTITUTION PART RESEARCH ON THE MACRO POLICY OF EXTENDED PRODUCER RESPONSIBILITY

CHAPTER 9 POLICY OF INTERNATIONAL EXTENDED PRODUCER RESPONSIBILITY

CHAPTER 10 POLICY OF EXTENDED PRODUCER RESPONSIBILITY IN CHINA

THE PRACTICE PART ENTERPRISE APPLICATION RESEARCH AND CASE ANALYSIS OF EXTENDED PRODUCER RESPONSIBILITY

THE RECOMMENDATION PART　RESEARCH ON THE RECOMMENDATION FOR EXTENDED PRODUCER RESPONSIBILITY POLICY

理论篇　生产者责任延伸的理论基础研究

第一章
生产者责任延伸制的发展现状及需求

随着环境问题的日益突出以及资源稀缺压力的逐渐增大，生产者责任延伸制的重要性逐步凸显。作为世界性理论和实践的前沿课题，我国的特殊国情以及制度体系、回收体系的现有水平给实施生产者责任延伸制带来了更多复杂的实际问题和挑战。本章以"生产者责任延伸制的背景"为主题，首先分析了全球生产者责任延伸制发展现状，随后综述了我国生产者责任延伸制的发展需求。

第一节　全球生产者责任延伸制发展现状

随着环境问题的日益突出以及资源稀缺压力的逐渐增大，世界各国都将废物处理问题列为影响国家可持续发展的重大问题，并为解决这一问题出台了诸多政策法令，建立了相关管理制度。生产者责任延伸制（EPR）正是针对日益严重的废物问题而产生的一项废物管理制度和原则。EPR 的概念自 1988 年由瑞典隆德大学环境经济学家托马斯·林赫斯特（Thomas Lindhqvist）首次提出以来，迅速成为管理学、环境学、社会学、法学等多个学科领域共同关注的全球性热点问题。在实践领域，EPR 作为污染日益严重、资源日益匮乏的背景下产生的一项社会协调发展概念，被越来越多的国家和地区作为环保政策制定的基本原则加以应用推广。

德国是世界上循环经济立法最早的国家，也是率先在循环经济法中设立 EPR 相关制度的国家。1991 年，德国《包装废物条例》第一次将生产者责任延伸制明确在法律中。1994 年，德国在颁布的《循环经济和废物处置法》中正式规定了生产者的责任的主要内容。之后针对各个行业，一系列法律法规也逐步制定出来，如《包装法令》《废弃电池条例》《废物处置条例》《电器电子法》等。而后众多发达国家和地区纷纷通过立法确立了基于生产者责任延伸制的废物回收管理制度体系，如欧盟（European Union，EU）、日本、韩国、美国等国家和地区。

欧盟将 EPR 作为废物治理的重要政策工具，目前在欧盟层次主要应用在以下四大产品类型：包装材料、电池、报废汽车、电器电子。在包装材料方面，欧盟在 20 世纪 80 年代初就引入了废弃包装材料的管理规定（85/339/EEC），在 1994 年出台了《包装与包装废弃物指令》（94/62/EC）。在电池方面，欧盟1991 年出台了电池指令（91/157/EEC），2006 年发布了修订版（2006/66/EC），提出电池必须易于从产品上分离。在报废汽车方面，欧盟 2000 年提出《报废车辆指令》（2000/53/EC，简称 ELV）。在电器电子方面，1998 年欧盟提出关于废弃电器电子产品处理的指令初稿，指令终稿在 2000 年通过，内容分为两部分：关于废弃电器电子设备的指令［Waste Electrical and Electronic Equipment（WEEE）Directive，简称 WEEE 指令］和关于在电器电子设备中限制使用某些有害物质的指令（The Restriction of the Use of Certain Hazardous Substances in Electrical and Electronic Equipment，简称 RoHS 指令）。

日本由于资源和国土相对紧缺，一直积极推动循环经济的发展模式。2000年出台了《循环型社会形成推进基本法》，针对特定家用电器、汽车、容器和包装等具体产品回收的专门法，包括 1995 年《容器包装再生利用法》、1998年《家电再生利用法》、2002 年《汽车回收再利用法》，以及一系列相关法律，如 2000 年《资源有效利用促进法》和 2001 年《建筑废物再生利用法》。

韩国在 20 世纪 90 年代就根据《促进资源节约和循环利用法》对电视机、洗衣机、空调、冰箱和包装建立过基于生产者责任的押金返还制，到 2003 年开始建立基于 EPR 的产品循环系统。到 2013 年，全国形成七大循环利用中心，2008 年出台了《电器电子产品和汽车资源循环法案》，从侧重废弃后的回收利用率转向突出产品设计阶段的污染预防。

美国没有联邦层次的 EPR 立法，但各州针对不同的产品出台了基于 EPR 原则的管理法令。美国 2006 年只有 14 个州出台了基于 EPR 的产品回收法案，到 2013 年增加到 30 个。美国对废物的管理秉持地方化的原则，此外，美国环境保护署与非政府组织（non-governmental organization，NGO）合作，推出了产品全生命周期管理的企业自愿行动倡议。

国外相继引入的 EPR 在对本国经济产生影响的同时，也对我国产品出口和可持续发展造成了很大阻碍，主要表现在以下两个方面。

一是绿色壁垒。进口国的 EPR（如欧盟的 WEEE 指令）对我国相关产品的出口构成了绿色贸易壁垒。进口国家基于 EPR 的政策法令要求我国出口企业必须履行延伸责任，对废旧产品进行回收、处理、处置，不仅增加了我国生产商的出口成本，也削弱了我国劳动力低成本优势产业的国际竞争力。

二是环境压力。由于 EPR 法令的出台，相关国家的企业把产品废物转运到发展中国家和地区，这样不仅可以履行 EPR 中的末端产品（end-of-life product）处置指令，而且可以缓解本国产品废物带来的污染，为企业创造额外利润。2000 年至今，每年世界范围内产出的产品废物，尤其是电子垃圾，大部分都通过这种方式流转到我国，数据表明发达国家的电子垃圾，有 80% 出口至亚洲，其中又有 90% 进入中国。也就是说，全世界大约有 70% 的电子垃圾流入中国，更加剧了我国的环境压力。这些压力和阻碍促使 EPR 成为我国环境管理制度发展的战略趋势和必然选择。

第二节　中国生产者责任延伸制发展需求

我国既是世界上大型的"制造工厂",又拥有着世界上最为庞大的消费群体,所面临的废弃产品的挑战更为严峻。在废旧电子产品领域,根据商务部数据,2014~2018 年中国废弃电器电子产品回收量逐年增长,增幅逐年下降。2018 年,电视机、冰箱、洗衣机、空调、计算机的回收量约为 16 550 万台,约合 380 万吨;2018 年,废电视机和废计算机的回收价格相较于 2017 年有所回落但幅度不大,废洗衣机、废冰箱、废空调的回收价格相较于 2017 年有所上升。中国家用电器研究院发布的 2021 年中国废弃电器电子产品回收处理及综合利用行业白皮书数据显示,我国废弃电器电子产品处理数量整体呈上升趋势,从 2015 年开始,每年废弃电器电子产品的处理量在 8000 万台左右,2021 年我国废弃电器电子产品处理量约 8700 万台。废弃电器电子产品已经成为严重的社会问题和环境威胁。

在汽车回收领域,根据商务部数据,我国报废汽车回收率一直处于较低水平,远低于全球平均水平(4%~6%),与发达国家的报废汽车回收率相比差距较大。2019 年我国汽车保有量为 2.6 亿辆,报废汽车回收数量为 195 万辆,我国报废汽车回收率仅为 0.75%。绝大多数报废汽车流入黑市回收,经过非法改造后直接在三四线城市销售,或是地下拆解后五大总成等零部件直接翻新销售,造成了严重的环境污染和交通安全隐患。目前我国汽车保有量及报废量规模较大,但通过正规渠道回收的汽车数量较少。商务部市场体系建设司公布的数据显示,2019 年我国机动车回收数量为 230 万辆,同比增长 15.3%,其中汽车 195 万辆,同比增长 16.8%。废旧汽车带来的各类环境问题日益突出。

在其他消耗资源领域,我国每年约有 300 万吨废钢铁、200 万吨废纸、200 万吨废塑料、100 万吨碎玻璃不能有效地回收利用,浪费的资源价值达

300 多亿元。我国废旧资源回收的形势也非常严峻，废物产生的数量增加以及废物造成的资源浪费、环境污染等问题已严重影响我国经济和社会可持续发展，在我国，EPR 的实施已经刻不容缓。针对这一现实背景，我国政府陆续修订和出台了一些法律法规，并在我国政策法令中注入 EPR 的思想。

"十五"期间（2001~2005 年）：2003 年 1 月 1 日起施行的《中华人民共和国清洁生产促进法》第 27 条规定"生产、销售被列入强制回收目录的产品和包装物的企业，必须在产品报废和包装物使用后对该产品和包装物进行回收。强制回收的产品和包装物的目录和具体回收办法，由国务院经济贸易行政主管部门制定"；2003 年 10 月，国家环保总局等五部委联合发布的《废电池污染防治技术政策》明确规定将废旧电池的收集归于制造商和进口商，并规定了具体的实施措施；2005 年 1 月 1 日起实施的《电子信息产品污染防治管理办法》规定了生产者应该承担其产品废弃后的回收、处理、再利用的相关责任；2005 年 4 月 1 日起施行的《中华人民共和国固体废物污染环境防治法》第 18 条规定"生产、销售、进口依法被列入强制回收目录的产品和包装物的企业，必须按照国家有关规定对该产品和包装物进行回收"。

"十一五"期间（2006~2010 年）：2006 年 2 月 6 日由国家发展和改革委员会、科技部、国家环保总局联合发布的《汽车产品回收利用技术政策》提出对报废汽车回收实行行业管理；2007 年 3 月 1 日施行的由信息产业部牵头发布的《电子信息产品污染控制管理办法》，其中分别规定了电子产品的设计者、生产者、销售者、进口者、政府主管部门相关的法律责任；2008 年《中华人民共和国循环经济促进法》将 EPR 相关原则正式引入我国环境立法框架；2009 年国务院发布的《废弃电器电子产品回收处理管理条例》是针对特定产品废弃后的回收处理提出 EPR 相关原则和要求的法规。

"十二五"期间（2011~2015 年）：2011 年 1 月 1 日施行的《废弃电器电子产品回收处理管理条例》中要求对废弃电器电子产品实行多渠道回收和集

中处理制度，对未按照条例规定进行废弃产品处理的企业处 5 万元以下罚款。2015 年中共中央、国务院印发的《生态文明体制改革总体方案》，阐明了我国生态文明体制改革的指导思想、理念、原则、目标、实施保障等重要内容，方案第五项"完善资源总量管理和全面节约制度"中明确提到在完善资源循环利用制度过程中重点实行 EPR，要求推动生产者落实废弃产品回收处理等责任。这都为 EPR 在中国的实践奠定法律和制度根基。

"十三五"期间（2016～2020 年）：2017 年 1 月 3 日，国务院办公厅印发《生产者责任延伸制度推行方案》，明确了 EPR 的内涵和推行 EPR 的四类重点产品。其中，EPR 的责任范围包括开展生态设计、使用再生原料、规范回收利用及加强信息公开四个方面；同时率先确定对电器电子、汽车、铅酸蓄电池和包装物等四类产品实施 EPR。2019 年《中华人民共和国固体废物污染环境防治法》修订案中，强化了固废产生者主体的责任，并将"生产者责任延伸"写入法律文本中。2020 年 9 月 1 日起，新修订的《中华人民共和国固体废物污染环境防治法》正式实施，明确指出限制过度包装和一次性塑料制品的使用，并进一步明确生产者的延伸责任。

"十四五"期间（2021～2025 年）：2022 年 1 月 13 日，工业和信息化部、科技部和生态环境部共同印发了《环保装备制造业高质量发展行动计划（2022—2025 年）》，为环保装备制造企业制定了适应时代发展的新目标，全面推进环保装备制造业持续稳定健康发展。2022 年 5 月 4 日，国务院办公厅印发了《新污染物治理行动方案》，强调要督促企业落实主体责任，严格落实国家和地方新污染物治理要求。2022 年 9 月 19 日，科技部、生态环境部、住房和城乡建设部、气象局、林草局印发了《"十四五"生态环境领域科技创新专项规划》，再次强调了新污染物治理的问题，突出了我国对治理污染关键技术的迫切需求。我国对 EPR 的探索紧跟时代发展，逐渐走向成熟。

可见，我国目前的政策法令中已经逐渐引入并落实 EPR 相关工作，但我国的 EPR 相关制度起步较晚，在制度体系构建、实施方式、可操作性以及相关配套措施等方面都有待提高。针对这一现实，不仅要求对 EPR 相关理论进行丰富和创新研究，更需要结合中国实际进行实务性探索，以回答我国政府和企业应当如何实施生产者责任延伸制这一现实问题，既能满足现阶段经济发展要求，又能考虑到环境容量要求、资源稀缺性，以及企业、市场的实际能力，即通过探究 EPR 理论及其在中国的实践问题，推动我国经济、环境和社会的可持续发展。

第二章
生产者责任延伸制的文献基础

随着目前人们对环境可持续性问题的关注，生产者的延伸责任也日益成为很多学者关注的焦点，本章通过对 *Management Science*、*Production and Operations Management*、*International Journal of Production Research*、*European Journal of Operational Research*、*Ecological Economics*、*Journal of Cleaner Production*、*Environmental and Resource Economics*、*Waste Management & Research*、*Environmental Management*、《管理世界》、《中国人口·资源与环境》、《中国软科学》、《南开管理评论》、《中国管理科学》、《系统工程理论与实践》和《生态经济》等国内外期刊中相关文献的梳理，从 EPR 理论体系研究和实践应用研究两个维度综述了 EPR 学术发展和重要研究成果。

第一节　生产者责任延伸制的理论体系研究

针对 EPR 理论体系的研究，主要包括：①EPR 的内涵，主要涉及 EPR 的概念界定、理论基础、研究方法和研究视角等内容；②EPR 的立法，主要针对发达国家和发展中国家有关废物管理的相关立法和实施问题的研究；③EPR 的机制，主要包括 EPR 运行的障碍、驱动因素、利益主体的分析，以及激励机制、驱动机制和协调机制等方面的研究；④EPR 的绩效，主要涉及 EPR 实施框架和机制所带来的经济和环境效益分析，以及对多种实施方式的绩效进行评价，并通过定量模型进行验证等内容。

一、生产者责任延伸制的内涵研究

EPR 的核心思想是"生产者应当承担延伸责任"，但目前的文献表明，对 EPR 的内容、范围和承担主体的界定存在较大差异，如何科学地界定 EPR 的内涵，确定其研究方法和理论基础，以及构建有效的理论体系，是学者们一直研究的重点，同时也是政府立法部门和企业所关注的焦点。

在 Lindhqvist（2000）、经济合作与发展组织（Organisation for Economic Co-operation and Development，OECD）、欧盟和美国等的权威人士和机构研究的基础上，国外学者逐渐脱离基本理论概念的研究，转向更具实用性的理论探索以及各类研究方法的应用。例如，Lifset 和 Lindhqvist（2008）的研究表明生产者责任正处于一个转折期，EPR 的核心是将环境问题纳入产品的设计，并提供可持续的激励政策，同时指出生产者主要负责生命末期产品的管理，即产品的再利用、再循环、能量回收、处理和最终处置过程。Kiddee 等（2013）通过对电子废物的管理方法的概述，指出电子废物是全球增长最快的污染问题之一，针对此问题实施的管理策略影响着环境和人类健康，目前发达国家已经有效地开发并应用了若干电子废物管理工具，其中包括生命周期评价（life cycle assessment，LCA）、物质流分析（material flow analysis，MFA）、多标准分析（multi-criteria analysis，MCA）和 EPR，并指出各种研究方法相互配合的重要性。Chan（2008）通过灰色关联分析（grey relational analysis，GRA）方法，提出了一种替代的决策方案，分析了在产品全生命周期末端（end of life，EOL），决策者如何对产品的废弃处理问题进行抉择，对多目标的决策方案进行经济、环境和社会层面的评估。研究表明，在日益增强的 EPR 需求下，恰当的 EOL 策略会对企业的生产效率和效益产生积极的影响，由此能够提高企业的声誉。在欧盟 WEEE 指令的引导下，Li 等（2013）针对全球的废弃电器电子设备的回收问题进行了研究，重点分析了该指令在发达国家和发展中国家的实施差距，从利益相关者的角度分析了不同地区的进口商和出口商之间的协作对建立 EPR 的影响，同时指出生产者责任延伸制将是一个很好的解决方案，并将有效地促进国际通用 EPR 标准的建立，提高政府和企业的社会绩效，达到对环境绩效损失的有效补偿。Alev 等（2020）对比了由 EPR 产生的更严格的回收政策对耐用品和非耐用品的影响，认为对于电子产品等耐用品来说，更严格的回收目标和基础设施对环境的影响可能会适得其反。

通过对 EPR、LCA 和 GRA 等研究方法的探索，以及利益相关者研究视角的指引，企业和学者也逐渐发现对于一个产业来讲，单独的企业无法对社会和环境问题进行有效的解决，在此基础上，Kovacs（2006）依据利益相关者、产业生态学、可持续发展以及社会网络等理论，探讨了不同的利益相关者对企业环境责任的影响，并通过跨产业之间企业实施 EPR 情况的对比，表明了企业的成本效益和产业优势存在着较大的差异。通过对 WEEE 和 EPR 的研究，学者指出两者之间存在着一个理论过渡的过程，Lauridsen 和 Jørgensen（2010）通过对废物政策的研究，探讨了电子产品的可持续转换过程，重点分析了如何根据 WEEE 指令的结果，在超出电子废物管理制度之外，实现 EPR 的延续，将 WEEE 和 EPR 的相关制度和监管原则进行结合，解决可持续发展中存在的矛盾，研究表明电子产品的可持续转换问题，需要各种决策机制的协调，实现理论和应用的协同进化。

随着国外对 EPR 研究的逐渐深入，以及该问题研究意义的积极影响，国内学者和企业也逐渐意识到对 EPR 领域的研究存在着理论和实践的必要性，并陆续产生了大量的研究成果，但是国内对 EPR 的关注滞后于发达国家，国内学者在这方面的研究工作主要侧重对该理论的科学界定以及探索阶段。

　　首先是生产者责任延伸与 EPR 的界定与区分。唐绍均（2007）从法律的角度出发，以 Lindhqvist（2000）提出的 EPR 概念为基础，通过对 EPR 进行研究，构建了以企业社会责任理论、外部性理论、循环经济理论以及环境权理论为基础的生产者责任延伸理论体系，并指出 EPR 主要包括两方面：一是生产者的延伸责任（生产者应对废弃产品问题的源头预防责任，产品环境信息披露责任，以及废弃产品回收、处置与循环利用责任）；二是 EPR 的调整机制（行政管制机制与经济调节机制）。从义务的角度，学者研究表明延伸责任乃生产者义务的新增（唐绍均，2008），并指出生产者同时包括产品的制造商和产品的出口商，不仅明确了延伸责任，同时界定了延伸责任的承担主体。随后，唐绍均（2009）又针对 EPR 概念的淆乱问题进行了探讨，试图矫正 EPR 概念淆乱不清的现象，研究表明 EPR 区别于生产者责任延伸，前者是基于"生产者责任延伸"与"制度"这两个基本概念，由"生产者责任延伸"与"制度"共同构成，其强调了 EPR 是指国家为了应对废弃产品问题所制定的，用以引导、促进与强制生产者承担延伸责任的一系列法律规范。同样基于法律视角，蒋春华（2009）和李桂林（2007）对循环经济中 EPR 的概念进行了辨析，将 EPR 作为一种专用的法学术语，指出 EPR 是实现产品全生命周期中所有利益相关者环境保护义务的环境友好行为，能够实现产品整个生命周期的污染防护、资源优化以及废物处置净化效果。

　　其次是 EPR 与生产者责任和产品责任的区分。研究指出，在循环经济和产权经济学的研究角度下，生产者责任和生产者延伸责任之间存在异同（吴知峰，2007），生产者延伸责任基于生产者的责任。基于产品全生命周期理论，对生产者的责任进行阶段性的延伸，可以看出生产者的责任包括 EPR 和产品责任。何悦（2012）在对产品责任与生产者延伸责任的研究中表明，产品责任旨在保护消费者权益，EPR 则关注环境保护。EPR 和产品责任在产品适用范围、责任人、承担责任前提、费用承担等方面均有不同的内涵，科学的界定将有助于各国 EPR 相关制度体系的完善。尽管以产品全生命周期的视角来界定 EPR 范围存在合理性，但部分学者也提出了异议。张旭东和雷娟（2012a）就产品责任和 EPR 的界定问题，指出两者的模糊界定、EPR 承担主体的缺失以及法律所体现的原则性，导致了 EPR 缺乏刚性的约束，最后指出应从四个方面进行纠正：①有针对性地确立两种责任并重的立法理念；②确定生产者延伸责任承担主体；③明确主体的法律责任；④延伸责任应明确界定在废物回收处置阶段。除此之外，胡苑（2010）在对 EPR 的范畴、制度路径与规范的分析中明确指出，产品责任是指承担法定的不利后果，而 EPR 是承担废物所产生的污染后果，两者有着本质的不同，EPR 的形式包括行为责任、经济责任和信息责任，其关键是行为责任和经济责任的承担，后者是前者的代替履行方式，并强调在已有立法中必须根据产品的类型来制定 EPR 的实现模式，以及在联合履行 EPR 过程中个体责任的实现机制。沈百鑫（2021）认为，生产者责任延伸机制是建立在生产者责任概念基础上的。"生产者责任"这一概念存在产品责任和环境保护领域两个向度的理解，分别侧重侵权法上的产品缺陷责任和公法上对产品生产和销售问题上的责任。生产者责任延伸是用经济手段、信息工具及利益相关方参与对传统环境法规制度进行补充与改进。可见，此类的研究重在表明，EPR 的研究应该遵循缩减性观点，对责任主体和范围进行明确的界定，以便相关立法的有效设定和实施。

与缩减性观点对应的就是对 EPR 的扩张性解构观点，董正爱（2010）在循环经济的研究视角下，对 EPR 进行了解构，指出作为一项重要的废物处理制度，EPR 的立法和实施对社会的和谐建设、资源的节约以及环境的保护，具有重要的意义。马洪（2009）在对 EPR 的扩张性解释研究中指出，EPR 就是生产者在产品的整个生命周期中所要承担的环境责任。除了传统经济、行政法上的产品质量责任、民商法上的产品侵权责任（包括环境侵权责任）外，

EPR 还必须延伸至原材料采购、产品设计、生产、废弃产品回收、循环利用和最终处理阶段。同时指出，环境法上的生产全过程控制的理论，以及循环经济理论，分别是 EPR 的制度渊源和思想理论渊源。除了对责任的扩张性解构，责任主体的延伸也是目前研究的议题（任文举和李忠，2006）。李芎蓁等（2012）就我国生产者责任延伸制中生产者范围的扩张进行了研究，主要针对国内外对"谁是生产者"的争议，提出了间接生产者（产品原材料生产者、产品零部件生产者等）和直接生产者的概念，并指出 EPR 中的生产者应该扩展为直接生产者和间接生产者。可见，生产者范围的确定，对于生产者延伸责任的承担至关重要，这也为后续的研究提供了继续探索的空间。

二、生产者责任延伸制的立法研究

对于 EPR 立法的研究，目前主要是针对发达国家和发展中国家相关废物法令中存在的问题，基于国家立法实践，对 EPR 相关政策的完善和修订，以及 EPR 立法的原则和目的，进行系统的分析和总结。

Osibanjo 和 Nnorom（2007）在对发展中国家面临电子废物管理问题的探讨中，指出信息和通信技术的快速发展缩短了产品的生命周期，并导致产生了大量的废弃电器电子设备。在发展中国家或地区，如非洲，二手或者翻新的电器电子设备被更多地流通和使用，同时其被废弃后的处理问题也对国家的废物管理提出了挑战，但是这些国家或地区并没有专门的处理废物立法，缺乏有效的 EOL 和 EPR 实施框架。研究指出，发展中国家必须建立 EPR 实施政策，通过再制造产品的再利用和高效回收，以及建立面向发展中国家出口二手电器电子设备的标准化认证和标识，实现一个全球性的控制出口的回收体系，帮助发展中国家有效地实施废物管理策略，减少废物对发展中国家的影响。

　　基于对信息技术发展产生的负面效果的考虑，Olla 和 Toth（2009）通过对电子废物的教育策略的研究，探讨了如何通过教育的手段，做到废弃产品的再利用和循环，从而实现可持续发展。研究中讨论了 EPR 和环境设计（design of environment）的原则以及绿色消费驱动的解决方案，以减轻电子垃圾对环境的影响，并探讨了通过教育全球公众，实现废物管理的效果。Nnorom 和 Osibanjo（2008）也针对 EPR 在发展中国家的实施缺陷问题，对电子废物管理的实施和立法进行了研究，指出发展中国家主要是缺乏足够的基础设施，而影响了 EPR 立法实施。大多数发达国家已在地方立法，并根据 EPR 的原则和治理框架，在产品的生命末期强制要求电子制造商和进口商对废旧的电子产品进行回收。其通过对比研究，试图发现一个 EPR 的缩减模式，能够帮助发展中国家有效地开展 EPR 的立法和执行。Nash（2009）通过对修订废物指令的研究，探讨解决废物管理立法紧张局势的途径。其指出指令的修订主要是简化废物立法框架，通过分散废物填埋处理区域，加强法律的确定性，从而减少企业、监管部门和利益相关者的负担。修订后的指令将有助于自然资源的节约，废物污染的预防以及生命周期思想的扩展。但是对于废弃产品和废物管理的标准化问题，在立法的实施中仍然存在着一定局限性。同时研究也表明了，EPR 的立法实施是一个多方、多机构和多国的协同操作过程，通过这种相互协调的方式，将提高产品整个生命周期的资源利用和废物处理效率，并为今后立法的持续修订和完整奠定扎实基础。

　　除了对 EPR 原有立法进行修订的探索以外，学者也开展了一些回收立法的研究，并探讨了回收系统的经济和环境效益。例如，Atasu 等（2009）对产品和废物的高效回收立法进行了探讨。通过对 EPR 的立法研究，分析经济和环境效益的识别条件，结果表明，正确的政策导向，能够激励生产者自觉承担废物处置责任，从而避免对公平性的担忧，并有利于产品的生态设计，提高产品的环境效益。同时也指出，环保产品的设计、产业结构的划分以及最终用户的参与均将带动回收系统效益的提升。众多研究也表明，环境立法的主要目的，就是 EPR 的原则实施，导向是激励生产者对最终废弃产品的有效回收和最初产品的生态设计。但是 EPR 原则是否有效地实施，仍然存在争议。Özdemir 等（2012）就此问题进行了探讨，重点研究了 EPR 立法如何影响生产者进行产品回收决策，产品重新设计机会如何影响生产者主动承担延伸责任的意愿，怎样的投资水平能够有效地促进生产者进行 EPR 立法的实施等问题。通过定量化的经济模型，分析了各种影响参数对生产者最优决策的影响，结果表明，重新设计的机会能够有效地促进 EPR 立法实施，但如果回收金额不能够有效地弥补投资金额，将大大降低 EPR 立法的有效实施。

与国外 EPR 立法的研究进展相比，国内的研究表明，尽管 EPR 已经逐渐被我国认可和接受，但立法方面仍然存在一些问题(黄锡生和张国鹏，2006；谢芳和李慧明，2006)。为了更加系统地探讨此问题，学者进行了大量的研究工作。研究表明，EPR 是循环经济立法中一项非常重要的制度（吕静，2007），西方发达国家已经较为完善的 EPR 相关制度体系，为我国法律法规的制定和实施提供了很好的借鉴。祝融（2005）通过对 EPR 立法的探讨，对比分析了 EPR 在国内外运作的情况，指出了立法的必要性，法律的手段是 EPR 实施的保障。但期海明和李花蕾（2011）对我国现有法律制度的研究表明，目前关于 EPR 的立法的规定，仅是引导性的，缺乏相应的操作细则，并提出不同情况的区分，相关法律法规的细化以及实施机制的完善将是 EPR 相关立法有效实施的保障。孙绍锋等（2017）通过对国外 EPR 管理制度的研究，同样认为我国应结合相关法律，明确 EPR 法律定义，合理划分各相关方的责任。

对此，张琦和李玉基（2010）、汪张林（2009）均从循环经济的角度，对我国 EPR 立法缺陷以及要求进行了研究，重点强调了 EPR 的内涵认识对 EPR 立法的影响，指出在我国初步形成的 EPR 相关制度体系中，仍然存在责任划分不明与追究力度较弱的缺陷，制度的完善，需要明确和细化生产者责任，同时制定相应的配套制度，并加以修订和完善。

刘海歌（2010）从法律的视角分析了 EPR 的完善问题，指出目前我国尚未形成完善的法律体系与此制度相对应，并提出制定单行法律来明确 EPR，同时在实体上和程序上加以规范的必要性，以及兼顾公众舆论和全民环保意识对 EPR 的立法影响。赵建林（2005）对《中华人民共和国固体废物污染环境防治法》修订内容进行了探究，指出 EPR 的实施需要国家的宏观政策指引、企业的微观管理实施与公众的广泛参与的政策建议。

对 EPR 政策的有效制定和完善建议的研究中，谷德近（2008）指出立法必须遵循必要性、可行性和公平性原则，通过制定《中华人民共和国固体废物污染环境防治法》的实施细则，并通过一定的价值取向（张福德，2009），在适当的领域，逐步地引入 EPR。除此之外，刘宁和田义文（2009）针对 EPR 及法律规制问题，在对比研究了德国、美国和日本等国家的 EPR 实施经验的基础上，探讨了 EPR 的演进规律，并指出在我国 EPR 立法的注意事项：一是必须对 EPR 做系统的、层次鲜明的制度设计；二是针对关键领域（包装物、汽车、轮胎、电器、电池和建筑材料），制定专门的回收法律，做到重点行业重点规制；三是注重公众参与力度，鼓励社会团体对 EPR 相关议题进行科学研究；四是完善公益诉讼，扩大诉讼主体的范围；五是规范民间回收体系，要求回收者只有接受生产企业的委托才能进行回收，保证废弃产品高效地循环利用；六是加大对回收企业的监管力度。沈百鑫（2021）在 2020 年新《中华人民共和国固体废物污染环境防治法》出台的背景下，分析了德国、欧盟的立法历程以及 EPR 在我国立法和规划中的实践，认为实施 EPR 不仅可以在国际产业链中维护我国作为制造业大国的生产者利益，还对推进供给侧结构性改革和制造业转型升级具有积极意义，但是实践还不够丰富。

三、生产者责任延伸制的机制研究

EPR 运行机制的研究，主要是在具体内涵和相关立法研究的基础上，进一步探讨 EPR 实施过程中的障碍和驱动因素，以及各因素相互作用下所产生的经济、行政和监管等机制问题。国外研究主要有以下三个方面。

其一是产品的回收模式对 EPR 运行机制的影响。针对目前全球范围内的产品废物回收处理流程总的环境效益和产出流程中经济效益失衡问题，为实现"零填埋"的理想目标，Rahimifard 等（2009）在对产品的回收和再制造问题的研究中，指出改善和延长产品回收规模和范围的必要性，通过对英国市场废弃产品的分析，发现 EPR 机制的有效运行需要注意以下几点：改善和扩大生产者责任的现行法例；逆向物流模型中的知识收集；产品始端的设计与终端的处理相结合；回收工艺技术的改进和自动化程度的提高；最重要的是在可持续的商业模式的引导下建立基于服务的回收价值链，形成产品回收的可持续解决方案。除此之外就是回收渠道的研究，Li 等（2012）通过研究回收通道设计问题，探讨了差别定价对 EPR 运行机制的影响。利用博弈论模型，探讨新产品和再制造产品的差异定价如何影响最佳的逆向回收通道的选择，指出最有效的方法是通过制造商收集使用过的废弃产品。此外，政府设定 EPR 政策将有利于再制造活动的开展，并提高供应链的整体利润。

其二是供应链视角下 EPR 运行机制的特点。Subramanian 等（2009）通过对 EPR 下的产品设计和供应链协调问题的研究，从产品全生命周期的视角，探讨了在 EPR 政策引导下，制造商和客户在分享环境成本的同时如何实现各自的目标统一。并通过展示产品使用过程中和使用后的费用来体现 EPR 的杠杆调节作用，通过利润分析以及对应的契约制定来实现供应链的协调效益。Scheijgrond（2011）通过对 EPR 情境下的供应链所面临的挑战和局限性的研究，发现政府对由生产商负责环境和人权责任的期望过高，并不能很好地实现。利用 Ruggie 的研究框架（保护、尊重和补救），可以为政府和企业提供很好的研究工具，用于解决人权和环境问题。同时研究也表明，在供应链这个研究视角下，政府和企业的 EPR 的运行情况和 WEEE 上的法律规定还存在一定的差距，尚未做到同步发展。以上的研究都表明，单一的责任主体并不能很好地体现 EPR 的运行绩效，也不利于供应链整体利润的提升。从产品回收立法能提高企业的社会价值角度出发，Jacobs 和 Subramanian（2012）就共享整个供应链中产品回收责任问题进行了探讨，重点强调在供应链当中每个参与者均应承担产品的回收责任。通过构建两阶段供应商和制造商模型，分析了集成和分散情况下，共同承担产品回收任务对经济和环境的影响。在分散式供应链中，证明了产品回收的责任分担可以提高整个供应链的利润。在验证责任分担的经济和环保绩效方面，主要针对供应链利润、消费者剩余、外部性、原始材料提取、产品消费数量以及不可回收产品的出售等评价条款，通过数值验证，责任分担并不能很好地改善所有的条款，所以模型的改善以及责任分担机制的完善仍需进一步研究。作为供应链的另一个参与主体，第三方回收主体的激励机制也是该领域的研究重点。

其三是法律框架和融资机制对 EPR 机制运行的影响。Ogushi 和 Kandlikar（2007）在对日本的 EPR 法律评估研究中，通过概述法律的执行和成效情况，结合 2001 年日本新设立的法律框架，探讨了该框架对技术创新的影响，并结合资源的 3R［减量化（reduce）、再利用（reuse）和再循环（recycle）］原则，分析了物料分离的新技术、社会层级的引导操作系统以及回收机制等方面对 EPR 运行机制的影响。同时强调日本在 EPR 的运行中更加专注于物料的闭环回路，而不是产品的流动，重点研究物料整个生命周期的能源使用和废物排放问题。法律框架能够激励技术的革新，但有效的融资才是技术革新实施的保障。Forslind（2009）指出，有效的融资方案对 EPR 运行机制的经济效益有重要影响。在迭代（overlapping generation，OLG）模型的内生增长情况下，通过对两种融资计划——保险解决方案和按需付费（pay as you go，PAYG）解决方案之间差异的比较分析，发现 EPR 保险融资方案所产生的经济效益最大。Kouvelis 和 Zhao（2016）发现当供应商和零售商都受到资金限制时，在供应链各方协调初始贷款金额是很有必要的。

由于我国对 EPR 的内涵界定不具体、实施主体不明确、立法实施不全面等问题，缺乏有效的混合激励机制来完善我国的 EPR 相关制度体系。对此，目前研究主要有以下两方面。

一是混合激励机制的耦合研究。在法律的视角下，唐绍均（2007）在对 EPR 的制度研究中，提出了行政管制机制（命令和控制、确定 EPR 的法定承担者、监督和制裁）和经济调节机制（押金-退款机制、废弃产品回收与处置费机制、财政信贷优惠机制、租约或服务经济机制）的"混合调整机制"。基于期望理论，吴怡（2007）论证了通过提升生产者延伸责任的效价和期望值，来促进 EPR 的实施，并由此建立了 EPR 的激励模型。随后，吴怡和诸大建（2008）提出了基于主体（subject）-对象（object）-过程（process）的模型（SOP 模型），并结合 EPR 的本质特征，从制度适用性激励、责任推进性激励和实施策略性激励三个维度，定义了产品环境绩效改进潜能、产品设计的反馈性、闭环循环性、成本确定性、服务替代性、成本有效性等六类 EPR 系统的激励要素，通过要素之间的相互作用机理分析，实现了 EPR 激励机制模型的构建。刘克宁和宋华明（2017）考虑到 EPR 对产品低碳研发设计的激励作用以及对废弃电子产品回收的减排效果，建立了预先承诺收益分配比例模型和延迟承诺模型，研究发现，研发方的低碳研发技术水平、碳税税率、双方在回收减排中的重要度都会对契约决策和回收减排产生影响，在系数满足一定条件下，两种模型的回收减排效果各有优势。李文军和郑艳玲（2021a）针对废弃电器电子产品正规回收难、产品设计源头激励不足等问题提出管制标准和超标准补贴政策，又针对消费者提出押金退款政策，激励其主动承担废物回收的物质责任与部分经济责任。

在循环经济的视角下，研究表明 EPR 的激励机制应明确实施主体和责任分担，在此基础上建立监督机制和诉讼制度（胡兰玲，2012）。针对我国目前 EPR 主要是政策性和鼓励性的规范缺陷，通过立法的完善和实施，做到对违反法律的生产者的约束和制裁，并激励履行生产者责任行为，消除 EPR 只是"纸面上的责任"的状况（张旭东和雷娟，2012b）。对于 EPR 过于理论化、实施效率低的问题，童昕和颜琳（2012）基于多层次转型理论，对比分析了 EPR 的创新导向制度设计与实施中的成本–效益平衡政策评估的分歧，指出创新导向的制度设计应该激励生产者创新和采纳绿色技术，并推进生产消费模式的系统转型；后者应在现有管制框架下简化制度设计，重点完善循环处理基础设施。同时研究从技术选择、供应链治理结构和产业转型三个层次，验证了 EPR 的制度发展与企业技术创新的相互作用效果。温素彬和薛恒新（2005）在面向可持续发展的 EPR 研究中指出，作为一种环境管理策略，EPR 要求生产者必须负担废弃产品的循环再利用责任，并形成了两种 EPR 执行机制：专用产品回收体系和共同产品回收体系。常香云等（2021）探究了 EPR 约束下供应链层面企业履行双环境责任的行为特征及激励策略，研究结果表明 EPR "征减补"制度要素、生态设计环境和产品竞争对供应链双环境责任行为的影响呈正负非同向性，即促进/降低生态设计的同时对再制造率提高产生不利/有利影响。

二是成本约束机制的探讨。EPR 作为一种领先的"可持续生产"理念，是实现循环经济的有力手段。但在实施过程中，其可行性往往受到成本有效性的制约。对此，吴怡和诸大建（2007）在 EPR 的成本控制问题研究中，提出了通过全生命周期管理来实现技术成本的降低，通过利益相关群体管理实现交易成本的降低，并通过确定技术成本和交易成本之间的边际替代点，达到总成本最小化的目标，通过对三个成本的控制，促进 EPR 运行机制的有效实施。除此之外，针对目前企业开始重视环境内部成本和外部成本计算及分配问题，刘丽敏和杨淑娥（2007）对 EPR 下企业外部环境成本内部化的约束机制进行了探讨，提出了政府约束机制、市场约束机制和企业自身约束机制。赵一平等（2009）从市场主体博弈的视角，通过研究 EPR 实施过程中政府与企业的核心作用，在对博弈的短期收益与长期收益的交叉分析中，识别出影响 EPR 实施的关键因素（政府实施 EPR 成本、对企业不承担责任的惩罚、企业承担责任的成本、规避责任受到惩罚或潜在收益、企业形象价值、国际合作、国际市场开发等）。田海峰等（2010）基于产品全生命周期的视角，通过建立一个简化的一般均衡模型，指出在循环市场正常情况下，庇古税可以实现福利最大化，但市场失灵情况下，庇古税则失效。失效发生后，押金–退款、投入与产出税替代、附带产品税的标准管制可以作为替代方案。但各方案之间的关系存在互补性。约束机制的导向，就是通过 EPR 的实施，降低"公地悲剧"发生的概率，消除市场主体从不计成本的环境资源中获利的机会主义行为，通过责任的追加，实现环境成本的内部化（王干，2006），完善 EPR 体系的同时，提高资源的综合利用效率（李博洋和顾成奎，2012）。胡彪和马俊（2022）利用演化博弈探究了 EPR 下地方政府和铅蓄电池生产商之间的关系，结果表明在静态奖惩机制下，双方演化策略呈周期恶性循环，博弈系统处于极不稳定状态；在动态奖惩机制下，双方策略达到演化稳定状态，地方政府对生产商实施 EPR 起主导性作用。政府监管成本下降和政府奖惩力度增大，生产商实施 EPR 的意愿会增强；政府监管成本下降、政府奖惩力度减弱以及生产商实施 EPR 的难度系数增大，地方政府会更倾向于积极监管。

四、生产者责任延伸制的绩效研究

EPR 实施的绩效问题一直是人们争论的焦点，EPR 立法所带来的经济效益、环境效益和社会效益的精确评估也是研究的难点和重点。其效益的分析和评价，主要是用来检测 EPR 理论与实践之间的差距，评估 EPR 的立法和机制所产生的经济、环境和社会效益，并对 EPR 实施的有效性进行科学的验证。

国外在这方面的研究略显成熟，尤其是在欧盟的 WEEE 指令引导下，学者开展了大量的研究工作。

一是生产者责任组织（producer responsibility organization，PRO）角色研究。企业通过行业联合的方式成立 PRO，PRO 负责建立共用的产品回收体系，各企业可以委托 PRO 负责产品废物的回收与处置。共用的产品回收体系一般包括生产制造企业、PRO、回收企业。例如，Lifset 和 Lindhqvist（2008）的研究表明生产商在进行 EPR 实施决策过程中，会对产品的预期收益和处理成本进行对比，然后决定自己的责任行为，当存在 PRO 时，企业对废弃产品的回收成本和效益为零。Fleckinger 和 Glachant（2010）在对 PRO 针对产品废物差异化政策的研究中，分析了 EPR 的废物管理效率，通过生产企业单独承担责任和 PRO 承担责任的对比分析，实现 PRO 和市场运作之间的权衡。针对 EPR 在实施过程中出现的弱激励问题，Dubois（2012）通过一个程式化的经济模型，评估了欧洲的 EPR 系统的效率。该模型表明，在复杂的静态市场当中，原有 EPR 体系中的静态指标与 EPR 实施的效果之间存在着巨大差距，即静态目标的设定导致了低效的市场成果和弱激励机制，而有效的价格信号机制将促进废物管理的实施。在具体的实例研究方面，Ko 等（2012）通过对标准化的玻璃瓶包装的成本和效益进行分析，研究两个相互竞争的啤酒制造商，他们通过协调其生产经营流程，实现玻璃瓶的标准化，便于 EPR 的实施。Colelli 等（2022）通过跟踪欧洲多个 PRO 的运营绩效和成本，评估了 PRO 的效率并分析了 EPR 系统中回收率的决定性因素，发现当存在以营利为目的的竞争时，EPR 系统的效率会降低。Favot 等（2022）通过对欧洲各国回收行业的经济绩效数据进行实证分析，发现在 WEEE 指令的监管下，竞争会激励 PRO 进行创新并节约成本。

二是评价方法研究。尽管目前的 WEEE 指令是 EPR 有效实施的基础，但由于产品数量的增多，在该指令引导下的责任行为具有较高的附加值，因此 Achillas 等（2010）通过对电器电子设备的回收再利用策略的研究，提出了一种综合评估的方法框架，支持电器电子设备在其寿命结束阶段的最佳科学决策。通过 WEEE 指令的协助，为生产商在履行延伸责任过程中提供了更多的决策支持的备选方案。框架的研究也伴随着方法的演进，Brouillat 和 Oltra（2012a）利用产业系统动力学仿真模型对 EPR 的动态效率进行了探讨。学者在已开发的程式化框架下，基于代理建模仿真模型，分析了税收补贴制度、严格的规范和企业技术创新的相互作用机理。对于评价指标的研究，Cahill 等（2011）在对包装废物和废电器电子产品的 EPR 相关制度体系研究中，通过分析欧洲各地方当局的实施效果和扮演角色，提出了 5 个指标：利益相关者及其责任、履约的机制、当局者的角色地位、融资机制的优点及其局限性。

相对国外的研究来讲，国内由于 EPR 的研究尚处于初级的探索阶段，所以在绩效评价方面的研究较少，以后的研究也主要是针对我国目前的法令颁布来确定 EPR 的实施效力，强调该制度的实施对企业来讲存在着新的契机以及利润空间。例如，《中华人民共和国固体废物污染环境防治法》的颁布标志着 EPR 的确立，尽管企业固守着成本–收益的思维模式，但法律的约束会对企业的行为产生一定的引导，同时让企业认识到 EPR 的实施具有双重效应。在促进企业进行技术创新和流程改造的同时，更加完善了企业的社会责任形象，为企业利润的增长提供更多的机会（李世杰和李凯，2006）。

目前 EPR 的实施方式主要有企业自愿、法律强制、经济手段刺激、协议执行以及几种方法综合使用等（任文举，2009），EPR 的实施效益有经济效益（影响产品和包装的设计、增强企业竞争优势和改善物资管理等）、环境效益（减少垃圾掩埋场和焚化、减少原料的使用、减少废气和废水等）以及社会效益（公司和社区的关系获得改善、人们的生活方式发生改变和社会生产方式的转变等）。赵一平和朱庆华（2008）对生产者行为策略、系统实践改进及绩效改进之间的关系进行假设，以我国汽车行业为例，提出了我国 EPR 的实施绩效及运行机理实证模型。童昕和罗朝璇（2020）以《生产者责任延伸制度推行方案》中所涉及的电器电子、汽车、铅酸蓄电池和包装物四大产品领域的企业可持续发展报告资料为基础，采用文本分析方法，结合 EPR 的具体要求，建立了 EPR 履责绩效评价体系。

第二节　生产者责任延伸制的实践应用研究

对于 EPR 的具体应用研究主要从国家层面和产业层面进行分析，通过对照各国具体政策实施情况，以及各行业的具体应用实例，系统地探究 EPR 实施的科学性。

一、国家层面的政府实践研究

国家层面的研究包含了美国、日本、欧洲各国、巴西、泰国和中国等发达和发展中国家，主要列举了各国在对待废物处置问题上，如何有效地实施 EPR 政策，以及各国之间的有关 EPR 立法实施效力的差距。

其一是发达国家 EPR 的应用研究。例如，Mayers（2007）通过研究欧洲 EPR 的实施对战略、财政和产品设计的影响程度，指出已经有 29 个不同的国家引进 WEEE 指令，并运用到废弃电池、废旧车辆以及废电器电子设备的回收领域。欧洲将近有 250 个回收计划正在执行，关于 EPR 的生产者责任组织于 20 世纪 90 年代后期就已经成立。Brown 和 Alam（2009）通过对澳大利亚便携式电池市场的贸易分析，发现市场上电池的供应主要来自其他国家，随着电子废物对环境的污染问题日益突出，相关政府应该加强 EPR 相关政策的制定，以此来协调国际贸易中贸易主体与环境制度之间的关系。研究提议修改现有澳大利亚关于危险废物治理的框架，做到废物有效处理，通过协调贸易和环境的关系，解决贸易中的责任承担冲突。与其他结论不同，Huang 等（2019）研究了 EPR 耐用品回收立法对产品设计的影响，发现更严格的回收率目标可能会降低产品的可回收性和耐用性，在推动生产商的设计选择方面具有相反的效果。

Saphores 等（2007）进行了加利福尼亚州消费者为"绿色"开展电子支付行为研究。Silveira 和 Chang（2011）基于 EPR 和产品管理理论，给出了美国荧光灯回收计划和建议。Fehm（2011）针对北美出口的电子产品所造成的污染问题，呼吁环境保护署采用一个全面的框架，监管电子垃圾处理过程，在已有的 EPR 实施框架下，提出了缔约延伸生产者责任（contracted extended producer responsibility，C-EPR）计划，并指出 C-EPR 是唯一适合解决电子废物危机的措施，因为它结合了 EPR 原则和联邦购买力，通过整合这些功能强大的机制，创建电子垃圾回收基础设施，以鼓励美国国内电子垃圾回收和降低有害的电子垃圾的出口。

Ferrao 等（2008）针对葡萄牙废弃轮胎的回收再利用问题进行了研究，通过 EPR 的实施，结合制造商、经销商和回收商所提供的轮胎生命周期中的相关信息，建立一个经济优化的 EOL 轮胎管理系统，提高了废物管理效率。Jang（2010）研究了韩国的废弃电器电子设备的生产、收集和回收系统管理问题。研究指出 2003 年，韩国推出一项 EPR 政策，并已经应用于十大电器电子产品类别。据统计，2006 年，在 WEEE 管理系统处理了 1263 万台冰箱、

701 万台洗衣机、118.1 万台电视机和 109 万台空调,其中超过 40% 的产品已经得到了回收和循环利用。Khetriwal 等(2009)通过研究瑞士 10 年间实施 EPR 的丰富经验,探讨了 EPR 系统面临的挑战、融资对 EPR 运行系统的影响、物流网络的构建、电子废物的回收系统和垄断行为对 EPR 立法实施的影响五方面的问题。

其二是发展中国家 EPR 的应用研究。例如,Bandyopadhyay(2008)通过对电子废物法案的综述性研究,指出了印度实施 EPR 的必要性和紧迫性。文章表明,印度正对生产者的延伸责任做进一步的审查,以便 EPR 相关政策的成功起草。Yu 等(2008)从中国的视角研究了 EPR 对生态设计转变的影响,对比分析了中国 RoHS 和 WEEE 指令的区别和联系,并通过实证研究,表明 EPR 的实施并不能很好地刺激生态设计的转变。Milanez 和 Buhrs(2009)研究了在 EPR 下的巴西废弃轮胎的处理问题。Manomaivibool(2009)探讨了印度的废弃电器电子设备的管理问题。

Agamuthu 和 Victor(2011)探讨了在马来西亚的环境和废物管理政策中有关 EPR 的规定,1974 年,马来西亚《环境质量和固体废物及公共清洁管理法》正式界定了 EPR 的概念,然而到了 2007 年,对于 EPR 的相关法规并没有在废物管理系统中通过,导致 EPR 仍然是“纸上的策略”。目前对于 EPR 的执行方式主要是自愿参与形式,研究表明马来西亚的 EPR 政策仍需进一步完善。Chawla 等(2011)针对电子产品所造成的环境风险和健康危害,批判性地提出了在德里、孟买、加尔各答、钦奈和班加罗尔等印度大都市实施计算机废物管理措施。在全球倡议背景下,研究强调了 EPR 的重要性,并对起草电子废物管理的指导方针给出了政策建议。Dwivedy 和 Mittal(2012)针对电子垃圾流入印度的现象,分析了逆向物流中产品循环再利用对大型企业的环境和经济效益的影响,利用马尔可夫链研究了逆向供应链中合作伙伴的关系,以及影响 EPR 实施的关键因素。Pani 和 Pathak(2021)基于利益相关者评估模型进行案例研究，阐述了印度 EPR 框架的实施对塑料废物管理（plastic waste management，PWM）系统的演变、发展和实施的影响，从利益相关者的角度批判性地分析了驱动因素和制约因素，并为 EPR 政策的制定和实施提供了规范性建议。

Manomaivibool 和 Vassanadumrongdee（2011）研究了 EPR 下泰国处理废弃电器电子设备的问题，并对政策前景进行了探讨。Taghipour 等（2012）通过对伊朗电子废物管理策略的研究，指出卫生部和环境保护局应当针对不同产业层次的贸易和工业部分，对其进口的产品实行不同层次的 EPR，并严格监管电子废物的收集、储存、回收和再出售。Xiang 和 Ming（2011）探讨了 EPR 在中国汽车再制造系统中的应用问题。Zhang 等（2012）以中国为例，研究了发展中国家的废旧电子产品的回收问题，指出 EPR 的实施需要结合当地的经济和社会条件，进而完善自身的立法体系。Wang 和 Chen（2013）分析了中国的报废汽车回收行业的 EPR 实施情况，通过总结发达国家的 EPR 实施经验，为中国的报废汽车回收行业制度体系构建提供政策建议。

其三是发达国家和发展中国家 EPR 的合作实施情况研究。例如，Hosoda（2007）在对东亚地区的废弃电器电子设备回收问题的研究中指出，区域化或国际化的废物处理需要全国性的回收系统，以及区域协调的 EPR 法律体系。Silveira 和 Chang（2010）以美国和巴西为研究对象，分析手机回收的经验，指出利用美国成熟的 EPR 经验，以及巴西的 PRO 的协作，实现了 EPR 政策的有效实施，强调了利益相关者的合作以及公众的参与对 EPR 实施决策的积极影响。Nwachukwu 等（2011）引入机械村的概念，通过对发展中国家汽车废物的综合管理研究，指出联合国可以协助发展中国家进行环境友好型机械村建设，有效地落实 EPR。Akenji 等（2011）分析了亚洲发展中国家的电子废物处理中所遇到的 EPR 实施困难和挑战，因为目前许多发展中国家盲目借鉴部分发达国家的 EPR 立法和实施经验，未考虑到自身的实施条件和行政能力，因此 EPR 实施未能有效地促进废物的处理。研究也指出，对于 EPR 的可行性问题，各国应该结合自身实际状况，对国际上成熟的 EPR 法规体系进行修订和完善，以便更好适应自身的发展。

二、产业层面的企业实践研究

（一）电子产业中 EPR 的应用研究

电子废物是使用寿命完结后被人丢弃的电子产品，其中包括大型和小型家用电器（冰箱、微波炉、空调等）、信息与通信技术设备（电话、计算机等）、玩具、照明设备和医疗设备等，具体研究如下。

Lee（2008）探讨了 EPR 框架下的电池管理问题，指出最新的欧盟法令已经通过了关于延长电池使用寿命的立法。Friege（2012）通过对废旧电器电子设备的物料资源回收替代方案的研究，指出 WEEE 指令中并没有考虑稀缺资源的处置问题，而 RoHS 规范又能很好地解决此类问题，同时结合 EPR 的立法，将三者进行结合，实现对 WEEE 指令的修订和完善。类似的研究主要集中以下几个问题。

一是产品全生命周期管理和 EPR 相关政策的融合，以及实施主体的协调问题（Nicol and Thompson，2007；袁歌阳和罗卫，2012；刘冰和梅光军，2006；王兆华和尹建华，2006；范泽云等，2009）。

二是特定情境下 EPR 政策的修正和商业模式的变革问题（Lindhqvist，2010；Plambeck and Wang，2009；Wagner，2013；Wilts et al.，2011；Zaman，2012；丁敏，2005；刘冰和梅光军，2005；刘慕凡等，2005）。

三是 EPR 政策下回收系统中的租赁、融资问题及回收绩效的评估问题（Lin，2008；Qian and Burritt，2011；Thurston，2007；Wiesmeth and Haeckl，2011；王兆华和尹建华，2008；孙曙生等，2007）。

（二）其他产业中 EPR 的应用研究

1. 汽车产业中 EPR 应用研究

纯电动汽车和混合动力汽车是未来世界汽车产业发展的重要方向，新能源汽车的研发及产业化工作促进了经济的发展，但同时也引发了环保、资源、社会安全等问题。针对废旧电动汽车在维修和报废的零部件回收及处理中所呈现的环境和社会问题，各国政府、企业和研究机构均开展了大量工作，目的是建立一套与之对应的回收体系将这些废弃产品进行有效的回收，减少对环境的污染以及能源的浪费（Krikke，2010；Choi and Rhee，2020；He and Sun，2022；金广香，2010；黄英娜等，2005；赵乾等，2009；周玮，2012；周丹等，2007；吴怡和刘宁，2009）。

2. 物流产业的 EPR 应用研究

废弃电器电子设备的逆向物流管理已经越来越受到重视，EPR 情境下的回收系统的优化决策、回收机制、回收体系、回收模式以及逆向物流与供应链协调等问题的研究成为学术界和企业界研究的重点（Lindhqvist，2010；Plambeck and Wang，2009；Wagner，2013；Wilts et al.，2011；Zaman，2012；丁敏，2005；刘冰和梅光军，2005；刘慕凡等，2005；黄慧婷等，2018）。

此外，EPR 的应用也逐渐扩展到其他产业，并发挥着重要的政策引导作用。例如，Barnes（2011）在对烟草行业的 EPR 实施的研究中指出，美国 32 个州已通过 EPR 相关立法，涵盖自动开关、电池、地毯、电子产品、荧光灯、汞自动调温器、涂料和农药的容器等产业，EPR 是针对生产者管理的概念，但实际的执行过程中又涉及了消费者和零售商等利益相关者，所以在 2010 年，缅因州认为全面产品管理是比 EPR 更好的实施模式。依据 EPR 或者产品管理模式，烟草行业将被要求支付废弃香烟的收集和处置成本。张瑞瑞等

（2020）从产品全生命周期入手，分析了建材生产商在建材产品全生命周期中应承担的延伸责任。可见，对 EPR 应用领域的研究存在很多有待解决的问题，也为研究者提供了广阔的探索空间。

第三节　现有研究局限和研究空间

一、现有研究局限

通过对国内外 EPR 研究成果的梳理和对照发现，目前国外研究注重 EPR 的应用层面研究，随着发达国家的 EPR 立法逐渐成熟和完善，EPR 的应用领域也随之扩展。与国外研究相比，国内研究更加注重理论层面研究，由于我国关于 EPR 的立法体系和机制尚未完善，对其理论体系的探索仍然是目前的研究重点和难点，此类工作的深入研究可为后续我国 EPR 的实施决策提供科学的理论依据。综上，我国 EPR 的研究工作还存在一些局限性，对于关键的理论和实践问题仍需要进一步探索。

第一，EPR 理论体系相关研究考虑不足。在理论体系构建方面，核心概念和主体的界定仍不明确，缺乏一个多维度的视角，全面、综合地分析生产者责任延伸的内涵，界定生产者延伸责任的边界，以及缺乏结合企业规模和经营能力对生产者延伸责任进行动态研究。尽管大量文献提出了利益相关者的研究视角，但是对于结合各国具体国情的关键利益相关者划分仍然不明确，同时缺乏对实施主体的多样性和动态性的系统思考。EPR 理论体系中的主体、影响因素、体系结构、体系模式以及运作机制和绩效构成了一个完整的 EPR 理论体系，系统地研究有助于后续研究的深入开展。

第二，EPR 相关制度体系特点的相关研究不足。缺乏对国外成熟研究经验的系统总结和分析，尤其是从 EPR 体系建设和具体实践方式两个角度对国外 EPR 实施情况进行梳理和对比分析较少。其中通过产品类别的划分来修正 EPR 体系的研究仍处于初级阶段。关于国外 EPR 体系建设、立法实施、实施手段和费用分摊方式等问题，仍需要深入探究。结合各国 EPR 实施中的政府导向和市场导向特点，对 EPR 不同实施模式进行对比研究仍需要更多的归纳分析工作。通过对比差异和原因分析，阐述各个国家和地区的具体 EPR 实施方案，指导我国 EPR 的实践决策。

第三，EPR 实践方面的相关研究存在不足。目前对于 EPR 实施模式的研究并没有形成一个标准的运作模式，研究的问题均是涉及各自研究对象的环境特征、实施主体范围、实施结构组建以及实施动力和影响因素分析等，但是以上研究内容均是描述研究要素之间的逻辑关系，并不是针对特定问题的解决方案，也就是不能直接用于实践，所以实施结构需要二次开发，形成特定的 EPR 实施模式。模式是针对特定环境、特定主体和特定问题所提炼出来的具体方案，能够有效地指导 EPR 的有效实施，所以实施模式的研究仍需深入和规范。

第四，EPR 决策建议方面的研究考虑不周全。目前的研究缺乏有效的激励机制和系统的 EPR 决策参考及政策建议。在研究 EPR 实施影响因素的基础上，对其内在的运作机制研究以及机制影响下所形成的特定实施模式均存在不规范和无效率的缺陷，这导致 EPR 在我国具体情境下应用研究中，出现政策不明、模式不清、机制混乱和效益微弱等问题。同时 EPR 的实施是系统工程，需要政府、社会组织和科研机构等更多参与主体的共同治理。

二、现有研究空间

基于以上文献基础和研究局限，提出以下研究空间，从而对现有研究进行深入探究。

第一，EPR 理论体系相关研究仍需进一步深入。本书基于以上研究局限第一点，以政府规制为支撑点、以循环经济为立足点、以企业社会责任为出发点、以供应链治理为切入点、以产品全生命周期管理为着力点，重点研究了 EPR 的内涵界定和概念模型、政府规制理论中 EPR 规制体系、循环经济理论中 EPR 实施路径、供应链治理理论中 EPR 实施机制、产品全生命周期理论中 EPR 实施边界和企业社会责任理论中 EPR 实施要素等基本理论研究问题，为后续研究提供理论基础。

在此基础上深入研究了以下具体问题。①生产者责任延伸制下政企关系治理及供应链决策问题，包括政府奖惩对供应链绿色运营的影响机制研究、政府税费对可持续供应链治理的影响机制研究、政府优惠政策对制造商 EPR 投入的治理效果研究和政府奖罚激励对供应链 EPR 协作的治理效果研究。②生产者责任延伸制下供应商行为治理及实证问题，如考虑供应商行为的制造商 EPR 决策研究和供应商治理对 EPR 实施绩效调节作用的实证研究。③生产者责任延伸制下核心企业关系治理和生态设计的决策问题，如核心企业关系治理对供应链绿色运营的影响机制研究、核心企业关系模式对可持续供应链决策的影响机制研究、核心企业对供应链成员开展生态设计的激励机制研究和核心企业进行产品生态设计的绩效评价研究。④生产者责任延伸制下产品再制造运营决策问题，如模块化再制造设计策略及运营决策研究和再制造品投保策略及运营决策研究。⑤生产者责任延伸制下非正规回收渠道管理问题，包括消费者参与回收行为意向影响因素研究、考虑非正规回收的双渠道回收管理研究、基于政府干预的非正规回收渠道治理模式研究和考虑讨价还价能力的非正规回收渠道治理模式研究。

第二，EPR 相关制度体系研究仍需完善。本书从制度体系建设角度，对国外 EPR 实施情况进行比较分析。通过梳理德国和日本废物法规中的回收处理责任模式，调研国外 EPR 立法资料，归纳出代表国家的 EPR 实施模式。在国外 EPR 实施模式研究基础上，重点分析我国 EPR 的政府体系规划现状，描述基于 EPR 原则的立法演进趋势，深入探究中国 EPR 规范效力。具体讲，在国外 EPR 立法体系研究中，对不同国家产品废物法规中的回收处理责任模式进行梳理，分析其制度框架和具体政策；在 EPR 社会实践方面，从物质责任、经济责任上对 EPR 实施的具体手段和费用分摊方式进行对比研究。最后结合以上两方面的研究内容，比较发达国家及地区在 EPR 实施中的差异性，为我国实施 EPR 提供可借鉴的模式和机制。

第三，EPR 实践方面的相关研究仍需要深入。本书通过搜集汽车产业、回收产业和电子产业 EPR 相关实践数据，从泛化逐步深入，形成泛化案例研究和深度案例研究两部分，经由"案例筛选—案例描述—案例分析"流程构建了一套完整的国内外企业 EPR 案例库。在案例库构建基础上，深入分析中国与其他国家的实践差距，找出中国企业 EPR 运营中的问题，并归纳优秀企业的成功经验，最终为中国政府及企业更好地落实 EPR 提供决策依据和政策建议。具体讲，研究成果以国内外汽车相关设备制造产业、电子产业和废旧资源及材料回收加工业三大重点产业为研究对象，结合供应链治理理论深入开展案例研究，创建企业 EPR 实践案例库，同时，系统分析 EPR 实施模式和内在机制。

此外，本书聚焦汽车产业，对企业的回收再制造模式进行系统分析。然后综合分析电子和废旧资源及其材料回收加工业，以废弃电器电子产品回收模式为研究对象，分别对基于 EPR 的 WEEE 回收模式、"互联网+"回收模式、EPR 回收模式的影响因素和 WEEE 回收处理行业的发展趋势进行深入探究。最后在汽车行业和电子行业案例概述基础上，深入研究了基于供应链治理的电子行业 EPR 驱动因素、基于 EPR 成熟度的汽车产业运营实践治理和 EPR 下考虑生态设计的可持续供应链价值创造等问题。

　　第四，EPR 决策建议方面的研究仍需拓展。本书成果在政府规制体系设计方面，基于前面的理论基础研究、宏观政策研究、企业调研研究，从中国 EPR 政策落实机制总体设计出发，分别给出我国构建 EPR 政策落实机制、加强 EPR 规制体系建设的战略思考和政策建议。在企业运营决策方面，基于前文的理论基础研究、宏观政策研究、企业调研研究，衔接政府 EPR 规制体系，从企业实践出发，针对中国的 EPR 相关政策，如绿色采购政策，分析当前政府和企业在绿色采购中遇到的问题，给出完善 EPR 下绿色采购政策、推动我国企业 EPR 实践的政策指导和对策建议。

第三章

生产者责任延伸制的内涵与相关理论

经济社会的急速发展，加剧了全球的环境和能源危机，也形成了当今以循环经济和可持续发展为主题的外部情境，生产者责任延伸制则是该情境下产生的制度产物。作为一种外部的制度压力，EPR 使人们发现，循环经济和可持续发展问题无法通过单一企业来解决，必须站在供应链系统的层面，通过供应链上下游的利益相关者和责任相关者的共同合作，才能实现企业自身和整个产业的可持续发展。本章以循环经济为立足点、以政府规制为支撑点、以企业社会责任为出发点、以供应链治理为切入点、以产品全生命周期管理为着力点，分别引入了产业生态化、制度合法化、行为责任化、责任结构化和责任周期化思想，系统界定并构建了 EPR 的内涵及其相关理论体系，为后续研究提供理论依据。

第一节　生产者责任延伸制的内涵和概念模型

基于各子课题组主张的理论视角，本书界定了生产者责任延伸制的内涵和概念模型，如王军锋教授主张的循环经济理论、申进忠教授主张的政府规制理论、钟永光教授主张的企业社会责任理论、李勇建教授主张的供应链治理理论，以及朱庆华教授主张的产品全生命周期理论。

一、生产者责任延伸制的内涵界定

（一）EPR 的定义

EPR 是一种将生产者环境责任延伸到产品消费后阶段，以产品的报废阶段为重点，兼顾考虑设计、制造、分销、零售等其他阶段的处理问题，进而对生产者整个产品全生命周期的环境行为进行约束与激励的制度。EPR 是以生产者责任的延伸为出发点，必须按照生产者责任的延伸特点来制定 EPR 政策。其延伸特点有：①责任专属性，这种责任是生产者的责任，而不是政府或者消费者的责任，生产者是指直接生产对环境造成污染的产品或者产品零配件的企业，生产者应该学习如何降低自己产品的环境污染水平；②责任延伸性，生产者应该承担废弃产品的回收、处理和再利用等责任；③责任合法性，即在生产者责任的延伸过程中，对企业的环境责任要求应该被转换成具体的制度规范，责任的履行应该受到法律的保护和制约。

（二）EPR 实施主体

EPR 实施的目的是内化废弃产品的环境成本，激励生产者做出产品设计改变，从根本上扭转企业承担环境社会责任与经济发展相悖的状况。EPR 的实施主体是一个由核心主体（如生产者）和其利益相关主体（如供应商、销售商、政府、消费者等）共同构成的供应链系统。根据产品全生命周期的阶段特点，进一步确定供应链系统中 EPR 实施的责任主体。

（三）EPR 实施原则

1. 有限规制原则

有限规制原则亦可称为规制权有限原则，该原则强调的是对生产者责任延伸制的适度性，即能够通过市场机制来实现的，尽量使用市场机制解决，只有在市场失灵的情况下才进行适当规制，就生产者责任延伸的产品规制对象而言，只有具有较大环境影响，并且经济价值低，无法通过市场机制进行回收处理的废弃产品才适用生产者责任延伸制。

2. 激励产品设计改变原则

尽管生产者责任延伸是一种"后产品责任"，但其不同于传统的废物末端治理，旨在通过要求生产者承担废物的回收处理责任来激励生产者做出产品设计的改变。

3. 多种措施综合利用原则

生产者责任延伸不是单一的政策，而是政策框架或者说是诸多政策措施的整合，为此需要通过强制性管制措施、税收补贴等经济措施以及信息传递措施等综合运用来保障实施。

4. 以责任主体的确定为 EPR 实施的根本原则

唯物辩证法的主次矛盾方法论强调办事情要善于抓重点、抓关键、抓中心。我国现行 EPR 政策法令中，缺乏对各方利益相关者的责、权、利的清晰界定和相应的执行措施。生命周期评价是个动态评价的过程，通过不断循环反复的评价，计算分析出全生命周期能源消耗及环境影响最大的阶段，为产品环境影响主要矛盾的发掘做出定量分析，为生产者责任主要往哪个阶段作延伸提供支撑，进而确定 EPR 的实施边界和延伸责任主体，从而以"核心责任主体主导—延伸责任主体支持—整体环境绩效提高"为中心思路，构筑 EPR 的实施模式。

5. 责任边界依据实际情况而定原则

唯物辩证法的矛盾特殊性方法论指出矛盾具有特殊性，要具体问题具体分析。由于 EPR 的实施具有很强的地区差异和行业差异，必须紧密结合我国社会经济的实际情况及具体行业特点，来探索生产者责任延伸制在我国的实施途径及发展模式。虽然 LCA 为 EPR 项目决策提供了定量数据分析，但面对纷繁的现实情境，由于非正常干扰因素的存在，理论与实际情况之间难免存在差异，所以对生产者责任边界的界定应该结合实际考察，更为慎重。

6. 制度政策的执行一般都需要符合成本效益的原则

成本效益评估最初适用于投资决策，后来被引入政府的政策和立法决策（高敏，2011）。实施 EPR 使得社会损失和社会成本都被计入环境成本而作为企业决策依据，即环境成本由社会化转向内部化，这样就增加了企业成本效益分析方法中的成本。因为只有将环境成本由外部化转为内部化，迫使企业为其产生的环境影响付出相应代价，即提高被低估的生产成本，这样才能减少不必要的生产和消费泡沫。效益分析是将立法措施带来的正面影响货币化，用于和成本比较，但是其中一部分效益是无法用货币来衡量的。EPR 实施的目标是提高整个产品全生命周期的环境绩效，但不可能对所有效益进行整体性的价值评估。因此，可以将实施 EPR 的效益分为货币化部分和非货币化部分，单独分析每一部分的效益，最后得出 EPR 的总环境效益，从而进一步构筑产品全生命周期视角下的 EPR 实施的成本–效益指标体系，评价实施 EPR 的成本和收益。

（四）EPR 实施目标

生产者责任延伸制将产品生产者的责任延伸到其产品的整个生命周期，特别是产品使用后的回收处理和再利用阶段，从而使生产者承担其产品的回收或处置等义务，促使生产者在进行产品设计和材料选择时考虑更多的环境因素，降低产品全生命周期各个阶段的资源消耗和废物排放。

EPR 的最终目标是刺激生产者重新设计其产品，并减少原料及有害物质的使用，通过开发环境友好产品和产品回收利用方式，来推动可持续发展。生产者责任延伸制的出现反映了环境政策的发展趋势，包括从"末端治理"到"污染预防"的策略转变，减缓产品整个生命周期的环境影响，以及非强制性政策的应用等。具体包括以下几个方面。

1. 促进生产者承担产品废弃处理处置的环境成本

生产者应承担产品全生命周期内全部或部分环境成本。例如，通过实施原材料使用税、原材料运输津贴、深度处理费用、环境友好产品优先等政策来实现对相关方利益的调整。

2. 促进生产者承担废弃产品的环境风险防范责任

EPR 指生产者直接参与废弃产品环境风险防范管理，负责产品回收及限期淘汰有毒有害危险材料的使用等，要求生产者对产品使用后的环境风险预防承担相应责任。这一原则将刺激生产者在设计产品时，使用较少的材料，增大其回收利用的可能性，并考虑使用更加环境友好的材料，因此是实现产品环保化（或无害化）的一种强有力的激励机制。

3. 要求生产者承担其产品环境信息进行披露的责任

生产者应提供其产品的相关环境特性，以及该产品如何以环境可接受的方式再利用等信息，其目的是引导消费者购买环境友好的产品，并正确处置其废弃的产品。"信息责任"成本低，易推广，有利于社会各界了解产品的环境性能，提高环保意识，从而激励和推进环境友好产品的发展。

（五）EPR 实施对象

对大多数国家而言，生产者责任延伸制都是先用于包装材料废物等需要较大填埋空间的废物，然后再扩展到其他产品。目前，生产者责任延伸制主要的实施对象是废物流中问题比较突出的产品，如电池、轮胎、汽车、计算机、容器以及杂志纸类等，这些产品具有产生量大（如包装物）或环境风险较大（如汞含量高的电池）等特征；或者二者兼而有之（如电子产品、汽车等）。

1. 包装材料废物

包装材料废物回收的基本原则是避免或降低包装材料废物所导致的环境影响，促进包装材料废物的再利用、再循环，不能回收利用的物质以焚烧的方式回收能源。1994 年，欧盟发布的《包装与包装废弃物指令》（94/62/EC）要求所属成员国对包装材料采取一致的政策，并成立 EPR 系统回收包装材料废物。随后，一些东欧国家如波兰、匈牙利和捷克也纷纷效仿，亚洲国家如韩国也成立了包装材料废物 EPR 系统，日本在 1995 年通过了包装材料法案，并于 1997 年开始实施。

2. 电子废物

电子产品是全球 EPR 政策的焦点。在电子产品上，生产者担负的回收处理责任是与产品范围相关的，具体而言，他们愿意回收其生产的产品，但会拒绝对既有产品负责，即那些实施 EPR 政策之前所设计的产品。此外，也拒绝对制造商不明确的产品负责，如 20 年前销售的但现在厂商已经不存在的产品。欧盟和日本都针对电子废物颁布了相关法令，但是日本的方式和欧盟有所不同。欧盟在回收产品时，消费者不必付费；而日本则会向消费者征收费用，以"弥补"处理成本。

3. 废旧汽车

车辆不像包装物品和电器电子产品，车辆是全球回收率最高的产品。车辆大约有 75%（以重量计）是金属，其中大部分是铁和钢，工业化国家大都将废钢、铁回收再利用。车辆 EPR 的目标是针对其余 25%的物质（如塑料、橡胶、玻璃、纺织品、液体、漆料等），这些物质通常被铅、铬、废油、印制电路板（printed circuit board，PCB）等有害物质污染。EPR 的目标是避免这些被污染的废物进入填埋场，并减少非法处置废旧车辆的数目。

（六）EPR 实施政策

按照政策工具发挥的主体性和政策工具的强弱性特征相结合的标准，可以将 EPR 政策工具体系分为三大类型，即命令强制型、经济激励型和自愿参与型。

1. 命令强制方式

政府通过行政命令来强制实施生产者责任，如政府强制企业回收废弃产品，禁止使用某些危险物质和材料等。例如，通过强制性回收政策、可回收成分的最低标准、二手材料使用比率要求、产品等级、能源效率标准、处理方法的限制、使用材料的限制和产品限制等政策，来推动生产者责任延伸制实施。强制型收费的基金政策规定电器电子产品的生产者或者进口商分类别按量缴纳处理基金。

2. 经济激励方式

通过市场经济手段来推动生产者责任延伸制。生产者责任延伸制常用的市场经济手段包括产品费、生态税、预付处置费、押金返还、绿色采购政策等。例如，经济激励型的绿色采购政策要求上游企业提供绿色产品，因此上游企业就会采购绿色原材料并进行绿色制造，从而绿色采购可以沿着供应链传递，推动整个供应链乃至整个社会形成绿色循环。最大限度地降低产品生产、运输、使用、废弃处理整个生命周期内对环境的负面影响。

3. 自愿参与方式

生产者自愿采取措施以降低其产品在整个生命周期内对环境的影响，而不是在政府或法律的强制要求下进行，如企业自愿执行的废旧产品回收计划。在生产者责任延伸信息追踪政策下，生产者通过追踪一般固体废物转移路径，可以考察该固废如何从产生企业转移出去，同时可以全方位考察源头企业以何种手段将一定总量的固废转移给不同的一级回收企业，而不同的承收企业又如何将内部消化不了的固废转移给二级回收企业，转移链会一直延续下去直至所有固废都处理完毕。而每一步转移都应有充足的信息反馈到一般固废的转移系统中，在这个系统中，可以查询到不同种类或同一种类的一般固废的不同转移路径，也可以明确生产者延伸责任的落实情况和落实绩效等。

二、生产者责任延伸制的概念模型

（一）政府规制视角下 EPR 概念模型

政府规制的目标在于矫正市场失灵。市场失灵理论主要包括垄断、外部性、公共物品三项内容。其中，环境规制主要涉及的是外部性和公共物品理论。环境作为典型的公共物品，具有非竞争性、非排他性等特点，易产生"搭便车"现象，最终出现"公地悲剧"。政府解决外部性的规制政策通常是通过制定一系列的法律法规约束负外部性。这种措施一般有两种：一是利用政府的行政力量对产生和造成正外部性或负外部性的经济主体进行补贴或征税以提高该产品的私人收益或私人成本，使社会成本与私人成本、社会收益和私人收益逐渐趋于一致；二是直接限制具有负外部性产品的产出量，将其限制在社会所认可的资源配置点，或者干脆禁止此种产品的生产活动。在这两种措施中，前者更具典型性。具体就 EPR 而言，其主要任务在于实现产品废物环境外部成本的内化。通过 EPR 给生产者的生产行为提供明确的政策信号，即要求生产者处理消费后阶段与产品有关的外部性问题，进而激励生产者做出产品设计的改变，EPR 概念模型如图 3.1 所示。从一定意义上讲，实现环境外部成本的内化是生产者责任延伸制建构的指导性原则。而能否真正实现产品废物环境外部成本的内化以及实现程度也因此成为评价生产者责任延伸制实施效果的基本标准。

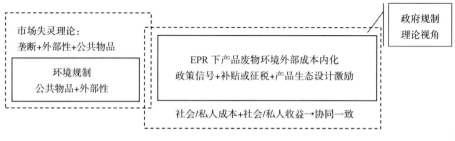

图 3.1　政府规制视角下 EPR 概念模型

（二）循环经济视角下 EPR 概念模型

循环经济是一种遵循生态规律的新的经济发展模式，其核心是推进资源节约和循环利用。循环经济以 3R 原则为其操作原则。从循环经济视角考虑，传统产业代谢活动在 3R 原则下会呈现出循环经济的特征。产业代谢观点和方法是循环经济理论研究的一种重要方法和视角，用于分析和探讨经济系统的物质流动规律。而生产者责任延伸制促使生产者对其产品整个生命周期，特别是产品的回收、循环利用和最终处理，承担相应的责任，促使生产者进行产品设计和材料选择时考虑更多的环境因素，降低产品全生命周期各个阶段的资源消耗和废物排放。生产者责任延伸制的目的，是通过开发环境友好产品和产品回收利用方式，来推动可持续发展。开展生产者责任延伸制对提升生产者的社会责任意识、提供更多生态产品、促进生态文明建设具有重要意义。由此，给出循环经济视角下 EPR 实施体系，如图 3.2 所示。

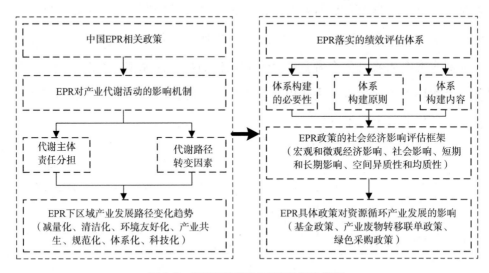

图 3.2　循环经济视角下 EPR 概念模型

（三）供应链治理视角下 EPR 概念模型

供应链治理是以协调供应链成员目标冲突，维护供应链持续、稳定运行为目标，在治理环境的影响下，通过经济契约的联结与社会关系的嵌入所构成的供应链利益相关者之间的制度安排，并借由一系列治理机制的设计实现供应链成员之间关系安排的持续互动过程。供应链治理涉及对象的范围代表了供应链治理的边界。以核心企业为焦点，供应商、制造商、分销商、零售商联结起来形成的功能网状结构构成了供应链治理的核心范畴，其中核心企业处于主导和组织地位，参与方之间通过交易关系联结。随着 EPR 下供应链规模的扩大，外部性和社会力量的增加对供应链治理构成了强大的外部冲击，这个冲击可能涉及利益相关者，如政府、社区、行业协会以及其他团体，他们通过各种利益纽带与供应链内部成员形成关联关系。这些利益相关者尽管不一定作为完全的内生变量纳入供应链治理，但是可能会通过外在的倒逼机制，压迫供应链要有适应外在压力的治理制度安排。EPR 下，政府、非政府组织、消费者成为企业在追求经济效益和环境效益均衡过程中的利益相关者，也成为企业所处的供应链系统外部环境的一种制度压力。新的制度压力促使供应链治理结构发生演变，通过治理结构的重组，实现系统内部效率化的同时，实现系统外部的合法化。由此，形成供应链治理视角下 EPR 实施结构，如图 3.3 所示。

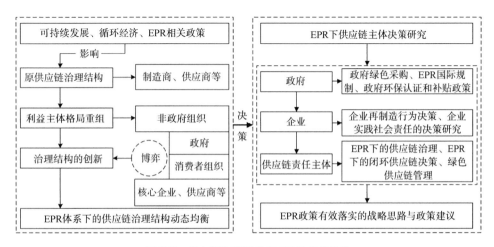

图 3.3 供应链治理视角下 EPR 实施结构

（四）产品全生命周期视角下 EPR 概念模型

产品全生命周期是指从人们对产品的需求开始，到产品淘汰报废的全部生命历程。EPR 以生产者为责任主体，在产品全生命周期视角下通过产品全生命周期分析，即计算原材料提取阶段、生产制造阶段、分销零售阶段、消费废弃阶段、回收再制造阶段等各阶段的环境污染程度，来确保生产者的责任应延伸到环境污染最大的阶段，并相应地赋予生产者物质、经济、产品、信息和保留所有权等责任中的一种或是几种。同时相关责任主体，包括政府、原材料供应商、产品零售商、消费者、回收者和处理者等，也应承担一部分责任，以确保 EPR 能够顺利实施，实现产品全生命周期内的环境绩效最优，由此，给出产品全生命周期视角下 EPR 概念模型，如图 3.4 所示。

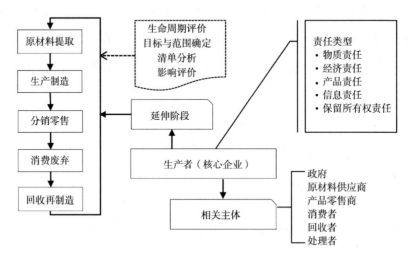

图 3.4　产品全生命周期视角下 EPR 概念模型

（五）企业社会责任视角下 EPR 概念模型

EPR 最早由瑞典环境经济学家 Lindhqvist 提出，Lindhqvist 根据生产者责任延伸的基本思想提出了 EPR 五个方面的基本内容，它们分别是产品责任（product responsibility）、经济责任（economic responsibility）、物质责任（physical responsibility）、信息责任（informative responsibility）、所有权责任（ownership responsibility）（图 3.5）。其中，产品责任指生产者应对自身产品导致的环境或安全问题负责；经济责任指生产者应当为产品的报废回收处理承担一定的费用；物质责任指生产者对报废回收处理的产品应承担一定程度上的管理责任；信息责任指生产者应当提供产品及相关的信息，如能源信息、环保标志等；所有权责任指产品全生命周期中，生产者应保留产品的所有权，用以处理产品导致的环境问题。

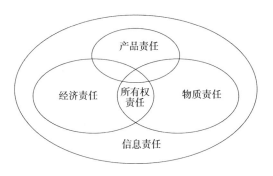

图 3.5　生产者责任延伸制五方面

　　生产者责任延伸制一经提出就引起了学者们的关注，后续的学者对生产者责任延伸制进行了更深入的探讨和完善，认为生产者责任延伸制是将企业的责任延伸至产品消费后的回收处理阶段，以此来促进环境保护，减少产品的环境污染。生产者责任延伸制是一种环境友好的实施策略，从目的上看，其旨在减少产品在回收处理阶段的环境污染，从实施的方法上看，它提倡生产者在产品的生产设计阶段就考虑到产品在回收处理阶段可能存在的问题，努力实施绿色设计、绿色采购、绿色营销等环境友好的生产销售策略。但在现实情况中，由于国家、行业的不同，生产者责任延伸制在实施过程中很难完全达到最初设想目标。

　　从利益相关方的角度来看，生产者责任延伸制可定义为企业为提升相关方的环境利益而建立的废物处理制度，不仅面向废物处理回收和处置过程，还推进绿色设计、绿色采购和绿色生产以降低整个供应链中产品的环境污染，提升供应链中所有利益相关者的利益，图 3.6 显示了企业社会责任视角下的 EPR 概念模型。

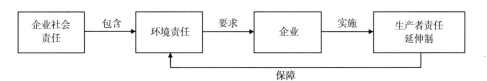

图 3.6　企业社会责任视角下 EPR 概念模型

（六）全理论视角下 EPR 概念模型

生产者责任延伸理论及其在中国的实践研究是将生态环境治理以及运营管理的理论与方法，如政府规制理论、循环经济理论、供应链治理理论、产品全生命周期理论和企业社会责任理论，应用于企业的供应链运营管理领域，专门研究生态环境事件中的废物管理问题，促进生态环境治理和可持续运营管理创新而形成的一个专门领域。EPR 包括 EPR 数据的管理和运用 EPR 进行的可持续运营管理与实践创新两个方面。前者涉及对在生态环境事件中产生的宏观政策和企业案例进行大数据分析，形成"中国政府 EPR 规范性文件数据库"和"中国企业 EPR 政策落实典型案例数据库"；后者涉及 EPR 下可持续运营管理与创新系统，由理论基础系统、政策基础系统、重点领域系统和实践创新系统四个子系统构成，将各子系统嵌入到供应链运营管理大系统中，形成了全理论视角下 EPR 概念模型，如图 3.7 所示。

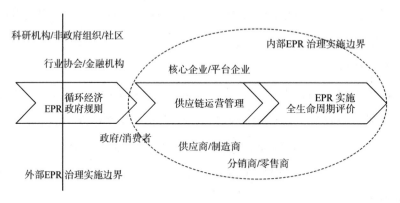

图 3.7　全理论视角下 EPR 概念模型

第二节　基于政府规制理论的 EPR 规制体系

政府规制理论视角下的 EPR 规制体系主要是以规制理论中的政策体系

构建为基础，主要包括 EPR 政策基本框架、EPR 政策范式特征及 EPR 规制体系和国际向度。

一、EPR 政策基本框架

规制是日本经济学界对英文"regulation"或"regulatory constraint"的翻译，意为用制度、法律、规章以及政策来加以制约和控制。国内也有人把它译为管制或监管，我国香港和台湾地区还有"规管"的译法。关于规制的定义，植草益认为："规制的一般意义指的是社会公共机构依照一定规则对构成特定社会的个人和构成特定经济的经济主体的活动进行限制的行为。这里的社会公共机构或行政机关一般被简称为政府。"按照规制对象和目标的不同，通常将政府规制分为经济性规制和社会性规制两种。环境规制作为社会性规制的一项重要内容，是指由于环境污染具有负外部性，政府通过制定相应的政策与措施，对企业的经济活动进行调节，以达到保持环境和经济发展相协调的目标。环境规制旨在期望生产者和消费者在做出决策时将外部成本考虑在内，从而优化他们的生产行为和消费行为。EPR 从本质上来说是政府环境规制的重要工具。本书以规制理论为切入点，对其基本框架做以下解读。

（一）EPR 的适用范围

从某种意义上讲，EPR 不是一个新兴概念，对所处置产品进行再利用、再生利用有着悠久的历史，这主要是基于价格信号和私人利益驱动。然而，基于私人利益驱动的产品处理不足以达到社会所期望的或最优的生产者责任的水平，这促使在 20 世纪 90 年代提出了新的环境政策，即 EPR。EPR 要求生产者不仅要承担产品能量和性能等经济责任，还要承担产品报废后的环境责任和社会责任，旨在通过制造商对产品的整个生命周期，特别是对产品的

回收、循环利用和最终处置负责，降低产品对环境的影响。根据 EPR 的运行
方式和法律强制力的不同，大体可以将 EPR 分为基于企业自愿由市场驱动的
EPR 和政府主导的 EPR 两种，作为政府规制工具的 EPR 主要是指后者。按
照规制理论，只有在市场失灵的情况下政府才进行适当干预，也就是说作为
政府环境规制工具的 EPR 有其特定的适用范围和政策边界。

从具体产品而言，判断是否适用 EPR 的标准是该废弃产品回收体系是否
存在市场失灵现象，以决定是否需要国家这双"有形之手"制定政策法律进
行调节。具体需要权衡废弃产品的回收价值及其环境影响两方面因素，以协
调环境保护和企业利益之间的关系。通常，回收价值较高、环境影响较低的
产品，一般可以自发地形成市场化回收再生体系，无须政府干预。而 EPR 适
用产品通常包括以下三类：第一，产生量大、回收再利用价值低的固体废物；
第二，环境风险较大的固体废物（此类废物通常不易清除、处理；含有长期
不易腐化的成分；含有害物质成分；等等）；第三，上述两因素兼而有之，而
且回收再利用价值低的废物。对于这三类产品，无论是生产者、销售商，还
是第三方回收处理企业，都因为可能"入不敷出"而缺乏回收处理的动力。
但由于这些产品在废弃后对环境造成的危害十分严重，因而对其回收处理尤
为重要，这就需要政府进行干预，强制要求对这类产品实施 EPR。

OECD 曾对截至 2015 年世界范围内的 395 项 EPR 政策进行系统分析与
梳理。结果显示，从 EPR 覆盖的产品频次看，EPR 政策普遍涵盖电子产品、
电话、轮胎、充电电池、恒温器和电子表，而这些产品的处置通常耗费大量
的社会成本。其中小型消费电子产品最多，如手机、充电电池、恒温器、电
子表等，占全球 EPR 政策的 35%。包装包括饮料容器占 17%，轮胎占 17%，
机动车、铅酸电池各占 7% 和 4%。另外的 20% 包括废油、油漆、化学品、大
家电和荧光灯泡等。同时，各国或地区对适用 EPR 的产品范围也存在不同的
偏好。例如，欧盟通过立法确立的 EPR 适用产品包括充电电池、电子产品、

机动车和包装等，其中 34% 的政策指向电子产品，18% 指向包装，14% 是轮胎，20% 是机动车和充电电池。而在美国，EPR 适用的产品中 50% 是电子产品，8% 是包装，24% 是轮胎，7% 是机动车和充电电池。

（二）EPR 的政策目标

维护公共利益是政府规制的正当性基础。公共利益理论认为，政府看作公共利益的代表，政府规制的目的在于矫正市场活动带来的无效率和不公平，通过提高资源分配效率来提高整个社会的福利水平，保护公众利益。EPR 作为规制手段的基本出发点和根本目的在于保护环境这一公共利益。而在具体规制目标的设定上，则存在差异。例如，2001 年 OECD 发布的《EPR 政府指导手册》将 EPR 目标归结为四种：源头削减（节约自然资源、节约材料）；废物预防；设计环境兼容的产品；实现材料利用的"闭环"、促进可持续发展。而欧盟委员会 2014 年报告给出的其 EPR 目标包括：内化环境外部性成本，为生产者从设计阶段到消费后阶段的产品全生命周期内考虑环境因素提供激励；为设计更持久、含有更少危险物质、更容易处理的产品提供激励；作为一种财务和/或操作工具，实施可持续产品和废物管理项目，按照废物等级（即按照预防、准备再利用、再循环、其他回收和处置的次序）及欧盟量化的再循环和回收目标优化废物管理。在欧洲原材料倡议框架内，促进更有效率地利用可得资源、保有欧盟境内的二手原材料、改善对战略资源的获取。为生产者转向在产品寿命终止阶段之外采取更好的废物管理方案提供激励，推动产品设计、再制造和再生利用，使其形成资源效率型的商业模式，从而为国家发展循环经济和维持再循环社会铺平了道路。

总之，作为环境规制工具，各国倾向于将节约原材料、减少废物和鼓励环境友好的产品设计作为 EPR 的共同主题。而随着废物资源价值日渐受到重视，将 EPR 用于资源节约和材料管理成为一种重要发展趋势。2014 年 6 月，OECD 在东京召开了题为"环境全球论坛：通过 EPR 促进可持续材料管理"的会议。会议提出，EPR 不仅改善了国家废物的管理，同时在支持国家资源效率战略方面起着重要作用，因而应将 EPR 置于可持续材料管理的背景下加以重新审视。在此背景下，EPR 被定义为促使生产者致力于可持续物质管理的有效政策工具，鼓励生产者改善其产品和物质的生命周期效率，并促使其寻找新的方法来回收二手产品，将废物转化为资源。

二、EPR 政策范式特征

如果市场失灵是政府规制的基础，那么，因为"规制俘获"等现象的存在，政府规制也存在"失灵"的现象。随着对规制的公共利益以及规制高成本等质疑的出现，进行规制改革，提高规制的有效性成为西方规制理论和实践发展的重要趋势。作为新型环境规制政策，EPR 具有不同于传统环境规制的特点，主要表现为：第一，EPR 所针对的环境损害具有时间的滞后性。传统环境政策，如排放管制，在生产点简单地测量环境损害之后即可进行管制；而 EPR 项目下的许多产品的环境损害并不能依靠生产过程中安装的仪表来测量，这些产品通常在其后数年甚至数十年之后才会产生负外部性。第二，EPR 关注产品的整个生命周期，据此考虑与产品最终处置相关的环境损害。相反，传统政策规制关注产品全生命周期的某一点，这通常会阻碍这些政策考虑所有生产和消费链上的外部性。第三，EPR 政策下更强调商品再生利用潜力，而这一点恰是传统环境管制中所缺失的。由于再生商品通常会再次进入各种生产过程之中，因而在利用、处置决定与生产决定之间建立了复杂的连接。这要求 EPR 采取多种措施以处理多种目标或多个社会成本源。相对于传统环境规制而言，EPR 规制更为复杂，具体可以依据后规制理论对 EPR 的政策范式特征加以分析与把握。

后规制理论是适应规制改革的需要，以提高规制效率为目的而提出的一种理论。相对于规制改革提出的另一种理论，即消除规制而言，后规制改革更强调多元规制以提高规制质量。从"后规制"本身的理论渊源看，它吸收了治理理论的精髓，从公共权力回归及提供更好的公共服务方面来强调政府合理规制的重要性及规制方法的新探索，从一定意义上讲，后规制是治理理论在公共治理层面的具体体现。

从 1989 年世界银行在其报告中使用"治理"一词开始，治理迅速在政治学、法学、经济学等多个领域得到了广泛使用。按照全球治理委员会的定义，治理是个人或公共、私人机构管理其共同事务的诸多方式的总和。它是使相互冲突的或不同的利益得以调和并且采取联合行动的持续的过程。这既包括有权迫使人们服从的正式制度和规则，也包括各种人们同意或以为符合其利益的非正式的制度安排。它有四个特征：治理不是一整套规则，也不是一种活动，而是一个过程；治理过程的基础不是控制，而是协调；治理既涉及公共部门，也包括私人部门；治理不是一种正式的制度，而是持续的互动。根据该定义，可以将治理分为私人治理与公共治理两大类，政府规制属于公共治理的范畴。

公共治理的基本内涵有：第一，承认政府权力的有限化。公共治理理论强调社会通过公民自主自治能够解决的问题，政府都不应该插手，即将全能型政府转变为有限政府。这样不但可以限制政府滥用权力，还可以有效保障其他主体能够参与到公共事务的管理中。同时，也可以极大地降低管理成本，提高管理效率。第二，参与与合作是公共治理的精髓。主张主体多元化、权力多中心化的公共治理理论，必须注重在公共治理过程中治理的利益相关者、专家学者以及关心公共事务的组织和个人的广泛参与。否则，其多元化、民主化、合作化便无从谈起。相比于传统单一向度、自上而下的政府规制方式，治理强调的是一个上下互动的管理过程，它主要通过合作、协商、伙伴关系、确立认同和共同的目标等方式实施对公共事务的管理。治理的实质在于建立在市场原则、公共利益和认同之上的合作。它所拥有的管理机制主要不依靠政府的权威，而是合作网络的权威。其权力向度是多元的、相互的，而不是单一的和自上而下的。具体就 EPR 而言，政府规制沿产品价值链而展开，按照公共治理的后规制理论，具体可以对 EPR 的范式特征做以下表述。

（一）以利益相关方广泛参与与合作为基本特征

废弃产品的回收处置，不仅涉及产品的生产者，而且关涉到销售者、消费者、政府以及其他组织，因而单靠生产者的力量很难实现产品的回收利用和废弃处理，需要销售者、消费者、政府和其他组织的积极参与以及他们与生产者之间的协同合作才能实现。相对于政府为规制主体的传统环境规制模式而言，利益相关方的参与与多元合作的法律意义在于：其一，产品价值链上所涉及的生产者、销售者、消费者等这些市场主体不再仅仅是被动的受监管对象，而是与政府、非政府组织等其他利益相关方一道共同构成产品环境治理的主体。而赋予生产者等市场主体以治理主体的法律地位，更有利于发挥他们对废弃产品回收处置的积极性。其二，政府与生产者等这些市场主体之间不再是简单的命令服从关系，而更多体现为一种协同合作关系。通过倡导多元主体在治理过程中的平等参与、协同合作与共识来实现 EPR 的规制目的。

（二）以责任重新配置为核心

既然治理强调的是多元主体之间的合作，并且此种合作建立在责任共担的基础之上，那么如何配置不同主体之间的责任就成为 EPR 的核心问题。EPR

的基本特征之一即责任由传统的市政部门向生产者的转移。从理论上分析，这种责任的转移包含了两方面内容：一是从政府转移到与废弃产品回收处置相关的市场主体身上；二是在诸多与废弃产品回收处置相关的市场主体，如生产者、消费者、零售商等之中，更加强调了对生产者的责任配置。如果说，第一点体现了环境外部成本内化的需要，并以"有限政府"为基础，旨在减轻政府直接承担废弃产品回收处置责任的话，那么，对于第二点，即为什么要将责任更多配置给生产者则需要进一步分析。

对此，学界和政策制定者主要依循污染者负担原则来论证将责任更多配置给生产者的正当性。这方面最具代表性的是 OECD 的观点，OECD 曾于 1995 年开始对生产者责任延伸进行了系统研究。按照 OECD 的观点，生产者责任延伸制可以视为对污染者负担原则的深化。尽管对污染者负担作为环境法的基本原则本身并无异议，但就产品使用后处置阶段的环境影响而言，生产者是"污染者"吗？对此学界一直存在着质疑。例如，学者以洗衣机为例，提出消费者使用洗衣机，比方说用了 10 年坏掉了，然后消费者会扔掉，这种情况下难道说洗衣机的制造者是污染者吗？实际上将生产者定义为污染者，由其承担产品废弃处置的环境责任"模糊了产品本身和由产品而引起的污染这二者之间的区别"，是否造成废弃产品环境污染关键在于"丢弃行为"，而丢弃本身是消费者行为而非生产者行为。这是因为废弃产品本身并不一定意味着污染，只是在废弃产品被不适当地收集处置并不适当地置于环境之中时才会污染环境，同时这种污染具有滞后性特征。从这个意义上讲，将生产者作为污染者道理上说不通。因此，生产者责任延伸与污染者负担原则没有必然的联系。

为此，我国学者又提出了受益者负担原则，即将生产者视为产品全生命周期过程中的"受益者"，有义务对废弃产品的环境影响承担责任。然而，不难看出，无论是将生产者界定为"污染者"还是"受益者"，都是从环境影响的角度对生产者所进行的主体身份界定。退一步讲，即使从产品全生命周期的角度看，可以将生产者界定为"污染者"抑或是"受益者"，但照此逻辑，对于与废弃产品回收处置相关的其他利益相关方还包括诸如消费者、销售商等，我们也不难论证他们亦可界定为"污染者"或者"受益者"，这就意味着仅仅从环境"身份"的角度很难回答为什么要将废弃产品的回收处置责任"延伸"给生产者而不是消费者等其他利益相关方。

从一般语义上讲，污染者、受益者是相对于非污染者和受害者而言的，换句话说，污染者负担和受益者负担是相对于非污染者和受害者而言的。但就废弃产品回收处置的环境影响而言，生产者、消费者、销售者等利益相关方存在着"环境"身份同质化的情况。因此，无法使用这两种原则来说明为什么将废弃产品回收处置责任配置给生产者而不是其他利益相关方。本书认为，EPR本身体现的是在不同主体之间协同合作基础之上对各主体责任的重新分配，而之所以强调生产者的责任，主要是与生产者在产品价值链上所处的地位及所发挥的作用有关。显然，相对于消费者、销售商等其他利益相关方而言，生产者对产品全生命周期环境影响的降低具有决定性影响，因此需要将废弃产品回收处置的责任配置给生产者。对此可以将生产者责任配置原则归纳为生产者的"能力原则"，即之所以将废弃产品回收处置责任延伸配置给生产者，主要是因为生产者对降低包括废弃产品回收处置在内的产品全生命周期中的环境影响具有决定作用。

引入"能力原则"是合作性环境治理的必然要求。首先，产品全生命周期环境影响的降低需要各利益相关方的合作，依靠单一主体很难做到，各利益相关方之间的合作具有必然性。其次，各利益相关方的合作以责任配置为基础和前提。需要指出的是，这里的"责任"并非传统法学意义上作为"法律后果"的责任，而是生产者的"分内之事"，与"义务"同义。也就是说，所谓生产者责任延伸，实质上是法律所施加的生产者必须为一定行为和不为一定行为的约束。相对于损害担责和受益者负担这种事后救济方式而言，这里的"责任"更强调事前防御和主动作为，以预防和解决环境问题为指向。最后，从合作治理的角度看，各主体之间的能力和作用存在差异，为此，需要根据各自特点和能力来进行合作。

实际上，对于依据能力原则来将废弃产品的回收处置责任配置给生产者，国内外学界从不同的角度予以了肯定。例如，Yamaguchi（2022）明确提出，将责任由市政当局转移给生产者，不是因为他们是污染者而是因为他们对其产品具有控制力，即生产者承担处理责任只是因为他们对产品全生命周期具有控制力，而与污染者负担原则无关。国内学者张晓华和刘滨（2005）认为，延伸生产者责任最基本的特征之一是强调生产者的主导作用，因为在产品全生命周期链中生产者是最具控制能力的角色。李玮玮和盛巧燕（2008）认为生产者在产品全生命周期链中具有核心作用，通过生产者责任延伸可以有效改善产品全生命周期的环境绩效。而 OECD 之所以将生产者责任延伸视为污染者负担原则的延伸，实际上也是基于生产者能力原则做出的，只不过 OECD 是以对污染者概念做扩张性解释的形式体现出来的，即"基于经济效率和象征管理便利的理由，有时将在污染中起决定作用的经济机构，而不是将实际产生污染的机构定义为污染者是适当的"。总之，依据能力原则来延伸配置生产者责任是基于合作降低产品整个生命周期环境影响的需要，不仅有着理论基础，同时也是出于合作降低废弃产品环境影响的一种现实的选择。

（三）以激励生产者的前端改变为政策目的

既然生产者对产品全生命周期具有控制力，那么如何发挥生产者的积极性，激励生产者降低产品整个生命周期的环境影响就成为生产者责任延伸政策的核心命题。尽管学界普遍认为 EPR 是一种"后产品责任"，但 EPR 并非传统环境末端治理工具，它以刺激生产者在产品全生命周期前端的设计阶段做出改变为政策指向，这也是 EPR 有别于一般回收体系的关键所在。

实际上，刺激生产者在产品设计阶段做出有利于废弃产品回收处置的改变一直被视为生产者责任延伸制的基本特征。例如，OECD 指出，EPR 政策具有的两个基本特征之一即为生产者在其产品设计阶段植入环境考量提供激励。尽管 EPR 对于不同的人可能有不同的意义，但任何 EPR 政策的核心是将产品使用寿命终止后的环境责任施加于该产品的原生产者或出售者。该方法背后的思想是为生产者做出减少废物管理成本的产品设计改变提供激励。这些改变应包括改进产品的再生利用性和再利用性、减少材料的使用和缩小产品尺寸以及诸多其他为环境而设计的活动。

欧盟认为 EPR 政策的特点在于刺激生产者在其设计产品时考虑环境因素。欧盟资源效率平台在 2014 年 3 月 31 日所采纳的建议中指出：EPR 为生产者转向在产品寿命终止阶段之外采取更好的废物管理方案提供激励，推动产品设计、再制造和再生利用，并使其形成资源效率型的商业模式。我国学者对此也多有论及，如生产者责任的延伸实际上是使废物管理与处置的成本内部化，从而刺激生产者重新设计其产品，减少原料及有害物质的使用，实现资源的有效利用。

EPR 以对产品的消费后阶段为控制重心，不仅直接实现了对废旧产品的法律控制，更可以通过这种控制对生产者产生激励，从源头上防止污染的产生，从而实现对产品环境影响的全程控制。EPR 的前端激励机制也得到了立法层面的回应与肯定。例如，欧盟 WEEE 指令序言的第 12 段明确提出："通过本指令所建立的生产者责任是鼓励生产者在电器电子设备的设计和销售过程中充分考虑和促进产品修理、可能的升级、再利用、拆解和再循环的工具之一。"

总之，EPR 的政策价值在于其将传统游离于生产者责任之外的废弃产品回收处置责任纳入生产者对整个生命周期的考量范围，从而在产品全生命周期的前端设计与后端废弃产品处置之间建立起连接。因为 EPR 系统地考虑到产品的整个生命周期，所以它在取得整体最优的效果上要优于其他环境政策手段。对于生产者而言，他们首先应当在产品的设计阶段就综合考虑并降低包括产品消费使用后阶段的环境影响，而对于不能通过设计消除的环境影响，包括产品废弃后的环境影响，他们应承担相应的法律和经济责任。具体而言，强调 EPR 对产品设计改变的激励，具有以下几点政策含义。

1. EPR 的关键目标是支持产品整个生命周期环境效率的改进

就产品环境影响而言，欧盟的研究表明，产品整个生命周期环境影响的70%以上是在产品的设计阶段决定的，因此透过"为环境而设计"可以最大限度地从源头预防和降低产品整个生命周期的环境影响。

2. 产品设计是企业经济性能的重要影响因素

产品设计作为企业经济性能的重要影响因素日渐受到重视，并成为公司竞争力战略的重要内容。从环境政策角度看，设计作为一项综合性方法，允许将产品全生命周期的环境影响与产品功能性、人体工学、合用性、可获得性、产品安全、可持续性、成本以及品牌和文化等无形资产予以综合考量，从而将环境责任与公司的生产经营有机结合起来，有利于协调环境保护与企业发展之间的关系，降低环境影响作为企业竞争力战略的有机组成部分。

3. 产品设计为企业生态创新提供了新的机遇与路径

相对于传统意义的技术创新而言，以人的活动为中心的设计创新具有其独特优势。设计不仅能够闭合从初始研究到商业可行性创新的"创新环"，具有提高总的研发和创新支出效率的潜力；同时，设计还可以补充现有创新和研发政策，将创新政策的对象扩展到以非技术活动和投资于技术研究不可行或不合适为特征的中小企业为主体的成熟市场、部门和区域。

此外，针对环境改善而设计的政策允许政策制定者处理产品生产或消费几年之后才发生的环境污染。这使得 EPR 不同于传统的诸如税收和可交易的排放许可等，因为那些措施只能处理即时性的损害（如在生产环节测得的损害等）。

三、EPR 规制体系和国际向度

在社会性规制领域，由于主要通过对某些私人产品和生产过程实施规制以达到目的，因而在发展初期主要依靠命令与控制手段进行规制；20 世纪 80 年代之后，命令与控制政策在某些情况下导致的高成本、低效率受到了广泛批评，并因而推动规制方式改革，出现了激励性规制方式。激励性规制就是利用市场化规制工具，为被规制者提供选择和行动的机会，引导、激励被规制者主动服从规制要求，从而实现规制目标。随着激励性规制的实施，基于市场的规制手段开始得到广泛应用。进入 20 世纪 90 年代以来，继命令与控制手段和基于市场的规制手段之后，以信息披露为特色的政策创新日益受到西方国家的重视，即通过公开企业或产品的相关信息，利用产品市场、资本市场、劳动力市场、立法执法体系以及其他相关利益集团来对污染企业或规制机构施加压力，以达到社会性规制目标。总之，社会性规制工具的发展趋势表现为通过非传统的规制渠道为被规制企业和规制机构提供激励，引导各利益集团参与环境规制政策的制定、执行与监督，以此来减轻规制机构负担和提高规制效率。EPR 作为一种多目标指向的规制工具，其本质上是"一个框架性建议或各种措施的综合，而不仅是一个单一的政策"，以便政策制定者可以灵活选用以适应地方价值、立法氛围、经济背景以及法律限制等的需要。从规制手段的角度看，可以将 EPR 的规制体系表述为诸多规制方法的有机组合。具体而言，EPR 的规制体系可以从废弃产品的回收处置以及产品整个生命周期两个层面进行建构。

（一）以废弃产品回收处置为核心的规制体系

该体系以促进废弃产品回收再利用为目的，关键是合理配置各利益相关方责任，进而形成有效的废弃产品回收处理机制。

如前述，尽管 EPR 聚焦于产品生产者的责任，但还有许多其他利益相关方参与其中，包括消费者（个人或公司，作为产品的最终使用者负责通过适当的渠道丢弃产品，如单独收集）、地方当局（负责城市废物管理，更一般的是负责当地的环境质量）、废物管理公司（作为废物管理的运营者投资基础设施和研发以改善收集、分类和再循环工艺）、社会经济体（如第三部门、慈善、自愿性部门或组织等）、零售商等。为此，需要合理配置各主体之间的责任，从而实现责任共担、协同合作的废弃产品回收处理机制。如同欧盟报告所指出的，任何国家的 EPR 项目都应该界定利益相关方各自的责任（财务责任和运营责任）。例如，生产者/分销商应负责将产品投放市场、负责对产品执行召回或经济义务，负责对其废弃产品进行低环境影响的处理、负责达到回收和再循环目标。生产者责任组织为其成员生产者的利益，集体采取行动，实施召回或承担经济责任。消费者负责参与各个收集项目，有效分类并利用供其单独分类使用的基础设施。地方当局则在一定情况下负责废物（如一定类型的家庭废物）收集和/或一定的运输和处理责任等。此外，欧盟各成员国则负责实施欧盟立法、达到强制性欧盟法律目标、界定规制和运营要求、监控和保证所有利益相关方对 EPR 原则的实施，并确立额外的经济工具如填埋税或丢弃者付费项目等。同时，为了增强各利益相关方的协同合作，欧盟鼓励建立由各利益相关方参与的平台以确保生产者责任组织、义务公司、公共当局、废物管理产业、消费者、环境非政府组织和欧盟的政策制定者等利益相关方代表之间进行对话。

而就生产者所承担的具体责任而言，尽管传统上将 EPR 归纳为五种责任，但实践中的 EPR 主要体现为生产者承担收集或召回使用后的产品，并为其最后的再循环进行分类处理的责任，具体可包括财务责任和组织责任两种。财务责任是指将废物管理责任留给市政当局，而将组织责任配置给生产者。相比之下，组织责任是指将废物管理的实际责任转移给生产者。两种责任的不同组合形成了实践中的多种 EPR 实施模式。

1. 简单财务责任模式

生产者的唯一义务是为现有废物管理渠道提供资金。研究显示，除了资金刺激外，采用这种模式很少能够对生产者产生其他改善废物管理的激励。

2. 通过与市政当局签约而建立的财务责任模式

生产者就收集和管理废物与市政当局签订合同。生产者改善废物管理动机依赖于合同类型以及与市政当局的对话。生产者的财务责任具体体现为合同条件，包括市政当局要求达到的量化结果，如收集率或再循环率、质量检测、对所实施的收集和处理项目类型的要求等。

3. 财务责任和部分组织责任模式

生产者为一些收集活动提供资金，具体工作由市政当局负责；而对于其他一些活动，如分类、回收材料的再销售等则由生产者负责。

4. 财务责任和全部组织责任模式

生产者将相关活动分包给专业的废物收集和处理运营者或者自己的收集和处理设施。在许多 EPR 项目中，生产者责任可以交付给生产者责任组织来代表生产者行动。生产者承担的责任内容与方式不同，相应地，具体 EPR 的运行机制也存在差异。例如，生产者如果承担的是财务责任，即由生产者向负责废物管理运营（通常是收集）的市政当局付费，同时将再生利用外包给专业的合同承包商。如果是组织责任，则由生产者资助和组织废物管理运营，并直接与再生利用者签订合同。另外，EPR 的实施模式也会因产品的不同而不同。例如，德国电子废物是由市政当局与生产者共担责任，即市政当局收集，生产者负责处理。而对于包装物、电池和汽车，则完全由生产者负责。

（二）面向产品全生命周期的规制体系

该规制体系以激励 EPR 对产品全生命周期前端产品设计的改变为目标，强调从产品整个生命周期的角度对废弃产品的环境影响予以综合考量，特别是增强生产者的产品环境设计责任与废弃产品的回收处置责任之间的协同整合。

在传统环境政策框架下，生产者无须对产品消费后阶段的环境影响负责，也就无须考虑废弃产品回收处置的环境成本问题，而 EPR 则通过内化废弃产品回收处置的环境成本为生产者的产品设计改变提供激励，可见，EPR 对产品设计采取的是一种间接激励机制。而这种间接激励机制能否达到预期目标，至少目前的政策实践并没有给出肯定性答案。欧盟对其废弃电器电子设备的 EPR 相关评估显示，EPR 在提高废弃电器电子设备的回收率和处置率方面成效显著，但是在刺激生产者前端改变方面效果并不明显。

造成这种情况的原因是多方面的，例如，从技术层面看，一般认为由生产者单独承担责任对生产者的激励效果会更好，但实际上废弃电器电子产品回收大多采用集体责任形式；同时在成本内化方面，也因为要综合考虑企业的竞争力等诸多因素而很难做到将废弃产品环境成本完全内化。此外，生产者对产品设计的改变通常是各项政策措施共同作用的结果,很难将其归因于单一的 EPR,因此无法对 EPR 的作用做准确评估。

EPR 作为一种间接激励机制,应该从实现政策目标的角度出发,通过强化外在约束在废弃产品回收处置与产品设计之间建立更紧密的政策关联。其中的重要选项是完善关于产品生态设计的法律规制,要求生产者在产品设计阶段就对废弃产品的回收处置予以考虑,并通过一系列相关政策措施加以落实,从而形成前端设计责任与后端废弃产品回收处置责任二者之间良性互动的机制。

考察欧盟的立法实践可以看出,欧盟实际上十分注重生产者前端设计与后端回收处置责任的协同互动。欧盟《废物框架指令》第 8 条对生产者责任延伸做出了比较全面的规定,该条共包括以下两款规定。

第一款:"为了强化废物的再利用以及废物的预防、再循环和其他形式的回收,成员国可以采取立法和非立法措施确保任何专业从事产品开发、制造、加工、处理、销售或进口的自然人和法人承担延伸的生产者责任。这类措施包括:接受返还的产品和产品使用后的残存废物,处理残存废物及其相关活动。这些措施可以包括有义务向公众提供产品可以再利用和再循环的信息。"

第二款:"成员国可以采取适当措施鼓励产品设计以减少其在生产和随后使用过程中的环境影响和废物产生,确保按照第 4 条和第 13 条对变成废物的产品进行回收和处置。这类措施可以鼓励,特别是适合具有多种用途、技术耐久性,变成废物后适于适当、安全回收以及环保处理的产品的开发、生产和交易。"

通过上述两款规定不难发现,欧盟的 EPR 不仅注重废弃产品的回收处置,更注重对产品生态设计的激励。

欧盟 EPR 的这种规制特点也体现在具体电器电子产品的立法之中。一方面,欧盟通过 WEEE 指令强化生产者的回收处置责任,并通过 RoHS 指令禁止电器电子产品使用规定的有毒有害物质以便于对废弃产品的回收处置。另一方面，通过《生态设计指令》对产品的生态设计提出基本要求，其中即包括为再循环而设计等内容，从而将生产者责任延伸置于产品全生命周期的宏观框架之中进行系统设计，这种设计更容易达到政策协同整合效果。

（三）《巴塞尔公约》下 EPR 规制的国际向度

在当今经济全球化和贸易自由化的背景之下，产品供应链向全球延展，生产者责任延伸因而具有了国际向度。从目前的情况看，各国普遍采取的做法是对进口产品的进口商履行生产者责任，即要求进口商承担本国生产者的延伸责任。但 EPR 的跨国实施，即出口产品废弃后通过再进口的方式交由出口该产品的原生产者来进行回收处理，则受到了以《巴塞尔公约》为核心的国际法限制，从严格意义上讲，EPR 并未在国际层面得到有效实施。随着各国循环经济发展以及对废弃产品资源化利用的日益重视，适当放松废弃产品跨国流动的国际规制，有条件允许 EPR 的跨国实施成为未来 EPR 国际规制的可能选项。

1.《巴塞尔公约》基本框架

《巴塞尔公约》为危险废物及其他废物跨境转移设立了基本的法律框架。《巴塞尔公约》第一条明确规定了危险废物种类：①属于《巴塞尔公约》附件一所载任何类别的废物，除非它们不具备附件三所列的任何特性；②任一出口、进口或过境缔约国的国内立法确定为或视为危险废物的不包括在①项内的废物。如果说上述①项的规定体现了国际共识，那么②项授权各国可以通过国内立法增加禁止类危险废物的种类，这一点对于发展中国家而言尤具重大意义，实际上包括我国在内的许多国家都通过国内立法对危险废物种类做出了明确规定。《巴塞尔公约》规定缔约国有权禁止危险废物及其他废物进口处置。例如，根据我国《禁止进口固体废物目录》，我国明确禁止废弃电器电子产品的进口。这就意味着对于我国出口的电器电子产品不能适用 EPR，将其再进口到我国进行回收处理。此外，《巴塞尔公约》还禁止将废物从缔约国出口到非缔约国以及从非缔约国进口废物。

《巴塞尔公约》严格限制危险废物的跨境转移显然是出于保护环境的目的，其在帮助各国的环境免受废物跨境转移污染方面起到了不可忽视的作用，尤其在保护广大发展中国家的脆弱环境以及当地人们的健康方面意义重大。

2.《巴塞尔公约》下生产者责任延伸跨国实施的可能空间

《巴塞尔公约》并没有绝对禁止危险废物的跨境转移，《巴塞尔公约》第四条规定："在符合无害管理的前提下，把越境转移所带来的危害降至最低，在进行转移时，必须保护环境及人类健康免受此类转移可能产生的不利影响。如果有理由相信不会以对环境无害的方式加以管理时，不可进行电子废物和其他危险废物的进口。"换言之，对于未禁止相关产品废物进口的缔约国而言，其本国生产者可以将其出口产品在废弃后再运回本国进行处理。当然，这样做需要遵循严格的条件限制，如各类废物在越境转移时，出口国要将关于废物的越境转移通知到进口国有关主管部门，并且这一越境转移只有在得到进口国的书面同意后才能进行。

3.《巴塞尔公约》下放松生产者责任延伸国际规制的可行性

《巴塞尔公约》以防控危险废物跨境转移的环境风险为核心，然而随着废物资源价值不断得到各国的重视，《巴塞尔公约》也开始关注危险废物的资源化问题。2011 年召开的第 10 次缔约方大会结合当前全球经济社会发展中的新情况以及《巴塞尔公约》所面临的新调整，提出了"废物预防、减量化和回收利用"的主题。

此次缔约方大会明确将废物的资源利用问题提高到更加重要的地位，《巴塞尔公约》对相关问题的讨论不再局限于从环境保护角度来看待危险废物和其他废物的处置，而是将资源利用作为今后电子废物等危险废物和其他废物处置工作中的重要内容。此次缔约方大会的召开，使得废物回收利用的主题进一步受到关注，我国环境保护部①副部长还在大会中阐述了固体废物管理中的资源化工作的重大意义；除了官方代表之外，参与会议的企业代表也提出此次会议对节约资源、保护环境、促进经济持续发展具有重要作用，并且强调了当今经济全球化时代下资源利用的重要意义。由此可见，《巴塞尔公约》从制定之初关注危险废物跨境转移的环境污染问题开始转而关注资源再生利用问题，从而使得放松出于资源利用目的跨境转移成为可能。

本书倾向于以促进 EPR 的跨境实施为目的，有条件地放松危险废物跨境转移的限制。基本思路是充分考虑本国环境处理技术和环境政策等客观条件，在经过充分评估后，对有能力进行无害化处理的产品废物，如废弃电器电子产品，可以本国出口到国外的产品数量为限，探索允许本国生产者对废弃后的出口产品进行回收处理，这不仅有利于提高出口国企业的竞争力，同时也有利于回收资源，特别是废弃产品中所含有的战略性稀缺资源。当然，这种进口放松需要建立在更为严格的环境监管基础之上。

第三节　基于循环经济理论的 EPR 实施路径

循环经济理论视角下的 EPR 实施路径主要是以循环经济理论中的产业代谢路径为基础，主要包括循环经济视角下的产业代谢模式、EPR 下产业代谢活动的主体类型和责任分担、EPR 下产业代谢活动代谢路径转变的影响因素。

---

① 2018 年 3 月，第十三届全国人民代表大会第一次会议批准了《国务院机构改革方案》，组建生态环境部，不再保留环境保护部。

一、循环经济视角下的产业代谢模式

（一）产业代谢的内涵与特点

产业代谢是指对产业生产过程中物质、能源和劳动力的输入–输出系统进行跟踪分析，是模拟生物和生态系统代谢功能的一种分析产业生态系统的方法。与自然生态系统相似，产业生态系统包括四个基本组成部分，即生产者、消费者、再生者和外部环境，可以通过系统结构变化、功能模拟和产业流分析来研究产业生态系统的代谢机能及其控制方法。本质上产业代谢是把原材料、能源和劳动在一种稳态条件下转化为最终产品和废物的过程。

传统的产业代谢活动具有以下特点（李慧明和王军锋，2007）。

1. 生物代谢性

经济系统的产业活动与生物学中的代谢过程具有类似性，生物有机体为了维持自身的功能，为了增长和再生，需要从外界吸收低熵"食物"。这个过程也会产生一些废物，包括高熵废物，产业活动也具有类似的特点。

2. 代谢调控性

产业代谢的本质就是在一定的稳态条件下，覆盖原料投入、能源投入、劳动投入，生产最终产品和废物的物理过程的集合。经济系统的生产和消费过程的稳定并不是脱离周围环境的自我调节过程，而是需要通过人的作用而实现的。人在这个过程中有两个重要的作用：一是作为劳动力资源投入；二是实现经济系统的消费功能。经济系统通过价格机制来实现产品市场和劳动力市场的供需平衡。因此，从本质上看，经济系统是一个具有代谢调控特点的管理机制，与生物物质代谢相比，只不过传递信息的媒介变成了价格。

3. 系统评估性

代谢分析可以对企业经济活动、区域经济活动、国家经济活动的资源能源利用过程与废弃行为进行系统评估。

（二）循环经济视角下的产业代谢活动特点

产业代谢观点和方法是循环经济理论研究的一种重要方法和视角，用于分析和探讨经济系统的物质流动规律。

1. 产业代谢活动的原生资源输入"减量化"

减量化原则属于产业代谢活动输入端方法，是指在生产和消费的过程中，尽可能减少原生资源的消耗，属于源头控制范畴；生产中厂商可以通过减少每个产品的原生资源的使用量、重新设计制造工艺来节约原生资源。例如，对产品进行小型化设计和生产，既可以节约原生资源，又可以减少废物的产生；再如，用光缆代替传统电缆，可以大幅度减少电话传输对铜的使用，既节约原生铜资源，又减少铜污染。

2. 产业代谢活动的废弃产品的"再利用"

再利用原则属于产业代谢活动过程性方法，是指废弃产品使用、修复、翻新、再制造后继续使用，尽量延长产品的使用周期，也就是尽可能多次地以多种方式使用购买的产品，防止产品过早成为垃圾，同时具有过程控制和末端控制的含义。例如，在生产中，制造商可以使用标准尺寸进行设计，使电子产品的许多元件可以非常容易和便捷地变换，而不必更换整个产品。

3. 产业代谢活动的废弃产品的"再循环"

再循环也称"资源化"，属于产业代谢活动输出端方法，是指通过物理和化学过程将产业废物最大限度地转化为再生资源并投入生产和消费过程，既减少原生资源的消耗，又减少产业废物的排放，是末端控制的一种。

（三）产业代谢模式转变面临的主要现实障碍

1. 循环经济下产业代谢转型的经济障碍

产业代谢向减量化、再利用、再循环方向发展必须依靠市场机制才具有生命力和持续力。但是，循环经济下的产业代谢模式旨在解决原生资源短缺和环境污染，即以社会效益最大化为目标，市场机制自身往往无法解决问题。现行市场经济条件下，再生资源经常是性能和价格上不占优势，以致循环经济的产业活动很难自发开展。另外，企业和消费者支付的废物处理费和排污费不仅远低于污染损害补偿费用，甚至明显低于污染治理费用，难以发挥出应有的污染防控作用。由于产业废物排放具有显著的负外部性，如果不能将这种外部成本内部化，循环型产业代谢环节的成本就很难收回。

2. 推动产业代谢转型的政策障碍

在推动产业代谢活动向废弃产品再利用、再循环方面转型过程中，需要开展许多重要工作，如明确产业代谢主体责任、建立再生资源回收体系，建立不易回收的废物处理处置机制等，但企业缺乏转型的动力和积极性，这就需要政策引导和政策激励。

3. 对产业代谢转型的认识障碍

循环发展已经成为重要发展理念。就当前的情况来看，对循环发展与产业代谢转型的迫切性认识不足，这就造成地方政府只注重产业贡献GDP 和就业的能力，对产业代谢过程中资源能源利用效率提升问题重视程度不足。

（四）推进产业代谢模式转变的制度需求方向

1. 产业代谢模式转变需要延伸产品生产者的责任

（1）产品废弃后的回收处理和再利用阶段责任明确是产业代谢模式转变的关键。生产者的责任由生产过程延伸到产品弃置后回收、再利用和处理等阶段，从而从根本上驱动生产者在产品设计和原料选择中考虑各种环境因素。与此同时，相关的市场准入制度又会促使生产者把环境因素与产品的生产和营销战略结合起来，为了赢得市场份额，生产者会尽力将产品对环境的影响减到最小。

（2）生产者责任延伸制促使生产者对其产品整个生命周期承担相应责任，特别是产品的回收、循环利用和最终处理阶段。通过承担相应的责任，促使生产者在进行产品设计和材料选择时考虑更多的环境因素，降低产品全生命周期各个阶段的资源消耗和废物排放。生产者责任延伸制的目的是通过开发环境友好产品和产品回收利用方式，来推动可持续发展。落实 EPR 对提升生产者的社会责任意识、提供更多生态产品、促进生态文明建设具有重要意义。

2. 产业代谢模式转变需要引导与激励绿色产品消费市场

产业代谢模式转变在于生产者能切实实施生产者责任延伸制，一方面需要给生产者施加强制的压力，另一方面也需要给予其激励。而消费市场的激励是生产者将责任延伸的关键市场激励方式。通过鼓励政府、企业和居民实施绿色采购和消费政策，可以从消费者角度激励生产者生产绿色产品，开展面向环境的产品设计，尽量选用可回收再利用的材料、产品和包装，采用对生态环境和人体健康无害的绿色包装，能循环复用和再生利用。

二、EPR 下产业代谢活动的主体类型和责任分担

（一）代谢主体类型

实施 EPR 的核心在于将生产者责任延伸至承担产品消费后的环境影响责任，即生产者成为处置废弃产品的责任主体。

在传统视角下，产业代谢活动的代谢主体为生产者、消费者、回收者、处理者等。代谢主体生产者的主要责任仅限于产品全生命周期的上游阶段，随着产品销售及使用，产品的所有权由生产者转移至消费者，生产者不再对废弃产品的环境影响负责。此时，废弃产品的处理处置活动更多由中央或地方政府承担。这样的责任划分并不利于废弃产品的处理处置及资源化再生利用活动的高效率实施。

EPR 的实施将生产者的责任延伸到其产品的整个生命周期，特别是产品消费后的回收处理和再生利用阶段，也就是产品链条的中下游阶段，这改变了参与产业代谢活动过程的代谢主体类型。

生产者作为代谢主体之一，不但承担了产品生产的环节，而且可能直接承担了废弃产品的处理处置活动。相比传统产业代谢过程，规模化、专业化的废弃产品回收主体会加入到产业代谢过程中，这里面重要的区别在于面向产业化的回收主体的出现。专业化的回收主体可以分为两类——面向产业生产过程废物的回收主体、面向消费过程产品废物的回收主体。在产业代谢模式转变过程中，面向消费过程中的产品废物的回收主体越来越专业化和规模化。专业化的废弃产品资源化利用主体逐步规模化。依据再生资源供应主体的区别来讲，其中可能出现两种类型，其一是面向最终产品生产过程的资源化利用主体，其二是面向中间产品生产过程的资源化利用主体。

（二）基于生命周期思想的产业代谢活动阶段划分

将生产者的责任落实到产品全生命周期各阶段，首先要明确产业代谢过程中不同活动阶段的划分，依据产品全生命周期视角，可以归纳出 EPR 下产业代谢活动阶段划分，如图 3.8 所示。

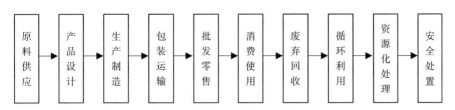

图 3.8 EPR 下产业代谢活动阶段划分

（三）EPR 下产业代谢主体的责任分担机制

1. 生产者责任延伸制的核心是对产业代谢主体的责任重新进行调整

通过引导产品生产者承担产品废弃后的回收和资源化利用责任，激励生产者推行产品源头控制、绿色生产，从而在产品全生命周期中最大限度提升资源利用效率。EPR 下产业代谢主体责任分担机制如表 3.1 所示。

表 3.1 EPR 下产业代谢主体责任分担机制具体情况

阶段	产品生产者	产品消费者	产业监管者	废弃产品再生利用者	废弃产品最终处置者
原料供应	有害材料禁用、安全转移责任		监督责任		
产品设计	绿色设计责任、信息披露责任		监督责任		
生产制造	物质减量化、改进工艺责任、清洁生产责任		监督责任		
包装运输	物质减量化、安全转移责任		监督责任		
批发零售	监督责任		监督责任		
消费使用	产品维修责任	适度消费	宣传责任		

阶段	产品生产者	产品消费者	产业监管者	废弃产品再生利用者	废弃产品最终处置者
废弃回收	回收责任、安全转移责任、安全存储责任	送到指定地点	设立回收中心、监督管理责任	自主回收责任、物流责任	物流责任
循环利用	分拣责任、再循环责任		宣传责任	分拣责任、再循环责任	
资源化处理	拆解处理责任、技术研发责任、资源化责任、再生利用责任	经济责任	经济责任、宣传责任	再生利用责任	处置责任
安全处置	无害化处理责任、信息披露责任			无害化处理责任	无害化处理责任

2. 生产者责任延伸制的关键是产业代谢相关方的共同协作

尽管 EPR 强调将生产者的责任延伸至废弃产品处置阶段，但 EPR 的有效实施仍需要产业代谢相关方的共同参与和诚信合作，包括政府、消费者、进口商等。这也体现了 EPR 下的产业代谢责任具有多主体共担的特点。

三、EPR 下产业代谢活动代谢路径转变的影响因素

（一）产业代谢活动的代谢路径转变的影响因素

产业代谢路径选择过程建立在代谢主体的行为基础上，产业代谢活动主体的实际决策和责任分担将影响代谢路径的形成。代谢主体的行为会随着制度、信息、技术等因素出现内生性的变化，而这些因素的作用过程恰恰显示了代谢路径的形成过程。产业代谢路径选择过程的影响因素有：产业代谢主体的技术水平，如投入产出、物质流等；原生资源与再生资源的价格水平，包括资源投入价格、废物的排放成本等；产业代谢主体的信息禀赋；产业代谢主体所处的组织结构环境；法律法规和政策标准。

（二）EPR 对产业代谢活动代谢路径转变的影响

EPR 作为重要的产业代谢管理政策，对产业代谢活动代谢路径转变的影响主要体现在以下方面：一是产业代谢活动前期投入实现物质减量。在产业代谢活动的生产和消费过程中，要求尽可能减少资源消耗和废物的产生，产业代谢主体通过减少每个产品的物质使用量、重新设计制造工艺来节约资源和减少废物的排放。二是产业代谢活动过程提高资源利用效率。产业代谢活动整个过程中要求产品使用、修复、翻新、再制造后继续使用，尽量延长产品的使用周期。三是产业代谢活动废弃阶段实现循环利用。在产业代谢活动过程末端，通过物理和化学过程将废物最大限度地转化为资源并投入生产和消费过程，把废物变成二次资源重新利用，减少自然资源的消耗，以及污染物的排放。

第四节　基于供应链治理理论的 EPR 实施机制

供应链治理理论视角下的 EPR 实施机制主要是以供应链治理机制为基础，主要包括供应链治理基本框架、供应链治理的可持续性和 EPR 下可持续供应链治理机制。

一、供应链治理基本框架

（一）供应链治理的定义

现有的关于供应链治理的研究尚不多见，且多是基于交易成本理论及信任理论展开。由于研究目标不同，学者们给出的供应链治理的定义也不大相同。这些定义大致可以分为三类。一是将治理视为管理的一个分支，如 Richey

等（2010）认为供应链治理是对供应链内部及外部整合的边界和有利因素的管理，将治理看作供应链管理战略下的一个潜在理论。二是将治理等同于治理结构，Aitken 和 Harrison（2013）就是将治理看作治理结构，在 Gereffi 等（2005）的基础上划分了五种治理结构。三是认为治理是一种维护和协调的机制。Farndale 等（2010）认为治理是能够应对风险的机制，并将其划分为正式（市场、层级）和非正式（信任、信息共享、规范）两类机制。同样将治理等同于治理机制的还有：Hernández 等（2010）的研究强调通过治理机制发挥维护和协调的作用来改善供应链绩效；Ghosh 和 Fedorowicz（2008）重点探讨了信任机制在供应链信息共享中的作用。

以上定义都是学者们基于自己研究的需要对供应链治理进行的简单界定。从系统性定义来看，不论是从结构的角度还是从机制的角度来界定供应链治理的内涵，都过于简单和片面，没有系统地阐述供应链这一复杂组织中的治理内涵。要理解到底什么是供应链治理还是应该从两个方面来进行：一是什么是治理？治理的目的和特征是什么？二是什么是供应链？供应链存在哪些脆弱性因素需要治理来防范和抑制？

根据对治理定义的分析可以发现，虽然处于不同的研究领域（包括政治学、社会学、经济学、管理学等），学者们对于"治理"的内涵及属性的理解是大体一致的。归纳来讲，可以将"治理"看作使相互冲突的不同利益得以调和，并采取联合行动保持该协调状态持续稳定发展的制度安排。合作、协调和相互联系是治理的核心属性。从治理的概念和属性可以看出，治理的基础不是控制，而是协调；治理涉及相互联系的利益主体，既包括私人部门、经济组织，也包括公共部门；治理强调利益的调和和均衡；治理是一种持续的互动，并且以维持关系持续性为目标。

从供应链的特征来看，供应链是企业合作关系的一种新型模式。这种模式既缺乏严格的组织约束和保障，也没有充分有效的市场规则和纽带，具有典型的委托代理特征。由于成员之间不存在行政隶属关系，相对来讲，机会主义在供应链中比在企业组织中更容易产生；供应链成员之间是相互独立、分散决策的，他们集成参与关键业务活动，却在个体理性的基础上追求自身利益的最大化，由此产生供应链行为与整体目标上的冲突；供应链成员之间不是单纯的"买"和"卖"关系，而是在参与者资源与能力互补前提下，通过信息、技术、资金、人员等方面的交流与合作，产生协同效应，创造相对于单纯市场交易而言更大的收益。然而，参与者的信息不对称和对"套牢"风险的担忧，可能会影响成员之间的长期投入与合作，进而影响供应链的联合收益。

此外，外在环境的变化增强了供应链中的脆弱性因素，经济的全球化导致供应链在物理空间上拉长，其结果便是强化了供应链的不确定性。科技的迅猛发展缩短了产品的开发周期，使得产品更新换代速度加快，更加剧了成员合作中的产能投入矛盾。消费者需求的多样化和个性化导致企业难以准确捕捉消费者需求，从而扩大了供应链"牛鞭效应"的不良影响。

从供应链的稳定发展来讲，需要有恰当的方式来抑制信息不对称下的机会主义行为；协调供应链成员间的目标冲突；促进团队成员的长期投入和相互融合；从而保证供应链的持续、稳定运行，产生联合效益。而治理恰恰具有合作、协调、持续互动的效应。因此，本书从供应链自身发展需求的角度出发，将"治理"引入供应链当中，结合先前学者对供应链治理的认识，对供应链治理的概念做出如下界定：供应链治理是以协调供应链成员目标冲突，维护供应链持续、稳定运行为目标，在治理环境的影响下，通过经济契约的联结与社会关系的嵌入所构成的供应链利益相关者之间的制度安排，并借由一系列治理机制的设计实现供应链成员之间关系安排的持续互动过程。

（二）供应链的属性及维度

各个流派从不同的视角出发对治理的内涵进行分析。但是由于治理模式的独特性和多面性，通过不同理论演绎的研究模型只是从不同侧面为治理模式选择的分析框架提供了"碎片式"的贡献，无法完整地阐述治理模式的选择过程。对于交易学派来说，交易成本理论虽然指出了交易特征与有效交易治理模式之间的相关关系，但是这种因果关系的概念框架过于简单化，尤其是对于供应链这个分析主体来说。供应链成员之间不是单纯的交易关系，相反，成员企业在信息、技术、资金、人员等方面都有更多的交流与合作，从而产生协同效应。而交易成本理论仅仅从交易的角度出发，平衡交易成本和管理成本，忽略了资源与能力的协调作用所产生的超额收益，因此单纯依靠交易成本理论对供应链治理的内涵进行解释是不全面的。对于资源学派来说，资源基础理论将分析单位转向企业所拥有或依赖的"资源"，强调如何通过有效的治理模式来管理资源，以创造供应链的竞争优势，但是也受到一些学者的质疑。资源学派基于一种天生静态的观点，忽略了供应链的动态变化以及链内成员所嵌入的社会网络和制度环境。而社会嵌入理论恰恰能够扩展交易特征和资源维度的观察视野。因此，对于治理模式的解析范式需要融合交易成本理论、资源基础理论和社会嵌入理论，不仅应该解释交易特征对选择的影响，还应将资源依赖性和环境嵌入纳入分析框架。

从表面上看，几种理论对于治理模式的选择具有完全不同的解释，似乎相互独立，毫不相干。然而，分析对象的同一性及其内在的关联性，必然导致不同理论之间建立联系，从而从更高层面实现治理模式分析的逻辑性和合理性。

从分析单元来看，交易成本理论中关注的是交易属性，是供应链成员企业之间交易特征的集合；资源基础理论考虑的是主体属性，是作为参与主体的各成员企业表现出的资源与能力特征；而社会嵌入理论又与结构属性和环境属性相关联。

表 3.2 基于现有文献分析了不同属性的维度构成。由于在供应链中，任何一个企业都无法通过自身提供企业发展所需的所有物品，其在资源上必须依赖于其他企业，企业向供应链上下游获取资源的过程形成了供应链成员之间的交易，因此这些成员企业之间表现出的供应链结构特征是成员之间的交易属性和各成员主体属性的集成表现。而供应链又深深地根植于社会环境之中，其环境属性，包括宏观文化、政策法规等社会机制对供应链结构的形成有着重大的影响。

表 3.2　各属性的维度构成及内涵

属性	维度	内涵	对治理行为的影响
交易属性	不确定性	市场需求的变化或其他一些突发情况造成的需求/供给大幅变动	供给的不确定性会促使企业进行纵向一体化；而需求不确定程度越高，则越偏向契约治理
	资产专用性	支撑特定交易活动的、很难被转移作其他用途的资产	资产专用性程度高的交易要求强化交易双方之间的协调与集成，通常采用控制程度高的治理结构和机制
	交易频率	特定交易发生的次数	交易频率决定了建立一种专用性治理结构是否经济
	任务复杂性	与特定交易相关的信息/知识的复杂程度	任务越复杂，供应链越趋向于市场化治理方式
主体属性	生产能力	与产品的生产阶段和技术相连的生产性能力	核心能力的不可替代性越强，越倾向一体化治理
	管理能力	企业对自身内部业务流程的管控能力	核心企业的管理能力越强，采用科层治理越有效
	组织能力	对企业之间的交易加以组织的能力	企业的组织能力越强，相对科层制而言，企业间的交易越具有优越性
结构属性	核心企业中心性	供应链的发起者（主导者）在供应链网络中处于核心地位的程度	较强中心性的企业更容易影响其他成员进行协同的供应链运营
	供应链密度	供应链网络嵌入成员相互之间的联结强度	供应链密度越高，越有助于采用关系、规范、信任等非正式治理机制

续表

属性	维度	内涵	对治理行为的影响
环境属性	宏观文化	供应链成员所根植的社会环境和文化	在群体意识或民族价值观比较突出的地区，采用交叉持股或多股东持股的方式能够提高成员信任
	政策法规	政府的宏观调控政策以及制定的各种法律法规	政府的法律法规不健全，那么企业间交易会倾向于采用非正式的可自我执行的治理机制
	其他企业	受供应链成员的某些负外部性行为影响的企业	这些相关企业的意见要作为治理决策考虑的因素

因此，从供应链的角度来看各属性之间的关系，不难发现，交易属性、主体属性和结构属性属于供应链的内部属性，环境属性则是作为供应链的外部属性发挥作用，其关系如图 3.9 所示。供应链治理模式的选择恰恰如同"钟摆"，在内部、外部各属性之间摇摆以寻找平衡点。

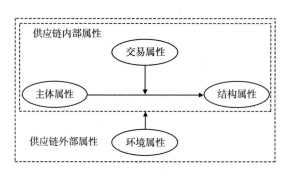

图 3.9　供应链的属性关系图

二、供应链治理的可持续性

（一）可持续性

全球范围内可持续发展意识的增强使得单方面追求经济效益的传统供应链管理开始被重新思考，产品品质流失、环境污染、道德丢失等问题说明了企业经济效益最大化和企业应负社会责任的分离，供应商的污染排放以及制造商员工待遇不公等问题的频繁曝光，是企业在追求经济目标时不考虑其行为对自然社会、社会环境产生危害的结果。Dao 等（2011）强调对于企业来说，必须对经济、社会和环境效益这"三重底线"进行整体协调，将可持续发展的理念引入企业运作管理之中以追求整体效益的最大化。

世界环境与发展委员会（World Commission on Environment and Development，WCED）在《我们共同的未来》（Our Common Future）报告中将可持续性（sustainability）定义为："既满足当代人的需要，又不对后代人满足其需要的能力构成危害的发展。它包括两个重要概念：一是需要，尤其是世界各国人们的基本需要，应将此放在特别优先的地位来考虑；二是限制，技术状况和社会组织对环境满足眼前和将来需要的能力施加的限制。"

"可持续性"概念通过 Elkington（2004）的"三重底线"（triple bottom line）理论具体化了研究内容，即可持续性是指经济、环境、社会三个目标的平衡，是同时在经济、社会、环境三个维度上所达到的最小的绩效，是对过去单一经济底线思想的更新（图 3.10）。例如，Foran 等（2005）指出，"三重底线"要求企业在重视传统的财务资本的同时，还要关注社会资本（如善待员工、公平交易）以及环境资本（如自然资源、生态环境）；Seuring 和 Müller（2008）也强调"三重底线"要求企业从单一的利润最大化转向经济、环境和社会综合效益的最大化。

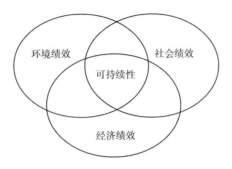

图 3.10　可持续性的"三重底线"

经济绩效、环境绩效和社会绩效三个目标之间并不是孤立地存在，Margolis 和 Walsh（2003）、Cruz（2009）指出，企业参与环保、承担社会责任和经济效益之间存在一种正相关的关系，正相关的逻辑基础是环保参与和承担社会责任为企业提供了大量利润，足以补偿其付出的成本。同理，Brammer 和 Millington（2008）也指出，经济、环境和社会的协同发展可以促进企业长期收益的获取。Faisal（2010）认为经济效益的提高可以促进企业及时地开展污染处理和企业绿化活动，给社会提供福利和提高员工的生活水平等，以便承担更大的社会责任。

（二）可持续供应链治理

基于供应链理论视角，Wu 和 Pagell（2011）、Cao 和 Zhang（2011）结合在全球化趋势影响下所产生的供应链竞争战略，分析了企业的新型竞争力，指出拥有可持续性的供应链管理是企业的核心战略武器。Seuring（2013）、Carter 和 Easton（2011）分别对可持续供应链管理（sustainable supply chain management，SSCM）的概念进行了界定，指出可持续供应链管理是可持续理念在供应链管理中的体现，考虑到客户和利益相关方的需求驱动，通过系统协调跨组织的核心业务流程，对供应链中的物流、信息流和资金流以及供应商间的合作进行管理，对组织的社会、环境和经济目标进行战略的、透明的集成和实现。可持续供应链管理侧重参与主体对经济、环境和社会绩效的综合考虑，参与主体之间需要更深程度的合作，并将可持续供应链管理设为长期战略性的目标。

对于可持续供应链管理的界定强调内部流程的改进，如减少废物、节约能源、控制排放等，以及外部信息的集成及需求的驱动，如供应链上下游的参与、闭环供应链的运作等，这些行为决策还是处于一种被动的、短期的运作模式。未来的可持续供应链管理将会转变为主动进行内部能力的投资，如寻找可替代的可再生能源、重新设计产品、加大回收再利用流程的投资等，以及外部核心能力的开发，如针对长期的可持续性战略目标，发展生产、流程和供应链环节中的核心能力等。

综上可知，当 EPR 情境下的可持续性成为时代的主题，供应链的可持续性治理机制问题研究就成为解决经济、环境和社会可持续发展问题的关键一环。供应链治理强调的是依据治理目标的设定和治理结构的分析，对治理结构进行二次开发，形成特定的治理模式，在治理客体特征分析的基础上明确治理影响因素，最后通过因素之间的耦合，形成可持续供应链治理机制，为供应链主体提供科学决策依据。

三、EPR 下可持续供应链治理机制

Rosenau（1992）认为，治理的要素可以转化为四个问题：为何治理？谁治理？治理者如何治理？治理产生什么影响？本书认为，EPR 下可持续供应链治理（sustainable supply chain governance，SSCG）实现机制要素主要有六个：可持续供应链治理的目标、可持续供应链治理的规制、可持续供应链治理的主体或基本单元、可持续供应链治理的对象或者客体、可持续供应链治理的结构和可持续供应链治理的模式。

（一）可持续供应链治理目标和规制

供应链治理侧重的是对社会、环境和经济可持续发展目标的集成和实现，而这种目标实现与否的最终展现者则为面向市场的产品，即产品是供应链可持续属性的承载者。因此，本书从产品的属性来定义供应链的可持续属性。将环境和社会意识融合到整个产业链条，突出经济绩效、环境绩效和社会绩

效的综合影响，强调产品全生命周期所产生的环境负荷的降低，在以往产品核心竞争力体系 TCQS，即时间（time）、成本（cost）、质量（quality）和服务（service）的基础上，增加产品的环境（environment）、资源（resource）和社会公众（people）属性，构成更具竞争力的可持续产品七大可持续属性——T-C-Q-S-E-R-P，各属性之间有效地协调便是实现供应链可持续治理的战略目标（图 3.11）。

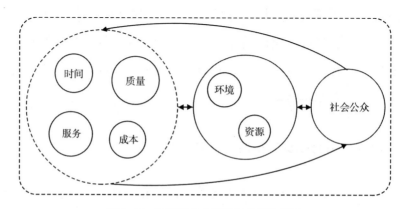

图 3.11   可持续供应链治理的战略目标

EPR 下的可持续供应链治理规制，即针对废弃产品回收处理问题而产生的制度和原则。欧盟法令有：WEEE，RoHS，《包装与包装废弃物指令》（94/62/EC），《报废车辆指令》（2000/53/EC）等。德国法令有：《废物限制处理法》（1986 年），《包装废物条例》（1991 年），《循环经济和废物处置法》（1994 年），《关于电器电子设备使用、回收、有利环保处理联邦法》（2005 年）等。瑞典法令有：《关于电器电子产品的生产者责任法令》（2000 年）。瑞士法令有：《电器电子设备归还、回收和处理条例》（1998 年）。荷兰法令有：《电器电子产品废物法》（1999 年）。法国法令有：《包装废物条例》（1993 年）。日本法令有：《容器包装再生利用法》（1995 年），《家电再生利用法》（1998 年），《循环型社会形成推进基本法》（2000

年），《食品再生利用法》（2000 年），《建筑废物再生利用法》（2001 年），《汽车回收再利用法》（2002 年）。中国法令有：法律类的《中华人民共和国循环经济促进法》（2008 年）、《中华人民共和国固体废物污染环境防治法》（2004 年）、《中华人民共和国清洁生产促进法》（2002 年）等；行政法规类的《报废汽车回收管理办法》（2001 年）、《废弃电器电子产品回收处理管理条例》（2008 年）、《电子信息产品污染控制管理办法》（2006 年）、《关于加强报废汽车监督管理有关工作的通知》（2009 年）等；地方公文类的《北京市东城区人民政府关于印发推进再生资源回收体系建设实施意见的通知》（2012 年）、《关于印发〈北京市家电以旧换新运费补贴办法〉的通知》（2009 年）等；国家标准类的《废弃电子电气产品再使用及再生利用体系评价导则》（2008 年）、《废弃通信产品回收处理设备要求》（2008 年）、《废弃产品回收处理企业统计指标体系》（2012 年）等。

（二）可持续供应链治理主体和客体

通过分析可持续供应链的含义和特性，我们发现可持续供应链强调的是：供应链作为一个组织，组织中的参与者将经济、环境和社会的均衡发展作为一种战略性的共同目标，并通过共同的意愿和协作，实现供应链内部利益相关者效益的同时，更考虑其外部利益相关者效益，从而保证整个供应链组织的内部协调和外部均衡。同理，现实的经济、环境和社会的可持续发展问题，引发了供应链的参与者对自身供应链可持续性的审视。根据可持续问题的多维度属性以及利益相关者含义，在刻画供应链的参与主体时，不仅包含企业间的利益相关者，更涉及了企业外部的利益相关者，即多方利益主体参与的可持续供应链是由政府、供应商、制造商、核心企业、顾客以及非政府组织构成的利益联盟（图 3.12）。

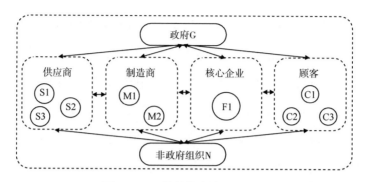

图 3.12 可持续供应链治理主体

EPR 下可持续供应链治理的对象，即可持续供应链治理的客体目标。可持续供应链治理的对象，主要是目前威胁人类的环境问题，如大气和空间的环境恶化问题、固体废物问题和核污染问题等。这些问题，因其具有全球性，很难依靠单个国家的力量得以解决，必须依靠整个供应链利益相关者的共同努力。对可持续供应链治理对象范围的确定准确与否直接影响着可持续供应链治理的绩效，因此，可持续供应链治理的对象是可持续供应链治理中的重要因素。

（三）可持续供应链治理结构和模式

治理结构的设定，主要考虑交易复杂程度、识别交易能力和供应能力三个属性，依据已有的市场型、模块型、关系型、领导型和科层型五种治理结构，考虑政府和非政府组织对企业的引导和监督作用，提出由政府和非政府组织作为治理主体的监督结构，最后确定了 6 种治理结构（图 3.13），前 5 种治理结构是针对供应链内部企业之间的关系进行治理，每种治理结构对应着不同的协调有效性（degree of explicit coordination）和主体之间权力的差异性（degree of power asymmetry）。监督型治理结构是供应链外部利益相关者的关系治理，是对企业间治理结构的一种扩展。

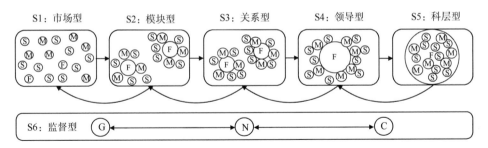

图 3.13 供应链治理结构的类型

市场型治理结构（S1）是市场机制下最为简洁的结构，其特点就是信息充分、交易简单、供应商能力强，供应链主体间没有明显的依赖关系。

模块型治理结构（S2）更侧重明细的分工，是系统的分解与集成，供应链中的核心企业的集成作用逐渐形成，供应链间的竞争逐渐产生。

关系型治理结构（S3）突出的是参与主体之间的依赖关系，根据制度环境、企业声誉、政府政策等条件，利用特殊的社会网络对利益进行协调分配，不仅供应链内部关系依赖程度加强，供应链间的合作也逐渐密集。

随着供应链密度的增强，以及核心企业中心性的扩大，出现了关系型为基础的各类供应链治理结构。最明显的就是领导型治理结构（S4），该结构中出现了综合竞争优势强于其他主体的领导企业，其他企业受制于该领导企业。同时核心企业逐渐控制整个供应链网络，成为市场结构中的核心企业。

科层型治理结构（S5）是领导型结构的进一步演化，将各分工环节纵向一体化，是将供应链其他主体的行为进行内化管理的结构，与市场结构所依赖的条件完全相反。

监督型治理结构（S6）考虑了政府和非政府组织行为对治理结构演变的影响，政府政策的限定、非政府组织的监督以及公众的消费选择，均将影响供应链主体的行为动机和利益分配。

通过对供应链治理结构的归纳发现，治理结构之间存在着动态演化性。

如图 3.14 所示，随着环境的变化，当现有治理结构对多边关系进行调节时，为了平衡多方利益主体与外部治理环境的冲突，治理结构将发生转变。市场型治理结构到科层型治理结构的纵向演变过程，反映了协调效益优化和企业权力的聚集。供应链中的弱势企业可以通过自身能力的提升获取关键性资源，将逐渐成为新的核心企业，通过权力的差异化，构成新的治理中心。监督型治理结构是将企业间结构演变进行横向扩展的角度，当在供应链发展中产生各种问题时，如环境污染、产品安全、资源浪费等，政府的管制政策及行业协会的监督都对供应链治理结构的演进产生了重要影响。

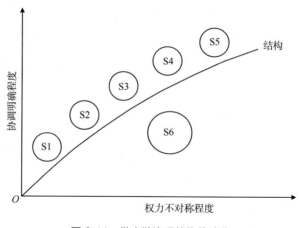

图 3.14　供应链治理结构的演化

可见，在供应链成长初期，市场型和模块型是主导治理结构，随着外界环境的变化，外部矛盾和内部利益发生冲突，关系型成为有效的协调结构，并逐渐演变成领导型，最后形成科层型，实现了整个生命周期的动态演变。而监督型则伴随着供应链整个生命周期的演化过程，尤其在当今的 EPR 政策背景下，监督型结构的产生对解决可持续发展问题，具有很重要的调节作用，同时重组了供应链治理结构中的利益格局，为 EPR 的实施提供了新模式。

在供应链治理结构整个演进过程中，特定生命周期阶段的治理结构中对应着各种参与主体交易关系，关系的差异决定了可持续治理过程中的影响范围、可持续承诺的深度、协调的目标、核心企业的作用、成功的条件、利益动机等，以上因素概括为供应链密度（density of supply chain）和核心企业中心性（centrality of focal firm）。供应链密度代表成员之间关系紧密程度，密度增加将会促进企业之间信息共享，但同时也会增加彼此的监督力。Roberts（2003）指出高密度的供应链系统具有高效的知识传播能力，因此对可持续行动的实施具有很好的促进作用。企业的中心性即相对其他成员核心企业的权力和地位，代表着自身对利益相关者的影响力，以及整体供应链协调的掌控力。对于具有较强中心性的核心企业，可以通过自己对可持续战略的定位，更容易地带动其他利益相关者进行供应链的可持续治理。

Vurro 等（2009）在分析供应链密度的高低和核心企业中心性强弱两个维度的相互作用的基础上，给出了四种可持续供应链治理模式（图 3.15）。

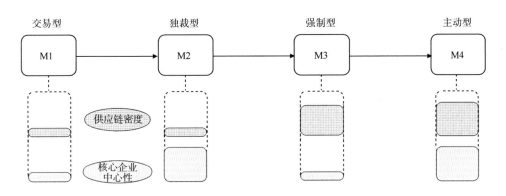

图 3.15 供应链治理模式的演化

其一是低供应链密度情况下，弱中心性的核心企业对应交易型模式（M1），强中心性的核心企业对应独裁型模式（M2），即垄断型企业为主。

其二是高供应链密度情况下，即供应链主体具有成熟的关系网络，弱中心性的核心企业对应强制型模式（M3），强中心性的核心企业对应主动型模式（M4），市场型企业为主。

在分析治理结构和治理模式过程中，我们发现对治理产生影响的主要包括以下几个因素：供应链密度、企业中心强度、交易的复杂程度、信息透明性和供应商能力。通过分析可知，供应链密度将会影响交易的复杂程度，两者相互作用即形成了供应链网络复杂性；交易的复杂程度和信息透明性主要影响企业间的关系，通常的关系治理当中，也主要是以信任为基础的治理机制，所以两者的结合即企业之间的信任程度；企业中心强度决定了企业对整体供应链的掌控能力，权力差距的演变，势必推动治理结构的转变，其结果是核心企业的权力被重新划分；供应商能力将影响核心企业权力的转变，以及整个供应链治理结构和模式的选择。

在 EPR 政策情境下，本书关注的是成熟的供应链系统，是具有较高供应链密度的供应链网络组织，这样的高供应链密度的系统，才能高效地解决可持续问题，尤其是供应链中那些谈判能力强的核心企业，在环境和社会问题中，扮演着重要角色，即核心企业可持续性主题下的行为决策模式，是解决可持续发展问题的关键。对于 EPR 情境下的企业来讲，强制型模式和主动型模式是适合的，这也将是本书重点研究的治理模式。

（四）可持续供应链治理框架和机制

在对可持续供应链的治理目标、治理规制、治理主体、治理客体、治理结构和治理模式进行分析的基础上，本书形成了以下可持续供应链治理框架。图 3.16 显示，核心企业依据外部情境，确定组织的发展目标，如经济、环境和社会效益的均衡发展。在目标的导向下，核心企业要明晰供应链系统内部和外部的利益相关者，如政府、顾客、非政府组织、制造商和供应商等。不同时期下利益主体间关系的演变促使产生了具有不同特征的供应链治理结构。同一时期，市场中会出现多种治理结构，而同一个治理结构也会随着时间和主体关系变化而自动革新。

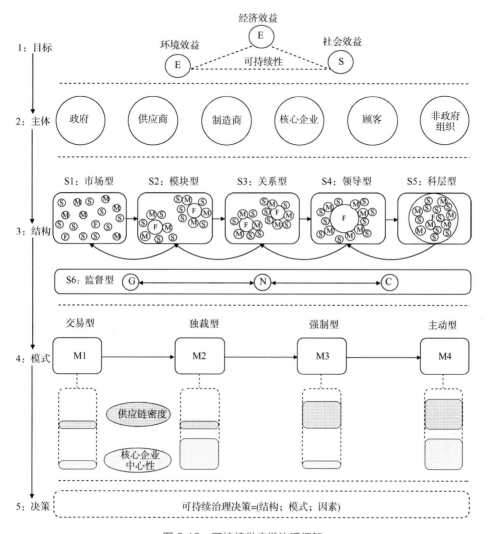

图 3.16　可持续供应链治理框架

依据供应链密度和核心企业中心性，核心企业会形成适合自身发展的可持续供应链治理模式。不同结构和模式中的核心企业所考虑的影响行为因素不同，对各类因素的交互作用进行探究，就形成了可持续供应链的治理机制。

通过可持续供应链治理概念框架，我们可以更好地理解企业的行为，以及行为背后的机理，同时帮助企业和所有利益主体更准确地认识到目前企业所面临的真正问题。

1. 可持续供应链治理影响因素

可持续供应链治理影响因素的界定主要从三个维度来分析：一是内部因素，即供应商能力（capabilities of supplier）和核心企业中心性；二是交易特性，即供应链密度和交易复杂性（complexity of transactions）；三是外部因素，即消费者需求（consumer demand）、政府规制（government regulation）和非政府组织的信息披露（information disclosure of NGO）。总共七类影响因素（图3.17）。

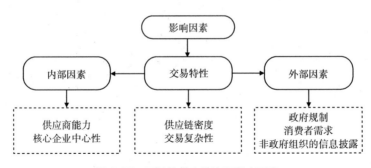

图3.17　可持续供应链治理影响因素

2. 可持续供应链治理机制内容

Hedström和Swedberg（1998）将"机制"描述为"一组相互作用的因素的集合，其产生的作用不局限于集合中的任何一种单独的因素"。可见，治理机制更加关注因素的整体性，以及因素与因素之间的交互关系。可持续治理的动因表明，供应链作为一个复杂组织，不仅要考虑组织内部的驱动因素，更要注重组织外部的环境不确定性因素。只有将内部封闭系统战略与外部开放系统战略进行融合，认识到复杂组织是受制于理性标准的开放系统，才能使供应链整体在面临不确定性环境时，依据有效的经济和社会机制，做出科学的治理决策。

可持续供应链治理客体是主体所产生的道德丢失、环境污染、质量缺失等机会主义行为所产生的现象，这种现象的产生，其实质是不确定性环境的一种体现。组织所处的环境分为任务环境和制度环境，Daft 等（1988）和 Dill（1958）指出任务环境是影响组织实现目标能力的环境要素，包括竞争者、供应商、资本市场、顾客、生产技术等；Peng（2002）指出制度环境是指影响组织的其他环境要素，包括政府、经济形势和文化等，组织的任务环境是基础，但制度环境更不容忽视，两者和谐才能保证组织可持续发展。而 EPR 下可持续供应链的治理问题，恰是在这样一个由任务环境和制度环境双重影响下的行为决策问题。治理机制的作用就是降低这种不确定性对供应链效益的负面影响，使可持续供应链参与主体的决策更科学。

治理机制的研究主要从供应链治理的外部和内部角度，结合经济学和组织社会学中的制度理论，对治理的主体和客体进行划分，考虑七类影响因素（消费者需求、政府规制、非政府组织的信息披露、供应链密度、交易复杂性、供应商能力和核心企业中心性）的交互作用，以及治理手段的分析，形成可持续供应链治理的合法性机制和效率性机制，如表 3.3 所示。

表 3.3　可持续供应链治理机制

	主体	客体	影响因素	手段	机制
组织治理	核心企业与供应商	声誉风险、经济效益风险、商业效益风险	供应链密度、交易复杂性、供应商能力、核心企业中心性	技术支持、信息共享、风险共担、收益共享	效率性机制
市场治理	政府与核心企业	政府需求	政府规制	政策引导、法律控制	合法性机制
	非政府组织与核心企业	社会需求	非政府组织的信息披露	信息披露、监督控制	
	消费者与核心企业	消费者需求	消费者需求	可持续消费	

效率性机制针对内部组织治理。经济学中的制度理论指出效用最大化是企业的决策目标，所以效率性机制是行为背后的本质机制。面对合法化和环保化时代的可持续发展主体，企业的一系列社会责任活动，其内部治理主要是由效率性机制所主导的。治理主体是供应链系统内部的核心企业和供应商，治理的客体就是供应商所造成的环境污染现象对品牌商所产生的声誉风险，以及声誉风险所引发的经济效益风险和商业效益风险。其中影响治理的因素是供应链密度、交易复杂性、供应商能力和核心企业中心性，因素的交互作用对应特定的治理模式。在特定的治理模式下，通过风险共担和收益共享等手段，实现内部决策的高效化。

合法性机制针对外部市场治理。区别于经济学，组织社会学中的制度理论遵循的逻辑是合法性机制。DiMaggio 和 Powell（1983）认为当环境中的法律制度、文化期待等成为广为接受的社会事实，就会对组织产生强大的约束力量，规范着组织的行为。针对可持续问题中所涉及的环境保护和社会道德现象，供应链系统外部治理主要由合法性机制所主导，其治理主体是核心企业、政府、非政府组织、消费者，治理的客体就是政府需求、社会需求和消费者需求。其中影响治理的因素是政府规制、非政府组织的信息披露和消费者需求，三者的交互作用便形成了可持续供应链治理的监督结构。治理主体通过法律控制、信息披露、可持续消费等手段，保证外部决策的合法化。

EPR 下可持续供应链治理机制以解决经济主体、自然环境和社会发展之间的矛盾为目标，在考虑供应链内部利益主体，如供应商、制造商、核心企业，以及外部利益主体，如政府、非政府组织和消费者等之间的相互影响作用下，根据治理决策的七类影响因素，通过内部效率性机制和外部合法性机制的双重作用，实现可持续供应链治理的高效化和合法化。

第五节 基于产品全生命周期理论的 EPR 实施边界

在现实经济生活中,产品从生产出来到被使用废弃往往要经历多个阶段,包括原材料选取、能源的供给、生产、运输、销售、使用、维修和废弃处置等。产品对环境的不良影响可能发生在以上任何一个阶段,不同的只是危害的大小,如汽车在使用阶段耗费燃油排放尾气对空气质量造成的影响比其他阶段更为严重,而塑料包装物则在废弃阶段由于其不易降解对土壤造成的危害更大。生产者责任延伸制追求产品在整个生命周期的环境绩效最优(Lindhqvist,2000),因而,对于环境特点不同的产品,必须制定与之相匹配的环保策略。

EPR 将生产者的责任从生产阶段拓展到产品使用和报废后处理全生命周期阶段,希望通过这种责任的延伸将外部环境成本内部化,实现工业生产的环保要求。中国有谚语云:"好钢使在刀刃上",辩证唯物主义哲学也要求我们抓住主要矛盾和矛盾的主要方面,因而有必要确定产品全生命周期中各个阶段环境影响的相对重要性。LCA(生命周期评价)就是这样一种环境管理工具,它可以定量化分析产品"从摇篮到坟墓"各阶段环境影响,根据结果定位产品环境影响比较突出的一个或多个阶段,从而可以针对各个阶段责任主体及其具体的环境责任特点,结合经济性和可操作性创建阶段化主体责任的实施边界,因而是产品环境管理的重要理论工具(杜楠楠,2016)。

一、产品全生命周期管理基本框架

(一)LCA 理论的产生与发展

自 20 世纪 80 年代起,可持续发展理念的不断深化促使发达国家在环境管理领域展开重要改革,最突出的体现是环境战略从污染物末端治理转变为以预防为主的源头控制和全过程控制，这也呼应产业生态学、生命周期思想及清洁生产等众多新管理理论和方法的诞生（齐珊娜，2012）。通过文献梳理，可以将 LCA 理论分为萌芽、探索和迅速发展三个阶段。

1. 萌芽阶段

20 世纪 60 年代末 70 年代初，LCA 出现于美国，首先是作为资源与环境状况分析（resource and environmental profile analysis，REPA）提出的。1969年，美国中西部资源研究所展开了一项针对可口可乐公司的饮料包装瓶的评价研究，LCA 研究由此开始（樊庆锌等，2007）。这项研究从最开始的原材料获取到最后的报废处理，对饮料包装瓶的资源利用量和环境影响物排出量进行全流程的跟踪与定量化分析，也就是所说的"从摇篮到坟墓"的分析。该研究的突出贡献是使可口可乐公司摒弃了它过去长期使用的玻璃瓶，进而采用塑料瓶包装取而代之。在这之后，美国、日本等相关研究所都进行了以产品包装物为研究对象的研究，如包装品的类似研究。这一时期的研究工作主要由企业发起，研究结果作为企业内部产品开发与管理的决策支持工具。例如，70 年代早期美国开展的 50 多项 REPA 研究中，70%由工业企业自己组织，20%由行业协会组织，只有 10%由联邦政府组织开展。此间全球开展该类研究共计90 余项，大约 50%针对包装品，10%针对化学品和塑料制品，另有 20%针对建筑材料和能源生产。这一时期的 REPA 研究普遍采用能源分析方法。

2. 探索阶段

20 世纪 70 年代中期到 80 年代，全球性固体废物问题使得 REPA 的研究方法又逐渐成为一种资源分析工具。LCA 研究得到了各国政府的积极支持与参与。这一时期，世界第一次石油危机使得人们加深了对节约能源的关注（郑秀君和胡彬，2013）。以 REPA 为思想基础，美国和欧洲的一些咨询机构发展了针对废物管理的方法论，推动了对资源消耗和环境排放的影响研究。比如，

1992 年，欧盟出台了生态标签（eco-label）制度。1984 年，瑞士的联邦环保局建立了包装材料的生态平衡数据库（eco balance），设立了环境毒理学与化学学会（Society of Environmental Toxicology and Chemistry，SETAC）。

3. 迅速发展阶段

20 世纪 80 年代末，LCA 理论开始迅速发展。社会公众开始关注 REPA 的研究结果。由于全球性环境问题的日益加剧，全球环境保护意识不断加强，可持续发展理念普及，可持续行动计划也日渐兴起。1989 年，荷兰住宅、空间计划及环境部（lang-nl|Ministerie van Volkshuisvesting，Ruimtelijke Ordening en Milieu，VROM）首次提出了以产品为导向的环境政策，以评估产品全生命周期内的全部环境影响，并要求对 LCA 的方法和数据标准化（樊庆锌，2007）。

1990 年，在由 SETAC 主办的国际研讨会上，"生命周期评价"（LCA）的概念被明确。1993 年，根据在葡萄牙的一次学术会议的主要结论，SETAC 发表了纲领性报告《生命周期评价纲要：实用指南》，为 LCA 方法提供了基本的技术框架，标志着 LCA 的推出迈出了重要的一步。在以后的几年里，SETAC 又主持和召开了多次学术研讨会，从理论与方法上对 LCA 进行了广泛研究。1993 年国际标准化组织（International Organization for Standardization，ISO）开始起草 ISO 14000 国际标准，正式将 LCA 纳入该体系。目前，已颁布了有关 LCA 的多项标准。

综上所述，产品全生命周期评价理论较早地在美国、日本、欧洲等西方国家和地区得到研究与发展（陈娜，2013）。近几十年来，LCA 的应用逐渐从单一的工业产品评价扩展到资源开发、生产流程、工业园区及各类工程项目等系统性产品评价。随着评价对象的日益繁杂，该方法也在持续改进其不足之处（王长波等，2015）。我国从 1998 年开始全面引进 ISO 14040 系列标准，将其等同转化为国家标准，相应国家标准代号为 GB/T 24040 系列（白璐等，2010）。21 世纪以来环境压力的不断增大以及人们环保意识的提高，使得 LCA 作为环境管理的重要工具，在国际上得到了迅速发展。

（二）LCA 的总体框架

1993 年 SETAC 在《生命周期评价纲要：实用指南》中归纳出了 LCA 的框架（刘红超，2014；霍李江，2003），将其分为四个有机联系的部分，结构为图 3.18 所展示的目标与范围定义、清单分析、影响评价和改善分析。1997年 ISO 在此基础上做了改进，把 LCA 实施步骤分为目标与范围界定、清单分析、影响评价和生命周期解释四个部分。该框架结构如图 3.19 所示，已被普遍使用，具体内容如下（杜楠楠，2016）。

图 3.18　SETAC 的 LCA 技术框架

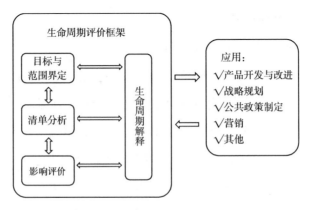

图 3.19　ISO 的 LCA 技术框架

1. 目标与范围界定

LCA 的应用首先应明确目标和范围，目标是对某种产品或过程的环境影响进行评价，而范围是根据研究问题设定的，通常情况下包括原材料及能源投入、产品制造过程、产品使用过程以及废弃回收处理过程。但是有时覆盖某产品全生命周期相关的所有方面的研究是有限制的，这就需要我们在进行评价前界定系统边界。此外，必须同时确定功能单位、环境影响类型、假设条件、约束条件等内容。

2. 清单分析

生命周期清单（life cycle inventory，LCI）分析是 LCA 中最重要、最耗时、最费力的部分，是对整个生命周期内资源、能源消耗和环境排放的定量描述。该环节的主要任务是收集输入的资源的投入数据以及输出的废气、污水和固体废物等排放数据，为环境影响评价提供数据支持。

3. 影响评价

清单分析为 LCA 提供数据支持，生命周期影响评价（life cycle impact assessment，LCIA）是对清单分析中的各种环境交换的潜在影响进行评估，表明每个阶段对环境影响的贡献。ISO 和 SETAC 将生命周期影响评价分为四个阶段：影响分类、特征化处理、标准化处理、权重处理。影响分类包括将清单分析数据划分为不同类型的环境影响。常见的环境影响类别包括：资源消耗；生态效应，如全球变暖、水体富营养化、酸化、光化学烟雾、臭氧层破坏；人类健康等。特征化是衡量环境排放物质对各类环境影响的潜在贡献，即将每一影响类型中的不同物质用一个统一的单元进行转化和汇总。数据标准化为不同类型影响的相对大小提供了一个可比较的标准，允许比较不同类型环境影响的贡献。加权评估是对各种环境影响给予相应的权重，构成各种环境影响，得出环境影响的总体水平，为决策提供依据。

4. 生命周期解释

生命周期解释是根据 LCA 前几个阶段的研究或清单分析的发现,来分析结果、形成结论、解释局限性、提出建议并报告 LCA 的结果,尽可能对 LCA 或 LCI 研究结果进行可理解、完整且一致的描述。

(三) LCA 的应用

LCA 作为一种有效的环境管理工具,已被各国广泛应用于对不同种类的产品或过程进行全生命周期评价,评价产品各阶段环境影响程度或各方案的环境优劣度,为政府或企业制定环境管理战略提供理论依据。

1. 对单一产品进行生命周期评价

Zanghelini 等(2014)运用 LCA 分析了往复式空气压缩机全过程的能量输入及环境排放输出,将废弃阶段按不同处理类型分为直接填埋,以及可循环和不可循环的材料填埋及再制造,分别比较了能源消耗、温室气体排放、土地占用等环境影响。结果表明,直接填埋对环境影响最大,而再制造对环境影响最小,比直接填埋减少 40%的环境污染。Feng 和 Ma(2009)运用 LCA 方法从七个阶段分析了电视机生产的能源消耗以及环境排放,其中废弃阶段按照部分塑料燃烧产生电能的方式处理,得出使用阶段以及原材料提取阶段对环境影响最大,主要是化石燃料燃烧所致。Barba-Gutiérrez 等(2008)对欧盟 WEEE 指令中规定的洗衣机、冰箱、电视机以及个人计算机进行全生命周期分析。考虑回收运输距离,将废弃处理阶段分为直接填埋和回收利用两种方式。另外,Koroneos 和 Nanaki(2012)运用 LCA 分析法对太阳能热水器从原材料提取到废弃处理阶段进行分析。Duan 等(2009)对中国的个人计算机进行 LCA 分析,并比较分析了计算机不同部件对环境影响的大小。上海交通大学的张建普(2010)对一台 170 升的家用电冰箱按照生产环节、销售运输与使用环节以及废弃处理阶段进行生命周期评价，结果表明，销售运输与使用环节对环境影响最大，主要是由化石燃料的燃烧所致，而安全处理将有利于环境。

2. 对不同产品和过程进行对比分析

主要应用的案例是汽车、电器和建筑材料等领域。以汽车为例，Hao 等（2010）以北京八个示范公交车为例，用 LCA 方法比较了柴油和天然气液化燃料供应链的能源消耗和温室气体排放；结果表明，天然气液化燃料的合成率（54%~70%）是决定天然气合成油（gas to liquid，GTL）燃料供应链内能源消耗和温室气体排放的关键因素。黄颖等（2012）基于经济投入产出生命周期评价（economic input-output life-cycle assessment，EIO-LCA）模型分别核算了纯电动轿车和汽油轿车生命周期的温室气体排放量，得出纯电动轿车的温室气体排放量比汽油轿车低 53%。胡志远等（2013）建立了电动汽车生命周期影响评价模型，研究得出使用阶段是汽车环境影响最大的阶段，且相比之下电动汽车的生命周期总体能耗和气体排放较小。Wang 等（2013）利用 LCA 方法对比研究了内燃机汽车、电动汽车、燃料电池汽车生命周期的环境影响，结果表明三种汽车都是材料生产阶段能耗最大，使用阶段环境影响最大，对中国来说以天然气中的氢为燃料的燃料电池汽车从短期来看是最环保的。杨茹等（2014）利用 LCA 方法对一款非插电式混合动力汽车从制造、使用、报废阶段进行了全生命周期评价，得出与传统燃油汽车相比，其可节省资源 28.9%、减少污染 35.16%。Messagie 等（2014）研究了分别使用 9 种不同燃料的比利时轿车完整的生命周期评价，得出使用化石燃料的传统汽车对环境影响最大，除了以蔗糖生产的生物乙醇为燃料的汽车外，电动汽车对环境影响最小。Lewis 等（2014）以内燃机汽车、混合动力汽车和插电式混合动力汽车为对象对比研究了汽车电气化和轻量化对于减少整个生命周期能源消耗和温室气体排放的可能性，结果显示用铝取代钢铁能有效地减少能耗和温室气体排放。李书华（2014）采用 LCA 方法建立了基于我国国情的电动汽车全生命周期模型，研究了动力系统电气化程度不同的三款汽车。

在其他产品方面，Johnson（2004）运用 LCA 方法对比了两种不同发泡剂冰箱在能源消耗以及温室气体排放方面的环境影响。Ma 等（2014）对中国建筑中常使用的三种典型的保温层材料进行生命周期环境影响评价。Woon和 Lo（2014）采用 LCA 方法对香港城市固体废物采用填埋或者焚烧方式处理进行环境影响评价，得出填埋比焚烧对人类健康的影响大，而对生态质量的影响小。刘志超（2013）运用 LCA 方法对比了发动机原始制造与再制造对环境的影响大小，结果显示再制造在节约资源能源、减少环境排放方面都有着明显优势。陈红等（2004）利用 LCA 方法对几种典型的高分子材料进行环境影响分析，结果表明材料生产对环境的影响不仅与资源消耗有关，还与工艺过程有关。

二、责任阶段化管理的需求

（一）责任阶段化管理是 EPR 的内在需求

概括地来说，环境管理思想经历了由"末端治理"向"源头预防"的改变，由关注消除某一节点的污染到关注整个生命周期环境绩效最优的发展（叶文虎和万劲波，2008）。并且人们不再将环境污染问题视为单纯的技术问题，而是"根源于市场、社会和政府力量所构架的经济决策活动之中"（赵一平等，2008a）。政策的制定者在探索过程中不断寻找"末端""中端"的解决办法，如污染最小化、清洁生产和污染预防策略等。随着人们对环境问题认识的深入，环境管理工具越来越丰富，各种政策工具应运而生。有些直接针对产品如原材料选择标准，还有些针对设备操作或污染技术标准。一旦产品进入市场，就很难改善产品的特性。因此，应注意生态设计、信息传递和促进环保产品的选择。此外，产品的环境影响是复杂的，必须在生命周期的每个阶段逐一考虑，以避免污染从一个阶段转移到另一个阶段，从而优化整个生命周期的环境绩效。EPR 思想和 LCA 方法的结合可以提供覆盖产品整个生命周期的策略，为产品全生命周期每个阶段的责任分配提供了一个非常重要的框架，以便生产者能够理解和解决产品全生命周期每个阶段的直接或间接影响（杜楠楠，2016）。然而，产品全生命周期各阶段价值链涉及不同的责任主体，各责任主体之间利益关系复杂纠缠，政府监督效益与成本难以权衡，需要采用阶段化管理思想对上述问题做出有效辨识。

（二）使用 LCA 工具进行阶段化管理

一件商品"从摇篮到坟墓"的一生往往包括许多阶段，诸如原材料选取、能源的供给、生产、运输、销售、使用、维修和废弃处置等，同时产品还要历经原材料供应商、生产者、运输与配送者、销售商、消费者、回收商、处理商以及政府主管部门等众多相关利益群体。根据 EPR 的要求，作为价值链中的关键节点，生产者责任在产品的整个生命周期向上下游延伸，以实现最佳的环境绩效。所以第一个问题是：向哪里延伸？

唯物辩证法表明，矛盾的发展是不平衡的，许多矛盾中存在着主次矛盾。主要矛盾起主导和决定性作用，次要矛盾起从属和次要作用。产品对环境的影响取决于产品与环境之间的关系，即所有类似产品的污染能力与环境承受能力之间的关系。不同产品对环境的影响在致癌物、气候变化、臭氧层破坏、生态毒性、酸污染、资源消耗、水污染和土地空间占用等方面存在差异，涉及的生命周期的阶段和责任相关方也不同。LCA 作为一种强有力的环境管理工具，可以量化产品环境影响中的主要矛盾，为延伸生产者责任提供数据支持。下面以对汽车行业的分析为例来说明该方法的使用。

从原材料生产、整车生产、整车使用以及报废处理四个阶段对汽车进行全生命周期评价，找出环境影响最大的阶段，以期对贯彻实施生产者责任延伸制，加强报废汽车的正规回收管理，提高汽车整个生命周期的环境绩效，提供参考依据。选取汽车 1 万辆为研究对象，按正规回收率 20%比例计算，取整车质量为 1200 千克，汽油型号为 93 号汽油，行驶 60 万公里后将引导报废，系统边界如图 3.20 所示。

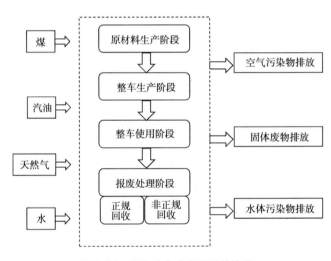

图 3.20   汽车全生命周期系统边界

首先，对汽车全生命周期进行清单分析。LCA 的清单分析是对研究的对象在整个系统中输入和输出的数据建立清单的过程，清单分析主要包括收集和计算相关数据，以此量化研究对象系统的相关输入和输出。

其次，对汽车全生命周期进行影响评价，影响评价是根据清单分析阶段的数据对所要研究对象生命周期的环境影响进行评价。这一阶段将清单数据转化为具体的影响类型和指标参数，便于识别研究对象生命周期各个阶段对环境的不同影响。而且该阶段为生命周期解释阶段提供必要的信息。对汽车全生命周期各个阶段进行特征化处理（将每种环境负荷项目的相对贡献大小分配给所选定的影响类型，确定每一种环境负荷项目生态影响的潜在贡献量。利用不同污染物在质量相同的情况下对同一种生态影响类型的贡献量差异，以其中某一种污染物为基准，把其影响定为 1，然后将等量的其他污染物与其比较，确定各类污染物相对的影响潜力大小）、标准化处理（消除各种影响类别的单项结果在量和级数上的差异，但不影响原有结果的性质）及权重处理（各种环境影响类型对于一个国家或者地区可持续发展的重要性程度是不同的，需对不同的生态影响赋予一定的权重，各项加和得到汽车总的环境影响）。

最后，发现在汽车全生命周期内能源消耗比重由大到小排列为：整车使用阶段、原材料生产阶段、整车生产阶段、报废处理阶段。环境影响比重由大到小排列为：整车使用阶段、整车生产阶段、原材料生产阶段、报废处理阶段。整车使用阶段是能源消耗和环境影响最大的阶段，原因是汽油作为高耗能资源，在生产和使用过程中消耗了大量资源，对环境造成了严重影响；在报废处理阶段，由于目前的回收率偏低，仅为 20%，绝大多数的报废汽车都通过非正规途径处理，但正规报废汽车回收企业对报废汽车的利用率达到90%，经过正规回收的报废汽车能源消耗为负，环境影响很小。降低汽车使用阶段的能源消耗和提高正规回收数量是汽车行业提高整体环境绩效，促进行业可持续发展的关键，因此应着重将汽车行业生产者的责任延伸至消费使用阶段和回收处理阶段。

三、EPR 下责任阶段化的主体责任实施边界

（一）EPR 下责任阶段化的主体责任实施边界创建的必要性

EPR 被 OECD 和欧盟认为是最有希望解决废物和污染问题的手段之一，

因为 EPR 在产品的生命周期内打破了原有的责任界限，以新的思考方式更为合理和高效地将环境责任予以重新构建。同时，EPR 秉承污染者付费原则（polluter pays principle），意欲将因产品而产生的环境负外部性问题内部化，即将产品全生命周期环境成本整合到产品的价格之中。EPR 在"污染者"的认定上视角更广、思考更为深入，其以产品全生命周期内环境绩效最优为目的，以源头预防为解决污染问题的根本途径，认定生产者最具备改善产品环境绩效的能力。可以看出，EPR 就是通过责任的重新界定，使得真正的"污染者"负担环境成本，以此刺激生产者的生态设计，提升产品的环境绩效，从而解决废物和污染问题。

EPR 作为一种解决环境污染问题的产品政策原则，其实施方式可以是多种多样的。产品特性对其影响是关键的。一些产品，如汽车、金属包装物，承载的材料具有商业价值，因此在 EPR 产生之前就已存在回收市场，业已存在的回收系统会对 EPR 的实施造成影响。而报废后其材料已无利用价值的产品则是另一番景象。那些有潜力通过产品设计来大幅提升环境绩效的产品，如塑料包装可以采用结实耐用且可降解的原材料，EPR 可以有效地减少废物产生和增加对废物的回收循环，但对于废弃电器电子产品来讲，EPR 实施就必须辅以相关有毒有害物质使用禁令。此外，产品的耐用度、复杂度、尺寸、重量和易处理程度都对 EPR 具体实施方式，即责任的分配产生影响。因而以阶段管理思想来创建 EPR 责任主体的责任边界就显得尤为必要了。

（二）EPR 下责任阶段化的主体责任实施边界的界定

1. EPR 主体责任界定原则

在所有责任界定活动之前，必须厘清 EPR 内容的目的和生产者的责任应该延伸到哪个阶段这两个基本问题。对于前者，一些人认为 EPR 的目的是帮助改善废物管理状况，这种理解符合到目前为止 EPR 概念在实践中的应用；其他一些人认为，EPR 应有更为宽泛的目的，指导提高产品及其相关系统的环境绩效。对于后者，一些人认为责任的延伸限于产品消费后阶段；其他一些人认为不应只局限于产品全生命周期末端，而是拓展到生命周期的各个阶段。本书将 EPR 理解为更为宽泛的状态，认为其目的是提高全生命周期内产品的环境绩效，将生产者的责任延伸至产品全生命周期的各个阶段。

作为 EPR 主体责任界定的基本原则，无须赘述的是，责任界定必须有利于保障 EPR 目标的实现。根据 OECD（2016）所述，EPR 有利于实现众多关键目标，包括：减少废物；再利用产品；增加回收材料的使用；减少自然资源消耗；将环境成本纳入价格；若焚烧是合适的处理方法，则考虑能源回收。Tojo 等（2001）总结，EPR 必须实现环境方面的两类内容：一是改进产品设计。EPR 应鼓励制造商在产品全生命周期设计阶段改善产品的环境性能。二是通过回收、再利用和再循环有效使用产品和材料。OECD 同 Tojo 等对 EPR 目标的描述虽然不同，但实质却具有一致性。OECD 给出了 EPR 在产品全生命周期内实现最佳环境绩效的最终路径，而 Tojo 等则强调了 EPR 在取得环境绩效最优的过程中所应注重的具体环节。两个提法互为补充，共同阐述了EPR 的目标。

就 EPR 具体实施而言，对 EPR 主体责任的界定应更有利于构建以市场化配置为主，行政干预为辅的运行结构。环境污染问题根植于经济活动之中，并非只是生产活动的副作用，是一种市场失灵问题。市场失灵需要政府来干预是正常的，然而仅靠以行政管理为主导的环境管理活动必定是成本高昂和效率低下的，正因如此，才进一步推动了在经济上重铸产品链责任模式，推动生产者关注生态设计，达到源头预防的 EPR 思想的发展。同时，政府通过法律法规确立新的"规则"，并提供有效的监督，来确保环境市场的良性运作是最终的出路。

2. 责任分配

虽然学者们对 EPR 的目的和内涵存在着不同的理解，但对 EPR 责任内容的看法基本都包含在 Lindhqvist（2000）五种责任类型的框架之中，即产品责任、经济责任、物质责任、信息责任和所有权责任。

产品责任指由问题产品所产生的已经证实的环境损害责任，这种责任的范围由法律界定，可能存在于产品全生命周期的不同阶段，包括使用阶段和最终报废处置阶段。

经济责任意味着生产者承担全部或者部分的成本费用，如废弃产品的回收、循环利用及最终处置。生产者对于这些费用，可以采取直接方式或者某种特定费用的方式支付。

物质责任意味着生产者需要承担其产品及其产品引起的影响的物质管理责任。例如，建立和完善回收系统、提供处理的技术支持等。

信息责任表示产品延伸责任的几种不同可能性，要求生产者提供其产品及其生命周期不同阶段对环境影响的信息，如环保标志、能源信息或噪声信息等。

所有权责任指的是生产者在产品的整个生命周期中保留产品的所有权，最终与其产品所产生的环境问题紧密相关。

这五方面生产者责任涵盖的内容极为广泛，向产品全生命周期的每个阶段均有辐射，包括无毒害原材料的选择、刺激生态设计、环保信息的披露、废弃产品回收处置等。更进一步分析，责任分配后形成的特定 EPR 模式希冀有这样的特点：能够刺激生态设计以达到源头预防，拥有健康财务机制的废物回收体系，信息在产品链上下游流通顺畅。在每一个具体的 EPR 项目中，这五种责任并不必须全部都出现，并且各种责任、承担者的认定也存有争议。美国总统可持续发展理事会将生产者延伸责任（extended producer responsibility）改为产品延伸责任（extended product responsibility），认为产品链上所有相关者应共同承担责任。然而在国际上大部分国家对这个问题基本达成了一定共识，即 EPR 的主要责任人应当是生产者，但包括政府在内的产品全生命周期不同阶段的相关责任群体也要承担相应部分的责任。

3. 责任划分

产品全生命周期阶段的划分可以采用 LCA 的划分方式，即分为原材料提取阶段、生产制造阶段、消费使用阶段和废弃处置阶段。由于产品类型众多且情况不一，要求给出一种精确普适的责任延伸方案是不现实的，但做出一些可能的判断仍具可行性。

1）原材料提取阶段

生产者要尽量选用无毒无害、易循环利用的原材料，选用耐用性强的材料。政府设定技术标准，制定激励或惩罚政策。原材料供应商研发环境友好材料，改进工艺降低能耗。

EPR 作为一种源头预防的环境策略，从生产活动起点开始就进行污染的严格控制合乎其内在要求。产品的环境影响跟其材料类型和废弃后管理过程密切相关（Mayers et al.，2005），原材料的投入选择对产品环境绩效的提高潜力有重要影响，如果环境绩效提高潜力受到了限制，那么 EPR 的目标将难以实现。此外，EPR 无论是通过经济刺激还是行政管控，都希望能够刺激生产者进行绿色设计，选择环境友好原材料也是绿色设计的一部分。为了解决废物问题，最主要的就是要推动产品链从开放型转变为闭环型，有两种主要途径：一是通过材料替代或材料循环利用（Boons，2002）；二是通过废弃产品的修复、再制造和产品升级（Brouillat，2009；Brouillat and Oltra，2012b）。

在实践方面欧洲双指令（WEEE 和 RoHS 指令）对电器电子产品回收处

置和所含材料进行了严格限定，形成了绿色贸易壁垒，对我国电器电子产品出口欧洲造成了严重冲击。在此刺激下我国也开始制定中国版 WEEE 和 RoHS 法规，并逐步付诸实施。生产者作为 EPR 实施主体，通过与原材料供应商的协作和谈判，对产品原材料的选择做出合适的决定，而政府则利用各种经济刺激或者是技术标准的约束、行政命令促使生产者选择环境友好材料。

2）生产制造阶段

生产者负责进行生态设计，清洁生产，提升循环材料的使用比率，提供产品环境信息。政府设定技术标准，给予生态补贴或污染罚款，鼓励非政府组织对生产者的生产活动的环境影响进行监督。

在 EPR 概念被提出之前，通过对生产阶段的控制以消除不良环境影响就已经被付诸行动（Lindhqvist，2000），对废水、废气和废渣的处理是政府对企业进行环境监督的重点，因为其对河流、空气和土地的污染使人们的生存环境受到了威胁，清洁生产实现生产过程中的优良环境绩效是生产者应负之责。此外，生产工艺的选择对产品废弃后的处置有着深刻影响。在调研中，部分处理厂商表示，一些产品内部结构和所使用的材料成分复杂，在拆解和提取时常消耗更多资源与工时，并且从产品说明中获得的信息十分匮乏，对最终处置工作造成了不利影响。生产制造阶段是产品形成阶段，其环境绩效在该阶段基本被确定（Calcott and Walls，2000），生产者对产品设计、生产工艺和产品信息披露的选择影响着产品的消费和废弃后处置。若生产者更多地采用生态设计，如使用单一的、能循环利用的原材料，采用模块化设计简化拆卸程序，提高多系列产品的部件通用性等，提升产品的再制造能力，形成闭环产品链，就可能从系统上改善产品的环境绩效。

政府部门应积极制定生产企业所必须遵守的环境要求，为了激励生产者向生态设计、清洁生产方向上投入精力，可以综合采用经济激励或惩罚措施，设定相关污染管理标准和产品规格标准，并予以监督。同时政府部门可加强对非政府组织的培育，支持这些自管组织积极披露企业违规行为，拓宽民众争取环境合法权益道路，以弥补政府的职能缺失。

3）消费使用阶段

生产者提供对消费者使用产品的技术支持，培养消费者良好使用习惯，保留产品所有权以租赁的方式提供服务，如美国施乐公司复印机业务，提供产品环境信息。政府鼓励消费者购买环保产品，消费者提高环保认知，树立绿色消费观念，关注产品的实用性而非外包装，按照产品使用手册或售后服务协议的要求，向制造商或环境保护部门提供使用信息反馈。

已经有越来越多的企业为自己的产品在使用阶段提供支持，这不仅提高了客户满意度，更获得了大量有价值的反馈信息，为产品的改进提供了丰富的资料。生产者拥有的产品知识一般高于普通消费者，他们更清楚产品的最佳使用方法。为了实现最优环境绩效，同时也为了产品更充分地发挥其效能，生产者有必要为消费者提供技术支持和使用帮助。同时，若能对产品不断地提供服务支持，进行维修、翻新和升级活动，将有效地提高产品的使用寿命，从源头减少废弃产品的数量，还能为生产者积累口碑。生产者亦可以新的理念革新消费观念，消费者使用产品是对其功能的消费，而对产品所含物质的占有并不是主要目的。因此，企业由提供产品向提供功能服务转变，一方面可能以不同程度的设备供应不同需求达到物尽其用，另一方面可以有效地控制废弃产品的流向，以及对其后续的处置过程，施乐公司的复印机正是一个极为成功的例证。

4）废弃处置阶段

生产者承担废弃产品的回收、处置和再利用的物质和经济责任，给回收处理厂商以信息和技术支持。政府制定强制性法规勒令生产者回收，征收费用或施加补贴完善回收处理系统，加强对违法行为的管制，提升废旧产品整体回收处理能力。销售商与生产者合作共建回收渠道，为消费者返还废弃产品提供便利。消费者配合有关销售协议及回收政策规定，及时主动将正规拆解后尚有利用价值以及非法拆解后可能导致污染的废弃产品交于正规处理渠道。回收商构建完善的回收渠道，提供便利高效的服务。处理商建设良好的处理场地设施，提高处理技术和装备水平，进行再制造和深加工。

　　面对各类新型产品，传统城市垃圾的处理体系已无法有效应对，这为政府创造了建立 EPR 系统的氛围（Nnorom et al.，2009），并且 EPR 生产者责任延伸至废弃产品管理阶段，大大减轻了市政部门的压力，因此 EPR 被各国政府广泛接纳并在多个领域实施（OECD，2016）。在理论上，无论是 EPR 首倡者 Lindhqvist（2000）还是集合各国学者广泛参与的 OECD（2001）报告，都集中关注了将生产者的责任延伸至消费后阶段。在实践中，无论是 OECD 国家（Niza et al.，2014）还是非 OECD 国家（Dwivedy et al.，2015；Manomaivibool and Vassanadumrongdee，2011），都不同程度地采用各种工具将回收处置的物质责任和经济责任施加给生产者，并且要求在产品上标明材料类型、是否有毒害的情况以供消费者和回收处理企业参考。销售商在 EPR 中也发挥了重要作用，瑞士 WEEE 管理中的预付回收费用（advance recycling fee，ARF）是通过销售商来向消费者收取费用，并向上传递；德国的销售商可自愿选择是否参与回收，一旦参与就必须将其合理分类。

　　消费者的参与是 EPR 项目成功的重要条件，他们对 EPR 实施的配合能够显著提升 EPR 项目实施的有效性（Nnorom and Osibanjo，2008）。例如，消费者的传统购买和回收习惯对废弃电器电子产品的回收再利用产生了广泛影响，过分关注处理废品的收益，却忽视非正规处理者后续活动可能造成的环境污染，给我国在 WEEE 管理上实施的 EPR 增加难度。随着生活水平的提升，人们对空气、水和土壤的清洁度提出了更高的要求。对此，政府需抓住机遇，积极采取措施以提高居民的环保意识。通过互联网与移动互联网的结合，也可以加强各类有毒害物质回收基础设施专用渠道建设，增强消费者的回收意愿。

在发达国家，一般回收处理废弃产品并不能赢利，所以根据 EPR 要求生产者自己作为回收商处理自己品牌的废弃产品，或是建立企业联盟，再或是包给第三方进行处理。发达国家制度环境良好，并拥有先进的处理技术，一般都能够满足无害化的处理要求。在发展中国家，许多废弃产品的回收处理能够赢利，因此在 EPR 实施之前或已经存在自发形成的回收处理市场，但其技术和场地可能不能满足无害处理的要求，造成环境污染。在这种情境之下，EPR 的实施应着重对回收处理市场进行规范，培育一批可以满足环境友好处理的企业，以改善废弃产品的回收处理状况。

针对以上 EPR 各阶段主体责任的划分，如何使生产者和相关责任群体承担这些责任，还需要多种制度和工具的设计。EPR 工具总体分为三种类型：行政工具、经济工具和信息工具。行政工具是指政府部门制定标准，强制参与者达到要求，触碰底线就要接受惩罚。行政工具比较刻板，设立的是最低的要求，对技术发展并无刺激作用，对高标准先进企业也缺乏鼓励。经济工具是指以增加经济收益为刺激手段，鼓励参与者以一种更具有经济效益和效率的方法，实现环境友好行为。其对不同程度的环境友好行为有更强的区分性，对技术发展有一定刺激作用，但高度依赖市场行情，并需要管理者付出较高的监督成本。信息工具是指环境绩效信息的披露工具，这种工具的效用难以评定，因为很难确定哪些信息会成功地传递给接收者，接收者对于信息的反应如何也不确定，而行政工具和经济工具的使用又往往依赖于相关的信息工具（Calcott and Walls，2000），各种工具说明如表 3.4 所示。

表 3.4　EPR 主要工具列表

管理工具	具体内容
行政工具	强制回收废弃产品；再利用和再循环目标；环境排放限制；产品技术标准；最低可回收材料标准；次级材料使用标准；材料限制和禁令；产品限制和禁令；处理技术标准等
经济工具	原材料税和取消原材料税；产品税；补贴和取消补贴；预付处置费；押金返还；丢弃时付费；环境友好产品采购等
信息工具	环境报告；环境标签；有毒物质标签；产品耐久度标签；产品全生命周期环境概貌信息；给处理者的关于产品结构和成分的信息说明等

（三）EPR 责任理论与现实的差异分析

在具体产品的 EPR 项目中，理论与现实情况之间难免存在差异，现实中生产者延伸责任的分配常面临更为复杂的境地，比如消费文化的特殊性、产品环境绩效的理论分析和现实情况的差异，以及对现存回收处理市场情况的考量等问题。虽然 LCA 为 EPR 项目决策提供了定量数据分析，但面对纷繁的现实情境，对生产者责任的界定应该更为慎重，下面以冰箱产品为例加以说明。

1. 冰箱产品的 LCA 分析

本案例定量分析冰箱产品在整个生命周期过程中所涉及的能源消耗及污染排放情况（中国家用电器研究院，2010），运用 LCA 方法计算冰箱产品各个生命周期阶段对环境的影响程度，进而确定出对环境影响最关键的阶段，从而为改善冰箱产品在环境方面的表现提供依据。

将冰箱全生命周期分为五个阶段：原材料提取阶段、制造阶段、销售运输阶段、使用阶段和废弃处理阶段，其中废弃处理阶段根据实际情况选择部分安全处理、部分卫生填埋的方式处理。评价范围所选用的功能单元为 1 万台平均质量为 60 千克的冰箱，运用 LCA 工具进行分析评价（中国家用电器研究院，2010）。本书所设定的系统边界如图 3.21 所示。

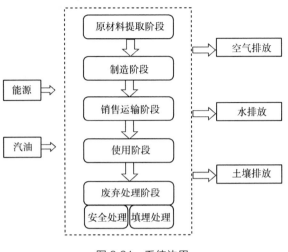

图 3.21　系统边界

根据 ISO 对环境影响评价所建立的框架，对冰箱产品进行生命周期分析，本书设立的环境影响评价模型如图 3.22 所示。

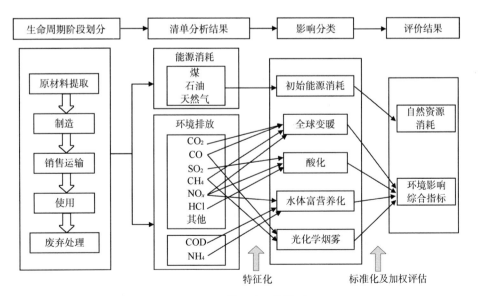

图 3.22　环境影响评价模型

COD: chemical oxygen demand，化学需氧量

经过清单分析和影响评价，结果表明，能源消耗方面，冰箱产品对能源的消耗从大到小依次为使用阶段、原材料提取阶段、制造阶段、销售运输阶段、废弃处理阶段，其中当废弃冰箱安全处理比例达到 50% 时，各阶段的能耗约占总消耗量的比例大小分别为使用阶段（90.33%）>原材料提取阶段（7.31%）>制造阶段（1.94%）>销售运输阶段（0.27%）>废弃处理阶段（0.15%），这主要是由于使用期间消耗大量的电能。

如果仅看 LCA 分析所得的排序结果，可以得出如下结论：冰箱使用阶段对环境的影响最大，为了有效减小冰箱行业对环境的影响，提高环境质量的关键在于降低使用阶段的能耗，生产者责任延伸的重点阶段应为使用阶段。因此，要求冰箱生产企业积极改进产品节能设计，提高产品的能效等级水平，另外降低使用阶段的能耗还应提高消费者的节能意识。目前世界各国都通过制定和实施能效标准、推广能效标识制度来提高耗能产品的能源效率，促进节能技术进步，进而减少有害物质的排放和保护环境，不仅能带来巨大的环境效益，也为消费者提供了积极的回报。

2. 我国冰箱产品的 EPR 管理

与理论分析的情况相悖，目前我国冰箱产品所属电器电子产品行业的 EPR 实施更侧重于对回收处理阶段的安排。《废弃电器电子产品回收处理管理条例》（简称《条例》）及其配套制度是整个 WEEE 管理体系的核心部分，国家建立了处理基金对 WEEE 回收处理进行补贴，制定《废弃电器电子产品处理目录》以确定体系的覆盖范围，并确立了多渠道回收和集中处理制度以及处理资格许可制度，以建设规范化的回收处理体系，如图 3.23 所示。

我国 WEEE 管理体系规定，"生产者"包括电器电子产品自主品牌生产和代工生产企业，以及进口电器电子产品的收货人或者其代理人。生产者需

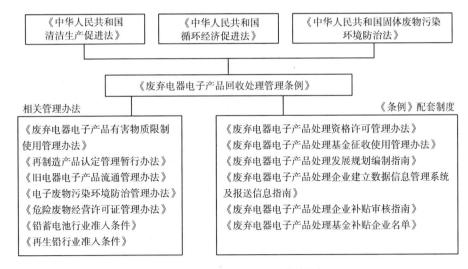

图 3.23 我国 WEEE 相关法律法规

履行多重的责任，包括采用毒害性低且回收便捷的材料及设计的产品责任、提供毒害物质的含量和回收处置方式的信息责任以及按规支付处置基金的经济责任等。

回收渠道涉及诸多相关方，如销售商、售后部门和回收商等，他们必须提供便捷的服务，并向具备处理资质的企业交付废弃电器电子产品以妥善处置。废旧产品处理者是我国废弃电器电子产品管理体系的一个重要主体，应获取合法的处理资质、合规的技术，建立完备的信息管理和环境监测能力。地方政府应负责规划该地区的回收和处置能力，审核处理企业资质，并督查活动的开展。

3. 差异分析

冰箱产品作为废弃电器电子产品中的一类重要来源，其 EPR 管理的理论分析与现实状况的差异是怎样产生的？图 3.24 描绘了我国废弃电器电子产品在生命周期中的流向，冰箱产品的流向也包含在其中。

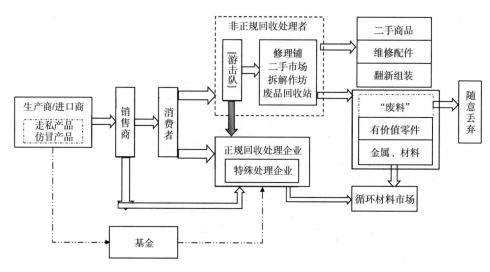

图 3.24　废弃电器电子产品流向图

　　按理想状态发展，生产、消费和废弃后处理都符合我们假设的正规流程，那么 LCA 分析结果就与现实接近，但事实上在回收处理阶段，非正规回收处理者的存在成为"非正常的干扰因素"。对于非正规回收处理者的形成和特点可以通过表 3.5 和表 3.6 来加以了解。

表 3.5　我国 WEEE 回收体系发展情况

时间	主要回收群体	回收方式	特点	对 WEEE 回收体系影响
2009 年以前	非正规回收者（拾荒者、收废品个体户和小作坊）	走街串巷，挨家挨户回收	当场付费，付给消费者高费用；上门回收具有极高便利性、灵活性；露天无保护堆放	自发形成市场，是主要回收方式
2009~2011 年	非正规回收者（拾荒者、收废品个体户和小作坊）	走街串巷，挨家挨户回收	当场付费，付给消费者高费用；上门回收具有极高便利性、灵活性；露天无保护堆放	家电以旧换新政策使其收货量大幅减少
	家电生产企业、零售商、专业回收企业	家电以旧换新（五类产品）	抵扣费用；国家大力宣传，社会关注度高	极大促进了正规回收处理企业的发展

续表

时间	主要回收群体	回收方式	特点	对 WEEE 回收体系影响
2012 年及以后	非正规回收者（拾荒者、收废品个体户和小作坊）	走街串巷，挨家挨户回收	当场付费，付给消费者高费用；上门回收具有极高便利性、灵活性；露天无保护堆放	由于其灵活、高效的特点，正规回收处理企业考虑将其纳入体系，使其正规化
	家电生产企业、零售商、专业回收企业	多层级回收渠道；企业版家电以旧换新；物联网技术为核心的小家电回收	渠道多样；基金补贴大幅提高正规回收者的竞争力；信息化程度高	政府部门进行引导与规范，形成并维系了多渠道回收体系

表 3.6　我国 WEEE 处理体系发展情况

时间	处理者类型	影响事件	效果
20 世纪 90 年代开始	非正规处理者（个体手工作坊）	广东贵屿、浙江台州自发形成大规模电子产品处理集散地	技术落后；无正规场地；人员无防护；随意丢弃；污染严重
2005 年	非正规处理者（主要）、正规处理者（次要）	批准青岛海尔、杭州大地[1]、北京华星[2]等废家电回收处理示范企业	鼓励政策不落实，规范处理成本高，经营状况不理想
2009~2011 年	非正规处理者（禁止）、正规处理者	家电以旧换新，规定试点省份建立 1~2 个 WEEE 处理企业	正规家电处理行业迎来发展高峰期
2012 年	非正规处理者（禁止）、被列入补贴名单的正规处理者	各省区市进行规划；发布《废弃电器电子产品处理基金补贴企业名单》，纳入其中的企业可接受补贴	WEEE 管理建立 EPR 相关制度，生产者缴纳基金，基金可补贴处理企业

1）杭州大地环保有限公司

2）华星集团环保产业发展有限公司

目前我国 WEEE 回收体系中有正规和非正规两类回收者。正规回收者依法在工商部门注册成立并受上级部门监管，有达到环保条件的正规回收场地，可开具正规发票，在废弃电器电子产品回收方面具有优势；但其管理成本和运载工具等投入高，使其回收价格在与非正规回收者的竞争中处于劣势。而非正规回收大军由拾荒者、收废品个体户、小作坊组成，从业人员众多，设备简陋，一辆三轮车走街串巷、上门回收当场付费，灵活便捷，成为居民家庭处置废旧电器的一个主要渠道。然而其缺少环保措施，露天无保护堆放造成环境污染，监管部门难以掌握情况进行有效监管。

我国 WEEE 回收体系自 20 世纪 90 年代开始自发形成，粗具规模，可以划分为三个时间段，第一个阶段是 20 世纪 90 年代到 2008 年，第二个阶段是 2009~2011 年，第三个阶段是 2012 年至今。其中非正规回收者一直是市场的主体。从 2009 年开始到 2011 年底截止的"国家版"家电以旧换新活动，在国家层面的宣传支持下大力促进了正规回收处理企业的发展，使非正规回收者的收货量大幅减少，但活动结束后，正规回收者在与非正规回收者的竞争中很快落于下风。2012 年《废弃电器电子产品处理基金征收使用管理办法》颁布，在基金补贴支持下，政府部门进行引导与规范，再次提高了正规回收者的竞争力。以正规回收厂商自建回收渠道为中心，家电生产企业、零售商、专业回收企业参与的多渠道、多层级的回收体系正在逐步形成，在保证回收渠道多样性的同时，加强了重点回收部门的建设，提高了整体回收体系的规范性。而非正规回收者由于其灵活、高效的特点，正规回收处理企业也在考虑将其纳入正规化回收体系。

WEEE 处理体系与其回收体系的发展基本同步，但处理活动可能导致的不良环境影响远大于回收系统，因此处理体系的建设更加重要，要求也更为严格。我国 WEEE 处理体系在 20 世纪 90 年代开始形成，以广东贵屿、浙江台州等地自发形成的大规模电子产品处理集散地为代表。这些集聚区内大多是个体手工拆解作坊，以获取经济利益为唯一目标进行 WEEE 拆解处理，没有安全合规的处理场地，牺牲环境乱象丛生。

2005 年国家批准青岛海尔、杭州大地、北京华星等废家电回收处理示范企业，2006 年 9 月，我国第一家静脉产业类生态工业园区——青岛新天地静脉产业园成立，标志着 WEEE 正规处理者走上历史舞台。但是，由于鼓励政策不到位、规范处理的成本高，经营状况普遍不够理想。2009 年开始，国家明令禁止未在工商部门注册的非正规处理者进入 WEEE 处理体系，与此同时，开展家电以旧换新，规定试点省份建立 1~2 个 WEEE 处理企业，正规 WEEE 处理企业迎来发展机遇。2012 年初步建立起基于 EPR 的 WEEE 管理制度，由生产者缴纳废旧产品处理基金，再补贴给正规处理企业。财政部、环境保护部、国家发展改革委等部门每年印发《废弃电器电子产品处理基金补贴企业名单》，至 2015 年底已经发布了第五批次，纳入其中的企业可接受补贴。它们必须按照要求建设 WEEE 储存和处理场地，对地面做防渗漏处理，采用符合国家要求的工艺，对废水、废油等进行截留、分离，对危险废物进行妥善处理，并建立数据信息系统和环境监测系统，在环境保护和资源利用方面明显优于非正规处理者。

基于上述理论推演和案例分析，在实施 EPR 过程中，不仅要将生产者的责任延伸到冰箱产品的使用阶段，同时也不能忽视产品的废弃处理阶段，结合这两个阶段的责任主体（生产者、消费者、回收商、处理商和政府有关部门）及其责任分配来保证 EPR 的有效实施。在进行 LCA 分析之后，必须结合废弃产品的现实处理情况对 LCA 得到的结果进行修正，以确定产品环境绩效的"真正短板"阶段，进而将生产者责任延伸至此阶段。另外，EPR 项目作为一个系统工程，具有多个利益并不完全一致的参与者，因此必须协调产品链上各成员的诉求，并赋予其适合的责任以促进 EPR 实施目标的实现。

第六节　基于企业社会责任理论的 EPR 实施要素

企业社会责任理论视角下的 EPR 实施要素主要是以战略性企业社会责任和利益相关者理论为基础，主要包括企业社会责任的战略性、利益相关者视角下的企业社会责任和利益相关者视角下 EPR 的实施要素。

一、企业社会责任的战略性

Waddock 和 Graves（1997）认为企业社会责任是源于企业发展与环境保护、员工福利等问题的矛盾关系，是指企业在其经营活动中以及在与利益相关者进行互动过程中，履行的有关环境和社会方面的道德权利和伦理义务。企业社会责任是通向企业可持续发展的重要途径，其符合社会整体对企业的合理期望，不但不会分散企业的精力，反而能够提高企业的竞争力和声誉。

目前，尽管存在大量企业为了追逐利润而欺骗消费者、污染环境、剥削员工等现象，但仍然有许多企业遵循善待员工、保护环境、慷慨捐赠等原则，努力将责任和道德纳入企业日常运营当中。以中国为例，《WTO 经济导刊》数据显示，截至 2012 年 10 月 31 日，中国发布了 1337 份社会责任报告，比 2011 年同期增加了 520 份，增长 63.6%。随着企业对社会责任问题的关注，经济学和管理学领域逐渐开展了相应研究。

对于企业社会责任的研究，经济学领域主要以绩效为主题，这些研究侧重衡量社会责任行动的有效性，以此确定哪些社会责任活动最有可能实现所预期的绩效效果。Brammer 和 Millington（2008）的研究表明，企业社会责任（corporate social responsibility，CSR）与企业财务绩效（corporate financial performance，CFP）存在着三种关系：正向关系［图 3.25（a）：M1，比例较大］、负向关系［图 3.25（b）：M2，比例极小］和混合关系［图 3.25（c）、图 3.25（d）：M3 和 M4，比例较少，即不同指标上的影响有正有负］。M1 表明较好地承担社会责任能够促进财务绩效的提高，如积极承担企业社会责任提高了企业声誉，吸引重视社会责任的消费者以更高价格选择具有社会属性的产品。M2 表明企业并不能从良好的社会表现中获取利益。M3 表明良好的社会表现能够促进财务绩效的提高，但社会表现带来的边际收益是递减的。M4 表明逃避社会责任从短期来看有助于企业削减成本，企业只有积极地、持续地履行社会责任，才能够从中获取长远收益。因此，McWilliams 等（2006）在后续的研究中指出，企业在进行社会责任决策时，应选择一个最优投入水平，以期获取最大收益。

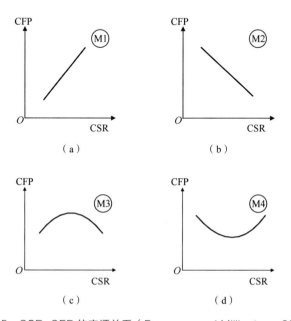

图 3.25　CSR-CFP 的实证关系（Brammer and Millington，2008）

经济学的"理性经济人"假设表明了企业社会责任投入是一种投资决策，在考虑企业社会责任与企业财务绩效关系的同时，更应该对社会责任行为进行严格的量化成本收益分析，保证企业社会责任的支出和经济收益的平衡。然而，由于环境的不确定性和复杂性，信息的不完全性，以及人类的"有限理性"，个体不能将所有的价值影响因素综合到统一的效用函数当中，即"有限理性"的命题，让个体利益最大化的目标被融合了公平、声誉、健康和满足心理需求等价值属性的整体效用最大化所代替，可知，战略性决策本质上寻求的不是最优解，而是满意解。

管理学中的企业社会责任强调的是管理者的战略决策能力。Drumwrigt

（1994）指出企业面对的是相互矛盾的利益相关者要求，以及社会责任与财务绩效之间的不确定关系。Kanter（1999）认为企业社会责任是产品差异化创新的重要来源。Porter 和 Kramer（2006）指出，通过扭转原本相互依存的企业利益和社会利益对立关系，企业将公益慈善与自身战略结合，向外界公布自身行为合法化的信息，进而影响利益相关者甚至社会对企业的感知。Hooghiemstra（2000）也指出，塑造企业"好企业公民"的形象或声誉，能够帮助企业建立战略性竞争优势。随后，Husted 和 de Salazar（2006）以战略视角对企业社会责任进行分类，主要包含战略性 CSR、利他性 CSR 和强制性 CSR。

Baron（2001）通过实证研究指出，战略性 CSR 与企业绩效存在正相关性，而利他性 CSR 与企业绩效存在负相关性。结合 Margolis 和 Walsh（2003）指出的三类 CSR-CFP 关系模型，可以推理出战略性 CSR 与 CFP 存在正向关系，利他性 CSR 与 CFP 存在负向关系，强制性 CSR 与 CFP 存在混合关系（或正或负）。战略性 CSR 强调以吸引消费者和获取其他直接财务收益为目的，通过广泛参与给公司带来长期收益的社会项目，实现企业社会活动与企业战略的统一，取得经济效益和社会效益的双赢（图 3.26）。由此，若将企业社会责任从经济和管理领域转移到供应链管理当中，也必将对整个供应链系统的可持续治理起到更有效的协调和促进作用。

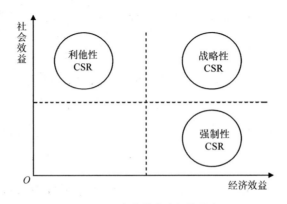

图 3.26　企业社会责任的界定

在供应链领域，对于企业社会责任的研究主要针对企业社会责任行为对供应链参与主体决策行为和整个供应链绩效的影响问题。Carter 和 Jennings（2002）通过对供应链与企业社会责任的关系的界定，分析了企业社会责任对供应链绩效的影响；Cruz（2008，2009）分析了企业社会责任条件下的网络均衡问题；Ciliberti 等（2008）对物流社会责任的实践内容进行了划分；龚浩等（2012）针对供应链的协作与利润分配策略等具体问题的研究，对供应链企业社会责任体系的特点做了归纳总结，指出供应链中核心企业制定或指定了供应链要求遵循的企业社会责任内部和外部守则；Hsueh 和 Chang（2008）研究指出，供应链中每个企业对社会责任的贡献都将会让整个供应链受益，核心企业的市场行为直接关系着整个供应链社会责任水平的高低；Levis（2006）研究指出，供应链中各节点企业在经济收益与社会责任方面具有不对称性，社会责任的风险随着国际产业格局的转移而发生转移，供应链内企业社会责任具有继承性、传递性和可追溯性。

企业通过承担社会责任，不仅体现了自身的文化理念，更体现了自身的社会价值，为企业的发展创造有利的外部环境，以实现企业的可持续发展战略目标，即企业社会责任与企业可持续发展之间是一种互动和相辅相成的关系。

综上，EPR 下产生的可持续问题，增加了企业的生存风险，尤其是污染严重的生产企业。作为环境和社会问题的责任主体，其经济活动受到新情境的影响和制约，为了缓解经济和环境冲突，生产企业必须通过被动或主动承担社会责任的方式，实现经济、环境和社会的均衡发展，即 EPR 作为一种制度压力，促使企业承担社会责任；反之，通过企业承担社会责任的方式，EPR 政策得到有效落实。

二、利益相关者视角下的企业社会责任

（一）利益相关者理论

利益相关者的概念最早由斯坦福研究所于 1963 年提出，这个概念最初是用来表示与企业有密切关系的所有人群，经过研究的深入和发展，利益相关者理论已经成为研究企业社会责任的重要基础理论。

国外对利益相关者理论的相关研究开始时间较早。Freeman（1984）认为利益相关者就是"那些能够影响企业目标实现，或者能够被企业实现目标的过程影响的任何个人和群体"，认为利益相关者是对企业社会责任研究影响最大的一个。Wood 和 Jones（1995）提出，利益相关者理论向我们展示了企业和社会之间该有的关系，企业应当为其利益相关者负责，企业的利益相关者受企业经营活动的影响，并对这些影响进行反馈。Tokoro（2007）认为，企业和利益相关者之间的对话是为了解决社会问题，企业和各种利益相关者之间的关系管理已经成为企业管理中不可或缺的一部分，因此，对企业来说，扩大其管理框架是有必要的，并且由内部性的企业管理拓展为外部性的企业管理。Dilling（2011）认为对利益相关者进行研究的视角不能仅局限于员工、消费者等显性因素，还要注意到一些潜在因素，如企业年龄、文化等，这些因素也会对企业社会责任产生一定的影响，所以有必要研究它们与企业社会责任的关系。

国内对企业社会责任的研究最早以刘俊海和卢代富为主。刘俊海（1999）认为，企业不仅要考虑股东的利益，还要最大限度地增进员工、消费者、社区、环境等利益相关者的利益。卢代富（2002）从内涵和外延两个方面对企业社会责任进行了界定，他认为企业社会责任就是企业在追求股东利益最大化之外所负有的维护和增进社会利益的义务，包括对雇员、消费者、债权人、

环境和资源、所在社区等利益相关者的责任，以及对社会福利和社会公益事业的责任。

利益相关者理论是一种基于风险承担、专用性投资和激励机制分析的理论，该理论认为企业在实际运营时客观存在着许多利益相关者，如管理者、股东、供应商、政府等，这些利益相关者对企业进行了专用性投资并承担由此产生的风险，企业的生存与发展取决于其能否有效处理各种利益相关者之间的关系。在这些利益相关者当中，股东只是利益相关者中的一部分，企业在经营过程中需要考虑到股东的利益，但是不能仅考虑股东利益，企业应该追寻的是全体利益相关者整体利益最大。

利益相关者理论是企业社会责任理论的基础理论，通过利益相关者理论的引入，我们可以从利益相关者的角度来定义企业社会责任的内容，将企业的社会责任界定为企业与利益相关者之间的关系。从短期来看，企业在经营过程中考虑各部分利益相关者的利益、积极承担社会责任会增加企业的成本，但是从长远的角度来看，企业的这些承担行为会给企业带来很大的竞争优势和良好的企业形象，为企业进一步发展奠定良好的基础。

（二）利益相关者与企业环境责任

在利益相关者的视角下，环境作为企业的利益相关者，它的利益却经常被企业忽略。近几年，随着全球环境问题的凸显，人们开始越来越多地关注环境保护方面的问题，要求企业主动承担环境保护责任的议题正在越来越多地被提及。环境为企业的发展提供了生产所需的原材料并承担了环境资源减少、生态系统被破坏的巨大风险，企业在经营过程中必须考虑到自身对环境的破坏，承担一定的环境责任。不同的企业对环境责任的承担程度也不同，我们认为企业对于环境责任的承担可表现为三个层次：法律责任层、道德意识层、企业文化层。这三个层次可用三个同心圆表示（图3.27）。最里层是法律责任层，处于该层的企业，它们的环境责任承担行为表现为企业依照法律法规的要求进行环境保护、节能减排等，企业可能会进行一些自愿的环境保护活动，但当这些活动与股东利益最大化冲突时，企业会停止这些活动；中间层是道德意识层，处于该层的企业有一定的环保意识，能认识到环境和企业的关系，企业愿意从长远利益出发，自发采用环境友好的经营策略，对自身及自身利益相关者如供应商、消费者等周围的环境进行保护；最外层是企业文化层，处于该层的企业在长期的环境保护活动中形成了一定的企业文化和责任理念，企业对环境问题的关注超出了企业所处行业供应链的限制，企业愿意为环境保护和生态治理提供最大程度的帮助。这三个层次由内向外，企业对环境保护的意识和进行环境保护所覆盖的范围逐渐扩大，其中法律责任层和道德意识层的主要区别是企业对环境责任的承担是出于自身有意识的环保行为还是出于法律法规对企业的约束，道德意识层和企业文化层的区别则是企业对环境的保护是否超出企业业务范围的限制。

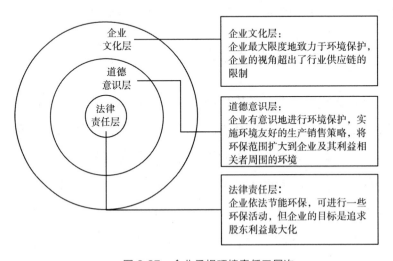

图 3.27　企业承担环境责任三层次

从生产者责任延伸制的视角来看，生产者责任延伸制作为一种提倡企业对自身末端产品进行回收处理的制度，其设立的基本思想与利益相关者理论下企业应有的环境责任承担一致，企业实施生产者责任延伸制就是企业在照顾利益相关者中的环境的需求。从企业承担环境责任三层次来看，主动实施生产者责任延伸制的企业处于三层次中的道德意识层；在某些行业（如家电行业），由于政策法规的要求，这些行业中的企业处于企业承担环境责任三层次中的法律责任层。从现实的情况来看，由于大部分企业都以股东利益最大化为自身的经营的准则，很少有企业关注自己的环境责任，所以处于环境责任承担中的道德意识层的企业较少，这就解释了为什么很少有企业主动实施生产者责任延伸制。因此，在实施生产者责任延伸制时，有必要设立法律法规，根据实际情况，先从一些比较好实施的行业入手，逐步通过法律确定生产者责任延伸制，将生产者责任延伸制转变为企业承担环境责任三层次中法律责任层中的行为要求，以此来要求企业处理自身利益相关者中的环境的利益。

三、利益相关者视角下 EPR 的实施要素

（一）利益相关者视角下 EPR 的实施原则

在利益相关者视角下，生产者责任延伸制在实施过程中应遵循以下几个原则。

1. 利益相关者整体利益最大化原则

生产者责任延伸制提倡的是企业在产品的整个生命周期实施环境友好的经营策略，特别强调在进行产品设计和生产时应考虑到末端回收处理的潜在问题。这一制度贯穿产品的整个生命周期，利益相关方涵盖了零售商、消费

者、政府、环境等。根据企业社会责任理论的基本思想，企业在经营过程中应考虑各部分利益相关者的利益，保证企业利益相关者整体利益最大。因此，企业在实施生产者责任延伸制时，应当保证实施过程中各部分利益相关者的整体利益最大，以获取良好的企业形象和更大的竞争优势。同时，各个利益相关者追求的目标不同，甚至可能会出现利益追求冲突，这要求企业调节好与各个利益相关者之间的关系，保证生产者责任延伸制的正常实施。

2. 可持续发展原则

作为企业社会责任理论中的一项基础理论，可持续发展理论的基本思想是既能满足当代人的需求，同时又不损及未来世代对环境资源的需求。在实施生产者责任延伸制的过程中，企业应本着可持续发展的原则，将实施的视角扩大到整个供应链中，而不是只关注回收和废物处理，并采用绿色采购和生态设计，提高资源的循环利用率，改变现有的浪费、不合理的生产技艺和工艺流程，提高生产效率，努力降低环境污染。

3. 环境保护原则

生产者责任延伸制设立的目的就是保护环境，从企业社会责任的角度来看，环境作为企业利益相关者之一，为企业发展提供了各种资源，企业在经营过程中必须考虑环境问题，承担环境责任。企业实施生产者责任延伸制需切实以环境保护为出发点，不能仅仅是为了完成政府的要求，更不能在企业其他业务中为弥补实施生产者责任延伸制增加的成本而开展各种有害环境的商业活动，这样就脱离了生产者责任延伸制设立的基本思想。

4. 诚信守法原则

诚信守法是企业社会责任理论的基础，更是企业生产运营的基础。企业在实施生产者责任延伸制时，应诚信守法、保质保量地完成政府规定的回收处理任务，不隐瞒真实企业情况，接受政府监督。

（二）利益相关者视角下 EPR 的实施关键点

基于上述四大基本原则，从利益相关者的角度看，在实施生产者责任延伸制时应注意以下几个关键点。

1. 提高企业对环境责任的认识

作为企业的主要利益相关者，环境为企业提供了各种资源。企业发展与环境投入密不可分，必须对环境负责。但目前大多数公司对环境责任没有足够的认识，认为环境是政府的责任，企业只应为股东创造更多财富。在此基础上，在实施 EPR 之前，有必要提高企业的环境责任意识，让企业意识到环境保护也是其主要责任。

2. 建立实施生产者责任延伸制的法律法规

Jamali 和 Mirshak（2007）将企业社会责任分为强制性责任和自愿性责任，其中强制性责任包括经济责任、法律责任和伦理责任，自愿性责任则包括策略性责任和慈善性责任，企业的所有社会责任通过强制与自愿的结合，有机统一。在现实生活中，除了某些特定的行业外，生产者责任延伸制的实施尚处于企业自愿性社会责任的范畴，为了促进生产者责任延伸制在各行业的实施，有必要让其成为企业的强制性法律责任。

3. 完善政策性工具和奖惩制度

企业社会责任理论中，企业存有很多利益相关者，企业在经营过程中需考虑到利益相关者的利益。生产者责任延伸制是企业为了承担环境责任而实施的经营策略，它的实施必然会对企业其他的利益相关者造成一定程度的影响，有的甚至会损害到利益相关者的利益，为了使企业实现利益相关者整体利益最大，政府有必要设立一定的政策性工具和奖惩制度，用以帮助企业协调各部分利益相关者的利益，使企业更安心和愿意实施生产者责任延伸制。

总之，生产者责任延伸制作为一种由核心企业主导，以保护环境为目标的制度，其核心思想符合企业社会责任中环境责任对企业的要求。目前，随着环境资源的恶化，企业有必要实施生产者责任延伸制，但鉴于目前的情况，生产者责任延伸制的全面实施仍需要政府、企业和社会的共同努力。通过加强企业的社会意识，相信生产者责任延伸制将有效地适用于各个行业，真正为环境保护做出贡献。

第四章

生产者责任延伸制下政企关系治理及供应链

决策研究

生产者责任延伸制作为一种环境规制，是影响企业行为的重要外部环境制度压力。如何协调生产者责任延伸制下政府和企业的关系对供应链的决策优化至关重要。因此，本章以政企关系治理及供应链决策为主题，分别开展了政府奖惩对供应链绿色运营的影响机制研究，政府税费对可持续供应链治理的影响机制研究，政府优惠政策对制造商 EPR 投入的治理效果研究，以及政府奖罚激励对供应链 EPR 协作的治理效果研究。

第一节　政府奖惩对供应链绿色运营的影响机制研究

本节从社会化治理的角度，分析外部参与主体——政府对供应链绿色运营的驱动作用。本节基于补贴的规制手段分析政府在绿色供应链运营中的激励政策，通过两阶段博弈模型，探讨政府应当设计怎样的奖惩机制才能够调动企业的积极性，有效引导核心企业开展绿色运营，达到社会化的治理效果。

一、问题描述及研究假设

（一）研究背景

鉴于我国日益恶化的环境问题和资源压力，2004 年党的十六届四中全会通过的《中共中央关于加强党的执政能力建设的决定》指出"坚持以人为本、全面协调可持续的科学发展观，更好地推动经济社会发展……大力发展循环经济，建设节约型社会"。2012 年通过的《"十二五"循环经济发展规划》更是明确提出"在工业领域全面推行循环型生产方式"，以及"健全激励约束机制，积极构建循环型产业体系"，正式将绿色发展的重要性提上了日程。2021 年发布的"十四五"节能减排综合工作方案要求完整、准确、全面贯彻新发展理念，构建新发展格局，推动高质量发展，进一步健全节能减排政策机制，推动能源利用效率大幅提高、主要污染物排放总量持续减少，实现节能降碳减污协同增效、生态环境质量持续改善，为实现碳达峰、碳中和目标奠定坚实基础。

根据 2018 年修正的《中华人民共和国循环经济促进法》中的界定，循环经济就是生产、流通和消费等过程中进行的减量化、再利用、资源化活动的总称。减量化是指在生产、流通和消费等过程中减少资源消耗和废物产生；再利用是指将废物直接作为产品或者经修复、翻新、再制造后继续作为产品使用，或者将废物的全部或者部分作为其他产品的部件予以使用；资源化是指将废物直接作为原料进行利用或者对废物进行再生利用。循环经济中的"减量化"、"再利用"和"资源化"三个基本原则正是绿色供应链管理的精髓。可以说高效、稳定的绿色供应链是实现循环经济的重要依托。

2016 年颁布的《电器电子产品有害物质限制使用管理办法》要求，在中华人民共和国境内生产、销售和进口电器电子产品，应采取在设计、生产、销售以及进口过程中，标注有害物质名称及其含量，标注电器电子产品环保使用期限等措施；2019 年更新的《废弃电器电子产品回收处理管理条例》中提到国家鼓励电器电子产品生产者自行或者委托销售者、维修机构、售后服务机构、废弃电器电子产品回收经营者回收废弃电器电子产品；原国家环保总局在"国家环境友好企业"的评比中非常重视企业环境、管理和产品等各方面指标的控制。一些地方政府的发展和改革委员会加快推进循环经济，鼓励企业实施清洁生产战略；省级节能主管部门对重点耗能企业节能目标完成情况进行评估核查；财政局在政府采购的财政预算中也开始重视"绿色采购"。由此可见，政府正逐步要求企业绿化整个产品供应链，即开展绿色供应链管理。

然而对于我国大多数的生产企业来说，要实施有效的绿色供应链管理存在很多制约因素（Zhu et al.，2010），比如法律法规不健全、市场不稳定、缺少资金和技术、对绿色运营缺乏责任感等，亟须政府进行宏观的环境规制，以推动企业开展绿色实践，激发企业形成绿色发展的内生动力，形成保障产业绿色发展的长效机制。

经济调控是我国政府进行宏观环境规制的重要手段，是从经济利益的角度出发促进供应链中的企业主动积极实施绿色运营战略的有效管理方式。经济调控的手段包括补贴、罚款、税收、融资等多种方式。考虑到供应链生产中，尤其是绿色供应链运营初期的投入成本相对于普通（不进行绿色运营）的供应链来说，往往要高出很多，如果单纯依赖于市场手段，那么进行绿色运营的高成本将会给企业的绿色实践带来更大的风险，阻碍企业提高产品绿色度。此时如果政府能够采取恰当的激励措施，对企业实施绿色实践进行相应的补助，可以增加核心企业开展绿色运营的积极性。因此相对于普通的供应链来说，在绿色供应链中，政府的规制有着更加重要的作用。

由于绿色运营初期的成本压力，为鼓励企业从事绿色生产，开发更加绿色的产品，政府往往会在这个阶段采用补贴的方式对生产者进行激励。比如，天津开发区制定了《免缴污水处理费的单位认定暂行办法》，规定凡是污水排放达到国家二级标准和进行污水回用的单位，均可免缴污水处理费；出台了《使用新型水源暂行办法》，规定企事业单位若使用深度处理的再生水，价格可比自来水便宜 20%[①]。以上正是利用经济手段通过变相补贴的方式，鼓励企业改造生产中的污水处理设备，采用再生水进行绿色生产。因此，在这样的背景下，政府如何从政策层面制定财政补贴策略，以及绿色供应链上的核心企业如何应对政府补贴策略做出相应的生产经营决策，成为政府与企业面临的现实问题。

（二）研究问题描述

已有一些文献认识到了政府职能在促进企业开展绿色运营方面的重要作用，指出政府的政策引导和激励措施是企业实施绿色运营的主要动机，从实证的角度基于行业的视角论证了政府的经济激励对环境保护的促进作用（Green et al., 1994；Florida, 1996；朱庆华和窦一杰，2007；朱庆华和田一辉，2010）。

在绿色供应链中考虑政府规制的研究大致可以分为以下三类。一是探讨政府奖惩机制下供应链成员的绿色运营决策。例如，王文宾和达庆利（2011）分析了政府的奖惩机制对供应链中回收再制造活动的影响；Mitra 和 Webster（2008）构建了制造商和再制造商的两阶段博弈模型，分析政府补贴对再制造活动的促进作用。与本书相比，这些文献只是将政府政策作为外生参数引入模型中，探讨在政策的激励下供应链成员的绿色运营策略，没有将政策作为决策变量进行分析。

---

① 《天津市探索建立节水型社会取得显著成效》，http://www.gov.cn/ztzl/2005-12/29/content_141345.htm。

二是将政府作为博弈过程的参与人之一，通过演化博弈的模型构建政府与绿色供应链成员之间的博弈关系，分析政府奖惩趋势和企业绿色运营行为之间产生的稳定策略。代表性文章有王世磊等（2010）、付小勇等（2011）、朱庆华和窦一杰（2007）、申亮（2008）、李艳波和刘松先（2008）、金常飞（2012）等。这类研究虽然将政府决策纳入研究模型中，但是只是宏观上分析政府是否采取奖惩机制与企业是否进行绿色运营的博弈关系中形成的稳定策略，而未对具体政策的制定进行详细研究。

三是与本书研究更为相关的考虑政府具体决策措施的绿色供应链问题。例如，宁亚春和罗之仁（2010）将政府惩罚力度作为决策变量，分析政府偏好和执行力对企业不负责任行为的管制；Sheu 和 Chen（2012）研究了政府财政干预对竞争性绿色供应链运营策略和绩效的影响；李媛和赵道致（2013）研究了政府将碳税税率作为决策点，分析政府碳税机制对企业减排行为的作用。

根据上述分析，本书主要存在以下几个方面的不同：与第一类文献相比，本书不假设政策外生，而是将政府补贴机制作为决策变量纳入模型中，构建政府与绿色供应链中核心企业的博弈模型；与第二类文献相比，本书不仅宏观分析政府决策的作用，而且深入到具体决策环节，分析应当怎样设计补贴机制来调动企业绿色运营的积极性；与第三类文献相比，本书将产品绿色度作为绿色供应链的决策指标，分析政府机制对企业提高产品绿色度的作用效果。在具体问题分析中，本书更是引入治理的观点，将政府设计补贴机制的目标定义为，通过行政调节手段，提高企业绿色运营对社会的福利，实现绿色供应链治理的社会化。

按照社会化的一般含义，其目的是使代理人内部化委托人的目标，即将委托人的目标作为代理人自己的目标，从而减少机会主义。根据经济学的解释，非对称信息交易中有着信息优势的一方称为代理人，另一方为委托人。在政府与供应链成员的关系中，政府的奖惩政策和环境法规是公共信息，为政府和运营企业所共知；而企业的绿色运营策略为私有信息，限于过高的监督检查成本，如果企业有意隐瞒或提供虚假信息，那么政府就不可能完全了解企业的绿色生产状况。因此在这段政企关系中，作为委托人的政府需要通过合理的机制（本书考虑政府设计适当的补贴机制），来持续调整绿色供应链中核心企业的行动过程，实现政府和核心企业的目标一致性，确保核心企业的绿色运营策略不仅能够达到自身利润最大化的目标，而且可以实现整个社会福利的最大化。通过政府的社会化治理，来确保核心企业的私人行为遵循社会集体行动的秩序，有效减轻政府政策实施中的各种风险，节约政府的监督成本，达到宏观上优化绿色供应链产业生态，促进绿色供应链深化发展的效果。

所以，本节所要研究的问题是：在绿色供应链中，考虑外部参与主体——政府的情况下，基于补贴的规制手段分析政府在绿色供应链运营中的激励政策，探讨政府应当设计怎样的奖惩机制才能够调动企业的积极性，有效引导核心企业开展绿色运营，达到社会化的治理效果，从而实现绿色供应链稳定、高效地发展。在具体研究中，通过建立政府与核心企业的两阶段博弈模型，第一阶段由政府决策最优补贴力度，第二阶段核心企业在政府补贴力度的前提下，决策生产数量和产品绿色度，由此分析政府的最优补贴政策和生产商的最优绿色生产策略，探讨补贴政策对供应链绿色运营的影响。

（三）模型假设

为便于对实际问题进行模型分析，本书在不改变问题本质的条件下，通过以下几个假设对一些复杂的实际情况加以简化和抽象。

假设 4.1：市场需求函数与产品绿色度水平相关，本书将需求函数假设为产品绿色度的一般线性加法需求，$D(g) = \alpha + \beta g - \gamma p + \varepsilon$。

Raz 等（2013）、Atasu 和 Souza（2013）的文章中也假设进行绿色产品设计能够增加需求。在这一加法需求函数模型中，$y(g)=\alpha+\beta g-\gamma p$ 是关于 g 的增函数，表明需求与产品绿色度之间的相关性。α 为基础市场容量，即不依赖于产品绿色度的潜在市场需求。β 代表需求关于产品绿色度的敏感系数，假设产品绿色度的提高能够增加市场需求，即 $\beta>0$。比如，减少服装生产中的化学加工，能够减少服装对皮肤和人体器官的危害，提高消费者效用，从而增加市场需求。此外，β 也可以看作是消费者对于绿色产品的支付意愿，即绿色偏好支付系数（Atasu and Souza，2013）。γ 表示需求关于价格的敏感性，经济学中通常假设需求是价格的减函数，因此同样有 $\gamma>0$。ε 是定义在区间 $[A,B]$ 上的随机变量，代表市场需求的扰动，有着概率密度函数 $f(\cdot)$ 和累积分布函数 $F(\cdot)$。此外，分别定义参数 μ 和 σ 为需求扰动 ε 的均值和标准差。为了保证需求始终为正，我们假设 $A>-\alpha$。

假设 4.2：制造商进行绿色运营的总成本与生产数量和产品绿色度相关，假定成本函数形式为 $C(Q,g)=(c-\lambda g)Q+\phi g^2+\varpi$。

制造商的成本函数包括进行绿色投资的成本 $\left(\phi g^2+\varpi\right)$ 和绿色生产的可变成本（$(c-\lambda g)Q$）两部分，其中 $(c-\lambda g)$ 表示提高产品绿色度水平带来的边际生产成本的变化，c 为不进行产品绿色度改进时的边际生产成本，λ 为边际成本变化率。根据不同情况，λ 可以大于零，也可以小于零（Raz et al.，2013）。$\lambda<0$ 表示产品绿色度水平的提高降低了生产成本，比如节约能源和材料能够缩减单位生产成本（朱庆华和窦一杰，2011）；$\lambda>0$ 表示企业提高产品绿色度水平导致了生产成本的增加，比如采用更为环保的材料会增加单位产品的材料成本。实际运作中，可以根据企业进行绿色生产所采取的措施确定 λ 的取值范围。而 $\left(\phi g^2+\varpi\right)$ 代表实现产品绿色度水平提高需要付出的相应成本，可以是研发及生态设计成本、购置绿色生产线的成本、节能减排处理成本、与供应商环保合作的成本等。假设该绿色生产成本与产品绿色度呈二次方关系，其中 ϕ 为绿色生产成本系数。

假设 4.3：政府补贴金额是产品绿色度、补贴系数及产品销售数量的线性函数，假定形式为 $\mathrm{GP} = r(g - g_0)Q$。

在这一政府补贴函数中，r 为政府决策的单位产品补贴系数，g_0 为可享受补贴的产品绿色度水平下限。实际运作中，政府对生产者的补贴政策通常与产品绿色度水平相关。比如，财政部和科技部联合印发的《节能与新能源汽车示范推广财政补助资金管理暂行办法》中规定的补助标准就与汽车节油率和电功率相关：对于公共服务用乘用车和轻型商用车，节油率在 5%~40% 的混合动力汽车每辆补助 0.4 万~4.5 万元；而节油率 100% 的汽车（如燃料电池汽车）最高补助可达每辆 25 万元。而且政府出台补贴政策时也会将补贴与产品绿色度限值挂钩。在 2013 年 9 月出台的《关于开展 1.6 升及以下节能环保汽车推广工作的通知》中就明确规定了享受补贴政策的车辆必须达到的能耗限值标准以及排污限值要求。此外，在家电领域也有类似的规定。因此，本书假设政府补贴单位补贴金额是满足最低限值要求的产品绿色度的函数。

二、模型构建及求解分析

（一）核心企业模型构建与分析

1. 核心企业决策模型构建

在核心企业为报童性质制造商的绿色供应链中，企业向消费者销售一种产品。由于消费者的环保意识和政府的绿色补贴政策，企业除了要决策产品的生产数量 Q 之外，还要决策绿色供应链的运营策略，即产品绿色度 g。企业可以通过采购绿色环保零部件、在生产中使用环保材料、降低能源消耗和废物排放等多种方式提高产品绿色度水平。

在企业的决策中，通常以其期望利润最大为目标。基于前文对需求和成本函数的描述，构建制造商的期望利润函数如下：

$$\pi_m(Q,g) = pE\Big[\min\big(Q,D(g,\varepsilon)\big)\Big] - (c-\lambda g)Q - \big(\phi g^2 + \varpi\big)$$
$$-s(D-Q)^+ - h(Q-D)^+ + r(g-g_0)Q \qquad (4.1)$$

其中，第一项为绿色产品的销售收入，第二项为绿色产品的生产成本，第三项为提高产品绿色度的投入成本，第四项为产品短缺造成的计划损失，第五项为产品过剩带来的超储成本（如果 $h < 0$ 代表剩余产品的残值），最后一项为政府给予的高产品绿色度水平补贴。制造商的利润是生产数量 Q 和产品绿色度 g 的函数。

为了便于进行模型求解，本书引入参数 z 对模型进行转化处理，假设 $z = Q - y(g) = Q - \alpha - \beta g + \gamma p$。在模型分析与讨论中，用参数 z 替代生产数量 Q，即最优策略之间关系为 $Q^* = \alpha + \beta g^* - \gamma p + z^*$。

当生产数量小于需求（$Q < D$）时（即 $z < \varepsilon$），此时发生缺货损失，企业利润函数表现为

$$\pi_m(z,g) = \Big[p - (c-\lambda g) + r(g-g_0)\Big]\big(y(g)+z\big) - s(\varepsilon-z) - \phi g^2$$

当生产数量超过需求（$Q \geq D$）时（即 $z \geq \varepsilon$），此时发生超储损失或残值，企业利润函数为

$$\pi_m(z,g) = p\big(y(g)+\varepsilon\big) - h(z-\varepsilon) - \Big[(c-\lambda g) - r(g-g_0)\Big]\big(y(g)+z\big) - \phi g^2$$

令 $\psi(g) = \big[p - (c+rg_0) + (\lambda+r)g\big]\big(y(g)+\mu\big) - \phi g^2$，$t_1(z) = \int_A^z (z-x)f(x)\mathrm{d}x$，$t_2(z) = \int_z^B (x-z)f(x)\mathrm{d}x$。经过参数替代后，制造商的利润函数可以转化为

$$\pi_m(z,g) = \psi(g) - t_1(z)\big[c + rg_0 - (\lambda+r)g + h\big]$$
$$-t_2(z)\big[p + s - (c+rg_0) + (\lambda+r)g\big]$$

其中，第一项 $\psi(g)$ 为无风险情况下的利润函数；第二项为产品剩余造成的相应成本损失，$t_1(z)$ 代表剩余产品数量；第三项为产品缺货造成的相应各项损失和，$t_2(z)$ 代表产品的短缺数量。即制造商的利润函数为无风险情况下的收益减去需求波动造成的损失。

2. 核心企业策略分析

制造商的决策目标是通过选择适当的生产数量及相应的产品绿色度水平，使得其期望利润达到最大。通过对制造商利润函数的性质的分析，可以得到命题 4.1。

命题 4.1 当 $\phi > \dfrac{(\lambda+r)^2}{2(p+s+h)f(z)} + \beta(\lambda+r)$ 时，①制造商的期望利润函数是产品绿色度水平 g 和 z 的凹函数；②在给定 z 的情况下，存在一个唯一的产品绿色度水平，满足：

$$g^* = g(z) = g_f + \frac{(\lambda+r)(z-\mu)}{2\phi-2\beta(\lambda+r)}$$

其中，$g_f = \dfrac{\beta p - \beta(c+rg_0) + (\lambda+r)(\alpha - \gamma p + \mu)}{2\phi - 2\beta(\lambda+r)}$。

证明：根据制造商利润函数分析，可得 $\dfrac{\partial^2 E\pi_m}{\partial z^2} = -(p+s+h)f(z) < 0$，

$\dfrac{\partial^2 E\pi_m}{\partial g^2} = 2\beta(\lambda+r) - 2\phi$，$\dfrac{\partial^2 E\pi_m}{\partial g \partial z} = \dfrac{\partial^2 E\pi_m}{\partial z \partial g} = \lambda + r$。由此构造海塞（Hessian）

矩阵：

$$H = \begin{vmatrix} -2\phi + 2\beta(\lambda+r) & \lambda+r \\ \lambda+r & -(p+s+h)f(z) \end{vmatrix}$$

一阶顺序主子式 $H_1 = -2\phi + 2\beta(\lambda+r)$，二阶顺序主子式 $H_2 = 2f(z)(p+s+h) \times$

$$\left[\phi-\beta(\lambda+r)\right]-(\lambda+r)^2 \, 。$$

根据海塞矩阵半正定条件，当 $\phi > \dfrac{(\lambda+r)^2}{2(p+s+h)f(z)}+\beta(\lambda+r)$ 时，制造商的利润是 (g,z) 的联合凹函数。由一阶条件

$$\frac{\partial E\pi_m}{\partial g}=\left[2\phi-2\beta(\lambda+r)\right](g_f-g)+(\lambda+r)(z-\mu)=0$$

可得 $g^* = g(z) = g_f + \dfrac{(\lambda+r)(z-\mu)}{2\phi-2\beta(\lambda+r)}$。

在实际中，绿色供应链运营初期的投入成本往往很高，包括新的生产线的引进、绿色产品研发和设计、新的排污设备应用等，因此命题 4.1 中固定投入成本系数 ϕ 的条件是符合实际的，有其存在合理性。通过对命题 4.1 的分析，可以得到最优产品绿色度策略与边际成本变化率、固定投入成本系数、产品价格等参数的关系，如命题 4.2 所述。

命题 4.2 给定库存因子 z 的情况下，最优产品绿色度水平 g^* 是政府单位补贴系数 r 的增函数，且与边际成本变化率 λ 和绿色需求弹性系数 β 正相关，与传统产品生产成本 c 负相关。

证明：计算产品绿色度 g^* 关于其他参数的一阶条件，

$$\frac{\partial g^*}{\partial r}=\frac{2\phi(\alpha-\gamma p+z+\beta g_0)+2\beta^2(p-c+\lambda g_0)}{\left[2\phi-2\beta(\lambda+r)\right]^2}>0$$

$$\frac{\partial g^*}{\partial \lambda}=\frac{2\phi(\alpha-\gamma p+z)+2\beta^2(p-c-rg_0)}{\left[2\phi-2\beta(\lambda+r)\right]^2}>0$$

$$\frac{\partial g^*}{\partial \beta}=\frac{2\phi(p-c-rg_0)+2(\lambda+r)^2(\alpha-\gamma p+z)}{\left[2\phi-2\beta(\lambda+r)\right]^2}>0$$

$$\frac{\partial g^*}{\partial c}=\frac{-\beta}{\left[2\phi-2\beta(\lambda+r)\right]^2}<0$$

根据命题 4.1 中的结论，给定 z 的情况下，制造商的期望利润函数 $E\pi_m(z,g)$ 是关于产品绿色度水平 g 的凹函数，并且与决策变量 z 有唯一对应关系。因此可以将 $g(z)$ 代入制造商的目标函数中来探讨最优策略。将 $g^* = g(z)$ 代入制造商利润函数中，将双变量问题简化为关于单一变量 z 的最大值问题，即

$$\underset{z}{\text{Maximize}}\, E\big[\pi_m(z,g(z))\big] = \psi(g(z)) + T(z,g(z)) \tag{4.2}$$

其中，

$$\psi(g(z)) = \big[p - (c + rg_0) + (\lambda + r)g(z)\big](\alpha + \beta g(z) - \gamma p + \mu) - \phi g(z)^2 - \varpi$$

$$T(z,g(z)) = t_1(z)\big[c + rg_0 - (\lambda + r)g(z) + h\big]$$
$$+ t_2(z)\big[p + s - (c + rg_0) + (\lambda + r)g(z)\big]$$

命题 4.3　在考虑产品绿色度改进的情况下，制造商的最优生产数量 $Q^* = \alpha + \beta g^* - \gamma p + z^*$，最优产品绿色度满足命题 4.1 中结论 $g^* = g(z^*)$。其中 z^* 满足表达式 $\overline{F}(z^*) = \dfrac{(c + rg_0) - (\lambda + r)\left[g_f + \dfrac{(\lambda + r)(z^* - \mu)}{2\phi - 2\beta(\lambda + r)}\right] + h}{p + s + h}$，对于 $z \in [A,B]$，存在如下性质：

（1）当 $R(A) < 0$ 时，z^* 取值为一阶条件 $\dfrac{\mathrm{d}E\big[\pi_m(z,g(z))\big]}{\mathrm{d}z} = 0$ 中的最大值；

（2）当 $R(A) \geqslant 0$ 时，一阶条件 $\dfrac{\mathrm{d}E\big[\pi_m(z,g(z))\big]}{\mathrm{d}z} = 0$ 有唯一解，该唯一解即最优的 z^*。

证明：根据式（4.2）对 z 求导可得

$$\frac{\mathrm{d}E\big[\pi_m(z,g(z))\big]}{\mathrm{d}z} = (p + s + h)\overline{F}(z) - \left[\left((c + rg_0) - (\lambda + r)g_0 - \frac{(\lambda + r)^2(z - \mu)}{2\phi - 2\beta(\lambda + r)} + h\right)\right]$$

设 $R(z) = \dfrac{\mathrm{d}E\left[\pi_m\big(z,g(z)\big)\right]}{\mathrm{d}z}$，分析 $R(z)$ 性质可知，$\dfrac{\mathrm{d}^2 R(z)}{\mathrm{d}z^2} = -(p+s+h) \times$ $f'(z) < 0$。

根据 $R(z)$ 的表达式，可计算得到：

$$R(A) = (p+s+h) - \left[(c+rg_0) - (\lambda+r)g_0 - \frac{(\lambda+r)^2(z-\mu)}{2\phi - 2\beta(\lambda+r)} + h\right]$$

$$R(B) = -\left[(c+rg_0) - (\lambda+r)g_0 - \frac{(\lambda+r)^2(z-\mu)}{2\phi - 2\beta(\lambda+r)} + h\right] < 0$$

当 $R(A) < 0$ 时（如图 4.1 中 A_1 点），此时有两个 z 值满足 $R(z)=0$，其中最大的根（z^*）为制造商利润函数的局部最大解；当 $R(A)>0$ 时（如图 4.1 中 A_2 点），此时 $R(z)=0$ 只有一个根，该值即为 $E\left[\pi_m(z)\right]$ 的局部最大解。最优 $z*$ 可以由 $\dfrac{\mathrm{d}E\left[\pi_m\big(z,g(z)\big)\right]}{\mathrm{d}z} = 0$ 解出，满足：

$$\overline{F}(z^*) = \frac{(c+rg_0) - (\lambda+r)\left[g_f + \dfrac{(\lambda+r)(z^*-\mu)}{2\phi - 2\beta(\lambda+r)}\right] + h}{p+s+h}$$

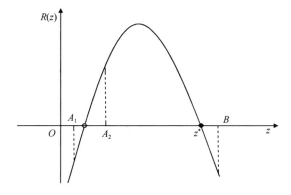

图 4.1　构造函数 $R(z)$ 关于 z 的变化曲线图

（二）政府决策模型构建与分析

1. 政府决策模型构建

循环经济模式下，政府作为外部参与主体，通过适当的调控手段激励企业开展绿色供应链管理的动机。在绿色运营过程中，假设政府以补贴的方式对处于绿色供应链中的核心企业进行规制。在综合考虑企业绿色生产数量和产品绿色度的基础上，分析政府应当设计怎样的补贴机制才能够促使企业采取双方都接受的绿色生产策略，实现绿色生产的社会化。

基于绿色生产社会化的最终决策导向，本书以期望社会福利最大化为目标构建政府的利润函数。在政府补贴情况下，绿色供应链运营的社会总福利一般包括：①消费者总效用 CS；②生产商的期望收益 MP；③政府对产品的补贴 GP；④绿色生产带来的环境改善 EB。

（1）消费者效用可以用消费者剩余来衡量。根据马歇尔在《经济学原理》中提出的消费者剩余的概念，消费者剩余是指消费者购买产品时愿意支付的价格和实际支付的价格之间的差额。本书中消费者剩余可以用消费者愿意为绿色产品支付的价格和实际购买价格之差来表示。针对不同质量水平下的消费者剩余描述，本书将其表述为 $U(g,p,k)=kg-p$，其中 $k \in [a,b]$ 表示消费者的环保偏好支付系数，即每增加一个单位的产品绿色度，消费者愿意支付的价格，则消费者总效用为 $CS=(kg-p)E\min[D,Q]$。

（2）政府支出的补贴金额为 $GP=r(g-g_0)Q$。

（3）绿色生产带来的环境改善为 $EB=vgQ$，其中 v 为绿色度提高的环境改善系数。

（4）生产商的期望收益 MP 即为前文核心企业利润函数。

综合以上分析，本书构建的政府利润函数如下：

$$\pi_G(r) = kgE\min[D,Q] - [c - (\lambda + v)g]Q - \phi g^2 - s(D-Q)^+ - h(Q-D)^+$$

（4.3）

其中，g 和 Q 均为补贴 r 的函数，需求仍然遵循假设 $D(g) = \alpha + \beta g - \gamma p + \varepsilon$。

2. 政府最优补贴策略分析

与核心企业决策模型转化类似，为了便于进行模型求解，同样引入参数 z。在后续模型分析中，用参数 z 替代生产数量 Q，得到转化后的政府利润表达式：

$$\pi_G(g(r), z(r)) = \eta(g) - t_1(z)[c - (\lambda + v)g + h] - t_2(z)[kg - c + (\lambda + v)g + s]$$

（4.4）

其中，$\eta(g) = [kg - c + (\lambda + v)g](y(g) + \mu) - \phi g^2 - \varpi$。

根据逆向求解法，政府在考虑到制造商最优策略的基础上进行绿色补贴因子 r 的决策。由制造商的最优产品绿色度 g^* 和库存水平 z^* 的表达式，可得政府最优的补贴政策 r^* 满足 $\dfrac{\mathrm{d}\pi_G(g(r), z(r))}{\mathrm{d}r} = 0$。

命题 4.4　在政府提供绿色生产补贴的情况下，制造商生产的产品绿色度要高于政府不提供补贴政策的情况，即 $g_r^* > g_0^*$。

证明：当政府不提供补贴政策时，制造商利润函数为

$$\pi_m(z, g) = (p - c - \lambda g)(y(g) + \mu) - t_1(z)(c - \lambda g + h) - t_2(z)(p + s - c + \lambda g)$$

由于 $\dfrac{\partial^2 \pi_m}{\partial g^2} = -2\phi - 2\beta\lambda < 0$，根据一阶条件 $\dfrac{\partial \pi_m}{\partial g} = \beta(p - c + \lambda g) +$

$\lambda(\alpha + \beta g - \gamma p + \mu) + \lambda(z - \mu) = 0$，可得 $g_0^* = \dfrac{\beta(p-c) + \lambda(\alpha - \gamma p + z)}{2\phi - 2\beta\lambda}$。

与命题 4.1 中 g^* 相比，可知 $g_r^* = \dfrac{\beta(p - c + rg_0) + (\lambda + r)(\alpha - \gamma p + z)}{2\phi - 2\beta(\lambda + r)} > g_0^*$。

命题 4.5 在存在政府补贴政策的情况下，①绿色产品库存水平高于政府不补贴情况下的对应值；②绿色产品的生产数量增加，大于政府不补贴时的生产数量；③绿色产品的缺货数量减少，存储数量增加。

证明：根据不提供补贴政策情况下制造商利润函数分析可知，最优库存水平 z_0^* 满足

$$\overline{F}\left(z_0^*\right)(p+s+h)-\left(c+h-\lambda g_0^*\right)=0$$

而在政府提供绿色生产补贴的情况下，最优的库存水平 z_r^* 满足：

$$\overline{F}\left(z_r^*\right)(p+s+h)-\left(c+h-\lambda g_0^*\right)=-r\left(g_r^*-g\right)-\lambda\left(g_r^*-g_0^*\right)$$

由 $g_r^* > g_0^*$，可得 $\overline{F}\left(z_r^*\right)(p+s+h)-\left(c+h-\lambda g_0^*\right)<0$。因此 $\overline{F}\left(z_0^*\right)>\overline{F}\left(z_r^*\right)$，即 $z_0^* < z_r^*$。

根据库存因子 z 和生产数量 Q 的关系，$Q^*=\alpha+\beta g^*-\gamma p+z^*$。由于 $z_r^* > z_0^*$，$g_r^* > g_0^*$，所以 $Q_r^* > Q_0^*$，即在政府补贴的情况下，绿色产品的生产数量更大。

对 z 求一阶导数可得

$$\frac{\partial t_1(z)}{\partial z}=F(z)>0 \ , \quad \frac{\partial t_2(z)}{\partial z}=-\overline{F}(z)<0$$

即超储数量随 z 的增大而增加，缺货数量随 z 的增大而减少。

由于 $z_0^* < z_r^*$，所以 $t_1\left(z_0^*\right)<t_1\left(z_r^*\right)$，$t_2\left(z_0^*\right)>t_2\left(z_r^*\right)$。

命题 4.4 和命题 4.5 说明，政府提供绿色生产补贴能够激励制造商更加积极地从事绿色生产，实现更高的产品绿色度，生产更多的绿色产品。由于绿色生产能够带来需求增加和更高的政府补贴金额，因此存在政府绿色补贴的情况下，制造商的积极生产使得市场缺货状况得到改善，消费者能够购买到更多的绿色产品，增加了消费群体的总效用，进而增加了社会总福利。

（三）绿色生产的环境效益分析

上一部分比较了政府提供绿色生产补贴和不提供绿色生产补贴两种情况下的绿色生产效率，得出结论：政府提供绿色生产补贴能够激励制造商更加积极地从事绿色生产，带来产品绿色度和绿色产品数量的增加。这一结论反映了政府补贴的积极作用。那么在企业从事绿色生产的情况下，能够带来多大的环境效益改善，则需要比较企业采取绿色生产行为和不进行绿色生产行为两类情况，分析两种生产状态对环境的影响。

在制造商不进行绿色改进的情况下，其目标函数简化为

$$\pi_m^n(z) = (p-c)(\alpha - \gamma p + \mu) - t_1(z)(c+h) - t_2(z)(p+s-c) \quad (4.5)$$

此处用上标 n 代表不进行绿色改进的情况，$t_1(z)$ 和 $t_2(z)$ 依然沿用前文的定义。通过对公式（4.5）进行优化，可以得到最佳的库存水平 z_n^* 满足：

$$\overline{F}(z_n^*) = \frac{c+h}{p+s+h}。$$

通过与绿色生产下政府补贴和不补贴两种情况进行对比，可得命题 4.6。

命题 4.6　制造商不进行绿色改进情况下，其最优生产数量小于绿色改进情况的对应值。

证明：由 $\overline{F}(z_n^*) = \dfrac{c+h}{p+s+h}$ 得，$\overline{F}(z_n^*)(p+s+h) - (c+h) = 0$。

将 $\overline{F}(z_0^*)(p+s+h) - (c+h-\lambda g_0^*) = 0$，$\overline{F}(z_r^*)(p+s+h) - \left[c+h-\lambda g_r^* - r(g_r^* - g)\right] = 0$ 转化为

$$\overline{F}(z_0^*)(p+s+h) - (c+h) = \lambda g_0^* < 0$$

$$\overline{F}(z_r^*)(p+s+h) - (c+h) = -\lambda g_r^* - r(g_r^* - g) < 0$$

对比可以发现，$\overline{F}(z_n^*) \geqslant \overline{F}(z_0^*) > \overline{F}(z_r^*)$，即 $z_n^* \leqslant z_0^* < z_r^*$。

由于 $Q_n^* = \alpha + \beta g_n^* - \gamma p + z_n^*$，所以 $Q_n^* \leqslant Q_0^* < Q_r^*$。

假设制造商不进行绿色生产时，其单位产品的环境影响为 b，此时制造商生产行为造成的环境影响 $E_n\left(z_n^*\right) = bQ = b\left(\alpha + \beta g_n^* - \gamma p + z_n^*\right)$。

企业进行绿色生产能够带来环境改进，改进量为 vg，在存在政府绿色补贴政策的情况下，制造商绿色生产行为的环境影响为

$$E_r\left(z_r^*, g_r^*\right) = \left(b - vg_r^*\right)Q_r^* = \left(b - vg_r^*\right)\left(\alpha + \beta g_r^* - \gamma p + z_r^*\right)$$

相对于不进行绿色生产来说，制造商进行绿色生产带来的环境效益改变为

$$\Delta E = E_r\left(z_r^*, g_r^*\right) - E_n\left(z_n^*\right) = b\left(z_r^* - z_n^*\right) - vg_r^*\left(\alpha + \beta g_r^* - \gamma p + z_r^*\right)$$

当 $\Delta E < 0$ 时，制造商的绿色生产行为造成的环境影响更小。当 $\Delta E > 0$ 时，虽然制造商进行了绿色生产，但是由于相对于不进行绿色改进来说，绿色改进情况下制造商生产的产品数量也随之增加，这些增加的产品数量同样会对环境造成损害，因此虽然提高了产品绿色度，但最终制造商所有生产产品的环境影响可能恶化。

三、数值分析及研究结论

（一）数值分析

为进一步对制造商和政府决策问题进行分析，探讨模型参数变化对双方最优策略的影响，采用数值分析的方式对模型优化结果进行分析与讨论，以期得到更为直观有效的结论。在参数设计上，假设需求波动服从 [-10,10] 的均匀分布，产品销售价格 $p=14$，原有生产成本 $c=10$，绿色改进带来的边际成本递减 $\lambda = 0.2$，产品缺货损失和超储损失 $s=h=1$，绿色改进的固定投入成本系数 $\phi = 300$，消费者环保偏好支付系数 $k=16$，需求规模参数 $\alpha = 100$，需求

关于产品绿色度的弹性系数 $\beta=2$，需求关于价格的弹性系数 $\gamma=4$，政府设定的绿色产品补贴下限 $g=0$，原有产品环境影响 $b=10$，绿色产品环境改善率 $v=2$。在下文中，除进行敏感性分析的参数值在设定范围之内变动外，其他参数取值遵循上述假设。

在政府补贴政策下，制造商通过决策产品绿色度 g 和绿色产品生产数量 Q 来实现自身利益最大化。在模型中，本书以库存水平 z 的决策来反映生产数量。因此，下面主要针对两个决策（产品绿色度 g 和库存水平 z）以及制造商利润情况进行敏感性分析，分析结果通过图形的方式形象展现。

图 4.2 反映了政府补贴政策变化对制造商利润的影响，可以看出随着政府补贴率 r 的增加，制造商利润随之快速增加。图中虚线代表制造商继续生产传统产品而不进行绿色改进时的利润。通过直观图形对比，可以发现制造商进行绿色生产所获利润不低于不进行绿色改进情况，而且随着政府绿色生产补贴率的增加，二者的差距也逐步扩大。也就是说，从制造商经济利益的角度考虑，政府补贴能够保证制造商获得更高的绿色生产收益，激励制造商进行绿色运营。政府补贴力度越强，制造商进行绿色改进的意愿越大。

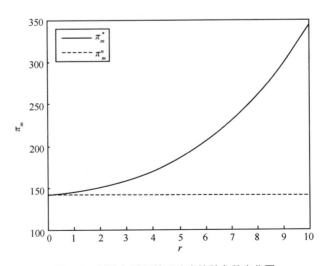

图 4.2　制造商利润关于政府补贴参数变化图

图 4.3 对比了绿色生产和非绿色生产两种情况下制造商的最优库存水平，其中虚线代表制造商不进行绿色改进时的库存策略，不随政府补贴力度的变化而变动。图中制造商绿色生产的库存数量要高于非绿色生产情况下的库存数量，主要原因在于绿色生产情况下产品生产成本的降低和政府补贴政策的激励。

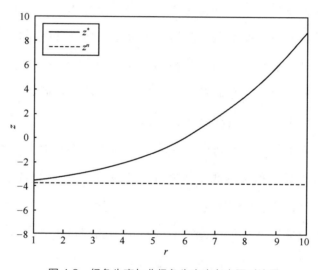

图 4.3　绿色生产与非绿色生产库存水平对比图

在关于政府补贴对制造商产品绿色度的影响分析方面，从图 4.4 中可以看出，随着政府补贴力度的增加，制造商决策的产品绿色度也逐渐增加。而图中虚线代表的是政府不提供补贴政策时的产品绿色度水平。政府不提供补贴政策直接影响了制造商对于产品的绿色生产意愿，其选择的产品绿色度水平很低。

图 4.5~图 4.7 是针对不同的边际收益率展开的关于制造商决策和优化利润的敏感性分析。边际收益率用参数 mar 表示，与产品单位售价和成本存在如下关系：$mar = 1 - c/p$。图中分别阐述了边际收益率分别为 0.3、0.4、0.5 时，制造商库存水平、产品绿色度、绿色运营利润的变化。从图 4.5 中可以

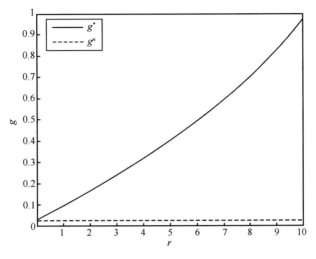

图 4.4 制造商产品绿色度关于 r 的变化

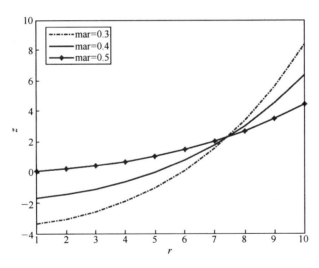

图 4.5 库存水平关于产品边际收益率的变化

看出，产品边际收益率对于库存水平的影响随着政府补贴政策的变化而变动。当政府补贴力度较低时，产品边际收益率越高，制造商的库存水平越高；而当政府补贴力度较高时，制造商的库存水平随着产品边际收益率的增加而降低。这是由于当政府补贴额度 r 处在一个较小的范围时，此时边际收益率的

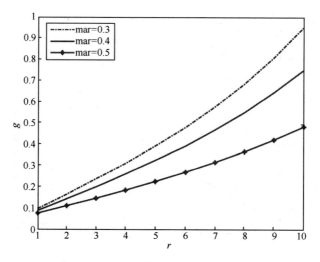

图 4.6　产品绿色度关于边际收益率的变化

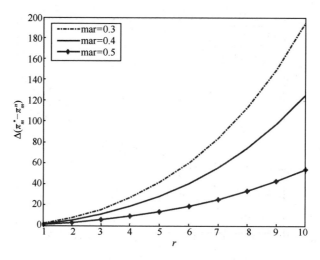

图 4.7　制造商进行绿色生产额外效益变化图

增加对制造商利润的改进效果明显，所以制造商会通过生产更多的产品来获得更高的利润。而当政府补贴力度较高时，绿色度提升对制造商利润的贡献更明显，此时边际收益的影响下降。

图 4.6 展示了产品绿色度关于边际收益率的变化，可以看出随着边际收益率的增加，制造商选择的产品绿色度会降低。这是由于边际收益率较高时，

即使制造商不进行绿色改进也能获得更高的利润，这大大降低了制造商绿色生产的积极性。同时图中还反映了政府补贴力度 r 对不同边际收益率下产品绿色度的影响。对于边际收益率较低的产品来说，政府补贴力度的增加会极大促进制造商产品绿色度的增加；相反，对于边际收益率较高的产品来说，政府补贴力度的变化对该类产品生产商的产品绿色度水平改善的影响较小。因此政府在制定补贴政策时应当区分边际收益类型不同的产品，优先在边际收益较低的行业开展绿色运营激励。

图 4.7 反映了制造商的绿色生产利润关于产品边际收益的变化趋势。图中用 $\Delta(\pi_m^* - \pi_m^n)$ 表示相对于不进行绿色生产来说，制造商从事绿色生产所获得的利润增量（π_m^n 代表不进行绿色改进时制造商获得的利润，π_m^* 代表进行绿色改进时制造商获得的利润）。当政府补贴力度较低时，制造商绿色生产带来的收益增量较小，随着政府补贴力度的增加，绿色生产的额外收益增加明显。这一增长趋势还与产品的边际收益率相关。产品边际收益率越低，绿色生产的收益增长趋势越大。因此，对于低边际收益的产品来说，政府补贴力度越大，制造商越有意愿进行绿色生产，以获得相对于不从事绿色运营来说更高的利润。

在政府的决策模型中，政府通过确定合理的补贴政策来影响制造商的绿色运营策略，以实现社会总福利的最优，社会总福利用 π_G^r 表示。通过图 4.8可以发现，社会总福利是政府补贴力度 r 的凹函数，存在一个最优的 r^*，使得在此补贴力度影响下的社会总福利达到最大。图中虚线代表了政府不提供补贴政策下的社会福利情况，用 π_G^0 表示，通过对比可以看出，政府的补贴政策不仅对制造商利润提升起到积极的促进作用，而且从政府的角度来看，也能够实现政府目标的优化。从图 4.9 可以看出，随着产品的边际收益率的增加，政府的补贴力度呈凸性递减趋势。这是因为产品的边际收益越大，制造商主动进行产品绿色度提升的战略空间越小（图 4.6），所以政府对边际收益较大的产品的补贴力度会下降。也就是说，从社会福利最大的角度来说，政府在制定绿色生产补贴政策时，也应该优先考虑边际收益率较小的产品。

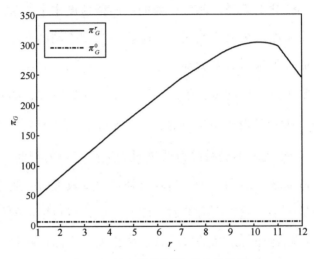

图 4.8　社会福利关于 r 的变化趋势

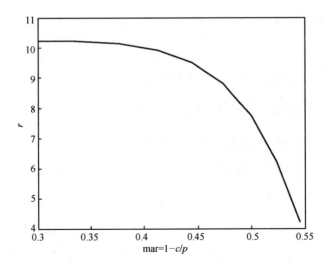

图 4.9　补贴政策 r 关于产品边际收益率变化

（二）研究结论

本节从宏观层次分析了绿色供应链参与主体之一的政府对供应链绿色运营的驱动作用。在供应链绿色运营过程中，绿色生产需要较大的先期成本支出，可能造成绿色供应链中的企业收益低于传统生产方式。因此，出于自身经济利益的考虑，在绿色供应链运营初期，企业通常不愿意主动采取与环境相容的绿色生产行为，甚至可能会以牺牲外部利益为代价盲目追求自身的短期经济收益。在这种情况下，政府能否通过有效的规制手段引导绿色供应链内的企业积极开展绿色生产，实现社会效益、环境效益和经济效益的协调统一，是本章分析的重点。

本节以政府和绿色供应链中龙头企业的博弈关系为切入点，假设绿色供应链中的核心企业为报童性质的制造商，针对核心企业不愿意主动进行绿色生产的情况，政府希望能够通过合理的补贴政策来激励核心企业绿色运营的积极性。本书针对供应链绿色运营中的政府补贴策略进行研究，探讨政府应当设计怎样的奖惩机制才能够调动企业的积极性，有效引导核心企业开展绿色运营，达到社会化的治理效果，从而实现绿色供应链的稳定高效发展。

在具体问题分析中，通过建立两阶段博弈模型，第一阶段由政府决策最优补贴力度，第二阶段核心企业在政府补贴力度的前提下，决策生产数量和产品绿色度，由此分析政府的最优补贴政策和生产商的最优绿色生产策略，探讨补贴政策对供应链绿色运营的影响。同时，本章还分析了政府不进行绿色补贴和企业不进行绿色生产两种情况，并与政府绿色补贴下企业绿色运营情况进行对比研究，探讨绿色运营的环境影响。

通过模型分析与仿真，主要得到以下研究结论。

对于制造商来说，①政府补贴政策能够在一定程度上激励核心企业采用绿色生产方式。在政府补贴情况下，制造商的绿色生产数量和产品绿色度均要高于政府不提供补贴政策时的对应值。②在给定政府补贴力度的前提下，核心企业存在最优的生产数量和产品绿色度水平。其绿色生产水平与边际成本变化率和绿色生产需求弹性正相关，而与传统产品生产成本负相关。③虽然制造商的绿色生产行为能够降低单位产品的环境影响，但是由于相对于不进行绿色改进来说，绿色改进情况下制造商生产的产品数量也随之增加，这些增加的产品数量同样会对环境造成损害，因此虽然提高了产品绿色度，但最终制造商所有生产产品的环境影响可能恶化。只有当单位产品的环境改善率高于一定范围时，制造商的绿色生产行为才能够带来整体环境效益的改善。

对于政府来说，第一，政府以社会效益最大为目标，这一目标函数是单位产品补贴因子的凹函数，因此存在一个最优的补贴策略，使得在此补贴力度影响下的社会总福利达到最大。第二，政府可以通过合理的补贴手段实现的社会福利最大值要远远大于政府不补贴时所能获得的最优效益，即政府合理的补贴政策不仅能够提高制造商的绿色生产积极性，提高企业收益，也能够实现社会效益的提升，达到社会效益与企业经济效益的统一。第三，政府最优补贴额度随着产品边际收益的增加凸性递减，随着产品需求波动的增加而线性降低。

（三）管理启示

基于上述研究结论和数值分析结果，可以得出以下几点管理启示。

对于政府来说：其补贴政策可以激励核心企业的绿色生产行为，实现社会效益和企业经济效益的统一，但是补贴政策的制定不能"一刀切"。首先，政府补贴对象或产品类别的选择应当有一定的标准。对于边际收益较低的产品来说，政府加大绿色补贴力度能够更有效地提高企业绿色生产的积极性，也能增加整个社会的福利；而对于边际收益较高的产品来说，政府的补贴手段对企业绿色运营的激励作用不是特别明显，此时单纯依赖补贴可能会造成政府支出超过企业生产绿色产品使社会获得的效益，因此应当考虑引入其他的环境规制措施，比如惩罚，来平衡政府的补贴流量。其次，针对不同的市场需求状况，政府应当采取不同的补贴策略。对于需求波动较大的情况，政府需要降低补贴力度以避免制造商过度生产来获取补贴收入的恶意行为；反之，在需求较为稳定的市场，政府可以适当提高补贴额度。此外，政府在制定补贴政策时还需要权衡环保收益和社会收益。只有在产品环境危害很大或绿色改进带来的环境改善较高的情况下，补贴政策才能够同时实现环境效益、社会效益和企业经济效益的协调。而当产品环境改善率不高时，虽然政府补贴可以实现社会福利的提升，但是可能造成环境效益的降低。在二者存在冲突时，政府应当进一步思考环境效益和社会效益的相对重要性，在制定补贴措施时要考虑是环境效益优先还是社会福利优先。

对于绿色供应链中企业来说：当自身进行绿色生产的固定投入成本较小时，随着消费者环保需求的不断提升，应主动增大绿色生产力度，积极进行绿色生产来获得更大的市场需求。而当固定投入成本较大时，应根据政府部门的补贴政策、绿色产品市场需求以及企业原有产品边际收益率等因素，酌情进行绿色生产策略的制定。尤其是当原有产品边际收益率较高，并且消费者的环保意识较低时，企业不宜盲目进行绿色运营。此时有两种方案，一是企业适当保持现有产品的绿色度水平，适当调低价格来获取更大的市场份额；二是积极宣传自己的绿色环保形象，提高消费者对产品的绿色消费意识，并通过与上下游合作进行绿色设计、研发等行动，尽量减少绿色生产的固定投入成本。核心企业可根据自己的战略发展要求选择适当的方案。

第二节　政府税费对可持续供应链治理的影响机制研究

本节内化政府决策影响，依据第三章可持续供应链的治理理论框架，结合经济、环境和社会效益均衡发展的目标，选取政府、核心企业和供应商为研究对象。并在此监督型和领导型治理结构下，进一步分析了政府和企业之间的生产者责任延伸问题。首先，以中国当前环境规制为背景，内化政府法规的影响作用，分析两种治理手段，即污染费和环境税，对企业落实 EPR 政策的影响机制。其次，构建政府、核心企业和供应商的博弈模型，并分别以政府的税费激励机制、核心企业的价格调控机制和供应商的污染治理努力机制为分析重点，来阐述可持续供应链的治理机制。最后，在分析治理机制的基础上，给出 EPR 政策落实的运作建议，以达到降低企业供应链风险的目的，并保证社会福利的最大化。

一、问题描述及研究假设

（一）问题描述

在制度设计的研究中，通过分析中国法律法规文件，我们发现主要存在两种 EPR 落实的合法性手段，即污染费和环境税。同时，《中华人民共和国环境保护法》的第三章第四十三条公文指出："排放污染物的企业事业单位和其他生产经营者，应当按照国家有关规定缴纳排污费。排污费应当全部专项用于环境污染防治，任何单位和个人不得截留、挤占或者挪作他用。依照法律规定征收环境保护税的，不再征收排污费。"即污染费和环境税不能同时执行。

"污染费"手段依据集中收费原则来规范主要责任主体的可持续治理行为，如核心企业。同时，政府以企业产品的销售数量来收取污染费。例如，政府根据《排污费征收使用管理条例》（国务院令字第 369 号）特制定《排污费征收标准管理办法》，并于 2003 年 7 月 1 日起施行。《排污费征收标准管理办法》文件中指出："固体废物及危险废物排污费。对没有建成工业固体废物贮存、处置设施或场所，或者工业固体废物贮存、处置设施或场所不符合环境保护标准的，按照排放污染物的种类、数量计征固体废物排污费。对以填埋方式处置危险废物不符合国务院环境保护行政主管部门规定的，按照危险废物的种类、数量计征危险废物排污费。"

"环境税"手段依据分散税收原则来激励所有责任主体的可持续治理行为，如核心企业和供应商。同理，政府依据企业产品的销售数量收取环境税。目前环境税主要以基金的形式出现，如《废弃电器电子产品回收处理管理条例》指出："国家建立废弃电器电子产品处理基金，用于废弃电器电子产品回收处理费用的补贴。"以上条例所产生的管理办法，即《废弃电器电子产品处理基金征收使用管理办法》指出："废弃电器电子产品处理基金（以下简称基金）是国家为促进废弃电器电子产品回收处理而设立的政府性基金。""基金全额上缴中央国库，纳入中央政府性基金预算管理，实行专款专用，年终结余结转下年度继续使用。""电器电子产品生产者、进口电器电子产品的收货人或者其代理人应当按照本办法的规定履行基金缴纳义务。电器电子产品生产者包括自主品牌生产企业和代工生产企业。""基金分别按照电器电子产品生产者销售、进口电器电子产品的收货人或者其代理人进口的电器电子产品数量定额征收。"

对比来看，两种治理手段最大的区别在于有偿和无偿。数据显示，中国排污收费制度中规定，企业可以通过拨、贷款的形式，获得不高于 80% 排污费的治污资金，相当于一种变相的直接受益与付费关系。实际上，政府是强制企业自行治理污染实现达标排放，而企业并没有为达标排放造成的污染付出任何代价，中央和地方政府也没有取得治理这些污染问题的任何资金。而

"环境税"不再返还纳税人，既让企业承担了污染损害的代价，又为国家赢得了宝贵的治理资金。所以，从整个社会收益角度来讲，"污染费"的模式没有对社会总收益产生影响，而"环境税"模式通过影响政府财政收入间接影响了社会总福利。

通过以上对企业运营管理和政府制度设计的分析可知，为了降低EPR政策这样的制度压力所带来的风险，企业应该意识到基层的运作管理必须考虑政府制度层面的合法性问题；同时，作为治理主体的重要组成部分，核心企业及其供应商扮演着十分重要的角色，政府也应该清楚顶层的制度设计必须考虑到企业运作层面的效率问题。因此，政府如何通过科学的政策手段激励核心企业，使其既能更好地落实EPR政策，又能带动其供应商进行污染治理，进而提高企业和社会的总福利，是摆在所有供应链中责任主体面前的一个共同难题。

基于这样一个背景，我们建立一个两级供应链结构下的三方博弈模型，包括政府、核心企业和供应商。首先，政府根据税费基准要求企业落实EPR政策；其次，核心企业通过批发价格激励供应商进行可持续治理努力；最后，供应商根据核心企业和政府给定的条件进行最优努力水平决策。基于最大化社会福利，政府通过征收污染费和环境税的方式，对核心企业及其供应商直接进行管理。为此，本书设计了两个供应链治理模式——集中收费治理模式和分散税收治理模式，用于探讨政府、核心企业和供应商在博弈过程中的治理机制实施问题。

（二）研究假设

围绕以上政府、核心企业和供应商在博弈过程中的治理机制实施问题，本节具体探讨以下研究问题：①可持续供应链的治理结构是什么？顶层的制度设计如何规范 EPR 落实中的合法性？②可持续供应链的治理模式是什么？基层的运作管理如何实现 EPR 落实中的有效性？③可持续供应链的治理机制是什么？可持续影响因素如何明晰 EPR 落实中的机理性？

针对以上研究问题，本书给出以下假设，作为后续模型求解和分析的基础。

假设 4.4：供应链由政府、核心企业和对应的供应商三个责任主体构成。

假设 4.5：政府的决策针对单条供应链，忽略企业产品之间的同质性和异质性。

假设 4.6：政府和核心企业的可持续治理难度均由供应商初始可持续治理难度决定。

二、模型构建及求解分析

（一）模型构建

首先，在"集中收费治理模式——企业主导治理模式"下的决策流程如图 4.10 所示。

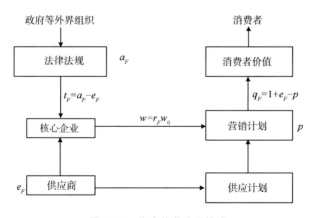

图 4.10　集中收费治理模式

第一，政府根据法律法规，设定污染费用基准值 a_F，为了体现政策对供应链成员的激励，本书假设政府最终单位收费标准 t_F 受供应商努力程度 e_F 的影响，为便于分析，设存在线性关系，即 $t_F = a_F - e_F$。由于政府的收费没有纳入财政收入，无法进行环境治理，所以政府治理成本 C_G 为零。

第二，核心企业在政府规制下，对供应商的批发价格进行激励决策。为了反映核心企业对供应商的激励影响，本书假设供应商的批发价格 w_0 为外生变量，而 r_F 为核心企业对供应商批发价格的激励系数，$0 \leqslant r_F \leqslant 1$，即核心企业对批发价格的决策为 $w = r_F w_0$。产品的销售数量为 $q_F = 1 + e_F - p$，以及因污染所缴纳的污染费用为 $t_F q_F$。同时，在集中收费治理模式下，可持续治理的主导者是核心企业，政府鼓励核心企业进行环境治理，并根据治理投入的水平给予一定的补贴 ϕC_M，其中 C_M 为核心企业产生的总治理成本，ϕ 为依据核心企业的成本投入，政府给予核心企业的补贴系数。本书假设核心企业的治理成本 C_M 受供应商努力程度 e_F 和产品销量 q_F 的影响，并存在非线性关系，即 $C_M = c_m (b - \lambda_m e_F)(1 + e_F - p)$。其中，$c_m$ 为核心企业单位可持续治理成本；b 为供应商努力为零时，供应商的初始治理难度；而 λ_m 为供应商努力程度 e_F 对企业治理难度的影响系数。

第三，供应商在核心企业的批发价格激励下，做出污染治理的努力决策。供应商在核心企业的激励政策下，开始按照规定标准进行采购和生产。依据 Desai（2001）、Moorthy（1988）和 Purohit（1994）对产品再设计模型的研究，本书假设由于技术的改进所增加的总成本为 $\frac{1}{2}ke_F^2$，其中 k 为努力成本系数，$k \geqslant 2$。

其次，在"分散税收治理模式——政府主导治理模式"下的决策流程如图 4.11 所示，分散税收治理模式与集中收费治理模式的区别在于按照一定比例 θ 收取环境税，其中 $0 < \theta < 1$。表 4.1 为模型中所包含的决策变量、相关系数和目标函数。

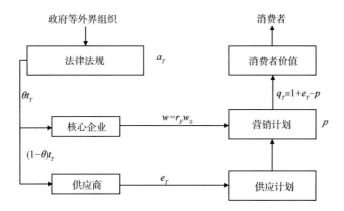

图 4.11 分散税收治理模式

表 4.1 模型分析变量

变量	说明
决策变量	
a_i	政府污染费和环境税基准水平，即污染费 $i=F$，环境税 $i=T$
r_i	核心企业对供应商批发价格的激励水平，$0 \leqslant r_i \leqslant 1$
e_i	供应商可持续治理努力水平
相关系数	
p	产品价格
q_i	产品销售量，$q_i = 1 + e_i - p$
w_0	供应商批发价格
k	供应商努力成本系数，$k \geqslant 2$
b	供应商努力为零时，供应商的初始治理难度
θ	核心企业税收分担比例
$1-\theta$	供应商税收分担比例
ϕ	政府给予核心企业的补贴系数
t_i	政府的单位收费和税收标准，$t_i = a_i - e_i$
T_G^i	政府收入
c_m	核心企业单位可持续治理成本
c_g	政府单位可持续治理成本

变量	说明
λ_m	供应商努力程度 e_F 对企业治理难度的影响系数
λ_g	供应商努力程度 e_T 对政府治理难度的影响系数
C_M	核心企业可持续治理总成本
C_G	政府可持续治理总成本
目标函数	
Π_S^i	供应商收益
Π_M^i	核心企业收益
Π_C^i	消费者收益（即消费者剩余）
SW^i	社会总收益（即社会总福利）

第一，政府根据法律法规，设定环境税基准值 a_T，为了体现政策对供应链成员的激励，本书假设政府最终单位税收标准 t_T 受供应商努力程度 e_T 的影响，并存在线性关系，即 $t_T = a_T - e_T$。与集中收费治理模式最大的区别是，在分散税收治理模式下，政府将税收纳入财政收入，用于环境治理，即可持续治理的主动者是政府，由此产生治理成本 C_G。本书假设政府的治理成本 C_G 受供应商努力程度 e_T 和产品销量 q_T 的影响，并存在非线性关系，即 $C_G = c_g(b - \lambda_g e_T)(1 + e_T - p)$。其中， c_g 为政府单位可持续治理成本；b 为供应商努力为零时，供应商的初始治理难度；λ_g 为供应商努力程度 e_T 对政府治理难度的影响系数。

第二，同理，核心企业在政府环境税制度下，对供应商的批发价格进行激励决策。与集中收费治理模式最大的区别是因污染而增加 $\theta t_T q_T$ 的环境税。

第三，同理，供应商在核心企业的批发价格激励下，做出污染治理的努力决策。与集中收费治理模式最大的区别是因污染而增加 $(1-\theta)t_T q_T$ 的环境税。

（二）求解分析

1. 集中收费治理模式决策分析

1）供应商决策

依据逆向归纳法，首先，在政府的收费规定 a_F 和制造商的批发价格合同 $w = r_F w_0$ 给定情况下，供应商决策努力程度 e_F，以最大化自身利润：

$$\Pi_S^F = w q_F - \frac{k}{2} e_F^2 \qquad （4.6）$$

对此，有如下命题 4.7。

命题 4.7　集中收费治理模式中，对于给定的政府收费规定 a_F 和制造商的批发价格合同 $w = r_F w_0$，供应商的最优努力水平 e_F^* 为

$$e_F^* = \frac{1}{k} r_F w_0 \qquad （4.7）$$

证明：由 Π_S^F 的凹性可知，e_F^* 满足一阶最优条件，即令 Π_S^{F*} 导数为 0 的点，由此得以上结果。

命题 4.7 说明供应商的最优努力水平是核心企业给定批发价激励程度的线性函数。由此，可得到核心企业的批发价格激励程度与供应商的努力水平的关系，即核心企业若想激励供应商应达到 e_F 的努力水平来进行污染治理，需设定批发价格激励水平 r_F：

$$r_F = \frac{k e_F}{w_0} \qquad （4.8）$$

2）核心企业决策

在政府的收费规定 a_F 给定情况下，核心企业决策批发价格激励程度 r_F，以最大化自身利润：

$$\Pi_M^F = (p - r_F w_0 - t_F) q_F - (1 - \phi) C_M \qquad （4.9）$$

结合公式（4.7），有如下命题 4.8。

命题 4.8 集中收费治理模式中，对于给定的政府的收费规定 a_F，核心企业的最优激励水平 r_F^* 为

$$r_F^* = \frac{k^2(p-1) + k(1-a_F) + k(\phi-1)c_m\left[b + (p-1)\lambda_m\right]}{2\left[k - 1 + \lambda_m(\phi-1)c_m\right]w_0} \tag{4.10}$$

证明：由 Π_M^F 的凹性可知，r_F^* 满足一阶最优条件，即令 Π_M^{F*} 导数为 0 的点，由此得以上结果。

命题 4.8 说明核心企业的最优批发价格激励水平是政府给定收费基准的线性函数。由此，可得到政府的收费基准程度与核心企业的批发价格激励水平的关系，即政府若要核心企业鼓励供应商进行污染治理的激励水平达到 r_F，需设定收费基准 a_F，公式（4.11）是公式（4.10）的反函数。

$$a_F = f(r_F) \tag{4.11}$$

3）政府决策

政府作为博弈的领导者，选择最优的收费基准 a_F 来激励核心企业，即等同于选择所期望的批发价格激励水平，以及在最优批发价格下，产生的供应商最优努力水平，从而最大化社会总福利：

$$SW^F = \Pi_S^F + \Pi_M^F + \Pi_C^F + T_G^F \tag{4.12}$$

其中，依据 Atasu 和 Subramanian（2012）的研究理论，定义消费者剩余 $\Pi_C^F = \dfrac{1}{2}q^2$，结合式（4.7）和式（4.10），有如下命题 4.9。

命题 4.9 集中收费治理模式中，存在唯一的最优政府收费基准 a_F^* 和对应的核心企业最优批发价格激励水平 r_F^*，以及供应商最优努力水平 e_F^*，使得社会福利达到最大，且 a_F^*, r_F^*, e_F^* 的最优值分别为

$$a_F^* = \frac{k + k^2(p-1) + 2p(1-k) + \left\{b(k-2+k\phi) + \lambda_m\left[k(p-1)(\phi-1) - 2p\phi\right]\right\}c_m}{k - 2\lambda_m c_m} \tag{4.13}$$

$$r_F^* = \frac{k\left\{p - [b + (p-1)\lambda_m]c_m\right\}}{(k - 2\lambda_m c_m)w_0} \tag{4.14}$$

$$e_F^* = \frac{p - [b + (p-1)\lambda_m]c_m}{k - 2\lambda_m c_m} \tag{4.15}$$

证明：由 SW^F 的凹性可知，a_F^* 满足一阶最优条件，即令 SW^{F*} 导数为 0 的点，由此得以上结果。

命题 4.9 表明了政府的最优收费基准是唯一存在的；核心企业的最优激励水平和供应商的最优努力水平是唯一存在的；以及收费基准、批发价格激励水平和供应商最优努力水平关于参数的敏感度。

2. 分散税收治理模式决策分析

1）供应商决策

同理，在政府的税收规定 a_T 和制造商的批发价格合同 $w = r_T w_0$ 给定情况下，供应商依 $1-\theta$ 的税收比例，决策环境治理的努力程度 e_T，以最大化自身利润：

$$\Pi_S^T = wq_T - \frac{k}{2}e_T^2 - (1-\theta)t_T q_T \tag{4.16}$$

对此，有如下命题 4.10。

命题 4.10 分散税收治理模式中，对于给定的政府税收规定 a_T 和制造商的批发价格合同 $w = r_T w_0$，供应商在 $1-\theta$ 的税收比例下的最优努力水平 e_T^* 为

$$e_T^* = \frac{(1-\theta)(1 - a_T - p) + r_T w_0}{k - 2(1-\theta)} \tag{4.17}$$

证明：由 Π_S^T 的凹性可知，e_T^* 满足一阶最优条件，即令 Π_S^{T*} 导数为 0 的点，由此得以上结果。

命题 4.10 与命题 4.7 的区别是，核心企业若想激励供应商应达到 e_T 的努力水平来进行污染治理，需设定批发价格激励水平 r_T：

$$r_T = \frac{ke_T - 2e_T(1-\theta) - (1-\theta)(1-a_T-p)}{w_0} \quad (4.18)$$

2）核心企业决策

在政府的税收规定 a_T 给定情况下，核心企业依据 θ 的税收比例，决策批发价格激励程度 r_T，以最大化自身利润：

$$\max \Pi_M^T = (p - r_T w_0 - \theta t_T) q_T \quad (4.19)$$

结合公式（4.17），有如下命题 4.11。

命题 4.11　分散税收治理模式中，对于给定的政府的税收规定 a_T，核心企业的最优激励水平 r_T^* 为

$$r_T^* = \frac{k^2(p-1) + k[3 - 2(1-\theta)p - \theta(2+a_T)] - 2(1-\theta)[1-\theta(1-p+a_T)] + (1-\theta)(k-2)a_T}{2(k-2+\theta)w_0}$$

$$(4.20)$$

证明：由 Π_M^T 的凹性可知，r_T^* 满足一阶最优条件，即令 Π_M^{T*} 导数为 0 的点，由此得以上结果。

命题 4.11 与命题 4.8 的区别是政府若要核心企业以 r_T 的努力水平来鼓励供应商进行污染治理，需设定税收基准 a_T，式（4.21）是式（4.20）的反函数。

$$a_T = g(r_T) \quad (4.21)$$

3）政府决策

政府作为博弈的领导者，选择最优的税收基准 a_T 来激励核心企业，即等同于选择所期望的批发价格激励水平，以及在最优批发价格下，产生的供应商最优努力水平，从而最大化社会总福利：

$$\max \mathrm{SW}^T = \Pi_S^T + \Pi_M^T + \Pi_C^T + T_G^T - C_G^T \quad (4.22)$$

由此，得以下命题 4.12。

命题 4.12　分散税收治理模式中, 存在唯一的最优政府税收基准 a_T^* 和对应的核心企业最优批发价格激励水平 r_T^*, 以及供应商最优努力水平 e_T^*, 使得社会福利达到最大, 且 a_T^*, r_T^*, e_T^* 最优值分别为

$$a_T^* = \frac{1+(2k+2\theta-4)bc_g+2\theta(kp-k-p)-2c_g\lambda_g(1-\theta+p\theta)+A}{k-1-2c_g\lambda_g} \quad (4.23)$$

$$r_T^* = \frac{bc_g[k-2(\theta-1)^2-2k\theta]+k^2(p-1)(1-\theta)+kB-(1-\theta)D}{(k-1-2c_g\lambda_g)w_0} \quad (4.24)$$

$$e_T^* = \frac{1-[b+(p-1)\lambda_g]c_g}{k-1-2c_g\lambda_g} \quad (4.25)$$

式（4.23）中, $A=2k-k^2+2p-3kp+k^2p$; 式（4.24）中, $B=2+c_g\lambda_g - p(2-4\theta+2\theta^2+c_g\lambda_g)-3\theta+2\theta^2$, $D=2c_g(1-\theta)\lambda_g+p(2\theta+2c_g\theta\lambda_g-1)$。

证明: 由 SW^T 的凹性可知, a_T^* 满足一阶最优条件, 即令 SW^{T*} 导数为 0 的点, 由此得以上结果。

命题 4.12 说明对政府来讲, 最优的税收基准是唯一存在的, 且给出了相应的最大社会福利; 在税收分担比例 θ 和 $1-\theta$ 下, 核心企业的最优的激励水平, 以及供应商的最优努力水平是唯一存在的, 且得出了相应的最大企业利润; 以及给出了税收基准、批发价格激励水平和供应商最优努力水平关于参数的敏感度。

3. 机制分析

结合上文对两种治理模式, 即集中收费治理模式和分散税收治理模式, 和三个决策因素, 即政府的税费基准、核心企业的批发价格激励水平, 以及供应商的可持续治理努力水平的综合分析, 本书将决策因素作为整体, 强调因素与因素之间的交互关系产生的集合作用。EPR 下可持续供应链治理机制是在税费决策、价格决策和努力决策共同作用下的治理机制, 具体内容如下。

1）税费机制分析

在政府最优的税费基准的差异分析中，本书指出了六个影响政府税费基准的因素，即政府单位可持续治理成本、核心企业单位可持续治理成本、供应商对核心企业或政府治理难度的影响系数、供应商初始可持续治理难度、核心企业税收分担比例，以及政府给予核心企业补贴系数。通过导数分析，本书给出不同因素下的政府税费基准影响趋势和无差异曲线，如表 4.2 和图 4.12 所示。

表 4.2 政府税费基准的影响因素

不同模式的税费机制	c_g	c_m	λ	b	θ	ϕ
集中收费治理模式下的 a_F^*		+	−		+	−
分散税收治理模式下的 a_T^*	+		−		+	−

注：+代表正相关；−代表负相关

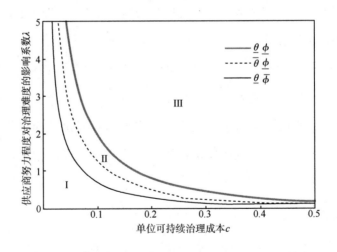

图 4.12 政府税费基准 a 的无差异曲线

三个图例从上往下依次代表参数值均较小、参数值一大一小、参数值一小一大，参数值均较大时不符合实际，故只分析以上三种情况

如表 4.2 所示，集中收费治理模式下，当核心企业单位治理成本较大时，

政府将收取较高的污染基准费用，$da_F / dc_m > 0$。所以，为了增加核心企业治理的积极性，政府应该收取较低的污染费，促进企业降低治理成本，同时还可以获得更高的补贴，$da_F / d\phi < 0$。

在分散税收治理模式下，政府的环境税基准受核心企业与税收分担比例大小的影响。当核心企业分担税收比例较大时，治理成本的增加降低了给予供应商批发价格的激励水平，导致供应商不努力参与可持续治理活动。所以，为了激励供应商参与，降低核心企业治理成本，政府应设定较高的环境税基准值，$da_T / d\theta < 0$。

综合考虑两种模式，当供应商初始治理难度均较大时，为使供应商采取技术改进降低治理难度，政府亦应设定较高的税费基准值，$da_F / db > 0$，$da_T / db > 0$；而当供应商努力程度对企业治理难度的影响系数较大时，供应商和核心企业均有积极性努力参与可持续治理。为了保持供应商和核心企业的参与积极性，政府应设定较低的税费基准，$da_F / d\lambda < 0$，$da_T / d\lambda < 0$。

依据政府税费基准的无差异曲线（图 4.12，假设 $p=0.7$，$k=2$，$b=5$，$c_m = c_g$，$\lambda_m = \lambda_g < 5$）可知：①根据不同的可持续治理成本和对治理难度的影响，政府可以判断在不同模式下的税费基准水平大小。②核心企业税收分担比例越大，政府环境税基准值越低；政府给予核心企业的补贴系数越大，政府污染费用基准值越低。③在区域Ⅰ中，分散税收治理模式下政府的环境税基准值更高，在区域Ⅲ中，集中收费治理模式下的收费较高，所以区域Ⅰ中核心企业和供应商具有更加努力参与可持续治理的倾向；区域Ⅱ表示，不同的$[\theta,\phi]$值将产生不同的税费基准值，政府可以通过设定不同的参数，来确定不同模式下最合适的税费基准。④依据数值组$[\theta,\phi]$的取值所引起的曲线变化，可知与税收分担比例相比，政府补贴对政府税费基准值大小的影响更大。

2）价格机制分析

在核心企业批发价格激励水平的差异分析中，本书指出了五种影响批发价格激励水平的因素，即政府单位可持续治理成本、核心企业单位可持续治理成本、供应商对核心企业或政府治理难度的影响系数、供应商初始可持续治理难度、核心企业税收分担比例。通过因素的导数分析，本书获得不同因素下的核心企业批发价格激励水平的影响趋势和无差异曲线，如表 4.3 和图 4.13 所示。

表 4.3　核心企业价格激励的影响因素

不同模式的价格机制	c_g	c_m	λ	b	θ
集中收费治理模式下的 r_F^*		$-$	$+$	$-$	
分散税收治理模式下的 r_T^*	$-$		$+$	$-$	$-+$

注：+代表正相关；–代表负相关

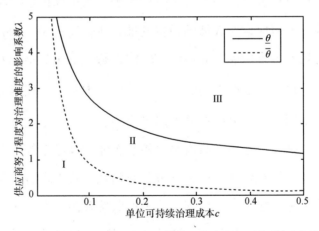

图 4.13　核心企业对供应商批发价格的激励水平 r 的无差异曲线

两个图例从上往下分别代表参数值较小、参数值较大

由表 4.3 可知，集中收费治理模式下，核心企业单位治理成本越大，为保证自身收益，双方应共同承担治理成本，核心企业给予供应商较小的批发价格激励，$\mathrm{d}r_F / \mathrm{d}c_m < 0$；供应商初始可持续治理难度较大时，因供应商实施

可持续治理的成本增加，核心企业价格激励程度的弹性变小，因此核心企业会给予更低价格激励，且供应商自身也失去进行治理的积极性，$dr_F/db<0$。当供应商努力水平对核心企业治理难度的影响较大时，为充分激励供应商努力，核心企业应给予更大的批发价格激励，$dr_F/d\lambda>0$。

在分散税收治理模式下，核心企业的批发价格激励还受政府的税收比例的影响，当政府环境税收比例较高时，核心企业为保持自身收益而减少了对供应商的价格激励，同时，较小的批发价格激励会降低供应商的努力水平。因此，在分散税收治理模式下存在最小的政府税收比例 $dr_T/d\theta=0$，$d^2r_T/d\theta^2>0$。结合图 4.13 可知，分散税收治理模式下，核心企业承担的税收比例越大，供应商的努力程度越大，增加了供应商参与可持续治理活动的积极性。

依据核心企业批发价格激励系数的无差异曲线（图 4.13，假设 $p=0.7$，$k=2$，$b=5$，$c_m=c_g$，$\lambda_m=\lambda_g<5$，由此保证 $b-\lambda_m e_F>0$，$b-\lambda_g e_T>0$）可知：①根据不同的可持续治理成本和供应商努力对治理难度的影响系数，核心企业可以判断在不同模式下激励系数的大小；②根据表 4.3 的分析，在分散税收治理模式下存在最小的政府税收比例 θ，且将政府税收系数范围分成三个区域，区域 I 中，集中收费治理模式下核心企业给予供应商的激励系数大于分散税收治理模式的情形，区域 III 中分散税收治理模式下核心企业给予供应商的激励系数大于集中收费治理模式的情形，在区域 II 中，不同的政府税率情形对应不同模式下核心企业的激励系数；③从式（4.12）和式（4.22）可知，社会总福利水平与 r_F 和 r_T 无关，也就是说，r_F 和 r_T 仅调整了供应商和核心企业之间的利润分配。在不同模式下，核心企业应根据情况对供应商进行合适的激励。

3）努力机制分析

在供应商最优努力水平的差异分析中，本书指出了五种影响供应商最优努力水平的因素，即政府单位治理成本、核心企业单位治理成本、供应商对核心企业和政府治理难度的影响系数、供应商初始可持续治理难度以及供应商技术改进的努力成本系数。通过导数分析，本书获得不同因素下的供应商最优努力水平的影响趋势（表 4.4）和无差异曲线（图 4.14）。

表 4.4　供应商努力水平的影响因素

不同模式的努力机制	c_g	c_m	λ	b	k
集中收费治理模式下的 e_F^*		−	+	−	−
分散税收治理模式下的 e_T^*	−		+	−	−

注：+代表正相关；−代表负相关

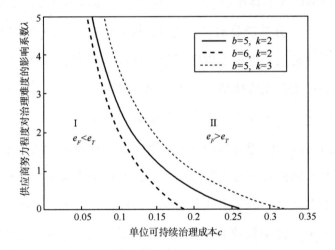

图 4.14　供应商努力水平 e 的无差异曲线

　　表 4.4 显示，集中收费治理模式中，核心企业单位治理成本越大，其给予供应商的批发价格激励越小，导致供应商可持续治理的努力降低，$\mathrm{d}e_F / \mathrm{d}c_m < 0$；供应商初始可持续治理难度较大，则供应商自身也没有动机努力实施可持续治理，$\mathrm{d}e_F / \mathrm{d}b < 0$；供应商努力水平对核心企业治理难度的影响系数越大，供应商作为可持续治理的参与者参与信心越大，越有利于其努力参与其中，$\mathrm{d}e_F / \mathrm{d}\lambda > 0$；供应商技术改进的努力成本系数越大，供应商进行技术改进的动力越小，付出的努力也就越小，$\mathrm{d}e_F / \mathrm{d}k < 0$。

分散税收治理模式中，当政府单位可持续治理成本较高时，需要核心企业缴纳更多的税费，进而导致核心企业减小给予供应商的批发价格激励，导致供应商进行可持续治理的努力降低，$\mathrm{d}e_T / \mathrm{d}c_g < 0$。与集中收费治理模式相同，供应商初始可持续治理难度越大，则供应商自身越没有动机努力实施可持续治理，$\mathrm{d}e_T / \mathrm{d}b < 0$；但当供应商努力水平对核心企业治理难度的影响系数越大时，供应商参与治理的努力程度越大，$\mathrm{d}e_T / \mathrm{d}\lambda > 0$；且当供应商因技术的改进所增加的成本系数越大时，其越不努力参与到可持续治理活动中，$\mathrm{d}e_T / \mathrm{d}k < 0$。同时，图 4.14 也显示供应商因技术的改进所增加的成本系数增大，整个系统的污染治理成本增加，政府收费基准 a 增加，核心企业对供应商的价格激励减少，进而导致供应商的努力减少。

依据供应商可持续治理努力水平的无差异曲线（图 4.14，假设 $p = 0.7$，$c_m = c_g$，$\lambda_m = \lambda_g < 5$）可知：①根据不同的可持续治理成本和对治理难度的影响，供应商可判断在不同模式下的努力程度大小。②在两种模式下，供应商参与治理的难度越大，供应商努力程度越小，同时，因技术改进而增加的成本越大，供应商的治理努力也越小。③在区域Ⅰ中，分散税收治理模式可使供应商更加努力；在区域Ⅱ中，集中收费治理模式可使供应商更加努力。因此，政府或企业可根据单位可持续治理成本选择合适的治理模式最大化供应商的努力程度。但是，由数值分析部分可知，在不同的参数下存在最优的供应商努力水平最大化社会总福利，故在激励供应商努力的同时，应兼顾最大化社会福利。

三、数值分析及研究结论

（一）利润函数数值分析

本书利用一组相同的数据来验证模型构建的有效性，并通过观测集中收费治理模式和分散税收治理模式下参与主体收益的连续变化，帮助决策者进行模式比较分析。为了不失一般化，我们选取的参数值为 $w_0=0.55$，$\theta=0.1$，$p=0.7$，$k=2$，$b=5$，$\phi=0.5$，$c_m=0.14$，$c_g=0.02$，$\lambda_m=1$，$\lambda_g=1.1$。

首先，在集中收费供应链系统的利润分析中，我们根据式（4.6）、式（4.9）、式（4.12）的变量关系，以及总福利水平表达式（4.12）与供应商努力程度的相关性，得出供应商、核心企业和社会总福利的利润函数分布，如图 4.15 所示。

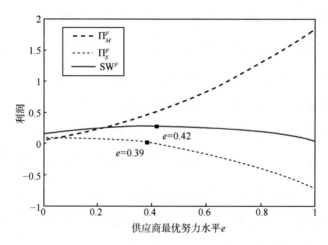

图 4.15　不同供应商努力水平下的集中收费供应链系统利润

图 4.15 表明，随着供应商努力程度的增加，供应商收益减少，核心企业的收益增加，而社会福利水平存在最大值。如果核心企业与供应商之间不存在收益共享契约，则当 $e > 0.39$ 时，供应商收益 $\Pi_S^F < 0$，即供应商努力水平范围是 $0 \leqslant e \leqslant 0.39$。同时，在此范围内，社会总福利水平随着供应商的努力而递增，并在 $e = 0.39$ 处取得最大值。如果核心企业与供应商之间存在收益共享契约，则只需要 $\Pi_S^F + \Pi_M^F \geqslant 0$，即此时供应商努力范围是 $0 \leqslant e \leqslant 1$，在此范围内，社会总福利水平在 $e = 0.42$ 处取得最大值。核心企业的收益则随着供应商努力的增加而增加。

其次，在分散税收供应链系统的利润分析中，我们根据式（4.16）、式

（4.19）、式（4.22）的变量关系，以及总福利水平表达式（4.22）与供应商努力程度以及政府税收分担比例的相关性，得出供应商、核心企业和社会总福利的利润函数分布，如图4.16所示。

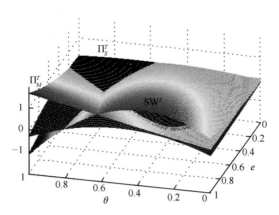

图 4.16　不同供应商努力水平和环境税分担比例下的分散税收供应链系统利润

图 4.16 显示，①随着供应商努力程度的减少，供应商的收益逐渐增加。同时，随着核心企业税收分担比例的增加，供应商收益先增加后减少，根据参数设定在 $\theta=0.55$，$e=0.81$ 处供应商获得参数范围内的最大值。②随着供应商努力程度和核心企业税收分担比例的增加，核心企业收益逐渐增加，并在 $\theta=1$，$e=1$ 处取得极值。因为随着核心企业税收分担比例的增加，核心企业的努力程度增加，进而增加了核心企业的收益。③随着供应商努力程度的增加，社会总福利增加，同时，随着核心企业税收分担比例的增加，社会总福利先增加后减少，并且在 $\theta=0.39$，$e=1$ 处取得最值。综上可知，在分散税收治理模式下，核心企业和供应商之间应合理分配税收分担比例，并且尽量最大化供应商的努力水平，才能实现社会福利的最大化。

此外，本书在选取参数值 $p=0.7$，$k=2$，$b=5$ 的基础上，令 $SW^F=SW^T$，并选取不同数值 λ 和不同的 c_m 与 c_g 值，得出两种模式下社会总福利 SW 的无差异曲线，如图4.17所示。

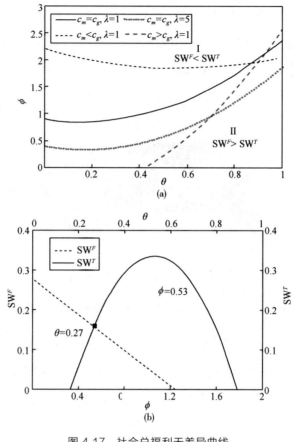

图 4.17   社会总福利无差异曲线

假设 $p=0.7$，$k=2$，$b=5$

图 4.17（a）显示：①随着 $c_g - c_m$ 差值的增加，集中收费治理模式下社会福利水平逐渐增加。因为 $c_g - c_m$ 差值增加表明核心企业开展可持续治理需要付出更大的成本，其更需要供应商的帮助，即增加供应商努力程度对核心企业治理难度的影响系数，核心企业越有动机实施可持续治理并激励供应商实施可持续治理，从而越能增加集中收费治理模式下的社会福利水平。所以，对于集中收费治理模式而言，供应商努力程度对企业治理难度的影响系数越大，同等可持续效果条件下，供应商和核心企业组成系统的成本越小，此时，政府可适当减少对核心企业的补贴。②随着 $c_g - c_m$ 差值的增加，分散税收治理模式下社会福

利水平逐渐增加。此时，由于供应商和核心企业的共同治理努力，政府可使用更少的污染费用达到相同的治理效果，从而政府可获得更多的收入，亦即供应商采取技术改进产生的技术溢出效应。所以，对分散税收治理模式而言，供应商努力程度对政府治理难度的影响系数越大，同等可持续效果条件下，供应商、核心企业和政府组成系统成本越小，此时，供应商可承担更大比例的治理成本。

综上可知，如果供应商努力程度对企业治理难度的影响系数大于对政府治理影响系数，此时，$SW^F > SW^T$，政府可减少政府补贴，或核心企业分摊更大比例的治理成本，激励供应商更加努力实施可持续生产。如果供应商努力程度对企业治理难度的影响系数小于对政府治理难度的影响系数，此时，$SW^F < SW^T$，供应商分担了更大比例的治理成本，为使核心企业给予供应商更大的价格激励，政府应增加对核心企业的政府补贴，从而激励供应商努力。

图 4.17（b）是对图 4.17（a）供应商努力程度对企业治理难度的影响系数等于对政府治理难度的影响系数 $c_m = c_g = 0.14$，$\lambda_m = \lambda_g = 1$ 画的收益曲线。随着影响系数的增大，即政府补贴和核心企业税收分担比例减少，集中收费治理模式下社会福利水平均提高，而分散税收治理模式下是先增加后减少，结果与图 4.16 吻合。由图 4.17(b)可知，当 $\theta < 0.27$，$\phi < 0.53$ 时，$SW^F > SW^T$，此时集中收费治理模式比分散税收治理模式好；当 $0.27 \leqslant \theta \leqslant 0.89$，$0.53 \leqslant \phi$ 时，$SW^F \leqslant SW^T$，此时分散税收治理模式比集中收费治理模式好，该参数范围为政府和企业提供了具体的决策参考。

（二）决策参数的灵敏度分析

我们讨论了供应商批发价格 w_0、产品市场价格 p、供应商努力成本系数 k，以及供应商初始治理难度 b，对集中收费治理模式和分散税收治理模式下决策变量和利润函数的影响，如表 4.5 所示。

表 4.5　参数灵敏度分析数值

相关参数				集中收费治理模式							分散税收治理模式						
w_0	p	k	b	a_F	r_F	e_F	Π_S^F	Π_M^F	Π_C^F	SW^F	a_T	r_T	e_T	Π_S^T	Π_M^T	Π_C^T	SW^T
0.50	0.70	1.80	5.00	0.0907	0.0995	0.0276	0.1631	0.0784	0.0537	0.3158	0.6349	1.4492	1.2253	0.0418	0.2327	1.1633	1.1119
0.55	0.70	1.80	5.00	0.0907	0.0904	0.0276	0.1795	0.0784	0.0537	0.3322	0.6349	1.3174	1.2253	0.1180	0.2327	1.1633	1.1881
0.60	0.70	1.80	5.00	0.0907	0.0829	0.0276	0.1959	0.0784	0.0537	0.3486	0.6349	1.2076	1.2253	0.1943	0.2327	1.1633	1.2644
0.65	0.70	1.80	5.00	0.0907	0.0765	0.0276	0.2123	0.0784	0.0537	0.3650	0.6349	1.1147	1.2253	0.2706	0.2327	1.1633	1.3407
0.65	0.72	1.80	5.00	0.1087	0.1079	0.0389	0.2060	0.0743	0.0509	0.3533	0.6430	1.1448	1.2250	0.2408	0.2265	1.1326	1.2821
0.65	0.74	1.80	5.00	0.1268	0.1392	0.0503	0.1994	0.0703	0.0481	0.3416	0.6511	1.1748	1.2248	0.2113	0.2205	1.1022	1.2243
0.65	0.76	1.80	5.00	0.1449	0.1705	0.0616	0.1926	0.0663	0.0455	0.3296	0.6591	1.2049	1.2245	0.1821	0.2145	1.0723	1.1670
0.65	0.76	1.90	5.00	0.1149	0.1689	0.0578	0.1904	0.0736	0.0443	0.3253	0.4460	1.0565	1.0850	0.3356	0.3511	0.8778	1.2601
0.65	0.76	2.00	5.00	0.0856	0.1674	0.0545	0.1884	0.0806	0.0433	0.3215	0.2716	0.9331	0.9741	0.4374	0.4422	0.7370	1.3130
0.65	0.76	2.10	5.00	0.0569	0.1662	0.0514	0.1867	0.0875	0.0425	0.3182	0.1250	0.8279	0.8837	0.5072	0.5051	0.6314	1.3426
0.65	0.76	2.10	5.20	0.0745	0.1165	0.0360	0.1781	0.0785	0.0381	0.3053	0.1265	0.8275	0.8819	0.5058	0.5034	0.6293	1.3369
0.65	0.76	2.10	5.40	0.0922	0.0667	0.0207	0.1690	0.0699	0.0340	0.2916	0.1280	0.8271	0.8800	0.5045	0.5018	0.6272	1.3311
0.65	0.76	2.10	5.60	0.1099	0.0170	0.0053	0.1594	0.0620	0.0301	0.2771	0.1295	0.8267	0.8781	0.5031	0.5001	0.6251	1.3254

（1）供应商批发价格 w_0 的取值变化表明：a_F，a_T，e_F，e_T，Π_M^F，Π_M^T，Π_C^F，Π_C^T 表达式中没有 w_0，故其与 w_0 无关；随着 w_0 递增，供应商收益增加 $\dfrac{d\Pi_S^F}{dw_0} > 0$，$\dfrac{d\Pi_S^T}{dw_0} > 0$；随着 w_0 递增，核心企业对供应商的激励水平变小 $\dfrac{dr_F^*}{dw_0} < 0$，$\dfrac{dr_T^*}{dw_0} < 0$，但总的社会福利水平是增加的 $\dfrac{dSW^F}{dw_0} > 0$，$\dfrac{dSW^T}{dw_0} > 0$。也就是说，核心企业对供应商的激励水平对批发价格的弹性较小。

（2）产品市场价格 p 的取值变化表明：因为 $k \geq 2$，$\dfrac{da_F}{dp} > 0$，随着价格的增加，政府可适当提高收费基准，也就是说，政府可以对产出高价格产品的企业征收更高的收费（高级化妆品、奢侈皮包）。$\dfrac{da_T}{dp} > 0$，随着价格的增加，政府可适当提高环境税基准，也就是说，政府可以对产出高价格产品的企业征收更高的税（进口汽车）。由 $\dfrac{dr_F}{dp} > 0$，$\dfrac{dr_T}{dp} > 0$ 可知，核心企业对产品定价越高，获得的利润越大，从而其对供应商的批发价格激励越大；由 $\dfrac{de_F}{dp} > 0$ 可知，核心企业给予了供应商更大的批发价格激励，使得供应商付出更多的努力；由 $\dfrac{d\Pi_S^F}{dp} < 0$，$\dfrac{d\Pi_M^F}{dp} < 0$，$\dfrac{dSW^F}{dp} < 0$ 可知，价格的增加对供应商、核心企业和政府的收益起负向作用，因为要求供应商付出更多的努力，核心企业支付更多的批发价格激励成本，政府将更多地收取费用用于环境的治理；由 $\dfrac{de_T}{dp} < 0$ 可知，随着价格的增加，政府将获得更多的税收收入，导致供应商和核心企业的利润下降，即 $\dfrac{d\Pi_S^T}{dp} < 0$，$\dfrac{d\Pi_M^T}{dp} < 0$，降低了供应商的努力水平，从而进一步减少了整个社会福利水平 $\dfrac{dSW^T}{dp} < 0$。

（3）供应商努力成本系数 k 的取值变化表明：$\dfrac{\mathrm{d}a_F}{\mathrm{d}k}<0$，$\dfrac{\mathrm{d}a_T}{\mathrm{d}k}<0$，即随着技术改进努力成本系数的增加，政府应收取更少的污染费以及环境税，以促进供应商努力。$\dfrac{\mathrm{d}r_F}{\mathrm{d}k}<0$，$\dfrac{\mathrm{d}r_T}{\mathrm{d}k}<0$，即随着技术改进努力成本系数的增加，核心企业给予供应商更小的批发价格激励，因为批发价格的激励弹性（$0\leqslant r_F \leqslant 1$）小于技术改进的努力成本系数（$k\geqslant 2$）。$\dfrac{\mathrm{d}e_F}{\mathrm{d}k}<0$，$\dfrac{\mathrm{d}e_T}{\mathrm{d}k}<0$，$\dfrac{\mathrm{d}\Pi_S^F}{\mathrm{d}k}<0$，$\dfrac{\mathrm{d}\Pi_M^F}{\mathrm{d}k}>0$，$\dfrac{\mathrm{d}\mathrm{SW}^F}{\mathrm{d}k}<0$，$\dfrac{\mathrm{d}\Pi_S^T}{\mathrm{d}k}>0$，$\dfrac{\mathrm{d}\Pi_M^T}{\mathrm{d}k}>0$，$\dfrac{\mathrm{d}\mathrm{SW}^T}{\mathrm{d}k}>0$，即随着技术改进努力成本系数的增加，供应商努力程度变小，集中收费治理模式下的供应商利润和社会总福利随之变小；但是由于供应商努力程度变小，核心企业订货量减少，即减少了政府的税费总值；政府通过收取更少的环境税，而增加了分散税收治理模式下的供应商和核心企业利润，以及社会总福利。

（4）供应商的初始治理难度 b 的取值变化表明：$\dfrac{\mathrm{d}a_F}{\mathrm{d}b}>0$，$\dfrac{\mathrm{d}a_T}{\mathrm{d}b}>0$，即供应商的初始治理难度越大，政府越应收取更多的税费，用于环境改善。初始治理水平越低的供应商，政府收取税费越多，即通过惩罚机制来约束核心企业和供应商的行为；$\dfrac{\mathrm{d}r_F}{\mathrm{d}b}<0$，$\dfrac{\mathrm{d}e_F}{\mathrm{d}b}<0$，表明供应商的初始治理难度越高，核心企业和供应商自身进行治理的积极性越低；$\dfrac{\mathrm{d}\Pi_S^F}{\mathrm{d}b}<0$，$\dfrac{\mathrm{d}\Pi_M^F}{\mathrm{d}b}<0$，$\dfrac{\mathrm{d}\mathrm{SW}^F}{\mathrm{d}b}<0$，表明供应商的初始治理难度越大，对供应商、核心企业和社会福利水平越不利，即鼓励初始治理难度较大的企业进行产业转型，努力发展成战略性的清洁能源企业，如太阳能、风能，以及基于互联网的新型服务产业。

（5）极值比较表明：集中收费治理模式的参数灵敏度显示，供应商收益与社会总福利水平同时达到最大化水平，而核心企业的收益、政府污染费基准、供应商努力程度、核心企业价格激励未同时达到最大化。在分散税收治理模式中，当 $k > 2$ 时，即当供应商的努力水平较高时，可以出现同时最大；其他情况下则很难同时最大。可知，核心企业主导模式中，能够促成供应商收益和社会总福利最优；而在政府主导的分散税收治理模式中，能够实现责任主体的共同利益最优，所以，分散税收治理模式让每个责任主体承担应有责任的同时，实现了供应链整体效益的最优。

（三）研究结论

1. 在理论探索中的研究结果

（1）在治理结构和合法性研究中，本章指出：成功的核心企业更加注重自身行为的合法化，以及供应链整体的可持续改进，尤其是与政府和供应商的紧密合作；在监督型和领导型供应链结构的融合下，核心企业融合顶层的制度设计和基层的运作管理，实现可持续性转变；供应链治理是一个帮助政府和企业将顶层的制度设计和基层的运作管理相结合的理论。通过治理框架，政府和企业能够建立兼具合法性和效率性的机制，以此来降低由不可持续性所带来的供应链结构失衡风险；在合法化过程中，企业的制度压力主要来自政府的责罚手段，即污染费和环境税。

（2）在治理模式和有效性研究中，本章探讨了领导型治理结构中的集中收费治理模式，突出了企业的主导作用，为此，本书模型构建中考虑了政府对核心企业的污染治理补贴，同时忽视政府的治理成本。监督型治理结构中的分散税收治理模式强调的是政府的主导作用，模型构建中考虑了核心企业和供应商的税收分担比例，以及政府的治理成本。两种模式中，本书均考虑了供应商的初始治理难度，以及其自身努力程度对政府和企业可持续治理的影响程度。最后以最大化社会总福利为目标,找到了政府、核心企业及供应链的最优决策值和最大利润值。

(3)在治理机制和机理性研究中,本书主要发现:税费机制中,若以激励核心企业为主,政府将收取较高的税费基准;若以激励供应商为主,税费基准与供应商初始治理难度成正比,与供应商对政府和企业的影响水平成反比;与税收分担比例相比,政府补贴对税费基准值的影响更大。价格机制中,核心企业给予的批发价格激励水平与供应商努力程度对政府和企业影响水平成正比;价格激励水平只是调整了供应商和核心企业之间的利润分配。在不同模式下,核心企业应根据情况对供应商进行合适的激励。努力机制中,政府或企业可根据单位可持续治理成本选择合适的治理模式最大化供应商的努力程度。尤其在分散税收治理模式下,核心企业和供应商之间应合理分配税收分担比例,并且尽量最大化供应商的努力水平才能达到社会福利水平的最大化。社会总福利和灵敏度分析中,根据供应商对政府和企业治理影响的大小,判断两种模式下社会总福利的大小,从而决策政府对核心企业的补贴大小。

2. 在实践探索中的管理启示

(1)在战略规划上,供应链中的每个主体都应该注重顶层制度设计和基层运作管理的结合,把具有合法性的制度落实到运营过程中,同时将具有效率性的运营管理上升到制度层面,实现供应链系统的可持续性转变。也就是说,为了降低 EPR 政策这样的制度压力所带来的风险,企业应该意识到基层的运作管理必须考虑政府制度层面的合法性问题;同时,作为治理主体的重要组成部分,核心企业及其供应商扮演着十分重要的角色,政府也应该清楚顶层的制度设计必须考虑到企业运作层面的效率问题。

(2)在实际运作中,集中收费治理模式更加注重核心企业的主导作用。

当外界制度压力给供应商带来被淘汰的风险时，核心企业应该意识到帮助自己的供应商克服可持续性治理困难的责任。例如，通过批发价格上的优惠政策，激励供应商努力改进生产工艺，共同提高产品的可持续性。同时，核心企业要综合考虑供应商的资源情况和努力水平，而不仅仅以努力程度大小来判断供应商可持续发展的潜力，即行为本身的价值才是决策的关键。所以，对于有潜力但目前治理难度较大的供应商，只要核心企业能激励供应商进行可持续意义上的改进，就是整体供应链可持续治理的最优结果。

（3）在实际运作中，分散税收治理模式强调的是政府的主导作用。在制定科学的税费基准过程中，除了要考虑自身的治理成本外，更要注重核心企业和供应商的自身条件。同理，政策制定的目的是激励企业去努力提高自身的可持续水平，即通过科学的决策来引导企业做正确的事情。具体来讲，政府可以通过污染费和环境税来约束企业的生产行为，同时通过适度的财政补贴来激励企业进行可持续改进。总之，政府在落实 EPR 政策并进行环境可持续治理过程中，要关注核心企业和供应商的努力行为，而不仅仅是绩效，从而反向促进 EPR 政策的落实和制度体系的创新。

第三节　政府优惠政策对制造商 EPR 投入的治理效果研究

政府和社会力量对企业环境履责越来越重视，并希望通过 EPR 的实施倒逼制造商考虑环境影响，改变短视思维，进行立足长远的战略投入。然而，制造企业履行环境责任往往面临巨大的前期投入，资金短缺、融资难、融资贵等约束一直伴随中国 EPR 下制造企业生态创新的实施过程。为了探究政府对供应链中核心制造企业延伸环境责任的治理效果，本节考虑政府面向制造商的优惠政策及其对制造商进行生态创新的治理效果。

一、问题产生及研究动机

（一）问题产生

制造企业在转型初期面临渠道建设、技术研发、模式创新等巨大的投入。例如，作为家电龙头制造企业，2019 年海尔在青岛的白电研发基地建设项目中环保投资达到 80 万元，占总投资比例的 8.9%（生态环境部，2019）。EPR 的实施对象是更广泛意义上的生产企业，而非仅针对领先企业。制造企业希望通过 EPR 生态创新实现绿色利润，但初期投入即产生的高成本使得资金不足成为供应链中很多企业生态创新遇到的首要问题。因此，尽管政治和消费者意识的环保化带来越来越严格的治理环境，仍有许多企业在抵制采用环境友好型技术创新，对减少污染持谨慎态度（Bendell，2017）。

作为市场外的治理主体，政府为了减轻制造企业的资金负担，激励企业加快绿色转型，需要在绿色转型初期对企业生态创新方面的努力进行适当的支持和引导。优惠政策是政府参与核心企业 EPR 启动与实施过程的重要载体。一方面，国家财政提供的直接财政支持对解决企业融资难、前期环保投入大的资金约束提供重要的辅助作用。另一方面，仅凭政府财政激励已不能满足社会对环境保护的需求，社会资本为企业的生态创新加入更多的创新元素，为制造企业的绿色行为带来更多市场化的动力。例如，我国生态环境部鼓励民营企业设立环保风投基金，发行绿色债券，积极推动金融机构创新绿色金融产品，发展绿色信贷。

然而，激励失衡、激励失效的问题在面向环境的政府政策实施中一直都存在。例如，在针对废弃电器电子产品的回收和处理建立的基金和补贴机制的推行过程中，出现一系列的治理问题——利益相关主体在决策过程中出现利益目标与环境目标的冲突，而回收和处理企业面临严峻的成本压力和资金缺口。2012 年我国 WEEE 基金推行，Gu 等（2017）的基金余额分析模型估计从 2012 年到 2030 年我国累积的政府资金赤字将增长到 330 亿美元。因此，政府基于某一具体目标的实施方案是否会带来实际的环境绩效需要进行更深入的考察。

（二）研究动机

企业主导的生态创新是 EPR 实施过程中内部治理的重要驱动力，尤其是关联消费者感知的设计因素。例如，海尔非常重视用户的价值感知和使用体验，海尔 EPR 节能降耗设计责任的实施，关注点首先落在消费者可以感知的"节能降耗"环保特性。在海尔的"家电下乡"产品中 215DF 型号节能环保冰箱，三天三夜只用电 1 千瓦时，响应消费者对"无（低）害化、易维护设计、延长寿命、节能降耗"等的需求，在"家电下乡"的第一个月卖出了 3 万多台。此外，企业生态创新的行为本身也可以吸引环保型消费者的购买，海尔的产品营销中很直观地为消费者描述该产品的绿色设计所带来的环境效益——如果全世界 7 亿台洗衣机都是海尔的"环保双动力"洗衣机，一年实现节水量就相当于 117 米高的三峡容量。一些关注企业产品环境表现的消费者就会对这种洗衣机产生购买兴趣。除了对消费者绿色需求的响应，制造商不断从生态创新投入中挖掘绿色增长的机遇，具体表现在产品轻量化、模块化、集成化、智能化等生态创新技术投入带来的成本效益。以长虹 EPR 实践为例，长虹的新型空调外机相对于以往空调产品体积减小 9%，重量减轻 2 千克，直接带来单位产品制造成本的降低（中国家用电器研究院和北京大学，2019）。

综上可见，在 EPR 的企业责任履行中政府的引导起着重要的作用，而在政策实施之前，为了保证治理效果，充分考虑企业的实施动机非常重要。因此，本节将探索"制造企业何时会采取生态创新的 EPR 投入策略"以及"政府优惠政策对制造企业 EPR 生态创新是否有效"这两个问题。

二、模型构建及决策分析

（一）模型构建

制造商生态创新的研发和投入源于企业的可持续性战略，因此更多地表现为战略性投入的总体水平。本书以 $e \geq 0$ 表示制造企业生态创新的总体战略投入水平，该生态创新的总体投入 $\frac{1}{2}e^2$ 被用于末端污染控制、集成清洁生产技术和绿色设计共性技术研发等生态创新战略投入，符合边际效益递减的特点。

借鉴 Raz 等（2013）在对产品面向环境设计的库存决策研究中关于成本效应与消费偏好两种生态参数的设计，生态创新的投入对产品消费前和消费阶段产生综合影响。因此，本书的模型考虑生态创新两种提升利润的途径：在制造阶段对生产成本的降低，以及在销售阶段节能特性对环保/节能偏好消费者的吸引。在制造阶段，μ 反映生态创新降低产品成本的有效性，体现为单位生态创新努力水平带来的单位产品成本的减少量。μ 越大，制造商的生态创新投入在成本节约上的效率越高，当 $\mu=0$ 时制造商的生态创新投入在成本效应上的表现是失败的。$c-\mu e$ 为投入生态创新后的产品在生产过程中单位生产成本，$c-\mu e \geq c_0 > 0$。

在消费阶段，消费者对产品的需求除了表现为与价格直接相关，还与产品的绿色设计水平相关。假设消费者对产品的节能性和环保性有一定的价值预期，愿意为产品的绿色设计付出额外的费用。因此，除了产品绿色设计带来的节能、易维护、低毒等可感知的消费过程的价值提升，为产品上游生态创新付出的额外费用也是在具有生态偏好的消费者的购买行为中消费者基于生态偏好的主动选择。

我们将以上问题模型化。ω 表示生态创新技术的市场接受度，体现为消费者愿意为制造商的生态创新"买单"的平均水平。ω 越大，消费市场对制造商生态创新的接受度越高，$\omega=0$ 时消费市场不认可或者完全不在乎。假设市场总需求为 1，产品市场需求为 $D(e,p)=1-p+\omega e$，且满足 $0 \leqslant D(e,p) \leqslant 1$。

1. 基准模型

通过基准模型 N 解决无政策优惠情形下的企业决策问题。制造企业制定价格决策以及对 EPR 生态创新的投入水平。无政策优惠情形下，制造商最大化利润函数为

$$\begin{cases} \max \Pi_N(e_N,p_N)=(p_N-c+\mu e_N)(1-p_N+\omega e_N)-\dfrac{1}{2}{e_N}^2 \\ \qquad\qquad c-\mu e_N \geqslant c_0 \\ \qquad\qquad 1-p_N+\omega e_N \geqslant 0 \\ \qquad\qquad -p_N+\omega e_N \leqslant 0 \end{cases} \tag{4.26}$$

得到无政策优惠的情形下，制造企业 EPR 生态创新水平和价格存在最优决策的条件为

$$\mu+\omega<\sqrt{2} \tag{4.27}$$

EPR 生态创新水平最优决策和价格最优决策分别如下。

（1）当 $c \geqslant \max\left((\mu+\omega)^2-1, c_0+\dfrac{\mu(\mu+\omega)(1-c_0)}{2-\omega(\mu+\omega)}\right)$ 时，$e_N^*=\dfrac{(1-c)(\mu+\omega)}{2-(\mu+\omega)^2}$，

$p_N^*=\dfrac{1+c-(\mu+c\omega)(\mu+\omega)}{2-(\mu+\omega)^2}$。

（2）当 $c_0+\mu(\mu+\omega) \leqslant c \leqslant (\mu+\omega)^2-1$ 时 $e_N^*=\mu+\omega$，$p_N^*=\omega(\mu+\omega)$。

（3）当 $c \leqslant \min\left(c_0+\dfrac{\mu(1+c_0)}{\omega}, c_0+\dfrac{\mu(\mu+\omega)(1-c_0)}{2-\omega(\mu+\omega)}\right)$ 时，$e_N^*=\dfrac{c-c_0}{\mu}$，

$$p_N^* = \frac{\mu(1-c_0) + \omega(c-c_0)}{2\mu} \text{。}$$

（4）当 $c_0 + \frac{\mu(1+c_0)}{\omega} \leqslant c < c_0 + \mu(\mu+\omega)$ 时，$e_N^* = \frac{c-c_0}{\mu}$，$p_N^* = \frac{\omega(c-c_0)}{\mu}$。

可见，制造商在不同生产成本区间的定价和 EPR 生态创新水平策略不同。最优决策与生态创新参数 μ 和 ω 关系密切。基于经济利益最大化的假设，制造商利润的敏感度分析有助于发掘企业进行生态创新的经济动机。

2. 激励模型

引入政府激励制造商生态创新的优惠政策模型 G。在治理影响范围内，$b \in (0,1)$ 为政府对制造商生态创新投入 $c_1(e)$ 的鼓励性奖金或补贴的水平，制造商生态创新投入得到政府 $be_G^2/2$ 的奖励。因此，制造商最大化利润函数为

$$\begin{cases} \max \Pi_G(e_G, p_G) = (p_G - c + \mu e_G)(1 - p_G + \omega e_G) - \frac{1}{2}(1-b)e_G^2 \\ \quad c - \mu e_G \geqslant c_0 \\ \quad 1 - p_G + \omega e_G \geqslant 0 \\ \quad -p_G + \omega e_G \leqslant 0 \end{cases} \quad (4.28)$$

政策优惠的情形下，制造企业生态创新投入和价格存在最优决策的条件为

$$\mu + \omega < \sqrt{2(1-b)} \quad (4.29)$$

EPR 生态创新水平最优决策和价格最优决策分别为如下四种情况。

（1）当 $c \geqslant \max\left(\frac{(\mu+\omega)^2}{1-b} - 1, c_0 + \frac{\mu(\mu+\omega)(1-c_0)}{2(1-b) - \omega(\mu+\omega)} \right)$ 时，$e_G^* = \frac{(1-c)(\mu+\omega)}{2(1-b) - (\mu+\omega)^2}$，

$$p_G^* = \frac{(1-b)(1+c) - (\mu+c\omega)(\mu+\omega)}{2(1-b) - (\mu+\omega)^2} \text{。}$$

（2）当 $c_0 + \dfrac{\mu(\mu+\omega)}{1-b} \leqslant c \leqslant \dfrac{(\mu+\omega)^2}{1-b} - 1$ 时，$e_G^* = \dfrac{\mu+\omega}{1-b}$，$p_G^* = \dfrac{\omega(\mu+\omega)}{1-b}$。

（3）当 $c \leqslant \min\left(c_0 + \dfrac{\mu(1+c_0)}{\omega}, c_0 + \dfrac{\mu(\mu+\omega)(1-c_0)}{2(1-b)-\omega(\mu+\omega)}\right)$ 时，$e_G^* = \dfrac{c-c_0}{\mu}$，

$p_G^* = \dfrac{\mu(1+c_0) + \omega(c-c_0)}{2\mu}$。

（4）当 $c_0 + \dfrac{\mu(1+c_0)}{\omega} \leqslant c < c_0 + \dfrac{\mu(\mu+\omega)}{1-b}$ 时，$e_G^* = \dfrac{c-c_0}{\mu}$，$p_G^* = \dfrac{\omega(c-c_0)}{\mu}$。

可见，制造商在不同生产成本区间的定价和 EPR 生态创新的策略不同，且相对于模型 N，优惠政策改变了原来最优解对应的成本区间。

（二）决策分析

1. 生态参数的影响分析

以下分别分析生态创新参数 μ 和 ω 对模型 N 和模型 G 的最优决策的影响。

命题 4.13　当 $\mu+\omega < \sqrt{2}$ 时，模型 N 最优 EPR 生态创新水平、利润与生态系数 μ 和 ω 的关系如下。

（1）Π_N^* 随着 ω 的提升而增长，而 Π_N^* 与 μ 的关系有三种。当

$c_0 \leqslant c < c_0 + \dfrac{\mu\omega(1-c_0)}{2-\omega^2}$ 时，Π_N^* 随着 μ 的升高而减小；当 $c = c_0 + \dfrac{\mu\omega(1-c_0)}{2-\omega^2}$ 时，

Π_N^* 与 μ 无关；当 $c > c_0 + \dfrac{\mu\omega(1-c_0)}{2-\omega^2}$ 时，Π_N^* 随着 μ 的升高而增大。

（2）当 $c \leqslant \min\left(c_0 + \dfrac{\mu(1+c_0)}{\omega}, c_0 + \dfrac{\mu(\mu+\omega)(1-c_0)}{2-\omega(\mu+\omega)}\right)$ 或 $c_0 + \dfrac{\mu(1+c_0)}{\omega} \leqslant$

$c < c_0 + \mu(\mu+\omega)$ 时，e_N^* 随着 μ 的降低而减小，而与 ω 的变化无关；当

$$c \geqslant \max\left((\mu+\omega)^2 - 1, c_0 + \frac{\mu(\mu+\omega)(1-c_0)}{2-\omega(\mu+\omega)}\right) \text{ 或 } c_0 + \mu(\mu+\omega) \leqslant c \leqslant (\mu+\omega)^2 - 1$$

时，e_N^* 随着 μ 和 ω 的升高而增大。

通过命题 4.13 可以得到以下发现：第一，Π_N^* 对 μ 的敏感度与成本参数 c 相关，较高成本的供应链更易产生 EPR 生态创新的行为，而较低成本的产品供应链（对应 $c < c_0 + \frac{\mu\omega(1-c_0)}{2-\omega^2}$ 的成本区域）则会有更大的阻力。EPR 生态创新的最优水平决策与制造企业的利润可能出现有命题 4.13（1）中的三种影响，Π_N^* 对 ω 的敏感度是恒为正的，即消费者对产品 EPR 生态创新的偏好程度与利润总是正相关的。第二，EPR 生态创新最优决策 e_N^* 与生态创新系数的关系是关于成本权变的，并非都满足正相关的关系。第三，价格决策 p_N^* 与生态系数的关系呈现更复杂的关系，因为与本书研究目标无关，不作赘述。

命题 4.14 当 $\mu + \omega < \sqrt{2(1-b)}$ 时，生态系数 μ 和 ω 与模型 G 的最优决策之间的关系如下。

（1）Π_G^* 随着 ω 的提升而增长，而 Π_G^* 与 μ 的关系有三种。当 $c = c_0 + \frac{\mu\omega(1-c_0)}{2(1-b)-\omega^2}$ 时，Π_G^* 与 μ 无关；当 $c < c_0 + \frac{\mu\omega(1-c_0)}{2(1-b)-\omega^2}$ 时，Π_G^* 随着 μ 的升高而减小；当 $c > c_0 + \frac{\mu\omega(1-c_0)}{2(1-b)-\omega^2}$ 时，Π_G^* 随着 μ 的升高而增大。

（2）当 $c \leqslant \min\left(c_0 + \frac{\mu(1+c_0)}{\omega}, c_0 + \frac{\mu(\mu+\omega)(1-c_0)}{2(1-b)-\omega(\mu+\omega)}\right)$ 或 $c_0 + \frac{\mu(1+c_0)}{\omega} \leqslant c < c_0 + \frac{\mu(\mu+\omega)}{1-b}$ 时，e_G^* 随着 μ 的升高而减小，但与 ω 的变化无关；当 $c \geqslant \max\left(\frac{(\mu+\omega)^2}{1-b} - 1, c_0 + \frac{\mu(\mu+\omega)(1-c_0)}{2(1-b)-\omega(\mu+\omega)}\right)$ 或 $c_0 + \frac{\mu(\mu+\omega)}{1-b} \leqslant c \leqslant \frac{(\mu+\omega)^2}{1-b} - 1$

时，e_G^* 随着 μ 和 ω 的升高而增大。

命题 4.14 产生与命题 4.13 结构相似的结果，但存在重要差别。μ 与制造企业的利润 Π_G^* 可能正相关、负相关或者无关，但消费者对产品 EPR 生态创新的偏好 ω 与利润 Π_G^* 总是正相关的。出现阻力和停滞（Π_G^* 与 μ 非正相关）的情形依然出现在低成本范围，但是模型 G 中该范围比模型 N 中的大，并且随着政策优惠力度的增大而变得更大。相比较于模型 N，p_G^* 与 μ 负相关、与 ω 正相关的成本范围更小，同样随着政策优惠力度的增大而变得更小。

通过对以上两个命题的综合分析发现，一方面，最优决策下的利润的结果表现为：若不考虑优惠政策，生产成本较高的产品类型的供应链更易获得主导生态创新的经济动机。μ 和 w 的提升在高成本产品中更易带来制造商利润的提升，形成平衡的生态创新发展的行业和市场环境。相反，生产成本较低的产品类型有可能出现生态创新的成本效益无助于甚至会降低制造商利润的情况。另一方面，EPR 生态创新水平的最优决策表现为：若考虑优惠政策，产品供应链在一定成本范围内，低成本产品供应链提升 EPR 生态创新系数的阻力出现增大的情况。EPR 生态创新最优水平的结果表现为：若不考虑优惠政策，在特定的低成本范围，出现 e_N^* 和 Π_N^* 与生态系数 μ 非正相关的成本范围。若考虑优惠政策，e_G^* 与 μ 负相关的成本范围在政府优惠政策作用下也相应变得更大。

2. 治理边界分析

我们分别通过制造商最优决策下的利润（Π_G^* 与 Π_N^*）以及 EPR 生态创新水平（e_G^* 与 e_N^*）来了解优惠政策的治理效果。制造商利润结果的比较反映生态创新的经济性激励方面的治理效果，是企业主导生态创新的经济动机；而 EPR 生态创新水平的比较反映实际提升行业 EPR 生态创新水平、提供创新激励方面的治理效果，是企业主导生态创新的技术动机。结合最优决策所对应的条件，对模型 N 和模型 G 进行比较，结果就变得复杂。

最优决策结构带来的不确定性问题涉及 μ 和 ω 两个关键参数。将命题4.13 和命题 4.14 的最优解进行 μ 和 ω 两个维度的投射，可以将最优决策的治理边界表示为 μ 和 ω 满足相应条件的区域的大小（见命题 4.15 和图 4.18）。

命题 4.15　假设 μ 和 ω 服从均匀分布，ΔR_1 为模型 G 中无法得到模型 N 最优决策的区域。模型 G 的确定性区域 R_2 和治理边界内有效激励的范围 R_3 为

$$R_2 = 1 - R_0 - \Delta R_1 \tag{4.30}$$

$$R_3 = R_1 - \Delta R_1 - \Delta R_2 \tag{4.31}$$

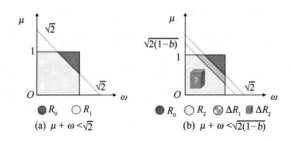

图 4.18　μ 和 ω 视角下基于最优决策的治理边界

基于优化理论，命题 4.15 从 μ 和 ω 视角识别出决策过程出现的最优化治理边界之外的系数空间，图 4.18 将有效激励的作用范围的确立进行了 μ 和 ω 视角的展示。研究发现，有效激励的治理范围的界定过程是治理区域逐步减损的过程，优惠力度越大，减损范围越大：图 4.18(a)中，根据模型 N 最优性条件，确定性治理区域为 $R_1 = 1 - R_0$；其中，R_0 为无法得到模型 N 最优性决策的不确定性治理区域。可用面积大小表示为 $R_0 = \dfrac{\left(2 - \sqrt{2}\right)^2}{2}$，$R_1 = 1 - R_0 = 2\left(\sqrt{2} - 1\right)$。图 4.18(b)中，根据模型 G 最优性条件，治理边界随着优惠政策的

实施减损为 $R_1 - \Delta R_1$，其中 ΔR_1 为模型 G 中无法得到模型 N 最优决策的区域。根据激励效果，治理边界内有效激励的区域为 $R_1 - \Delta R_1 - \Delta R_2$。其中 ΔR_2 代表优惠政策在模型 N 向模型 G 转换时带来的无效激励情形，在图 4.18(b)中用带有 "？" 的柱形表示基于一定条件的不确定的成本范围，与各参数的取值复杂相关。

3. 激励效果分析

为了打开 ΔR_2 的黑箱，首先需要界定本书可持续治理情境下的 "有效激励" 和 "无效激励" 的含义。令

$$\Delta \Pi^* = \Pi_G^* - \Pi_N^* \tag{4.32}$$

$$\Delta e^* = e_G^* - e_N^* \tag{4.33}$$

根据 $\Delta \Pi^*$ 和 Δe^* 的情况，对本书情境下有效激励和无效激励的定义如下。

（1）有效激励：激励效果为正激励，即在治理实施之后，同时实现利润增长和产品 EPR 生态创新水平升高的治理目标。即满足以下条件的系数空间。

$$G_1 = \{\mu, \omega, c_0, b \mid \Delta \Pi^* > 0, \Delta e^* > 0\} \tag{4.34}$$

（2）无效激励：激励效果缺失，即 $\Delta e^* = 0$ 或 $\Delta \Pi^* \leqslant 0$。即满足以下条件的系数空间。

$$G_2 = \left\{\mu, \omega, c_0, b \middle| \Delta \Pi^* > 0, \Delta e^* = 0\right\} \tag{4.35}$$

$$G_3 = \left\{\mu, \omega, c_0, b \middle| \Delta \Pi^* \leqslant 0, \Delta e^* > 0\right\} \tag{4.36}$$

$$G_4 = \left\{\mu, \omega, c_0, b \middle| \Delta \Pi^* \leqslant 0, \Delta e^* = 0\right\} \tag{4.37}$$

G_1 为既有经济动机又有提升 EPR 生态创新的技术动机的理想治理。无效激励是与有效治理相对的，即无法同时实现利润增长和 EPR 生态创新投入水平升高的治理目标：G_2 是仅有经济动机却无益于提升 EPR 生态创新水平的

情形；G_3 是存在提升 EPR 生态创新的技术动机但缺少经济动机的情形，G_4 则是缺乏两种动机的情形。

为了保证比较结果对模型 N 和模型 G 的治理边界内成本范围的全覆盖，用图 4.19 中的方法进行化简、分类与精炼。用 $N_iG_j(i=1,2,3,4, j=1,2,3,4)$ 来表示同时满足 N_i 和 G_j 条件的各种子条件（图形大小与条件范围的大小无关）。图 4.19 可以合理地区分两模型最优决策交互下相互独立的决策条件，并且逐一验证对治理边界的划分是无遗漏的。据此得到命题 4.16。

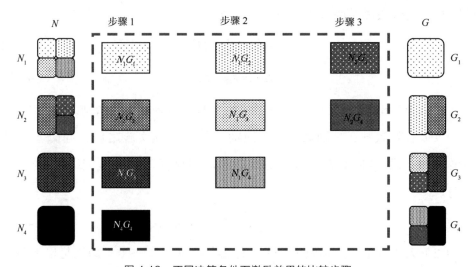

图 4.19　不同决策条件下激励效果的比较步骤

命题 4.16　若 $\mu+\omega<\sqrt{2(1-b)}$，优惠政策模型 G 对比基准模型最优决策下的利润大小和 EPR 生态创新决策的影响大小如下。

（1）$c \geqslant \max(h_1,h_2)$ 时，$\Delta\Pi^* > 0$，$\Delta e^* > 0$。

（2）$h_3 \leqslant c \leqslant l_1$ 时，$\Delta\Pi^* > 0$，$\Delta e^* > 0$。

（3）$c \leqslant \min(l_4,l_2)$ 时，$\Delta\Pi^* > 0$，$\Delta e^* = 0$。

（4）$l_4 \leqslant c < l_3$ 时，$\Delta\Pi^* > 0$，$\Delta e^* = 0$。

（5）其他情况，$\Delta\Pi^*$ 不确定，$\Delta e^* > 0$。

表 4.6 展示了命题 4.16 不同条件下 $\Delta\Pi^*$ 和 Δe^* 可能出现的情况。"不确定"代表 $\Delta\Pi^* \geqslant 0$ 或 $\Delta\Pi^* < 0$ 皆可能出现的情形。总体来看，$\Delta e^* < 0$ 不存在，因此没有计入表 4.6 统计，这符合政策对生态创新优惠的针对性；而在确定性最优条件下，既有经济动机又有提升 EPR 生态创新的技术动机的有效激励 G_1 仅存在 2 个确定性的成本条件。因此，本书发现两个需要注意的激励悖论：第一，存在优惠政策给制造商利润带来的影响无法确定的情况。若 $\Delta\Pi^* \leqslant 0$，即使政府干预对制造商的生态创新行为起到激励的作用，但是从制造商的经营利润来讲，并没有通过提高生态创新投入获得优惠的经济动机。第二，存在优惠政策增加了制造商盈利但是对制造商 EPR 生态创新的提升无效的情况。政府在此种情况下的干预虽然能够得到制造商的积极响应，但是对于产品的 EPR 生态创新水平的提高是毫无效果的。

表 4.6　基于 EPR 生态创新水平提升动机的激励效果

Δe^*	$\Delta\Pi^*$	
	$\Delta\Pi^* > 0$	$\Delta\Pi^*$ 不确定
$\Delta e^* > 0$	（1）（2）	（5）
$\Delta e^* = 0$	（3）（4）	

优惠政策激励效果的分析体现了优化理论在决策模型加入外部干预之后的另一种局限性。通过了解这种局限性，可以验证这种方法用于制造商经营决策和政府政策设计的可靠性。然而，仅凭表 4.6 的激励效果的分类无法了解在市场环境中各种激励效果的分布情况。因此，下一部分将会针对提升产品 EPR 生态创新的激励政策的实施效果评估以命题 4.16 中复杂的成本为范围进行仿真，基于最优决策的结果比较，将治理边界和政府各种激励效果的系数空间进行可视化展示，拓展和验证命题。

三、数值仿真及研究结论

（一）数值仿真

不考虑参数全部取值范围的任何一组数值仿真对某一企业可能具有针对性，但是从整个行业的治理角度可能是片面的。足够大的精度可以帮助我们了解激励效果所有可能出现的结果。为了探索关键系数可能性取值空间，并确保对激励效果展现更全面和准确的结果，四个参数 μ, ω, c_0, b 采取 0.1 的间隔，成本参数 c 采取 0.01 的间隔，分别在 0 到 1 之间均匀取值，进行迭代仿真。从成本参数维度对仿真结果进行统计。

1. 最优决策下不确定性系数空间的统计结果

在不同水平 μ, ω, c_0, b 与 c 的影响下，仿真次数共计 649 539 次，根据命题 4.13 和命题 4.15 共产生 294 030 个有效仿真结果，每个结果对应系数空间的一个点。有关不确定性系数空间所占的百分比为

$$P\left(\{\mu, \omega, c_0, b\} \in R_2\right) = 1 - \frac{294\ 030}{649\ 539} \approx 54.73\% \tag{4.38}$$

可见，仍然有相当数量的系数空间会出现最优决策条件之外的决策环境。面对 R_2 的不确定性系数空间，政府应该如何选择治理方式，现有优惠政策是否充分考虑到对这部分可能带来的影响，是可以继续深入研究的问题。命题 4.17 对仿真结果进行了归纳。

命题 4.17　关于优惠政策的激励效果的可视化仿真结果显示：

（1）治理边界之外的不确定性参数范围，具有最高水平的 μ 和 ω。

（2）有效仿真统计结果的数量（即可以根据现有参数环境做出最优决策的情形个数）随着 μ 和 ω 的增大而减少。

（3）仿真的有效结果中有效激励 G_1 占比在低成本区间较低，且随着 μ 和

ω 的增大越来越集中于高成本区间。

2. 有效激励和无效激励的统计性分布特征

通过仿真环境中 G_1,G_2,G_3,G_4 四个激励效果出现的次数，识别优惠政策的有效激励和无效激励的系数空间，对四种激励类别仿真结果的统计进一步证实最优决策命题中提到的低成本带来的激励背离问题，并得出命题 4.18 中有关激励效果的几个重要特征。

命题 4.18　基于提高制造商 EPR 生态创新水平的经济动机和技术动机，四种激励效果的仿真结果如下。

（1）有效激励 G_1 在仿真结果中所占比例较小，在 $c=0.7$ 附近的高成本区间达到最高水平，低成本区间数量少。

（2）无效激励 G_2 与 c 呈负相关，低成本区间极易出现具有经济性动机但无益于提升 EPR 生态创新水平的无效激励结果。

（3）无效激励 G_3 与 c 呈正相关，且成本越高，此种无效激励出现越密集。

（4）无效激励 G_4 呈现等量、小数量、间断出现的特征。

G_3 反映出高成本产品类型在提升 EPR 生态创新水平与维持制造商利润之间的困境。大量仿真结果显示，优惠政策无法解决 G_3 带来的利润损失，利润提升与环境绩效不能两全。损失短期利益以提升 EPR 生态创新的企业战略除了需要制造商对可持续发展的重新定位，更需要政府更多强制性的关于产品 EPR 生态创新的规范与监管。G_4 情形既不会带来经济动机也不会有技术动机。

（二）研究结论

本书关注 EPR 实施遇到的资金问题，研究 EPR 实施过程中制造商的实施动力问题，讨论政府对产品 EPR 生态创新投入的政策激励下制造商个体对优惠政策的运营反馈，分析治理效果。绿色转型情境下，政府优惠政策对企业 EPR 投入的治理研究来源于 EPR 下政府对制造商产品生态创新投入的政策激励带来的治理问题。无论是针对整个行业还是针对某些领先企业，政府都需要充分调研和了解激励对象的关键特征，事先评估优惠政策等激励手段的有效性。最恰当的治理机制能够抑制供应链成员的机会主义行为，而本书基于治理边界和激励效果的系数空间的仿真分析可以帮助我们打开激励效果的黑箱。

本书将制造商 EPR 生态创新水平作为 EPR 下供应链治理的内生变量，研究 EPR 下环境规制对制造商生态创新的治理效果。本书将可持续治理进程中优惠政策激励的有效性从生态创新利润驱动和 EPR 生态创新技术驱动两个角度划分，得出四种激励结果，并通过仿真结果验证和丰富了相关命题。研究发现，基于优惠政策的治理会面临治理边界减损的市场环境，并且这种风险随着优惠力度的增大而增大。例如，R_0 范围内，无法通过利润最大化模型的求解得到最优决策的结论，但 R_0 所代表的是不可忽视的制造商类型。这些企业具有两个特点：一是，面对不确定性最高的决策环境；二是，具有较高的创新研发能力和市场拓展能力。我们进一步发现，政府 EPR 的可持续激励设计和制造商可持续生产转型中，需要重点关注具有高水平生态系数和低水平生产成本的供应链特征，以及政府优惠政策在 EPR 的实施过程中对制造商生态创新的治理存在的两种激励困境：第一，通过对利润减少情形的识别可以从 EPR 相关制度设计的层面识别优惠政策在经济性动机上的缺失；第二，通过对 EPR 生态创新水平决策不变的识别帮助我们发现制造企业自发生态创新有可能优于政府优惠政策激励的情况，并提醒政府治理过程中可能存在使情况更糟的结果，政府应尽可能避免优惠政策的设计背离提升制造企业 EPR 生态创新的初始目标。

第四节　政府奖罚激励对供应链 EPR 协作的治理效果研究

本节将结合 EPR 实施过程中制造商与供应商之间的治理协作,在供应商环境表现和制造商设计提升层面,探究政府和供应链主体之间的 EPR 协作问题。政府的参与是中国 EPR 实施的重要推动力,以电器电子行业为例,我国越来越强调对企业 EPR 的责任界定,并有序开展绿色供应链管理和生态设计绿色评价标准的设立。供应链是为消费市场提供产品和服务的多级企业协作系统,同时也是 EPR 下供应链治理中环境影响的传递媒介。为了探究 EPR 细化到产品生态设计和供应商上游环境责任的供应链治理过程,将对政府面向产品的奖罚激励与供应链 EPR 协作的治理互动进行深入研究。

一、问题产生及研究动机

（一）问题产生

上游带来的环境影响是供应链可持续治理的重要治理内容。供应链上游的供应商往往具有更高的环境负荷,是制造业中环境影响的重要来源,但从环境规制中很难将 EPR 中的延伸责任与原材料供应商进行有效联系,需要依赖核心企业通过供应链向上游传递治理诉求。这导致上游供应商在信息公开的环境下对品牌生产商的社会责任履行、企业声誉和运营成本都带来了更高的风险。同样,我们在对案例的研究中发现,在中国大力强化环境监管的整体环境下,供应商责任受到越来越多的关注,公众环境研究中心（Institute of Public and Environmental Affairs,IPE）等绿色服务平台对企业环境信息的公开有利于将环境责任追溯到供应链的上游阶段,但 EPR 中对供应商协作治理的具体过程仍待更深入的研究。例如,海尔的家电产品更多考虑产品在使用过程所呈现的节能性和环保性设计责任,但是关于与供应商协作中环境影响的披露责任仍缺乏足够的信息公开和延伸责任关联。

环境税的征收是政府参与供应链上游环境治理的重要途径。根据环境影响的程度，政府对供应链中的上游企业征收环境税。欧盟实施以税收或收费形式确定的价格来支付污染的联盟战略。国家通过实施减税策略来鼓励供应链上游企业减小环境影响。例如，英国政府根据气候变化税（climate change levy，CCL）实施减税鼓励，对购买节能或低碳技术的企业减少环境税（GOV.UK，2017）。2016 年 12 月 25 日，《中华人民共和国环境保护税法》在我国立法通过，规定"向环境排放应税污染物的企业事业单位和其他生产经营者为环境保护税的纳税人，应当依照本法规定缴纳环境保护税"，并对计税依据和应纳税额、税收减免、征收管理做出相应规范。

然而，在大部分国家政府环境税的征收仍无法对上游环境影响进行完美监管，这也是 EPR 中强调生产企业对原材料供应商环境表现承担延伸责任的主要原因之一。一方面，核心制造商在选择供应商时开始考虑供应商的上游环境表现；另一方面，在通过产品的设计理念后制造商与各级供应商形成产品 EPR 责任链。

（二）研究动机

从供应链治理的内部边界来看，核心企业通过 EPR "生态设计"的履责行为，可以贯通供应链各成员对产品的环境影响的责任链条，并显化绿色贡献。2013 年《工业和信息化部 发展改革委 环境保护部关于开展工业产品生态设计的指导意见》中提到 "80% 的资源消耗和环境影响取决于产品设计阶段"。在生产企业主导生态设计的过程中，EPR 的实施更多体现于对"产品延伸责任"的承担。

从供应链治理的外部边界来看，产品补贴是政府希望激励企业考虑产品生态设计、提升环境绩效的重要治理形式。欧盟每年的补贴总额可能超过万亿美元，主要类型之一是用于明确环境目的的补贴（Pearce，2003）。在美国，环保产品通过低息贷款、税收优惠和绿色采购获得补贴（U.S. Environmental Protection Agency，2021）。芬兰 2007~2013 年燃料电池方案的预算为 1.85 亿美元，用于开发替代能源。2020 年 3 月，国家发展改革委和司法部印发的《关于加快建立绿色生产和消费法规政策体系的意见》中鼓励"建立完善节能家电、高效照明产品、节水器具、绿色建材等绿色产品和新能源汽车推广机制，有条件的地方对消费者购置节能型家电产品、节能新能源汽车、节水器具等给予适当支持"。

综上，本书关注政府参与供应商上游环境责任和核心制造企业生态设计的供应链治理路径。其中，政府对供应商征收面向上游环境影响的环境税，同时通过生态设计产品补贴对制造商输入内部治理激励。在这样的研究背景下，我们将研究政府面向环境影响的"税收补贴"这种奖罚激励治理策略的治理效果。本书关注在政府生态设计引导激励下，核心制造商对产品生态设计中的颠覆创新给 EPR 实施带来的长期效益。例如，华为在智能手机产品中使用生物基塑料，其在产品设计层面的持续创新不仅会给制造商带来绿色品牌优势和成本效应，还为 EPR 实施效果提供了更根本性的提升方案。

具体地，本书将针对 EPR 在供应链层面的生态设计延伸责任，研究政府税收和补贴治理策略的治理路径，考虑针对制造企业产品层面的生态设计因素，并试图探索以下问题：①制造补贴和消费补贴下企业的最优决策是否相同？②最优价格决策是什么？③供应商与制造商怎样制定关于上游环境影响的契约，该契约是否受到不同治理策略的影响？④在可持续发展的意义上，政府如何客观评估社会福利，找到补贴门槛的有效设计？⑤在政府不同的财政结构下，社会福利的结果如何变化？

二、模型构建及决策分析

（一）模型构建

通过模型构建，本书将对供应链制造企业在产品设计层面的生态设计提升努力进行研究，分析供应链中企业绿色合作的形成和决策制定。其中，政府是外部治理主体，供应商为制造商制造核心部件，供应商与制造商共同构成供应链内部的治理结构。

本书通过政府与两阶段供应链之间的互动博弈来研究两阶段供应链中的环境治理策略。政府面向产品的奖罚激励的具体治理策略包括税收与补贴两种形式。我们将分析补贴水平这一治理变量来代表性刻画政府对供应链延伸责任的治理特征；而作为战略层面的税制环境在一定时间内的治理水平比补贴更稳定，因此我们在模型中将政府对上游供应链环境影响的税收水平刻画为外生治理参数。

模型中，政府和两阶段供应链之间存在斯塔克尔伯格（Stackelberg）博弈，供应商为制造商生产核心零件。我们考虑两种典型的环境影响：①在下游，制造商与环境相关的研发过程直接决定产品在消费阶段的环境影响，例如能源消耗和回收成本。②在上游，环境影响包含原材料获取的合法性、碳排放和有毒污染等。

针对制造商 EPR 生态设计责任，模型将通过生态设计努力水平来衡量制造商在减小产品全生命周期环境影响方面的努力程度，其中单位产品获得的补贴额与企业生态设计水平相关[①]。

从治理环境来看，政府与供应链的交互涉及两个边界：内部治理边界

---

① 在现实中，通过一定量化指标的评估可以较客观地反映企业的环境化设计水平。以电动车补贴标准为例，我国鼓励电动用车高能量密度、低电耗技术。纯电动乘用车 2013~2016 年财政补贴考核续航里程，2017 年、2018 年、2019 年则分别增加了百公里电耗、能量密度、带电量三项指标。

（受供应链企业运营决策的影响）和外部治理边界（受政府治理政策设计和消费市场绿色偏好的影响）。图 4.20 用带箭头的虚线和实线分别表示需求供应的物流和治理路径，并对本书将会讨论的关键变量进行符号标识。政府对供应商征收环境税，根据供应链成员的上游绿色表现（即上游的环境影响 $\alpha \in [\alpha_L, \alpha_H]$）调整征税强度。政府的最低补贴门槛 θ_g 旨在激励制造商以更高的生态设计努力水平 $\theta(\theta \geqslant 1)$ 进行投入，则生态设计水平提升的增量为 $\theta - 1$，此增量因为消费市场绿色偏好的存在而影响消费者对价格的敏感度。

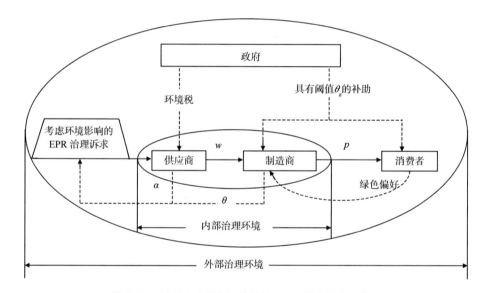

图 4.20　基于政府税收与补贴的 EPR 供应链治理模型

从外部环境到内部运营，斯塔克尔伯格博弈的决策序列按次序为：外部治理决策、供给关系匹配决策和内部治理决策。首先，政府授权制造商获得补贴的最低生态设计门槛（θ_g），这属于供应链外部政府参与的治理。之后，基于对供应链的上游环境影响为 α 的契约，制造商与上游供应商合作，形成特定的供应链内部治理结构。然后，供应商和制造商分别决定原材料的批发价格 w 和制造商建议产品零售价 p，制造商决定是否进行提升生态设计水平的投入。图 4.21 对模型的决策序列进行了概括。其中，我们考虑多供应商和多制造商的动态匹配过程。与 Xia 等（2008）关于多个供应商和多个买方竞争市场的研究类似，"类型匹配"是指供应商的供应过程的环境影响与制造商对供应阶段环境影响的期望相匹配的过程。在供应链治理理念下（李维安等，2016），经过图 4.21 中的"类型匹配"的过程，政策设计和供应链运营开始产生互动。

图 4.21　基于政府税收与补贴的 EPR 供应链治理决策序列

假设总市场需求为 1，产品的供应链处于由制造商和供应商组成的垄断市场，p 是制造商的建议零售价格，w 是供应商的批发价，c_s 是原材料的采购成本，c_m 是制造商不提升生态设计投入水平时的产品的制造成本，θc_m 是制造商提升生态设计投入水平的单位产品总制造成本。不同于生态设计投资成本函数的设计（Raz et al.，2013；Song et al.，2015），本书研究 EPR 实施初期制造商主导的与生产规模密切相关的初始投资，不考虑收益递减的情况（Raz et al.，2013）。在我们的模型中，"有效的生态设计提升降低消费者的价格敏感性"是制造商和供应商的共识。$\theta - 1$ 表示制造商的生态设计水平相对

于 c_m 提升的程度，参数 $\mu(0<\mu<1)$ 代表消费者的平均绿色偏好，$\mu(\theta-1)$ 影响价格敏感度降低的程度。因此，产品的需求是 $D(\theta,p)=1-\left[1-(\theta-1)\mu\right]p$。政府环境税和补贴分别为 $t(0\leq t<1)$ 和 $s(0\leq s<1)$。$\alpha\in\left[\alpha_L,\alpha_H\right]$ 是单位产品在供应链上游的环境影响。

（二）决策分析

上标 S_m 和 S_c 分别代表政府参与的制造补贴和购买补贴两种补贴治理方式，下标 s 和 m 分别代表供应链中的治理主体——供应商和制造商。价格敏感性始终存在，因此我们得到 $1-\mu(\theta-1)>0$。则供应链整体利润分别为

$$\pi^{S_m}=\pi_s^{S_m}\left(w^{S_m}\right)+\pi_m^{S_m}\left(p^{S_m}\right), \quad \pi^{S_c}=\pi_s^{S_c}\left(w^{S_c}\right)+\pi_m^{S_c}\left(p^{S_c}\right)。$$

1. 不同治理策略下的决策比较

以下分析具有三种治理策略的企业决策。上标 *、1 和 0 分别表示混合治理模型 S、征税治理模型 R 和基准模型 N 的均衡结果。

命题 4.19　在税收和补贴混合治理、仅征税治理和非治理策略下，均衡价格分别如下。

如果 $t>0$，$\theta\geq\theta_g$，模型 S 的税收和补贴治理策略下的均衡价格为

$$\left(w^*,\ p^*\right)=\left(\frac{1-\left[1-m(q-1)\right]\left(qc_m-c_s-\alpha t-s\right)}{2\left[1-m(q-1)\right]},\frac{3+\left[1-m(q-1)\right]\left(qc_m+c_s+\alpha t-s\right)}{4\left[1-m(q-1)\right]}\right)$$

$$（4.39）$$

如果 $t>0$，$\theta<\theta_g$，模型 R 的征税治理策略下的均衡价格为

$$\left(w^1,\ p^1\right)=\left(\frac{1-\left[1-m(q-1)\right]\left(qc_m-c_s-\alpha t\right)}{2\left[1-m(q-1)\right]},\frac{3+\left[1-m(q-1)\right]\left(qc_m+c_s+\alpha t\right)}{4\left[1-m(q-1)\right]}\right)$$

$$（4.40）$$

如果 $t=0$，$\theta<\theta_g$，模型 N 的非治理策略下的均衡价格为

$$\left(w^0,\ p^0\right)=\left(\frac{1-\left[1-m(q-1)\right](qc_m-c_s)}{2\left[1-m(q-1)\right]},\frac{3+\left[1-m(q-1)\right](qc_m+c_s)}{4\left[1-m(q-1)\right]}\right) \quad (4.41)$$

从总体上看，税收和补贴的综合治理使批发价格有绝对的提高，对价格的影响取决于环境税与政府补贴的关系。三种治理策略的均衡解决方案比较如下。

（1）通过对税收和补贴策略下的均衡价格与仅征税策略下的均衡价格进行比较，我们得到 $w^*=w^1+s/2$，$p^*=p^1-s/4$。一旦在税收治理中增加补贴，供应商的批发价格将提高 $s/2$，制造商的价格将降低 $s/4$。

（2）将仅征税策略下的均衡价格与非治理策略下的均衡价格进行比较，我们获得 $w^1=w^0+\alpha t/2$，$p^1=p^0+\alpha t/4$。单一的税收治理策略会导致价格上涨，这与 α 相关，环境影响的成本通过供应链交易转移给买方。

（3）将税收和补贴策略下的均衡价格与非治理策略下的均衡价格进行比较，得出 $w^*=w^0+(\alpha t+s)/2$，$p^*=p^0+(\alpha t-s)/4$。

命题 4.20 对 θ、μ 和 α 的灵敏度分析如下。

（1）如果 $\theta>\dfrac{\mu+1}{\mu}-\sqrt{\dfrac{1}{\mu c_m}}$，$w^*$ 随 θ 的增加而增加；如果 $\theta<\dfrac{\mu+1}{\mu}-\sqrt{\dfrac{1}{\mu c_m}}$，$w^*$ 随 θ 的增加而减小。p^* 随 θ 的增加而增加。

（2）w^* 和 p^* 皆与 μ 呈正相关。

（3）w^* 和 p^* 皆随着 α 的增大而增大。

通过命题 4.20 我们发现，在消费市场同水平的 μ 的环境下，当 c_m 大到足以满足条件 $c_m>\dfrac{3\mu}{\left[1-\mu(\theta-1)\right]^2}$ 时，即 $\theta<\dfrac{\mu+1}{\mu}-\sqrt{\dfrac{1}{\mu c_m}}$，更高 θ 水平带来更低的零售价和批发价，部分生态设计投入由消费者支付。否则，当 $c_m<\dfrac{3\mu}{\left[1-\mu(\theta-1)\right]^2}$

时，即 $\theta > \dfrac{\mu+1}{\mu} - \sqrt{\dfrac{1}{\mu c_m}}$，更高 θ 水平导致更高的批发价和零售价。

μ 是限制制造商 EPR 实践中生态设计行为的另一个关键点。我们发现 p^* 对 μ 的灵敏度是 w^* 对 μ 灵敏度的 1.5 倍。因此，消费者的绿色偏好对制造商的市场份额有相当大的影响。

此外，$\partial w^* / \partial \alpha = t/2$，$\partial p^* / \partial \alpha = t/4$。上游环境影响水平对定价决策的影响取决于税收的强度，且对供应商定价决策的影响二倍于对制造商定价决策的影响。因此，在环境税课税的治理范围内，理性的供应商会在供应阶段减少相应产品生产对环境的负面影响，以获得价格优势。

2. 制造商生态设计提升决策

为了实现 EPR 在设计层面的有效实施，制造商在制造过程中进行生态设计投入（$\theta \geq 1$）。制造商提升生态设计努力水平的意愿取决于最终利润。基于均衡解集，我们考虑制造商是否进行提升生态设计投入的努力，即 $\theta > 1$ 或 $\theta = 1$。两种不同治理策略下，制造商的生态设计水平的选择如下。

命题 4.21　根据自身的可持续战略定位，制造商可根据利润状况选择是否投资绿色环保。

（1）当 $1 < \theta < \theta_g$ 时，制造商不能获得补贴。在以下条件生态设计水平会得到提升：

$$\left[\frac{1}{\sqrt{1-\mu(\theta-1)}} - (\theta c_m + c_s + \alpha t) \right]^2 > \left[1 - (c_m + c_s + \alpha t) \right]^2$$

（2）当 $\theta \geq \theta_g$ 时，制造商有机会获得补贴。在以下条件生态设计水平会得到提升：

$$\left[\frac{1}{\sqrt{1-\mu(\theta-1)}}-(\theta c_m+c_s+\alpha t-s)\right]^2>\left[1-(c_m+c_s+\alpha t-s)\right]^2$$

命题 4.21 将被用于之后对 Δ_m 的界定，在数值仿真部分我们可以在具体仿真中看到 π^* 和 θ 之间的关系。

3. 上游环境影响的最优契约

供应合同形成的前提是供应商能够满足供应链上游制造商与环境相关的期望（α）。我们考虑供应链针对上游环境影响进行联合决策，供应商和制造商的类型匹配需要考虑利润的最优化问题。在模型 R 和模型 S 中的最优化问题如下：

$$\max \pi^1(\alpha)=\frac{3\left\{1-\left[1-\mu(\theta-1)\right](\theta c_m+c_s+\alpha t)\right\}^2}{16\left[1-\mu(\theta-1)\right]}$$

$$\max \pi^*(\alpha)=\frac{3\left\{1-\left[1-\mu(\theta-1)\right](\theta c_m+c_s+\alpha t)-s\right\}^2}{16\left[1-\mu(\theta-1)\right]}$$

因为制造商和供应商在均衡决策下的利润公式结构类似，供应链的均衡总利润 $\pi^1(\alpha)$ 和 $\pi^*(\alpha)$ 与 α 的关系皆与供应商和制造商各自均衡利润相一致。$\alpha\in[\alpha_L,\alpha_H]$，该范围显示供应链在当前技术水平下在供应端可能达到的环境影响范围。越低水平的 α 表示产品在上游供应阶段的环境影响越小。为了区分两种治理策略下的最优决策，我们使用上标 R 和 S 来表示单一税收治理策略与税收和补贴综合治理策略。

命题 4.22 设 $\hat{\alpha}^R=\dfrac{1-\left[1-\mu(\theta-1)\right](\theta c_m+c_s)}{\left[1-\mu(\theta-1)\right]t}$，$\hat{\alpha}^S=\dfrac{1-\left[1-\mu(\theta-1)\right](\theta c_m+c_s-s)}{\left[1-\mu(\theta-1)\right]t}$，

税收治理下的上游环境影响最优契约如下：

$$\alpha^{R*} = \alpha^1 = \begin{cases} \alpha_L, & \hat{\alpha}^R \geqslant \dfrac{\alpha_H + \alpha_L}{2} \\ \alpha_H, & \hat{\alpha}^R < \dfrac{\alpha_H + \alpha_L}{2} \end{cases} \tag{4.42}$$

而在税收和补贴治理下，情况如下：

$$\alpha^{S*} = \alpha^* = \begin{cases} \alpha_L, & \hat{\alpha}^S \geqslant \dfrac{\alpha_H + \alpha_L}{2} \\ \alpha_H, & \hat{\alpha}^S < \dfrac{\alpha_H + \alpha_L}{2} \end{cases} \tag{4.43}$$

$\dfrac{\alpha_H + \alpha_L}{2}$ 反映了 α 的总体平均水平。最优契约取决于 $\hat{\alpha}^R$ 或 $\hat{\alpha}^S$ 的大小，$\hat{\alpha}^R < \hat{\alpha}^S$。对于这两种治理情形，我们发现关于上游环境影响的最优契约产生马太效应的现象。以征税治理模型 R 为例，当供应阶段的总体环境影响较低（$\alpha_H < \hat{\alpha}^R$）时，最优契约为 α_L。相反，总体环境影响较高（$\alpha_L > \hat{\alpha}^R$）时，最佳合约将变为 α_H。此外，$\hat{\alpha}^S \geqslant \dfrac{\alpha_H + \alpha_L}{2}$ 的可能性大于 $\hat{\alpha}^R \geqslant \dfrac{\alpha_H + \alpha_L}{2}$ 的可能性，因为 $\hat{\alpha}^R < \hat{\alpha}^S$。因此，与仅征税的治理情形相比，在税收和补贴综合治理情形下，制造商更倾向于选择环保合同 α_L。命题 4.23 展示了模型 R 和模型 S 的具体最优契约之间的差异。

命题 4.23　对模型 R 和模型 S 进行比较，产生以下结果。

（1）如果 $\hat{\alpha}^R \geqslant \dfrac{\alpha_H + \alpha_L}{2}$，$\alpha^{R*} = \alpha^{S*} = \alpha_L$。

（2）如果 $\hat{\alpha}^S < \dfrac{\alpha_H + \alpha_L}{2}$，$\alpha^{R*} = \alpha^{S*} = \alpha_H$。

（3）如果 $\hat{\alpha}^R < \dfrac{\alpha_H + \alpha_L}{2} \leqslant \hat{\alpha}^S$，$\alpha^{R*} = \alpha_H$，$\alpha^{S*} = \alpha_L$。

当供应链上游相关行业的整体水平很高或很低时，政府补贴对供应链上游环境影响决策没有影响。但值得注意的是，当 $\hat{\alpha}^R < \dfrac{\alpha_H + \alpha_L}{2} \leqslant \hat{\alpha}^S$ 时，模型 R

和模型 S 中的最优决策出现分化，补贴将影响多个供应链上游环境影响决策。

政府补贴门槛直接影响供应链企业 EPR 实践，同时也间接影响供应链中企业成员对上游环境影响的契约（即 θ_g 对 α^* 有影响）。考虑补贴门槛的存在，α^* 最优决策受 θ_g 影响的情况见以下公式。

$$\alpha^* = \begin{cases} \alpha^{R*}, & \theta \leqslant \theta_g \\ \alpha^{S*}, & \theta > \theta_g \end{cases}$$

三、数值仿真及研究结论

（一）数值仿真

1. 社会福利的组成部分

考虑环境表现，社会福利的组成通常包含可衡量的经济绩效和产品环境足迹（Aflaki and Mazahir，2015）。一些研究者考虑了社会福利的最大化，其中社会福利作为目标函数包括供应链利润、消费者剩余、政府环境税收入和供应链环境影响所带来的社会成本（Sunar and Plambeck，2016）。本节从经济利润（供应链利润）、政府财政收入（税收和补贴）和环境绩效（供应链环境影响改善后的水平）三个主要维度研究社会福利，并进一步讨论政府补贴门槛的设计问题。社会福利中消费者剩余部分的变化是 $\Delta_c = \{\theta \mid \mathrm{CS}(\theta) \geqslant \mathrm{CS}(\theta = 1), \ \mathrm{CS}'(\theta + \delta) \geqslant 0\}$，$\theta_c \in \Delta_c$，$\mathrm{CS}(\theta_c) = \mathrm{CS}(1)$，需要说明的是，虽然我们的模拟中也显示了消费者剩余，但我们并没有将其视为主要分析维度，因为这部分关于消费者剩余的阈值与关于供应链均衡利润的阈值的特性相同。

我们可得

$$s(\theta) = \begin{cases} 0, & \theta \leqslant \theta_g \\ s, & \text{其他} \end{cases}$$

供应链的最大利润为

$$\pi^*(\theta) = \frac{3\left[1 - k(\theta)\left(\theta c_m + c_s + \alpha^*(\theta)t - s(\theta)\right)\right]^2}{16k(\theta)}$$

其中，$k(\theta) = 1 - \mu(\theta - 1)$。

消费者剩余为

$$\mathrm{CS}(\theta) = \int_{p^*(\theta)}^{\frac{1}{k(\theta)}} \left(1 - k(\theta)\omega\right)\mathrm{d}\omega = \frac{\left[1 - k(\theta)\left(\theta c_m + c_s + \alpha^*(\theta)t - s(\theta)\right)\right]^2}{32k(\theta)}$$

政府的财政净收入为

$$\pi_G(\theta) = \left(t - s(\theta)\right)q^*(\theta)$$

环境绩效为

$$Y(\theta) = \left(\theta - \alpha^*(\theta) - \beta\right)q^*(\theta)$$

因此，社会福利可通过如下公式测算：

$$\mathrm{SW}(\theta) = \pi^*(\theta) + \pi_G(\theta) + \mathrm{CS}(\theta) + Y(\theta)$$

设 δ 足够小且 $\delta > 0$，$\theta + \delta$ 代表 θ 的右邻域，且

$$\Delta_s = \{\theta \mid \mathrm{SW}(\theta) \geqslant \mathrm{SW}(1), \ \mathrm{SW}'(\theta + \delta) \geqslant 0\}, \ \theta_s \in \Delta_s, \ \mathrm{SW}(\theta_s) = \mathrm{SW}(1)$$

$$\Delta_e = \{\theta \mid Y(\theta) \geqslant Y(1), \ Y'(\theta + \delta) \geqslant 0\}, \ \theta_e \in \Delta_e, \ Y(\theta_e) = Y(1)$$

$$\Delta_m = \{\theta \mid \pi^*(\theta) \geqslant \pi^*(\theta = 1), \ \pi^*(\theta + \delta) \geqslant 0\}, \ \theta_m \in \Delta_m, \ \pi(\theta_m) = \pi(1)$$

（1）如果政府补贴治理策略考虑社会福利的最大化为目标，则补贴门槛为 $\theta_g^* = \arg\max\{\mathrm{SW}(\theta)\}$。

（2）如果政府补贴的治理策略预期社会福利正增长，则补贴门槛为 $\theta_g^* = \min\{\Delta_s\}$。

（3）如果政府补贴的治理策略单纯考虑企业 EPR 实施的经济动力或环境改善，补贴门槛为 $\theta_g^* = \min\{\Delta_m\}$ 或 $\theta_g^* = \min\{\Delta_e\}$。

（4）如果政府补贴的治理策略考虑两种社会福利组成部分的正增长，则补贴门槛为 $\theta_g^* = \min\{\Delta_s \cap \Delta_m\}$，$\theta_g^* = \min\{\Delta_s \cap \Delta_e\}$，或 $\theta_g^* = \min\{\Delta_m \cap \Delta_e\}$。

补贴门槛设计的四种治理方案存在以下局限性：在（1）情况下，政府必须设计尽可能高的补贴门槛，以追求巨大的社会福利，这可能对许多企业产生排斥作用。因此，这种方法是不合理的，应该排除。在（2）情况下，政府追求整个社会福利最大化，这在学术研究和政策实践中是常见的，但可能忽视对供应链利润的影响和环境绩效的变化。在（3）情况下，政府根据有效的经济激励或环境改善设定补贴的最低门槛，具有局限性。例如，$\theta_g^* = \min\{\Delta_m\}$ 确保了制造商参与绿色创新，但结果可能会出现忽略社会福利总水平或与环境改善目标相悖的情形。在（4）情况下，政府考虑 EPR 实施中社会福利组成部分的双重因素，但仍存在局限性。例如，$\theta_g^* = \min\{\Delta_s \cap \Delta_m\}$ 忽视了"减少环境影响"的目标，这是政府设计补贴治理策略的重要出发点。在实际治理过程中，这可能会导致以牺牲环境为代价的商业模式。

综合以上分析，我们认为政府应该确保社会福利三个组成部分的有效增长，避免以上治理目标设计过程的局限性。因此，我们需要为治理决策设计者确定补贴门槛提供启示。

2. 考虑社会福利的补贴门槛

考虑社会福利的综合目标，政府设定以下最低补贴门槛：

$$\theta_g^* = \min\{\Delta_s \cap \Delta_m \cap \Delta_e\} \tag{4.44}$$

当政府考虑三重福利的综合影响来确保社会福利在三个维度相对于 $\theta = 0$，$s = 0$ 的情形实现正增长，这三个维度分别如下。

（1）Δ_s 确保社会福利整体提升。$SW'(\theta_s + \delta) > 0$ 代表社会福利呈上升趋势。

（2）Δ_m 保证供应链的绿色努力是经济的，制造商自发地主导生态设计投入。

（3）Δ_e 保证有效的环境绩效提升，$Y'(\theta_e + \delta) \geqslant 0$ 确保环境绩效和生态设计努力呈正相关。

设 $\alpha_L = 0$，$\alpha_H = 1$，$R_x(x=s,m,c,e)$ 是指 θ 分别会给社会福利、供应链利润、消费者剩余、环境绩效带来提升的生态设计水平区间（例如，R_s 是指 θ 使社会福利实现提升的区间，即 $\mathrm{SW}(\theta) > \mathrm{SW}(1)$ 的区间）。θ_α^* 区分了 α^* 的不同决策。基于三重优势的图形模拟显示了具有均衡解集 $\{\theta_g^*, \alpha^*, w^*, p^*\}$ 的最终仿真结果。据此我们得出了仿真结果中有趣的现象。

3. 仿真结果

通过仿真，我们发现以下结果。

（1）不同单维下的阈值将显示 $\theta_s < \theta_m = \theta_c$ 的关系。

（2）环境性能的阈值始终等于供应链上游供应端环境参数的阈值，即 $\theta_e = \theta_\alpha$（双阈值情形，等于较大阈值，即 $\theta_e = \theta_{\alpha2}$）。

（3）仿真结果显示 $\theta_g^* = \theta_m = \theta_c$。

结果（1）显示，政策制定者规划生态设计补贴标准时，只考虑综合社会福利的正增长而非供应链的利润增长边界（ $\theta_g^* = \theta_s$ ），可能会忽视环境绩效提升和激励企业绿色创新的目标。另外，$\theta_m = \theta_c$ 也印证了消费者剩余的增长幅度与供应链利润的增长的一致性，因此被我们视为同样的社会福利层面（数学上，我们可以通过 $\pi^*(\theta) = 3CS(\theta)/2$ 得到证实）。结果（2）显示，一方面，环境绩效的正增长与供应链的供应端环境参数密切相关。当 $\theta \geqslant \theta_\alpha$ 且 $\alpha = \alpha_L$ 时，供应链中企业成员达成更环保的上游契约。另一方面，在四个仿真环境中，若 θ_α 存在，总有 $\theta_e = \theta_\alpha$。α^* 带来的突变直接影响单位产品的净利润，

而较大 θ_α 值与环境层面的社会福利增长状况相关。结果（3）显示，θ_g^* 依靠制造商生态设计投入来获得额外的利润增长边界，同时获得社会福利其他层面不同程度的提升。

（二）研究结论

本书将环境规制对市场单元的环境责任治理拓展到供应链，涉及 EPR 在供应链上游的绿色协作。为了鼓励企业减小供应链活动带来的环境影响并采取生态设计，政府通过税收与补贴激励供应链中企业积极落实 EPR。本书探讨 EPR 下的供应链治理所要达到的考虑环境因素的供应链和政府治理决策，以及最优决策影响下的社会福利结构。

在政府税收与补贴治理策略下，我们构建了政府与供应链之间的斯塔克尔伯格博弈，其中供应商为制造商制造核心零件。首先，通过比较补贴对供应链中企业定价决策的影响，分析确定制造商主导生态设计的有利条件，研究发现存在供应商和制造商协商减少供应阶段产品环境影响的空间（特别是在税法严格时）。其次，通过供应链中上游关于环境影响的最优契约，本书所讨论的奖罚治理策略出现了供应链伙伴 EPR 协作表现的马太效应。这一发现肯定了补贴使供应链倾向于选择更环保的上游决策，进一步推出在供应阶段通过有效的环境改善来使补贴有意义的条件。最后，通过考虑综合社会福利影响下的治理目标，我们对 EPR 下政府设定上游环境影响的税收水平并设计补贴门槛值的治理行为进行了建模与讨论。研究得出考虑供应链的最优决策下，政府如何有效做出面向环境的供应链治理决策。借助仿真，我们发现供应链的利润增长边界的高补贴门槛要优于社会福利或环境绩效的增长边界。这验证了设计高水平的绿色补贴标准是实现社会福利的全面可持续的选择。

第五章
生产者责任延伸制下供应商行为治理及实证研究

生产者责任延伸制不仅以企业社会责任为出发点，更强调供应链上下游企业的共同合作治理，生产者责任延伸制下供应商行为的可持续性治理是落实生产者责任延伸制的关键。因此，本章以供应商行为治理为主题，分别研究了考虑供应商行为的制造商 EPR 决策问题和供应商治理对 EPR 实施绩效调节作用的实证研究问题。从企业的视角对 EPR 运作与决策机制进行分析，探究企业再制造的 EPR 运营机制决策以及研究制造商的 EPR 实施及其绩效关系，引入了控股式治理、契约式治理、关系式治理三种供应商治理机制。以中国电子行业企业为调研对象，系统研究制造商的 EPR 实施及其绩效关系，以及几种治理机制对 EPR 实施绩效的治理效果，从而为企业 EPR 的实施及其供应链治理提供决策支持与策略建议。

第一节 考虑供应商行为的制造商 EPR 决策研究

本节首先介绍研究背景，对研究问题进行了界定。在此基础上，构建了考虑供应商行为的制造商再制造运作模型，针对该模型的集中式供应链与分散式供应链分别进行了求解及分析，对不同模式下的运营决策进行分析。

一、研究背景及问题描述

在 EPR 下，制造商对其生产及销售的产品负有回收再处理责任，而再制造则是处理废旧产品的高效方式之一。由制造商对废旧产品进行再制造不但减少了废旧产品对环境的负面影响，再制造产品再次进入市场也是对资源的再利用，减少了资源使用量。近几年，苹果、三星、富士施乐等都设立了专门的再制造部门或子公司，开展再制造业务，并在节能减排、业务拓展、增加盈利点方面取得了一定的效果。EPR 实施的目的是内化废弃产品的环境成本，激励生产者做出产品设计改变，从根本上扭转企业承担环境社会责任与经济发展相悖的状况。EPR 的实施主体是一个由核心主体（如生产者），及其利益相关主体（如供应商、销售商、政府、消费者等）共同构成的供应链系统。在供应链系统中，依据产品全生命周期的阶段特点，确定 EPR 实施的责任主体。

在闭环供应链与 EPR 实施领域，已有学者做了大量的研究，对闭环供应链中的制造商、回收商、零售商等主体的决策与作用机制进行了探究。Atasu 等（2013）对两种不同的废旧产品回收模式进行了研究：①制造商主导型（政府对制造商规定最低回收率）；②政府主导型（制造商或消费者承担经济责任）。从社会总效用、制造商、消费者、环境效用多个角度分析了各个利益相关者的利润情况与模式偏好。Plambeck 和 Wang（2009）探究了相关法律法规的建立对新产品投入市场所产生的影响。该研究以"fee-upon-sale"类法规为例，即在消费者购买时需缴纳一定费用的法规。研究结果表明，此类法规的建立会造成研发周期与费用的上升，以及产品质量的提高，但不能激励生产商进行环保设计。Atasu 等（2009）运用数学模型对 EPR 法规产生的环境与经济影响进行了分析，相关结果显示，适当的 EPR 法规能够促进生产者对其产品全生命周期负责，并激励其进行环保设计。Geyer 等（2007）构建了含有回收、再制造、销售的生产模型，同时考虑了零件的使用寿命与产品的生命周期，研究结果表明：为使再制造成本达到最小，需要对产品的成本结构、回收率、产品全生命周期、零件使用寿命等多个因素进行协调。Krass 等（2013）从制造商利润最大与社会福利最大两个角度讨论了生产者在环境税的影响下所做的环保决策，生产者根据相关法律法规规定的税费、罚款、标准等条件，做出其最优决策。Özdemir 等（2012）探究了存在政府惩罚机制的回收运营机制，对生产者的决策进行了分析。

现有闭环供应链研究多针对制造商及其下游企业的运作机制进行探究，较少涉及制造商与供应商在闭环供应链中的交互影响。现有的研究只有三篇文献在闭环供应链背景下考虑供应商决策：Aras 等（2006）研究混合的新生产和再制造系统，制造商从供应商处购买新的零部件，或者再制造废旧产品，由于制造商是唯一的决策者，制造商与供应商之间的联系被忽略。Jacobs 和 Subramanian（2012）研究制造商和供应商共同承担回收产品的责任，原材料和回收再制造的材料都由供应商提供，因此没有考虑供应链上的竞争。Xiong 等（2013）虽然在存在产品竞争的闭环供应链中考虑了供应商决策，但没有考虑供应商对于零部件性质的决策。本书以新产品与再制造品间的竞争闭环供应链为背景，创新性地考虑了供应商对零部件 DfR 性质的决策，供应商通过对批发价格与零部件 DfR 性质的制定影响闭环供应链的运作。在这里使用的术语 DfR 是 design for remanufacturing 的简称，译为面向再制造的产品设计。

本书从企业的视角对企业制造与再制造混合运作与决策机制进行分析，采用数学模型的方法，探究企业再制造的 EPR 运营机制决策。首先，本章对模型背景进行了描述与介绍，对研究问题进行了界定。在此基础上，构建了考虑供应商行为的制造商再制造运作模型，针对该模型的集中式供应链与分散式供应链分别进行了求解及分析，对不同模式下的运营决策进行了分析。

最后，通过数值算例分析对模型结果进行验证。

二、模型构建及求解分析

（一）模型构建

在此模型中，需求函数（逆需求函数）的构建沿用 Ferguson 和 Toktay（2006）、Xiong 等（2013）中的形式。假设消费者对新产品的预估价值为 V，其中，V 为在 $(0，Q)$ 上均匀分布的随机变量。同时，针对同一种产品，消费者对新产品与再制造品的预估价值也具有一定的差异，且消费者对再制造品的预估价值较低。将此差异用折扣系数 δ 表示，因而，消费者对再制造品的预估价值为 δV。消费者购买新产品的效用为 $V - p_n$，消费者购买再制造品的效用为 $\delta V - p_r$。

消费者按其行为可分为三类——不购买任何产品、购买再制造品、购买新产品，且这三类消费者依次分布于 $(0，1)$ 上。第一类与第二类消费者间的临界位于 $(Q - q_n - q_r)$，第二类与第三类消费者间的临界位于 $(Q - q_n)$。

对于位于第一类与第二类间的临界消费者 $(V = Q - q_n - q_r)$，不购买任何产品的效用为零，购买再制造品的效用为 $\delta(Q - q_n - q_r) - p_r$，临界点两效用相等，从而可得

$$\delta(Q - q_n - q_r) - p_r = 0$$

即

$$p_r = \delta(Q - q_n - q_r)$$

对于位于第二类与第三类间的临界消费者（$V = Q - q_n$），购买再制造品的效用为 $\delta(Q - q_n) - p_r$，购买新产品的效用为 $Q - q_n - p_n$，临界点两效用相等，从而可得

$$\delta(Q-q_n)-p_r = Q-q_n-p_n$$

将上面 p_r 代入，可得新产品的价格可表示为

$$p_n = Q-q_n-\delta q_r$$

根据以上分析，可得在此研究中，新产品与再制造品的逆需求函数可分别表示为

$$p_n = Q-q_n-\delta q_r \qquad (5.1)$$

$$p_r = \delta(Q-q_n-q_r) \qquad (5.2)$$

制造商的利润来自两部分，一部分来自新产品的生产销售，另一部分来自再制造产品的生产销售，根据以上模型构建以及符号假设，制造商利润函数可表示为

$$\pi_M = (p_n-w)q_n + \left[p_r-(c_r-\gamma e)\right]q_r \qquad (5.3)$$

供应商在向制造商提供零部件的过程中，可以通过改进零部件的再制造性质改变新产品与再制造品的数量，同时影响批发价格。根据以上模型构建以及符号假设，供应商利润函数可表示为

$$\pi_S = (w-c_n)q_n - \frac{1}{2}ke^2 \qquad (5.4)$$

同时，还需满足以下条件：

$$q_r \leqslant \phi q_n$$

$$q_n, q_r \geqslant 0$$

第一个约束条件的含义为：由于废旧产品质量、电子垃圾外流、消费者偏好等原因，企业可回收的废旧产品具有一定的上限 $\phi(\phi \leqslant 1)$。在极端情况下，$\phi=1$ 表示企业可回收全部废旧产品，$\phi=0$ 表示企业没有回收废旧产品的能力。第二个约束为制造商的新产品与再制造产品产量的非负性。

供应商的两个决策变量分别为新产品零部件的批发价格 w 与新产品零部件的再制造性质 e。值得注意的是，对新产品再制造性质 e 的决策取值可正

可负。当 e 为正时，供应商对零部件的设计有利于再制造，即通过 DfR 能够有效降低再制造成本，从而提高再制造商（本书中为制造商）的边际利润，有利于制造商开展再制造业务的盈利。当 e 为负时，供应商通过改变零部件的设计使得产品再制造成本增加，从而在一定程度上抑制再制造品的销售。

（二）模型求解

EPR 实施的目的是内化废弃产品的环境成本，激励生产者做出产品设计改变，从根本上扭转企业承担环境社会责任与经济发展相悖的状况。EPR 的实施主体是一个由核心主体（如生产者）及其利益相关主体（如供应商、销售商、政府、消费者等）共同构成的供应链系统。在供应链系统中，根据产品全生命周期的阶段特点，确定 EPR 实施的责任主体。

1. 集中式供应链模型

在集中式供应链下，制造商与供应商作为整体进行决策，以共同利润最大化为优化目标，对决策变量 q_n、q_r、e 进行优化，得到集中式供应链的极大值。

根据"（一）模型构建"部分的模型构建，可得系统总利润为

$$\pi_1 = (p_n - c_n)q_n + \left[p_r - (c_r - \gamma e) \right] q_r - \frac{1}{2} k e^2 \tag{5.5}$$

需满足：

$$q_r \leqslant \phi q_n$$

$$q_n, q_r \geqslant 0$$

决策变量：q_n, q_r, e。

命题 5.1 参数 k 需满足条件：$\gamma^2 - 2k(1-\delta)\delta < 0$。

证明：在该研究问题中，求解 π_1 在满足一定约束下的极大值，且 π_1 是关于 q_n, q_r, e 的函数，因此，为保证原函数存在极大值，应满足海塞矩阵为负定矩阵。

π_1 关于 q_n, q_r, e 的海塞矩阵为

$$\begin{bmatrix} \dfrac{\partial^2 \pi_M}{\partial p_n^{\;2}} & \dfrac{\partial^2 \pi_M}{\partial p_n \partial p_r} & \dfrac{\partial^2 \pi_M}{\partial p_n \partial e} \\[3mm] \dfrac{\partial^2 \pi_M}{\partial p_r \partial p_n} & \dfrac{\partial^2 \pi_M}{\partial p_r^{\;2}} & \dfrac{\partial^2 \pi_M}{\partial p_r \partial e} \\[3mm] \dfrac{\partial^2 \pi_M}{\partial e \partial p_n} & \dfrac{\partial^2 \pi_M}{\partial e \partial p_r} & \dfrac{\partial^2 \pi_M}{\partial e^2} \end{bmatrix} = \begin{bmatrix} -2 & -2\delta & 0 \\ -2\delta & -2\delta & \gamma \\ 0 & \gamma & -k \end{bmatrix}$$

为保证以上矩阵为负定矩阵，易得 $\gamma^2 - 2k(1-\delta)\delta < 0$。

利用 KKT（Karush-Kuhn-Tucker）优化技术，优化问题可转化为

$$L(q_n, q_r, e) = (p_n - c_n)q_n + (p_r + \gamma e)q_r - \frac{1}{2}ke^2 - \lambda_1(q_r - \phi q_n) + \lambda_2 q_n + \lambda_3 q_r$$

$$\text{s.t.} \quad q_r \leqslant \phi q_n$$

$$q_n \geqslant 0$$

$$q_r \geqslant 0$$

KKT 条件为

$$\partial L / \partial q_n = Q - 2q_n - 2\delta q_r - c_n + \lambda_1 \phi + \lambda_2 = 0$$

$$\partial L / \partial q_r = -\delta(q_n + q_r) + \delta(Q - q_n - q_r) - \lambda_1 + \lambda_3 = 0$$

$$\lambda_1(q_r - \phi q_n) = \lambda_2 q_n = \lambda_3 q_r = 0$$

$$q_r - \phi q_n \leqslant 0$$

$$-q_n \leqslant 0$$

$$-q_r \leqslant 0$$

根据拉格朗日乘子的非负性，可根据 λ_1、λ_2、λ_3 的取值进行分类讨论，可得到 $2^3 = 8$ 种情况，如表 5.1 所示。

表 5.1　八种情形

情形	λ_1	λ_2	λ_3
I-1	=0	=0	>0
I-2	=0	=0	=0
I-3	>0	=0	=0
I-4	>0	=0	>0
I-5	=0	>0	>0
I-6	>0	>0	>0
I-7	=0	>0	=0
I-8	>0	>0	=0

　　根据拉格朗日乘子的非负性以及决策变量的非负性，可明显排除 I-3~I-8 这六种情形，剩余 I-1、I-2 两种情形，以下将分别进行分析。

　　情形 I-1：

$$e = \frac{-\delta \gamma c_n}{\gamma^2 + 2k(-1+\delta)\delta}$$

$$q_n = \frac{Q\left[\gamma^2 + 2k(-1+\delta)\delta\right] - \left(\gamma^2 - 2k\delta\right)c_n}{2\left[\gamma^2 + 2k(-1+\delta)\delta\right]}$$

$$q_r = \frac{-\delta k c_n}{\gamma^2 + 2k(-1+\delta)\delta}$$

　　在此情形下，根据拉格朗日乘子 $\lambda_1, \lambda_2, \lambda_3$ 以及决策变量 q_n, q_r 的非负性，需满足以下条件：

$$0 \leqslant c_n \leqslant c_{\mathrm{I0}}$$

其中，$c_{\mathrm{I0}} = \dfrac{Q\left[\gamma^2 + 2k(-1+\delta)\delta\right]\phi}{\left(\gamma^2 - 2k\delta\right)\phi - 2k\delta}$。

情形 I-2：

$$q_n = \frac{k(Q + Q\delta\phi - c_n)}{-\gamma^2\phi^2 + 2k[1 + \delta\phi(2 + \phi)]}$$

$$q_r = \frac{\phi k(Q + Q\delta\phi - c_n)}{-\gamma^2\phi^2 + 2k[1 + \delta\phi(2 + \phi)]}$$

$$e = \frac{\gamma\phi(Q + Q\delta\phi - c_n)}{-\gamma^2\phi^2 + 2k[1 + \delta\phi(2 + \phi)]}$$

在此情形下，根据拉格朗日乘子 $\lambda_1, \lambda_2, \lambda_3$ 以及决策变量 q_n, q_r, e 的非负性，需满足以下条件：

$$c_{10} \leqslant c_n \leqslant Q(1 + \delta\phi)$$

其中，$c_{10} = \dfrac{Q[\gamma^2 + 2k(-1 + \delta)\delta]\phi}{(\gamma^2 - 2k\delta)\phi - 2k\delta}$。

以上为集中式供应链下的最优决策。由此可知，制造供应一体化制造商在进行产量、再利用程度决策时，会根据新零件生产成本 c_n 的相对大小进行不同的决策，从而决定新产品与再制造品间的不同比例以及产品的再制造性质。

2. 分散式供应链模型

在分散式供应链下，供应商与制造商分别决策，其利润函数及对应的约束条件概括如下。

制造商利润函数为

$$\pi_M = (p_n - w)q_n + [p_r - (c_r - \gamma e)]q_r \tag{5.6}$$

供应商利润函数为

$$\pi_S = (w - c_n)q_n - \frac{1}{2}ke^2 \tag{5.7}$$

需满足：

$$q_r \leqslant \phi q_n$$

$$q_n, q_r \geqslant 0$$

决策顺序为：首先，供应商决策批发价格 w 与再制造性质 e；随后，制造商决定新产品与再制造品的产量 q_n, q_r。

下面对补贴机制下的优化问题进行求解。基于逆向求解的方法，首先对制造商的决策进行分析；随后，基于制造商的最优反应分析供应商的最优决策。

在第二阶段，制造商决策新产品与再制造品的产量 q_n、q_r，该优化问题可转化为

$$\max \pi_M^D(q_n, q_r) = (p_n - w)q_n + (p_r + \gamma e)q_r$$

（5.8）

$$\text{s.t.} \quad q_r \leqslant \phi q_n$$

$$q_n \geqslant 0$$

$$q_r \geqslant 0$$

利用 KKT 优化技术，优化问题可转化为

$$L(q_n, q_r) = (p_n - w)q_n + (p_r + \gamma e)q_r - \theta e - \lambda_1(q_r - \phi q_n) + \lambda_2 q_n + \lambda_3 q_r$$

需满足以下条件：

$$\partial L / \partial q_n = Q - 2q_n - 2\delta q_r - c_n + \lambda_1 \phi + \lambda_2 = 0$$

$$\partial L / \partial q_r = -\delta(q_n + q_r) + \delta(Q - q_n - q_r) - c_r - \lambda_1 + \lambda_3 = 0$$

$$\lambda_1(q_r - \phi q_n) = \lambda_2 q_n = \lambda_3 q_r = 0$$

$$q_r - \phi q_n \leqslant 0$$

$$-q_n \leqslant 0$$

$$-q_r \leqslant 0$$

根据拉格朗日乘子的非负性，可根据 $\lambda_1, \lambda_2, \lambda_3$ 的取值进行分类讨论。同

集中式供应链模型分析过程，根据拉格朗日乘子和决策变量的非负性，对可得到的 $2^3=8$ 种情况进行初步的排除分析，从而得到以下两种情况。

情形 DM-1：

$$q_n = \frac{Q-w-\delta Q-\gamma e}{2(1-\delta)}$$

$$q_r = \frac{w+\gamma e/\delta}{2(1-\delta)}$$

得到此最优解需满足条件：

$$w < \frac{(1-\delta)\phi Q - \left(\frac{1}{\delta}+\phi\right)\gamma e}{1+\phi}$$

情形 DM-2：

$$q_n = \frac{Q-w+\phi(\delta Q+\gamma e)}{2[1+\delta\phi(2+\phi)]}$$

$$q_r = \frac{\phi[Q-w+\phi(\delta Q+\gamma e)]}{2[1+\delta\phi(2+\phi)]}$$

得到此最优解需满足条件：

$$\frac{(1-\delta)\phi Q - \left(\frac{1}{\delta}+\phi\right)\gamma e}{1+\phi} \leqslant w \leqslant Q+\phi(\delta Q+\gamma e)$$

基于第二阶段的最优解，下面对第一阶段的最优决策进行分析。也就是基于制造商的最佳反应函数，倒推供应商在第一阶段应做出的最优决策。将第二阶段得到的最优产量代入供应商利润函数中，同时应满足相应的约束条件。

（1）针对第二阶段的情形 DM-1，其对应第一阶段的优化问题可转化为

$$\max \pi_S(w,e) = (w-c_n)\frac{Q-w-\delta Q-\gamma e}{2(1-\delta)} - \frac{1}{2}ke^2 \qquad (5.9)$$

$$\text{s.t.} \quad w < \frac{(1-\delta)\phi Q - \left(\dfrac{1}{\delta}+\phi\right)\gamma e}{1+\phi}$$

根据 KKT 分析以上带有约束的优化问题，可得到以下最优解。

当 $c_n \leqslant \dfrac{Q\left[\gamma^2 + 2k\delta(-1+\delta+\phi-\delta\phi)\right]}{\gamma^2 + 2k\delta(1+\phi)}$ 时，

$$w = \frac{\left[\gamma^2 + 2k(-1+\delta)\right]c_n + 2k(-1+\delta)(Q-Q\delta)}{\gamma^2 + 4k(-1+\delta)}$$

$$e = \frac{\gamma(Q-Q\delta-c_n)}{\gamma^2 + 4k(-1+\delta)}$$

当 $c_n > \dfrac{Q\left[\gamma^2 + 2k\delta(-1+\delta+\phi-\delta\phi)\right]}{\gamma^2 + 2k\delta(1+\phi)}$ 时，

$$w = \frac{Q\left[-2k(-1+\delta)\delta^2\phi(1+\phi) + \gamma^2(1+\delta\phi)\right] + (1+\delta\phi)\gamma^2 c_n}{2\left[k\delta^2(1+\phi)^2 + \gamma^2(1+\delta\phi)\right]}$$

$$e = -\frac{\gamma\left[Q\delta(1-\phi+2\delta\phi) + \delta(1+\phi)c_n\right]}{2\left[k\delta^2(1+\phi)^2 + \gamma^2(1+\delta\phi)\right]}$$

拉格朗日乘子为

$$u = \frac{\delta(1+\phi)\left\{Q\left[\gamma^2 + 2k\delta(-1+\delta+\phi-\delta\phi)\right] - \left[\gamma^2 + 2k\delta(1+\phi)\right]c_n\right\}}{4(-1+\delta)\left[k\delta^2(1+\phi)^2 + \gamma^2(1+\delta\phi)\right]}$$

在此情形下，根据拉格朗日乘子 λ_1, λ_2, λ_3 以及决策变量 q_n, q_r 的非负性，验证此情形的恒成立性质。

（2）针对第二阶段的情形 DM-2，其对应第一阶段的优化问题可转化为

$$\max \pi_S(w,e) = (w-c_n)\frac{Q-w+\phi(\delta Q+\gamma e)}{2\left[1+\delta\phi(2+\phi)\right]} - \frac{1}{2}ke^2 \tag{5.10}$$

$$\text{s.t.} \quad \frac{(1-\delta)\phi Q - \left(\frac{1}{\delta}+\phi\right)\gamma e}{1+\phi} \leqslant w \leqslant Q + \phi\left(\delta Q + \gamma e\right)$$

根据 KKT 分析以上带有约束的优化问题，排除一些明显不可行情形，可得到以下最优解。

$$w = \frac{\left\{\gamma^2\phi^2 - 2k\left[1+\delta\phi\left(2+\phi\right)\right]\right\}c_n - 2k\left[1+\delta\phi\left(2+\phi\right)\right]\left(Q+Q\delta\phi\right)}{\gamma^2\phi^2 - 4k\left[1+\delta\phi\left(2+\phi\right)\right]}$$

$$e = \frac{\gamma\phi\left[-Q\left(1+\phi\right)+c_n\right]}{\gamma^2\phi^2 - 4k\left[1+\delta\phi\left(2+\phi\right)\right]}$$

$$q_n = \frac{k\left(Q+Q\delta\phi - c_n\right)}{-\gamma^2\phi^2 + 4k\left[1+\delta\phi\left(2+\phi\right)\right]}$$

$$q_r = \frac{k\phi\left(Q+Q\delta\phi - c_n\right)}{-\gamma^2\phi^2 + 4k\left[1+\delta\phi\left(2+\phi\right)\right]}$$

在此情形下，根据拉格朗日乘子 $\lambda_1, \lambda_2, \lambda_3$ 以及决策变量 q_n, q_r 的非负性，验证此情形在可行域内恒成立。

对以上两种情况综合进行分析。

1）当 $c_n \leqslant \dfrac{Q\left[\gamma^2 + 2k\delta\left(-1+\delta+\phi-\delta\phi\right)\right]}{\gamma^2 + 2k\delta\left(1+\phi\right)}$ 时

情形 DS-1-1 与情形 DM-2 都可能取到，因此比较两种情形下的利润：

$$\pi_{\text{DS-1-1}} = -\frac{k\left[Q\left(-1+\delta\right)+c_n\right]^2}{2\left[\gamma^2 + 4k\left(-1+\delta\right)\right]}$$

$$\pi_{\text{DM-2}} = \frac{k\left(Q+Q\delta\phi - c_n\right)^2}{-2\gamma^2\phi^2 + 8k\left[1+\delta\phi\left(2+\phi\right)\right]}$$

当 $c_n \leqslant c_1$ 时，$\pi_{\text{DS-1-1}} > \pi_{\text{DM-2}}$；当 $c_n > c_1$ 时，$\pi_{\text{DS-1-1}} < \pi_{\text{DM-2}}$。其中，

$$c_1 = \frac{-Q\gamma^2 + Q(-1+\delta)\left(-\gamma^2+4k\delta\right)\phi}{\gamma^2(-1+\phi)-4k\delta(1+\phi)}$$
$$+\frac{\sqrt{Q^2\left[\gamma^2+4k(-1+\delta)\right]\delta^2\left\{\gamma^2\phi^2-4k\left[1+\delta\phi(2+\phi)\right]\right\}}}{\gamma^2(-1+\phi)-4k\delta(1+\phi)}$$

证明：将两种情形下的利润进行作差比较，得

$$\Delta\pi = \pi_{\text{DS-1-1}} - \pi_{\text{DM-2}}$$

$$= -\frac{k\left[Q(-1+\delta)+c_n\right]^2}{2\left[\gamma^2+4k(-1+\delta)\right]} - \frac{k\left(Q+Q\delta\phi-c_n\right)^2}{-2\gamma^2\phi^2+8k\left[1+\delta\phi(2+\phi)\right]}$$

$$= \frac{-2k\left[\gamma^2+4k(-1+\delta)\right]\left(Q+Q\delta\phi-c_n\right)^2}{2\left[\gamma^2+4k(-1+\delta)\right]\left\{-2\gamma^2\phi^2+8k\left[1+\delta\phi(2+\phi)\right]\right\}}$$

$$- \frac{k\left\{-2\gamma^2\phi^2+8k\left[1+\delta\phi(2+\phi)\right]\right\}\left[Q(-1+\delta)+c_n\right]^2}{2\left[\gamma^2+4k(-1+\delta)\right]\left\{-2\gamma^2\phi^2+8k\left[1+\delta\phi(2+\phi)\right]\right\}}$$

对 $\Delta\pi$ 求解关于 c_n 的二阶导，判断在 c_n 上的凹凸性，得

$$\frac{\partial^2\Delta\pi}{\partial c_n^2} = \frac{4k(1+\phi)\left[\gamma^2(-1+\phi)-4k\delta(1+\phi)\right]}{2\left[\gamma^2+4k(-1+\delta)\right]\left\{-2\gamma^2\phi^2+8k\left[1+\delta\phi(2+\phi)\right]\right\}} > 0$$

因此 $\Delta\pi$ 为关于 c_n 的二次函数，开口向上，两根分别为

$$c_1 = \frac{-Q\gamma^2 + Q(-1+\delta)\left(-\gamma^2+4k\delta\right)\phi}{\gamma^2(-1+\phi)-4k\delta(1+\phi)}$$
$$+\frac{\sqrt{Q^2\left[\gamma^2+4k(-1+\delta)\right]\delta^2\left\{\gamma^2\phi^2-4k\left[1+\delta\phi(2+\phi)\right]\right\}}}{\gamma^2(-1+\phi)-4k\delta(1+\phi)}$$ （较小根）

$$c_2 = \frac{-Q\gamma^2 + Q(-1+\delta)\left(-\gamma^2+4k\delta\right)\phi}{\gamma^2(-1+\phi)-4k\delta(1+\phi)}$$
$$-\frac{\sqrt{Q^2\left[\gamma^2+4k(-1+\delta)\right]\delta^2\left\{\gamma^2\phi^2-4k\left[1+\delta\phi(2+\phi)\right]\right\}}}{\gamma^2(-1+\phi)-4k\delta(1+\phi)}$$ （较大根）

下一步，对 $\Delta\pi$ 在边界 c_0 处的函数值进行验证：

$$\Delta\pi(c_0) = -\frac{4k^2Q^2\delta^2(1+\phi)^2\left[k\delta^2(1+\phi)^2+\gamma^2(1+\delta\phi)\right]}{\left\{-2\gamma^2\phi^2+8k\left[1+\delta\phi(2+\phi)\right]\right\}\left[\gamma^2+2k\delta(1+\phi)\right]^2} < 0$$

因此，边界 c_0 在两根之间，当 $c_n < c_1$ 时，$\Delta\pi$ 函数值大于零，即 $\pi_{\text{DS-1-1}} > \pi_{\text{DM-2}}$；当 $c_1 < c_n < c_0$ 时，$\Delta\pi$ 函数值小于零，即 $\pi_{\text{DS-1-1}} < \pi_{\text{DM-2}}$。

2）当 $c_n > \dfrac{Q\left[\gamma^2+2k\delta(-1+\delta+\phi-\delta\phi)\right]}{\gamma^2+2k\delta(1+\phi)}$ 时

情形 DS-1-1 与情形 DM-2 都可能取到，但情形 DM-2 为内点解，函数为连续，因此，最优为情形 DM-2，即

$$w = \frac{\left\{\gamma^2\phi^2-2k\left[1+\delta\phi(2+\phi)\right]\right\}c_n-2k\left[1+\delta\phi(2+\phi)\right](Q+Q\delta\phi)}{\gamma^2\phi^2-4k\left[1+\delta\phi(2+\phi)\right]}$$

$$e = \frac{\gamma\phi\left[-Q(1+\delta\phi)+c_n\right]}{\gamma^2\phi^2-4k\left[1+\delta\phi(2+\phi)\right]}$$

$$q_n = \frac{k(Q+Q\delta\phi-c_n)}{-\gamma^2\phi^2+4k\left[1+\delta\phi(2+\phi)\right]}$$

$$q_r = \frac{k\phi(Q+Q\delta\phi-c_n)}{-\gamma^2\phi^2+4k\left[1+\delta\phi(2+\phi)\right]}$$

综上，当 $c_n \leqslant c_1$ 时，$\pi_{\text{DS-1-1}} > \pi_{\text{DM-2}}$，取情形 DS-1-1：

$$w = \frac{\left[\gamma^2+2k(-1+\delta)\right]c_n+2k(-1+\delta)(Q-Q\delta)}{\gamma^2+4k(-1+\delta)}$$

$$e = \frac{\gamma(Q-Q\delta-c_n)}{\gamma^2+4k(-1+\delta)}$$

$$q_n = \frac{k\left[Q(-1+\delta)+c_n\right]}{\gamma^2+4k(-1+\delta)}$$

$$q_r = \frac{Q\left[\gamma^2 + 2k(-1+\delta)\delta\right] - \left(\gamma^2 + 2k\delta\right)c_n}{2\left[\gamma^2 + 4k(-1+\delta)\right]\delta}$$

当 $c_n > c_1$ 时，$\pi_{\text{DS-1-1}} < \pi_{\text{DM-2}}$，取情形 DM-2：

$$w = \frac{\left\{\gamma^2\phi^2 - 2k\left[1 + \delta\phi(2+\phi)\right]\right\}c_n - 2k\left[1 + \delta\phi(2+\phi)\right](Q + Q\delta\phi)}{\gamma^2\phi^2 - 4k\left[1 + \delta\phi(2+\phi)\right]}$$

$$e = \frac{\gamma\phi\left[-Q(1+\delta\phi) + c_n\right]}{\gamma^2\phi^2 - 4k\left[1 + \delta\phi(2+\phi)\right]}$$

$$q_n = \frac{k(Q + Q\delta\phi - c_n)}{-\gamma^2\phi^2 + 4k\left[1 + \delta\phi(2+\phi)\right]}$$

$$q_r = \frac{k\phi(Q + Q\delta\phi - c_n)}{-\gamma^2\phi^2 + 4k\left[1 + \delta\phi(2+\phi)\right]}$$

根据以上结果可知，在供应商与制造商分离的分散式供应链下，最优解与新零件生产成本有关。

三、数值分析及研究结论

（一）集中式供应链

基于集中式供应链下的最优决策可得，制造供应一体化制造商在进行产量、再利用程度决策时，会根据新零件生产成本 c_n 的相对大小进行不同的决策，从而决定新产品与再制造品间的不同比例以及产品的再制造性质。对以上最优解进行分析，可得以下结论。

结论 5.1：在集中式供应链下，e 恒为正，即对产品零部件进行再制造设计。

根据本书的模型构建，对新产品再制造性质 e 的决策取值可正可负。而在集中式供应链模式下，新产品零部件的再制造性质 e 恒为正，即供应商对零部件的设计有利于再制造，从而有效降低再制造成本。由于集中式供应链下，供应商与制造商作为整体进行决策，以整体利润最大化为优化目标，因此制造供应一体化制造商将通过进行一定的 DfR 努力获得更大的边际利润，将积极对零部件进行 DfR 改进。

结论 5.2：在集中式供应链下，当 $c_n \leqslant c_{10}$ 时，部分再制造；当 $c_n > c_{10}$ 时，全部再制造。

当新零件生产成本 c_n 较低（满足 $c_n \leqslant c_{10}$）时，制造供应一体化制造商将进行部分再制造，以利润最大化为目标，根据需求回收部分旧产品从而进行再制造，并同时销售新产品与再制造产品。同时，为降低再制造生产成本，对新产品的再制造性质也需进行一定的优化。而随着新零件生产成本 c_n 的增大，即 c_n 满足 $c_{10} < c_n \leqslant Q(1+\delta\phi)$ 时，将回收全部可回收的旧产品，即以回收率上限 ϕ 进行回收再制造，尽可能多地生产与销售再制造产品。其根本原因在于新零件生产成本较高，再制造可节约大量成本，从而可在再制造产品的运营中获得更多的利润，因此，制造供应一体化制造商将大力推行再制造业务。供应商在确定批发价格与新零部件再制造性质时需充分考虑再制造品对其造成的需求挤占影响，在调节批发价格无法提高利润的情况下，就通过提高零部件的再制造性质提高此种产品的整体市场容量，从而增加新产品的销量，提高供应商利润。

以下将对集中式最优决策进行相关敏感度分析，即对最优决策 q_n, q_r, e 对相关参数的敏感度进行分析。以下用 "+" "−" "0" "*" 表示单调性，"+"表示在该参数上单调递增，"−"表示在该参数上单调递减，"0"表示与该参数无关，"*"表示单调性不确定。

结论 5.3：在集中式供应链下，最优决策 q_n, q_r, e 对参数 c_n, Q, k, γ 的敏感度如表 5.2 所示。

表 5.2　敏感度分析（一）

参数	$q_n^{1-1}/q_r^{1-1}/e^{1-1}$	$q_n^{1-2}/q_r^{1-2}/e^{1-2}$
c_n	$-/+/+$	$-/-/-$
Q	$+/0/0$	$+/+/+$
k	$+/-/-$	$-/-/-$
γ	$-/+/+$	$+/+/+$

根据以上结论 5.3，参数 c_n, Q, k, γ 对两种情形下的各决策变量都具有一定的影响。首先，新产品零部件成本 c_n 对新产品的销售量具有负向影响，显然，当新产品生产成本较高时，产品零售价格将随着提高，从而销售数量降低。而新产品零部件成本 c_n 对再制造品销售量的作用则与 c_n 的取值有关：当 c_n 取值较小，即新产品零部件成本较低时，c_n 的增加将使再制造品的销量增加；而当 c_n 取值较大，即新产品零部件成本较高时，c_n 的增加反而会使再制造品的销量降低。新产品零部件成本 c_n 对零部件再制造性质的作用与以上相似：当 c_n 取值较小，即新产品零部件成本较低时，c_n 的增加将使零部件再制造性质增加；而当 c_n 取值较大，即新产品零部件成本较高时，c_n 的增加反而会使零部件再制造性质降低。

其次，市场规模 Q 对新产品以及再制造产品的销量具有一定的促进作用，同时，当新产品零部件成本较高时，较大的市场规模将导致更佳的零部件再制造性质。而 DfR 成本系数 k 在大部分情况下对新产品与再制造产品的销量具有负面作用，只有当新产品零部件成本较低时，DfR 成本系数 k 的增大会提高新产品的销量。并且当 DfR 成本系数 k 较大时，由于成本限制，零部件的再制造性质将降低。与 DfR 成本系数 k 相对应的 DfR 边际收益 γ 则对新产品与再制造产品的销量以及零部件的再制造性质产生相反的效应。

结论 5.4：在集中式供应链下，最优利润对参数 c_n, Q, k, γ 的敏感度如表 5.3 所示。

表 5.3 敏感度分析（二）

参数	π^{I-1}	π^{I-2}
c_n	−	−
Q	+	+
k	−	−
γ	+	+

根据以上结论 5.4，参数 c_n, Q, k, γ 对两种情形下的最优利润也具有一定的影响。新产品零部件成本 c_n 的提高会造成集中式供应链总体利润降低，DfR成本系数 k 的增大也会造成整体利润的降低，两次现象较为显著，成本增加必然造成利润降低。市场规模的扩大以及 DfR 边际收益 γ 的增加有利于集中式供应链整体利润的提高。

（二）分散式供应链

根据分散式供应链最优解及最优利润结果可知，在供应商与制造商分离的分散式供应链下，最优解与新零件生产成本 c_n 有关。

（1）当新零件生产成本较低时，制造商将进行部分再制造，以利润最大化为目标，根据需求回收部分旧产品从而进行再制造，并同时销售新产品与再制造产品。此时，新产品与再制造品面向同一市场并存在竞争，而供应商为保证新零件的需求量，就需要限制再制造品在市场中的市场份额，从而加大零部件再制造难度，也就是 e 取负值，使得再制造成本增大，进而降低再制造品的产量。

（2）当新零件生产成本较高时，在最优情况下，制造商将采用制造–再制造混合策略，回收全部可回收的旧产品，即以回收率上限 ϕ 进行回收再制造，从而同时生产销售新产品与再制造品。此时，新产品在进入寿终阶段时全部进行再制造。因此，在此情况下，供应商将无法控制新产品与再制造品间的相对市场份额，为提高新产品的销售数量将提高零部件的再制造性质，从而提高自身利润。

结论 5.5：在分散式供应链下，当 $c_n \leqslant c_1$ 时，制造商采用部分再制造策略；当 $c_n > c_1$ 时，制造商采用完全再制造策略。

当新产品零部件生产成本较低时（$c_n \leqslant c_1$），对于制造商来说，新产品生产相对再制造的成本劣势不明显，因此，制造商将选择对产品进行部分再制造，综合考虑再制造所节约的成本与市场挤占作用间的平衡，选择适当的再制造比例，从而获得更大利润。而当新产品零部件生产成本较高时（$c_n > c_1$），制造商将更加倾向于生产销售再制造产品，因此采用完全再制造策略，根据产品的回收比例上限进行回收再制造，充分利用再制造的成本优势。

结论 5.6：在分散式供应链下，当 $c_n \leqslant c_1$ 时，供应商对 e 的最优决策为负；当 $c_n > c_1$ 时，供应商对 e 的最优决策为正。

在制造商与供应商各自优化自身决策的分散式供应链模式下，由于新产品与再制造品间的竞争以及供应商与制造商间的决策相互作用关系，供应商对于新产品零部件的再制造性质决策与新产品零部件生产成本有关。当新产品零部件生产成本较低时，再制造相对新产品生产的优势较小，因此，制造商的再制造对供应商的零部件生产和销售产生了较大威胁。在此种情况下，供应商将对零部件再制造性质取负，从而以此种方式应对与再制造品间的竞争。而当新产品零部件生产成本较高时，再制造相对新产品生产的优势较大，制造商将实施完全再制造，因此，再制造品与新产品将不再是完全竞争关系，供应商将通过提高零部件再制造性质提高新产品销量，从而提高自身利润。

下面对得到的最优解进行分析。先对分散式供应链模式下的最优决策进行相关敏感度分析，即对最优决策 q_n, q_r, w, e 对相关参数的敏感度进行分析。

结论 5.7：在分散式供应链下，当 $c_n \leqslant c_1$ 时，最优决策 q_n, q_r, w, e 对参数 c_n, Q, k, γ 的敏感度如表 5.4 所示。

表 5.4　敏感度分析（三）

参数	q_n	q_r	w	e
c_n	−	+	+	−
Q	+	+	+	−
k	−	+	−	+
γ	+	−	+	−

在分散式供应链下，当新产品零部件生产成本较低时（ $c_n \leqslant c_1$ ），新产品零部件生产成本 c_n 的增大将间接提高再制造的成本优势，从而增大再制造品的销售数量，降低新产品的销量。随着再制造品对新产品的市场作用越来越明显，供应商将降低零部件的再制造性质作为应对策略，同时，批发价格也随之提高。市场规模 Q 对零部件的再制造性质产生着负向影响，也就是说，当产品的生产成本较低时，市场份额越大，产品的再制造性质反而越差。而当新产品零部件成本较低时，DfR 成本系数 k 的增大会减少新产品的销量，但对再制造产品的销量具有正面作用。而值得注意的是，当新产品零部件生产成本较低时（ $c_n \leqslant c_1$ ），随着 DfR 成本系数 k 的增大，零部件的再制造性质反而会增加，其原因为，此情形下供应商采取负的再制造性质努力，在成本系数较大的时期再制造性质的降低幅度减缓。与 DfR 成本系数 k 相对应的 DfR 边际收益 γ 则对新产品与再制造产品的销量以及零部件的再制造性质产生相反的效应。

结论 5.8：在分散式供应链下，当 $c_n \leqslant c_1$ 时，最优利润对参数 c_n, Q, k, γ 的敏感度如表 5.5 所示。

表 5.5　敏感度分析（四）

参数	π_M^1	π_S^1
c_n	−	−
Q	+	+
k	+	+
γ	−	+

分散式供应链下的制造商与供应商在最优决策下的最优利润也与各参数有关。当新产品零部件生产成本较低时（$c_n \leqslant c_1$），新产品零部件生产成本 c_n 的增大会使得制造商与供应商利润同时降低，同时，市场规模 Q 的扩大有利于提高利润。另外，DfR 成本系数 k 与 DfR 边际收益 γ 的变化对制造商与供应商利润影响不同，DfR 成本系数 k 的增大会提高制造商利润，降低供应商利润，而 DfR 边际收益 γ 的增大会降低制造商利润，提高供应商利润。

结论 5.9：在分散式供应链下，当 $c_n > c_1$ 时，最优决策 q_n, q_r, w, e 对参数 c_n, Q, k, γ 的敏感度如表 5.6 所示。

表 5.6　敏感度分析（五）

参数	q_n	q_r	w	e
c_n	−	−	+	−
Q	+	+	+	+
k	−	−	−	−
γ	+	+	+	+

在分散式供应链下，当新产品零部件生产成本较高时（$c_n > c_1$），再制造的成本优势较为明显，在此种情况下，制造商实施完全再制造。此时，新产品零部件生产成本 c_n 的增大同时降低新产品与再制造品的销量，但也会造成零部件再制造性质降低。市场规模 Q 对零部件的再制造性质具有一定的促进

作用，当产品的生产成本较高时，市场份额越大，产品的再制造性质越好，这与市场上畅销品牌产品厂家更注重产品再制造性质建设现象相符。另外，当新产品零部件成本较高时，DfR 成本系数 k 的增大对新产品与再制造产品的销量都会产生负面作用，零部件的再制造性质也随之降低。

结论 5.10：在分散式供应链下，当 $c_n > c_1$ 时，最优利润对参数 c_n, Q, k, γ 的敏感度如表 5.7 所示。

表 5.7　敏感度分析（六）

参数	π_M^2	π_S^2
c_n	−	−
Q	+	+
k		
γ	+	+

当新产品零部件生产成本较高时，分散式供应链下的制造商与供应商在做出最优决策下的最优利润对 c_n, Q 的敏感度与成本较低时相同。但是，不同之处在于 DfR 成本系数 k 与 DfR 边际收益 γ。当 $c_n > c_1$ 时，DfR 成本系数 k 的增大反而会降低制造商利润，其原因在于，较大的 DfR 成本系数会在降低零部件再制造性质的同时降低新产品销量，因此，对于制造商来说，新产品销量减小，同时再制造边际利润减小，因此利润降低，同时，供应商利润也将随 DfR 成本系数 k 的增加而降低。

第二节　供应商治理对 EPR 实施绩效调节作用的实证研究

本节使用实证的方法，验证电子行业的 EPR 实施与电子行业绩效之间的直接效用和调节效用。

一、样本筛选和变量测度

（一）研究背景和问题描述

我国作为世界上最大的固体废物制造者，在环境与资源方面都面临着极大的压力。EPR 的有效落实，不仅可以提高我国企业产品的环境效益，同时可以树立企业社会形象，进而提升国际竞争力和影响力。EPR 作为一种广泛应用的管理制度，其实施绩效一直受到学术界与企业界的关注。EPR 实施的绩效问题一直是人们争论的焦点，EPR 立法所带来的经济效益、环境效益和社会效益的精确评估也是研究的难点和重点。其效益的分析和评价，主要是用来检测 EPR 理论与实践之间的差距，评估 EPR 的立法和机制所产生的经济、环境和社会效益，并对 EPR 实施的有效性进行科学的验证。Achillas 等（2010）、Cahill 等（2011）、Dubois（2012）都对 EPR 的实施及其绩效进行了学术研究。目前 EPR 的实施方式主要有企业自愿、法律强制、经济手段刺激、协议执行以及几种方法综合使用等手段，具体内容有：EPR 实施的经济效益（影响产品和包装的设计、增强企业竞争优势、改善物资管理等）、环境效益（减少垃圾掩埋场和焚化、减少原料的使用、减少废气和废水等）以及社会效益（公司和社区的关系获得改善、人们的生活方式发生改变、社会生产方式的转变等）（任文举和李忠，2006）。

在全球可持续发展时代，供应链系统中利益相关者的合作越来越受到关注和推崇，实现供应链的整体可持续改进成为企业核心竞争优势获取的关键。循环经济和可持续发展问题无法通过单一企业来解决，必须站在供应链系统的层面，通过供应链上下游的利益相关者和责任相关者的共同合作，才能实现企业自身和整个产业的可持续发展。EPR 实施强调源头治理，上游供应商的绿色、环保性原材料的研发及供应，对 EPR 实施绩效具有一定的影响。企业在实施 EPR 机制时，承担回收处理责任与相应成本，这促使企业重视其零部件采购的绿色度，尽量提高零部件的再利用价值，减少污染较大的零部件的使用，从而降低环境治理成本，获得更大利润（Chen，2005；Wu et al.，2008）。

（二）假设的提出

在 EPR 实施机制下，将制造商环境责任延伸到产品消费后阶段，以产品的报废阶段为重点，兼顾设计、制造、分销、零售等其他阶段的处理问题，进而对生产者在产品全生命周期的环境行为进行约束与激励。Subramanian 等（2009）通过模型研究，认为企业实施 EPR 能够降低企业环境影响，从而提高绩效。Li 等（2013）针对全球的废弃电器电子设备的回收问题进行了研究，重点分析了 WEEE 指令在发达国家和发展中国家的实施差距，从利益相关者的角度，分析了不同地区进口商和出口商之间的协作对建立 EPR 原则的影响，同时指出生产者责任延伸将是一个很好的解决方案，并将有效地促进国际通用 EPR 标准的建立，提高政府和企业的社会绩效，达到对环境绩效损失的有效补偿。Jacobs 和 Subramanian（2012）就共享整个供应链中产品回收责任问题进行了探讨，重点强调在供应链当中每个参与者均应承担产品的回收责任。通过构建两阶段供应商和制造商模型，分析了集成和分散情况下，共同承担产品回收任务对经济和环境的影响。对于分散式供应链，证明了产品回收的责任分担可以提高整个供应链的利润。针对供应链的利润、消费者剩余、相关的外部性、原始材料提取、产品消费数量以及不可回收产品的出售等评价条款，验证了责任分担的经济和环保绩效方面改善。另外，任文举和李忠（2006）、Wong（2013）提出 EPR 的实施有助于企业提高其环境绩效，降低环境污染。因此，我们提出以下假设。

假设 5.1：EPR 实施对制造商环境绩效有正向影响。

电子行业 EPR 的实施，是企业承担社会责任的形式之一。消费者的偏好以及企业的绿色宣传，能够对企业销售产品的市场扩张起到一定的作用。在 EPR 机制下产品全生命周期概念下，企业整体绿色度与企业形象明显改善。企业在社会责任与企业形象方面的优势在其与同行业企业的竞争中起到了一定的积极作用。同时，世界范围内的绿色壁垒为绿色程度较高的企业提供了一定市场优势，使其在国际市场拓展方面获得更多机会，提高在国际贸易中的谈判能力与市场地位（Ginsberg and Bloom，2004）。另外，消费者的环保偏好也能够在一定程度上促进产品市场的扩大。具体来说，在面临价格与性能相似的产品时，消费者将更倾向于选择绿色度较高的产品（Subramanian et al.，2009；Yenipazarli and Vakharia，2015）。除此之外，在 EPR 机制下，制造商对其销售产品进行回收再利用以及提供免费回收、以旧换新、收购等服务，为消费者对废旧产品的处理提供了一定便利，对废旧零部件的再利用也缩短了产品及零件制造的提前期，从而也能够提高产品的需求量，扩大产品市场（Ma et al.，2013）。因此，我们提出以下假设。

假设 5.2：EPR 实施对制造商市场绩效有正向影响。

EPR 的实施对电子行业的财务绩效也具有一定的影响。制造商对产品延伸责任的承担能够促进制造商改进产品设计，在一定程度上减少产品的材料使用量，提高零部件的环保程度从而降低处理成本。具体来说，当企业无须承担产品生命末期处理责任时，由于存在一定的外部性，企业对产品在废弃阶段的环境效应关注度较低，因此不会刻意使用对环境危害较低的材料及零部件；而当企业在实施 EPR 的情况下，企业对产品在废弃阶段的环境危害负有消除责任并承担其处理成本，因此制造商在产品材料选用方面将逐渐关注环境因素。从学术研究角度，现有研究已对 EPR 实施与电子行业财务绩效间的关系进行了探究，相关研究表明：EPR 实施有助于提高电子行业的财务绩效，其原因在于 EPR 实施下，制造商承担废旧产品的全生命周期责任，废旧产品的经济价值能够增加企业的收入，从而提高企业的财务绩效（任文举和李忠，2006；Wong，2013）。

假设 5.3：EPR 实施对制造商财务绩效有正向影响。

在供应商管理中，供应商治理机制及其治理效果是一个较为典型的研究问题（Poppo and Zenger，1998；Holcomb and Hitt，2007），通过供应商治理机制提高其运营绩效。在采购与供应管理背景下，已有学术研究对供应商管理机制选择问题进行了研究（Lee et al.，2004；Gopal and Koka，2010）。Aubert 等（2005）和 Earl（1996）在其研究中提出应当对不同治理机制及其绩效问题进行平行研究，从而做出治理机制选择。在本书中，将对控股式治理、契约式治理、关系式治理三种供应商治理机制选择及其对企业绩效的影响进行探究。

控股式治理机制指制造商通过投资占有供应商的一定份额股份，提高对供应商决策的决定权，从而实现对供应商的管理与控制。Killing（1988）将控股式合作治理模式分为传统合资型和少数股权投资型。其中，传统合资型合作治理模式是指双方（或多方）通过建立独立的新企业形式实现治理的模式；少数股权投资型合作治理模式是指双方（或多方）并不成立独立的新企业，一方仅通过投资获得另一方少数股权以实现治理的模式。后来，Pisano（1989）开始将契约式合作治理模式引入，认为控股式与契约式合作治理模式是两种典型的合作治理模式。控股式合作更接近以科层制为特征的企业，具有更多企业的特征，也就可以更有效地促进信息交流与知识共享，从而具有较高的协调效率（Masten，1993）。首先，控股式合作中的正式治理机构可以作为一个正式的信息沟通渠道，保证信息的有效流通。其次，除了高层团队之外，控股式合作还拥有处理日常问题的独立管理机构，可以保证对合作冲突的有效解决。最后，控股式合作可以更有效地促进双方建立各种信息沟通和知识共享惯例，提升协调效率（吴波和贾生华，2006）。基于以上研究及其结论，我们针对控股式治理及其对绩效的影响提出以下假设。

假设 5.4：控股式治理对 EPR 实施与制造商绩效间的关系有正向的调节作用。

假设 5.4a：控股式治理对 EPR 实施与制造商环境绩效间的关系有正向的调节作用。

假设 5.4b：控股式治理对 EPR 实施与制造商市场绩效间的关系有正向的调节作用。

假设 5.4c：控股式治理对 EPR 实施与制造商财务绩效间的关系有正向的调节作用。

在契约式治理机制下，制造商通过与供应商之间制定明确的责任义务及要求，来实现对供应商的管理，从而影响自身绩效。通过明确的契约对供应商进行管理，是公平管理（equality management）的一种形式（Lee et al., 2004）。在契约式治理机制下，制造商对供应商提出明确的要求，并对其进行监督管理。此种治理机制有利于治理目标的实现，即减少供应商违约风险，在供应商管理的风险控制方面具有一定的优势（Ghoshal and Moran, 1996）。但要求明确的同时也会花费一定的监管成本（Hart and Moore, 1999）。基于以上研究及其结论，我们对契约式治理及其对绩效的影响提出以下假设。

假设 5.5：契约式治理对 EPR 实施与制造商绩效间的关系有正向的调节作用。

假设 5.5a：契约式治理对 EPR 实施与制造商环境绩效间的关系有正向的调节作用。

假设 5.5b：契约式治理对 EPR 实施与制造商市场绩效间的关系有正向的调节作用。

假设 5.5c：契约式治理对 EPR 实施与制造商财务绩效间的关系有正向的调节作用。

关系式治理机制是通过与供应商的长期合作作为隐形约束机制，对供应商行为进行间接控制。关系式治理是以信任为基础，通过合作的态度和方法来对待企业之间的合作关系，强调和重视企业之间的关系质量。在制造商与供应商的长期合作中，合作双方为维持长期关系，在很大程度上降低了道德风险等问题。同时，在资源与利润方面也逐渐进行协调，避免了强势一方获得过多利润，弱势一方很难获利的问题。在关系式治理机制下，制造商还会通过投资等方式对供应商技术及产能方面进行改进，在供应商的改进与发展中，制造商也能从中获得收益，从而在长期合作中实现双赢。Hart 和 Moore（1988）、Spencer（2005）认为在关系式治理机制下，由于采购方对供应商进行了一定的投资，供应商将努力满足采购方的要求（Harland，1996；Lusch and Brown，1996；Krause et al.，2007）。在现有文献中，Dyer 和 Singh（1998）、Cannon 等（2000）从关系的视角对该治理机制进行了解读。Bolton 和 Dewatripont（2004）认为关系式治理是一个长期的过程，需要在长期合作中各自逐渐调整，实现风险与收益共享，从而达到治理目的。在关系式治理机制对绩效的影响方面，Dyer 和 Singh（1998）提出关系式治理能够有效提高绩效。Grossman 和 Hart（1986）通过研究得出结论：在关系式治理机制下，通过资源共享，采购方将得到更多的收益，即绩效增加。基于以上研究及其结论，我们针对关系式治理及其对绩效的影响提出以下假设。

假设 5.6：关系式治理对 EPR 实施与制造商绩效间的关系有正向的调节作用。

假设 5.6a：关系式治理对 EPR 实施与制造商环境绩效间的关系有正向的调节作用。

假设 5.6b：关系式治理对 EPR 实施与制造商市场绩效间的关系有正向的调节作用。

假设 5.6c：关系式治理对 EPR 实施与制造商财务绩效间的关系有正向的

调节作用。

基于以上研究结论及本节所提出的假设，确定以下研究模型（图 5.1）。

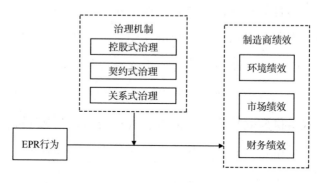

图 5.1　研究模型

（三）问卷设计与变量测度

调研问卷第三部分内容涉及企业 EPR 实施、企业绩效、供应商治理机制等相关题项。其中，企业绩效涉及三方面：环境绩效、市场绩效及财务绩效。供应商治理机制涉及三种治理机制：控股式治理机制、契约式治理机制、关系式治理机制。此部分调查问卷采用利克特 5 级量表，用 1~5 五个维度表示各个题项的符合程度（很不符合、比较不符合、一般、比较符合、很符合）。

1. EPR 实施

在本部分研究中，自变量为企业的 EPR 实施情况。在电子行业 EPR 实施的变量测量方面，我们对企业的 EPR 实施行为进行分项测量。其中包含以下维度：①本企业采用了环境友好的产品设计为了保护环境；②本企业采用了模块化设计（易于拆卸、分解、重复使用零件的设计）；③在产品设计中对可重复使用部分进行了分离；④企业对废旧产品进行了回收再循环；⑤企业对废旧产品中的部分零件进行了再使用；⑥在产品维修的过程中会使用质量完好的旧零件；⑦企业开展了产品再制造或翻新业务。因此，被调查企业将针对以上维度对其 EPR 的实施情况进行作答。

2. 企业绩效

在本部分研究中，我们关注企业的三方面绩效：环境绩效（减少垃圾掩埋场和焚化、减少原料的使用、减少废气和废水等）、市场绩效（扩大产品市场范围，提高产品需求数量，改善消费者对该产品偏好程度）以及财务绩效（降低企业成本、增强企业竞争优势、改善企业盈利情况等）。对以上三种企业绩效的测量，我们引用 Venkatraman 和 Ramanujam（1986）、Ayres 等（1997）及 Autry 等（2001）的较为成熟的测量量表。

3. 供应商治理机制

本部分探究三种供应商治理机制——控股式治理、契约式治理、关系式治理，用实证的方法研究三种供应商治理机制选择及其对企业绩效的影响。我们应用现有研究的成熟量表对以上三种治理机制进行测量。控股式治理的测量量表来源于 Pisano（1989），并根据控股式治理机制的特征将其分为两个题项，便于样本企业理解与作答。契约式治理的测量量表来源于 Cannon 等（2000），从三方面对企业实施的契约治理进行测量。对于关系式治理的测量量表，我们综合了 Cai 等（2014）中关于关系型供应商治理机制测量量表。

4. 信度和效度

本书使用 SPSS 22.0 对样本数据进行探索性因子分析（exploratory factor analysis），检验样本数据的一致性信度；然后使用 Amos 20.0 对数据进行验证性因子分析（confirmatory factor analysis），从而验证该调查的信度与效度。

信度（reliability）是指测验或量表工具所测得结果的稳定性及一致性，量表的信度越大，其测量标准误差越小。信度可界定为真实分数（true score）的方差与观察分数（observed score）的方差的比值。而针对本书所采用的利克特量表，常用的信度检验标准为 Cronbach's α 系数及折半信度。一个量表的信度越高，代表量表越稳定。Cronbach's α系数是社科研究领域常用的信度检验标准之一，是内部一致性的函数，也是试题间相互关联程度的函数，评估一个构念内部各题项间的一致性。

在探索性因子分析中，题项 EP6 与 EP7 由于因子载荷小于 0.5，进行了删除处理，因此 EPR 实施变量中不再对题项 EP6 与 EP7 进行计量分析。删除上述题项后，数据处理结果显示，KMO=0.855，大于 0.7，适合进行因子分析。Bartlett's 球形检验的卡方值为 1626.902，自由度为 300，p 值为 0.000，达到 0.05 显著水平，可拒绝虚无假设，即拒绝变量间的净相关矩阵不是单元矩阵的假设。样本数据的主成分因子分析结果见表 5.8。因子分析结果显示，所有题项的因子载荷均大于 0.5，且在其余因子中载荷均小于 0.5，因子归属较为清晰。

表 5.8　因子负荷和因子交叉负荷

题项	成分						
	1	2	3	4	5	6	7
EP1	0.638	−0.100	0.341	0.164	0.126	0.208	0.157
EP2	0.682	−0.063	0.368	0.028	0.064	0.248	0.112
EP3	0.821	−0.057	0.219	0.031	0.087	0.132	−0.011
EP4	0.812	−0.037	0.097	0.134	0.222	0.202	0.138
EP5	0.761	−0.068	0.075	0.113	0.177	0.129	0.273
R1	0.156	0.162	0.081	0.728	−0.148	−0.254	0.038
R2	0.176	0.117	0.094	0.790	0.004	0.110	−0.058
R3	−0.061	0.024	0.041	0.834	0.034	0.113	−0.038
R4	0.080	−0.045	0.131	0.679	0.147	0.172	0.209
C1	0.251	0.011	0.269	−0.024	0.721	0.285	−0.122
C2	0.038	−0.002	0.081	0.029	0.863	0.265	0.079
C3	0.307	−0.040	0.171	0.026	0.788	−0.034	−0.033
S1	0.186	0.310	0.278	0.079	−0.032	0.136	0.772

续表

题项	成分						
	1	2	3	4	5	6	7
S2	0.274	0.322	0.140	−0.014	−0.076	0.200	0.778
M1	0.293	0.029	0.594	0.090	0.087	0.193	0.337
M2	0.198	0.073	0.788	0.147	0.133	0.230	−0.011
M3	0.234	0.078	0.652	0.226	0.272	0.025	0.282
M4	0.263	0.061	0.815	0.038	0.140	0.065	0.184
F1	−0.010	0.819	0.049	0.110	0.034	−0.064	0.065
F2	0.010	0.830	0.065	−0.026	−0.206	0.166	0.023
F3	−0.140	0.863	−0.015	0.120	0.055	−0.096	0.116
F4	−0.091	0.773	0.048	0.024	0.065	0.024	0.227
EN1	0.368	−0.098	0.144	0.025	0.126	0.749	0.149
EN2	0.145	0.032	0.142	0.165	0.214	0.758	0.156
EN3	0.414	0.111	0.150	0.035	0.155	0.669	0.088

　　为进一步检验量表的信度，我们对得到的七个主成分的 Cronbach's α 系数分别进行了计算。其中，EPR 实施（EP1~EP5）的 Cronbach's α 系数为 0.892，市场绩效（M1~M4）的 Cronbach's α 系数为 0.831，财务绩效（F1~F4）的 Cronbach's α 系数为 0.857，环境绩效（EN1~EN4）的 Cronbach's α 系数为 0.812，关系式治理（R1~R4）的 Cronbach's α 系数为 0.776，契约式治理（C1~C3）的 Cronbach's α 系数为 0.824，控股式治理（S1、S2）的 Cronbach's α 系数为 0.887。根据 Cronbach's α 系数达到 0.7 以上，即具有较好的一致性，此问卷中七个构念的信度良好。

　　效度（validity）是指态度量表能够测量理论的概念或特质的程度。本书使用 Amos 20.0 对数据进行验证性因子分析，从而验证该调查的效度。在效度检验中，我们使用了最大似然估计法，对数据进行了验证性因子分析。首先，检验结果显示，χ^2 / df 值为 1.231。根据 Hair 的判断标准，χ^2 / df 值应在 1~3，且越小越好。另外，由于样本数量相对较少，因此我们选择受样本数量影响较小的拟合指数验证本模型的效度（王长义等，2010）。运行结果显示，近似误差均方根 RMSEA=0.058，小于标准值 0.08。比较拟合指数 CFI=0.960，增值拟合指数 IFI=0.961，Tuck-Lewis 指数 TLI=0.953，均大于标准值 0.9。因此，综合来看，本书测量模型的拟合程度较好。

二、主效应和调节效应分析

（一）主效应分析

本书采用结构方程的方法对以上提出的假设进行验证。结构方程模型是一种验证性分析方法，该方法从假设的理论架构出发，通过采集数据，验证这种理论假设是否成立。具体来说，结构方程模型将一些无法直接观测而又欲研究探讨的问题作为潜变量，通过一些可以直接测量的变量或指标反映这些潜变量，从而建立起潜变量之间的关系。要保证验证结果的可靠性，须有良好的信度与效度测量指标（易丹辉，2008）。

本书利用 Amos 22.0 软件对主效应下的结构方程模型进行了检验，通过模型拟合与路径系数及其显著性验证假设成立与否。图 5.2 为该结构方程模型的运行与估计结果。

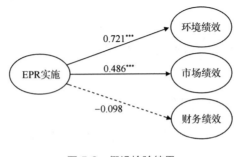

图 5.2　假设检验结果

***$p<0.001$

由 Amos 运行结果，对拟合结果进行检验。根据温忠麟等（2004）提出的拟合指标，χ^2/df 值为 1.239，RMSEA=0.045，均方根残余 RMR=0.5，CFI=0.974，TLI=0.969，IFI=0.975，良性拟合指数 GFI=0.888，标准化均方根残余 SRMR=0.048，简效良性拟合指数 PGFI=0.659，简效规范拟合指数 PNFI=0.742。其中，除 GFI 值为 0.888，略低于理想值 0.9 外，其他拟合指标均达到理想水平。因此，拟合情况较理想。

假设 5.1 探讨了企业的 EPR 实施情况与环境绩效间的关系。从运行结果（表 5.9）可知，假设 5.1 得到验证，EPR 实施与环境绩效之间的标准化路径系数为 0.721，t 值为 6.736，且在 0.001 的水平上显著，因此，从统计学意义上来讲，企业的 EPR 实施情况与环境绩效之间存在显著的正向关系。

表 5.9 主效应结构方程模型路径分析结果

路径	标准化估计值	标准差（S.E.）	t 值（C.R.）	结果
假设 5.1：EPR 实施→环境绩效	0.721***	0.107	6.736	支持
假设 5.2：EPR 实施→市场绩效	0.486***	0.089	5.478	支持
假设 5.3：EPR 实施→财务绩效	−0.098	0.102	−0.962	不支持

***$p<0.001$

假设 5.2 探讨了企业的 EPR 实施情况与市场绩效间的关系。从运行结果可知，假设 5.2 得到验证，EPR 实施与市场绩效之间的标准化路径系数为 0.486，t 值为 5.478，且在 0.001 的水平上显著，因此，从统计学意义上来讲，企业的 EPR 实施情况与市场绩效之间存在显著的正向关系。

假设 5.3 探讨了企业的 EPR 实施情况与财务绩效间的关系。从运行结果可知，假设 5.3 没有得到支持。具体来看，EPR 实施与财务绩效之间的标准化路径系数为−0.098，t 值为−0.962，结果不显著，因此，从统计学意义上来讲，原假设不能得到支持。因此，从统计结果出发，企业 EPR 实施并不能带来直接经济收益。

（二）调节效应分析

以下对假设模型中的治理机制及其调节作用进行检验分析。为验证假设5.4 至假设 5.6，此处使用层次回归分析对治理机制的调节作用进行检验。根据检验调节作用的常用方法，将调节变量与自变量的乘积项作为新变量进入回归方程，通过该乘积项的回归系数显著性判断调节作用的存在性。在进行层次回归前，首先对各变量数据进行标准化，以弱化共线性问题。

1. 治理机制对 EPR 实施与企业环境绩效关系的调节作用

本部分检验三种治理机制对 EPR 实施与企业环境绩效关系的调节作用。以环境绩效为因变量，以 EPR 实施及其与各治理机制（关系式治理、契约式治理、控股式治理）的交互项为自变量，对此模型进行分层调节回归分析。分析结果如表 5.10 所示。

表 5.10　治理机制对 EPR 实施与企业环境绩效关系的调节效应分析

自变量	因变量：环境绩效	
	模型 1	模型 2
EPR 实施	0.543^{***}	0.089
EPR 实施 × 关系式治理		0.011
EPR 实施 × 契约式治理		0.055^{**}
EPR 实施 × 控股式治理		0.028

$**p<0.05$，$***p<0.001$

根据表 5.10 中结果可知，在企业的环境绩效维度，三种治理机制中只有契约式治理与 EPR 实施的交互项对企业环境绩效具有显著作用，其他两种治理机制（关系式治理、控股式治理）都没有显著调节作用。这一结果表明，在制造商实施 EPR 的情况下，契约式治理能够对企业的环境绩效产生显著的正向调节作用，而关系式治理与控股式治理则无法对企业的环境绩效产生正向调节作用。因此，假设 5.5a 成立，假设 5.4a、假设 5.6a 不成立。

2. 治理机制对 EPR 实施与企业市场绩效关系的调节作用

本部分检验三种治理机制对 EPR 实施与企业市场绩效关系的调节作用。以市场绩效为因变量，以 EPR 实施及其与各治理机制（关系式治理、契约式治理、控股式治理）的交互项为自变量，对此模型进行分层调节回归分析。分析结果如表 5.11 所示。

表 5.11 治理机制对 EPR 实施与企业市场绩效关系的调节效应分析

自变量	因变量：市场绩效	
	模型 1	模型 2
EPR 实施	0.522***	−0.232
EPR 实施×关系式治理		0.041**
EPR 实施×契约式治理		0.060***
EPR 实施×控股式治理		0.060***

$p<0.05$，*$p<0.001$

根据表 5.11 中结果可知，在企业的市场绩效维度，三种治理机制（关系式治理、契约式治理、控股式治理）与 EPR 实施的交互项对企业市场绩效都具有显著作用。这一结果表明，在制造商实施 EPR 的情况下，关系式治理、契约式治理、控股式治理都能够对企业的市场绩效产生显著的正向调节作用，有利于企业实现市场的扩展。假设 5.4b、假设 5.5b、假设 5.6b 得到验证。

3. 治理机制对 EPR 实施与企业财务绩效关系的调节作用

本部分检验三种治理机制对 EPR 实施与企业财务绩效关系的调节作用。以财务绩效为因变量，以 EPR 实施及其与各治理机制（关系式治理、契约式治理、控股式治理）的交互项为自变量，对此模型进行分层调节回归分析。分析结果如表 5.12 所示。

表 5.12   治理机制对 EPR 实施与企业财务绩效关系的调节效应分析

自变量	因变量：财务绩效	
	模型 1	模型 2
EPR 实施	−0.091	−0.937***
EPR 实施 × 关系式治理		0.053
EPR 实施 × 契约式治理		0.004
EPR 实施 × 控股式治理		0.127***

***p<0.001

根据表 5.12 中结果可知，在企业的财务绩效维度，三种治理机制中只有控股式治理与 EPR 实施的交互项对企业财务绩效具有显著作用，其他两种治理机制（关系式治理、契约式治理）都没有显著调节作用。这一结果表明，在制造商实施 EPR 的情况下，控股式治理能够对企业的财务绩效产生显著的正向调节作用，促进制造商利润的提高，而关系式治理与契约式治理则无法对企业的财务绩效产生正向调节作用。因此，假设 5.4c 成立，假设 5.5c、假设 5.6c 不成立。

综上，12 个假设检验结果如表 5.13 所示。

表 5.13   假设验证结果汇总

假设	假设内容	验证结果
假设 5.1	EPR 实施对制造商环境绩效有正向影响	成立
假设 5.2	EPR 实施对制造商市场绩效有正向影响	成立
假设 5.3	EPR 实施对制造商财务绩效有正向影响	不成立
假设 5.4a	控股式治理对 EPR 实施与制造商环境绩效间的关系有正向的调节作用	不成立
假设 5.4b	控股式治理对 EPR 实施与制造商市场绩效间的关系有正向的调节作用	成立
假设 5.4c	控股式治理对 EPR 实施与制造商财务绩效间的关系有正向的调节作用	成立
假设 5.5a	契约式治理对 EPR 实施与制造商环境绩效间的关系有正向的调节作用	成立
假设 5.5b	契约式治理对 EPR 实施与制造商市场绩效间的关系有正向的调节作用	成立
假设 5.5c	契约式治理对 EPR 实施与制造商财务绩效间的关系有正向的调节作用	不成立

续表

假设	假设内容	验证结果
假设 5.6a	关系式治理对 EPR 实施与制造商环境绩效间的关系有正向的调节作用	不成立
假设 5.6b	关系式治理对 EPR 实施与制造商市场绩效间的关系有正向的调节作用	成立
假设 5.6c	关系式治理对 EPR 实施与制造商财务绩效间的关系有正向的调节作用	不成立

综上，各自变量对因变量的影响以及调节变量的效应如图 5.3 所示。

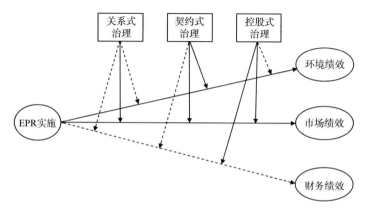

图 5.3　实证分析结果示意图

三、EPR 实施与企业绩效分析

（一）EPR 实施对企业绩效的影响

本书的研究结果表明，制造商 EPR 实施与其企业的环境绩效及市场绩效呈显著正相关关系（支持假设 5.1、假设 5.2），但与财务绩效没有显著相关关系（不支持假设 5.3）。

该结论说明，从制造商实施 EPR 的绩效来看，制造商在实施 EPR 情况下，能够提高企业的环境方面绩效，有效减少其生产运营对环境的负面影响。在 EPR 下，制造商承担产品全生命周期的责任，包括产品在生命末期的回收处理责任。制造商对消费者手中的废旧产品进行回收，进而对回收到的废旧产品进行无害化、再利用、再制造处理，一方面对废旧产品可能产生的废料以及对环境有害的物质进行环保处理，减少或消除其对环境的危害；另一方面，对废旧产品中包含的可再利用材料（如稀有金属、耐用零部件等）进行有效再利用，在新产品及再制造品中对旧材料进行重复利用，对不可再生资源的保护起到了一定的作用。制造商实施 EPR 能够提高企业的环境方面绩效，该研究结论与已有研究相一致。例如，在闭环供应链的模型研究中，EPR 实施能够有效降低企业运营对环境的影响，得到了众多学者的验证，如 Subramanian 等（2009）、Jacobs 和 Subramanian（2012）。在实证研究领域，也已有学者对 EPR 实施与环境效应进行了探究，并验证了其正相关关系（Wong，2013）。本书的结论与以上研究结论相一致。

在市场绩效方面，制造商在实施 EPR 情况下，能够提高企业的市场方面绩效，使得产品市场显著扩大，消费者对该企业的产品需求量增加，有利于产品在国际市场上的推广。EPR 实施在市场绩效方面的促进作用，可归纳于以下几个因素。首先，来自消费者的绿色及环保偏好。企业实施 EPR，是承担企业社会责任的一种体现，能够在一定程度上提高企业形象。同时，企业实施 EPR 对产品的绿色环保程度也有一定的促进，产品的可再利用程度及环保性质提高。以上改进都对消费者在购买行为中的选择产生一定的积极影响，提高消费者对产品的偏好，从而提高企业的市场绩效（Subramanian et al.，2009；Yenipazarli and Vakharia，2015）。其次，市场绩效的增加来源于 EPR 实施能够克服国际贸易中的绿色壁垒，从而在国际市场拓展方面获得更多机会，提高在国际贸易中的谈判能力与市场地位，进而提高产品市场绩效（Ginsberg and Bloom，2004）。本书的结论与以上研究结论相一致。

在 EPR 实施对企业财务绩效的影响方面，本书认为企业实施 EPR 并不能带来直接的经济利益。与 Wong（2013）的研究结论不同，Wong 等（2018）认为 EPR 实施与企业财务绩效正相关。该结论的产生可能与样本特点有关，本书选择中国电子行业企业作为调研样本，电子行业下逆向物流的特点包括环境危害较大、处理成本较高、数量大等，并且对企业的逆向物流及废旧产品处理技术的依赖性较强。Barnett 和 Salomon（2006）在其研究中提出企业社会责任的实施与企业财务绩效间的关系与社区、环境、人力等多种因素相关，且随着时间的变化，企业财务绩效也不断变化：在短期内，企业社会责任的实施会使得企业财务绩效降低，而随着时间的推移，企业财务绩效逐渐增加。该研究在一定程度上为我们的研究结论提供了一定的理论支撑。同时，针对该结论，我们与我国电子行业企业相关从业人员进行了探究，从企业实际运营的角度进行了验证。企业相关从业人员表示，我国现阶段电子行业的 EPR 体系发展还不成熟，在短暂几年的发展中，企业逆向物流与闭环供应链体系及技术还处于发展初期，因此，通过 EPR 实施实现短期盈利较为困难。

（二）治理机制与企业绩效

在治理机制调节作用方面，本书的数据分析结果表明，控股式治理、契约式治理、关系式治理都能够对企业的市场绩效产生显著的正向调节作用（支持假设 5.4b、假设 5.5b、假设 5.6b），契约式治理能够对企业的环境绩效产生显著的正向调节作用（支持假设 5.5a），而关系式治理与控股式治理则无法对企业的环境绩效产生正向调节作用（不支持假设 5.4a、假设 5.6a）。三种治理机制中只有控股式治理与 EPR 实施的交互项对企业财务绩效具有显著作用，其他两种治理机制（关系式治理、契约式治理）都没有显著调节作用（支持假设 5.4c，不支持假设 5.5c、假设 5.6c）。

首先，在制造商实施 EPR 的情况下，对供应商实施契约式治理能够在制造商环境绩效与市场绩效上起到显著的正向调节作用。也就是说，制造商在与供应商进行合作时，对其明确规定其环境与零部件环保性质，有助于提高制造商自身的环境绩效与市场绩效，减少企业的生产运营对环境的影响，也进一步扩大产品市场，提高产品销售数量。在制造商实施 EPR 的情况下，缺乏对供应商的契约管理，会使得供应商放松对自身产品及生产等的环境方面的要求，从而在一定程度上影响制造商绩效。因此，企业在对供应商进行管理时，为保证自身环境绩效与市场绩效，应对供应商的相关环保及产品设计进行明确规定，并定时监管，避免出现供应商的道德风险，从而影响制造商自身的运营，降低其环境绩效及市场绩效。

其次，制造商在 EPR 的实施中采用关系式治理或控股式治理对供应商进行控制，都能够对制造商的市场绩效产生显著的正向调节作用，即扩展产品市场，有助于制造商扩大市场规模，增加产品销售数量，增大贸易范围，但无法调节制造商的环境绩效。在制造商实施 EPR 的情况下，企业可以通过与供应商建立长期合作管理，培养战略性供应商，来实施关系式治理机制，从而调节企业的市场绩效，增加产品销售数量。另外，制造商也可以选择对供应商进行直接控股，增加对供应商的决策权，从而正向调节企业的市场绩效。

综上所述，制造商 EPR 实施能够显著提高企业的环境绩效与市场绩效。同时，制造商可通过对供应商的治理机制调节企业的运营绩效。而治理机制的选择则根据企业的运营目标而定。若企业倾向于获得更优的环境绩效，提高企业的社会形象，则应选择契约式治理机制，对供应商明确规定责任义务。另外，三种治理机制都能够提高企业在 EPR 实施中的市场绩效。本书对企业实施 EPR 以及供应商治理机制的选择提供了重要的理论依据。

第六章

生产者责任延伸制下核心企业关系治理和生态设计的决策研究

生产者责任延伸制的落实需要供应链中的核心企业积极开展生态设计，所以本章以核心企业关系治理和生态设计为主题，分别探究了核心企业关系治理对供应链绿色运营的影响机制研究问题，核心企业关系模式对可持续供应链决策的影响机制研究问题，核心企业对供应链成员开展生态设计的激励机制研究问题，以及核心企业进行产品生态设计的绩效评价研究问题。

第一节　核心企业关系治理对供应链绿色运营的影响机制研究

本节从治理机制的视角出发，通过构建不同合作机制作用下的委托代理模型，分析不同的合作机制对于供应链绿色运营和绿色绩效的影响，探讨合作伙伴绿色化对于其他成员绿色运营的驱动作用。

一、问题描述及研究假设

（一）研究背景

由于自然资源的过度消耗以及生态环境的大幅破坏，能源与环境问题已受到人们的广泛关注，世界各国纷纷推行诸多环保法令与活动，大力发展绿色技术，开发绿色产品，以降低经济对环境的危害。随着政策的大力引导和经济水平的不断提高，人们的环保观念也逐渐增强，越来越多的消费者开始偏好于消费绿色产品。在法律规范、公众环保观念以及成本压力等原因的共同驱动下，各企业尤其是制造型企业，开始积极采取相关的绿色环保措施和生产行为，保障其经济活动与外部环境、社会效益实现稳定协调（Zhu et al.，2007）。

在产品的绿色生产过程中，物料的流动主要涉及两个环节：一是供应商向制造商提供产品零部件的环节；二是制造商将产品加工完成后提供给消费者的环节。因此，对于这些有着强烈绿色生产愿望的企业来说，不仅要保证自身生产过程的绿色程度，还要关注其上游供应商的绿色生产与环境绩效，将供应商纳入到绿色供应链运营中来，通过整条供应链的协同合作，实现最终产品的绿色生产。在绿色供应链运营模式下，处于核心地位的制造商要积极推行绿色制造工艺和技术、开展环境友好和清洁生产。为了生产和制造绿色产品，减少对环境的负面影响，制造商通常会按一定的标准要求供应商，强调其原料/零部件的环境友好性。供应商的绿色化对于整条供应链的环境影响非常重要。因此，作为核心企业的制造商能否与供应商进行紧密的协调与合作，共同推行绿色供应链运营战略，是绿色供应链能否有效实施的关键。

学术界的相关研究也为供应链成员之间协作进行绿色实践提供了理论支撑和指导。Ehrenfeld（2000）通过对美国电子生产企业的案例调研，发现供应商与制造商有效合作进行绿色设计和制造，可以有效减少原材料的使用，提高环境效益。Green 等（2000）对于供应链背景下各企业实施绿色生产的驱动因素进行分析，也论证了绿色供应链中企业和企业之间的有效合作是激励链内成员进行环境相容的运营活动的主要驱动力。

目前为止，已经有一些企业开始注重与供应商开展绿色运营方面的合作，尽可能地在保证经济绩效的同时，兼顾环境和社会效益。如 Cannon 公司为了减少能源消耗，与其供应商通力合作，研究生产过程中减少材料使用的技术。其通过稳定的生产计划程序、细致的材料计划、密切的供应商联系，扩大绿色生产成果和提高企业知名度。而作为国内第一家发起"绿色供应链"倡议的蒙牛集团，不仅在自己的生产环节力求高效节能、减少排污，而且在供应商选择中注重绿色环保，选用利乐绿色可回收包装，在保证产品新鲜品质的同时，实现了低碳环保的绿色生产。福特汽车，要求其全球 5000 多家的零部件供应商必须获得环境管理系统的第三方认证，并为其提供相关的培训和技术指导。此外，惠普和卡特彼勒等公司也已注重绿色供应链运营并取得一定成效。

然而，在实际运作中，由于供应链是由多个具有独立决策能力的企业（组织）构成，链内成员在共同努力提高产品绿色度的同时，仍然存在局部的利益冲突。为了保证最终产品的绿色度水平，制造商和供应商都需要付出相应的产品绿色改进成本。由于各成员的个体私利性，会存在"搭便车"的思想，即希望对方努力提高产品绿色度水平，而自己坐享其成。因此，在考虑双方存在道德风险的情况下，如何在交易中利用有效机制减少双方个体理性下的机会主义行为，既能提高最终产品绿色度水平，又能实现双方利益的优化，是本章要研究的核心问题。

根据这一研究问题，本章从不同治理机制的视角出发，分析了契约机制和关系机制两种合作形式对于减少绿色供应链交易中机会主义行为的作用。现有的关于绿色供应链中成员交易的研究大部分是基于核心企业与零售商的定价决策问题展开的。例如，曹海英和温孝卿（2012）基于知识溢出效应建立了零售商和供应商的环保合作博弈模型，在对比合作和非合作两种情况下的经济绩效基础上，分析知识溢出效应的影响。邱国斌（2013）考虑零售商存在损失厌恶的情况，分析损失厌恶心理和上游制造商的环保意识对成员绩效的影响。与本书研究不同的是，这些研究将环保意识引入到供应链分析中来，基于博弈模型分析上下游对于绿色产品的定价和订购决策，研究的是绿色产品销售层次，没有针对绿色产品生产层面展开探讨。在少量关于绿色供应链中制造商与供应商交易情况的研究中，如曹柬等（2011）基于产品效用异质性研究一个制造商和多个供应商组成的绿色供应链中的协调策略问题，这类模型由供应商决策绿色中间品的订购量和批发价格，制造商决策绿色产品的市场价格和销售量，但本质上还是一个价格和产量博弈过程，不涉及产品绿色度的决策，而是将其作为一个外生参数纳入模型中来。

而与本书研究相似,同样考虑产品绿色度相关决策的文章主要是朱庆华、窦一杰和 Glock 等的研究。朱庆华和窦一杰（2011）在考虑市场竞争的情况下，基于古诺模型，分析两个竞争生产商的绿色生产策略和政府补贴策略，为本书研究将产品绿色度作为决策变量提供了理论支撑。Glock 等（2012）的研究中虽然没有直接决策产品绿色度，却是通过决策生产率来间接达到决策产品绿色度。Glock 等（2012）基于经济生产批量（economic production quantity，EPQ），在考虑生产流程的绿色程度和制造商价格策略之间交互的基础上，分析供应商和制造商在合作与非合作两种情况下的系统利润及产品绿色度。虽然文章没有以供应链系统协调作为实现目标，但是其中对产品绿色度的间接决策对本书研究起到了一定的借鉴作用。

（二）研究问题描述

本书从中观层次，分析由一个供应商和一个制造商组成的绿色供应链中的协调策略与机制选择问题。在这个二级供应链中，假设制造商的市场地位优于供应商，将二者之间的关系描述为制造商是领导者、供应商是跟随者的委托代理关系，二者都是追求利润最大化的理性个体。制造商与供应商共同努力提高产品绿色度，然而由于交易双方的个体私利性，会存在"搭便车"的思想，即希望对方努力提高产品绿色度而自己享受努力的成果，由此产生双边道德风险，影响绿色供应链的运营效率。已有实证研究表明：合理有效的协调机制能够提高绿色供应链的运营绩效（Vachon and Klassen，2006，2008）。因此，本章针对绿色供应链中的双边道德风险问题，从治理机制的角度出发，分析如何通过有效的治理机制设计，提高产品质量水平，协调供应链。本章以理想的集中式情况为基准，分别分析了正式契约治理和关系契约治理两种机制下制造商和供应商的最优行动策略，探讨不同的治理机制对于提高产品绿色度水平，改善绿色供应链运营绩效的作用效果。

与以往研究不同的是，本书中将制造商/供应商的产品/中间品的绿色生产水平（也可以描述为产品绿色度）作为决策变量。产品绿色度是指产品与环境友好程度，即产品对环境"绿色程度"的量化值（Hur et al.，2004），是对产品在其整个生命周期内的资源和能源输入量、环境输出量及这些输入输出对环境的友好程度的综合评价（王明强和李婷婷，2008）。环境影响可以表现在许多方面，比如二氧化碳排放、资源能源消耗、材料利用率、有毒有害物质含量、产品零部件的可回收性等（刘红旗和陈世兴，2000；Hur et al.，2004）。在 Glock 等（2012）的研究中，就是通过生产过程中的废料程度和排污程度来反映产品绿色度。产品的生产经营活动对环境的影响越小，可认为该产品的绿色度越高，反之则越低（刘伯超，2012）。实际操作中，在目前没有国家权威的绿色度评价标准的情况下，还可以用能效标识、碳标签等简单的等级指标来表示产品绿色度水平（朱庆华和窦一杰，2011）。为方便起见，假定绿色度为连续的，比如可以令绿色度与不同的连续的能效比数值或碳标签数值相对应。在本书的研究中，不仅制造商在最终产品的生产中要进行相应的产品绿色度决策，即考虑最终产品对环境的危害程度，而且供应商在对中间品进行加工/制造过程中也要考虑到环境相容性，双方协同进行供应链的绿色运营。

（三）研究假设

为便于对双方道德风险下的绿色供应链机制设计问题进行模型分析，在不改变问题本质的条件下，做出如下假设。

假设 6.1：制造商与供应商都是风险中性的参与者，制造商给予供应商线性支付契约 $w(\pi) = \varpi + \phi\pi$。

此假设沿用张维迎（2004）中讲述的霍姆斯特姆与米尔格罗姆参数化扩张模型，其中 ϖ 为制造商向供应商支付的固定费用，ϕ 为供应商的收益分享比例，即激励系数，$\phi \in [0,1]$，π 为制造商利润。Cachon（2003）的研究表明，在很多情况下收益分享契约是可以最大化供应链利润的，因此本书以收益分享作为正式契约的设计原则。

假设 6.2：制造商和供应商的产品/中间品绿色度水平分别为 g_m 和 g_s 的情况下，双方绿色度投资的成本函数分别为 $c(m) = b_m g_m^2 / 2 + F_m$，$c(s) = b_s g_s^2 / 2 + F_s$。

制造商和供应商提高产品绿色度水平需要付出相应的努力成本，如进行生态友好型产品设计、选择环保节能材料、减少二氧化碳排放水平等。努力成本由固定成本和可变成本两部分组成。其中，F_m 和 F_s 为制造商和供应商提升产品绿色度水平的固定投入成本。b_m 和 b_s 分别为制造商和供应商绿色度水平改进成本的影响系数，$b_m > 0$，$b_s > 0$。b_m 越大，说明制造商提高绿色度水平产生的成本越高；若 $b_m > b_s$，意味着制造商绿色度水平每单位投资成本高于供应商相应的投资成本，也就是说制造商改善产品绿色生产水平的能力低于供应商，反之则相反。$c(m)$ 和 $c(s)$ 满足一般成本函数的特征：$c'(m) > 0$，

$c'(s)>0$，$c''(m)>0$，$c''(s)>0$。类似的改进成本函数还被 Gurnani 等（2007）、Kaya 和 Özer（2009）等诸多文献采用。在绿色供应链研究中，李瑞海和张涛（2009）、朱庆华和窦一杰（2011）也采用二次型的成本函数，假设研发成本与绿色度提升水平成二次方关系。

假设 6.3：最终产品绿色度水平与制造商和供应商的绿色生产水平相关，假设二者关系为 $g=u_m g_m+u_s g_s$。

在绿色供应链中，最终产品反映出的绿色度水平，不仅与制造商的绿色生产技术及制造工艺相关，而且与其上游供应商在绿色中间品生产过程中的环境相容性及质量水平有关。本书假设最终产品绿色度水平与制造商和供应商的绿色生产水平线性相关，g_m 和 g_s 分别为制造商和供应商的产品/中间品绿色度水平。其中，u_m 和 u_s 分别为制造商和供应商的绿色生产水平对最终产品绿色度的贡献系数，也可以称为影响权重。二者满足关系 $u_m+u_s=1$，且 $u_m \in [0,1]$，$u_s \in [0,1]$。在 Jaber 和 Khan（2010）、Glock 等（2012）中也做出了类似假设，将材料利用率水平看作是制造商和供应商材料利用率的函数。

假设 6.4：需求函数 D 不仅与产品价格相关，还与产品绿色度水平相关，即 $D=f(p,g)$，为了得出更为直观的结论，本书中假设需求函数为一般线性函数 $D=\alpha-\beta p+\gamma g+\varepsilon$，其中，$\alpha>0$ 为不依赖于市场定价和产品绿色度的潜在市场需求，如一些依赖品牌、消费者固有偏好等其他因素的需求；$\beta>0$ 为需求的价格敏感程度，即销售价格的单位变化会导致市场需求 β 单位的变化；$\gamma>0$ 为需求关于产品绿色度水平的敏感程度；ε 为均值为 0 的扰动因子，代表市场需求的不确定性；p 为最终产品的零售价格；g 为产品绿色度水平。

随着生活水平的提高，消费者对产品的理解不仅停留在需求满足层面，他们开始关注产品带来的环境和社会影响。据联合国统计署的统计数据，有80%的荷兰人、90%的德国人、89%的美国人在购物时首先考虑消费品的环境标准；有 85%的瑞典人愿为环境清洁支付较高的价格；有 80%的加拿大人愿多付出 10%的成本购买对环境有益的产品；有 77%的日本人只挑选购买有环境标志的产品（王能民等，2005）。在绿色消费的研究中也发现，顾客愿意购买环境/社会友好型产品（Peattie，2001；Auger et al.，2003），并且愿意为这类绿色度水平更高的产品支付一定的补偿。所以本书假设产品绿色度水平越高，消费者对产品的需求越大。房巧红（2010）采用线性形式描述二者之间的关系。

二、模型构建及求解分析

（一）正式契约治理机制下的供应链绿色运营策略

在一个制造商和一个供应商组成的绿色供应链中，制造商和供应商共同进行绿色生产水平改进努力。由于信息不对称，双方的努力水平不易观测和度量，加之供应链成员的个体私利性，双方都有可能产生"搭便车"行为，引发道德风险问题。鉴于此本节在考虑双边道德风险的情况下，采用正式契约治理机制，通过设计一个收益共享契约来协调制造商和供应商的行为，并分析各参数对契约的影响效果。在正式契约治理机制下，供应链运作顺序如下。

第一阶段,制造商向供应商提供支付契约(契约参数不依赖于努力程度)；第二阶段，供应商选择是否接受契约，以满足参与约束；第三阶段，若供应商接受契约，双方选择相应的产品绿色度水平进行生产；第四阶段，需求实现后，制造商按照契约约定向供应商支付费用，双方获得各自收益。

本节研究制造商作为供应链中核心企业的情况，因此以制造商利润最大化为目标，建立正式契约治理机制下的委托代理模型。

根据前文假设，可得制造商和供应商的期望利润函数如下：

$$\pi_m\left(g_m,g_s\right)=(1-\phi)pE(D)-c_mE(D)-b_mg_m^2/2-F_m-\varpi \qquad (6.1)$$

$$\pi_s\left(g_m,g_s\right)=\phi pE(D)-c_sE(D)-b_sg_s^2/2-F_s+\varpi \qquad (6.2)$$

其中，$E(D)$为期望需求。根据决策过程，在正式契约治理机制下分为两个阶段的博弈，第一阶段是制造商进行最优支付契约设计；第二阶段是制造商和供应商根据给定契约选择相应的产品绿色度水平。按照两阶段博弈逆向求解法，首先假定支付契约$w(\pi)=\varpi+\phi\pi$给定，求解第二阶段制造商和供应商的产品绿色度水平，使得自身利润最大化。其中，ϕ为供应商的收益分享比例，g_m和g_s分别为制造商和供应商的产品/中间品绿色度水平。

由式（6.1）可得，制造商利润最大化的一阶条件为

$$\frac{\partial\pi_m}{\partial g_m}=(1-\phi)p\gamma u_m-c_m\gamma u_m-b_mg_m=0$$

由式（6.2）可得，供应商利润最大化的一阶条件为

$$\frac{\partial\pi_s}{\partial g_s}=\phi p\gamma u_s-c_s\gamma u_s-b_sg_s=0$$

由此可以解出给定支付合同$w(\pi)=\varpi+\phi\pi$下，制造商和供应商的均衡产品绿色度水平g_m^{dd}和g_s^{dd}：

$$g_m^{dd}=\frac{\gamma u_m\left[(1-\phi)p-c_m\right]}{b_m} \qquad (6.3)$$

$$g_s^{dd}=\frac{\gamma u_s(\phi p-c_s)}{b_s} \qquad (6.4)$$

那么第一阶段制造商的最优支付契约设计问题，如 P1 描述

（P1）$\max\limits_{\varpi,\phi}(1-\phi)pE(D)-c_mE(D)-\dfrac{b_mg_m^2}{2}-F_m-\varpi$

$$\text{s.t.}\quad g_m^{dd}=\frac{\gamma u_m\left[(1-\phi)p-c_m\right]}{b_m}$$

$$g_s^{dd} = \frac{\gamma u_s \left(\phi p - c_s \right)}{b_s}$$

$$\phi p E \left(D \right) - c_s E \left(D \right) - b_s g_s^2 / 2 - F_s + \varpi \geqslant \overline{\pi}_s$$

上述优化问题中，制造商以其利润最大化为目标函数，满足下面三个约束条件：其中第一个约束是制造商的激励相容约束，代表制造商对供应商绿色度水平的最优反应函数；第二个约束是供应商的激励相容约束，代表供应商对制造商绿色度水平的最优反应函数；第三个约束是供应商的参与约束，旨在保证供应商在接受契约后获得的收入不低于其保留效用，该约束中，$\overline{\pi}_s$即供应商的保留效用。

因为制造商是核心企业，以其利润最大化为目标，将选择满足供应商的最低要求来保证参与约束。因此在问题 P1 中，参与约束是紧的，将其取等号，求解制造商提供的固定支付 ϖ 可得 $\varpi = \overline{\pi}_s - \phi p E \left(D \right) + c_s E \left(D \right) + b_s g_s^2 / 2 + F_s$。将其代入制造商的目标函数，将问题 P1 转化为

$$（P2）\max_{\phi} pE \left(D \right) - c_m E \left(D \right) - c_s E \left(D \right) - \frac{b_m g_m^2}{2} - \frac{b_s g_s^2}{2} - F_m - F_s - \overline{\pi}_s$$

$$\text{s.t.} \quad g_m^{dd} = \frac{\gamma u_m \left[\left(1 - \phi \right) p - c_m \right]}{b_m}$$

$$g_s^{dd} = \frac{\gamma u_s \left(\phi p - c_s \right)}{b_s}$$

对问题 P2 进行优化求解，得到最优的收益分享比例 ϕ 满足：

$$\frac{p\gamma^2 u_s^2 \left[\left(1 - \phi \right) p - c_m \right]}{b_s} - \frac{p\gamma^2 u_m^2 \left(\phi p - c_s \right)}{b_m} = 0$$

由此可计算得到正式契约下制造商提供的收益分享比例：

$$\phi^{dd} = \frac{b_s u_m^2 c_s + b_m u_s^2 \left(p - c_m \right)}{p \left(b_s u_m^2 + b_m u_s^2 \right)}$$

将 ϕ^{dd} 代入式（6.3）和式（6.4）中，可得正式契约下制造商和零售商最

优的产品绿色度水平，其中上标 dd 代表正式契约下的优化决策结果。

$$g_m^{dd} = \frac{b_s \gamma u_m^3 (p - c_m - c_s)}{b_m (b_s u_m^2 + b_m u_s^2)}, \quad g_s^{dd} = \frac{b_m \gamma u_s^3 (p - c_m - c_s)}{b_s (b_s u_m^2 + b_m u_s^2)}$$

且 $\varpi^{dd} = \bar{\pi}_s - \phi^{dd} p E(D^{dd}) + c_s E(D^{dd}) + b_s (g_s^{dd})^2 / 2 + F_s$。根据最优决策参数的解析式，可以得出 $\partial \phi^{dd} / \partial b_m > 0$、$\partial \phi^{dd} / \partial b_s < 0$、$\partial \phi^{dd} / \partial u_m < 0$、$\partial \phi^{dd} / \partial u_s > 0$、$\partial g_m^{dd} / \partial b_m < 0$、$\partial g_m^{dd} / \partial u_m > 0$、$\partial g_s^{dd} / \partial b_s < 0$、$\partial g_s^{dd} / \partial u_s > 0$，由此得到命题 6.1。

命题 6.1　在正式契约情况下的制造商和供应商的最优策略中：

（1）最优收益分享比例与需求对产品绿色度的弹性系数无关，与制造商的绿色成本系数和供应商的绿色度贡献弹性系数正相关，而与供应商的绿色成本系数和制造商的绿色度贡献弹性系数负相关。

（2）制造商和供应商的生产绿色度水平与其绿色成本负相关，而与其绿色生产对最终产品绿色度的贡献正相关。

（3）制造商对供应商的最优固定支付与供应商的保留效用正相关。

命题 6.1 中的结论（1）说明，制造商在决策最优收益分享系数时，不需要考虑产品绿色度对消费者需求影响的弹性。一般来说，不同的消费者群体对于产品绿色度的反应是不同的，这一差异表现在弹性系数 γ 上。对于偏好绿色产品的群体来说，产品绿色度每增加一单位，会带来需求数量的急速增加，反之亦相反。但从结论（1）来看，消费者群体的不同不会影响收益分享激励系数的制定。在现实中通常表现为制造商在不同地区，面对不同的消费者，却提供给供应商相同的收益分享系数。此外，在绿色生产相关参数方面，如果制造商自身进行绿色生产的成本过高，或供应商对中间品的绿色控制能够更有效地增加最终产品的绿色度，则制造商会提高对供应商的收益分享系数，以此来激励供应商更好地进行中间品的绿色生产；相反，如果供应商绿色生产的贡献度低，制造商也会降低对供应商的收益激励，这体现了"按劳分配"的思想。结论（2）说明，制造商/供应商实施绿色生产的成本弹性越大，双方绿色生产的意愿越低，实现的产品/中间品的绿色度水平越低。当其他参数不变时，绿色生产对绿色度的贡献越大，制造商和供应商越有动机去从事绿色生产，产品/中间品绿色度水平随之增加。结论（3）说明，最优固定支付 ϖ^{dd} 与供应商的保留效用正相关，保留效用越大，制造商需提供的固定支付也就越多。此外，最优固定支付还依赖于供应商和制造商的绿色生产成本系数以及双方对于产品绿色度的贡献系数。

（二）集中式决策下的供应链绿色运营策略

集中式决策，是指供应商和制造商为一个决策主体控制下，以最大化整个供应链系统利润为目标的情况，通常作为判断分散式供应链系统能否实现协调的比较标杆。在供应商与制造商进行集中式质量控制的理想情况下，双方以供应链整体利润最大化为原则决策绿色生产程度，即

$$\pi_c = \pi_m + \pi_s = (p - c_m - c_s)E(D) - b_m g_m^2 / 2 - b_s g_s^2 / 2 - F_m - F_s \qquad (6.5)$$

求解一阶条件，可得各自最优的绿色度水平：

$$\frac{\partial \pi_c}{\partial g_m} = (p - c_m - c_s)\gamma u_m - b_m g_m = 0$$

$$\frac{\partial \pi_c}{\partial g_s} = (p - c_m - c_s)\gamma u_s - b_s g_s = 0$$

则 $g_m^{cc} = \dfrac{(p - c_m - c_s)\gamma u_m}{b_m}$，$g_s^{cc} = \dfrac{(p - c_m - c_s)\gamma u_s}{b_s}$，可直观得出 $g_m^{cc} \geqslant g_m^{dd}$，$g_s^{cc} \geqslant g_s^{dd}$，由此得到命题 6.2。

命题 6.2 在集中式决策情况下：

（1）制造商（供应商）的产品（中间品）绿色度水平均要高于正式契约

治理情况。

（2）产品/中间品的绿色度与最终产品边际收益直接相关。

命题6.2说明，基于收益分享的正式契约治理没能有效激励制造商/供应商提高产品绿色生产水平，其相应的产品/中间品的绿色度均低于集中式决策情况，也就是说正式契约治理不能有效协调供应链。由于制造商和供应商是独立的参与主体，要使双方的决策实现集中式决策的最优效果，就需要采取其他更为有效的治理机制，消除双方偏离最优效果的动机。结论（2）说明，产品性质是影响供应链成员绿色生产的重要因素之一。通常来讲，不同种类的产品单位收益是不同的。对于边际利润较低的产品（如日用品），相应的企业进行绿色生产的意愿也低；相反，对于边际利润高的产品（如服装行业的有机棉时装），这一领域的企业会更有动机进行产品绿色生产，获得更大的顾客支持。

（三）关系治理机制下的供应链绿色运营策略

1. 关系契约的引入

上一小节从正式契约治理的角度出发，建立了双边道德风险下的收益分享契约，分析契约治理对于绿色供应链效率的激励作用。研究发现，由于供应商和制造商的个体私利性，单纯的收益分享契约无法消除双方偏离最优效果的动机，导致了实际绿色生产水平低于系统协调的水平。因此，为了维护双方的合作关系，提高绿色供应链的运营效率，一定程度上需要求助于其他可能的治理机制。

现实中，供应链成员之间的合作往往不止一次，因此学者将长期合作产生的关系作为一种保障性的治理机制纳入研究框架中来，形成长期关系机制的治理模式。关系契约治理机制通过关系契约对交易起到治理作用（王颖和王方华，2007）。关系契约是一种基于重复博弈的长期性契约关系（Baker et al.,

2002），通过关系的未来价值来维持，其本质是一种隐含的自我履行机制，即交易由参与者自行协调完成，无须制度、仲裁者等第三方干预（王安宇，2008）。

许多学者认为在复杂的、风险很大的交换关系中，同时使用关系和契约治理产生的交易绩效比单独采取任何一种机制更好。明确的契约条款、修补措施和争议解决程序，与具有灵活、团结一致、双边、持续等特性的关系治理双管齐下，促进了组织间的交易合作。这一结论得到了大量的实证研究的验证。例如，Poppo 和 Zenger（2002）通过对信息系统（information system，IS）领域的企业高管人员进行调查得出结论，关系与契约是互补的，高的关系水平同高的契约复杂度正相关，反之亦相反。企业管理者应同时使用两种治理机制，相对于单一的治理机制，关系契约治理能够给企业带来更大的绩效。企业同时使用关系和契约治理模式比单独使用某种模式的效果更好。

上述研究都是通过大量的实证数据证明关系与契约的互补作用，验证关系契约治理的有效性，而这方面的模型研究主要体现在关系契约的设计上。在基于重复博弈模型的关系契约研究方面，Bake 等（2002）最早考虑了关系契约的激励问题，分析了关系外包和关系雇佣的差别，证明了资产所有权是影响参与者违反关系契约的诱惑。Levin（2003）首先设计了在道德风险框架下的关系激励契约，并指出最优关系契约为"一步式"的，即当绩效高于某一特定值时，就支付固定奖金。Debo 和 Sun（2004）考虑了一个反复的规则，就是供应商设置价格折扣，研发者在需求实现之前必须遵从规则，文章展示了企业可以通过采取非正式协议，供应商提供一个单价，该单价低于最优化时的价格，研发者订购数量，该数量大于最优化时的数量，以此来增加每个阶段的利润。这个非正式的协议由于在每个阶段各自的非合作表现而受到限制。Ren 等（2010）考虑了买方享有更多的需求信息，供应商根据买方提供的需求信息情况，建立生产能力，他们的关系契约固定了产品的单价，并且当买方申报一个高的需求量（实际需求量是非常低的）被识破时，非合作行为发生。当贴现率很大时，买方会如实申报需求信息，但是由于惩罚措施的存在，系统不能够达到完美的协调。Tunca 和 Zenions（2006）建立模型研究了关系契约和供应拍卖之间的相互影响，模型中考虑存在多个不同质的供应商的情况。Plambeck 和 Taylor（2006）分析了当开发创新性产品时，基于价格承诺和价格-数量承诺的关系契约对供应商投资的激励绩效。此外，还有王安宇等（2006）、宋寒等（2010）等将关系契约应用于研发外包、服务外包中的激励问题研究。

然而，迄今为止，系统地研究供应链合作质量控制中的关系契约的文献尚未见到，且大部分文献集中于关系契约的设计来改进效率，而未有分析关系契约与正式契约治理机制的优劣，以及是否能够在一定范围内通过关系契约实现供应链协调。鉴于此，本节在上一节建立的收益分享契约基础上，进一步引入关系治理机制，分析哪一种治理机制更能够改善供应链产品的绿色生产水平，提高绿色供应链的运营绩效。与现有的文献相比，本节主要有如下两个特点：一是考虑了供应商和制造商联合进行绿色生产的情况；二是从治理机制的角度出发，分析不同的治理机制对供应链产品绿色度的改善作用。在关系契约治理的研究方面，本书以协调决策时的产品绿色度作为基准，考虑制造商和供应商都可能违背关系契约的情况，使关系契约更加合理。

2. 关系治理机制的模型构建

根据前文对关系契约的描述可以发现：关系契约从交易的社会关系嵌入性出发，基于长期的交易关系来确定契约的目标和原则，是基于关系和契约的混合治理模式，过去、现在以及未来的合作性交易关系在契约安排中起着关键作用。与正式契约相比，关系契约具有更强的灵活性和适应性，不追求对契约的所有细节达成一致，而是基于预期未来关系对契约条款，尤其是正式契约中难以验证的条款进行约定。

与前面正式契约治理不同的是，在关系契约治理的机制设计中，制造商除了制定给供应商的支付契约外，双方还将约定其在质量控制方面的努力程度。因为关系契约是基于未来交易价值而存在的，所以在这一框架下，制造商和供应商为了长期合作进行无限次的重复博弈。假定制造商与供应商之间的重复博弈中遵循触发策略：一旦有一方违背关系契约，守约者以后将不再与违约者缔结关系契约，双方在以后的合作中只能采用正式契约。因此，在关系契约中的决策中，双方要基于约定的关系契约，根据自身条件选择遵守或是违背契约条款，若有一方不接受上述条款，则触动触发条件，关系契约终止，双方以后的合作中只存在正式契约。因此，将关系契约中的决策过程描述如下。

第一阶段，制造商和供应商约定关系契约（包括确认支付合同和承诺改进的产品绿色度水平）。

第二阶段，双方判断关系契约是否具有自我实施性。

第三阶段，根据自身条件选择遵守还是违背关系契约。

第四阶段，如果双方遵守上面约定的条款，按照关系契约约定进行绿色生产并在需求实现后进行利润分配；若有一方不接受上述条款，非合作行为发生，关系契约终止，双方以后的合作中只存在正式契约。

这是一个多阶段的博弈过程，继续采用逆向求解法，在假定关系契约给定的情况下，双方判断契约是否能够自我实施，以此来作为守约或违约的依据。供应链中双方是否遵守关系契约取决于他们各自遵守契约时获得的收益与付出的成本的大小。若他们认为遵守关系契约时获得的收益预期值不小于付出的成本，或者遵守关系契约获得的收益预期值不小于违背关系契约时的收益预期值，则他们将会遵守关系契约；否则将会违背关系契约，选择使自己当期利益最大的短视行为（只顾眼前利益，不考虑未来长期收益的行为）。

对于制造商来说，在相信供应商遵守关系契约的前提下，如果制造商遵守关系契约，即制造商和供应商在当前合作中投入系统最优的产品绿色度水平，分别为 g_m^{cc} 和 g_s^{cc}，那么制造商当前合作中获得的利润为 $E\pi_m\left(g_m^{cc},g_s^{cc}\right)$，为方便起见，设 $\Delta = p - c_m - c_s$，代表产品的边际收益。

$$E\pi_m\left(g_m^{cc},g_s^{cc}\right)=\left[(1-\phi)p-c_m\right]\left[\frac{\Delta\gamma^2u_s^2}{b_s}+\frac{\Delta\gamma^2u_m^2}{b_m}+(\alpha-\beta p)\right]-\frac{\Delta^2\gamma^2u_m^2}{2b_m}-F_m-\varpi$$

如果制造商违背关系契约，不投入整体最优的产品绿色度 g_m^{cc}，将会选择在供应商遵守契约条件下使自身利润最大化的产品绿色度 $\tilde{g}_m$，获得违约利润 $E\pi_m\left(\tilde{g}_m,g_s^{cc}\right)$。因为制造商利润中的固定支付部分 ϖ 与其产品绿色度决策无关，所以制造商违约选择的产品绿色度 $\tilde{g}_m$ 由式（6.6）决定：

$$\begin{aligned}\tilde{g}_m &= \operatorname{argmax}\left\{E\pi_m\left(g_m,g_s^{cc}\right)\right\}\\&= \operatorname{argmax}\left\{\left[(1-\phi)p-c_m\right]\left[(\alpha-\beta p)+\gamma u_m g_m+\frac{\Delta\gamma^2u_s^2}{b_s}\right]-b_m g_m^2/2\right\}\end{aligned}\quad（6.6）$$

而制造商一旦违约，供应商在以后的合作中将不会再与制造商签订关系契约，从下一期开始，制造商与供应商的合作只能基于正式契约，即制造商和供应商从违约后的下一期开始都只选择使其自身利润最大的次优绿色生产水平 $\left(g_m^{dd},g_s^{dd}\right)$。制造商在违约后的每一期合作中都获得 $E\pi_m\left(g_m^{dd},g_s^{dd}\right)$ 的期望利润。

若要保证制造商接受关系契约，那么制造商违背关系契约后获得的未来利润将会小于遵守关系契约时获得的未来利润，也就是说

$$E\pi_m\left(\tilde{g}_m,g_s^{cc}\right)+\sum_{i=1}^{+\infty}\frac{1}{(1+\delta)^i}E\pi_m\left(g_m^{dd},g_s^{dd}\right)$$
$$\leqslant E\pi_m\left(g_m^{cc},g_s^{cc}\right)+\sum_{i=1}^{+\infty}\frac{1}{(1+\delta)^i}E\pi_m\left(g_m^{cc},g_s^{cc}\right)$$

同理，对于供应商来说，在相信制造商将遵守关系契约的情况下，如果供应商选择遵守关系契约，那么其获得的当期利润为 $E\pi_s\left(g_m^{cc},g_s^{cc}\right)$。

$$E\pi_s\left(g_m^{cc}, g_s^{cc}\right) = \left(\phi p - c_s\right)\left[\frac{\Delta\gamma^2 u_s^2}{b_s} + \frac{\Delta\gamma^2 u_m^2}{b_m} + (\alpha - \beta p)\right] - \frac{\Delta^2\gamma^2 u_s^2}{2b_s} - F_s + \varpi$$

如果供应商违背关系契约，选择使自己当期利润最大化的中间品绿色度 $\tilde{g}_s$，那么供应商将获得的当期利润为 $E\pi_s\left(g_m^{cc}, \tilde{g}_s\right)$，其违约时选择的绿色度水平 $\tilde{g}_s$ 由式（6.7）决定：

$$\tilde{g}_s = \text{argmax}\left\{E\pi_s\left(g_m^{cc}, g_s\right)\right\}$$

$$= \text{argmax}\left\{\left(\phi p - c_s\right)\left[\gamma u_s g_s + \frac{\Delta\gamma^2 u_m^2}{b_m} + (\alpha - \beta p)\right] - \frac{b_s g_s^2}{2} - F_s + \varpi\right\} \quad (6.7)$$

如果供应商违背关系契约，那么制造商在今后的合作中将不再与供应商建立关系契约，即双方将在今后的合作中只付出使各自利润最大化的次优绿色度水平 $\left(g_m^{dd}, g_s^{dd}\right)$，因此违约后供应商每期获得的利润为 $E\pi_s\left(g_m^{dd}, g_s^{dd}\right)$。同理可得供应商遵守关系契约的条件

$$E\pi_s\left(g_m^{cc}, \tilde{g}_s\right) + \sum_{i=1}^{+\infty}\frac{1}{(1+\delta)^i}E\pi_s\left(g_m^{dd}, g_s^{dd}\right)$$

$$\leqslant E\pi_s\left(g_m^{cc}, g_s^{cc}\right) + \sum_{i=1}^{+\infty}\frac{1}{(1+\delta)^i}E\pi_s\left(g_m^{cc}, g_s^{cc}\right)$$

同样以制造商作为供应链中核心企业，可以将关系契约设计问题描述如下：

（P3） $\max\limits_{\varpi,\phi}\left(1-\phi\right)pE(D) - c_m E(D) - b_m g_m^2/2 - F_m - \varpi$

s.t. $\quad g_m^{cc} = \left(p - c_m - c_s\right)\gamma u_m/b_m$ （6.8）

$$g_s^{cc} = \left(p - c_m - c_s\right)\gamma u_s/b_s \quad (6.9)$$

$$\phi pE(D) - c_s E(D) - b_s g_s^2/2 - F_s + \varpi \geqslant \overline{\pi}_s \quad (6.10)$$

$$E\pi_m\left(\tilde{g}_m, g_s^{cc}\right) + \sum_{i=1}^{+\infty}\frac{1}{(1+\delta)^i}E\pi_m\left(g_m^{dd}, g_s^{dd}\right)$$

$$\leqslant E\pi_m\left(g_m^{cc},g_s^{cc}\right)+\sum_{i=1}^{+\infty}\frac{1}{(1+\delta)^i}E\pi_m\left(g_m^{cc},g_s^{cc}\right) \tag{6.11}$$

$$E\pi_s\left(g_m^{cc},\tilde{g}_s\right)+\sum_{i=1}^{+\infty}\frac{1}{(1+\delta)^i}E\pi_s\left(g_m^{dd},g_s^{dd}\right)$$

$$\leqslant E\pi_s\left(g_m^{cc},g_s^{cc}\right)+\sum_{i=1}^{+\infty}\frac{1}{(1+\delta)^i}E\pi_s\left(g_m^{cc},g_s^{cc}\right) \tag{6.12}$$

问题 P3 中，约束（6.8）和约束（6.9）分别是关系契约下制造商和供应商的参与承诺（实施系统最优的产品绿色度），约束（6.10）是供应商的参与约束，约束（6.11）和约束（6.12）分别是制造商和供应商的自我实施约束（激励相容约束），保证关系契约的可行性。其中，δ 为贴现率。

3. 关系治理机制优化设计

因为关系契约不依靠第三方强制实施，只有符合双方利益的契约才能被执行。符合双方利益是指双方遵守关系契约带来的预期收益将会超过违背关系契约的预期收益，也就是说，关系契约必须满足激励相容的条件：当制造商和供应商同时满足关系契约的可自我实施条件时，即约束（6.11）和约束（6.12）同时被满足，他们才能都遵守关系契约。由此，产生命题 6.3。

命题 6.3　制造商设计的收益分享比例使得如下不等式组成立时，关系契约才能被执行，其中 B_m 和 B_s 分别代表制造商和供应商守约需要满足的贴现率的上限。

$$\begin{cases} \delta \leqslant \dfrac{b_m u_m^2 \Delta^2 (2b_s u_m^2 + 3b_m u_s^2)}{(b_s u_m^2 + b_m u_s^2)^2 (\phi p - c_s)^2} - \dfrac{4b_m u_s^2 \Delta}{(b_s u_m^2 + b_m u_s^2)(\phi p - c_s)} = B_m \\[4mm] \delta \leqslant \dfrac{b_m u_m^2 \Delta^2 (3b_s u_m^2 + 2b_m u_s^2)}{(b_s u_m^2 + b_m u_s^2)^2 [(1-\phi p) - c_m]^2} - \dfrac{4b_m u_s^2 \Delta}{(b_s u_m^2 + b_m u_s^2)[(1-\phi) p - c_s]} = B_s \end{cases}$$

证明：首先看约束（6.11），可化简为

$$E\pi_m\left(\tilde{g}_m,g_s^{cc}\right)-E\pi_m\left(g_m^{cc},g_s^{cc}\right)\leqslant\frac{1}{\delta}\left[E\pi_m\left(g_m^{cc},g_s^{cc}\right)-E\pi_m\left(g_m^{dd},g_s^{dd}\right)\right]$$

对于不等式左边，由 $\tilde{g}_m=\arg\max\left\{E\pi_m\left(g_m,g_s^{cc}\right)=\left[(1-\phi)p-c_m\right]\left(\alpha-\beta p\right)\right.$

$\left.+\gamma u_m g_m+\dfrac{\Delta\gamma^2u_s^2}{b_s}\right]-b_m g_m^2/2\right\}$ 可得 $\tilde{g}_m=\dfrac{\gamma u_m\left[(1-\phi)p-c_m\right]}{b_m}$。

因此

$$E\pi_m\left(\tilde{g}_m,g_s^{cc}\right)=\left[(1-\phi)p-c_m\right]\left[\alpha-\beta p+\frac{\gamma^2u_m^2\left[(1-\phi)p-c_m\right]}{b_m}+\frac{\Delta\gamma^2u_s^2}{b_s}\right]$$

$$-\frac{\gamma^2u_m^2\left[(1-\phi)p-c_m\right]^2}{2b_m}-F_m-\varpi$$

根据集中式决策下的最优策略，可以计算得出

$$E\pi_m\left(g_m^{cc},g_s^{cc}\right)=\left[(1-\phi)p-c_m\right]\left[\alpha-\beta p+\frac{\Delta\gamma^2u_m^2}{b_m}+\frac{\Delta\gamma^2u_s^2}{b_s}\right]$$

$$-\frac{\gamma^2u_m^2\Delta^2}{2b_m}-F_m-\varpi$$

进一步可得

$$E\pi_m\left(\tilde{g}_m,g_s^{cc}\right)-E\pi_m\left(g_m^{cc},g_s^{cc}\right)=\frac{\gamma^2u_m^2(\phi p-c_s)^2}{2b_m}$$

对于不等式右边，根据正式契约治理下的最优策略，可计算得出：

$$E\pi_m\left(g_m^{cc},g_s^{cc}\right)-E\pi_m\left(g_m^{dd},g_s^{dd}\right)$$

$$=\frac{2\Delta\gamma^2u_m^2u_s^2\left[(1-\phi)p-c_m\right]}{b_su_m^2+b_mu_s^2}-\frac{\Delta^2\gamma^2u_m^2u_s^2\left(2b_su_m^2+b_mu_s^2\right)}{2(b_su_m^2+b_mu_s^2)^2}$$

根据不等式（6.11）可整理出制造商遵守关系契约的条件为

$$\delta\leqslant\frac{b_mu_s^2\Delta^2\left(2b_su_m^2+3b_mu_s^2\right)}{(b_su_m^2+b_mu_s^2)^2(\phi p-c_s)^2}-\frac{4b_mu_s^2\Delta}{\left(b_su_m^2+b_mu_s^2\right)(\phi p-c_s)}=B_m$$

同理，对于供应商遵守关系契约的条件，将约束（6.12）化简为

$$E\pi_s\left(g_m^{cc},\tilde{g}_s\right)-E\pi_s\left(g_m^{cc},g_s^{cc}\right)\leqslant\frac{1}{\delta}\left[E\pi_s\left(g_m^{cc},g_s^{cc}\right)-E\pi_s\left(g_m^{dd},g_s^{dd}\right)\right]$$

对于上式不等式左边，由 $\tilde{g}_s=\operatorname{argmax}\left\{E\pi_s\left(g_m^{cc},g_s\right)\right\}$ 可得

$$\tilde{g}_s=\frac{\gamma u_s\left(\phi p-c_s\right)}{b_s}$$

因此

$$E\pi_s\left(g_m^{cc},\tilde{g}_s\right)=\left(\phi p-c_s\right)\left[\alpha-\beta p+\frac{\gamma^2 u_m^2\Delta}{b_m}+\frac{\gamma^2 u_s^2\left(\phi p-c_s\right)}{b_s}\right]$$
$$-\frac{\gamma^2 u_s^2\left(\phi p-c_s\right)^2}{2b_s}-F_s+\varpi$$

根据集中式决策下的优化策略，可计算得出：

$$E\pi_s\left(g_m^{cc},g_s^{cc}\right)=\left(\phi p-c_s\right)\left[\alpha-\beta p+\frac{\Delta\gamma^2 u_m^2}{b_m}+\frac{\Delta\gamma^2 u_s^2}{b_s}\right]-\frac{\gamma^2 u_m^2\Delta^2}{2b_s}-F_s+\varpi$$

进一步可得

$$E\pi_s\left(g_m^{cc},\tilde{g}_s\right)-E\pi_s\left(g_m^{cc},g_s^{cc}\right)=\frac{\gamma^2 u_s^2\left[\left(1-\phi\right)p-c_m\right]^2}{2b_s}$$

对于上述不等式的右边，同理首先计算 $E\pi_s\left(g_m^{cc},g_s^{cc}\right)-E\pi_s\left(g_m^{dd},g_s^{dd}\right)$ 的值，得出：

$$E\pi_s\left(g_m^{cc},g_s^{cc}\right)-E\pi_s\left(g_m^{dd},g_s^{dd}\right)=\frac{2\Delta\gamma^2 u_m^2 u_s^2\left(\phi p-c_s\right)}{b_s u_m^2+b_m u_s^2}-\frac{\Delta^2\gamma^2 u_m^2 u_s^2\left(b_s u_m^2+2b_m u_s^2\right)}{2(b_s u_m^2+b_m u_s^2)^2}$$

整理不等式（6.12），可得供应商遵守关系契约的条件为

$$\delta\leqslant\frac{b_s u_m^2\Delta^2\left(3b_s u_m^2+2b_m u_s^2\right)}{(b_s u_m^2+b_m u_s^2)^2\left[\left(1-\phi\right)p-c_m\right]^2}-\frac{4b_s u_m^2\Delta}{\left(b_s u_m^2+b_m u_s^2\right)\left[\left(1-\phi\right)p-c_m\right]}=B_s$$

由命题 6.3 可知，当 $B_m = B_s$ 时，$\phi_r \mid_{B_m = B_s} = \dfrac{\sqrt{c_s b_s}\, u_m + \sqrt{(p - c_m) b_m}\, u_s}{\sqrt{p b_s}\, u_m + \sqrt{p b_m}\, u_s}$，此时

$B_m = B_s = 1$，即两条曲线 B_m 和 B_s 相交于 $(\phi_r, 1)$ 点。由于 B_m 是关于 ϕ 的减函数，而 B_s 是关于 ϕ 的增函数，不等式组成立的点落在图 6.1 由 A、B、C 围成的闭环区域中。

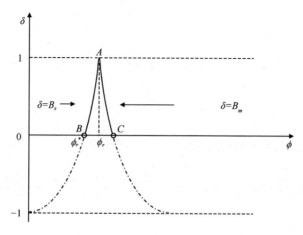

图 6.1　关系契约的可行域分析

通过命题 6.3 的分析，在图 6.1 中点 A、B、C 形成的闭合区域内部及其边界上，双方都能够自愿遵守关系契约。而在本书探讨的绿色供应链中，由于制造商是主导者，具有更强的谈判能力。因此，在保证供应商遵循关系契约的基础上，制造商会尽可能地最大化自己的期望利润。对于制造商来说，收益分享比例越小，制造商获得的利润越大，所以在保证供应商遵守关系契约的基础上，制造商设计的最优收益分享比例越小越好，其最小上界满足图 6.1 中闭合区域左边的边界条件即 $\delta = B_s$，即 ϕ_r^* 的取值正好对应于供应商遵守关系契约时需要满足的临界值曲线 B_s 的横坐标，因此可得命题 6.4。

命题 6.4　在保证关系契约可自我执行条件下，关系契约参数决策为

（1）最优收益分享比例 ϕ_r^* 满足：

$$\frac{b_s u_m^2 \Delta^2 \left(3 b_s u_m^2 + 2 b_m u_s^2\right)}{\left(b_s u_m^2 + b_m u_s^2\right)^2 \left[\left(1-\phi_r^*\right)p - c_m\right]^2} - \frac{4 b_s u_m^2 \Delta}{\left(b_s u_m^2 + b_m u_s^2\right)\left[\left(1-\phi_r^*\right)p - c_m\right]} - \delta = 0$$

（2）制造商承诺实现的产品绿色度为

$$g_m^* = g_m^{cc} = \frac{\left(p - c_m - c_s\right)\gamma u_m}{b_m}$$

（3）供应商承诺实现的产品绿色度为

$$g_s^* = g_s^{cc} = \frac{\left(p - c_m - c_s\right)\gamma u_s}{b_s}$$

通过对命题 6.4 进行分析，供应商的绿色投入成本系数 b_s 越高，关系契约下制造商向其提供的最优收益分享率越小，只有这样，制造商向供应商做出的产品绿色生产水平承诺才可信；而供应商的绿色度贡献系数 u_s 越高，供应商面临的外部选择机会将会越多，其退出关系契约的动机也就越来越大，因此制造商会提供更高的收益分享比例，保证供应商的未来收益，激励供应商更好地遵守关系契约。

4. 比较分析

通过对正式契约和关系契约下的收益分享比例进行比较，可得命题 6.5。

命题 6.5 当贴现系数 $\delta \in \left[\bar{\delta}, 1\right]$ 时，$\phi_r^* \geqslant \phi^{dd}$，其中 $\bar{\delta} = \dfrac{2 b_m \gamma_s^2 - b_s \gamma_m^2}{b_s \gamma_m^2}$。

证明：由前文知，关系契约下的收益分享比例 $\phi_r^* = \dfrac{\sqrt{(1+\delta) b_m \gamma_s}}{\sqrt{2 b_s}\gamma_m + \sqrt{(1+\delta) b_m \gamma_s}}$，

正式契约下的收益分享比例 $\phi^{dd} = \dfrac{b_m \gamma_s^2}{b_m \gamma_s^2 + b_s \gamma_m^2}$。假设 $\phi_r^* \geqslant \phi^{dd}$，即

$\dfrac{\sqrt{(1+\delta) b_m \gamma_s}}{\sqrt{2 b_s}\gamma_m + \sqrt{(1+\delta) b_m \gamma_s}} \geqslant \dfrac{b_m \gamma_s^2}{b_m \gamma_s^2 + b_s \gamma_m^2}$，求解不等式可得满足条件的贴现率

$$\delta \geq \frac{2b_m\gamma_s^2 - b_s\gamma_m^2}{b_s\gamma_m^2} \, 。$$

命题 6.5 说明，当贴现系数较高时，在关系契约下，制造商会向供应商提供高于正式契约下的收益分享率。因为贴现率越高，供应商违背关系契约造成的未来收益损失（折算成违约当期的货币价值）就越小，这种情况下，供应商将来发生的经济损益越来越不重要，只有眼前的损益才是最重要的。贴现率的提高增加了供应链的不稳定性，加剧了供应商机会主义倾向，因此制造商需要向供应商承诺更高的收益分享比例，激励供应商维持关系契约。

通过双方在不同治理机制下的最优产品绿色度比较，可得命题 6.6 和命题 6.7。

命题 6.6　关系契约治理机制下，制造商/供应商实现的产品/中间品绿色度要高于正式契约治理下对应的绿色度水平。

命题 6.7　关系契约治理机制下，制造商/供应商实现的产品/中间品绿色度能够达到集中式决策下的系统最优值，实现供应链的协调。

三、数值分析及研究结论

（一）数值分析

下面通过数值分析进一步验证和直观地比较正式契约与关系契约两种机制在提升供应链产品绿色度和协调交易关系方面的效果。假设 $\alpha = 20$，$\beta = 1$，$\gamma = 2$，$b_m = 1$，$b_s = 1.5$，$u_m = 0.5$，$u_s = 0.5$，$p = 15$，$c_m = 4$，$c_s = 3$，$\pi_s = 60$，得到制造商和供应商在正式契约治理、集中式决策、关系契约治理情况下的各参数结果，如表 6.1 所示。

表 6.1　三种不同机制下制造商和供应商的参数值

参数值	正式契约治理	集中式决策	关系契约治理
ϕ	0.413	—	0.424
g_m	4.8	8.0	8.0
g_s	2.13	5.33	5.33
ϖ	9.04	—	0
π_m	116.0	—	157.7
π_s	80.0	—	102.3
π_c	196.0	260.0	260.0

注：表中关系契约治理对应值以 $\delta = 0.5$ 为例

从表 6.1 可以看出，关系契约治理下制造商和供应商的绿色生产水平都超过了正式契约治理的情况，双方利润也得到了提升，达到了集中式决策的效果，这也证实了关系契约治理相对于单一契约治理的优越性，在绿色供应链运营过程中，应当采用关系契约治理的机制，其比采用单一正式契约治理更有效。

表 6.1 中关系契约的相应参数值是在 $\delta = 0.5$ 的设定下计算得出，下面分析贴现率 δ 的变动对于关系契约参数及其实施效果的影响。由图 6.2 可知，在关系契约情况下，随着贴现率 δ 的增大，制造商提供给供应商的收益分享比例也越来越大，逐渐超过正式契约下的收益分享率，这也验证了命题 6.5 的结论。当 $\delta \geqslant \bar{\delta} = 0.3$ 时，$\phi_r^* \geqslant \phi^{dd}$。图 6.3 显示了制造商利润、供应商利润以及系统总利润随贴现率的变动情况。随着 δ 的增加，制造商利润逐渐下降，而供应商利润逐渐增加，双方利润始终大于正式契约下的对应值，利润之和始终与集中式决策下的系统总利润相等。这说明不论贴现率如何变化，制造商都能够通过变动收益分享比例来保证关系契约下的供应链协调。而贴现率越高，供应商违背关系契约的风险就越大，因此制造商需要向供应商提供更高的收益分享比例，抑制供应商的机会主义行为，保证供应商遵守关系契约，实现供应链的双赢。

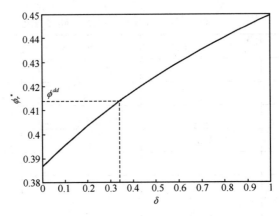

图 6.2   收益分享率随 δ 变化趋势

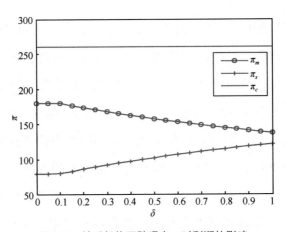

图 6.3   关系契约下贴现率 δ 对利润的影响

图 6.4 和图 6.5 分别描述了关系契约下制造商和供应商关于绿色产品的贡献度对供应链成员利润的影响。可以看出，随着制造商对最终产品绿色度影响权重 u_m 的增加，制造商的利润呈先增后减的趋势，而供应商利润呈递减趋势，绿色供应链的系统总利润与制造商的利润变化趋势类似，都呈先增后减的变化趋势。当制造商的对产品绿色度的贡献小于供应商时，制造商会支付给供应商更高的利益，以激励供应商努力提高绿色生产水平。正如图 6.4 中所示，$u_m < 0.35$ 时，相对于制造商来说，供应商获利更高。如果制造商和

供应商对于最终产品绿色度的影响权重较为均衡时（如图 6.4 中 $u_m \in [0.5, 0.7]$段函数图象），这一绿色供应链所能获得的系统总利润会达到最大，说明供应链成员紧密合作，均积极参与绿色供应链的运营才能实现绿色供应链的高效运转。

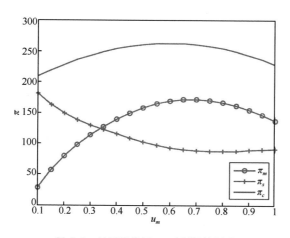

图 6.4　关系契约下 u_m 对利润的影响

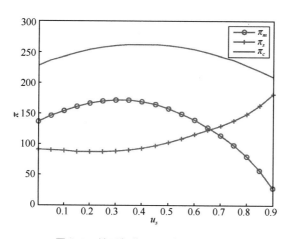

图 6.5　关系契约下 u_s 对利润的影响

图 6.6 比较了两种机制下供应链成员利润比关于双方绿色生产成本的变化。图 6.6 中左侧从上至下分别代表了制造商、供应链系统和供应商在正式

契约和关系契约两种治理机制下的利润比，即 π^{dd}/π^{r}，上标 dd 代表正式契约治理情况，r 代表关系契约治理情况。图 6.6 横坐标为制造商和供应商绿色生产成本的比率 b_m/b_s，用参数 k 来表示。可以看出，供应商进行绿色生产的成本过高或过低都会造成制造商采用关系契约下的利润损失，此时利润低于正式契约治理情况。只有当双方生产成本相对值处于一定范围内，制造商才有动机采用关系契约机制进行绿色供应链成员关系治理。

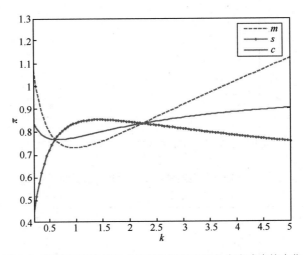

图 6.6　两种治理机制下成员利润比关于绿色生产成本的变化

（二）研究结论

本节针对单一制造商和单一供应商构成的二级供应链系统，分析了双方不同的合作机制对于绿色供应链运营的影响。研究以正式契约治理机制和关系契约治理机制为例，探讨两种合作形式下绿色供应链运营绩效和供应链成员的策略选择问题。在具体的模型设计中，假设制造商是该绿色供应链中的核心企业，供应商作为跟随者，二者之间存在委托代理关系。在这一关系下，制造商与供应商共同努力提高产品绿色生产水平。最终产品的绿色生产水平通过双方各自的产品绿色度来反映，而绿色生产水平的提升会带来产品市场需求的增加，扩大制造商和供应商的销售数量，二者均能获益。然而，由于交易双方的个体私利性，会存在"搭便车"的思想，即希望对方努力提高产品绿色度而自己享受努力的成果，由此产生双边道德风险，影响绿色供应链的运营效率。因此，本节针对绿色供应链中的双边道德风险问题，从治理机制的角度出发，分析不同的合作形式对于绿色供应链运营的驱动作用，探讨不同机制的协调效果和成员的策略选择问题。

文章首先讨论了正式契约治理机制下的绿色供应链运营情况，通过设计一个收益共享契约来调节制造商和供应商的行为。以制造商利润最大化为目标，建立正式契约治理机制下的委托代理模型，得到制造商和供应商的最优绿色运营策略以及相应的支付契约。随后分析了集中式决策情况，作为比较基准，判断正式契约治理机制对于供应链绿色运营的作用效果。通过模型研究得出结论：正式契约治理机制下，制造商提供给供应商的收益分享契约比例与需求与产品绿色度的弹性系数无关，制造商在支付契约的设计中不需要考虑不同的消费者群体对于产品绿色度的反应。但是，制造商和供应商的绿色生产策略却和产品绿色度弹性系数正相关，消费者越偏好绿色产品，供应链成员的绿色运营动机越强烈。此外，制造商/供应商绿色生产的成本系数以及其绿色运营对最终产品绿色度的贡献也会影响双方的绿色生产策略。具体表现为：实施绿色生产的成本系数越大，绿色生产的意愿越低；而绿色运营对最终产品绿色度贡献越大，绿色生产的动机越强烈。虽然正式契约治理机制下，供应链成员会根据不同的绿色生产成本和对最终产品的绿色度贡献选择适当的运营策略进行绿色生产，但是通过与集中式决策进行比较可以发现，正式契约治理机制对于供应链绿色运营的驱动效果不显著。在正式契约治理机制下，供应链的绿色运营水平没有达到集中式决策时的最优绿色水平。

因此，在收益分享契约机制基础上，我们进一步引入关系机制，考虑供应链成员之间长期合作产生的关系对于绿色供应链运营的驱动作用。通过对引入关系契约机制下的委托代理模型进行设计和分析，得到如下研究结论：在关系机制下，供应商对于最终产品绿色度的贡献越高，制造商提供的收益分享比例越高，以保证供应商的持续未来收益，抑制供应商退出合作关系的动机。而且关系机制下供应链成员的绿色运营策略与最终产品的边际收益直接相关，产品的边际收益越高，企业越有动机进行绿色生产。

通过与正式契约治理机制情况进行比较可以发现，在引入关系契约治理机制后的供应链绿色运营绩效达到了集中式决策情况下的绩效水平，且制造商和供应商的绿色生产水平也得到相应提高。相对于正式契约治理机制来说，引入的关系契约治理机制更能够推动供应链的绿色运营。而且在关系契约治理机制下，贴现率较高时，制造商向供应商提供的收益分享比例也超过了正式契约治理机制情况，这是制造商基于长期交易关系的考量，放弃自身一部分短期收益来维护与供应商的合作，以实现共同绿色产品生产的一种策略。

综合以上分析，本节的研究论证了供应链成员企业之间的合作关系能够激励参与企业实现其生产活动与环境相容的目标，提高供应链绿色运营水平。也就是说，利用合理的治理机制对供应链成员企业进行有效的关系管理，是推动供应链绿色化的关键因素。此外，本书还分析了双方对产品绿色度的影响权重及绿色生产成本对成员企业及绿色供应链整体利润的影响，为机制设计的实际应用提供决策参考。

（三）管理启示

本节针对供应链合作伙伴关系对绿色运营的驱动作用，分析了不同机制下的策略选择和机制设计问题，通过模型分析与结论，可以得到以下管理启示。

制造型核心企业可以通过合理的机制设计激励供应商提高绿色生产水平。如果制造商自身进行绿色生产的成本过高，或供应商对中间品的绿色控制能够更有效地提高最终产品的绿色度，那么制造商应该提高对供应商的收益分享系数。

制造商在进行绿色运营的收益分配时，不需要考虑消费者需求弹性的影响。也就是说，制造商可以在不同地区，面对不同的消费者，给供应商提供相同的收益分享系数。

关系契约治理机制下，贴现率的提高会增加供应链的不稳定性，加剧供应商机会主义倾向，因此当市场贴现率较高时，制造商需要向供应商承诺更高的收益分享比例，激励供应商维持关系契约。

关系契约治理机制下，制造商和供应商的绿色运营策略与最终产品的边际收益直接相关。当产品的边际收益较高时，制造商和供应商应当积极开展绿色生产，以获得更多的顾客支持；当最终产品的边际收益较低时，供应链成员是否采取绿色生产取决于绿色生产投入成本与带来的需求增量之间的平衡。

第二节　核心企业关系模式对可持续供应链决策的影响机制研究

基于供应链治理理论视角，在个体和集体两种生产者责任模式下，本节分别构建非合作和合作博弈模型。通过对模型的求解，本章给出个体责任模式和集体责任模式下合作企业污染治理技术的最佳决策，探讨核心企业之间生产技术的差距，以及相互依赖程度对企业的污染治理决策的影响机理。

一、研究背景及问题描述

（一）研究背景

模型的背景是供应链系统中多方责任主体的博弈关系，多方责任主体指核心企业和其上下游的利益相关企业。

如图 6.7 所示，环境污染、能源消耗、可持续发展以及当下的 EPR 等外部因素，促使了供应链治理结构的演变，使得利益主体的格局发生重组，由以前的主要由制造商和供应商构成的供应链结构关系，变成现在受到政府、消费者和 NGO 监督的供应链结构关系。

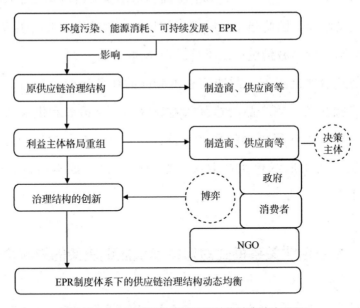

图 6.7　企业决策下供应链治理结构动态演变历程

基于前文的文献梳理，发现目前研究主要是侧重经济效益的最大化，缺乏环境效益和社会效益的均衡，而且侧重运营管理研究，缺乏决策主体之间的柔性关系探讨。而供应链治理作为一种新的理论视角，侧重社会关系的嵌入对供应链主体决策的影响。所以，以供应链治理为理论基础，探究 EPR 下供应链伙伴之间的关系对决策的影响问题，不仅能为企业化解经济、环境和社会冲突提供理论依据，更能帮助企业实现自身供应链的可持续发展。就像 Crisan 等（2011）所说，供应链治理既不是决策过程，也不是管理行动，而是一个用于催生科学决策的知识框架和体系。同理，Li 等（2014）指出供应链治理强调可持续发展的重要性，通过制度、结构和机制的构建，控制供应链上利益相关者的行为，引导他们做出科学的决策。Meyer 和 Rowan（1997）指出，制度环境能够提供一个被广泛接受的法律和文化环境，从而将利益相关者"诱惑"到相关政策的实施流程当中，形成责任共担原则下的合作模式。所以，政府规定是 EPR 有效实施的重要影响因素。可见，EPR 的有效实施受到三方面因素的影响：政府和社会公众等外界压力、企业自身的技术水平和成本投入、供应链伙伴之间的关系依赖程度。尽管已有理论已对上述问题逐个进行了深入探索，但缺乏从供应链治理的视角来研究三个问题中治理因素和影响机制的融合问题。

（二）问题描述

基于以上背景，本节将受到外界制度压力的供应链合作伙伴作为决策主体，分别对个体生产者责任（individual producer responsibility，IPR）与集体生产者责任（collective producer responsibility，CPR）模式下的企业污染技术投入水平和合作模式进行优化决策，探讨供应链合作下可持续治理机制的实施问题。

围绕核心企业在合作博弈过程中的治理机制实施问题，本节具体探讨以下研究问题：①核心企业的 EPR 实施模式有哪些？②不同的生产者责任模式下考虑的因素有哪些？③决策因素如何影响核心企业进行责任模式的选择？

二、模型构建及求解分析

（一）模型构建

针对以上研究问题，本书假设同一个地区的供应链上下游，共有 n 个企业，每个企业作为博弈的一个参与者，企业所形成的集合为 N。对于环境污染问题，企业 $i(i=1,2,3,\cdots,n)$ 可选择的污染治理技术投入量 e 被称为污染治理策略，则 e_i 表示 i 的某一个具体策略，所有策略构成策略集为 $E_i=\{e_i\}$。当 n 个企业均做出一个治理策略，n 维向量 $e=(e_1,\cdots,e_i,\cdots,e_n)$ 称为一个策略组合。π_i 为第 i 个企业的收益函数，表示企业 i 在污染治理中获得的收益，同时 π_i 是所有企业策略的函数，$\pi_i=\pi_i(e_1,\cdots,e_i,\cdots,e_n)$。依据纳什均衡定义可知：在博弈 $G=(E_i;\pi_i)$ 中，如果策略组合 $e^*=(e_1^*,\cdots,e_i^*,\cdots,e_n^*)$ 中任意企业的治理策略 e_i^* 都是针对其余企业的策略组合 $e_{-i}^*=(e_1^*,\cdots,e_{i-1}^*,e_{i+1}^*,\cdots,e_n^*)$ 的最佳策略，即：$\pi_i\left(e_i^*,e_{-i}^*\right)\geqslant\pi_i\left(e_i,e_{-i}^*\right)$，$\forall e_i\in E_i,\forall i$。则 $e^*=(e_1^*,\cdots,e_i^*,\cdots,e_n^*)$ 为博弈 $G=(E_i;\pi_i)$ 的一个纳什均衡。在 IPR 模式下的非合作环境博弈中，尽管没有约束力的合作协议，但纳什均衡中每个企业所做的决策一定是针对其他企业策略的最佳污染治理策略。

假设每个企业隶属于一个产业链，供应链上下游企业均负有环境污染的治理责任，同时也受到环境污染的影响。考虑到一些企业在进行污染治理过程中，会依据自身的技术投入水平，对其他利益相关企业进行选择。例如，一些谈判能力较强的核心企业，在自己承担社会责任过程中，也会要求自己的供应商做出相应的技术改善，从而增加供应商的运营成本。所以，企业 i 可选择的污染治理技术水平 l_i 受到其他企业 j 的污染技术投入量 e_j 的影响。

$$l_i = l_{i0} + \sum_{j\in S} m_{ij}e_j \tag{6.13}$$

其中，l_{i0} 为企业 i 初始的污染治理技术水平，等式右端末项为企业间污染治理技术投入量差值。m_{ij} 为 j 企业对 i 企业污染治理技术投入量的影响系数，$m_{ij}>0$。m_{ij} 的大小取决于企业 j 相对 i 企业的影响权重。由于企业之间相互影响，则企业 i 的净收益包括：企业的经济收入 π_{i1}、污染治理技术投入带来的经济效益 π_{i2}、企业 i 投入污染治理技术所需要的成本 c_{i1} 和企业之间技术差异所导致的治理成本 c_{i2}，即：

$$\pi_i\left(e_i,e_{-i}\right)=\pi_{i1}+\pi_{i2}-c_{i1}-c_{i2} \tag{6.14}$$

假设收益函数 $\pi_i\left(e_i,e_{-i}\right)$ 可微，本书考虑在政府 EPR 和企业经济收入的影响下，污染物排放总量 Q_i 持续增加，但是企业单位经济收入所产生的污染物在下降，即单位污染物排放量对应的经济收入是上升的，假设经济收入是污染物排放量的单调增函数：

$$\pi_{i1}=\gamma_i Q_i \tag{6.15}$$

式（6.15）中 $\gamma_i>0$，为污染物排放量对经济收入的贡献系数，即 γ_i 值大，表明经济收入高速增加的同时，伴随着大量污染物排放。实际中，随着 EPR 的完善和企业因经济收入的增加而带来的技术改进，单位经济收入所产生的 Q_i 变小，则 γ_i 的取值越来越大。由于现实中企业的排污量 Q_i 受到宏观政策影响，如政府（G）出台的各项法令，要求企业在规定的指标下进行排污；消费者协会（C）和非营利组织（N）通过自身所处环境污染情况，对企业的排放量进行非政策性干预。所以本书将 Q_i 作为外生变量处理。

由于企业 i 投入了污染治理技术，所以带来经济效益 π_{i2}，依据 Atasu 和 Subramanian（2012）对技术改进情况下所产生的边际效益情况研究，本书假设污染治理技术投入带来的经济效益 π_{i2} 为

$$\pi_{i2}=ae_i \tag{6.16}$$

式（6.16）中 $a>0$，a 为经济效益系数，治理技术投入 e_i 越大，经济效益越高。

　　企业 i 由于污染治理技术的投入，需要投入的治理成本为 c_{i1}，依据 Desai（2001）、Moorthy（1988）和 Purohi（1994）对产品再设计模型的研究，本书假设 c_{i1} 的函数为

$$c_{i1} = c_{i0} + be_i^2 \qquad (6.17)$$

式中，c_{i0} 为没有技术投入的初始生产成本；be_i^2 为生产成本增加量。由于企业在进行污染治理技术投入决策过程中，主要顾虑技术的增加会提高企业的固定成本，所以模型中的 $b>0$，即随着技术投入的增加，企业 i 生产成本增高。

　　企业 j 与企业 i 之间技术差距所导致的治理成本为 c_{i2}，假设 c_{i2} 是技术水平差距的线性函数：

$$c_{i2} = t_i(l_i - l_{i0}) = t_i \sum_{j \in S} m_{ij} e_j \qquad (6.18)$$

式中，t_i 为常数系数；S 为企业集合 N 中除企业 i 之外的其他企业形成的集合。由于技术水平的变化必然引起经济效益的变化，当技术投入增加值为 0，表示企业 i 的经济效益不变，即企业 i 参加博弈没有任何意义。所以前文规定 $m_{ij}>0$，即每个企业之间的技术水平相互影响，企业 i 所开展的博弈存在现实的意义；其中 $m_{ii}>0$，表明企业 i 由于在排放污染物的过程中，对自身环境质量造成影响，因此也会对自身的污染治理技术造成影响。由此，企业 i 的净收益函数式（6.14）进一步表示为

$$\pi_i(e_i, e_{-i}) = \gamma_i Q_i + ae_i - \left(c_{i0} + be_i^2\right) - t_i \sum_{j \in S} m_{ij} e_j \qquad (6.19)$$

　　收益函数表明，企业 i 的净收益取值受以下因素影响：等式右边第 1 项表明供应链外部利益相关者（政府、消费者、NGO 组织）的影响效力；最后 1 项表明供应链内部相关者（供应链上下游企业）的影响效力；中间项表明企业 i 自身技术水平的影响效力。

（二）模型求解

1. IPR 模式下的博弈分析

在 IPR 模式下，企业 i 的净收益为 π_i^{IPR}。企业 i 追求的目标为

$$\max \pi_i^{\text{IPR}} \tag{6.20}$$

利用极值原理，求解该博弈的纳什均衡策略。对 π_i^{IPR} 求关于 e_i 的二阶偏导数：

$$\frac{\partial^2 \pi_i^{\text{IPR}}}{\partial e_i^2} = -2b < 0 \tag{6.21}$$

因 $b>0$，二阶偏导数小于 0，所以函数 π_i^{IPR} 存在最大值，由极值条件，企业 i 的纳什均衡策略为

$$e_i^{\text{IPR}} = \frac{a - t_i m_{ii}}{2b} \tag{6.22}$$

式（6.22）表明在 IPR 模式下，企业 i 仅仅考虑污染技术的投入量 e_i 对最大化自己净收益的影响，选择的排污策略与其他企业无关。将式（6.22）代入式（6.19），可得到纳什均衡状态下企业 i 的非合作博弈 IPR 模式下的最大收益。

2. CPR 模式下的博弈分析

假设 n 个企业之间存在合作的可能性，即通过合作可以获得更多利益。n 个企业的联合所构成的联盟为大联盟 N，大联盟的合作博弈为 $G(N)$。任何一个企业单独形成规模最小的联盟，企业之间的任意组合形成子联盟 S，小联盟合作博弈为 $G(S)$。由牛顿二项式定理（施锡铨和朱鸣雄，2012）可以推出，n 个企业共能形成 2^n 个子联盟，一切子联盟的集合记为 2^N，则任意一个子联盟 $S \in 2^N$，$S \subset N$。大联盟博弈 $G(N)$ 中的企业 i 追求的目标是寻求污染治理技术投入决策 (e_i, e_{-i})，$i \in N$，以最大化其收益总和，即

$$\pi_N^{\text{CPR}} = \sum_{i \in N} \pi_i^{\text{CPR}} = \sum_{i \in N} \left\{ \gamma_i Q_i + a e_i - \left(c_{i0} + b e_i^2 \right) - t_i \sum_{j \in S} m_{ij} e_j \right\} \quad (6.23)$$

式中，π_i^{CPR} 为企业 i 在 CPR 合作模式下的净收益。同理，子联盟博弈 $G(S)$ 中的企业 i 追求的目标是寻求污染治理技术投入决策 (e_i, e_{-i})，$i \in S$，以最大化其收益总和，即

$$\pi_S^{\text{CPR}} = \sum_{i \in S} \pi_i^{\text{CPR}} = \sum_{i \in S} \left\{ \gamma_i Q_i + a e_i - \left(c_{i0} + b e_i^2 \right) - t_i \sum_{j \in S} m_{ij} e_j \right\} \quad (6.24)$$

首先对大联盟博弈 $G(N)$ 求解，将 π_N^{CPR} 看作 e_i 和 e_{-i} 的一个多元函数，由于多元函数对 e_i 和 e_{-i} 的二阶偏导为

$$\frac{\partial^2 \pi_N^{\text{CPR}}}{\partial e_i^2} = -2b, \quad \frac{\partial^2 \pi_N^{\text{CPR}}}{\partial e_i e_{-i}} = 0, \quad \frac{\partial^2 \pi_N^{\text{CPR}}}{\partial e_{-i}^2} = -2b, \quad \frac{\partial^2 \pi_N^{\text{CPR}}}{\partial e_{-i} e_i} = 0 \quad (6.25)$$

所以，多元函数 π_N^{CPR} 在点 (e_i, e_{-i}) 的 Hesse 矩阵如下

$$H = \begin{pmatrix} \dfrac{\partial^2 \pi_N^{\text{CPR}}}{\partial e_1^2} & \dfrac{\partial^2 \pi_N^{\text{CPR}}}{\partial e_1 e_2} & \cdots & \dfrac{\partial^2 \pi_N^{\text{CPR}}}{\partial e_1 e_n} \\ \dfrac{\partial^2 \pi_N^{\text{CPR}}}{\partial e_2 e_1} & \dfrac{\partial^2 \pi_N^{\text{CPR}}}{\partial e_2^2} & \cdots & \dfrac{\partial^2 \pi_N^{\text{CPR}}}{\partial e_2 e_n} \\ \vdots & \vdots & & \vdots \\ \dfrac{\partial^2 \pi_N^{\text{CPR}}}{\partial e_n e_1} & \dfrac{\partial^2 \pi_N^{\text{CPR}}}{\partial e_n e_2} & \cdots & \dfrac{\partial^2 \pi_N^{\text{CPR}}}{\partial e_n^2} \end{pmatrix} = \begin{pmatrix} -2b & 0 & \cdots & 0 \\ 0 & -2b & \cdots & 0 \\ \vdots & \vdots & & \vdots \\ 0 & 0 & \cdots & -2b \end{pmatrix} \quad (6.26)$$

可见，该 Hesse 矩阵为负定矩阵，根据多元函数极值理论，π_N^{CPR} 在点 (e_i, e_{-i}) 的某邻域内连续，且有一阶及二阶连续的偏导数，且在该点 Hesse 矩阵负定，当点 (e_i, e_{-i}) 满足一阶导数为 0，则 π_N^{CPR} 在点 (e_i, e_{-i}) 取得极大值。由极值条件求得

$$e_i^{\text{CPR}} = e_i^{\text{IPR}} - \frac{\sum\limits_{j \in N \setminus i} t_j m_{ji}}{2b}, \quad i \in N \quad (6.27)$$

式（6.27）为大联盟 $G(N)$ 博弈状态下的最优治理策略，表明在大联盟合作局面下，企业决策者的策略选择考虑了全局收益的最大化，选择的污染治理技术投入量与企业之间的影响系数有关。

将式（6.27）代入式（6.19）和式（6.23）即可得到大联盟 $G(N)$CPR 模式下任一企业 i 的净收益 π_i^{CPR} 及联盟 N 的总收益 π_N^{CPR}。

其次是对子联盟博弈 $G(S)$ 求解。对于 $G(S)$ 以外的其他企业 $k \in (N \backslash S)$ 称为剩余参与企业，通常 k 不会构成一个新的反 $G(S)$ 联盟，从而破坏 $G(S)$ 的合作，而是采取非合作时的纳什均衡策略（Jorgensen and Zaccour，2001）。由于剩余参与者 $k \in (N \backslash S)$ 采取了非合作纳什均衡策略，e_i 可表示为

$$e_i = e_{i0} + \sum_{j \in S} m_{ij} e_j + \sum_{k \in N \backslash S} m_{ik} e_k \ , \ i \in S \tag{6.28}$$

式中，m_{ik} 为 $G(S)$ 以外的其他企业对 i 企业污染治理技术投入量的影响系数；e_k 为 $G(S)$ 以外的其他企业的污染治理技术投入量。

则目标函数（6.24）转变为

$$\pi_S^{CPR} = \sum_{i \in S} \pi_i^{CPR} = \sum_{i \in S} \left\{ \gamma_i Q_i + a e_i - \left(c_{i0} + b e_i^2 \right) - t_i \left(\sum_{j \in S} m_{ij} e_j + \sum_{k \in N \backslash S} m_{ik} e_k \right) \right\} \tag{6.29}$$

根据式（6.19）得出 e_k 的纳什均衡策略

$$e_k = \frac{a - t_k m_{kk}}{2b} \tag{6.30}$$

式中，m_{kk} 为 $G(S)$ 以外的其他企业对自身污染治理技术投入量的影响系数；t_k 为常数系数。

依据大联盟求解过程，先求目标函数的一阶导和 Hessian 矩阵负定，然后由极值条件得

$$e_i^{CPR} = \frac{a - \sum\limits_{j \in S} t_j m_{ji}}{2b} \ , \ i \in S \tag{6.31}$$

式（6.31）为子联盟 $G(S)$ 合作博弈 CPR 模式下的最优治理策略，表明在联盟合作局面下，企业决策者的策略选择考虑了全局收益的最大化，选择的污染治理策略与技术差异系数 t_j 和技术影响系数 m_{ji} 有关。将式（6.31）代入式（6.19）和式（6.24）即可得到子联盟 $G(S)$ 合作博弈 CPR 模式下任一企业 i 的净收益 π_i^{CPR} 及子联盟 S 的总收益 π_S^{CPR}。由此可知，当联盟 S 仅为一个企业时，则 IPR 和 CPR 的决策一致，即纳什均衡解就是最佳合作策略解。

依据式（6.22）可得

$$e_i^{\text{CPR}} = e_i^{\text{IPR}} - \frac{\sum\limits_{j \in S \setminus i} t_j m_{ji}}{2b}, \quad i \in S \tag{6.32}$$

结合式（6.27）和式（6.32），可以看出 CPR 模式下的联盟合作博弈策略和 IPR 模式下的非合作博弈策略的差别在于式子右端末项，当企业之间的技术差异系数 t_j 和技术影响系数 m_{ji} 乘积之和越大时，CPR 和 IPR 模式下的污染技术投入差距越大。当 $t_j=0$ 或 $m_{ji}=0$ 时，表明企业 i 对联盟博弈 $G(N)$ 或 $G(S)$ 的整体收益没有任何影响，即 CPR 模式下的合作决策和 IPR 模式下的非合作决策相同。

三、机制分析及研究结论

（一）决策因素

通过对 IPR 和 CPR 两种 EPR 实施模式的博弈模型构建，我们给出了供应链内部主体（核心企业、生产商、供应商、销售商等）和外部主体（政府、消费者和 NGO）的决策因素，见表 6.2。

表 6.2 治理主体的决策因素

外部主体决策因素	内部主体决策因素	描述
	e_i	污染治理技术投入量
	m_{ij}	污染治理技术投入量相互影响系数
	t_i	技术差异对成本的贡献系数
Q_i		企业污染物排放总量
γ_i		污染物排放量对经济收入的贡献系数

由表 6.2 可知，从整体供应链系统角度来讲，系统内部的影响因素主要是企业自身的技术水平 e_i、企业之间的技术差异 t_i 以及企业之间的依赖程度 m_{ij}，概括地讲就是企业间技术差异和关系的强弱是系统内部决策的主要参考依据。

而对于系统外部来讲，政府、消费者和 NGO 等社会型组织所设定的 EPR 法律法规对系统内部的行为起到约束和激励作用，如国家对污染物排放量 Q_i 的规定会直接影响企业的经济收益，消费者和 NGO 的参与，对企业一些不当行为的披露和控诉，均会对企业的决策造成重大影响。因此，若要形成一个可持续运作的供应链系统，必须满足组织效率性和市场合法性。

（二）治理模式

基于决策因素的分析，我们继续探讨了决策因素的相互作用对 EPR 实施模式效益和决策均衡的影响，首先是治理模式的效益分析，见表 6.3。

表 6.3 治理模式的效益函数

治理模式	均衡效益	外部因素	内部因素
IPR 治理模式	$\pi_i(e_i, e_{-i})$	$\gamma_i Q_i$	$t_j m_{ji}$
CPR 治理模式 $1(i \in N)$	π_N^{CPR}	$\gamma_i Q_i$	$t_j m_{ji}$
CPR 治理模式 $2(i \in S)$	π_S^{CPR}	$\gamma_i Q_i$	$t_j m_{ji}$

由表 6.3 可知，无论是个体承担责任的 IPR 模式还是集体承担责任的 CPR 模式，均体现了三方利益主体的需求。一是系统外部主体的 EPR 政策需求 $\gamma_i Q_i$；二是系统内部企业之间的关系需求 $t_j m_{ji}$；三是系统内部个体企业的利益需求 $ae_i-(c_{i0}+be_i^2)$，分别见式（6.19）、式（6.23）和式（6.24）。所以，无论是个体还是组织，必须满足所在系统内部和外部需求，才能实现经济和社会效益均衡发展。

其次是治理模式的均衡决策对比分析，见表 6.4。

表 6.4　二类治理模式的博弈均衡解

治理模式	均衡策略	影响因素
IPR 治理模式	e_i^{IPR}	$t_j m_{ji}$
CPR 治理模式 1($i \in N$)	e_i^{CPR}	$t_j m_{ji}$
CPR 治理模式 2($i \in S$)	e_i^{CPR}	$t_j m_{ji}$

由表 6.4 可知，对于个体承担责任的企业，在进行治理决策过程中，不需要考虑其他企业的需求，只需要关注自身能力的提高即可。而在集体责任承担过程中，可以发现，CPR 模式和 IPR 的决策差异来源于企业之间的关系需求 $t_j m_{ji}$，即表明了在合作过程中，企业在乎自己对合作联盟整体效益的边际贡献量，当企业的参与没有对合作后的联盟造成影响，则企业会选择 IPR 模式进行 EPR 的实施。

（三）治理机制

结合上文对决策因素和治理模式的分析，本书将决策因素作为整体，强调因素与因素之间交互关系而产生的集合作用。由此，我们给出基于 EPR 的供应链均衡治理机制，即内部效率机制和外部合法性机制，见表 6.5。

表6.5 供应链系统均衡治理机制

外部主体	内部主体	治理客体	决策因素	治理手段	治理机制
	企业	技术和关系需求	e_i 和 m_{ij}	技术和关系治理	效率性
政府		政策需求	Q_i	政策引导和法律控制	合法性
NGO		社会需求	Q_i	信息披露和监督控制	合法性
消费者		消费需求	Q_i	可持续消费	合法性

效率机制：面对EPR下的环境污染责任分担问题，内部治理主要是由效率机制所主导的，其治理主体是供应链系统内部的核心企业、生产商、供应商、销售商等，治理的客体就是面对环境污染而产生的技术需求和关系需求，即如何处理企业之间的技术差异以及如何维持企业之间的合作关系。其中影响治理的决策因素是企业自身的技术水平，以及企业之间的相互影响权重。因素的交互作用便产生了对应的治理模式，在特定的治理模式下如IPR或者CPR，企业可以通过技术支持、信息共享、风险共担和收益共享等手段，来满足治理中的技术需求和关系需求，实现供应链系统内部决策的高效化。

合法性机制：针对EPR问题中所涉及的环境保护和社会道德现象，供应链系统外部治理主要由合法性机制所主导，其治理主体是供应链外部利益相关者（政府、NGO和消费者）和供应链系统内部主导企业，治理的客体就是政策需求、社会需求和消费需求。其中直接影响决策的因素就是在EPR相关法律法规限定下的企业污染物排放量。治理主体通过政策引导、法律控制、信息披露、监督控制、可持续消费等手段，保证供应链系统外部决策合法化。

（四）研究结论

本节构建了IPR非合作博弈和CPR合作竞争模型，分别研究了企业各自的最优污染技术投入决策量。通过比较两种模型下的最优决策，得出CPR模式下的联盟合作博弈策略和 IPR 模式下的非合作博弈策略的优劣，主要取决于企业之间的技术水平差距，以及企业之间的相互影响权重。

本节重点工作是探讨了企业之间生产技术的差距，以及相互依赖程度对企业的污染治理决策的影响机理。系统内部的影响因素主要是企业自身的技术水平、企业之间的技术差异以及企业之间的依赖程度。而对于系统外部来讲，政府等设定的 EPR 法律法规对系统内部的行为起到约束和激励作用。本节强调个体承担责任的企业在进行治理决策过程中，不需要考虑其他企业的需求，只需要关注自身能力的提高。而在集体责任承担过程中，CPR 模式和 IPR 模式的决策差异来源于企业之间的关系需求，即在合作过程中，企业在乎自己对合作联盟整体效益的边际贡献量。

第三节　核心企业对供应链成员开展生态设计的激励机制研究

由于一些抑制因素的存在，如供应链双重边际化效应和绿色创新的双重外部性特征等，供应链并没有广泛开展生态设计。本节探索核心企业激励供应链成员开展生态设计的机制决策，为促进生态设计，实现供应链整体绩效优化提供了理论建议和决策支持。

一、研究背景和问题描述

产品的可持续性与生态设计程度密切相关。生态设计的过程必然伴随着产品绿色创新。绿色创新具有双重外部性（double externality），即在创新阶段和扩散阶段都能够产生积极的知识溢出效应和环境溢出效应（Rennings，2000）。绿色创新相对于市场上其他竞争产品或服务有着较低的外部成本，提高了资源/能源使用效率、减少了资源/原材料的消耗而产生环境收益，所创造的价值被社会共同占有。但是，对于生态创新企业来讲，如果环境友好型产品/服务的市场价格不足以反映出相关环境问题的外部性，该企业未能获得与其研发投入成本相符的创新收益，将会比竞争对手承受更高的成本压力。供应链节点企业通过无偿获取其他企业的知识和技术增强了竞争力，从而产生额外利润。这种"搭便车"的方式会导致恶性竞争，加剧企业间的消极信任。因此绿色创新的双重外部性特征抑制了核心企业的生态设计积极性。

此外，供应链双重边际化（double marginalization）效应也导致链上企业的绿色和可持续发展动力不足，缺乏明确的经济激励，很难实现供应链的整体利益最大化。美国经济学家斯宾格勒发现，产业链上、下游企业为实现各自利益的最大化而在独立决策的过程中确定的产品价格高于其生产边际成本，使整个产业链经历两次加价（边际化）。供应链成员都从自身利益最大化出发，只愿意享受绿色创新的外部性而不愿意承担运行成本，从而使供应链利润分配不均。例如，供应商提高原材料环保水平的主要动机来自提高酬劳和提高质量所做出努力的补偿（王丽杰和郑艳丽，2014）。在产品绿色化效率较低的情况下，制造商的公平关切特性会进一步加重供应链普遍存在的双重边际效应（石平等，2016）。

在供应链系统中，合理的契约可以保证良好的设计激励（Gui et al.，2013）。Stackelberg 博弈中，以制造商为领导者的成本分担合同（Ghosh and Shah，2015）可以显著提高产品的绿色度和供应链整体收益。创新效应是制造商与供应商进行成本分担的内在机理，创新效应和营销努力效应交互影响供应商创新水平（刘丛等，2017）。绿色营销成本分担合同下制造商的利润会提高，而零售商的利润会减少（Hong and Guo，2019）。零售商提供的降低运输成本的合同和两部分关税合同改善了绿色努力，如减少包装，降低运输成本，减少货架空间，同时也提高了供应链参与者的盈利能力（Kuiti et al.，2019）。客户分担产品使用后的处置成本也可以激励绿色设计(Subramanian et al.，2009)。以零售商为领导者的利益分配合同（Song and Gao，2018；江世英和李随成，2015）对绿色实践也有明显的激励效果。就上游供应链成员而言，利益分配合同更有利于供应链的整体绩效，同时企业之间通过议价确定分配比例能为供应商投资绿色创新提供适当的激励（Yenipazarli，2017）。节点企业所处行业垄断性越高，生产产品的工艺越复杂，议价能力越强。在此本书把信息共享作为议价能力的一个影响因素来调节供应链的利益分配。

综上，成本分担合同和利益分配合同是可持续供应链上企业进行绿色产品开发的两大合作机制。鉴于前人研究了以制造商为领导者的成本分担合同对供应链环境绩效的影响，本章讨论了以供应商为领导者的成本分担合同是否对产品生态设计也有明显的激励作用。此外，在议价的利益分配合同更有效的研究基础上，信息共享如何影响最终的利益分配比例和生态设计努力水平，特别是绿色信息共享成本的变化对激励效果的影响也是本书的另一个问题。在第二部分中，本章分析了制造商和供应商共担绿色创新成本的机制对生态设计的影响，试图探索以下两个问题：①最优生态设计努力水平、产品价格和供应链整体利润在集中决策和分散决策下有何不同？②制造商成本分担比例对供应链最优决策有什么影响？

二、成本分担机制模型构建

进行产品生态设计需要技术创新，因而投资风险较高。假定制造商和供应商共担绿色创新成本，以减小投资风险，激励制造商进行产品绿色设计。本节比较了集中决策和分散决策下成本分担机制的不同。

（一）模型描述与基本假设

供应链由制造商 m 和供应商 s 组成，且均为风险中性。市场上普通产品与绿色产品并存，绿色产品的需求主要受两个因素的影响：产品价格和产品绿色度。制造商通过产品生态设计提高绿色度。模型建立满足以下基本假设。

（1）企业在进行产品绿色设计时，需要一定成本 $I\theta_2$，这与前人关于绿色产品研发成本的研究相一致（Liu et al.，2012；Swami and Shah，2013）。$I(\geqslant 0)$ 为生态设计影响因子，$\theta(\geqslant 0)$ 为生态设计的努力水平，反映了最终产品的绿色度。实际操作中，通常可以用体现产品绿色设计的特征如能效标识、碳标签、有害物质含量及产品零件的可回收程度等来反映产品绿色度水平（朱庆华和窦一杰，2011）。

（2）c_m 和 c_s 分别为制造商和供应商的单位运作成本，为常数。

（3）根据绿色供应链中常被引用的线性需求函数模型（Liu et al.，2012；Swami and Shah，2013；Huang et al.，2013），市场需求是产品绿色度水平及零售价格的线性函数，而生态设计努力水平反映了产品绿色度，我们设定努力水平对绿色度的影响因子为 1。因此市场对绿色产品的需求函数为 $D(p,\theta)=a-b_1p+b_2\theta$。消费者对该产品的需求量与潜在市场规模 a、生态设计努力水平 θ 正相关，与零售价 p 负相关，其中 b_1 和 b_2 分别为消费者对产品价格和绿色度的敏感度。这表明消费者喜欢"物美价廉"的产品，倾向于购买绿色度高和价格低廉的产品。

（二）集中决策

制造商和供应商进行集中决策，以实现供应链整体利益最大化。

供应链整体利润函数为

$$\pi_{sm}(p,\theta)=D(p,\theta)(p-c_m-c_s)-I\theta^2=(a-b_1p+b_2)(p-c_m-c_s)-I\theta^2$$

命题 6.8　利润函数 π_{sm} 存在唯一最优解（θ^{C*}，p^{C*}）的充分条件为 $4b_1I-b_2^2>0$。

证明：对 π_{sm} 求 p，θ 的一阶、二阶偏导数，可得

$$a - 2b_1 p + b_1(c_s + c_m) + b_2\theta$$

$$\frac{\partial \pi_{sm}}{\partial \theta} = b_2(p - c_m - c_s) - 2I\theta$$

$$\frac{\partial^2 \pi_{sm}}{\partial p^2} = -2b_1 < 0 , \quad \frac{\partial^2 \pi_{sm}}{\partial \theta^2} = -2I < 0 , \quad \frac{\partial^2 \pi_{sm}}{\partial p \partial \theta} = b_2$$

$$\frac{\partial^2 \pi_{sm}}{\partial p^2} \times \frac{\partial^2 \pi_{sm}}{\partial \theta^2} - \left(\frac{\partial^2 \pi_{sm}}{\partial p \partial \theta}\right)^2 = 4b_1 I - b_2{}^2$$

当 $4b_1 I - b_2{}^2 > 0$ 时，π_{sm} 是 p，θ 的严格联合凹函数，有最大值 π_{sm}^{C*}。故 π_{sm} 存在唯一最优解（θ^{C*}, p^{C*}）。

令 $\dfrac{\partial \pi_{sm}}{\partial p} = 0$，$\dfrac{\partial \pi_{sm}}{\partial \theta} = 0$，可得

$$\theta^{C*} = \frac{b_2[a - b_1(c_s + c_m)]}{4Ib_1 - b_2{}^2} \quad p^{C*} = \frac{I[(c_s + c_m)(2b_1 + b_2{}^2) + 2a]}{4b_1 + Ib_2{}^2}$$

把 θ^{C*} 和 p^{C*} 代入 $\pi_{sm}(p, \theta)$ 可得供应链整体最大利润：

$$\pi_{sm}^{C*} = \frac{[a - b_1(c_m + c_s)]^2}{4b_1 + Ib_2{}^2}$$

根据生态设计努力水平、产品价格和供应链整体利润函数，可得到命题 6.9。

命题 6.9 最优生态设计努力水平、产品价格和供应链整体利润与消费者对产品价格的敏感度负相关，与消费者对产品绿色度的敏感度正相关。

证明：对 p^{C*}、θ^{C*} 和 π_{sm}^{C*} 求 b_1、b_2 的一阶偏导数，可得

$$\frac{\partial p^{C*}}{\partial b_1} < 0, \quad \frac{\partial p^{C*}}{\partial b_2} > 0, \quad \frac{\partial \theta^{C*}}{\partial b_1} < 0, \quad \frac{\partial \theta^{C*}}{\partial b_2} > 0, \quad \frac{\partial \pi_{sm}^{C*}}{\partial b_1} < 0, \quad \frac{\partial \pi_{sm}^{C*}}{\partial b_2} > 0$$

命题 6.9 表明，政府和企业要努力培育消费者的环保意识，做好市场调研和引导，随着消费者对产品绿色敏感度的不断提升，企业应逐步加大绿色

设计和研发力度，引导绿色消费，适当提高价格；而当消费者对绿色产品价格涨幅较敏感时，供应链企业间应积极开展合作以尽可能降低环保研发成本和设计投入，从而降低价格以确保供应链整体利润缓慢减少。

（三）分散决策

分散决策下，供应链上的成员以各自利益最大化为原则，而不是把供应链整体利益放在首位。供应商的原材料价格为 w，制造商的成本分担比例为 φ，$\varphi \in [0,1]$。他们遵循的是以供应商为领导者的 Stackelberg 博弈，供应商先制定原材料价格 w，制造商在此基础上决定利润最大化时的最优产品设计努力水平 θ 和产品价格 p。采用逆向归纳法求解该博弈。

制造商的目标函数为

$$\pi_m^S (p,\theta) = \left[p - (w + c_m) \right](a - b_1 p + b_2) - I\theta^2$$

命题 6.10　当 $4b_1 I - b_2^2 > 0$ 时，目标函数 π_m^S 存在唯一最优解（p^{S*}，θ^{S*}）。

证明：对 π_m^S 求 p, θ 的一阶、二阶偏导数，可得

$$\frac{\partial^2 \pi_m^S}{\partial p^2} = -2b_1 < 0 \ , \quad \frac{\partial^2 \pi_m^S}{\partial \theta^2} = -2I < 0 \ , \quad \frac{\partial^2 \pi_m^S}{\partial p \partial \theta} = b_2$$

$$\frac{\partial^2 \pi_m^S}{\partial p^2} \times \frac{\partial^2 \pi_m^S}{\partial \theta^2} - \left(\frac{\partial^2 \pi_m^S}{\partial p \partial \theta} \right)^2 = 4b_1 I\varphi - b_2^2$$

当 $4b_1 I - b_2^2 > 0$ 时，即 $\varphi > \dfrac{b_2^2}{4Ib_1}$ 时，π_m^S 是 p, θ 的严格联合凹函数，有最大值。

$$p^{S*} = \frac{2a\varphi + \left(2\varphi b_1 + Ib_2^2 \right)(w + c_m)}{4\varphi b_1 + Ib_2^2}$$

$$\theta^{S*} = \frac{b_2 \left(a - b_1 (w + c_m) \right)}{4I\varphi b_1 - b_2^2}$$

供应商以自身期望利润最大化为准则来确定 w 的最优值，供应商的目标

函数为

$$\pi_s^S(w) = (w - c_s)(a - b_1 p + b_2) - (1 - \varphi)I\theta^2$$

将 p^{S*}、θ^{S*} 代入 π_s^S，对 π_s^S 求 w 的二阶偏导数，得

$$\frac{\partial^2 \pi_s^S}{\partial w} = \frac{-2b_1^2 \left[b_2^2 I(3\varphi - 1) + 8\varphi^2 b_1 \right]}{\left(4\varphi b_1 + I b_2^2\right)^2} < 0$$

可知 $\pi_s^S(w)$ 是 w 的严格凹函数，有最大值，对 $\pi_s^S(w)$ 求 w 的一阶偏导数，并令其为零，可得

$$w^{S*} = \frac{I b_2^2 (-1 + 2j)(a - b_1 c_m) + b_1 j \left[4b_1 j(c_s - c_m) + 4aj - I b_2^2 c_s \right]}{b_1 \left[8j^2 b_1 + I(-1 + 3j) b_2^2 \right]}$$

$$p^{S*} = \frac{I a b_2^2 (-1 + 2j) + j b_1 \left[(c_m + c_s)(2jb_1 + I b_2^2) + 6aj \right]}{b_1 \left[8j^2 b_1 + I(-1 + 3j) b_2^2 \right]}$$

$$q^{S*} = \frac{j b_2 \left[a - b_1(c_m + c_s) \right]}{8 I j^2 b_1 - (-1 + 3j) b_2^2}$$

将 p^{S*}、θ^{S*} 和 w^{S*} 分别代入 π_m^S 和 π_s^S 可得

$$\pi_m^{S*}(p, \theta) = \frac{\varphi^3 \left(4\varphi b_1 + I b_2^2\right) \left[a - b_1(c_m + c_s) \right]^2}{\left[8\varphi^2 b_1 + I(-1 + 3\varphi) b_2^2 \right]^2}$$

$$\pi_s^{S*}(w) = \frac{\varphi^2 \left[a - b_1(c_m + c_s) \right]^2}{8\varphi^2 b_1 + I(-1 + 3\varphi) b_2^2}$$

$$\pi_{sm}^{S*} = \frac{\varphi^2 \left[12\varphi^2 b_1 + I(-1 + 4\varphi) b_2^2 \right] \left[a - b_1(c_m + c_s) \right]^2}{\left[8\varphi^2 b_1 + I(-1 + 3\varphi) b_2^2 \right]^2}$$

命题 6.11　①分散决策可能导致供应链的失调，制造商的成本分担比例在一定范围内时不能达到集中决策时的低价格，高生态设计努力水平和供应链整体收益。②制造商的成本分担比例越大，原材料价格和产品零售价格也

随之增加，而自身利润越低。当 $\varphi \in \left(0, \dfrac{2}{3}\right)$ 时，供应商的利润也随之下降，而后逐步增加，但始终不低于制造商。③最优生态设计努力水平随着 φ 的增加先增后减，当供应商和制造商各承担一半的绿色创新成本时，可以达到集中决策时的努力水平。

证明：（1）p^{S*} 和 p^{C*}，θ^{S*} 和 θ^{C*}，π_{sm}^{S*} 和 π_{sm}^{C*} 的对比取决于制造商成本分担比例 φ，当 φ 的取值满足一定条件时，$p^{S*} > p^{C*}$，$\theta^{S*} < \theta^{C*}$，$\pi_{sm}^{S*} < \pi_{sm}^{C*}$。

（2）对上述 p^{S*}、w^{S*} 和 π_m^{S*} 分别求 φ 的一阶偏导数，得 $\dfrac{\partial p^{S*}}{\partial \varphi} > 0$，$\dfrac{\partial w^{S*}}{\partial \varphi} > 0$，

$\dfrac{\partial \pi_m^{S*}}{\partial \varphi} < 0$。当 $0 < \varphi < \dfrac{2}{3}$ 时，$\dfrac{\partial \pi_s^{S*}}{\partial \varphi} < 0$，当 $\dfrac{2}{3} \leqslant \varphi < 1$ 时，$\dfrac{\partial \pi_s^{S*}}{\partial \varphi} > 0$，$\min \pi_s^{S*} =$

$\dfrac{4\left(a - b_1\left(c_m + c_s\right)\right)^2}{32 b_1 + 9 I b_2^2}$。$\pi_s^{S*} - \pi_m^{S*} \geqslant 0$。

（3）当 $0 < \varphi < \dfrac{b_2}{\sqrt{8 I b_1}}$ 时，$\dfrac{\partial \theta^{S*}}{\partial \varphi} > 0$，当 $\dfrac{b_2}{\sqrt{8 I b_1}} \leqslant \varphi < 1$ 时，$\dfrac{\partial \theta^{S*}}{\partial \varphi} < 0$，

$\max \theta^{S*} = \dfrac{a - b_1\left(c_m + c_s\right)}{4\sqrt{2 I b_1} - 3 b_2}$。令 $\theta^{C*} = \theta^{S*}$，可得 $\varphi_\theta^* = \dfrac{1}{2}$。

命题 6.11 表明，制造商和供应商共担绿色创新和设计成本在一定程度内改善了绿色供应链的各项绩效，但分散决策会引起供应链的失调，没有达到集中决策时的均衡结果，不能实现持续优化。供应商为领导者时，其具备更强的议价能力和控制优势，从而确保原材料价格的上涨和比制造商更高的利润空间。但对制造商而言更像一个陷阱，看起来使其承担的绿色创新成本降低，但其很快意识到自身利润也不断下降，只能通过快速减少绿色研发投入，提高售价来弥补损失。

（四）对制造商成本分担比例的数值分析

前文通过理论证明分析了制造商的成本分担比例 φ 对供应链均衡结果的影响，为了验证所提出模型和命题的正确性，对 φ 进行灵敏度分析。

赋值情况如表 6.6 所示。

表 6.6 参数赋值情况

参数	α	c_m	c_s	b_1	b_2	I
赋值	100	3	2	2	1	1

经验证，设定的参数值满足前述所有命题成立条件，各模型存在最优解。由命题 6.10 可以得到 $\varphi > \dfrac{b_2^2}{4Ib_1}$，设 φ 在（0.2,1）区间内变动。通过算例分析，得到供应链分散决策下各决策变量 π_m^{S*}、π_s^{S*}、p^{S*}、w^{S*}、θ^{S*}、π_{sm}^{S*} 随 φ 增加而变化的情况，并与集中决策下相应变量进行比较，结果如下。

分散决策下，随着制造商成本分担比例 φ 的提高，原材料价格 w^{S*} 和产品零售价 p^{S*} 不断增加。当 φ 达到 0.28 时，零售价 p^{S*} 达到集中决策下的价格 $p^{C*} = 25$，如图 6.8 和图 6.9 所示。

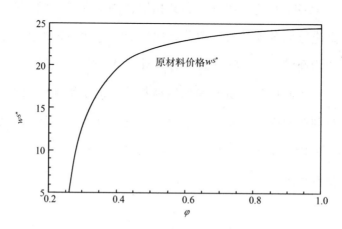

图 6.8 成本分担比例对原材料价格的影响

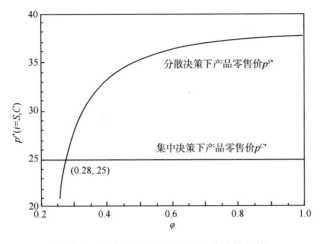

图 6.9 成本分担比例对产品零售价的影响

虽然成本分担比例 φ 为 0.25 时 θ^{S*} 达到最大值 18，但之后快速下降，制造商和供应商各承担一半的绿色创新成本时，集中决策和分散决策下的生态设计努力水平相同，均为 12.86，如图 6.10 所示。

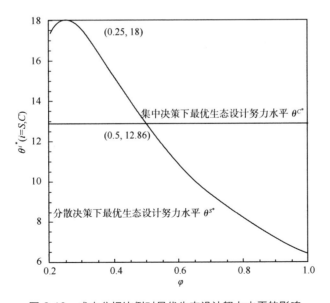

图 6.10 成本分担比例对最优生态设计努力水平的影响

制造商的利润 π_m^{S*} 也急速下降（超过供应商下降速度），而供应商的利润

π_s^{S*} 在 $0 < \varphi < \dfrac{2}{3}$ 时快速降低，当 $\dfrac{2}{3} < \varphi < 1$ 时缓慢增加，当 $\varphi = \dfrac{2}{3}$ 时达到最小值

443.84，但供应商的利润 π_s^{S*} 始终高于制造商的利润 π_m^{S*}，如图 6.11 所示。

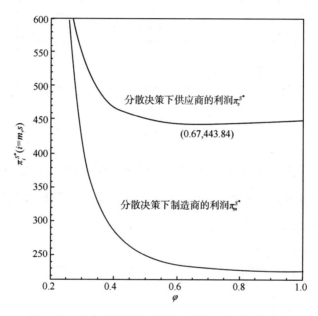

图 6.11　成本分担比例对制造商和供应商利润的影响

分散决策下供应链总利润 π_{sm}^{S*} 也呈现出先减后增的趋势，当 $\varphi = 0.84$ 时达

到最小值 672.08，而当 $\varphi = 0.32$ 时达到集中决策下的供应链总利润 $\pi_{sm}^{C*} = 900$，

如图 6.12 所示。

算例分析结果验证了命题 6.11，与集中决策相比，分散决策不能实现持续优化。供应商作为领导者必须确保自身利润稳定上升，同时还要高于制造商的利润，才有动力和制造商共担绿色创新成本，但这种情况并不能对制造商的生态设计努力起到很好的激励效果，制造商只能减少绿色研发投入，提高售价来维持较低的盈利。既然成本共担机制激励收效甚微，那么共享绿色

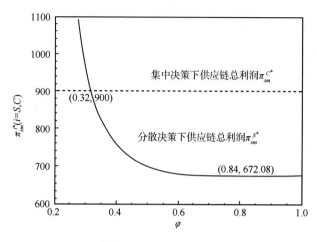

图 6.12　成本分担比例对供应链总利润的影响

创新收益的分配机制是否有良好的促进作用？特别地，绿色信息共享是否显著改善生态设计努力？第三部分将对此进行解析。

三、利益分配机制模型构建

供应链系统的稳定性主要依赖于是否存在公平合理的利益分配机制。第三部分考虑在利益分配机制中引入共享信息的重要性及成本等参数，研究其对最优利益分配系数和生态设计努力水平的影响，并进一步探讨绿色信息共享成本对上述决策和供应链净收益的敏感性。最后综合对比了两种机制对促进产品生态设计和提升供应链整体效益的效果。

（一）模型描述与基本假设

供应链是由核心企业 m 和其他企业 s 组成的二级供应链,均为风险中性。共享的信息可以分为基础信息及绿色信息两类,其成本系数分别用 b 和 e 表示。i_m 和 i_s 分别表示 m 和 s 共享信息的贡献系数;k_m 和 k_s 分别表示 m 和 s 共享信息的成本系数,其中 $k_m=b_m+e_m$, $k_s=b_s+e_s$, θ_m 和 θ_s 是制造商和供应商的努力水平。相对于其他企业，核心企业的信息通常比较宝贵，更有利于供应链的运营和绩效提高，因此共享成本较高。这里 $i_m>0$，$i_s>0$，$b_m>b_s>0$，$e_m>e_s>0$，且均为常数。

信息共享合作模式下的利益分配，首先要考虑信息共享的成本，根据叶飞等（2012）提供的利益分配要素分析，主要分为三大类，即要素成本、风险成本和努力成本。供应链企业投入各自的优势资源进行信息共享，包括硬件及软件设施等要素，即为要素成本；同时企业需承担因关键信息外泄带来的风险成本，包括各项合作费用及信任支出等；努力成本是企业积极参与市场竞争，加强合作的能力的体现，直接影响着供应链整体绩效和各企业利益的分配。在绿色供应链中，企业努力成本主要指的是绿色创新研发投入，参考 D'Aspremont 和 Jacquemin（1988），开发绿色产品的成本与研发投入成二次方关系，本章研发投入由生态设计努力水平决定。为了简化研究过程，我们对各企业的要素成本和风险成本进行统一化和归一化处理，重点分析由产品生态设计带来的努力成本，即 m 和 s 的信息共享成本 C_m、C_s 均为生态设计努力水平 θ_m、θ_s 的二次函数。

$$C_m\left(\theta_m\right)=\frac{1}{2}k_m\theta_m^2$$

$$C_s\left(\theta_s\right)=\frac{1}{2}k_s\theta_s^2$$

在供应链系统中，不同的节点企业构成的利益主体不可能完全共享信息，这是由于机会成本的存在。机会成本指的是企业共享信息时所放弃的最高收益，因此信息共享给企业带来的价值不低于机会成本时企业才有动力做出共享信息的决策。在此我们假设供应链信息共享的收益为其产生的机会成本。

设供应链的信息共享收益为 R，机会成本为信息共享的价值 F 的函数，在现实生活中供应链的机会成本函数不易准确获得，由于表达式未知，可用

该函数的 n 阶泰勒公式表示。泰勒公式的基本思想是用多项式来逼近一个已知函数，而这个多项式的系数由给定函数的各阶导数所确定，展开项数越多，逼近程度越大。由泰勒展开式可知，如果函数 $f(x)$ 在含有 x_0 的区间 (a,b) 内具有连续的直到 $(n+1)$ 阶导数，则对任意 $x \in (a,b)$，都有

$$f(x) = \sum_{n=0}^{\infty} \frac{f^{(n)}(x_0)}{n!}(x - x_0)^2$$

显然，企业共享的信息越重要，供应链运营效率越高，信息通畅带来的收益就越多，机会成本也越大。一个处于生产经营稳定时期的企业，其长期总成本曲线是一段平滑的、形态近似指数函数的曲线。因此机会成本 R 与信息共享的价值 F 之间是指数函数关系。e^x 在泰勒展开式中是最常用的指数函数，用于近似计算。e^x 的 n 阶麦克劳林表达式为

$$e^x = 1 + x + \frac{1}{2!}x^2 + \cdots + \frac{1}{n!}x^n + \cdots$$

为了计算方便，假设 $R(F)$ 在 $F=0$ 处二阶可导，我们把机会成本指数函数用 e^x 的二阶麦克劳林表达式表示，即有 $R(F) = F^2 + F$。

而企业投入创新的力度越大，越能通过信息共享和合作开发降低成本而增加收益，对供应链整体绩效的贡献也就越大。因此，企业进行绿色产品设计的努力水平直接影响到信息共享的价值 F。记 $F = i_m \theta_m + i_s \theta_s$，代入信息共享收益表达式，得

$$R(\theta_m, \theta_s) = (i_m \theta_m + i_s \theta_s)^2 + (i_m \theta_m + i_s \theta_s)$$

核心企业 m 和其他企业 s 的分配比例分别为 d 和 $1-d$，其中 $0 < d < 1$。G_{ms} 为供应链信息共享的净收益，G_m、G_s 分别是 m、s 的信息共享净收益，则有

$$G_{ms} = R - C_m - C_s$$
$$G_m = dR - C_m$$
$$G_s = (1-d)R - C_s$$

将它们代入 G_{ms}、G_m 和 G_s 函数中，则有

$$G_{ms} = \frac{1}{2}(i_m\theta_m + i_s\theta_s)^2 + (i_m\theta_m + i_s\theta_s) - \frac{1}{2}k_m\theta_m^2 - \frac{1}{2}k_s\theta_s^2$$

$$G_m = d\left[\frac{1}{2}(i_m\theta_m + i_s\theta_s)^2 + (i_m\theta_m + i_s\theta_s)\right] - \frac{1}{2}k_m\theta_m^2$$

$$G_s = (1-d)\left[\frac{1}{2}(i_m\theta_m + i_s\theta_s)^2 + (i_m\theta_m + i_s\theta_s)\right] - \frac{1}{2}k_s\theta_s^2$$

为保证供应链信息共享的净收益 G_{ms} 是凹函数，必须满足 $\dfrac{\partial^2 G_m}{\partial \theta_m^2} < 0$ 和

$\dfrac{\partial^2 G_s}{\partial \theta_s^2} < 0$，即 $1 - \dfrac{k_s}{i_s^2} < d < \dfrac{k_m}{i_m^2}$，满足 $0 < d < 1$ 的必要条件是 $k_s > i_s^2$，$k_m > i_m^2$。

（二）最优生态设计努力水平和最优利益分配比例分析

命题 6.12 供应链的成员企业在追求最大收益时所付出的生态设计努力水平与所获得的利益分配比例和其分享信息的相对重要性成正比，而与分享信息的成本成反比。

证明：分别对 θ_m 和 θ_s 求偏导，可得到各成员企业为了追求自身收益最大时的努力水平 θ_m^* 和 θ_s^*。

$$\frac{\partial G_m}{\partial \theta_m} = di_m\left(1 + i_m\theta_m + i_s\theta_s\right) - k_m\theta_m = 0$$

$$\frac{\partial G_s}{\partial \theta_s} = (1-d)i_s\left(1 + i_m\theta_m + i_s\theta_s\right) - k_s\theta_s = 0$$

由上面两式，求得 θ_m^* 和 θ_s^*：

$$\theta_m^* = \frac{di_m k_s}{(d-1)i_s^2 k_m + \left(k_m - di_m^2\right)k_s} \tag{6.33}$$

$$\theta_s^* = \frac{(1-d)i_s k_m}{(d-1)i_s^2 k_m + \left(k_m - di_m^2\right)k_s} \tag{6.34}$$

则有

$$\frac{\theta_m^*}{\theta_s^*} = \frac{d}{1-d} \cdot \frac{i_m}{i_s} \cdot \frac{k_s}{k_m}$$

命题 6.12 表明，分享的信息对绿色供应链的绩效贡献率越高，所付出的成本（如技术、渠道、设施等）越低，成员企业间就会进行越密切的合作，共同致力于提高产品的绿色设计水平，最终提高产品的绿色度。此外，提高企业的利益分配比例也可以显著激励绿色产品的共同开发。

命题 6.13　供应链成员企业的利益分配比例会随其共享信息的贡献系数的增大而增大，而随其共享信息的成本系数的增大而减小。

证明：核心企业和其他企业最优生态设计努力水平 θ_m^* 和 θ_s^* 均为 d 的函数，为了获得使净收益 G_{ms} 最大的 d，将 G_{ms} 对 d 求偏导：

$$\frac{\partial G_{ms}}{\partial d} = \frac{\partial G_{ms}}{\partial \theta_m^*}\frac{\partial \theta_m^*}{\partial d} + \frac{\partial G_{ms}}{\partial \theta_s^*}\frac{\partial \theta_s^*}{\partial d} \tag{6.35}$$

根据式（6.33）和式（6.34）可以得到：

$$\frac{\partial \theta_m^*}{\partial d} = \frac{i_m k_m k_s\left(-i_s^2 + k_s\right)}{\left(\left(-1+d\right)i_s^2 k_m + \left(-di_m^2 + k_m\right)k_s\right)^2} \tag{6.36}$$

$$\frac{\partial \theta_s^*}{\partial d} = -\frac{i_s k_m\left(-i_m^2 + k_m\right)k_s}{\left(\left(-1+d\right)i_s^2 k_m + \left(-di_m^2 + k_m\right)k_s\right)^2} \tag{6.37}$$

将 G_{ms} 分别对 θ_m^* 和 θ_s^* 求偏导，得

$$\frac{\partial G_{ms}}{\partial \theta_m^*} = i_m\left(i_m\theta_m^* + i_s\theta_s^*\right) + i_m - k_m\theta_m^* \tag{6.38}$$

$$\frac{\partial G_{ms}}{\partial \theta_s^*} = i_s\left(i_m\theta_m^* + i_s\theta_s^*\right) + i_s - k_s\theta_s^* \tag{6.39}$$

将 θ_m^* 和 θ_s^* 代入式（6.38）和式（6.39），可得

$$\frac{\partial G_{ms}}{\partial \theta_m^*} = \frac{(-1+d)i_m k_m k_s}{-(-1+d)i_s^2 k_m + (di_m^2 - k_m)k_s} \tag{6.40}$$

$$\frac{\partial G_{ms}}{\partial \theta_s^*} = \frac{di_s k_m k_s}{(-1+d)i_s^2 k_m + (-di_m^2 + k_m)k_s} \tag{6.41}$$

将式（6.36）、式（6.37）、式（6.40）和式（6.41）代入式（6.35），得

$$\frac{\partial G_{ms}}{\partial d} = -\frac{k_m^2 k_s^2 \left(di_s^2 k_m + i_m^2 \left((1-2d)i_s^2 + (-1+d)k_s\right)\right)}{\left((-1+d)i_s^2 k_m + (-di_m^2 + k_m)k_s\right)^3}$$

令 $\frac{\partial G_{ms}}{\partial d} = 0$，则

$$d_0 = \frac{i_m^2 \left(-i_s^2 + k_s\right)}{i_s^2 k_m + i_m^2 \left(-2i_s^2 + k_s\right)} \tag{6.42}$$

同时有

$$1 - d_0 = \frac{i_s^2 \left(-i_m^2 + k_m\right)}{i_s^2 k_m + i_m^2 \left(-2i_s^2 + k_s\right)} \tag{6.43}$$

根据前述条件 $k_s > i_s^2$，$k_m > i_m^2$，d_0 满足 $0 < d < 1$，m 和 s 之间分别按 d_0 和 $1-d_0$ 的比例分配最终收益时，可使净收益最大，因此 d_0 也称为最优分配比例。

进一步分析 d_0 随 i_m，k_m 的变化情况；$1-d_0$ 随 i_s，k_s 的变化情况，可得

$$\frac{\partial d_0}{\partial i_m} > 0, \quad \frac{\partial d_0}{\partial k_m} < 0, \quad \frac{\partial(1-d_0)}{\partial i_s} > 0, \quad \frac{\partial(1-d_0)}{\partial k_s} < 0$$

当共享信息的贡献系数增大时，最优利益分配比例也相应增大，共享信息的成本系数增大时，最优利益分配比例减小。

命题 6.13 表明，供应链成员企业的最优利益分配比例受到共享信息的价值和成本的密切影响，信息共享价值高，成本低的企业获得更高的议价能力，从而分得更高的供应链利益，体现了利益分配的公平性。加快企业发展的重要

信息（如产品需求、消费者偏好和环境政策等）有利于成员企业之间互通有无，资源共享，促进企业的相互信任和有效合作，有利于供应链系统的稳定和协同。而减少信息共享成本，疏通交流渠道和技术要塞，使信息分享更加便捷、畅通，同样可以增加其成员企业的最优利益，提高供应链系统的整体竞争力。

命题 6.12 和命题 6.13 为企业的绿色创新提供了可供借鉴的决策：最终利益分配比例在很大程度上影响了绿色创新和生态设计的积极性，而信息共享在其中发挥着非常重要的作用，提高企业共享信息的价值，降低共享成本，不仅增加了自身的利益分配，也激励了企业积极开展产品生态设计和绿色研发，正向推动作用显著。

（三）对绿色信息共享成本系数的数值分析

在供应链系统中由于存在信息壁垒和信息主体的惰性等因素，供应链中的信息不可能完全共享，并且信息在供应链的传递过程中也有可能发生扭曲和失真，如牛鞭效应。在绿色供应链中，由于一些外部因素如政策法规和市场需求或供应链合作伙伴和企业内在创新的发展等压力，成员企业需要不断提高绿色创新研发能力，因而对绿色信息的呼吁增强，共享成本也会随之增加。供应链各成员企业共享信息的成本系数 $k_m = b_m + e_m$，$k_s = b_s + e_s$，其中 e_m 与 e_s 为 m 和 s 的绿色信息共享成本系数。假设企业对基础信息的共享成本系数不变，只对绿色信息共享成本系数进行分析，得出以下命题。

命题 6.14　随着供应链中企业绿色信息共享成本系数的提高，最优利益分配比例逐渐减小，生态设计努力水平下降，促使别的成员企业努力水平增加。

证明：把 $k_m = b_m + e_m$，$k_s = b_s + e_s$ 分别代入式（6.42）和式（6.43），可得

$$d_0 = \frac{i_m^2\left(-i_s^2 + k_s\right)}{\left(b_m + e_m\right)i_s^2 + i_m^2\left(-2i_s^2 + k_s\right)} \tag{6.44}$$

$$1 - d_0 = \frac{i_s^2\left(-i_m^2 + k_m\right)}{i_m^2\left(\left(b_s + e_s\right) - 2i_s^2\right) + i_s^2 k_m} \tag{6.45}$$

对上述 d_0，$1-d_0$ 分别求 e_m 和 e_s 的一阶偏导数，得

$$\frac{\partial d_0}{\partial e_m} < 0 ，\quad \frac{\partial\left(1 - d_0\right)}{\partial e_s} < 0$$

把式（6.44）、$k_m = b_m + e_m$ 代入式（6.33），把式（6.45）、$k_s = b_s + e_s$ 代入式（6.34）：

$$\theta_m^* = \frac{i_m^3 k_s}{\left(b_m + e_m - i_m^2\right)\left(b_m i_s^2 + e_m i_s^2 + i_m^2 k_s\right)}$$

$$\theta_s^* = -\frac{\left(b_m + e_m\right)i_s^3}{\left(i_s^2 - k_s\right)\left(b_m i_s^2 + e_m i_s^2 + i_m^2 k_s\right)}$$

$$\theta_m^* = -\frac{\left(b_s + e_s\right)i_m^3}{\left(i_m^2 - k_m\right)\left(b_s i_m^2 + e_s i_m^2 + i_s^2 k_m\right)}$$

$$\theta_s^* = \frac{i_s^3 k_m}{\left(b_s + e_s - i_s^2\right)\left(b_s i_m^2 + e_s i_m^2 + i_s^2 k_m\right)}$$

对上述 θ_s^*，θ_m^* 分别求 e_m 和 e_s 的一阶偏导数，得

$$\frac{\partial \theta_s^*}{\partial e_m} > 0, \quad \frac{\partial \theta_m^*}{\partial e_m} < 0, \quad \frac{\partial \theta_m^*}{\partial e_s} > 0, \quad \frac{\partial \theta_s^*}{\partial e_s} < 0$$

命题 6.14 表明，相对于基础信息，绿色信息不易获取，对企业的价值更高，出于供应链中利益相关者合作与交流的需要和外部环境的压力企业不得不提高绿色信息的共享程度，这样就会增大分享的成本和难度，导致最终的利益分配比例减小，生态设计努力水平降低，这和前述命题一致，而企业一旦获取到来自供应链其他企业的绿色信息时，就会利用政策激励和市场需求

等重要信息提高自身的绿色创新和设计水平。提高关键的绿色信息共享度同样可以激励供应链合作伙伴的绿色设计努力，这也从另一角度显示了企业间加强合作的重要性。

绿色信息共享成本（如人力成本、运营成本）的增加，意味着信息公开程度提高，企业会面临信息泄露带来的风险。如果只有风险而没有回报，在没有适当激励的情况下企业作为理性的经济个体是不情愿的。追求个体利益最大化的个体理性最终可能会导致集体的非理性。在本节第四部分"案例分析与研究结论"，通过理论证明分析了绿色信息共享成本对供应链均衡结果的影响，为了验证所提出模型和命题的正确性，进一步研究其对供应链和企业净收益的影响，对绿色信息共享成本系数进行灵敏度分析。赋值情况如表 6.7 所示。

表 6.7　参数赋值情况

参数	i_m	i_s	b_m	b_s
赋值	2	1	2	1

经验证，设定的参数值满足前述所有命题成立条件，各模型存在最优解。由 $k_s > i_s^2$，$k_m > i_m^2$，假设 e_m 在区间(2,10)内变动，e_s 在区间(0,1)内变动，分析当 e_m 或 e_s 变化时对供应链各决策变量的影响。

令 $e_s=1$，得到 d_0、θ_m^*、θ_s^*、G_m、G_s 和 G_{ms} 随 e_m 增加而变化的情况，如图 6.13~图 6.15 所示。通过算例分析，可得 $\dfrac{\partial \theta_s^*}{\partial e_m} > 0$，$\dfrac{\partial \theta_m^*}{\partial e_m} < 0$，当 $e_m=4.48$ 时，$\theta_m^* = \theta_s^* = 0.45$。$\dfrac{\partial G_m}{\partial e_m} < 0$，$\dfrac{\partial G_s}{\partial e_m} < 0$，$\dfrac{\partial G_{ms}}{\partial e_m} < 0$，当 $e_m=6$ 时，$G_m = G_s = 0.5$。

随着核心企业绿色信息共享成本的增加，绿色信息对自身的商业价值减小，导致企业进行生态设计的动力不足，绿色研发水平下降，对最终的利益分配和信息共享净收益产生了消极的影响。但绿色信息共享程度的增加促使

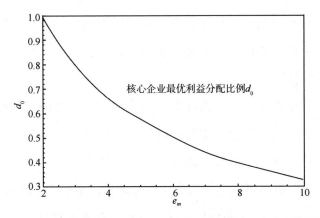

图 6.13　核心企业绿色信息共享成本系数对其最优利益分配比例的影响

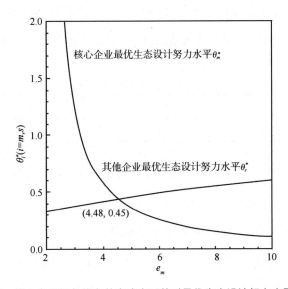

图 6.14　核心企业绿色信息共享成本系数对最优生态设计努力水平的影响

其他企业了解到相关绿色产品的市场需求和政策支持等重要的决策参考价值，激励它们增加绿色创新投入和生态设计努力。例如，研究发现在物流服务中更高的运输成本使供应商在绿色原材料和产品设计方面表现得更加积极（王丽杰和郑艳丽，2014）。虽然其他企业前期的绿色研发成本使利润快速下降，随后绿色信息逐渐增大的开放性和透明性使其掌握了绿色产品市场需求的主

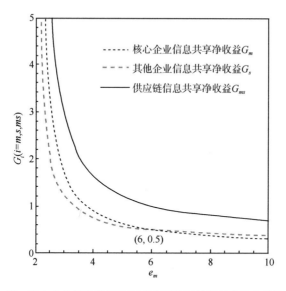

图 6.15 核心企业绿色信息共享成本系数对信息共享净收益的影响

动权，获得比核心企业更多的销售和回报，但核心企业与其他企业合作交流的成本增加，影响了供应链的稳定性和持续运营，进而影响了供应链信息共享的净收益。

令 $e_m=3$，得到 $1-d_0$、θ_m^*、θ_s^*、G_m、G_s 和 G_{ms} 随 e_s 增加而变化的情况，如图 6.16~图 6.18 所示。通过算例分析，可得 $\dfrac{\partial \theta_m^*}{\partial e_s}>0$，$\dfrac{\partial \theta_s^*}{\partial e_s}<0$，当 $e_s=0.44$

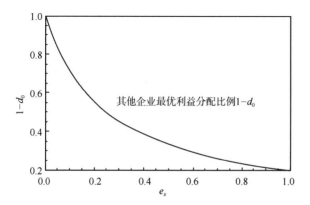

图 6.16 其他企业绿色信息共享成本系数对其最优利益分配比例的影响

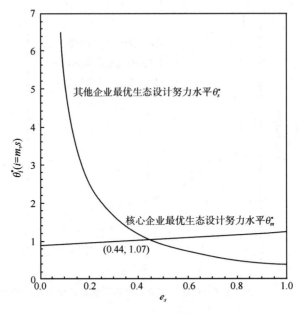

图 6.17　其他企业绿色信息共享成本系数对最优生态设计努力水平的影响

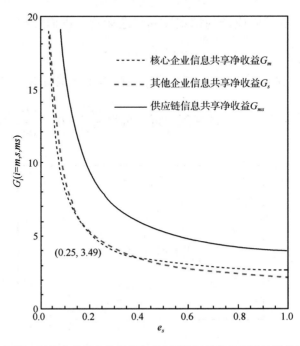

图 6.18　其他企业绿色信息共享成本系数对信息共享净收益的影响

时，$\theta_m^* = \theta_s^* = 1.07$；$\dfrac{\partial G_m}{\partial e_s} < 0$，$\dfrac{\partial G_s}{\partial e_s} < 0$，$\dfrac{\partial G_{ms}}{\partial e_s} < 0$，当 $e_s = 0.25$ 时，$G_m = G_s = 3.49$。

其他企业绿色信息共享成本的增加虽然刺激了核心企业基于越来越多的绿色信息增加生态设计投入，但是绿色信息本身的商业价值对该企业逐渐减弱，因而企业投入绿色产品创新的力度下降，不愿与核心企业合作来提高产品的绿色度，最终削弱了绿色产品的市场需求和销量，不仅自身的信息共享净收益急剧减少，也引起了核心企业净收益的快速下降，供应链收益因交易成本和运营成本增加而显著降低。后期核心企业基于共享到的绿色信息调整生产决策，快速适应绿色产品的市场变化，使其利润下降相对于其他企业放缓。

综上，在一定范围内节点企业和供应链的整体利益与绿色信息共享成本成反比。企业加大对绿色信息共享的投入，为其他节点企业提供了便利、节省了成本，但导致该企业进行产品生态设计和合作交流的动力不足，供应链的优势将被弱化，且供应链成员的净收益下降速率基本保持一致。绿色信息动态性和时效性强，价值衰减速度快，开始时共享信息的一方收益较高，而后获取信息的一方收益较大，可见关键绿色信息对于供应链成员企业的重要性。另外，其他企业增加其绿色信息共享成本并不能有效刺激核心企业加大生态设计投入力度，导致自身、核心企业和供应链三方的信息共享净收益快速下降。而核心企业增加其绿色信息的共享虽然引起自身收益受损，但大大激发了其他企业投入绿色创新的积极性，共享成本的大幅增加带来供应链净收益的缓慢下降，确保了一定的环境和经济绩效，提升了消费者满意度。本节灵敏度分析也验证了核心企业在绿色供应链运营过程中的主导作用(Vachon and Klassen，2006)，在优化供应链整体绩效中应积极发挥引领绿色消费和协调企业间合作关系的责任。

四、案例分析与研究结论

（一）案例分析

在我国绿色供应链管理优秀案例中，"生态设计示范企业"通过一定的激励机制成功地开展了生态设计。本章首先选取作为本书案例研究对象的联想集团（简称联想）进行分析。

联想积极打造可持续供应链，从行业高度全面推进生态设计。企业积极与供应商建立公正透明、富有成效的长期伙伴关系，许多合作关系长达数十年。联想制定实施了《供应商行为操守准则》，覆盖了可持续发展的各个方面，详细记载对供应商的环境表现期望，定期举办全球供应商环境标准与法规大会，携手供应商提升产品生态设计水平。此外，作为核心企业，联想大力推动供应链开展全物质信息披露和碳信息披露，为产品废弃拆解、逆向供应链、材料再利用等提供依据，实现了有害物质的合规管理。"绿色信息披露平台"展示和发布了联想的环保方针、产品的可持续特性、对供应商的环保要求、绿色发展成果等信息。通过联想私有云解决方案，联宝科技搭建了同城异地双活数据中心，解决了以往多系统信息孤岛、重要数据无法共享的难题，可随时满足新业务需求。2016财年，手机、平板类和笔记本类产品全物质信息披露程度达100%，台式机和服务器类达92%。2015~2017年，通过生态设计工作，联想共计节约1.14亿元。此外，大数据分析显示联想每年节电20万千瓦时，减少碳排量160吨，应用成本整体降低60%。

从以上分析可知，联想与供应商的合作机制降低了交易成本和信息共享的成本，通过技术创新和对上游企业的激励使供应商参与到产品的生态设计中，最大限度地调动成员的积极性，供应链系统的协同水平高，资源配置充分，可以积极迅速地对市场需求做出反应并提供优质服务。

其次，北京汽车股份有限公司（简称北京汽车）的案例也对本章结论进行了有力的证明。北京汽车注重供应链可持续发展，制定《绿色供应链管控办法》，建立了供应商关系管理（supplier relationship management，SRM）系统，并通过 SRM 系统及时掌握相关环保法规要求，实现了供应链信息双向流动。此举措降低了共享信息的成本，提高了共享信息的价值。公司不断强化供应链沟通，重视供应商的诉求，并就供应商重点关注的绩效评价、招标公平、项目推进等重要问题做出积极回应，推动双方合作良性发展，逐步形成与供应商互利共赢的良好局面。公司每年度发布供应商绩效评价，实施供应商能力提升项目，从供应链源头进行产品生态设计管控。截至 2017 年底，北京汽车与供应商累计解决千余个问题，目标 100%达成，保持了供应商队伍的整体质量。经计算，北京汽车 2017 年度前五名供应商的交易额占该年销售成本中原材料的 46.2%。一款车型可减少经济损失近 1900 万元，经济效益显著。2017 年，"基于以创建国家级生态设计示范企业为目标的系统工程管理创新"荣获北京汽车第三届管理创新成果三等奖，环境效益显著。

从以上分析可知，北京汽车运用信息技术、相互合作建立起的利益分配机制不仅能够提高绿色产品的创新能力，分担投资成本与风险，而且有助于提高整条供应链的协调能力，快速应对市场需求所带来的经济效应，形成对成员企业的激励作用。

（二）研究结论

本节考虑由核心企业和其他企业组成的二级绿色供应链，在相关文献的基础上，分别从成本分担和利益分配两个角度分析生态设计的激励机制，得出以下结论：集中决策下最优生态设计努力水平、产品价格和供应链整体利润与消费者对产品价格的敏感度负相关，与消费者对产品绿色度的敏感度正相关；分散决策下以供应商为领导者时，制造商的利润空间受到挤压而减小，致使生态设计努力水平下降，产品价格增加，在一定范围内引起供应链的失调。当供应商和制造商各自承担一半的绿色创新成本时，可以达到集中决策时的环境效益。成本分担机制由供应商主导时对生态设计的激励效果甚微。而增加信息共享的程度可以极大地提高供应链企业利益分配比例和生态设计努力水平。此外，核心企业增加绿色信息的共享能显著激发供应链其他企业的绿色研发投入，为改善绿色供应链的环境效益发挥引领创新和协调合作的积极作用。

企业应密切关注消费者对产品价格和绿色度的敏感度，随着消费者环保意识的加强，及时改进产品生态设计技术，加大绿色创新投入，强化产品的绿色形象和竞争优势，适当提高产品价格，促使供应链整体利益稳步上升，而消费者对产品价格的敏感度增加时则要积极与上下游企业开展合作以尽可能降低生态设计成本。分散决策虽然使供应商有利可图，但与制造商的不合作影响到绿色产品的市场需求，进而导致制造商蒙受损失，只能快速减少绿色研发投入，提高售价。文献回顾指出制造商为领导者时成本分担机制能显著提高产品的绿色度和供应链整体收益，而本章的结论则显示了供应商主导的成本分担机制的局限性。在利益分配机制中，核心企业能通过绿色信息共享确保绿色供应链一定的环境和经济效益，对其他企业的绿色创新激励效果更明显。尤其在工业 4.0 背景下数字化供应链如火如荼开展的今天，信息共享与生态设计的密切相关性使区块链、物联网等追踪技术在可持续供应链中的应用成为可能。提高信息的透明度有利于减少供应链成员企业的机会主义行为，提高资源利用效率，降低绿色产品的生产成本，使我国产业更快地实现绿色转型。

第四节　核心企业进行产品生态设计的绩效评价研究

第三节分析了供应链中产品生态设计的激励机制,从中得出重要的管理启示,信息共享的利益分配机制可以帮助我国核心企业更好地开展生态设计。其实施效果如何？如何提高产品生态设计的绩效？这一节我们研究供应链中核心企业提高产品生态设计的绩效决策。数据包络分析（data envelopment analysis，DEA）是学术研究中公认的科学的绩效评价方法，尤其适合多投入和多产出的生产系统，这和多变量的生态设计系统相契合。在前人研究基础上，本节建立了两阶段 DEA 评价模型，并与博弈论方法相结合，比较了不同决策、不同阶段权重和不同年份下的生态设计绩效，为评价和提高生态设计绩效提供了管理启示。

一、研究背景和问题描述

时尚产业目前是全球第二大污染产业。随着公民环保意识的觉醒，越来越多的消费者对可持续产品青睐，愿意为可持续产品溢价买单。各个国家对可持续发展的政策法规和绿色消费需求的外部压力促使时尚行业把可持续发展放在重要的战略地位，亟待企业运用合理的管理机制，促进企业产品和供应链的可持续创新。大型时尚企业近年来通过一系列举措来优化全球供应链，强化企业的竞争优势，从而迅速赢得市场认可。耐克（Nike）发布可持续设计指南 *Circularity: Guiding the Future of Design*，推动行业可持续供应链的规范化和标准化。Burberry 推出了由创新的可持续材料制作的 Monogram 系列和"ReBurberry Edit"，消耗水资源更少，碳排放量也更低，并在全球推出可持续产品标签，注明产品的可持续和环境足迹。H&M 将"可持续"作为企业未来发展的核心战略，成立了可持续事业发展部。2020 年，H&M 推出由再生回收新型纤维制作的春夏环保限量系列产品。2019 年 G7 峰会上，全球

32 家时尚和纺织业巨头共同签署了 *Fashion Pact*（时尚公约），旨在供应链中大力推动可持续发展进程。

消费者对可持续性问题的日益关注和时尚企业创新的可持续产品开发实践，使学术界对其可持续供应链的研究热情空前高涨。Cai 和 Choi（2020）探讨了时尚供应链在 2030 年前更好地响应联合国 17 项可持续发展目标的措施。Cimattia 等（2017）分析和调查了慢时尚的生态设计和可持续制造的做法与意义。Ngai 等（2013）通过构建能源和公共设施管理成熟度模型讨论了时尚行业可持续制造实现过程。Kozlowski 等（2018）通过参与性行为研究（participatory action research）和专家访谈设计出可持续时尚企业的管理机制，由 12 个组件构成：概念、消费者、品牌推广、循环设计/经济性、商业模式/价值主张/创新、设计和智能材料选择、原型/产品开发、收入流/成本、数据管理、采购、供应链、利益相关者。Macchion 等（2018）揭示了时尚企业中被动型公司、主动型公司和价值追求型公司所采用的可持续发展的具体策略。Fung 等（2020）建立了可持续规划战略框架（sustainable planning strategy framework，SPSF），帮助时尚公司解决资源配置的关键问题，做出正确的管理决策。Kazancoglu 等（2020）总结了时尚行业可持续供应链的实施障碍：管理和决策、劳动力、设计挑战、材料、规章制度、知识和意识、集成和协作、成本、技术基础设施。其中管理和决策在实现产业可持续发展中起着至关重要的作用。以上研究为本章探索时尚行业可持续供应链中生态设计的管理机制提供了良好的借鉴。

对市场需求做出反应，可以使时尚企业在可持续竞争中脱颖而出。但是对企业来说，整合可用的方法来衡量可持续性管理是一个巨大的挑战（Chalmeta and Palomero，2011）。为了响应可持续需求，并在整个供应链的资源配置中做出正确的决策（Fung et al.，2020），企业必须有效实施生态设计，制订提高可持续性管理绩效的解决方案。学者研究了一些非正式的可持续设计评价方法，如可持续产品和/或服务开发（Maxwell and Vorst，2003）和综合可持续性指数（Al-Kindi and Al-Zuheri，2018）。产品生态设计涉及可持续供应链内部成员和外部利益相关者，最关键的是得到战略层的认可和支持。只有纳入企业战略，才能真正提高企业和供应链的可持续绩效。这需要对生态设计管理阶段的绩效和相关指标进行合理分析和评价。但是在实践中，生态设计管理过程较为模糊，评价指标不明确，缺乏指导战略决策的适用管理机制（Gong et al.，2018）。本章以时尚行业突出的环境问题和先进的可持续产品实践案例为背景，建立生态设计绩效评价体系，发现变量间的潜在因果关系和驱动要素，识别出对环境友好的最有效的管理机制。

上述内容介绍了研究背景、研究现状和需要解决的问题，接下来本节从阶段划分、模型构建和指标体系三个方面依次描述了生态设计的两阶段 DEA 评价模型，随后通过模型求解，分析了不同决策、不同权重及不同年份下的连接两阶段 DEA 效率，最后根据分析结果得出了重要结论。本节建立的生态设计绩效评价体系反映了企业规划、部署和集成可持续供应链内部和外部资源，获取产品生态创新能力的组织管理水平，能够确保企业获得长期的可持续竞争优势。

二、生态设计 DEA 评价模型构建

（一）生态设计的两阶段链式过程划分

目前，对复合系统效率值的研究，大多采用的是传统的 DEA 模型，即将整个系统看作一个"黑箱"，不考虑其内部结构，如 CCR 模型和 BCC 模型[①]等。此种做法所得效率值不免失之偏颇。产品生态设计（eco-design，ED）

---

① CCR 模型是 Charnes、Cooper 和 Rhodes 提出的固定规模收益模型。BCC 模型是 Banker、Charnes 和 Cooper 提出的变动规模收益模型。

需要在设计阶段纳入产品全生命周期的环境影响。为了达到符合市场需求的绿色产品认证标准（如废水处理、能源节约、资源效率、可持续材料和末端的回收利用等），生态设计过程需要综合考虑企业内部可持续管理战略，供应链各成员的合作和利益共享，外部利益相关者的需求等，因此生态设计过程不是单阶段的简单系统，而是一个多变量投入和产出的多阶段复合生产系统，具体到生态设计每个阶段也都是多投入和多产出的生产子系统，这揭示了产品生态设计的网络化特征，其系统整体效率受到各阶段效率的综合影响。网络 DEA 模型将决策单元的整个过程分解成多个阶段，每一阶段都有其相应的投入和产出。系统整体效率是在全面考虑各子阶段的效率基础上得出的。因此，网络 DEA 模型非常适合评价产品的生态设计效率。本节在前人研究的基础上，创造性地建立了连接两阶段 DEA 模型。此评价方法属于典型的网络 DEA 模型，较之传统 DEA 方法更加合理和科学。

在产品设计方面，少数文献考虑了可持续产品设计的两阶段关联，如 Hwang 等（2013）建立了一个用于可持续设计性能评价的 DEA 模型，该模型同时考虑了期望产出的增加和非期望产出的减少，识别出非期望产出导致的低效。Chen 等（2012）以工业设计模块和生物设计模块为基础，建立了可持续设计性能评价的两阶段网络 DEA 模型，将可持续设计中的关键工程规范、产品属性和环境性能联系起来。同时结合博弈论的集中决策和分散决策，比较了企业为可持续设计所采取的同步、主动和被动的方法。在前人研究的基础上，本章拟用两阶段 DEA 方法评价生态设计绩效，从供应链管理角度划分生态设计过程，并分析各阶段对生态设计的影响。

企业内部的可持续承诺和支持对绿色实践有着直接的影响，是开展生态设计的必要条件（Liu et al., 2020），如创建专门的管理部门，制定需要达到的具体目标和战略等（Macchion et al., 2018）。产品生态设计的第一步是原材料的选择和供应，因此供应商的选择对可持续供应链管理至关重要

（Macchion et al.，2018；Winter and Lasch，2016）。供应商的资格认证是评估和筛选的重要标准，如全球有机纺织品标准（Global Organic Textile Standards）或C2C（Cradle to Cradle，从摇篮到摇篮）认证（Pitchipoo et al.，2015）。随着产品可追溯性要求的增加，认证变得更加重要。企业还可以通过对供应商进行培训或与供应商密切合作，优化某种材料或工艺。Ni和Sun（2018）验证了供应商评价与协作相辅相成，可以达到绩效更好的协同效应。所以生态设计的第一阶段为内部和供应商管理（internal and supplier management，ISM）。

从可持续供应链管理的视角看，改善内部的可持续实践而不考虑外部合作，可能会抵消可持续发展绩效（Macchion et al.，2018）。集成和协作是时尚行业可持续供应链最重要的瓶颈（Kazancoglu et al.，2020）。开放和整合使供应链成员形成共同的可持续愿景和目标，促进了他们的共同发展、知识共享和生态协作（Wu，2013）。可持续性领先的企业了解外部整合的重要性，积极将可持续发展延伸到公司的边界之外。例如，企业通过发布可持续发展报告和启动可持续倡议，与客户和零售商分享它们的绿色行动（Macchion et al.，2018）。另外，相互竞争的时尚企业之间可以建立一种合作竞争关系，以减轻产品绿色投资的巨大负担，共同提高整个行业的绿色产品开发绩效（Guo et al.，2020）。所以生态设计的第二阶段为开放和合作（open and collaboration，OC）。

（二）评价模型构建及求解

在企业产品的生态设计过程中，内部和供应商管理阶段与开放和合作阶段是密切相连的，不可能是彼此独立的阶段，经过有效的内部和供应商管理，企业建立了供应链的评价机制，提升了供应链的透明度，促进利益相关者对企业的信任和参与，成为开放和合作进行生态设计的可靠基础。因此，连接两阶段 DEA 具有更高的效率鉴别能力，能更加真实准确地反映企业生态设计过程的管理效率。本章通过设置权重和中间变量将各阶段连接起来，如一个子阶段的某些输出是另一个子阶段的某些输入。在生态设计系统中，考虑 n 个独立决策单元（decision making units，DMUs），每个决策单元可表示为 $\text{DMU}_i(i=1,\cdots,n)$，其中第一阶段的投入为 $X_i(i=1,\cdots,n)$，产出为 $G_i(i=1,\cdots,n)$，该产出变量为中间变量，其既是第一阶段的产出也是第二阶段的投入；第二阶段的外部投入为 $F_i(i=1,\cdots,n)$，最终产出为 $Y_i(i=1,\cdots,n)$，如图 6.19 所示。

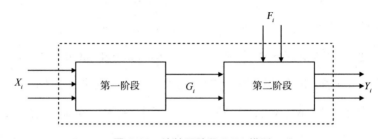

图 6.19　连接两阶段 DEA 模型

假设规模收益不变，以传统 CCR 模型为基础，构建以投入为导向的模型（6.46）和模型（6.47）来分别计算第一阶段和第二阶段的效率值 θ_1 和 θ_2。其中，θ_1 为被评价决策单元第一阶段的效率值；θ_2 为被评价决策单元第二阶段的效率值，x_{ij} 为第 j 个决策单元第一阶段的第 i 个投入变量；x_{io} 为被评价决策单元第一阶段的第 i 个投入变量；g_{dj} 为第 j 个决策单元第一阶段的第 d 个产出变量；g_{do} 为被评价决策单元第一阶段的第 d 个产出变量；f_{kj} 为第 j 个决策单元第二阶段的第 k 个投入变量；f_{ko} 为被评价决策单元第二阶段的第 k 个投入变量；y_{rj} 为第 j 个决策单元第二阶段的第 r 个产出变量；y_{ro} 为被评价决策单元第二阶段的第 r 个产出变量；v_i 为第一阶段第 i 个投入变量的权重；z_d 为第二阶段第 d 个产出变量的权重；π_k 为第二阶段第 k 个投入变量的权重；u_r 为第二阶段第 r 个产出变量的权重。

第一阶段:

$$\theta_1 = \max \frac{\sum\limits_{d=1}^{D} z_d g_{do}}{\sum\limits_{i=1}^{I} v_i x_{io}}$$

$$\text{s.t.} \begin{cases} \dfrac{\sum\limits_{d=1}^{D} z_d g_{dj}}{\sum\limits_{i=1}^{I} v_i x_{ij}} \leqslant 1, \ j = 1, \cdots, n \\ z_d, v_i \geqslant 0, \quad d = 1, \cdots, D, i = 1, \cdots, I \end{cases} \tag{6.46}$$

第二阶段:

$$\theta_2 = \max \frac{\sum\limits_{r=1}^{R} u_r y_{ro}}{\sum\limits_{d=1}^{D} z_d g_{do} + \sum\limits_{k=1}^{K} \pi_k f_{ko}}$$

$$\text{s.t.} \begin{cases} \dfrac{\sum\limits_{r=1}^{R} u_r y_{rj}}{\sum\limits_{d=1}^{D} z_d g_{dj} + \sum\limits_{k=1}^{K} \pi_k f_{kj}} \leqslant 1, \quad j = 1, \cdots, n \\ u_r, z_d, \pi_k \geqslant 0, \quad r = 1, \cdots, R, \quad d = 1, \cdots, D, \quad k = 1, \cdots, K \end{cases} \tag{6.47}$$

模型（6.46）和模型（6.47）皆为非线性规划模型，难以求解，可利用 C-C（Charnes-Cooper）变换，将其转化为线性规划模型。转化过程如下:

令 $\alpha = \dfrac{1}{\sum\limits_{i=1}^{I} v_i x_{io}}$，$\beta = \dfrac{1}{\sum\limits_{d=1}^{D} z_d g_{do} + \sum\limits_{k=1}^{K} \pi_k f_{ko}}$，$z_d' = \alpha \cdot z_d$，$v_i' = \alpha \cdot v_i$，$u_r' = \beta \cdot u_r$，

$z_d'' = \beta \cdot z_d$，$\pi_k' = \beta \cdot \pi_k$，可得

第一阶段:

$$\theta_1 = \max \sum\limits_{d=1}^{D} z_d' g_{do}$$

$$\text{s.t.} \begin{cases} \displaystyle\sum_{i=1}^{I} v_i' x_{io} = 1 \\ \displaystyle\sum_{d=1}^{D} z_d' g_{dj} - \sum_{i=1}^{I} v_i' x_{ij} \leqslant 0, \quad j = 1, \cdots, n \\ z_d', v_i' \geqslant 0, \quad i = 1, \cdots, I, \quad d = 1, \cdots, D \end{cases} \tag{6.48}$$

第二阶段：

$$\theta_2 = \max \sum_{r=1}^{R} u_r' y_{ro}$$

$$\text{s.t.} \begin{cases} \displaystyle\sum_{d=1}^{D} z_d'' g_{do} + \sum_{k=1}^{K} \pi_k' f_{ko} = 1 \\ \displaystyle\sum_{r=1}^{R} u_r' y_{rj} - \sum_{d=1}^{D} z_d'' g_{dj} - \sum_{k=1}^{K} \pi_k' f_{kj} \leqslant 0, \quad j = 1, \cdots, n \\ z_d'', u_r', \pi_k' \geqslant 0, \quad r = 1, \cdots, R, \quad d = 1, \cdots, D, \quad k = 1, \cdots, K \end{cases} \tag{6.49}$$

设 $z_d'^{*}$ 和 $u_r'^{*}$ 分别为模型（6.48）和模型（6.49）的最优解，那么第一阶段和第二阶段的效率值可分别表示为 $\theta_1 = \displaystyle\sum_{d=1}^{D} z_d'^{*} g_{do}$ 和 $\theta_2 = \displaystyle\sum_{r=1}^{R} u_r'^{*} y_{ro}$。

生态设计 ED 系统的效率为

$$\theta = w_1 \theta_1 + w_2 \theta_2$$

其中，w_1 和 w_2 分别为计算整体效率时两个阶段 ISM 和 OC 对应的权重，满足 $w_1 + w_2 = 1$。在 DEA 文献中，该权重表示两个子阶段对系统整体效率的相对重要性或贡献率（Cook et al.，2010），或者是决策者的主观判断（Liang et al.，2008）。本章采用第二种释义，定义 w_p ($p=1, 2$) 为决策者的主观判断。采用不同的权重组合来分析子阶段和系统的绩效变化。请注意，在衡量生产效率的典型 DEA 模型中，DMU 有效是指使用最少投入资源产生相同水平的产出，或者使用相同投入资源产生最大水平的产出。如果 $\theta_1 = 1$($\theta_2 = 1$)，则 ISM(OC)

是有效的，生态设计系统 ED 的无效源自 OC(ISM)。ED 有效的充要条件是两个子阶段同时有效。

在以往的研究中，分散决策方法和集中决策方法可以用来衡量两阶段网络 DEA 中每个阶段以及整个系统的效率（Liang et al.，2008）。分散决策方法基于 Stackelberg 领导者-追随者模型对两个阶段顺序优化，领导者首先对其目标函数进行优化。追随者通过观察领导者的选择，做出相应的反应，进而影响领导者的优化结果。集中决策方法对两个阶段的效率同时优化，通过求解各阶段的最优权重使系统效率最大化。这两种方法分别对应时尚企业可能采取的三种不同的生态设计策略。

（1）主动法。有些社会责任和可持续发展意识高的企业会率先考虑提高内部和供应商管理的绩效，制定相应的战略和制度，建立供应商管理部门，识别造成环境污染的主要环节，产生积极的影响和效果进而由内而外带动供应链其他成员和外部利益相关者协同合作，共同开展产品生态设计。因此，企业首先优化 ISM 阶段，使其效率最大化，求出 z_d 和 v_i，然后优化 OC 阶段，求出 u_r 和 π_k，即以 ISM 为领导者，OC 为追随者。

（2）被动法。有些企业社会责任意识薄弱，不会主动进行生态设计，但是会受到政府法规或行业协会的产品认证要求，消费者的绿色产品市场需求等压力和挑战，首先考虑满足这些外部利益相关者的可持续发展需求，建立广泛的合作沟通渠道，达到最佳的开放和合作绩效，进而由外而内倒逼内部和供应商管理，使其与外部开放和合作协调一致。因此，企业首先优化 OC 阶段，使其效率最大化，求出 u_r 和 π_k，然后优化 ISM 阶段，求出 z_d 和 v_i，即以 OC 为领导者，ISM 为追随者。

（3）同步法。有些企业出于自身品牌形象和行业市场法规的严格要求，会对两个阶段给予同等的重视，既加强内部和供应商管理，又使其符合外部利益相关者的诉求，努力使生态设计过程创造最佳的管理绩效。因此，企业同时优化 ISM 和 OC 阶段，使生态设计系统 ED 效率最大化。假设规模收益不变，建立以投入为导向的模型（6.50），以计算生态设计系统 ED 的整体效率 θ 和两个子阶段 ISM 和 OC 的效率 θ_1' 和 θ_2'。

$$\theta = \max\left(w_1 \frac{\displaystyle\sum_{d=1}^{D} z_d g_{do}}{\displaystyle\sum_{i=1}^{I} v_i x_{io}} + w_2 \frac{\displaystyle\sum_{r=1}^{R} u_r y_{ro}}{\displaystyle\sum_{d=1}^{D} z_d g_{do} + \sum_{k=1}^{K} \pi_k f_{ko}}\right)$$

$$\text{s.t.} \begin{cases} \dfrac{\displaystyle\sum_{d=1}^{D} z_d g_{dj}}{\displaystyle\sum_{i=1}^{I} v_i x_{ij}} \leqslant 1, \quad j = 1, \cdots, n \\[4mm] \dfrac{\displaystyle\sum_{r=1}^{R} u_r y_{rj}}{\displaystyle\sum_{d=1}^{D} z_d g_{dj} + \sum_{k=1}^{K} \pi_k f_{kj}} \leqslant 1, \quad j = 1, \cdots, n \\[4mm] z_d, v_i, u_r, \pi_k \geqslant 0, \quad d = 1, \cdots, D \\ i = 1, \cdots, I, \ r = 1, \cdots, R, \ k = 1, \cdots, K \end{cases} \quad (6.50)$$

模型（6.50）也为非线性规划模型，难以求解，可利用 C-C 变换，将其转化为线性规划模型。转化过程如下：

令 $\alpha_1 = \dfrac{1}{\displaystyle\sum_{i=1}^{I} v_i x_{io}}$，$\alpha_2 = \dfrac{1}{\displaystyle\sum_{d=1}^{D} z_d g_{do} + \sum_{k=1}^{K} \pi_k f_{ko}}$，$\delta = \dfrac{\alpha_2}{\alpha_1}$，$z_d' = \alpha_1 \cdot z_d$，$v_i' = \alpha_1 \cdot v_i$，

$u_r' = \alpha_2 \cdot u_r$，$z_d'' = \alpha_2 \cdot z_d = \delta \cdot z_d'$，$\pi_k' = \alpha_2 \cdot \pi_k$，可得

$$\theta = \max\left(w_1 \sum_{d=1}^{D} z_d' g_{do} + w_2 \sum_{r=1}^{R} u_r' y_{ro}\right)$$

$$\text{s.t.}\begin{cases} \sum_{i=1}^{I} v_i' x_{io} = 1 \\[2mm] \delta \sum_{d=1}^{D} z_d' g_{do} + \sum_{k=1}^{K} \pi_k' f_{ko} = 1 \\[2mm] \sum_{d=1}^{D} z_d' g_{dj} - \sum_{i=1}^{I} v_i' x_{ij} \leq 0, \quad j = 1, \cdots, n \\[2mm] \sum_{r=1}^{R} u_r' y_{rj} - \delta \sum_{d=1}^{D} z_d' g_{dj} - \sum_{k=1}^{K} \pi_k' f_{kj} \leq 0, \quad j = 1, \cdots, n \\[2mm] z_d', v_i', u_r', \ \pi_k' \geq 0, \ d = 1, \cdots, D, \ i = 1, \cdots, I \\[2mm] r = 1, \cdots, R, \ k = 1, \cdots, K, \ d = 1, \cdots, D \end{cases} \tag{6.51}$$

设 $z_d'^{\,*}$ 和 $u_r'^{\,*}$ 为模型（6.51）的最优解，则生态设计系统 ED 的整体效率值 $\theta = w_1 \sum_{d=1}^{D} z_d'^{\,*} g_{do} + w_2 \sum_{r=1}^{R} u_r'^{\,*} y_{ro}$，两个子阶段 ISM 和 OC 的效率值分别为

$$\theta_1' = w_1 \sum_{d=1}^{D} z_d'^{\,*} g_{do} \text{ 和 } \theta_2' = w_2 \sum_{r=1}^{R} u_r'^{\,*} y_{ro} \text{。}$$

通过提出的两阶段网络 DEA 模型，决策者可以在不同的生态设计策略下，研究和比较集中与分散决策方法下的阶段及整体设计绩效。与前人研究一致（Liang et al.，2008），我们假设中间变量 $G_j (j=1, \cdots, n)$ 的权重在两阶段中是相同的。需要注意的是，对于更简单的单阶段设计的产品，我们的分析框架很容易被简化为单阶段的 DEA 模型。在第三部分，我们将展示评价模型在评估时尚企业生态设计性能中的应用。

（三）指标选取与数据来源

绿色供应链企业信息透明指数（corporate information transparency index，CITI）首发于 2014 年，是全球首个基于品牌在华供应链环境管理表现的量化评价体系，由公众环境研究中心（Institute of Public and Environmental Affairs，

IPE）和自然资源保护协会（Natural Resources Defense Council，NRDC）合作制作，针对 16 个行业 306 家企业在供应链责任管理、环境风险、应对气候变化以及节能减排等层面进行评估，以促进国内外大型品牌关注供应链的环境表现。CITI 的评价标准如图 6.20 所示，涵盖"透明与沟通、合规性与整改行动、延伸绿色供应链、节能减排、责任披露"五个方面。本章以 CITI 中重视生态设计和可持续发展绩效的时尚企业为研究样本。选取合适的指标构建体系非常重要，这直接关系到最终的效率评价结果。指标选择首先要反映评价目的和内容；其次要考虑指标的多样性、可获得性和非线性关系等。

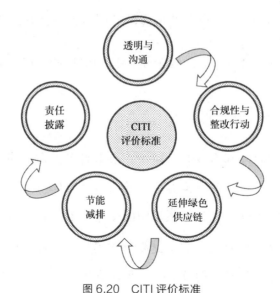

图 6.20　CITI 评价标准

资料来源：绿色供应链——CITI 2018 年度评价报告

1. 内部和供应商管理阶段的投入与产出指标

该阶段为生态设计的第一阶段，衡量该阶段的投入主要包含企业内部管理和供应商管理。因此，企业在明确的可持续发展目标下，需要识别和管理造成环境污染的主要生产环节，控制污染源头，从头治理。生态设计在可持续供应链中对环境绩效的影响很大，可以提高整个供应链中利益相关者的绩效（Fung et al.，2020）。Gimenez 和 Sierra（2013）研究了供应商评价和协作对环境绩效的影响，发现两者都有积极的协同效应，供应商评价是协作的推动者。企业应该建立一个关系适度的供应商网络，以获取更广泛的信息、资源和机会（Zhou et al.，2014）。与供应商的"可持续合作"可以采取"胡萝卜+大棒"的管理措施，如建立信任、互惠互利、奖罚分明、分担成本和严格审核（Huq and Stevenson，2020），从而激励共享，协调运营，降低库存，提高质量和客户满意度（Drake and Schlachter，2008）。与生态设计密切相关的供应商管理主要包括供应商的认证筛选和教育培训。因此，选取"识别和管理主要污染环节（X_1）"作为衡量内部管理投入的核心指标，"推动供应商采取正确行动（X_2）"和"筛选认证上游供应商（X_3）"作为衡量供应商管理投入的关键指标。

内部和供应商管理阶段作为生态设计的第一个子阶段，其产出是整个生态设计系统的中间产出，反映了企业内部和供应链上游的管理成果。通过"识别和管理主要污染环节（X_1）"和"筛选认证上游供应商（X_3）"，时尚企业的可持续供应链已建立了评价机制，与有绿色认证和业界可持续发展良好的供应商建立了稳定共享互利的战略合作伙伴关系。信息共享和沟通有助于产品的可追溯性。核心企业继而在生态设计中明确了材料的可持续性、来源及环保性能，大大增强了供应链的运营透明度。当今数字经济和工业 4.0 的浪潮下，区块链技术和射频识别技术（radio frequency identification technology，RFID）可用于实现时尚供应链的可追溯性和透明度(Jangirala et al.，2020)。透明度的提高也促进了供应商的资格认证和社会责任履行（Kraft et al.，2020），进而提升了生态设计的努力水平。因此，选取"建立评价机制（G_1）"和"提高供应链透明度（G_2）"作为衡量内部和供应商管理阶段产出的关键指标。生态设计网络 DEA 模型的指标体系如图 6.21 所示。

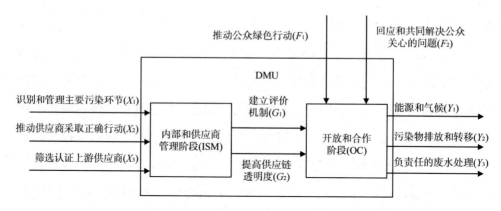

图 6.21　生态设计网络 DEA 模型指标体系

2. 开放和合作阶段的投入与产出指标

经过第一阶段有效的内部和供应商管理，供应链建立了高效的评价机制并提高了透明度，用于监督和控制企业和供应商的不可持续行为。产品生态设计是多方合作的结果，不仅需要监督和控制，更需要外部利益相关者的正向刺激和协作互助，共享可持续发展成果。供应链上更紧密的关系对于开发有价值的资源和能力、提高可持续性绩效至关重要（Govindan et al.，2018；Zhan et al.，2018）。供应链较高的透明度和有效的评价机制促进了供应链其他成员或生态合作伙伴的共同努力，与政府部门、学术团体或竞争企业开展可持续技术攻关等项目研发，可以引领行业绿色发展，解决社会和消费者关心的环境问题。因此，上一阶段的产出为开放和合作阶段提供了良好的基础和动力，两个关键的外部投入"推动公众绿色行动（F_1）"和"回应和共同解决公众关心的问题（F_2）"，成为衡量开放和合作阶段投入的关键指标。

开放和合作阶段作为生态设计的第二个子阶段，其产出是整个生态设计系统的最终产出，反映了时尚企业可持续供应链中生态设计的管理成果。DEA 评价中衡量可持续性管理的最常用的环境产出指标是各种污染排放、环境管理和创新（Zhou et al.，2018）。虽然减少整个生命周期对环境的影响是生态设计的最终目标，但通常情况下用环境化设计（design for environment，DfE）评价某几个环境性能的改进。因此第二阶段的输出可以是生命周期环境影响或环境绩效（Chen et al.，2012）。根据数据的可得性，我们选取"能源和气候（Y_1）"、"污染物排放和转移（Y_2）"和"负责任的废水处理（Y_3）"作为衡量开放和合作阶段产出的关键指标。

三、生态设计 DEA 绩效评价结果分析

（一）三种不同决策下连接两阶段 DEA 效率分析

时尚企业三种不同决策下连接两阶段 DEA 效率值如表 6.8 所示。计算结果表明分散决策下领导者的效率均不小于集中决策下对应阶段的效率，如主动法中的 ISM 效率高于或等于同步法中的 ISM 效率，被动法中的 OC 效率高于或等于同步法中的 OC 效率。对比三种方法的 ED 系统效率值，集中决策不一定使其效率最高，主动法成为使企业生态设计效率最大的优化策略，即优先进行内部和供应商管理的企业可以获得更高的生态设计效率，被动法的平均效率最低。例如，C&A Europe 生态设计主动法的效率值最高为 0.816，同步法次之（0.805），被动法的效率值最低（0.688）。Burberry、ASICS 和 Nike 在三种策略下的生态设计效率都较高（0.634~1.000），Fast Retailing 在三种策略下的生态设计效率均较低（0.516~0.592），Mothercare 成为被动法中生态设计效率最低的企业，仅为 0.501。下面本章分别选取生态设计领先企业 Burberry 和生态设计落后企业 Fast Retailing 进行分析。

Burberry 连续 6 年被纳入道琼斯可持续发展指数（Dow Jones Sustainability Index，DJSI），2020 年获得了有史以来的最高分。该公司在企业文化中贯彻"零浪费"理念，制定了可持续发展目标：到 2022 年，实现碳

表 6.8 三种不同决策下生态设计连接两阶段 DEA 效率

时尚企业	同步法			主动法			被动法		
	ISM	OC	ED	ISM	OC	ED	ISM	OC	ED
Nike	0.975	0.780	0.878	1.000	0.875	0.938	1.000	0.875	0.938
Hennes & Mauritz (H&M)	0.591	1.000	0.795	0.591	1.000	0.795	0.486	1.000	0.743
Levi Strauss	0.746	1.000	0.873	0.746	1.000	0.873	0.692	1.000	0.846
Adidas Group	0.848	0.717	0.783	1.000	0.800	0.900	0.860	0.800	0.830
Inditex SA	0.808	0.673	0.741	0.899	0.611	0.755	0.808	0.682	0.745
Burberry	1.000	1.000	1.000	1.000	1.000	1.000	0.269	1.000	0.634
New Balance	1.000	0.571	0.786	1.000	0.571	0.786	0.959	0.571	0.765
Esquel Group	0.524	0.720	0.622	0.524	0.769	0.647	0.517	0.769	0.643
Puma AG	0.808	0.852	0.830	0.899	0.764	0.831	0.808	0.852	0.830
Gap Inc.	0.808	0.893	0.851	0.899	0.833	0.866	0.808	0.907	0.858
Marks and Spencer	0.808	0.731	0.769	0.808	0.800	0.804	0.808	0.800	0.804
ASICS	1.000	1.000	1.000	1.000	0.893	0.947	1.000	1.000	1.000
VF Corporation	0.667	0.778	0.722	0.667	1.000	0.833	0.667	1.000	0.833
Fast Retailing	0.800	0.374	0.587	0.800	0.385	0.592	0.615	0.417	0.516
Esprit	0.835	0.539	0.687	0.835	0.611	0.723	0.835	0.611	0.723
Primark	0.591	1.000	0.795	0.591	1.000	0.795	0.591	1.000	0.795
C&A Europe	0.709	0.902	0.805	0.709	0.922	0.816	0.417	0.960	0.688
Mothercare	0.812	0.667	0.740	0.812	0.667	0.740	0.002	1.000	0.501
均值	0.796	0.789	0.792	0.821	0.806	0.813	0.675	0.847	0.761

中和，完全使用可再生能源，同时减少供应链 95% 的温室气体排放。到 2025年，所有的包装材料都是可回收、可循环或可生物降解的。此外，Burberry制定了负责任的采购政策，筛选符合最高动物福利标准和其他可持续规范的供应商并加强沟通和管理，确保原材料的可持续性。不仅如此，Burberry 非常重视开放创新与合作，把联合国可持续发展目标 17（为目标而合作）融入企业发展和产品开发战略。其 2022 年目标是在关键利益相关者(包括学术界、非政府组织和各行各业的专家）的参与下制定的，以解决产品价值链上最紧迫的社会和环境需求。因此，Burberry 第一和第二阶段的效率在主动法和同步法中均达到最优。Fast Retailing 建立了内部审核制度，要求供应商遵守公司制定的《生产合作伙伴行为守则》，提高了供应链透明度，在同步法和主动法中第一阶段效率达到 0.800，但是企业的开放创新程度很低，没有与外部利益相关者建立持续的沟通与合作，无法满足其可持续需求，实现产品生态设计的技术创新，因此第二阶段的效率只有 0.4 左右。从以上分析可知，开放和合作对生态设计非常关键，影响了生态设计的最终绩效。

有些企业在不同的优化策略下具有同样的实施效果。H&M、Levi Strauss、New Balance、Mothercare 和 Burberry 五家企业主动法和同步法整体效率相同，其中 New Balance 在 ISM 阶段达到 DEA 有效，Burberry 在各阶段均达到了DEA 有效。而 Marks and Spencer、VF Corporation、Esprit 和 Nike 四家企业主动法和被动法整体效率相同。VF Corporation 在 OC 阶段达到 DEA 有效，Nike 在 ISM 阶段达到 DEA 有效。Primark 在不同策略下分阶段效率和整体效率完全一致。ASICS 在同步法和被动法中均达到了 DEA 有效。H&M、Primark和 Levi Strauss 的 OC 阶段在三种策略中也达到了 DEA 有效。

（二）不同阶段权重下连接两阶段 DEA 效率分析

在不同子阶段权重分配下，连接两阶段 DEA 效率计算结果见表 6.9。企业开展产品生态设计的过程中，首先从内部和供应商管理开始，识别影响生态设计的关键环节，建立监督评价机制，确保供应商的合规性和透明度，在此基础上才能进一步开放和合作，与利益相关者共同推动产品的可持续性和社会责任。因此，本书默认第一阶段的权重不小于第二阶段。为了更好地理解决策者对各阶段的投入偏好，我们依次计算了 $w_1=0.5$，$w_2=0.5$；$w_1=0.6$，$w_2=0.4$；$w_1=0.7$，$w_2=0.3$；$w_1=0.8$，$w_2=0.2$ 四种权重分配下的生态设计子阶段效率和总效率。

表6.9　不同阶段权重下生态设计连接两阶段 DEA 效率

时尚企业	ISM	OC	ED (w_1=0.5, w_2=0.5)	ED (w_1=0.6, w_2=0.4)	ED (w_1=0.7, w_2=0.3)	ED (w_1=0.8, w_2=0.2)
Nike	0.975	0.780	0.878	0.897	0.917	0.943
Hennes & Mauritz (H&M)	0.591	1.000	0.795	0.755	0.714	0.673
Levi Strauss	0.746	1.000	0.873	0.847	0.822	0.796
Adidas Group	0.848	0.717	0.783	0.796	0.809	0.828
Inditex SA	0.808	0.673	0.741	0.754	0.768	0.781
Burberry	1.000	1.000	1.000	1.000	1.000	1.000
New Balance	1.000	0.571	0.786	0.829	0.871	0.914
Esquel Group	0.524	0.720	0.622	0.603	0.583	0.563
Puma AG	0.808	0.852	0.830	0.826	0.821	0.817
Gap Inc.	0.808	0.893	0.851	0.842	0.834	0.825
Marks and Spencer	0.808	0.731	0.769	0.777	0.785	0.793
ASICS	1.000	1.000	1.000	1.000	1.000	1.000
VF Corporation	0.667	0.778	0.722	0.711	0.700	0.689
Fast Retailing	0.800	0.374	0.587	0.630	0.672	0.715
Esprit	0.835	0.539	0.687	0.717	0.747	0.776
Primark	0.591	1.000	0.795	0.755	0.714	0.673
C&A Europe	0.709	0.902	0.805	0.786	0.767	0.748
Mothercare	0.812	0.667	0.740	0.754	0.769	0.783
均值	0.796	0.789	0.792	0.793	0.794	0.795

两个子阶段的权重对系统的总效率有显著的影响。对于 ISM 阶段效率高于 OC 阶段效率的八家企业，ED 效率随着 ISM 权重的增加而缓慢增加，对于 ISM 阶段效率低于 OC 阶段效率的另外八家企业，ED 效率随着 ISM 权重的增加而缓慢减少，Burberry 和 ASICS 在任何权重下各阶段效率和整体效率均达到了 DEA 有效（1.000）。因此，增加绩效表现突出的阶段投入可以显著提高生态设计的效率。

时尚企业生态设计的整体效率较高，权重变化对其影响较小。当 $w_1=0.5$，$w_2=0.5$ 时，均值为 0.792，当 $w_1=0.8$，$w_2=0.2$ 时，均值为 0.795。以两阶段权重相等为例进行分析。低于 ED 效率平均值的企业有 9 个，占企业总数的 50%。其中，效率最高的是 Burberry 和 ASICS，为 DEA 有效。其次是 Nike，效率值为 0.878；效率最低的企业是 Fast Retailing，效率值为 0.587。进一步分析其阶段绩效。ISM 效率平均值为 0.796，低于平均值的企业有 6 个，占企业总数的 33.33%；第二阶段效率平均值为 0.789，低于平均值的企业有 10 个，占企业总数的 55.6%。虽然第一阶段效率普遍较高，但是绝大多数企业第二阶段存在瓶颈，没有有效运用开放和合作进行可持续产品开发和创新。这再次表明 OC 阶段是企业生态设计的关键环节。与利益相关者共享资源和能力建设可以降低可持续发展的成本，极大提高可持续产品开发绩效（Bos-Brouwers，2010）。

（三）2015~2018 年连接两阶段 DEA 效率分析

1. ISM 和 OC 阶段效率分析

图 6.22 显示了 2015~2018 年时尚企业生态设计第一阶段和第二阶段的效率散点图。整体而言，效率值主要分布在至少一个阶段效率较高的区域，在低 ISM 和低 OC 的区域分布较少，说明企业努力提高各个阶段的绩效，不低于行业平均水平。但是高 ISM、低 OC 和高 OC、低 ISM 的企业数量占大多

数，表明较高的 ISM 绩效并不一定意味着较高的 OC 绩效，两个阶段之间不协调一致。虽然企业内部和供应商管理表现突出，但如果不能运用其高产出（即供应链透明度和评价机制），并投入到开放和合作中创造可持续绩效，那么将导致第二阶段的低效率。两个阶段之间连接越不紧密，协同性越低，绩效差别越大。Burberry 各年同时具有较高的 ISM 效率和 OC 效率，意味着生态设计系统的总效率也较高，成为较为有效的企业。相反，Esquel Group 各年的 ISM 效率和 OC 效率都较低，生态设计没有得到有效实施。

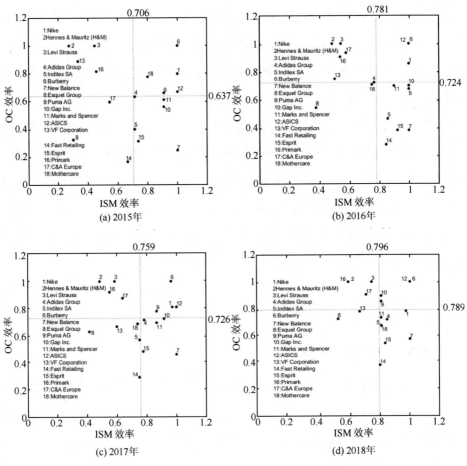

图 6.22　2015~2018 年生态设计两阶段效率散点图

散点图还显示 2015~2018 年企业的阶段效率逐年收敛。各时尚企业逐渐向行业可持续发展的标杆和法规看齐，同时加强内部管理和可持续供应链管理，使企业间的效率离散程度逐渐降低，缩小了绝对差距，提升了行业整体效率。该结果也解释了下一节生态设计效率的收敛性结果。

2. σ收敛性分析

为进一步探索时尚行业生态设计系统效率值的差距变化特征，本章进行了σ收敛性分析。一般认为，收敛起源于资本边际报酬递减的新古典增长模型，能够直观地度量不同地区的经济发展趋势。衡量数据的收敛或离散程度常使用方差、标准差等指标，但它们容易受到变量均值大小的影响，而且与计量单位存在较大关联，导致测算结果的偏差。因此，本书使用变异系数σ收敛方法，检验变异系数是否随着时间的增长有明显下降，如果有明显下降，说明个体之间的差距随着时间逐渐降低，以消除变量均值和计量单位对数据离散程度的影响。为找出时尚行业生态设计效率差距的变动趋势，σ收敛计算方法如下：

$$\sigma_t = \sqrt{\frac{1}{N}\left[\sum_{i=1}^{N}\left(\ln Y_{it} - \frac{1}{N}\sum_{i=1}^{N}\ln Y_{it}\right)^2\right]}$$

其中，$\ln Y_{it}$ 为第 i 个时尚企业第 t 年的生态设计系统效率值的自然对数，N 为企业个数。σ越大，说明时尚企业生态设计效率值年度差异越大。根据计算结果，2015~2018 年时尚企业生态设计效率σ收敛如图 6.23 所示。

由图 6.23 可知，2015~2018 年时尚企业生态设计效率差距逐年递减，2015~2016 年递减速度较快，2016~2018 年速度减缓，说明时尚行业在 2015 年生态设计效率差距较大，而在 2016~2018 年差距较小。2015 年之后时尚行业确定了可持续发展方向，相关的协会和联盟出台了一系列产品绿色认证标准和规范，消费者对可持续产品的需求日益强劲，叠加各国政府和组织对循

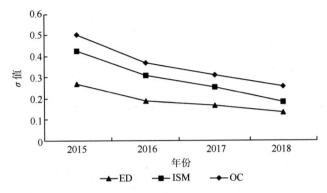

图 6.23　时尚企业 2015~2018 年生态设计效率 σ 收敛

环经济的政策和指令等，为时尚行业的绿色发展注入了新的活力，各企业间的差距逐渐收缩，呈现逐步收敛的态势。值得一提的是，2016 年的收敛幅度最为明显，从 0.269 下降到 0.188。可能的原因在于，在具有历史意义的 2016 年《巴黎协定》——旨在应对气候变化并加强行动迈向可持续的低碳未来——以及联合国于 2015 年通过《可持续发展目标》之后，许多新倡议大量涌现。这些具有里程碑意义的倡议已助力将可持续发展问题提升到了时尚界和政策制定者的优先议程上。

此外，2015~2018 年 OC 效率 σ 值最大，ISM 次之，ED 最小，说明企业生态设计各阶段的绩效差异性大于整体差异性。相对于生态设计系统效率，两个阶段效率年度差距更大，其中 OC 差距最大。总体而言，2018 年时时尚行业的生态设计效率的绝对差距较 2015 年得到明显改善。企业可持续发展的协同性增加，积极参与可持续时尚行业的建设和发展。

四、研究结论

时尚产业是可持续发展问题较为突出的行业，如果不重视生态设计，极容易造成资源的大规模浪费和对环境的极大破坏。可持续时尚已成为可持续供应链新的风向标。如何通过可持续设计、可持续生产、可持续消费，构建生态友好的可持续时尚，已被业内视为未来产业创新的经济新引擎。所以研究时尚产业的产品生态设计绩效具有突出的理论意义及深远的现实意义。基于生态设计过程中影响要素的多重性和复杂性，为了更好地评价核心企业产品生态设计的实施效果，本节构建了连接两阶段 DEA 模型，对 18 个时尚企业的整体、各阶段的效率进行测算，测算结果验证了该方法的适用性和操作性。本章首先分析了主动法、被动法和同步法三种决策下的生态设计效率，其次给定 DEA 模型中两个阶段的权重，分析了权重变化对系统效率的影响。最后探讨了 2015~2018 年的阶段和系统效率变化特征。

　　本节根据现有的观测数据，通过 DEA 优化计算得出以下结论：①时尚企业生态设计的整体效率较高，增加绩效表现突出的阶段投入可以显著提高生态设计的效率。时尚企业在可持续消费的市场需求和行业监管政策的影响下积极投入可持续产品的开发，从产品全生命周期考虑其环境影响，生态设计绩效表现良好。企业对阶段的投入和重视程度不同，因而产生不同的阶段绩效，而增加绩效较高的阶段权重对生态设计效率有明显的改善作用。②虽然有些企业在不同的优化策略下具有同样的实施效果，以 ISM 为领导者的主动法成为使企业生态设计效率最大的优化策略。企业首先优化内部和供应商管理阶段，使其成为决策的领导者是企业提高生态设计绩效的最佳选择。这一结论也证实了本章第四节第三部分内部整合对外部整合的赋能和支持作用，和整合能力对可持续价值创造的基础作用。③大多数企业两个阶段之间连接不太紧密，效率协同性较低。两个阶段的绩效表现不一致，直接影响了生态设计的整体效率。第一阶段的产出没有有效成为第二阶段的基础。供应链透明度是建立可持续合作伙伴关系的基础（Gardner et al., 2019）。采用改进的生产者和供应商的标准信息，并考虑与供应链相关的可持续性环境和挑战，对于做出可持续合作战略和投资决策至关重要。核心企业应该考虑将提高透明度作为一种减少其供应链中社会和环境违规行为发生次数的方式（Kalkanci and Plambeck，2020）。④开放和合作对生态设计非常关键，影响了生态设计的最终绩效。透明、开放的协同合作与外部整合能力相呼应，其对实现生态设计、创造可持续绩效和价值的作用已被证实。利益相关者的参与、反馈、交流和合作大大提升了生态设计的绩效。⑤时尚企业在2015~2018年生态设计各阶段效率和总效率逐步收敛。近几年，产品生态设计和可持续发展理念已成为时尚行业技术创新、价值创造、推动绿色消费的重要商业战略，很多企业都加入了可持续时尚联盟，遵守产品合规契约，加之标杆企业刺激和引领，企业之间的生态设计绩效差距逐年递减，体现了时尚行业的整体努力和协同发展。

连接两阶段 DEA 不仅科学地评价了时尚企业生态设计的效率，而且指明了提高生态设计效率的方向。第一，企业实施生态设计时，应以内部和供应商管理为率先优化阶段，再考虑开放和合作，保证生态设计的高效进行。企业应设立专门的审核和监督部门，按照一定的制度流程识别产品生命周期中对环境影响较大的环节，对供应商进行严格筛选和培训，从而建立良好的供应链透明度和评价机制，进一步与利益相关方达成共识，推动生态设计的践行。第二，企业应加强生态设计两个阶段之间的连接和协同。企业的开放合作必须建立在供应链透明度和评价机制的基础上，才能增强利益相关者对企业社会责任和可持续发展的认可与信任，促使其参与生态设计过程，提升生态设计系统的集成性，优化生态设计整体效率。第三，企业应重视开放和合作这一实践瓶颈，把其纳入企业可持续产品开发战略。企业要积极与利益相关者沟通和交流，及时回应有利于可持续发展的各种需求，在一些关键技术（如可持续材料、可再生能源等）上与合作伙伴协同创新和突破，产生一定的行业引领和示范作用，实现产品生态设计的高绩效和正面反馈，形成互利共赢的良性循环。

第七章

生产者责任延伸制下产品再制造运营决策研究

步入 21 世纪，追求经济效益、环境效益和社会效益的平衡发展成为企业新的运营主题。制造型企业在决策过程中，不仅要考量正向新品生产的效益，还要考量逆向废品回收与再利用的效益。EPR 研究关注的问题已经由环境污染治理转向了资源节约与再利用，关注的环节已经由单纯的废品回收转向了前期的再制造设计和后期的再制造品营销，关注的视角已经由单个生产企业转向了整条供应链。本章基于 EPR 的最新理论以及企业的最新实践，对制造企业 EPR 实践中的产品设计环节、产品营销环节进行了研究，提出了模块化再制造设计策略和再制品投保策略并探讨了其运营决策优化问题，旨在完善和丰富 EPR 相关研究。

第一节　模块化再制造设计策略及运营决策研究

模块化再制造设计是基于再制造设计理念的一种新的产品结构设计方法，能够有效提高废旧品的再制造性。鉴于此，本节针对企业再制造前期的产品设计问题，提出了模块化再制造设计策略，探究了其对供应链运营决策的影响。首先，本节描述了以模块化发动机为研究对象的模块化再制造设计问题，说明了研究变量；其次，针对两种情境问题构建了两阶段的供应链博弈模型，找出了最优运营决策；最后，开展了数值分析并得出相关研究结论。

一、问题描述及研究变量

（一）问题描述

本节的研究对象是新型汽车发动机，即依据模块化设计理念研制的"模块化"发动机，如宝马推出的 3 缸/4 缸发动机，沃尔沃推出的"Drive-E"发动机序列（8 款发动机）。这类发动机均采用独特的模块化设计，并且符合国家的回收再制造标准。相较于传统汽车发动机，经"模块化设计"的发动机具有更高的回收再利用潜力，主要表现在"模块化发动机"具有极高的零部件通用性。

本节研究的是两阶段的发动机制造与再制造供应链，包含一个制造商和一个零售商。其中，制造商是从事发动机自主研发制造及整车装配的汽车制造企业，如德国宝马、中国一汽等，它们不仅具有强大的发动机生产及整车制造实力，还可进行废旧发动机的再制造，同时建有庞大的品牌 4S 店零售商销售体系，能够给客户提供"四位一体"的整车销售、零配件销售、售后服务、信息反馈等。在"制造商-零售商"二级供应链中，制造商占主导地位，在决策制定中担任着 Stackelberg 博弈的领导者角色。特别地，本节研究的是两阶段的问题，涉及发动机初次生产装配与整车销售阶段（即第一阶段），发动机生产（含制造、再制造）与更换服务提供阶段（即第二阶段）。在第二阶段中，新发动机制造和废旧发动机再制造同时进行，共同服务于具有发动机更换需求的客户市场。

（二）研究变量

为了便于建模，将第一阶段的新发动机装配于整车的销售过程直接转化成新发动机的销售过程。通过将发动机与其他部件分离看待，整车交易价格减去其他部件总交易价格即是发动机的交易价格。决策变量为 w_{nij}^X，w_{rij}^X，p_{nij}^X，p_{rij}^X，$i=1,2$，$j=1,2$，$X=A,B$ 分别表示第 i 阶段第 j 代 X 型号的新品批发价格、再制造品的批发价格、新品的销售价格、再制造品的销售价格，τ 表示新品的模块化再制造设计水平。本节涉及的所有决策变量及参数分类统计如表 7.1 所示。

表 7.1　模块化再制造设计问题的决策变量及相关参数

属性	符号	描述
决策变量	p_{nij}^X	第 i 阶段的第 j 代 X 型号新品的销售价格
	p_{rij}^X	第 i 阶段的第 j 代 X 型号再制造品的销售价格
	w_{nij}^X	第 i 阶段的第 j 代 X 型号新品的批发价格
	w_{rij}^X	第 i 阶段的第 j 代 X 型号再制造品的批发价格
	τ	新品的模块化再制造设计水平
相关参数	δ_n	模块化再制造设计水平提高带来的边际制造成本节约
	δ_r	模块化再制造设计水平提高带来的边际再制造成本节约
	λ	模块化再制造设计水平对投入成本的影响因子
	ε	消费者对单位升级版产品的价值评估的偏好因子，$\varepsilon>1$
	k	产品升级更新水平对投入成本的影响因子
	c	不采用模块化再制造设计策略下的初始单位新品制造成本
	s	单位再制造品的生产成本节约，即再制造成本是 $c-s$
	θ	不同消费者对单位原始新品的评估价值，$\theta\in[0,1]$ 服从均匀分布
	ρ	消费者对单位再制造品价值评估的折扣因子
	β	绿色消费者群体在所有消费者群体中的比例
	γ	单位原始版新品在进入第二阶段的报废率

二、模型构建及求解分析

（一）模型构建

1. 需求函数设计

在考虑再制造模块通用的两阶段供应链运营系统中，第一阶段中存在 A

和 B 两种型号的产品，二者的需求市场是分离的，即 A、B 型号产品不存在市场竞争。由于 A 型号产品比 B 型号早问世，在第二阶段 A 型号产品先被淘汰，所以在第二阶段中 B 型号产品再无新品备件的生产，其已售产品的更换服务需求只能由再制造品来满足。然而，A 型号和 B 型号产品之间存在可通用模块，因而 A 型号产品的更换服务需求可由 A 型号和 B 型号两种型号产品的再制造品来满足。另外，在此研究系统中的第二阶段不考虑产品更新问题，即所有产品均是原始版。但是，A 型号的新品和再制造品仍存在产品竞争。

同样，在第二阶段的两个分离需求市场上，均同时存在着一般消费者和绿色消费者，两类消费者群体的数量比例分别为 $(1-\alpha)/\alpha$、$(1-\beta)/\beta$。用 p_{nij}^X，p_{rij}^X，U_{nij}^X，U_{rij}^X，Q_{nij}^X，Q_{rij}^X，$i=1,2$，$j=1,2$，$X=A,B$ 分别表示在第 i 生产阶段中，第 j 代 X 型号新品的销售价格、再制造品的销售价格、新品的消费者效用、再制造品的消费者效用、新品的需求量、再制造品的需求量。因为所有产品均是原始版，所以 $j=1$。为了便于标识不同情形下的需求量，在 Q_{ni1}^X 和 Q_{ri1}^X 上方加上不同线条，如 $\overline{\overline{Q}}_{n21}^B$、$\tilde{Q}_{n21}^B$、$\overline{Q}_{n21}^B$ 和 $\hat{Q}_{n21}^B$ 等。

1）第一阶段的需求分析

第一阶段共存在两种产品：A 型号新品、B 型号新品。假定在两个分离市场上两种型号产品的潜在最大需求容量均是单位 1，消费者异质，对 A 型号和 B 型号新品的评估价值为 μ 和 θ，μ 和 θ 分别服从 0 到 1 上的均匀分布。

第一阶段 A 型号和 B 型号新品关于价格的需求函数为

$$Q_{n11}^A = \int_{p_{n11}^A}^1 \mathrm{d}\mu = 1 - p_{n11}^A \tag{7.1}$$

$$Q_{n11}^B = \int_{p_{n11}^B}^1 \mathrm{d}\theta = 1 - p_{n11}^B \tag{7.2}$$

2）第二阶段的需求分析

第二阶段共存在三种产品：A 型号再制造品、B 型号新品、B 型号再制造品。两个分离市场上的潜在最大需求量均是受第一阶段影响的。假定单位 A 型号和 B 型号新品在进入第二阶段后的报废率分别为 ω、γ，那么第二阶段的潜在最大需求量分别为 ωQ_{n11}^A、γQ_{n11}^B（表 7.2）。

表 7.2　再制造模块通用系统中第二阶段产品需求量（或产量）

新品与再制造品定价关系	B 型号新品	B 型号再制造品	A 型号再制造品
$\begin{cases} p_{n21}^B - (1-\rho) < p_{r21}^B \leqslant \rho p_{n21}^B \\ p_{r21}^A < \rho \end{cases}$	$Q_{n21}^{IB} = \overline{\overline{Q}}_{n21}^B + \overline{Q}_{n21}^B$	$Q_{r21}^{IB} = \overline{\overline{Q}}_{r21}^B + \overline{Q}_{r21}^B$	$Q_{r21}^{IA} = \overline{\overline{Q}}_{r21}^A + \overline{Q}_{r21}^A$
$\begin{cases} p_{n21}^B - (1-\rho) < p_{r21}^B \leqslant \rho p_{n21}^B \\ \rho < p_{r21}^A < 1 \end{cases}$	$Q_{n21}^{IIB} = \overline{\overline{Q}}_{n21}^B + \overline{Q}_{n21}^B$	$Q_{r21}^{IIB} = \overline{\overline{Q}}_{r21}^B + \overline{Q}_{r21}^B$	$Q_{r21}^{IIA} = \overline{\overline{Q}}_{r21}^A$
$\begin{cases} p_{r21}^B > \rho p_{n21}^B \\ p_{r21}^A < \rho \end{cases}$	$Q_{n21}^{IIIB} = \overline{\overline{Q}}_{n21}^B + \overline{Q}_{n21}^B$	$Q_{r21}^{IIIB} = \overline{\overline{Q}}_{r21}^B + \overline{Q}_{r21}^B$	$Q_{r21}^{IIIA} = \overline{\overline{Q}}_{r21}^A + \overline{Q}_{r21}^A$
$\begin{cases} p_{r21}^B > \rho p_{n21}^B \\ \rho < p_{r21}^A < 1 \end{cases}$	$Q_{n21}^{IVB} = \overline{\overline{Q}}_{n21}^B + \overline{Q}_{n21}^B$	$Q_{r21}^{IVB} = \overline{\overline{Q}}_{r21}^B + \overline{Q}_{r21}^B$	$Q_{r21}^{IVA} = \overline{\overline{Q}}_{r21}^A$

其中，$\hat{Q}_{n21}^A = 0$，$\overline{\overline{Q}}_{r21}^A = (1-\alpha)\omega Q_{n11}^A \int_{p_{r21}^A}^{1} \mathrm{d}\mu = \dfrac{\omega(1-\alpha)}{\rho}\left(\rho - p_{r21}^A\right)Q_{n11}^A$，$\overline{Q}_{n21}^A = 0$，$\overline{Q}_{r21}^A = \alpha\omega Q_{n11}^A \int_{p_{r21}^A}^{1} \mathrm{d}\mu = \alpha\omega$

$\left(1-p_{r21}^A\right)Q_{n11}^A$，$\overline{\overline{Q}}_{n21}^B = (1-\beta)\gamma Q_{n11}^B \int_{\frac{p_{n21}^B - p_{r21}^B}{1-\rho}}^{1} \mathrm{d}\theta = \dfrac{\gamma(1-\beta)}{1-\rho}\left[1-\rho - p_{n21}^B + p_{r21}^B\right]Q_{n11}^B$，$\overline{\overline{Q}}_{r21}^B = (1-\beta)\gamma Q_{n11}^B \int_{\rho}^{\frac{p_{n21}^B - p_{r21}^B}{\rho}} \mathrm{d}\theta =$

$\dfrac{\gamma(1-\beta)}{\rho(1-\rho)}\left(\rho p_{n21}^B - p_{r21}^B\right)Q_{n11}^B$，$\overline{Q}_{n21}^B = (1-\beta)\gamma Q_{n11}^B \int_{p_{n21}^B}^{1} \mathrm{d}\theta = \gamma(1-\beta)\left(1-p_{n21}^B\right)Q_{n11}^B$，$\overline{\overline{Q}}_{r21}^B = 0$，$\overline{Q}_{n21}^B = 0$，

$\overline{Q}_{r21}^B = \beta\gamma Q_{n11}^B \int_{p_{r21}^B}^{1} \mathrm{d}\theta = \gamma\beta\left(1-p_{n21}^B\right)Q_{n11}^B$

2. 第一阶段供应链博弈模型

在第一阶段，制造商和零售商开展的是 A、B 两种型号新品的生产，并分别将成品零部件装配于整车销售，两种型号产品的需求市场是分离的。在此阶段，制造商作为 Stackelberg 博弈的领导者，其先同时决策 A、B 两种型号新品的批发价格 w_{n11}^A、w_{n11}^B 和模块化再制造设计水平 τ，之后零售商同时决策 A、B 两种型号新品的销售价格 p_{n11}^A 和 p_{n11}^B。用 π_{R1} 和 π_{M1} 分别表示零售

商、制造商的利润，其函数表达见式（7.3）和式（7.4）。

$$\text{Max } \pi_{R1}\left(p_{n11}^B, p_{n11}^A; w_{n11}^B, w_{n11}^A\right) = \left(p_{n11}^B - w_{n11}^B\right)Q_{n11}^B + \left(p_{n11}^A - w_{n11}^A\right)Q_{n11}^A \quad (7.3)$$

$$\text{Max } \pi_{M1}\left(w_{n11}^B, w_{n11}^A, \tau\right) = \left(w_{n11}^B - c^B + \tau\delta_n\right)Q_{n11}^B + \left(w_{n11}^A - c^A + \tau\delta_n\right)Q_{n11}^A - \lambda\tau^2 \quad (7.4)$$

3. 第二阶段供应链博弈模型

在第二阶段，制造商和零售商开展的是 B 型号新品的生产和 B 型号废旧品的再制造，最终以 B 型号新品、B 型号再制造品和 A 型号再制造品三种独立零部件形式流向两个分离的维修服务市场。在第二阶段和第一阶段中，B 型号新品的批发价格和销售价格是相同的，即 $w_{n21}^{KB} = w_{n11}^{KB}$，$p_{n21}^{KB} = p_{n11}^{KB}$。由于 A、B 两种型号再制造品的生产均以 B 型号废旧品为"毛坯"，所以二者产量是受第一阶段 B 型号新品的销售量和更换率两个因素限制，也就是二者产量之和必须满足 $Q_{r21}^{KA} + Q_{r21}^{KB} \leqslant \gamma Q_{n11}^{KB}$。在此阶段，制造商作为领导者，其先会保障 B 型号产品需求市场的利润最大，再保障两个市场总利润最大。制造商之所以这样做是因为利用 B 型号废旧产品生产 B 型号再制造品无须模块更换，是其主营再制造业务，再者 A 型号新品已停产，而 B 型号新品正在生产，如此决策也符合企业当前的利益诉求。所以，制造商将先决策 A 型号再制造品的批发价格 w_{r21}^A，后决策 B 型号再制造品的批发价格 w_{r21}^B。之后，零售商同时决策 A、B 两种型号再制造品的销售价格 p_{r21}^A 和 p_{r21}^B。根据本章对于考虑再制造模块通用的市场需求分析结果，将不同情形下的决策变量记作 w_{r21}^{KB} 和 w_{r21}^{KA}（$K=$Ⅰ，Ⅱ，Ⅲ，Ⅳ）。用 π_{R2}^K 和 π_{M2}^K（$K=$Ⅰ，Ⅱ，Ⅲ，Ⅳ）分别表示在第二阶段中不同情形下的零售商、制造商利润，其函数表达见式（7.5）和式（7.6）。

$$\text{Max } \pi_{R2}^K\left(p_{r21}^{KB}, p_{r21}^{KA}; w_{r21}^{KB}, w_{r21}^{KA}\right) = (p_{n21}^{KB} - w_{n21}^{KB})Q_{n21}^{KB} + (p_{r21}^{KB} - w_{r21}^{KB})Q_{r21}^{KB}$$
$$+ (p_{r21}^{KA} - w_{r21}^{KA})Q_{r21}^{KA}$$

$$\text{s.t.} \quad Q_{r21}^{KA} + Q_{r21}^{KB} \leqslant \gamma Q_{n11}^{KB}$$

$$p_{r21}^{KB}, p_{r21}^{KA} \geqslant 0 \tag{7.5}$$

$$\text{Max } \pi_{M2}^K\left(w_{r21}^{KB}, w_{r21}^{KA}\right) = \left[(w_{n21}^{KB} - c^B + \tau\delta_n)Q_{n21}^{KB} + (w_{r21}^{KB} - c^B + s + \tau\delta_r)Q_{r21}^{KB}\right]^*$$
$$+ (w_{r21}^{KA} - c^A + s + \tau\delta_r)Q_{r21}^{KA} \tag{7.6}$$

（二）求解分析

命题 7.1 当原始制造商以再制造模块通用为目的开展模块化再制造设计时，在 A 型号和 B 型号新品初始生产与销售阶段，制造商和零售商的最优运营决策为

$$w_{n11}^{A*} = \frac{8\lambda\left(1+c^A\right) - (4+c^A-c^B)\delta_n^2}{4(4\lambda - \delta_n^2)}, \quad w_{n11}^{B*} = \frac{8\lambda\left(1+c^B\right) - (4+c^B-c^A)\delta_n^2}{4(4\lambda - \delta_n^2)}$$

$$\tau^* = \frac{(2-c^A-c^B)\delta_n}{2(4\lambda - \delta_n^2)}, \quad p_{n11}^{A*} = \frac{8\lambda\left(3+c^A\right) - (8+c^A-c^B)\delta_n^2}{8(4\lambda - \delta_n^2)}$$

$$p_{n11}^{B*} = \frac{8\lambda\left(3+c^B\right) - (8+c^B-c^A)\delta_n^2}{8(4\lambda - \delta_n^2)} \tag{7.7}$$

由命题 7.1 可知，当原始制造商以再制造模块通用为目的开展模块化再制造设计时，在 A 型号和 B 型号新品初始生产与销售阶段，模块化再制造设计成本参数 λ（δ_n）越大（越小），制造商和零售商的最优定价决策 w_{n11}^{A*}、w_{n11}^{B*}、p_{n11}^{A*} 和 p_{n11}^{B*} 应越大（越小），τ^* 越小（越大），且相关价格的变动关系见式（7.8）：

$$\frac{\mathrm{d}w_{n11}^{A*}}{\mathrm{d}\lambda} = \frac{\mathrm{d}w_{n11}^{B*}}{\mathrm{d}\lambda} = 2\frac{\mathrm{d}p_{n11}^{A*}}{\mathrm{d}\lambda} = 2\frac{\mathrm{d}p_{n11}^{B*}}{\mathrm{d}\lambda} > 0 > \frac{\mathrm{d}\tau^*}{\mathrm{d}\lambda}$$

$$\frac{\mathrm{d}\tau^*}{\mathrm{d}\delta_n} > 0 > \frac{\mathrm{d}w_{n11}^{A*}}{\mathrm{d}\delta_n} = \frac{\mathrm{d}w_{n11}^{B*}}{\mathrm{d}\delta_n} = 2\frac{\mathrm{d}p_{n11}^{A*}}{\mathrm{d}\delta_n} = 2\frac{\mathrm{d}p_{n11}^{B*}}{\mathrm{d}\delta_n} \tag{7.8}$$

另外，当原始制造商以再制造模块通用为目的开展模块化再制造设计时，在第二阶段的零部件更换服务市场上，A 型号和 B 型号两种型号零部件的潜

在最大需求量分别为 R^{B^*} 和 R^{A^*}，其中 $R^{B^*} = \gamma\left(1 - p_{n11}^{B^*}\right)$，$R^{A^*} = \omega\left(1 - p_{n11}^{A^*}\right)$。

命题 7.2 当原始制造商以再制造模块通用为目的开展模块化再制造设计时，在 B 型号新品制造与 A 型号、B 型号再制造品的再制造阶段，若模型参变量使得 $p_{n11}^{B^*} - (1-\rho) < p_{r21}^{IB^*} \leqslant \rho p_{n11}^{B^*}$，$p_{r21}^{IA^*} < \rho$ 成立，则制造商和零售商采用如下定价决策，可实现 $K = I$ 情形下的利润最大化：

$$w_{r21}^{IA^*} = c^A - s - \tau\delta_r + 4\rho\left(\frac{R^{B^*}}{R^{A^*}X_1} + \frac{1-\rho}{X_2}\right) \tag{7.9}$$

$$
\begin{aligned}
w_{r21}^{IB^*} &= \frac{c^A - 2s - 2\tau\delta_r}{2} + \frac{\rho\left(3R^{B^*} - R^{A^*}\right)}{2R^{A^*}X_1} \\
&+ \frac{(1-\beta)\rho\left(2w_{n11}^{B^*} + \tau\delta_n\right) + (1-\rho)\left\{c^B\left[1 - \beta(1-\rho)\right] + \rho(4+\beta)\right\}}{2X_2}
\end{aligned} \tag{7.10}
$$

$$
p_{r21}^{IA^*} = \frac{\rho\left\{\begin{array}{l} R^{A^*}X_1\left[4R^{A^*}(1-\rho) - \beta\rho R^{B^*}\right] + R^{B^*}\left(2R^{B^*} + R^{A^*}\right)X_2 \\ +2R^{B^*}R^{A^*}\left[1 + \beta\rho(1-\rho)\right] \end{array}\right\} }{4R^{A^*}X_1[R^{A^*}X_1(1-\rho) + R^{B^*}X_2]} \\
\phantom{p_{r21}^{IA^*} = } \frac{+ R^{B^*}R^{A^*}X_1\left\{c^A X_2 - (1-\beta)\rho\tau\delta_n - c^B(1-\rho)\left[1 - \beta(1-\rho)\right]\right\}}{4R^{A^*}X_1[R^{A^*}X_1(1-\rho) + R^{B^*}X_2]} \tag{7.11}
$$

$$
\begin{aligned}
p_{r21}^{IB^*} &= \frac{\rho(1-\beta)p_{n11}^{B^*}}{X_2} - \frac{R^{A^*}X_1(1-\rho)^2 c^A}{4\left[R^{A^*}X_1(1-\rho) + R^{B^*}X_2\right]} \\
&+ \frac{(1-\rho)\left\{\begin{array}{l} \rho\left\{\begin{array}{l} X_2\left[R^{A^*} - 2R^{B^*}(3-2\beta)\right] \\ -R^{A^*}\left[(4-\beta)(1-\rho)X_1 + 2\alpha\beta(1-\rho)^2\right] \end{array}\right\} \\ +R^{A^*}X_1\left\{(1-\beta)\left[c^B(1-\rho) + \rho\tau\delta_n\right] + c^B\beta\rho(1-\rho)\right\} \end{array}\right\}}{4X_2[R^{A^*}X_1(1-\rho) + R^{B^*}X_2]}
\end{aligned} \tag{7.12}
$$

命题 7.3 当原始制造商以再制造模块通用为目的开展模块化再制造设计时，在 B 型号新品制造与 A 型号、B 型号再制造品的再制造阶段，若模型

参变量使得 $p_{n11}^{B*}-(1-\rho)<p_{r21}^{\mathrm{II}B*}\leqslant\rho p_{n11}^{B*}$，$\rho<p_{r21}^{\mathrm{II}A*}<1$ 成立，则制造商和零售商采用如下定价决策，可实现 $K=\mathrm{II}$ 情形下的利润最大化：

$$w_{r21}^{\mathrm{II}A*}=c^{A}-s-\tau\delta_{r}+4\left[\frac{R^{B*}}{R^{A*}\alpha}+\frac{\rho(1-\rho)}{X_{2}}\right] \tag{7.13}$$

$$p_{r21}^{\mathrm{II}A*}=\frac{4\left(R^{A*}\right)^{2}\alpha^{2}\rho(1-\rho)+R^{B*}R^{A*}\alpha\left\{\begin{array}{l}(1-\beta)\left[3-c+\rho\left(c^{B}-\tau\delta_{n}\right)\right]\\+\beta\rho(1-\rho)\left(4-c^{B}\right)+c^{A}X_{2}\end{array}\right\}+2\left(R^{B*}\right)^{2}X_{2}}{4R^{A*}\alpha\left[R^{A*}\alpha\rho(1-\rho)+R^{B*}X_{2}\right]} \tag{7.14}$$

$$\begin{aligned}w_{r21}^{\mathrm{II}B*}=&\frac{c^{A}-2\tau\delta_{r}}{2}+\frac{3R^{B*}}{R^{A*}\alpha}\\&+\frac{(1-\beta)\left[\rho\left(2w_{n11}^{B*}+\tau\delta_{n}-c^{B}\right)-\left(1-c^{B}+2s\right)\right]+\rho(1-\rho)\left[4+\beta\left(c^{B}-2s\right)\right]}{2X_{2}}\end{aligned} \tag{7.15}$$

$$p_{r21}^{\mathrm{II}B*}=\frac{4R^{B*}X_{2}\rho(1-\beta)p_{n11}^{B*}+R^{A*}\alpha\rho(1-\rho)\left\{\begin{array}{l}X_{2}\left[R^{A*}\alpha c^{A}+2R^{B*}(3-2\beta)\right]\\-(1-\beta)(1-2\rho)^{2}\\+c^{B}(1-\rho)\left[1-\beta(1-\rho)\right]\\+\rho(1-\beta)\left(4p_{n11}^{B*}+\tau\delta_{n}\right)\end{array}\right\}}{4X_{2}\left[R^{A*}\alpha\rho(1-\rho)+R^{B*}X_{2}\right]} \tag{7.16}$$

命题 7.4　当原始制造商以再制造模块通用为目的开展模块化再制造设计时，在 B 型号新品制造与 A 型号、B 型号再制造品的再制造阶段，若模型参变量使得 $p_{r21}^{\mathrm{III}B*}>\rho p_{n11}^{B*}$，$p_{r21}^{\mathrm{III}A*}<\rho$ 成立，则供应链上的各参与者（制造商、零售商）采用如下定价决策，可实现 $K=\mathrm{III}$ 情形下的利润最大化：

$$w_{r21}^{\mathrm{III}A^*} = c^A - s - \tau\delta_r + 4\left(\frac{R^{B^*}\rho}{R^{A^*}X_1} + \frac{1}{\beta}\right) \tag{7.17}$$

$$p_{r21}^{\mathrm{III}A^*} = \frac{\rho\left\{R^{A^*}X_1\left[4R^{A^*} + R^{B^*}\beta(1-c^B)\right] + R^{B^*}\beta\rho\left(2R^{B^*} + 3R^{A^*}\right) + R^{B^*}R^{A^*}X_1\beta c^A\right\}}{4R^{A^*}X_1[R^{A^*}X_1 + R^{B^*}\beta\rho]}$$

$$\tag{7.18}$$

$$w_{r21}^{\mathrm{III}B^*} = \frac{c^A - 2s - 2\tau\delta_r}{2} + \frac{\rho(6R^{B^*} - R^{A^*})}{2R^{A^*}X_1} + \frac{4 + (1+c^B)\beta}{2\beta} \tag{7.20}$$

$$p_{r21}^{\mathrm{III}B^*} = \frac{\beta\rho\left[R^{A^*} - 2R^{B^*}(3-2\beta)\right] - R^{A^*}X_1\left[4 - \beta(3+c^B - c^A)\right]}{4\beta[R^{A^*}X_1 + R^{B^*}\beta\rho]} \tag{7.20}$$

命题 7.5 当原始制造商以再制造模块通用为目的开展模块化再制造设计时，在 B 型号新品制造与 A 型号、B 型号再制造品的再制造阶段，若模型参变量使得 $p_{r21}^{\mathrm{IV}B^*} > \rho p_{n11}^{B^*}$，$\rho < p_{r21}^{\mathrm{IV}A^*} < 1$ 成立，则供应链上的各参与者（制造商、零售商）采用如下定价决策，可实现 $K=\mathrm{IV}$ 情形下的利润最大化：

$$w_{r21}^{\mathrm{IV}A^*} = c^A - s - \tau\delta_r + 4\left(\frac{R^{B^*}}{R^{A^*}\alpha} + \frac{1}{\beta}\right) \tag{7.21}$$

$$p_{r21}^{\mathrm{IV}A^*} = \frac{R^{A^*}\alpha\left[4R^{A^*}\alpha + R^{B^*}\beta(4-c^B)\right] + 2(R^{B^*})^2\beta + R^{B^*}R^{A^*}\alpha\beta c^A}{4R^{A^*}\alpha\left(R^{A^*}\alpha + R^{B^*}\beta\right)} \tag{7.22}$$

$$w_{r21}^{\mathrm{IV}B^*} = \frac{c^B - c^A - 2s - 2\tau\delta_r}{2} + \frac{3R^{B^*}}{R^{A^*}\alpha} + \frac{2}{\beta} \tag{7.23}$$

$$p_{r21}^{\mathrm{IV}B^*} = \frac{R^{A^*}\alpha\left[\left(4+c^B - c^A\right)\beta - 4\right] - 2R^{B^*}\beta(3-2\beta)}{4\beta\left(R^{A^*}\alpha + R^{B^*}\beta\right)} \tag{7.24}$$

说明：$K=\mathrm{I}$，II，III，IV 分别对应表 7.2 中的四种情况。

三、数值分析及研究结论

本小节主要分析与模块化再制造设计相关的制造成本节约因子 δ_n ，再制造成本节约因子 δ_r 以及研发成本投入因子 λ 变动对运营决策的影响。由于本部分模型仿真的复杂性，本节只选取一种决策情形（即情形 I）进行仿真演示。

（一）数值分析

1. 制造成本节约

为了研究制造成本节约因子 δ_n 的变动对运营决策的影响，将 δ_n 看作唯一变量，其他相关参数赋值如下： $\delta_r = 0.3$ ， $\lambda = 0.4$ ， $c^A = 0.2$ ， $c^B = 0.5$ ， $s = 0.1$ ， $\rho = 0.9$ ， $\alpha = 0.3$ ， $\beta = 0.2$ ， $\omega = 0.7$ ， $\gamma = 0.1$ 。为确保供应链最优决策解的有效性， δ_n 变动需要使得以下 14 个约束条件同时成立： $T_1^{\mathrm{I}} = p_{r21}^{\mathrm{IB}*} - p_{n21}^{\mathrm{IB}*} + (1-\rho) > 0$ ， $T_2^{\mathrm{I}} = \rho p_{n21}^{\mathrm{IB}*} - p_{r21}^{\mathrm{IB}*} \geqslant 0$ ， $T_3^{\mathrm{I}} = \rho - p_{r21}^{\mathrm{IA}*} > 0$ ， $T_4^{\mathrm{I}} = w_{r21}^{\mathrm{IA}*} - c^A + s + \tau\delta_r > 0$ ， $T_5^{\mathrm{I}} = w_{r21}^{\mathrm{IB}*} - c^B + s + \tau\delta_r > 0$ ， $T_6^{\mathrm{I}} = w_{r21}^{\mathrm{IA}*} > 0$ ， $T_7^{\mathrm{I}} = w_{r21}^{\mathrm{IB}*} > 0$ ， $T_8^{\mathrm{I}} = w_{n21}^{\mathrm{IB}*} - c^B + \tau\delta_n > 0$ ， $T_9^{\mathrm{I}} = c^B - \tau\delta_n > 0$ ， $T_{10}^{\mathrm{I}} = c^A - s - \tau\delta_r > 0$ ， $T_{11}^{\mathrm{I}} = c^B - s - \tau\delta_r > 0$ ， $T_{12}^{\mathrm{I}} = \tau$ ， $T_{13}^{\mathrm{I}} = c^A - \tau\delta_n > 0$ ， $T_{14}^{\mathrm{I}} = p_{r21}^{\mathrm{IA}*} - w_{r21}^{\mathrm{IA}*} > 0$ 。经求解约束条件可得，直线 L_1 、 L_2 是 δ_n 有效取值的 2 条分割线，其横坐标值分别为 $\delta_{n1} \approx 0.381, \delta_{n2} \approx 0.614$ ，因此， δ_n 有效变动区间是 $(\delta_{n1}, \delta_{n2})$ 。 δ_n 变动对供应链最优决策及利润有一定的影响。

2. 再制造成本节约

为了研究再制造成本节约因子 δ_r 的变动对运营决策的影响，将 δ_r 看作唯一变量，其他相关参数赋值如下： $\delta_n = 0.5$ ， $\lambda = 0.4$ ， $c^A = 0.2$ ， $c^B = 0.5$ ， $s = 0.1$ ， $\rho = 0.9$ ， $\alpha = 0.3$ ， $\beta = 0.2$ ， $\omega = 0.7$ ， $\gamma = 0.1$ 。与本节的 δ_n 分析类似， δ_r 变

动需满足同样的 14 个约束条件。经求解约束条件可得，直线 L_1、L_2 是 δ_r 有效取值的 2 条分割线，其横坐标值分别为 $\delta_{r1} \approx 0.196$，$\delta_{r2} \approx 0.415$，因此，$\delta_r$ 有效变动区间是 $(\delta_{n1}, \delta_{n2})$。$\delta_r$ 变动对供应链最优决策及利润有一定的影响。

3. 研发成本投入

为了研究研发成本投入因子 λ 的变动对运营决策的影响，将 λ 看作唯一变量，其他相关参数赋值如下：$\delta_n = 0.5$，$\delta_r = 0.3$，$c^A = 0.2$，$c^B = 0.5$，$s = 0.1$，$\rho = 0.9$，$\alpha = 0.3$，$\beta = 0.2$，$\omega = 0.7$，$\gamma = 0.1$。与本节的 δ_n 分析类似，λ 变动需满足同样的 14 个约束条件。经求解约束条件可得，直线 L_1、L_2 是 λ 有效取值的 2 条分割线，其横坐标值分别为 $\lambda_1 \approx 0.306$，$\lambda_2 \approx 0.688$，因此，λ 有效变动区间是 (λ_1, λ_2)。λ 变动对供应链最优决策及利润有一定的影响。

（二）研究结论

对以上数值仿真结果进行分析，可以得到以下结论。

（1）改善设计成本要素参数 δ_n 或 λ（即 $\delta_n \uparrow$ 或 $\lambda \downarrow$），可以提高最优模块化再制造设计水平，而改善设计成本要素参数 δ_r（即 $\delta_r \uparrow$）对最优模块化再制造设计水平没有任何影响。

（2）改善设计成本要素参数 δ_n 或 λ（即 $\delta_n \uparrow$ 或 $\lambda \downarrow$）均可以降低 B 型号新品和 A 型号、B 型号再制造品的最优批发价和最优售价；改善设计成本要素参数 δ_r（即 $\delta_r \uparrow$）只能降低 A 型号、B 型号再制造品的最优批发价，对其他定价决策没有影响；无论如何改善各设计成本要素参数（即 $\delta_n \uparrow$ 或 $\delta_r \uparrow$ 或 $\lambda \downarrow$），A 型号再制造品的最优定价始终高于 B 型号新品和再制造品的最优定价。

（3）改善设计成本要素参数 δ_n 或 λ（即 $\delta_n \uparrow$ 或 $\lambda \downarrow$）均可以提高 B 型号新品和 A 型号再制造品的最优需求量（或最优产量），降低 B 型号再制造品的最优需求量（或最优产量）；改善设计成本要素参数 δ_r（即 $\delta_r\uparrow$）对各最优需求量（或最优产量）没有影响；但是，无论如何改善设计成本要素参数 δ_n 或 δ_r 或 λ，A 型号再制造品的最优需求量（或最优产量）始终是最高的，当改善设计成本要素参数 δ_n 或 λ 时，B 型号再制造品的最优需求量（或最优产量）大于其新品，当改善设计成本要素参数 δ_r 时，B 型号新品和再制造品的最优需求量（或最优产量）大小关系不确定，受到 δ_r 取值的影响。

（4）改善设计成本要素参数 δ_n 或 λ（即 $\delta_n\uparrow$ 或 $\lambda\downarrow$）均可以同时提高第一阶段与第二阶段的最优总利润、再制造商与零售商的最优总利润、A 型号与 B 型号产品最优总利润；改善设计成本要素参数 δ_r（即 $\delta_r\uparrow$）对各最优利润没有影响。

（5）从不同阶段视角来看，第一阶段的最优总利润始终高于第二阶段的最优总利润；从不同参与者视角来看，制造商的最优总利润始终高于零售商的最优总利润。因此，在各设计成本要素的有效变动区间内，对 A 型号、B 型号产品实施模块化再制造设计对制造商更有益；从不同产品类型来看，在各设计成本要素的有效变动区间内，产品 A 的最优总利润始终高于产品 B 的最优总利润。因此，对于产品 A 这类即将停产的产品，开展面向再制造模块化通用的再制造设计是极其有益的。

第二节　再制造品投保策略及运营决策研究

再制造品营销对于再制造品流向客户市场并实现产品价值转化具有重要作用。在当前中国市场，尽管完整的再制造品供应链已经形成，但是再制造品的市场接受度依然不高，原因在于消费者质疑再制造品的质量和性能。在实践中，除了传统的广告宣传，一些第三方再制造行业的引领者勇于实践创新，寻求与保险公司合作，为其再制造品提供第三方质量担保。鉴于此，本节针对企业再制造后期的产品营销问题，提出了再制造品投保策略，探究了其对供应链运营决策的影响。首先，本节描述了为再制造产品投保"产品质量保险"问题，说明了研究变量，然后设计了不同营销策略（广告策略和投保策略）的市场需求函数，构建了再制造商主导投保与再制造商主导广告的供应链博弈模型，找出了最优运营决策，最后开展了数值分析并得出相关研究结论。

一、问题描述及研究变量

（一）问题描述

假设在汽车零部件制造市场上，共存在两个竞争性的两级供应链。①新品备件供应链：原始制造商—备件零售商（如 4S 店）。②再制造品供应链：独立再制造商—再制造品零售商。当消费者需要更换同类型汽车零部件时，不同消费者可选择不同方式，或是到汽车 4S 店更换同类型新品备件，或是到汽配城更换同类型再制造品。本章立足供应链视角，研究了再制造商应采取何种策略来抢夺再制造品的客户市场，获取最大的供应链利润。通过已有文献研究可知，投放广告和提供质量保证均能够有效提高再制造品的市场需求。基于此，本章探究了不同情境下广告和投保两种营销策略的优化选择问题。

本节所研究问题有如下假设：①市场中仅存在两条竞争性汽车零部件供应链，即新品备件供应链和再制造品供应链，每条链中的原始制造商和再制造商分别为 Stackelberg 博弈领导者。②新品备件和再制造品同时生产且销往同一客户市场，每生产周期的潜在总市场需求不变。③新品备件和再制造品具有可替代性，但不同质；再制造品可能会因质量问题引发一定概率的消费者索赔，而新品备件具有较好的质量和较高的客户信赖，其引发索赔事件的概率很小，可忽略不计。④再制造供应链企业用于产品营销的资源投入是有限的。⑤供应链系统无库存积压和缺货，即产量、销量、需求量相一致。⑥保险策略的实施符合我国产品质量保证保险制度的三个基本假定条件：一是保险公司确实有条件和能力全面把握投保企业的产品质量信息，从而消除保险人与生产者之间的信息不对称；二是保险公司具有良好的市场信誉，能积极主动地承担保险赔偿责任，进而消除消费者对保险人惜赔和非正常拒赔的担忧；三是生产者提供劣质产品的责任后果主要限于产品质量违约责任，从而保险人在产品质量保证保险责任范畴下及时、充分理赔即可消除消费者对产品质量水平的顾虑。

（二）研究变量

在本章所研究的供应链系统中，决策变量为 w_n^j、w_r^j、p_n^j 和 p_r^j，它们分别表示新品备件的批发价格、再制造品的批发价格、新品备件的销售价格和再制造品的销售价格。本章涉及的决策变量及参数分类统计见表 7.3，其中 O 表示无策略、A 表示广告策略、I 表示投保策略。

表 7.3　再制造品投保问题的决策变量及相关参数

属性	符号	描述
决策变量	p_r^j	j 策略下单位再制造品的销售价格
	p_n^j	j 策略下单位新品备件的销售价格
	w_r^j	j 策略下单位再制造品的批发价格
	w_n^j	j 策略下单位新品备件的批发价格
相关参数	c_r	单位再制造品的生产成本
	c_n	单位新品备件的生产成本
	D	单个生产周期的总的市场需求量
	t	消费者购买新品备件/再制造品的单位距离成本
	ρ	再制造品因质量问题而被消费者索求赔偿或换货的概率
	k	单位再制造品的年保费率

属性	符号	描述
相关参数	$k_{\max}$	单位再制造品的年最高保费率（由国家法规限定）
	α	增加单位广告投入对消费者产品价值评估影响的调节系数
	n	单位再制造品的保险年限
	A	单个生产周期中再制造品营销的广告投入
	η	单位再制造品的保险年限与生产周期的比率
	T	采用投保策略的时间长度（以保险周期个数计）
	φ	零售商主导投保时再制造商出让的利润比率

二、模型构建及求解分析

（一）模型构建

1. 需求函数设计

假设消费者对于单位再制造品的初始评估值为 v，广告投入为 A。采取广告宣传营销策略后，v 将增至 $v^A = (1-v)(1-\mathrm{e}^{-aA}) + v$，其中 α，v，$v^A \in (0,1)$。令 $\delta^A = 1-\mathrm{e}^{-aA}$ 表示广告投入对消费者价值评估的影响程度，α 为固定参数。

传统广告策略的需求函数可表达为

$$q_n^A = \frac{D}{2t}\left(1+t-v^A-p_n^A+p_r^A\right),\ q_r^A = \frac{D}{2t}\left(-1+t+v^A+p_n^A-p_r^A\right) \quad （7.25）$$

假设消费者对于单位再制造品的初始评估值为 v，保险费率为 k，支付的单位保险费为 $I_r = knp_r^I$。采取投保策略后，v 将增至 v^I（为简化计算，假定反应函数对称）：$v^I = (1-v)\gamma\min\left\{1-\mathrm{e}^{-k/k_{\max}}, 1-\mathrm{e}^{k/k_{\max}-1}\right\} + v$，其中 v，$v^I \in (0,1)$，$\gamma = 1/(1-\mathrm{e}^{-0.5})$。令 $\delta^I = \gamma\min\left\{1-\mathrm{e}^{-k/k_{\max}}, 1-\mathrm{e}^{k/k_{\max}-1}\right\}$ 表示保费率对消费者价值评估的影响程度。

投保策略的需求函数可表达为

$$q_n^I = \frac{D}{2t}\left(1 + t - v^I - p_n^I + p_r^I\right), \ q_r^I = \frac{D}{2t}\left(-1 + t + v^I + p_n^I - p_r^I\right) \quad (7.26)$$

2. 供应链博弈模型

如图 7.1 所示，本部分构建了针对制造供应链和再制造供应链的定价博弈模型，每条供应链含有两个参与者：新品备件制造商—新品备件零售商；再制造商—再制造品零售商，上下游企业进行 Stackelberg 博弈。将供应链系统中各参与者采取不同策略的利润记作 π_i^j，i=NR, NM, RR, RM，j=O, A, I。其中

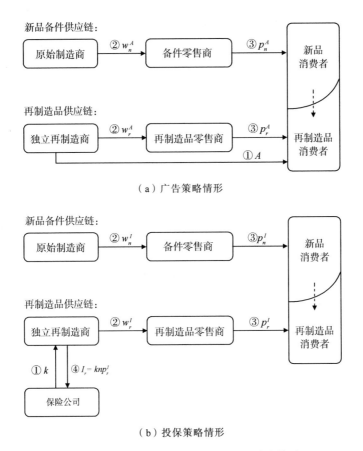

（a）广告策略情形

（b）投保策略情形

图 7.1　广告策略和投保策略的供应链系统决策过程

NR，NM，RR，RM 分别表示新品备件零售商、新品备件制造商、再制造品零售商、再制造商。

根据供应链博弈的模型构建原则，不采用营销策略、采用 A 策略或 I 策略时，新品备件零售商、新品备件制造商、再制造品零售商利润函数可统一表达为

$$\text{Max } \pi_{\text{NR}}^{j}\left(p_{n}^{j};w_{n}^{j}\right)=\left(p_{n}^{j}-w_{n}^{j}\right)q_{n}^{j}，\quad j=O,A,I \tag{7.27}$$

$$\text{Max } \pi_{\text{NM}}^{j}\left(w_{n}^{j}\right)=\left(w_{n}^{j}-c_{n}\right)q_{n}^{j}，\qquad j=O,A,I \tag{7.28}$$

$$\text{Max } \pi_{\text{RR}}^{j}\left(p_{r}^{j};w_{r}^{j}\right)=\left(p_{r}^{j}-w_{r}^{j}\right)q_{r}^{j}，\quad j=O,A,I \tag{7.29}$$

然而，不采用营销策略、采用 A 策略或 I 策略时，再制造商利润函数的表达为

$$\text{Max } \pi_{\text{RM}}^{O}\left(w_{r}^{O}\right)=\left(w_{r}^{O}-c_{r}-\rho p_{r}^{O}\right)q_{r}^{O} \tag{7.30}$$

$$\text{Max } \pi_{\text{RM}}^{A}\left(w_{r}^{A}\right)=\left(w_{r}^{A}-c_{r}-\rho p_{r}^{A}\right)q_{r}^{A}-A \tag{7.31}$$

$$\text{Max } \pi_{\text{RM}}^{I}\left(w_{r}^{I}\right)=\left(w_{r}^{I}-c_{r}-knp_{r}^{I}\right)q_{r}^{I} \tag{7.32}$$

（二）求解分析

在新品备件制造供应链和再制造品供应链中，按照 Stackelberg 博弈的原则，首先利用 π_{NR}^{j}，π_{RR}^{j} 利润函数公式求出不同策略下的 $p_{n}^{j*}(w_{n}^{j})$，$p_{r}^{j*}(w_{r}^{j})$。然后，将其分别带入 π_{NM}^{j}，π_{RM}^{j} 利润函数公式中求出 w_{n}^{j*}，w_{r}^{j*}，最后再将其带回 $p_{n}^{j*}\left(w_{n}^{j}\right)$，$p_{r}^{j*}\left(w_{r}^{j}\right)$，$\pi_{i}^{j}$ 中，可求出最优的 p_{r}^{j*}，π_{NR}^{j*}，π_{NM}^{j*}，π_{RR}^{j*}，π_{RM}^{j*}。具体求解结果如表 7.4 所示。

表 7.4　不同营销策略的再制造品最优定价及利润

符号	无策略 (j=O)	广告策略 (j=A)	投保策略 (j=I)
p_r^{j*}	$\dfrac{(3-\rho)(v-1+c_n+7t)+4c_r}{7-5\rho}$	$\dfrac{(3-\rho)\left[(1-\delta^A)(v-1)+c_n+7t\right]+4c_r}{7-5\rho}$	$\dfrac{(3-kn)\left[(1-\delta^I)(v-1)+c_n+7t\right]+4c_r}{7-5kn}$
π_{NR}^{j*}	$\dfrac{D}{2t}\left[\dfrac{(1-\rho)(1-v-c_n)+(7-3\rho)t+c_r}{7-5\rho}\right]^2$	$\dfrac{D}{2t}\left[\dfrac{(1-\rho)\left[(1-v)(1-\delta^A)-c_n\right]+(7-3\rho)t+c_r}{7-5\rho}\right]^2$	$\dfrac{D}{2t}\left[\dfrac{(1-v)(1-\delta^I)-c_n]+(7-3kn)t+c_r}{7-5kn}\right]^2$
π_{NM}^{j*}	$\dfrac{D}{t}\left[\dfrac{(1-\rho)(1-v-c_n)+(7-3\rho)t+c_r}{7-5\rho}\right]^2$	$\dfrac{D}{t}\left[\dfrac{(1-\rho)\left[(1-v)(1-\delta^A)-c_n\right]+(7-3\rho)t+c_r}{7-5\rho}\right]^2$	$\dfrac{D}{t}\left[\dfrac{(1-v)(1-\delta^I)-c_n]+(7-3kn)t+c_r}{7-5kn}\right]^2$
π_{RR}^{j*}	$\dfrac{D}{2t}\left[\dfrac{(1-\rho)(1-v-c_n-7t)+c_r}{7-5\rho}\right]^2$	$\dfrac{D}{2t}\left[\dfrac{(1-\rho)\left[(1-v)(1-\delta^A)-c_n-7t\right]+c_r}{7-5\rho}\right]^2$	$\dfrac{D}{2t}\left[\dfrac{(1-kn)\left[(1-v)(1-\delta^I)-c_n-7t\right]+c_r}{7-5kn}\right]^2$
π_{RM}^{j*}	$\dfrac{D(2-\rho)}{2t}\left[\dfrac{(1-\rho)(1-v-c_n-7t)+c_r}{7-5\rho}\right]^2$	$\dfrac{D(2-\rho)}{2t}\left[\dfrac{(1-\rho)\left[(1-v)(1-\delta^A)-c_n-7t\right]+c_r}{7-5\rho}\right]^2 - A$	$\dfrac{D(2-kn)}{2t}\left[\dfrac{(1-v)(1-\delta^I)-c_n-7t]+c_r}{7-5kn}\right]^2$

由于只有当采取 A 策略或 I 策略时，存在再制造供应链利润和再制造商利润同时大于无策略情形，A 策略或 I 策略的实施形成内在激励性，相应策略才是可取的，也就是说它们应满足以下不等式组：

$$\begin{cases} \pi_{\text{RR}}^{j*} + \pi_{\text{RM}}^{j*} > \pi_{\text{RR}}^{O*} + \pi_{\text{RM}}^{O*}, & j=A,I \\ \pi_{\text{RM}}^{j*} > \pi_{\text{RM}}^{O*}, & j=A,I \end{cases}$$

命题 7.6 若 A 使式（7.33）成立，则采用广告策略（即 A 策略）是合理的。

$$D(2-\rho)\left\{(1-\rho)\left[(1-v)\left(1-\delta^A\right)-c_n-7t\right]+c_r\right\}^2 - 2A(7-5\rho)^2 t$$
$$> \left[(1-\rho)(1-v-c_n-7t)+c_r\right]^2 \qquad (7.33)$$

命题 7.7 若 k 使式（7.34）成立，则采用投保策略（即 I 策略）是合理的。

$$\frac{2-kn}{(7-5kn)^2}\left\{(1-kn)\left[(1-v)\left(1-\delta^I\right)-c_n-7t\right]+c_r\right\}^2$$
$$> \frac{2-\rho}{(7-5\rho)^2}\left[(1-\rho)(1-v-c_n-7t)+c_r\right]^2 \qquad (7.34)$$

命题 7.8 在 A、I 策略均可取的基础上，若 $\dfrac{(1-v)\left(1-\delta^I\right)-c_n-7t}{(1-v)\left(1-\delta^A\right)-c_n-7t} >$

$\dfrac{1-\rho}{1-kn} > 1$ 或 $\pi_{\text{RR}}^{I*}(k)+\pi_{\text{RM}}^{I*}(k)-\pi_{\text{RR}}^{A*}(k)-\pi_{\text{RM}}^{A*}(k) > 0 \left(其中，A = Dkn\left\{(3-kn)\right.\right.$

$\left.\left[(1-v)\left(1-\delta^I(k)\right)-c_n-7t\right]-4c_r\right\}\left\{(1-kn)\left[(1-v)\left(1-\delta^I(k)\right)-c_n-7t\right]+c_r\right\}\right)$ 成立，

则优先采用投保策略（即 I 策略）。

三、数值分析及研究结论

（一）数值分析

为更为直观地展示"投保策略"与"广告策略"的差异，本节做了两种策略的算例研究。通过给定相同的营销投入，计算并对比不同策略中相关参与者的效益情况。

由于 $k \in [n/p, k_{\max}]$，令 k 从 0.001 逐渐增至 0.005，其他相关参数设定如下：D=500，c_n=0.3，c_r=0.3，t=0.12，v=0.65，ρ=0.001，$k_{\max}=0.005$，$\varepsilon=0.1$，$\alpha=0.5$，$n=1$，其中部分赋值参考 Wu（2013）。

因为产品生产、销售、使用等各环节对消费者、保险公司及公共环境产生一定影响（Kovacs，2006；Atasu et al.，2013；Ovchinnikov et al.，2014），所以本节从社会系统角度构建两种策略下不同利益相关者的效益函数。用 $U_{SN}^j, U_{SR}^j, U_C^j, U_E^j, U_I^j, U_T^j, j=O, A, I$，分别表示 j 策略下新品制造供应链经济效益、再制造供应链经济效益、消费者效益、公共环境效益、保险公司效益和综合效益，其中，$U_I^O, U_I^A = 0, \varepsilon \in (0,1)$ 表示每使用单位再制造品（或每减少使用单位新品）给环境带来的正效应，效益函数表达如下：

$$U_{SN}^j = \pi_{NR}^j + \pi_{NM}^j \tag{7.35}$$

$$U_{SR}^j = \pi_{RR}^j + \pi_{RM}^j \tag{7.36}$$

$$U_C^j = \int_0^{q_r^I} \left[1 - t(1-x) - p_n^j\right]dx + \int_0^{q_r^I}\left(v^j - tx - p_r^j\right)dx$$
$$= (1 - t + v^j - p_n^j - p_r^j) q_r^I \tag{7.37}$$

$$U_E^j = \varepsilon q_r^j \tag{7.38}$$

$$U_I^j = \varepsilon q_r^j \tag{7.39}$$

$$U_T^j = U_{SN}^j + U_{SR}^j + U_C^j + U_E^j + U_I^j \tag{7.40}$$

（二）研究结论

对图 7.2 的数值仿真结果进行分析，发现再制造供应链经济效益（U_{SR}）、消费者效益（U_C）、公共环境效益（U_E）、保险公司效益（U_I）和综合效益（U_T）呈现以下特点。

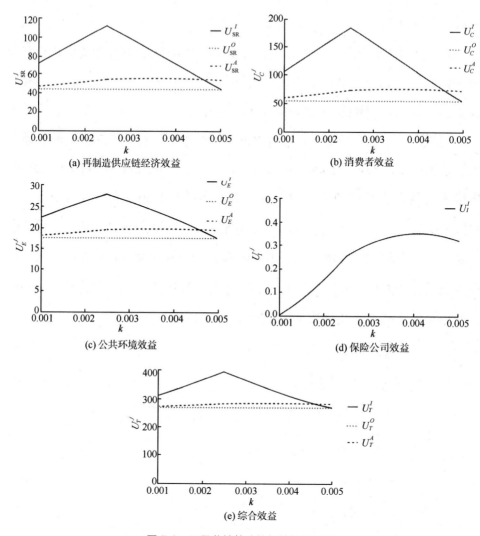

图 7.2　不同营销策略的相关效益分析

（1）在 I 策略下，它们先增后减，在 $k=k_{\max}/2$ 时，取最大值；在 A 策略下，它们持续增长，但当 k 超过 $k_{\max}/2$ 后，增速放缓。

（2）当 $k<0.0046$ 时，I 策略下的各效益明显高于 A 策略，二者的再制造供应链经济效益或消费者效益最大差值（当 $k=k_{\max}/2$ 时）约等于 A 策略下的相应效益值，公共环境效益或综合效益最大差值（当 $k=k_{\max}/2$ 时）约等

于 A 策略下相应效益值的 3/10 倍。

进一步分析，可得出如下结论：当给定 I 策略与 A 策略相同的营销投入时，k 的取值大小可决定策略选择的结果，通常而言，k 相对较小时适合采用 I 策略，k 相对较大时适合采用 A 策略，但投保策略的最佳实施时机并不是 k 取最小值时。企业应特别关注消费者对再制造品估值的转折点，它是企业营销策略实施的最佳时机。

第八章
生产者责任延伸制下非正规回收渠道管理研究

　　不具有资质的非正规回收小贩在我国的逆向物流体系建设中一直是一个难以解决的问题。由于非正规处理商的特殊性，本书引入变"堵"为"疏"的处理策略，以我国现阶段废旧电子产品回收现状为研究背景，提出具有较强现实意义的研究问题。在总结前人研究的基础上，首次从数学模型角度对非正规回收渠道治理模式进行研究，为具有中国特色的非正规回收渠道问题提供政策支持。本章的主要研究内容概括如下：首先对消费者参与回收行为意向的影响因素进行了实证研究。随后，基于我国废旧电子产品回收市场的现状，基于 Stackelberg 博弈构建非正规回收渠道与正规回收渠道共存的双回收渠道逆向供应链系统模型，并探究最优决策。在此基础上，引入三种非正规回收渠道治理机制，分别对正规回收商与非正规回收商实施补贴（即正规处理补贴、收编补贴）和管制策略，对三种治理机制下的双回收渠道逆向供应链系统最优定价进行模型求解，并对两种情况下的决策结果进行比较分析。在双回收渠道逆向供应链系统模型中，考虑回收商的相对规模、实力等因素，这些因素均会影响两者间转移价格的确定，基于纳什讨价还价模型，考虑正规回收渠道与非正规回收渠道的相对谈判能力差异，对此种情形下双方的最优决策进行求解分析。

第一节　消费者参与回收行为意向影响因素研究

本节以计划行为理论（theory of planned behavior，TPB）为基础，列举出消费者回收行为意向的影响因素，建立相关模型，做出相关假设。随后通过一系列问卷调查并进行数据分析，对可能的影响因素进行验证与分析。最终，得到影响消费者回收行为意向的影响因素及其模型。在数据分析结果的基础上，根据模型结果对当今的电子产品回收的末端政策（消费者）提出相关改进意见。

一、问卷设计与数据分析

（一）问卷设计

本书所采用的资料主要来源于对普通消费者的问卷调查，调查内容涉及居民对废旧家电回收的认知、态度和行为意向情况。该调查问卷采用 Likert 5级量表法，分别用 1、2、3、4、5 五个数值来表示各个维度的程度，分别表示"非常不同意"、"比较不同意"、"不确定"、"比较同意"以及"非常同意"，以便进行量化分析。此次用于数据获取的调查问卷分为三部分：基本信息、影响因素、行为意向。其中，基本信息部分主要涉及被调查的基本情况及信息（包括被调查者的性别、年龄、职业等）；影响因素部分是对消费者参与废旧电子产品回收可能产生影响的相关要素进行调查；行为意向部分是对消费者参与回收行为的积极程度进行测量。具体调查问卷见附录 A。

该问卷调查于 2016 年 2 月和 3 月进行，调查对象为天津市城市居民，调查地点为天津市各大超市。选择这一调研方式的最主要目的在于保证调查对象分布的广泛性，保证各年龄段、各文化水平的人群都能够尽可能包含，从而保证调研数据的完整性与可靠性。此次问卷调研共发放问卷 250 份，回收

210 份，有效问卷 196 份，有效回收率 78.4%。消费者基本情况如表 8.1 所示。调研数据的信度与效度也得到了检验。

表 8.1 消费者构成分布情况

项目	分类	样本数	比例
性别	男	86	44%
	女	110	56%
年龄	<25 岁	44	22.4%
	25~40 岁	78	39.8%
	41~60 岁	56	28.6%
	>60 岁	18	9.2%
学历	初中及以下	6	3.1%
	高中	40	20.4%
	本科	122	62.2%
	硕士及以上	28	14.3%
月收入	≤1500 元	17	8.7%
	1501~3000 元	64	32.7%
	3001~5000 元	60	30.6%
	5001~8000 元	44	22.4%
	>8000 元	11	5.6%
职业	国企职工	19	10%
	公务员	12	6%
	外企职工	23	12%
	私企职工	43	22%
	个体工商业者	14	7%
	教师	12	6%
	学生	47	24%
	待业	4	2%
	退休	10	5%
	其他	12	6%

（二）调研局限性

下列因素都可能会造成本次调研的研究结果存在一定的偏差。

（1）研究经费以及时间方面的限制。因为经费和时间等一系列问题，只是有限的几天在超市中随机进行调查，所以在样本选取上有一定的偏向性，且样本容量偏少，样本的代表性不足。

（2）在抽样过程中，有部分老年人由于眼花等问题拒绝参加问卷的抽样调查活动。除此之外，有一些离退休老人由于自身原因也拒绝参加问卷的抽样调查活动，因而，整体来看，样本中老年人和离退休人员的比例相对较低。同时，我们发现在此次调查研究中，40岁以下的中青年人参与率很高，还有一部分人群占据比例颇高，即本科及以上学历的消费者。上述因素导致消费者人口统计学特征和天津市的整体人口特征存在研究的差异性。

（三）问卷信度、效度及因子分析

本书首先利用 SPSS 22.0 对 196 份来自消费者的调查问卷数据进行信度分析。信度检验操作的结果如表 8.2 所示。由表 8.2 结果可知，$\alpha=0.718 > 0.60$，分量表的信度符合要求。另外，其他几个因素（如经济激励、感知到的行为规范等），均符合信度要求。

表 8.2　主成分分析的因子载荷总结

因子	问卷项	因子载荷	Cronbach's Alpha
法律宣传	您非常了解国家对废旧产品逆向回收制定的相关法律政策	0.830	0.713
	苏宁、国美等销售商对于电子产品回收相关政策的宣传力度很大	0.627	
	各种媒体对于废旧产品的相关知识宣传力度较大	0.745	
	媒体对逆向物流的相关宣传您会非常关注	0.579	

续表

因子	问卷项	因子载荷	Cronbach's Alpha
感知到的客观阻碍	收益小，不值得	0.745	0.716
	没有能力参与回收	0.791	
	时间和精力不允许	0.832	
	回收过程太复杂	0.529	
环境知识	废旧家电中含有大量重金属，随意丢弃会污染环境	0.916	0.955
	废旧家电是城市固体废物中重金属的主要来源	0.835	
	废旧家电零部件的燃烧会通过烟灰粉尘污染环境	0.860	
	处理后的废液随意倾倒会污染地下水	0.895	
	废旧家电再生循环利用可减少环境污染	0.939	
	废旧家电再生循环利用可减少自然资源消耗	0.909	
行为态度	我认为每个消费者都应该分担废旧家电回收的责任	0.738	0.736
	我愿为减少废旧电子产品的危害做出贡献	0.694	
	我认为随着废旧电子产品数量的增加，其危害性将不可预测	0.716	
主观规范	您的家人认为您应该参与政府回收对您参与回收的影响	−0.856	0.865
	您的朋友、邻居认为您应该参与政府回收对您参与回收的影响	−0.91	
	小区的居民都积极参与政府回收对您参与回收的影响	−0.873	
经济激励	参与电子产品回收为了获得一定收入	0.879	0.823
	参与电子产品回收可以获得一定收入	0.834	
	是否有偿回收对我来说很重要	0.833	
渠道不畅	苏宁、国美等销售商不回收废旧电子产品	0.752	0.828
	现在找不到合适的回收渠道进行提交	0.710	
	附近没有回收点	0.752	
	没有机构提供上门回收服务	0.708	
回收经历	您以前是否经常参与电子产品以旧换新或回收	−0.810	0.674
	若参加过，您对以前的回收经历非常满意并愿意再次参加	−0.840	

为进行效度分析，要对可能影响消费者回收行为意向的因素数据进行分析，同时验证此次实证研究的效度。依据 Kaiser（1974）的观点，可从取样适切性量数（Kaiser-Meyer-Olkin，KMO）统计量的大小来判别题项间是否适合进行因子分析。经分析，本组数据 KMO 值为 0.811（>0.8），Sig=0.000，说明本组数据在因子分析方面非常适合。

本书运用主成分分析法提取因子，从而获得 8 个影响因子（分别用 $X1$、$X2$、$X3$、$X4$、$X5$、$X6$、$X7$、$X8$ 表示），累计贡献率为 73.786%，即可以反映原始变量 73.786% 的信息量。各因子间可能存在着相关惯性，因此对主因子进行方差斜交旋转。随后，根据得到的主成分，对提取出的主成分因子载荷数值进行总结，得到表 8.2。

二、结构方程模型构建与拟合

（一）结构方程模型构建

在 TPB 基本模型的基础上，我们结合已有的研究成果，并结合中国具体实际，加入了法律宣传、回收经历、环境知识、经济激励、渠道不畅五个可能的影响因素，从而构建了消费者参与回收影响因素的假设模型，见图 8.1。

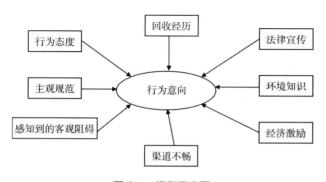

图 8.1 模型示意图

本章做出以下假设。

假设 8.1：消费者对于回收的行为态度对消费者参与回收行为意向有正向作用。

假设 8.2：主观规范对消费者参与回收行为意向有正向作用。

假设 8.3：感知到的客观阻碍对消费者参与回收行为意向有负向作用。

假设 8.4：回收经历对消费者参与回收行为意向有正向作用。

假设 8.5：法律宣传对消费者参与回收行为意向有正向作用。

假设 8.6：环境知识对消费者参与回收行为意向有正向作用。

假设 8.7：经济激励对消费者参与回收行为意向有正向作用。

假设 8.8：渠道不畅对消费者参与回收行为意向有负向作用。

根据上述假设整合出的影响消费者参与回收活动的主要 8 个潜变量。分别是行为态度、主观规范、感知到的客观阻碍、回收经历、法律宣传、环境知识、经济激励、渠道不畅，且包含 29 个对应的可测量变量。

（二）模型拟合过程

本书利用结构方程的方法，通过 AMOS 软件，对数据进行统计分析。其中，AMOS 软件生成的固定参数路径显示为 1 代表该变量或者误差项的负载已经设定为 1。

首先，在上述模型的基础上，利用 AMOS 软件进行模型分析操作。模型评价方面我们首先考虑的是在模型结果估计中得出的参数是否具有统计意义，而后针对载荷系数或路径系数进行显著性检验，该方法和我们在回归分析中进行的参数显著性检验比较相似。

AMOS 为研究提供了相对简单和便捷的一种检验方法，其中临界比（critical ratio，CR）值是一个 Z 统计量，通常使用参数估计值与其标准差之比构成，同时给出 CR 的统计检验相伴概率 P。关注 P 值，对路径系数的统计显著性检验结果予以判定。我们发现，"渠道不畅→行为意向"的 P 值最高且大于临界值（0.05），因而没有足够的理由说明其在 95% 的置信水平下与零存在显著性差异，为此，我们不能拒绝原假设。因此，在分析基础上对结构方程模型进行调整，删除影响因素"渠道不畅"。同理，也删去了影响因素"主观规范"。

调整后的结构方程模型拟合指数计算结果表明，其中绝对拟合指数中的 RMSEA 为 0.097（RMSEA 低于 0.1 表示较好的拟合）（Steiger，1990），相对拟合指数 CFI 为 0.838（十分接近 0.9，一般认为其大于 0.9 表示较好的拟合）（Bentler and Bonett，1980）。总体来看，调整后的结构方程模型的拟合度较好，符合相关拟合标准。

（三）模型测量结果

根据上述分析结果，对最开始提出的模型假设予以调整和修正。研究得出下面这个修正后的模型，如图 8.2 所示。

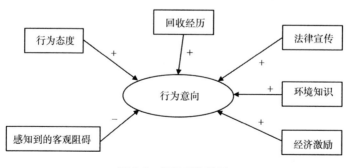

图 8.2　修正后的模型

按照该影响程度的大小，本书针对消费者参与电子废物回收显著影响因素理论进行如下解释分析。

第一，在行为理论研究中占据首要位置的是态度。本章建立的模型中，行为态度是最主要的影响因素。消费者的行为态度情况直接影响了其参与回收的行为意向。第二，回收经历对消费者的回收意向有着重要的影响。居民从过去回收经历中得到的信息对后继行为产生余效影响。第三，环境知识的丰富能够促进居民参与电子废物回收意向。事实上，尽管存在一定的回收经济激励，回收电子废物仍是环保行为的体现之一。同时，随着人们对于渠道的偏好不断增强，其参与回收的相关行为也会不断增加。第四，法律宣传对行为意向也有着直接的影响，在社会范围内，相关法律传播的范围越广与力度越强，对消费者参与废旧电子产品回收意向的增强作用也就越明显。第五，感知的客观阻碍是影响回收行为的重要因素。我国电子废物回收开始实施的时间还比较短，仍然存在一些问题，如设施还不完善、参与难度比较大、网点数量相对较少等，上述问题从某种程度上影响了消费者参与回收的耐心、恒心以及信心等。第六，经济激励对消费者参与回收的意向也存在着积极的作用，提高回收价格能够提高消费者参与回收的主观意向。

另外，主观规范和渠道不畅等对消费者回收的意向方面并未产生直接的影响效果等。目前废旧电子产品的回收仍然处在无序状态，消费者参与度较低，因此消费者对于渠道的不畅状况并不是非常清楚，因此影响作用无法体现。另外，我国电子废弃产品的回收和处置长期以来一直处于"管理失控以及法规缺位"的一种状态，暂时还未形成成形的管理体系，我们设想的成形的管理体系是以生产者为主体的电子废物回收处理为核心的一种管理体系。同时，消费者们缺乏对于该方面一些具体的回收标准和管理规范等的认识，也缺乏专业的部门进行合理、有力的督导指导等。因而，上述情况造成主观规范和渠道不畅对于广大居民的回收行为暂时还未形成显著影响。

三、研究结论

根据问卷调查结果得出的影响消费者参与回收行为意向的影响因素作用机制，可以从多各方面对我国低迷的电子产品回收提出一些改进建议，以提高电子产品回收率。

（1）国家相关部门应该通过各种信息传播渠道加强废旧电子产品环境危害的宣传，普及环保知识，并加大相关法律的普及力度，使更多的消费者了解参与废旧电子产品回收活动的环境意义与法律意义，从而提高消费者参与废旧电子产品回收的积极性，让废旧电子产品回收与相关法律成为一种道德压力，从而加强消费者主观规范的影响作用，增强法律宣传、环境知识的积极作用，提高消费者参与度。

（2）成功的回收经历可以促使消费者进行下一次回收活动，所以废旧电子产品高参与度可以实现一种良性循环：回收体验越好，回收活动参与率就越高。所以，在建立能使消费者满意的回收渠道的基础上，需要在推广期进行大量的宣传，尽可能地使得更多的消费者能够进行废旧电子产品回收活动，为以后的实施打好基础，使得回收经历的促进作用更好地发挥。

（3）回收商在制定废旧电子产品经济补贴标准时，有必要充分重视经济激励。由调查与数据分析得知，经济激励对于消费者参与回收意向有促进作用，因此，制定足够高的回收价格对回收体系的成功运营有着关键的作用，过低的回收价格会造成回收量不足的情况。

（4）加强回收体系建设。大力打造符合中国国情的回收体系，并充分考虑消费者的需求与过程的便捷，尽量减少消费者在参与过程中可能感知到的阻碍，从而提高消费者参与回收意向。

第二节　考虑非正规回收的双渠道回收管理研究

本节以我国废旧电子产品回收渠道现状为背景，构建了非正规回收渠道与正规回收渠道共存的双回收渠道逆向供应链系统，在模型中考虑消费者渠道偏好，构建了数学模型，探究双回收渠道逆向供应链系统中的最优决策，并对相关结果进行了算例分析。

一、问题描述及研究假设

（一）问题描述

在现阶段，我国废旧产品回收同时存在着两类渠道：具有资质的正规回收渠道与非正规回收渠道，且两者处于完全竞争状态。在此模型中，基于此种情境进行模型研究。竞争型双回收渠道考虑正规回收渠道与非正规回收渠道独立存在、相互竞争的情形。其中正规回收商主导 Stackelberg 博弈，且正规回收渠道在定价方面具有优先定价权。两渠道运营情况如图 8.3 所示。

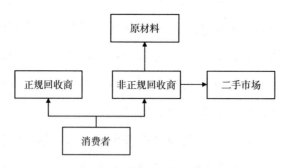

图 8.3　双回收渠道逆向供应链示意图

进入正规回收渠道的废旧产品，会经过充分的环保处理，以降低其对环境的负面影响，且部分零部件能够重新被正规回收商再利用。除此回收渠道外，还存在不具有资质的非正规回收渠道，并与正规回收渠道并存。在非正规回收渠道，小作坊式回收商将只注重经济利益，忽略对产品的环保处理，从而对环境危害较大。同时，废旧产品回收量与两渠道的回收价格有关。

（二）符号说明和相关假设

1. 决策变量

p_f：正规回收商（正规回收渠道）废旧电子产品单位回收价格。

p_i：非正规回收商废旧电子产品单位回收价格。

2. 其他参数或函数

θ：消费者对于进入非正规回收渠道的废旧产品预估价值。

v：消费者对于正规回收渠道的偏好程度（$0<v<1$）。

c：消费者参与正规回收渠道时付出的参与成本。

q_f：正规回收商（正规回收渠道）废旧电子产品回收数量。

q_i：非正规回收商废旧电子产品回收数量。

R：废旧产品的处理程度。

b：政府规定的废旧产品处理程度最低标准。

$g(R)$：废旧产品处理边际收益为 $g(R)=\psi-\beta R$，其中 $\psi>0$，$\beta>0$。

ϕ：废旧产品质量。

k：二手产品最低质量标准。

P：二手产品平均销售价格。

3. 相关假设

假设 8.9：非正规回收渠道消费者参与成本为零，正规回收渠道存在消

费者参与成本 c，且满足 $c < \dfrac{\psi^2}{2\beta}$。其中，$\psi$ 为回收的基本收益，β 为处理程度对回收边际收益的影响系数。

假设 8.10：二手市场销售价格大于将废旧产品进行拆解获得的收益，满足 $P > \dfrac{\psi^2}{2\beta}$。

二、模型构建及求解分析

（一）模型构建

1. 回收市场模型

对于持有废旧产品的消费者来说，同时面临着两种不同的回收渠道——正规回收渠道与非正规回收渠道。消费者对于进入不同回收渠道的废旧产品的价值预期不同。假设消费者对于进入非正规回收渠道的废旧产品价值预期（willingness to accept，WTA）为 θ，θ 在[0，1]上均匀分布。由于消费者的渠道偏好以及对于正规回收渠道存在的环保处理成本相关了解，消费者会在一定程度上降低对正规回收渠道废旧产品的价值预期，设为 $v\theta$，其中 $0 < v < 1$。消费者的渠道偏好越强，差异系数 v 越小；反之，v 越大。但同时，在一般情况下，在正规回收商直接承担回收责任的情形下，由于网点建设规模不足、专业性不够、地域等原因，回收模式较非正规回收渠道的无条件上门相比有一定劣势。因此，消费者在参与正规回收商主导的正规回收渠道时会付出一定的参与成本 c，如将废旧产品送至指定网点所需的物流、人工等费用。两种回收渠道中的回收价格分别为 p_f（正规回收渠道）与 p_i（非正规回收渠道）。当消费者选择非正规回收渠道时，所得效用为 $U_i(\theta) = p_i - \theta$；当消费者选择正规回收渠道时，所得效用为 $U_f(\theta) = p_f - c - v\theta$。

当消费者对废旧产品的价值预期 θ 满足 $\{\theta|U_i(\theta) \geqslant 0, U_i(\theta) \geqslant U_f(\theta)\}$ 时，将选择非正规回收渠道；当 θ 满足 $\{\theta|U_f(\theta) \geqslant 0, U_f(\theta) \geqslant U_i(\theta)\}$ 时，消费者将选择将废旧产品送至正规回收渠道。废旧产品总市场份额为 1。从而，两种回收渠道的废旧产品回收量：

$$q_i = \begin{cases} \dfrac{p_i - p_f + c}{1 - v}, & p_i < \dfrac{p_f - c}{v} \\ p_i, & p_i \geqslant \dfrac{p_f - c}{v} \end{cases}$$

$$q_f = \begin{cases} \dfrac{p_f - v p_i - c}{v(1 - v)}, & p_i < \dfrac{p_f - c}{v} \\ 0, & p_i \geqslant \dfrac{p_f - c}{v} \end{cases}$$

从以上回收市场模型结果可知，当正规回收渠道回收价格相比非正规回收价格相对较低（ $p_i \geqslant \dfrac{p_f - c}{v}$ ）时，正规回收渠道将无法回收到任何废旧产品，正规回收渠道的利润函数为零，因此，正规回收处理商将退出市场。本书将不研究此种情形。

2. 渠道处理方式模型

两种回收渠道对废旧产品的处理程度与环保要求也不同。对于非正规回收渠道，非正规回收商类型众多、分布较广且无资质，很难完全受到法律法规及政府部门约束，因此，非正规回收处理商将以经济利益最大化作为其最优化目标。假设非正规回收商的废旧产品处理边际收益为 $g(R) = \psi - \beta R$ ，其中 R 为废旧产品的处理程度。为实现利益最大化，非正规处理商将其处理程度确定为 $R^* = \dfrac{\psi}{\beta}$ ，也就是说，当废旧产品处理的处理程度 $R = \dfrac{\psi}{\beta}$ 时，废旧产品处理的经济价值处于最大；当 $R < \dfrac{\psi}{\beta}$ 时，主要在于对废旧产品经济价值获

取不足，而更高程度的处理 $R > \dfrac{\psi}{\beta}$ 则注重对于产品的环保处理。因此，当非

正规处理商确定其最优处理程度为 $R^* = \dfrac{\psi}{\beta}$ 时，其经济收益为 $\displaystyle\int_0^{R^*} g(R)\mathrm{d}R =$

$\dfrac{\psi^2}{2\beta}$。对于不具有资质的非正规处理商，除对废旧产品进行拆解外，还可选

择将质量较好的废旧产品在二手市场上进行销售，销售平均价格为 P，二手

市场销售价格大于将废旧产品进行拆解获得的收益，满足 $P > \dfrac{\psi^2}{2\beta}$。假设回收

到废旧产品的质量为 ϕ（ $0 \leqslant \phi \leqslant 1$ ），而二手产品交易对废旧产品质量情况具

有一定的要求，只有质量达到标准 k 才能作为二手产品进行交易。非正规处

理商获得的平均经济收益为 $\displaystyle\int_0^k \dfrac{\psi^2}{2\beta}\mathrm{d}\phi + \int_k^1 P\mathrm{d}\phi = k\dfrac{\psi^2}{2\beta} + (1-k)P$。

　　另外，正规回收渠道由于受到政府相关部门与生产者延伸责任制相关法

律法规的约束，将对废旧产品的环保处理有着一定的要求，从而按照相关标

准对废旧产品进行处理。基于以上假设，废旧产品处理的边际收益函数为

$g(R) = \psi - \beta R$。当无相关环保约束的情况下，回收处理商将使得 $R^* = \dfrac{\psi}{\beta}$，以

取得最大的经济利益。政府为了充分考虑环境效益，通常通过相关法律法规

及标准，制定废旧产品的最低处理程度 b，$b > R^* = \dfrac{\psi}{\beta}$。而对于正规处理商来

说，处理程度将达到政府规定的最低标准 b，此时，正规处理商所获取的经

济收益将为 $\displaystyle\int_0^b g(R)\mathrm{d}R = \psi b - \dfrac{1}{2}\beta b^2$。同时，正规回收渠道消费者参与成本 c

满足 $c < \dfrac{\psi^2}{2\beta}$。

（二）模型求解

在此模型中，考虑由正规回收商与非正规回收商组成的 Stackelberg 博弈，其中正规回收商为 Stackelberg 博弈领导者，因此，决策顺序为：首先，正规回收商确定支付给消费者的废旧产品价格 p_f；其次，非正规回收商制定其回收价格 p_i。

在正规回收渠道，消费者以 p_f 的价格将废旧产品交给正规回收渠道（正规回收商），由原始正规回收商进行再利用处理。原始正规回收商在废旧产品回收处理方面的利润函数可表示为

$$\pi_f = \left(\psi b + \frac{1}{2}\beta b^2 - p_f \right) q_f$$

在非正规回收渠道中，缺乏正规拆解资质的回收处理商将回收到的废旧产品以经济利益最大化为标准进行简单处理，将处理后得到的原材料在市场上进行交易。非正规回收商的利润函数为

$$\pi_i = \left(\int_0^k \frac{\psi^2}{2\beta} \mathrm{d}\phi + \int_k^1 P \mathrm{d}\phi - p_i \right) q_i = \left(k\frac{\psi^2}{2\beta} + (1-k)P - p_i \right) q_i$$

根据以上对回收市场的模型构建，可得：在 $p_i \leqslant \dfrac{p_f - c}{v}$ 的情形下，两类回收渠道将同时存在，并处于相互竞争关系。此时，正规回收商与非正规回收商的利润函数分别为

$$\pi_f = \left(\psi b + \frac{1}{2}\beta b^2 - p_f \right) \frac{p_f - vp_i - c}{v(1-v)}$$

$$\pi_i = \left(k\frac{\psi^2}{2\beta} + (1-k)P - p_i \right) \frac{p_i - p_f + c}{1-v}$$

下面对该带有约束的优化模型进行求解。

根据逆向求解原则，首先，针对非正规回收商对 p_i 求导，由一阶条件

$\dfrac{\partial \pi_i}{\partial p_i}=0$，可得

$$p_i=\dfrac{p_f-c+k\dfrac{\psi^2}{2\beta}+(1-k)P}{2}$$

将以上结果代入正规回收商利润函数，从而得到新的优化问题：

$$\underset{p_f}{\text{Max }}\pi_f=\dfrac{1}{v(1-v)}\left(\psi b+\dfrac{1}{2}\beta b^2-p_f\right)\left(p_f-\dfrac{p_f-c+k\dfrac{\psi^2}{2\beta}+(1-k)P}{2}-c\right)$$

s.t. $\quad p_i\leqslant\dfrac{p_f-c}{v}$

基于以上带有约束的优化问题，使用 KKT 条件对该问题进行求解。针对以上问题，KKT 条件为

$$\begin{cases}\left(1-\dfrac{v}{2}\right)p_f-\dfrac{v}{2}(N-c)-c+\left(1-\dfrac{v}{2}\right)\left(p_f-\psi b-\dfrac{1}{2}\beta b^2\right)-\lambda=0\\[3mm]\lambda\left(c+\dfrac{v}{2-v}N-p_f\right)=0\\[3mm]\lambda\geqslant 0\end{cases}$$

对以上三个条件进行综合分析，可得以下结论。

（1）当 $\lambda=0$ 时，$p_f^*=\dfrac{1}{2}\left(\psi b-\dfrac{1}{2}\beta b^2+c+\dfrac{v}{2-v}\left(k\dfrac{\psi^2}{2\beta}+(1-k)P\right)\right)$，同时应满足以下条件：

$$v\leqslant\dfrac{2\left(\psi b-\dfrac{1}{2}\beta b^2-c\right)}{k\dfrac{\psi^2}{2\beta}+(1-k)P+\psi b-\dfrac{1}{2}\beta b^2-c}=v_0$$

（2）当 $\lambda\neq 0$ 时，$p_f^*=c+\dfrac{v}{2-v}\left(k\dfrac{\psi^2}{2\beta}+(1-k)P\right)$，同时应满足以下条件：

$v > v_0$。

但是，在第二种情况（$\lambda \neq 0$）下，$q_f^* = 0$，$q_i^* = \dfrac{N}{2-v}$，正规回收渠道的回收量为零。也就是说，正规回收商将由于收购价格相对较低，难以回收到废旧电子产品，从而导致无法正常开展相关回收业务。此类情形与我国现阶段废旧电子产品回收市场现状相似，正规回收渠道由于成本、价格等方面劣势，在回收市场中无法收集到一定数量的废旧产品，造成产能闲置的情况，从而形成非正规回收渠道单独存在的情形。

综上，该带有约束的最优化问题的最优解总结如下。

（1）当 $v \leqslant v_0$ 时

$$p_f^* = \frac{1}{2}\left(\psi b - \frac{1}{2}\beta b^2 + c + \frac{v}{2-v}\left(k\frac{\psi^2}{2\beta} + (1-k)P \right) \right)$$

$$p_i^* = \frac{1}{4}\left(\psi b - \frac{1}{2}\beta b^2 - c + \frac{4-v}{2-v}\left(k\frac{\psi^2}{2\beta} + (1-k)P \right) \right)$$

$$q_f^* = \frac{1}{4v(1-v)}\left((2-v)\left(\psi b - \frac{1}{2}\beta b^2 \right) - (2-v)c - v\left(k\frac{\psi^2}{2\beta} + (1-k)P \right) \right)$$

$$q_i^* = \frac{1}{4(1-v)}\left(-\left(\psi b - \frac{1}{2}\beta b^2 \right) + c + \frac{4-3v}{2-v}\left(k\frac{\psi^2}{2\beta} + (1-k)P \right) \right)$$

（2）当 $v > v_0$ 时

$$p_f^* = c + \frac{v}{2-v}\left(k\frac{\psi^2}{2\beta} + (1-k)P \right)$$

$$p_i^* = \frac{1}{2-v}\left(k\frac{\psi^2}{2\beta} + (1-k)P \right)$$

$$q_f^* = 0, \quad q_i^* = \frac{k\dfrac{\psi^2}{2\beta} + (1-k)P}{2-v}$$

　　根据以上最优解，可得当 $v > v_0$ 时，$\pi_f^* = 0$，正规回收商将因无法回收到废旧产品而利润为零。在消费者渠道偏好较为明显（$v \leqslant v_0$）的情形下，两类回收渠道同时存在，形成双回收渠道模式，且两者处于完全竞争关系。在此种情况下，非正规回收商相对粗放的处理模式，一方面会对环境产生不良影响，另一方面也会对正规回收商的正规回收渠道产生一定的挤占作用。因此，正规回收商在进行自身废旧产品回收业务的过程中，非正规回收渠道的存在会对其废旧产品来源以及利润产生一定的负面影响。正规回收渠道与非正规回收渠道同时存在，两者的利润函数分别为

$$\pi_f^* = \frac{\left((2-v)\left(\psi b - \dfrac{1}{2}\beta b^2\right) - (2-v)c - v\left(k\dfrac{\psi^2}{2\beta} + (1-k)P\right) \right)^2}{8v(1-v)(2-v)}$$

$$\pi_i^* = \frac{\left(-\left(\psi b - \dfrac{1}{2}\beta b^2\right) + c + \dfrac{4-3v}{2-v}\left(k\dfrac{\psi^2}{2\beta} + (1-k)P\right) \right)^2}{16(1-v)}$$

三、研究结论及数值分析

（一）研究结论

　　根据上一节得到的最优决策结果，在非正规回收渠道存在情况下的双回收渠道系统运营情况受到消费者渠道偏好的影响。当消费者渠道偏好不明显时，正规回收渠道会因成本等方面劣势而无法回收到废旧产品；而当消费者渠道偏好达到一定临界值，两类回收渠道将同时存在。本小节将对两种情况下的最优解及其对应的利润情况进行分析，以探究双回收渠道模型的运营模式，以及政府规制、二手市场等相关因素对双回收渠道模型的影响。

　　首先针对较为简单的第二种情况（$v > v_0$），可从其最优结果及最优利润

直接得到命题 8.1。

命题 8.1　当消费者渠道偏好不明显（$v > v_0$），正规回收商将因无法回收到废旧产品而使得其利润为零。

根据命题 8.1，当消费者渠道偏好不明显，即对于正规回收渠道的偏好程度不足，就会出现以下现象：正规回收渠道将无法回收到任何废旧产品，整个废旧产品回收市场将完全被非正规回收渠道挤占，所有废旧产品将以简单粗放的方式进行处理，从而非但不能达到资源再利用的效应，反而对于环境产生很大的负面影响。目前，废旧产品回收业还不成熟的一些发展中国家（如中国），就处于此类情况。一些较为重视企业社会责任的正规回收商开展了废旧产品回收业务，但由于回收资源不足，并不能收集到足够数量的废旧产品，从而无法正常运营并获利，反而是走街串巷的不具有资质的小商小贩占据了回收市场的主力军。

因此，正规回收商与政府相关部门应通过多种方式的环境知识宣传，使消费者了解到两种回收处理模式在环境方面的差异，从而提高消费者对两种回收渠道的辨别程度，从而促进正规回收渠道的推广与稳定运营。

命题 8.2　当消费者渠道偏好不明显（$v > v_0$），非正规回收渠道的回收价格和回收数量均与非正规处理平均经济效益正相关。

证明：令 N 表示非正规处理平均经济效益 $k\dfrac{\psi^2}{2\beta} + (1-k)P$。

对非正规回收渠道最优回收价格及回收数量进行求导分析，可得

$$\frac{\partial p_i^*}{\partial N} = \frac{1}{2-v} > 0 , \quad \frac{\partial q_i^*}{\partial N} = \frac{1}{2-v} > 0$$

根据以上得到命题 8.2，在消费者渠道偏好不明显的情况下，整个回收市场将受到非正规回收处理平均收益的影响。当废旧产品处理收益较高时，非正规回收商将在一定程度提高回收价格，从而增加回收数量。而当产品再

利用价值较低时，非正规回收商的回收积极性将降低。也就是说，在此种情况下，整个回收市场将受到废旧产品价值的驱动。

命题 8.3 当消费者渠道偏好不明显（$v > v_0$）时，二手产品质量要求 k 提高，非正规回收渠道回收数量减少，回收价格降低；二手产品销售价格 P 提高，非正规回收渠道回收价格提高，回收数量增加。

由命题 8.3 可知：在消费者渠道偏好不明显时，二手市场的相关情况对于回收渠道的运营也有一定的调节作用。因此，政府若要间接控制非正规回收渠道规模，可通过对二手市场的控制与监管作为实现途径之一。具体方式包括：对二手市场产品质量进行严格监管，提高二手产品的最低质量标准；同时，控制二手产品价格在一个合理的水平，防止二手产品价格过高。

命题 8.4 消费者回收渠道偏好边界值 v_0，随正规回收渠道平均单位利润的增加而提高，随非正规回收渠道平均单位利润的增加而降低，随政府规定最低处理标准的提高而降低。

根据上述模型分析，消费者回收渠道偏好边界值 v_0 是正规回收渠道是否能够回收到废旧产品的边界，当消费者对回收渠道偏好不足，正规回收渠道将不能回收到产品；反之，正规回收渠道则存在。因此，降低消费者对于回收渠道偏好程度，也就是提高消费者回收渠道偏好边界值，有利于正规回收渠道的回收运营。根据命题 8.4 的结论，产品性质、政府规制、非正规回收渠道产品单位利润等都会对消费者回收渠道偏好边界值 v_0 产生影响。

下面对第一种情况（$v \leqslant v_0$）进行结果分析。

命题 8.5（产品性质对双回收渠道的影响） 在正规与非正规回收渠道处于完全竞争状态下，当 $0 < \dfrac{\psi}{\beta} \leqslant \dfrac{\sqrt{14}-2}{5}b$ 时，两种回收渠道回收价格都随着消费者渠道偏好系数的提高而降低；当 $\dfrac{\sqrt{14}-2}{5}b < \dfrac{\psi}{\beta} \leqslant b$ 时，两种回收渠道回

收价格随着消费者渠道偏好系数的提高而提高。

根据命题 8.5 可知：消费者的渠道偏好也会对废旧产品的回收情况产生影响。两回收渠道处于完全竞争关系时，当非正规回收处理商采取的处理程度与国家规定的处理标准相差较大时，消费者对正规回收渠道偏好程度的提高能够显著提高两种回收渠道的回收价格；而当非正规回收处理商采取的处理程度与国家规定的处理标准相差不大时，消费者渠道偏好越强两渠道的回收价格越低。为解决正规回收商回收量不足的方法之一在于提高消费者的渠道偏好。

命题 8.6（政府规制对双回收渠道的影响） 在两类回收渠道同时存在的情况下，随着废旧产品处理程度最低标准的提高，两回收渠道的回收价格均降低，正规回收渠道回收数量会降低，而非正规回收渠道回收数量会增加。

证明：由先前分析可知 $b > \dfrac{\psi}{\beta}$。可得

$$\frac{\partial p_f}{\partial b} = \frac{\psi - \beta b}{2} < 0 , \quad \frac{\partial p_i}{\partial b} = \frac{\psi - \beta b}{4} < 0 , \quad \frac{\partial p_f}{\partial b} = 2\frac{\partial p_i}{\partial b}$$

$$\frac{\partial q_f}{\partial b} = \frac{(2-v)(\psi - \beta b)}{4(1-v)v} < 0 , \quad \frac{\partial q_i}{\partial b} = \frac{\beta b - \psi}{4(1-v)} > 0$$

在此情形下，两种回收渠道的废旧产品回收价格都会随着最低处理程度 b 的提高而降低，且正规回收渠道价格受其影响更大。同时，正规回收渠道回收数量会降低，而非正规回收渠道回收数量会增加。

从政府角度看，为保证社会的环境效益，应逐渐提高废旧产品的最低处理标准。而在此过程中，就会存在废旧产品回收价格降低，从而造成回收数量减少的问题。因此，在实现生产者延伸责任制下的回收体系构建时，应适当权衡处理标准与回收数量间的关系。

命题 8.7（正规回收渠道便利程度对双回收渠道的影响） 在两类回收

渠道同时存在的情况下，正规回收渠道参与成本 c 的存在，会造成正规回收渠道回收量减少，同时利润减少，而非正规回收渠道回收量会增加，同时利润也会增加。

命题 8.7 与现实情况相符合，当正规回收渠道便利性欠缺，即需要付出较大的参与成本时，消费者将更多地选择非正规回收渠道。而此种情况下，正规回收商不但会面临回收量不足的情况，而且利润也会降低。因此，正规回收商应尽量减少消费者回收参与成本，提高正规回收渠道便利程度，有必要时可与专业第三方回收机构进行合作，提高回收模式的友好性。

命题 8.8（二手市场对双回收渠道的影响）　在两回收渠道处于竞争关系的情形下，二手市场行情会影响两种回收渠道的废旧产品回收数量。①二手产品质量要求 k 提高，正规回收渠道回收数量增大，非正规回收渠道回收数量减少，两渠道回收价格均降低；②二手产品销售价格 P 提高，正规回收渠道回收数量减少，非正规回收渠道回收数量增加，两渠道回收价格均增加。

由命题 8.8 可知，在竞争型双回收渠道模式下，二手市场的相关参数（二手产品质量要求、二手产品销售价格）会对废旧产品的回收体系运营产生影响。为实现增加正规处理数量、减少非正规处理数量的目的，可通过对二手市场进行管理与控制来实现。为抑制非正规回收渠道规模，政府应当对二手市场进行治理，提高对于二手产品的质量要求，控制二手产品的销售价格。

命题 8.9　在正规与非正规回收渠道处于完全竞争状态下，两种回收渠道回收价格都随着消费者渠道偏好的改善而提高。

可由 $\dfrac{\partial p_f}{\partial v} = \dfrac{\partial p_i}{\partial v} > 0$ 得到命题 8.9。根据命题 8.9 的结果，消费者的渠道偏好越明显，即系数 v 越小，回收价格越高。因此，消费者的渠道偏好也对废旧产品的回收情况产生影响。

（二）数值分析

下面通过算例仿真探究消费者渠道偏好对于双回收渠道体系运营的影响。在算例中，假设选择正规回收渠道付出的参与成本 c 为 1，正规回收处理商在满足国家规定最低处理标准的情况下废旧产品的处理收益为 2，非正规回收商在粗放处理方式下废旧产品的平均处理收益为 4。

1. 消费者渠道偏好对双回收渠道回收价格的影响

首先，分析消费者回收渠道偏好对于非正规回收渠道回收价格的影响。

命题 8.10 非正规回收渠道回收价格随着消费者渠道偏好系数的增大而提高。

通过数值仿真可得，消费者渠道偏好在 0~1 范围变化的过程中对非正规回收渠道回收价格的影响如图 8.4 所示。

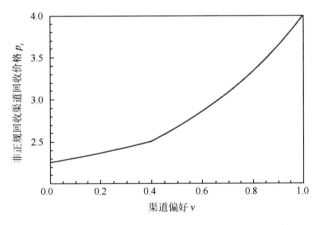

图 8.4 渠道偏好对非正规回收渠道回收价格的影响

通过图 8.4 可知，非正规回收渠道回收价格随着渠道偏好系数的增大而提高，也就是非正规回收渠道回收价格随着消费者对正规回收渠道偏好程度的减弱而降低。同时以 $v=0.4$ 为临界点，在 $0<v<0.4$ 的区间内，在 v 减少的过程中，非正规回收渠道回收价格下降较为平缓；而在 $0.4\leqslant v<1$ 的区间内，

在v降低的过程中，非正规回收渠道回收价格下降较为明显，且随着v的减少回收价格的降速减缓。验证了模型得到的结论。

根据模型最优解，当且仅当$0<v<0.4$时，正规与非正规回收渠道同时存在并相互竞争。下面探究在正规与非正规回收渠道同时存在的情况下，两类回收渠道回收价格随渠道偏好变动的情况。

命题8.11 当$0<v<0.4$时，两类回收渠道的回收价格都随着消费者对正规回收渠道偏好程度的增加而降低。

在两种回收渠道同时存在的情况下，消费者渠道偏好在0~0.4范围变化的过程中对非正规回收渠道回收价格的影响如图8.5所示。

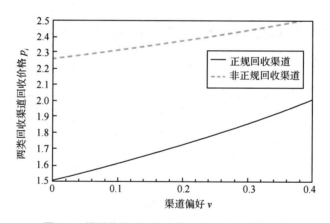

图8.5 渠道偏好对两类回收渠道回收价格的影响

由图8.5可知，当消费者渠道偏好较为明显（$0<v<0.4$）时，非正规回收渠道价格显著高于正规回收渠道价格，且都随着消费者对正规回收渠道偏好程度的增加而降低，同时正规回收渠道价格降幅更大。

2. 消费者渠道偏好对双回收渠道回收数量的影响

两类回收渠道的回收数量是废旧产品回收体系实施效果的重要指标。而消费者渠道偏好程度对两类回收渠道的回收数量具有一定的影响，图8.6显示了消费者渠道偏好对两类回收渠道回收数量的影响。

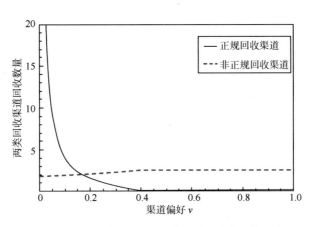

图 8.6　渠道偏好对两类回收渠道回收数量的影响

命题 8.12　非正规回收渠道回收数量随着消费者渠道偏好系数 v 的减小而降低，正规回收渠道回收数量随着消费者渠道偏好系数 v 的减小而增大。

根据图 8.6，当消费者对于正规回收渠道的偏好程度较明显（$0<v<0.4$）时，两类回收渠道同时存在，但变化趋势不同，非正规回收渠道回收数量随着消费者渠道偏好系数 v 的减小而降低，而相反，正规回收渠道回收数量随着消费者渠道偏好系数 v 的减小而增大，且增幅显著增加。同时，正规回收渠道回收量大于非正规回收渠道回收量，但随着消费者对于非正规回收渠道偏好程度的提高，非正规回收渠道的回收量逐渐超过正规回收渠道。而当消费者对于正规回收渠道的偏好程度较差（$v>0.4$），正规回收渠道回收量为零，而非正规回收渠道回收量为某一定值，不再受消费者渠道偏好的影响。

第三节　基于政府干预的非正规回收渠道治理模式研究

非正规回收渠道的存在，不但扰乱了正规回收渠道的正常运行，且其粗放的拆解方式会对环境产生较大的负面影响。基于以上情况，政府可利用相关政策对该问题进行管理：一方面可以通过对正规回收渠道进行经济补贴，以提高正规回收渠道的竞争力；另一方面，政府可对非正规回收渠道进行收编治理，对参与收编的非正规回收商进行经济激励，从而逐渐将其吸纳入正规回收渠道，达到非正规回收渠道治理的目的。在此基础上，考虑两类回收渠道的相对议价能力，从而得到此种情形下的政府最优补贴决策。

一、问题描述

针对大量废旧电子产品的堆积及非正规回收渠道的存在，政府的相关政策可分为以下几类：补贴政策、取缔政策和收编政策等。

1. 补贴政策

为提高整个社会的环境效益，政府可以通过拆解补贴的方式提高正规回收渠道的竞争力，从而减少流入非正规回收渠道的废旧产品数量。在世界范围内，有很多国家或地区已实施了拆解补贴的措施。我国《废弃电器电子产品处理基金征收使用管理办法》规定，设立的处理基金将用于对承担实际拆解责任的企业依照拆解数量进行一定的经济补偿，具体补贴标准为：电视机 85元/台、电冰箱 80 元/台、洗衣机 35 元/台、房间空调器 35 元/台、微型计算机 85 元/台；并对废弃电器电子产品回收处理和电器电子产品生产销售信息管理系统建设，以及相关信息采集发布支出，基金征收管理经费支出进行适当补贴。

2. 取缔政策

非正规回收渠道的广泛存在对于环境有着极大的破坏作用，同时也扰乱了正规回收渠道的运营。针对此类非正规回收渠道，政府可以对其进行严格取缔，从法律上严格禁止不具有资质的回收处理企业进行废旧电子产品的回收拆解，从而解决非正规回收渠道对环境的负面效应。废旧电子产品回收市场将完全由正规回收渠道占有，所有回收的废旧产品都将通过正规回收渠道得到科学环保处理，但缺点在于由于非正规回收渠道的取缔，回收方式灵活的特点将不能得到充分体现，从而回收量将受到影响。

3. 收编政策

非正规回收渠道的存在，不但扰乱了正规回收渠道的正常运行，且其粗放的拆解方式会对环境产生较大的负面影响。在政府补贴的刺激下，非正规回收商可以选择接受正规回收商的收编，从而获得收编补贴，但前提是放弃自行处理与转售二手市场两种处理方式，正规回收商通过收编关系强制要求其将所有回收到的废旧产品转售给正规回收渠道，使废旧产品得到最科学环保的再利用处理，减少了环境污染，提高了资源利用率。该合作模式不但解决了废旧产品非法拆解的现实问题，也在无形中扩大了正规回收渠道的规模。

二、模型构建与求解分析

（一）"相对削弱"治理模式

基于以上基本模型，本书引入政府对符合相关拆解标准的企业经济补贴，从而探究此类经济补贴对非正规回收渠道治理的影响。在本书中，我们假设政府基于正规回收商的实际回收处理数量进行补贴，每回收处理一件废旧产品将获得数量为 s 的经济补贴，从而，正规回收商与非正规回收商的利润函数可表示为

$$\pi_f = \left(\psi b + \frac{1}{2} \beta b^2 + s - p_f \right) q_f$$

$$\pi_i = \left(k\frac{\psi^2}{2\beta} + (1-k)P - p_i \right) q_i$$

在考虑政府补贴的情况下，可得此情景下的最优解（$c*$和 $cm*$分别表示"相对削弱"模式的两种情况），求解方法与前文求解方法大致相同，考虑 $p_i \leqslant \dfrac{p_f - c}{v}$ 的情形。根据前文基本模型对回收市场的模型构建，可得在正规回收商补贴的作用下，正规回收商与非正规回收商的利润函数分别为

$$\pi_f = \left(\psi b + \frac{1}{2}\beta b^2 + s - p_f \right) \frac{p_f - vp_i - c}{v(1-v)}$$

$$\pi_i = \left(k\frac{\psi^2}{2\beta} + (1-k)P - p_i \right) \frac{p_i - p_f + c}{1-v}$$

根据逆向求解原则，首先，针对非正规回收商对 p_i 求导，由一阶条件 $\dfrac{\partial \pi_i}{\partial p_i} = 0$，可得

$$p_i = \frac{p_f - c + k\dfrac{\psi^2}{2\beta} + (1-k)P}{2}$$

将以上结果代入正规回收商利润函数，从而得到新的优化问题：

$$\underset{p_f}{\text{Max}} \, \pi_f = \frac{1}{v(1-v)} \left(\psi b + \frac{1}{2}\beta b^2 + s - p_f \right) \left(p_f - \frac{p_f - c + k\dfrac{\psi^2}{2\beta} + (1-k)P}{2} - c \right)$$

s.t. $\quad p_i \leqslant \dfrac{p_f - c}{v}$

基于以上带有约束的优化问题，使用 KKT 条件对该问题进行求解。针对以上问题，KKT 条件为

$$\begin{cases} \left(1-\dfrac{v}{2}\right)p_f - \dfrac{v}{2}(N-c) - c + \left(1-\dfrac{v}{2}\right)\left(p_f - \psi b - \dfrac{1}{2}\beta b^2\right) - \lambda = 0 \\[4mm] \lambda\left(c + \dfrac{v}{2-v}N - p_f\right) = 0 \\[4mm] \lambda \geq 0 \end{cases}$$

对以上三个条件进行综合分析，可得

（1）当 $\lambda = 0$ 时，$p_f^{c*} = \dfrac{1}{2}\left(\psi b - \dfrac{1}{2}\beta b^2 + s + c + \dfrac{v}{2-v}\left(k\dfrac{\psi^2}{2\beta} + (1-k)P\right)\right)$，同时

应满足以下条件：$v \leq \dfrac{2\left(\psi b - \dfrac{1}{2}\beta b^2 + s - c\right)}{k\dfrac{\psi^2}{2\beta} + (1-k)P + \psi b - \dfrac{1}{2}\beta b^2 + s - c} = v_1$。

（2）当 $\lambda \neq 0$ 时，$p_f^{c*} = c + \dfrac{v}{2-v}\left(k\dfrac{\psi^2}{2\beta} + (1-k)P\right)$，同时应满足以下条件：

$v > v_1$。

但是，在第二种情况（$\lambda \neq 0$）下，$q_f^{c*} = 0$，$q_i^{c*} = \dfrac{N}{2-v}$，正规回收渠道的回收量为零。

综上，该带有约束的最优化问题的最优解总结如下：

（1）当 $v \leq v_0$ 时，$p_f^{c*} = \dfrac{1}{2}\left(\psi b - \dfrac{1}{2}\beta b^2 + s + c + \dfrac{v}{2-v}\left(k\dfrac{\psi^2}{2\beta} + (1-k)P\right)\right)$

$$p_i^{c*} = \dfrac{1}{4}\left(\psi b - \dfrac{1}{2}\beta b^2 + s - c + \dfrac{4-v}{2-v}\left(k\dfrac{\psi^2}{2\beta} + (1-k)P\right)\right)$$

$$q_f^{cm*} = \dfrac{1}{4v(1-v)}\left((2-v)\left(\psi b - \dfrac{1}{2}\beta b^2 + s\right) - (2-v)c - v\left(k\dfrac{\psi^2}{2\beta} + (1-k)P\right)\right)$$

$$q_i^{\text{cm}*} = \frac{1}{4(1-v)}\left(-\left(\psi b - \frac{1}{2}\beta b^2 + s\right) + c + \frac{4-3v}{2-v}\left(k\frac{\psi^2}{2\beta} + (1-k)P\right)\right)$$

（2）当 $v > v_0$ 时，$p_f^{c*} = c + \frac{v}{2-v}\left(k\frac{\psi^2}{2\beta} + (1-k)P\right)$

$$p_i^{c*} = \frac{1}{2-v}\left(k\frac{\psi^2}{2\beta} + (1-k)P\right)$$

$$q_f^{c*} = 0 , \quad q_i^{c*} = \frac{N}{2-v}$$

根据以上结果，可得：当消费者渠道偏好不明显（$v > v_1$）的情形下，回收市场完全被非正规回收渠道占据；在消费者渠道偏好较为明显（$v \leqslant v_1$）的情形下，两类回收渠道同时存在，形成双回收渠道模式，且两者处于完全竞争关系。正规回收商与非正规回收商的最优利润（其中 fs*表示"收编激励"治理模式）分别为

$$\pi_f^{\text{fs}*} = \begin{cases} \dfrac{\left((2-v)\left(\psi b - \frac{1}{2}\beta b^2 + s\right) - (2-v)c - v\left(k\frac{\psi^2}{2\beta} + (1-k)P\right)\right)^2}{8v(1-v)(2-v)}, & v \leqslant v_1 \\ 0, & v > v_1 \end{cases}$$

$$\pi_i^{\text{fs}*} = \begin{cases} \dfrac{\left(-\left(\psi b - \frac{1}{2}\beta b^2 + s\right) + c + \frac{4-3v}{2-v}\left(k\frac{\psi^2}{2\beta} + (1-k)P\right)\right)^2}{16(1-v)}, & v \leqslant v_1 \\ \dfrac{\left(k\frac{\psi^2}{2\beta} + (1-k)P\right)^2}{4}, & v > v_1 \end{cases}$$

政府拆解补贴作为一种非正规回收渠道治理工具，会对竞争型双回收渠道的运营产生一定的影响。以下将从理论方面对以上模型结果进行分析，并得到管理学结论。

通过对以上得到的最优解进行分析，首先针对消费者偏好不明显的情况进行分析，从而可得命题 8.13。

命题 8.13 当消费者渠道偏好不明显（$v > v_1$），回收市场完全被非正规回收渠道占据，正规回收商将无法获得任何利润。

消费者对正规回收渠道的偏好程度是影响正规回收商回收数量的一个重要因素。政府应采取多种手段（如法律宣传、环保知识推广、回收渠道建设等），提高消费者对于正规回收渠道的偏好程度，从而保证正规回收渠道的废旧产品来源。

命题 8.14 拆解补贴的引入提高了消费者渠道偏好临界值，即 $v_1 > v_0$，且该临界值随着补贴额度的增大而提高。

由命题 8.14 可知，消费者渠道偏好临界值的提高，意味着此模式下为保证正规回收渠道不被完全挤占，对于消费者渠道偏好的要求更低，更容易达到。在政府给予正规回收渠道一定经济补贴的情况下，消费者会在一定程度上更多地选择正规回收渠道，从而达到抑制非正规回收渠道，增强正规回收渠道竞争力的作用。随着补贴额度的增加，这种增强作用更加明显。

而针对消费者偏好较为明显（$v \leqslant v_1$）的情况，可通过对最优情况的相关分析，得到相关管理结论及政策支持依据。

命题 8.15 在消费者渠道偏好足够强的情况下（$v \leqslant v_1$），补贴的取值足够大，即 $s > \dfrac{4-3v}{2-v}\left(k\dfrac{\psi^2}{2\beta} + (1-k)P\right) + c - \left(\psi b - \dfrac{1}{2}\beta b^2\right)$，非正规回收渠道将无法回收到废旧产品。

由命题 8.15 可知，政府拆解补贴能够达到从经济方面实现取缔非正规回收渠道的效果。当拆解补贴达到一定的临界值时，非正规回收渠道将因无法回收到产品而消失。但是，在消费者渠道偏好过差（$v > v_1$）的情况下，政府补贴将无法发挥作用。

从政府的角度看，应保证环境效益的最大化。当正规回收处理渠道与非正规回收渠道同时存在时，政府应利用法律法规与相关政策工具保证环境效益的最优化。针对正规回收渠道来说，由于对废旧产品的充分环保处理以及材料的循环再利用、环保设计等因素，将对环境产生积极的影响；而对于非正规回收渠道来说，废旧产品的粗暴型处理将对环境产生负面的影响。因此，环境效益函数可表示为 $E(b) = mq_f - nq_i$。其中，m 为正规回收渠道中单位产品对环境产生的正效益，n 为非正规回收渠道中单位产品对环境造成的危害。为便于计算，此处取得 $m = n = 1$。

命题 8.16　从环境效益角度进行分析，政府拆解补贴的环境效益将取决于消费者整体渠道偏好：

$$E_c - E_c^{\mathrm{fs}} = (q_f^* - q_i^*) - (q_f^{\mathrm{fs}*} - q_i^{\mathrm{fs}*})$$

$$= \begin{cases} \dfrac{s}{2v(1-v)}, & v \leqslant v_0 \\[3mm] \dfrac{(2-v)\left(\psi b - \dfrac{1}{2}\beta b^2 + s - c\right) + (v^3 - v^2 - v)k\left(k\dfrac{\psi^2}{2\beta} + (1-k)P\right)}{2v(1-v)(2-v)}, & v_0 < v \leqslant v_1 \\[3mm] 0, & v > v_1 \end{cases}$$

由命题 8.16 可知，政府拆解补贴的环境效应大小取决于消费者渠道偏好。当消费者渠道偏好程度过低（$v > v_1$），政府补贴将不能提高社会环境效益；当消费者渠道偏好足够高（$v \leqslant v_0$），政府拆解补贴将提高社会环境效益，且环境效益随着补贴额度的提高而提高；而消费者渠道偏好处于两边界间时（$v_0 < v \leqslant v_1$），拆解补贴带来的环境效益影响将取决于补贴的相对大小，当

$$s > c - \frac{(v^3 - v^2 - v)}{2 - v}\left(k\frac{\psi^2}{2\beta} + (1-k)P\right) - \left(\psi b - \frac{1}{2}\beta b^2\right)，政府拆解补贴将提高环境$$

效益，否则，反而会对环境产生负面影响。

（二）"严格取缔"治理模式

非正规回收渠道的广泛存在对于环境有着极大的破坏作用，同时也扰乱了正规回收渠道的运营。针对此类非正规回收渠道，政府可以对其进行严格取缔，从法律上严格禁止不具有资质的回收处理企业进行废旧产品的回收拆解，从而解决非正规回收渠道对环境的负面效应。

在"严格取缔"治理模式下，废旧产品回收市场将完全由正规回收渠道占有，所有回收的废旧产品都将通过正规回收渠道得到科学环保处理，但缺点在于由于非正规回收渠道的取缔，回收方式灵活的特点将不能得到充分体现，从而回收数量将受到影响。在此种模式下，决策者为正规回收商，以利润最大化为优化目标，决策回收价格 p_f。

此种情形下，回收市场模型发生了一定的变化。针对正规回收渠道，消费者的效用函数为：$U_2(\theta) = p_f - c - v\theta$。当消费者对废旧产品的价值预期 θ 满足 $\{\theta | U_f(\theta) \geq 0\}$ 时，消费者将选择将废旧产品送至正规回收渠道。

假设废旧产品总市场份额为 1。从而，在"严格取缔"治理模式下，正规回收渠道的回收数量为 $q_f = \dfrac{p_f - c}{v}$。

在此种治理模式下，正规回收商的利润函数为

$$\pi_f = \left(\psi b + \frac{1}{2}\beta b^2 - p_f\right)\frac{p_f - c}{v}$$

根据以上模型构建，可以得到在"严格取缔"治理模式下，正规回收渠道单独存在时的相关最优决策（其中 phb* 表示"严格取缔"治理模式）。对

以上正规回收商利润函数对决策变量 p_f（回收价格）进行求导，可得

$$p_f^{\text{phb}*} = \frac{1}{2}\left(\psi b - \frac{1}{2}\beta b^2 + c\right)$$

从而，正规回收渠道最优回收数量为

$$q_f^{\text{phb}*} = \frac{1}{2v}\left(\psi b - \frac{1}{2}\beta b^2 - c\right)$$

在此模式下，正规回收处理商的最优利润函数为

$$\pi_f^{\text{phb}*} = \frac{\left(\psi b - \dfrac{1}{2}\beta b^2 - c\right)^2}{4v^2}$$

"严格取缔"治理模式作为针对非正规回收渠道的一种常见治理方式，虽然在实施过程中有一定的难度，但能够彻底解决非正规回收渠道对于环境的影响。以下从理论角度对"严格取缔"治理模式进行分析。

在"严格取缔"治理模式下，废旧产品回收的相关运营情况与正规回收渠道便利程度、消费者渠道偏好以及政府制定的废旧产品处理程度最低标准等参数密切相关。

命题 8.17　在"严格取缔"治理模式下，正规回收商利润随回收参与成本 c 的降低而提高，随消费者对正规回收渠道偏好程度的提高而提高。

证明：针对正规回收商最优利润 $\pi_f^{\text{phb}*}$ 对 c、v 进行求导，易得

$$\frac{\partial \pi_f^{\text{phb}*}}{\partial c} < 0 , \quad \frac{\partial \pi_f^{\text{phb}*}}{\partial v} < 0$$

从而，可得命题 8.17。

在"严格取缔"模式下，非正规回收渠道将彻底消失，正规回收渠道将完全占据回收市场。在此情形下，根据命题 8.17，正规回收商的利润受到回收参与成本以及消费者渠道偏好的影响。因此，正规回收商为了提高自身利润，需加强回收渠道建设，提高回收的便利性，从而降低消费者的回收参与

成本。同时，消费者的偏好程度也会对其利润产生影响，因此，正规回收渠道也应加强宣传，增强消费者对正规回收渠道的认可，从而提高正规回收商利润。

命题 8.18　在"严格取缔"治理模式下，随着废旧产品处理程度最低标准的提高，正规回收渠道回收价格降低，回收数量减少，正规回收商利润也随之降低。

证明：由先前假设 $b > \dfrac{\psi}{\beta}$。可得

$$\frac{\partial p_f^{\text{phb*}}}{\partial b} = \frac{\psi - \beta b}{2} < 0 , \quad \frac{\partial q_f^{\text{phb*}}}{\partial b} = \frac{\psi - \beta b}{2v} < 0 , \quad \frac{\partial \pi_f^{\text{phb*}}}{\partial b} < 0$$

从而，可得命题 8.18。

命题 8.18 体现了在"严格取缔"治理模式下，政府制定的最低处理标准对于正规回收商的运营决策的影响。由命题 8.18 可知，提高最低处理标准虽然对环境有一定的促进作用，但是同时会造成回收数量的减少，同时，正规回收商利润也随之降低。

（三）"收编激励"治理模式

在政府拆解补贴的刺激下，为提高回收数量，扩大回收处理规模，正规回收商可以选择对非正规回收商进行收编，通过确定收购价格 w，并要求所收编的非正规回收商放弃自行处理与转售二手市场两种处理方式，强制要求其将所有回收到的废旧产品转售给正规回收渠道（正规回收商），使废旧产品得到最科学环保的再利用处理，减少了环境污染，提高了资源利用率。该合作模式不但解决了废旧产品非法拆解的现实问题，也在无形中扩大了正规回收渠道的规模。

在双渠道合作模式下，非正规回收商将单纯作为回收中介，不再进行粗放型的拆解。合作型双回收渠道情形下的决策顺序为：正规回收商首先确定

支付给非正规回收商的废旧产品转移价格 w，随后，正规回收商与非正规回收商制定其各自的回收价格 p_f、p_i。

在此种合作模式下，正规回收商的利润函数为

$$\pi_f = \left(\psi b + \frac{1}{2}\beta b^2 - p_f\right)q_f + \left(\psi b + \frac{1}{2}\beta b^2 - w\right)p_i$$

非正规回收商的利润函数为

$$\pi_i = (w - p_i + s)q_i$$

本书考虑正规与非正规回收渠道同时存在的情况 $\left(p_i \leqslant \dfrac{p_f - c}{v}\right)$。因此，在回收市场模型下，正规与非正规回收商的利润函数分别为

$$\pi_f = \left(\psi b + \frac{1}{2}\beta b^2 - p_f\right)\frac{p_f - vp_i - c}{v(1-v)} + \left(\psi b + \frac{1}{2}\beta b^2 - w\right)\frac{p_i - p_f + c}{1-v}$$

$$\pi_i = (w - p_i + s)\frac{p_i - p_f + c}{1-v}$$

根据逆向求解的原则，首先，针对非正规回收商对 p_i 求导，由一阶条件 $\dfrac{\partial \pi_i}{\partial p_i} = 0$，可得

$$p_i = \frac{1}{2}(w + s + p_f - c)$$

将以上结果代入正规回收商利润函数，从而得到新的优化问题：

$$\underset{p_f}{\text{Max}}\, \pi_f = \frac{(M - p_f)}{v(1-v)}\left(\left(1 - \frac{v}{2}\right)p_f - \frac{v}{2}(w + s - c) - c\right)$$
$$+ \frac{1}{2(1-v)}(M - w)(w + s - p_f + c)$$

$$\text{s.t.} \quad p_i \leqslant \frac{p_f - c}{v}$$

式中，$M = \psi b + \dfrac{1}{2}\beta b^2$。基于以上带有约束的优化问题，使用 KKT 条件对该

问题进行求解。针对以上问题，KKT 条件为

$$
\begin{cases}
-\left(1-\dfrac{v}{2}\right)p_f+\dfrac{v}{2}(w+s-c)+c+\left(1-\dfrac{v}{2}\right)\left(\psi b+\dfrac{1}{2}\beta b^2-p_f\right)-\lambda\left(1-\dfrac{v}{2}\right)=0 \\[4mm]
\lambda\left(c+\dfrac{v}{2-v}N-p_f\right)=0 \\[2mm]
\lambda\geqslant 0
\end{cases}
$$

对以上三个条件进行综合分析（is*表示"收编激励"治理模式），可得

（1）当 $\lambda=0$ 时，$p_f^{is*}=\dfrac{1}{2}\left(\psi b-\dfrac{1}{2}\beta b^2+c\right)$，同时应满足以下条件：

$$
v\leqslant\frac{\psi b-\dfrac{1}{2}\beta b^2-c}{\psi b-\dfrac{1}{2}\beta b^2-\dfrac{1}{2}c+\dfrac{1}{2}s}=v_2
$$

（2）当 $\lambda\neq 0$ 时，$p_f^{is*}=\dfrac{1}{2-v}(v(w+s-c)+2c)$，同时应满足以下条件：$v>v_2$。

将以上结果代入正规回收处理商利润函数，并对 w 求一阶导，可得 w 的最优值。

（1）当 $v\leqslant v_2$ 时，$w_i^{is*}=\psi b-\dfrac{1}{2}\beta b^2-s$。

（2）当 $v>v_2$ 时，$w_i^{is*}=\dfrac{1}{2}\left(\psi b-\dfrac{1}{2}\beta b^2-s\right)$。

综上，该带有约束的最优化问题的最优解总结如下：

（1）当 $v\leqslant v_2$ 时

$$
p_f^{is*}=\frac{2\left(\psi b-\dfrac{1}{2}\beta b^2\right)+(2-v)c-vs}{2(2-v)}
$$

$$
p_i^{is*}=\frac{(6-2v)\left(\psi b-\dfrac{1}{2}\beta b^2\right)-(2-v)c-vs}{4(2-v)}
$$

$$w_i^{\mathrm{is}*} = \psi b - \frac{1}{2}\beta b^2 - s$$

$$q_f^{\mathrm{is}*} = \frac{2(1-v)\left(\psi b - \frac{1}{2}\beta b^2\right) - (2-v)c - vs}{4v(1-v)}$$

$$q_i^{\mathrm{is}*} = \frac{2(1-v)\left(\psi b - \frac{1}{2}\beta b^2\right) + (2-v)c + vs}{4v(1-v)}$$

（2）当 $v > v_2$ 时

$$p_f^{\mathrm{is}*} = \frac{v}{2(2-v)}\left(\psi b - \frac{1}{2}\beta b^2 + s\right) + \frac{(4-v)c}{2(2-v)}$$

$$p_i^{\mathrm{is}*} = \frac{\psi b - \frac{1}{2}\beta b^2 + c + s}{2(2-v)}$$

$$w_i^{\mathrm{is}*} = \frac{1}{2}\left(\psi b - \frac{1}{2}\beta b^2 - s\right)$$

$$q_f^{\mathrm{is}*} = 0$$

$$q_i^{\mathrm{is}*} = \frac{\psi b - \frac{1}{2}\beta b^2 + c + s}{2(2-v)}$$

在存在收编补贴的双渠道模式下，完全解决了产品的粗放式处理问题，所有回收到的废旧产品都将经过专业化处理。而此模式下，正规回收商的废旧产品回收渠道来源受到消费者渠道偏好的影响：若消费者渠道偏好较低（ $v > v_2$ ），正规回收商的回收来源将完全依赖于非正规回收商的收购，正规回收商自身将不再进行直接回收。而在其余情况下，正规回收商的废旧产品来源将同时来自自身直接回收和非正规回收商回收。

"收编激励"治理模式一方面利用了非正规回收渠道回收方式友好的优势，另一方面克服了其粗放式处理的弊端。在"收编激励"治理模式下，通过收编补贴的引入，非正规回收商将放弃自行处理废旧产品，因而，所有回收的废旧产品都将进入正规回收处理渠道，且回收量为正规和非正规回收渠道的回收数量之和。基于上述最优决策，对"收编激励"治理模式下的回收数量进行分析，见命题 8.19。

命题 8.19　在"收编激励"治理模式下，最终进入正规处理渠道的废旧产品数量 Q 如下。

（1）当 $v \leqslant v_2$ 时，$Q = \dfrac{\psi b - \dfrac{1}{2}\beta b^2}{v}$。

（2）当 $v > v_2$ 时，$Q = \dfrac{\psi b - \dfrac{1}{2}\beta b^2 + c + s}{2(2-v)}$。

当消费者渠道偏好较强时，回收产品的数量与自身经济价值以及消费者渠道偏好有关。经济价值越高的废旧产品回收数量越大，同时，较强的消费者渠道偏好也能够提高废旧产品进入正规回收渠道的总数量。而当消费者渠道偏好较差时，则完全依赖于非正规回收商废旧产品的收购，且回收数量将依赖于拆解补贴的额度。

针对消费者偏好不明显（$v > v_2$）的情况下，正规回收商将完全依赖非正规回收商进行回收，自身的回收数量为零。在此种情形下，可得命题 8.20。

命题 8.20　在"收编激励"激励治理模式下，当消费者偏好不明显（$v > v_2$）时，提高收编补贴额度能够提高废旧产品回收数量，同时提高两类回收渠道的回收价格。

根据命题 8.20，可得"收编激励"治理模式下收编补贴额度对回收渠道相关最优决策的影响，在消费者渠道偏好不明显的情况下，政府可通过提高收编补贴额度扩大废旧产品的回收数量，从而提高废旧产品回收体系的环境效益。

而在消费者偏好较为明显（$v \leqslant v_2$）的情况下，两类回收渠道同时存在，对最优解进行分析可得命题 8.21。

命题 8.21　在"收编激励"治理模式下，在消费者偏好较为明显（$v \leq v_2$）的情况下，两类回收渠道的回收数量与回收价格均与产品的正规回收渠道平均单位收益成正相关关系。

由命题 8.21，废旧产品经济价值影响"收编激励"治理模式下双回收渠道的最优决策。经济价值越高的废旧产品回收数量越大，回收价格也越高。以正规回收商为源头，提高产品的再利用性质，也可以对回收渠道建设提供一定的帮助，因此，建立生产者延伸责任制是必要的。

在存在政府拆解补贴的情况下，正规回收商在渠道竞争中将占有一定的优势，但也不可避免地面临非正规回收渠道处理成本较低所带来的威胁。面对现阶段非正规回收渠道难以消失的现状，正规回收商在进行回收处理业务的过程中，可选择竞争型或合作型两种方式。正规回收商将根据自身利润最大化的标准来选择其回收模式。

命题 8.22　当消费者渠道偏好系数较大（$v \leq \min\{v_0, v_2\}$），正规回收商的模式偏好将取决于非正规回收渠道的收益情况：当非正规回收渠道平均回收处理收益较大

$$\left(N = k\frac{\psi^2}{2\beta} + (1-k)P \geq \frac{2-v}{v} \left(\psi b - \frac{1}{2}\beta b^2 + s - c - \sqrt{\frac{2(1-v)(M+s-c)^2 + v(c+s)^2}{2-v}} \right) \right),$$

正规回收商将努力推行合作型回收模式；反之，当非正规回收渠道平均回收处理收益较小

$$\left(N < \frac{2-v}{v} \left(M + s - c - \sqrt{\frac{2(1-v)(M+s-c)^2 + v(c+s)^2}{2-v}} \right) \right),$$

正规回收商将倾向于与非正规回收渠道进行直接竞争，努力推行竞争型回收模式。

由命题 8.22 可得，当消费者的渠道偏好处于较高水平时，非正规回收渠

道的平均收益情况将决定正规回收商的回收模式选择。若非正规回收渠道平均收益情况较好时，即非正规回收商在对废旧产品进行自行处理能够获得较大利润时，正规回收商将更倾向于与非正规回收商制定合作契约，借助非正规回收商的回收渠道便利性，提高回收数量，从而形成合作型回收模式。与之对应的，当非正规回收渠道平均收益情况不够理想时，此时非正规回收渠道在竞争中优势不足，因此，正规回收商不再希望将回收来源寄希望于非正规回收商，而是直接与非正规回收商进行渠道竞争。

命题 8.23　当消费者渠道偏好系数较小（ $v \geqslant \max\{v_1, v_2\}$ ），正规回收商将乐于实施合作型回收模式，对非正规回收商进行收编，对其废旧产品进行收购。

根据命题 8.23 的结果，可知：当消费者的渠道偏好处于较低水平时，由于自身回收数量不足，正规回收商将乐于对非正规回收商进行收编，以一定的价格从非正规回收商处购买废旧产品，从而进行回收处理。目前，中国的废旧产品回收市场正处此阶段，由于成本原因正规拆解企业的回收价格不如个体回收者有吸引力，各处理商只能从二手市场上进行回收，成本较高，正规拆解企业多半年的时间处于停产状态。同时，消费者较低的环境保护意识也是造成此种状况的原因之一。

非正规回收商具有如下几个较为典型的特点：回收方式友好、处理收益较大、会对环境产生一定影响。以上几个特点都已在模型的构建中有所体现。当政府对非正规回收处理商的收编补贴达到一定数值时，非正规回收商对于针对废旧产品获取的收益价格与收编补贴之和将超过其进行自行拆解处理的价格。因此，非正规回收商的模式偏好将取决于消费者环保程度与政府补贴的力度。

命题 8.24　当消费者渠道偏好较好（ $v \leqslant \min\{v_0, v_2\}$ ），非正规回收商的

模式偏好将取决于政府补贴的力度：当政府补贴力度较小时，$s < \dfrac{4-3v}{2-v} \times$

$\left(k\dfrac{\psi^2}{2\beta} + (1-k)P \right) - \psi b - \dfrac{1}{2}\beta b^2$，非正规回收商将拒绝收编；反之，则接受收编。

命题 8.25　当消费者渠道偏好较差时（$v > \max\{v_0, v_2\}$），当政府补贴力度

较小时，$s < \dfrac{(2-v)\left(k\dfrac{\psi^2}{2\beta} + (1-k)P \right)}{\sqrt{1-v}} - \psi b - \dfrac{1}{2}\beta b^2$，非正规回收商将拒绝收编；

反之，则接受收编。

由命题 8.24 和命题 8.25 可得，在消费者渠道偏好处于不同水平时，政府补贴 s 都需要达到一定的临界值，才能促使非正规回收商接受收编，将其回收到的废旧产品进行转售，从而放弃自行处理。但该补贴临界值在不同的消费者渠道偏好下取值不同，当消费者渠道偏好较差时，拆解补贴临界值更大，即政府需要付出更多成本。

三、政策模式对比与数值分析

（一）结果分析

本节从环境效益的角度对三种治理模式进行对比。从政府的角度看，应保证环境效益的最大化。当正规回收渠道与非正规回收渠道同时存在时，政府应利用法律法规与相关政策工具保证环境效益的最优化。对于正规回收渠道来说，对废旧产品的充分环保处理以及材料的循环再利用、环保设计等将对环境产生积极的影响；而对于非正规回收渠道来说，废旧产品的粗暴型处理将对环境产生负面的影响。因此，环境效益函数可表示为 $E = mq_f - nq_i$。其中，m 为正规回收渠道中单位产品对环境产生的正效益，n 为非正规回收

渠道中单位产品对环境造成的危害。为便于计算，此处取得 $m=n=1$。利用环境效益函数 $E=q_f-q_i$ 对三种治理模式下的环境效益进行对比分析。

以下分析将以消费者渠道偏好为基础，分情况对相关结果进行对比分析。基于本节对三种非正规回收渠道治理模式分析，可按照消费者渠道偏好 v 的不同分为三类：$v \leqslant \min\{v_1, v_2\}$、$v \geqslant \max\{v_1, v_2\}$、$\min\{v_1, v_2\} < v < \max\{v_1, v_2\}$。第三种情况的数学分析较为复杂，且群体代表性和前两种比较弱，因此，本书选择前两种情况来分别探究消费者高渠道偏好（$v \leqslant \min\{v_1, v_2\}$）与低渠道偏好（$v \geqslant \max\{v_1, v_2\}$）两种情况。

1. 消费者渠道偏好较高

此种情形下，三种治理模式下的环境效益可总结如下。

（1）"相对削弱"治理模式下环境效益为

$$E_{\text{fs}} = q_f^{\text{fs}*} - q_i^{\text{fs}*} = \frac{1}{4v(1-v)}\left(2(M+s_f-c) - \frac{5v-4}{2}N\right)$$

（2）"严格取缔"治理模式下环境效益为

$$E_{\text{phb}} = q_f^{\text{phb}*} - q_i^{\text{phb}*} = \frac{1}{2v}(M-c)$$

（3）"收编激励"治理模式下环境效益为

$$E_{\text{is}} = q_f^{\text{is}*} + q_i^{\text{is}*} = \frac{M}{v}$$

基于以上治理模式下的环境效益，进行定量比较，可得命题8.26。

命题 8.26 当消费者渠道偏好较高（$v \leqslant \min\{v_1, v_2\}$）时，环境效益大小关系与正规补贴额度大小有关：当 $s_f < \dfrac{4(1-2v)M-(4-5v)N+4c}{2}$ 时，$E_{\text{is}} > E_{\text{fs}} > E_{\text{phb}}$；否则，$E_{\text{fs}} > E_{\text{is}} > E_{\text{phb}}$。

证明：首先，由于 $E_{\text{is}} = \dfrac{M}{v} > \dfrac{1}{2v}(M-c) = E_{\text{phb}}$，从而可得 $E_{\text{is}} > E_{\text{phb}}$。

再对 $E_{fs} = \dfrac{1}{4v(1-v)}\left(2(M + s_f - c) - \dfrac{5v-4}{2}N\right)$ 与 $E_{phb} = \dfrac{1}{2v}(M - c)$ 进行比较。

对两者进行做差比较：

$$E_{fs} - E_{phb} = \frac{1}{4v(1-v)}\left(2(M + s_f - c) - \frac{5v-4}{2}N\right) - \left(\frac{1}{2v}(M - c)\right)$$

$$= \frac{2s + 2v(M - c) + \dfrac{4-5v}{2}N}{4v(1-v)}$$

由于 $v \leqslant \min\{v_1, v_2\} \leqslant v_1 = \dfrac{2(M + s - c)}{N + M + s - c} < \dfrac{1}{2}$，可得

$$E_{fs} - E_{phb} = \frac{2s + 2v(M - c) + \dfrac{4-5v}{2}N}{4v(1-v)} > \frac{2s + 2v(M - c) + \dfrac{3}{4}N}{4v(1-v)} > 0$$

从而得到 $E_{fs} > E_{phb}$。

下面对 E_{fs} 与 E_{is} 的相对大小进行比较。

$$E_{fs} - E_{is} = \frac{1}{4v(1-v)}\left(2(M + s_f - c) - \frac{5v-4}{2}N\right) - \frac{M}{v}$$

$$= \frac{2(M + s_f - v) - \dfrac{5v-4}{2}N - 4(1-v)M}{4v(1-v)}$$

因此，E_{fs} 与 E_{is} 的相对大小取决于正规拆解补贴 s_f 的取值。

（1）当 $s_f < \dfrac{4(1-2v)M - (4-5v)N + 4c}{2}$ 时，$E_{fs} < E_{is}$。

（2）当 $s_f > \dfrac{4(1-2v)M - (4-5v)N + 4c}{2}$ 时，$E_{fs} > E_{is}$。

综合以上结果，可得在消费者渠道偏好较高（$v \leqslant \min\{v_1, v_2\}$）的情况下，三种治理模式的环境效益相对大小。

（1）当 $s_f < \dfrac{4(1-2v)M - (4-5v)N + 4c}{2}$ 时，$E_{is} > E_{fs} > E_{phb}$。

（2）当 $s_f > \dfrac{4(1-2v)M-(4-5v)N+4c}{2}$ 时，$E_{fs} > E_{is} > E_{phb}$。

2. 消费者渠道偏好较低

此种情形下，三种治理模式下的环境效益可总结如下。

（1）"相对削弱"治理模式下环境效益为

$$E_{fs} = q_f^{fs*} - q_i^{fs*} = -\frac{1}{2}N$$

（2）"严格取缔"治理模式下环境效益为

$$E_{phb} = q_f^{phb*} - q_i^{phb*} = \frac{1}{2v}(M-c)$$

（3）"收编激励"治理模式下环境效益为

$$E_{is} = q_f^{is*} + q_i^{is*} = \frac{M+c+s_i}{2(2-v)}$$

基于以上治理模式下的环境效益，进行定量比较，可得命题 8.27。

命题 8.27　当消费者渠道偏好不明显（ $v \geqslant \max\{v_1, v_2\}$ ）时，三种治理模式的环境效益大小取决于"收编激励"金额，当 $s_i < (1-v)M-(3-v)c$ 时，$E_{phb} > E_{is} > E_{fs}$ ；否则，$E_{is} > E_{phb} > E_{fs}$ 。

综合命题 8.26、命题 8.27 以及以上的分析讨论结果，可知三种非正规回收渠道治理模式的环境效益大小取决于两类因素：消费者渠道偏好与政府补贴额度。

（1）当消费者对正规回收渠道的渠道偏好较为明显，在正规拆解补贴高于一定临界值时，"相对削弱"治理模式最优；在正规拆解补贴不足该临界值时，"收编激励"治理模式最优。

（2）当消费者对正规回收渠道的渠道偏好不明显，在收编补贴高于一定临界值时，"收编激励"治理模式最优；在收编补贴不足该临界值时，"严格取缔"治理模式最优。

（二）仿真分析

以下从算例分析的角度对三种治理模式进行对比分析。

在算例中，假设选择正规回收渠道时付出的参与成本 c 为 1，正规回收处理商在满足国家规定最低处理标准的情况下废旧产品的处理收益为 2，非正规回收商在粗放处理方式下废旧产品的平均处理收益为 4。同时，在"相对削弱"与"收编激励"两种模式下，正规拆解补贴与收编补贴均设定为 1。

以下对三种治理模式下的环境效益进行数值仿真，如图 8.7 所示。

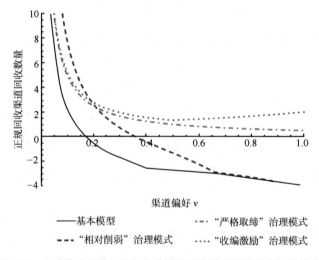

图 8.7　三种模式下进入正规回收渠道回收数量与渠道偏好的关系

命题 8.28　三种治理模式的环境效益均大于基本模型下的环境效益，且三种治理模式的环境效益相对大小还取决于消费者渠道偏好的取值。

三种治理模式的环境效益均大于基本模型下的环境效益，说明三种非正规回收渠道治理机制对于环境的改善都是有效的。而三种治理模式的环境效益相对大小还取决于消费者渠道偏好的取值。在此数值设定下，当消费者渠道偏好系数较小（对正规回收渠道偏好明显），"相对削弱"治理模式为最优治理模式；当消费者渠道偏好系数较大（对正规回收渠道偏好不明显），"收编激励"治理模式为最优治理模式。在不同的数值情况下，三种治理模式的环境效益相对大小关系不同，因此在制定治理机制时，应充分考虑废旧产品市场特点、产品特性、消费者渠道偏好等因素，选取最优治理模式。

第四节　考虑讨价还价能力的非正规回收渠道治理模式研究

非正规回收渠道的存在，不但扰乱了正规回收处理渠道的正常运行，且其粗放的拆解方式会对环境产生较大的负面影响。基于以上情况，政府可采取相关政策对该问题进行管理，一方面可以通过对正规回收渠道进行经济补贴，以提高正规回收渠道的竞争力；另一方面，政府可对非正规回收渠道进行收编治理，对参与收编的非正规回收商进行经济激励，从而逐渐将其吸纳入正规回收渠道，达到对非正规回收渠道治理的目的。在此基础上，考虑两类回收渠道的相对议价能力，从而得到此种情形下的政府最优补贴决策。

一、问题描述及研究假设

（一）问题描述

在上一节的非正规回收渠道治理模型中，正规回收商（即正规回收渠道）对非正规回收商（即非正规回收渠道）进行收编，从而实现对非正规回收渠道进行治理的效果。在上述模型中，非正规回收商的废旧产品转移价格由正规回收商决定。而在实际运营中，该收购价格更多地由正规回收商与非正规回收商通过协商确定。在本节模型中，对基本模型进行扩展，基于收购价格协商过程中谈判双方的讨价还价能力，得出了供应链成员的价格均衡决策。

（二）符号说明和相关假设

1. 决策变量

p_f：正规回收商废旧产品单位回收价格。

p_i：非正规回收商废旧产品单位回收价格。

w：非正规回收商废旧产品转移价格。

2. 其他参数或函数

q_f：正规回收商（正规回收渠道）废旧产品回收数量。

q_i：非正规回收商废旧产品回收数量。

λ_1：渠道回收量对自身价格的敏感度。

λ_2：渠道回收量对另一渠道价格的敏感度。

R：废旧产品的处理程度。

b：政府规定的废旧产品处理程度最低标准。

k：二手产品最低质量标准。

ψ：回收的基本收益。

P：二手产品平均销售价格。

π_M、π_{IC}：正规回收商与非正规回收商经讨价还价谈判成功时各自的利润。

d_M、d_{IC}：正规回收商与非正规回收商在讨价还价谈判破裂情况下双方的利润。

3. 相关假设

假设 8.11：为便于分析，在此研究中使得 $\lambda_1 = \lambda_2 = \lambda$，两渠道的价格敏感度相同。

假设 8.12：为保证讨价还价过程的存在，政府收编激励应满足以下约束：

$$s \geq \frac{M-N}{\lambda}, \text{ 其中 } M = k\frac{\psi^2}{2\beta} + (1-k)P, \quad N = b\psi - \frac{1}{2}\beta b^2 \text{。}$$

假设 8.13：此模型中，假设消费者价格敏感度小于临界值，即 $0 < \lambda < \dfrac{q_{f_0} + q_{i_0}}{9}$。

二、模型构建

（一）模型描述

此模型研究了在废旧产品回收相关法规作用下的双回收渠道逆向供应链模型，双回收渠道由以正规回收商自行回收处理的正规回收渠道与以回收小商贩为主体的非正规回收渠道组成。此模型中，在政府对非正规回收商的相关激励及治理机制下，正规回收商与非正规回收商为收编关系，且通过讨价还价确定废旧产品批发收购价格。

正规回收商对自身产品进行回收再利用，与已接受收编的非正规回收商同时进行废旧产品回收，且两类回收渠道的废旧产品回收数量与自身渠道回收价格成正比，与对方回收渠道回收价格成反比。从模型角度，双回收渠道的废旧产品回收数量可表示如下：

$$q_i = q_{i_0} + \lambda_1 p_i - \lambda_2 p_f$$

$$q_f = q_{f_0} + \lambda_1 p_f - \lambda_2 p_i$$

作为非正规回收渠道治理的一种形式，政府通过收编激励的形式对非正规回收商进行激励管理。具体激励机制为：若非正规回收商接受收编，中止对回收到的废旧产品进行粗放式处理，将废旧产品转售给正规回收渠道，即该产品的原始正规回收商，政府将按照非正规回收商回收到的废旧产品数量给予收编激励 s。

另外，政府对于正规回收渠道的处理程度也有着最低规定，也就是说正规回收商在对废旧产品进行回收再利用时，必须达到一定的最低标准，对废旧产品进行相关的环保处理，从而在一定程度上降低废旧产品本身以及回收再利用过程对环境的影响。

在收编模式下，正规回收商与非正规回收商虽有收编合作关系，但在废旧产品回收市场上仍处于相互竞争关系，两回收渠道通过各自回收价格影响回收数量，从而达到各自最优利润。在此研究模型中，为简化模型，考虑正规回收商与单一非正规回收商进行收编合作的情况，正规回收商与单一非正规回收商进行讨价还价谈判，从而确定废旧产品批发收购价格。

（1）若讨价还价谈判成功，非正规回收商将在政府补贴激励下接受正规回收商的收编，不再自行进行废旧产品处理，而是以一定价格将回收到的废旧产品转售给正规回收商，从而单纯承担废旧产品回收环节的工作。

（2）若讨价还价谈判破裂，非正规回收商将拒绝收编，同时也不再获得政府给予的收编激励，从而继续自行进行废旧产品回收及自行处理；而正规回收商将单纯依靠自有回收渠道进行废旧产品回收。

基于以上模型构建情景，此模型的博弈分为三阶段：第一阶段，政府制定收编政策，并确定收编激励金额；第二阶段，正规回收商与非正规回收商通过讨价还价确定废旧产品批发收购价格；第三阶段，基于确定的批发收购价格，双回收渠道（正规回收商自有回收渠道与经过收编的非正规回收渠道）以各自利润最大化为目标确定其回收价格。

在第一阶段，政府在制定收编激励时，优化目标为社会福利最大化，社会福利为正规回收渠道总利润、经收编的非正规回收渠道总利润、双回收渠道总环境效益（E）再减去政府的补贴总金额（S）。政府优化的目标函数为

$$\text{MaxSW} = \pi_M^{B*} + \pi_{\text{IC}}^{B*} + E - S$$

在第二阶段，正规回收商与经过收编的非正规回收商进行讨价还价，从

而确定废旧产品批发收购价格 w。此研究中，讨价还价过程的模型构建应用纳什讨价还价模型（Nash bargaining game）。

Nash（1950）第一次提出了纳什讨价还价模型，并证明了讨价还价问题具有唯一最优解，且提出了讨价还价模型解的优化目标函数，其中 $(x_1, x_2) \geqslant d_1, d_2$ 且 $x_1 + x_2 \leqslant \prod$（其中，$\prod$ 表示某一固定利润）。

$$\text{Max}(x_1 - d_1)^\alpha (x_2 - d_2)$$

Roth（1979）在纳什讨价还价模式的基础上，考虑了博弈双方的相对谈判能力（α、β），此不对称纳什讨价还价模型的优化目标函数如下，其中 $(x_1, x_2) \geqslant d_1, d_2$；$x_1 + x_2 \leqslant \prod$，且 $\alpha + \beta = 1$。

$$\text{Max}(x_1 - d_1)^\alpha (x_2 - d_2)^\beta$$

其中，d_1、d_1 为讨价还价双方在谈判破裂情况下的利润情况；x_1、x_2 为讨价还价双方在谈判成功的条件下各自的利润，x_1 与 x_2 之和必须小于等于某一固定利润（即 $x_1 + x_2 \leqslant \prod$），同时，必须满足 $d_1 \leqslant x_1$、$d_2 \leqslant x_2$，使得讨价还价双方在谈判成功时的利润要高于谈判失败时的利润；α、β 分别为讨价还价双方在谈判中的相对议价能力，且 α、β 满足 $\alpha + \beta = 1$、$0 \leqslant \alpha$ 和 $\beta \leqslant 1$。

具体到本书问题，基于不对称纳什讨价还价模型，第一阶段中正规回收商与非正规回收商间的纳什讨价还价优化目标可表示为

$$\text{Max}(\pi_M - d_M)^\alpha (\pi_{\text{IC}} - d_{\text{IC}})^{1-\alpha}$$

其中，$\pi_M + \pi_{\text{IC}} \leqslant \prod$，$\pi_M$、$\pi_{\text{IC}}$ 为正规回收商与非正规回收商在讨价还价谈判成功时各自的利润；d_M、d_{IC} 为正规回收商与非正规回收商在讨价还价谈判破裂情况下双方的利润；α 为正规回收商相对于非正规回收商的谈判能力，$(1-\alpha)$ 则为非正规回收商的相对谈判能力。

第三阶段，在上一阶段确定废旧产品批发收购价格的基础上，正规回收商与经过收编的非正规回收商在回收竞争中，基于利润最大化原则，确定两

回收渠道的最优回收价格。

非正规回收商利润函数可表示为

$$\pi_{\mathrm{IC}} = (w + s - p_i) q_i = (w + s - p_i)\left(q_{i_0} + \lambda(p_i - p_f)\right)$$

正规回收商利润函数可表示为

$$\pi_M = \left(b\psi - \frac{1}{2}\beta b^2 - p_f\right)q_f + \left(b\psi - \frac{1}{2}\beta b^2 - w\right)q_i$$

$$= \left(b\psi - \frac{1}{2}\beta b^2 - p_f\right)\left(q_{f_0} + \lambda(p_f - p_i)\right) + \left(b\psi - \frac{1}{2}\beta b^2 - w\right)\left(q_{i_0} + \lambda(p_i - p_f)\right)$$

（二）模型求解

根据逆向求解原则，从第二阶段入手对模型进行博弈分析。根据以上模型构建，在第二阶段，正规回收商与经过收编的非正规回收商以利润最大化为目标，对各自最优回收价格进行决策。首先，正规回收商与非正规回收商的利润函数分别为

$$\pi_M = \left(b\psi - \frac{1}{2}\beta b^2 - p_f\right)\left(q_{f_0} + \lambda\left(p_f - p_i\right)\right) + \left(b\psi - \frac{1}{2}\beta b^2 - w\right)\left(q_{i_0} + \lambda\left(p_i - p_f\right)\right)$$

$$\pi_{\mathrm{IC}} = (w + s - p_i)\left(q_{i_0} + \lambda(p_i - p_f)\right)$$

分别对 p_f、p_i 进行求导，且令一阶导数等于零，并将两式进行联立，从而可得

$$p_f = w + \frac{2}{3}\lambda - \frac{2q_{f_0} + q_{i_0}}{3\lambda}$$

$$p_i = w + \frac{1}{3}\lambda - \frac{q_{f_0} + 2q_{i_0}}{3\lambda}$$

基于第二阶段决策的最优解（即两回收渠道最优回收价格），将以上两式代入第一阶段讨价还价优化目标函数中。其中，π_M、π_{IC} 为正规回收商与非正规回收商经讨价还价谈判成功时各自的利润，为两决策变量；而 d_M、d_{IC}

为正规回收商与非正规回收商在讨价还价谈判破裂情况下双方的利润，谈判破裂则意味着正规回收商与非正规回收商不再存在收编关系，非正规回收商将自行进行回收处理，也就是说，正规回收商与非正规回收商将作为两个独立的回收渠道在回收市场中进行竞争。

1. 情形一：讨价还价谈判成功

在正规回收商与非正规回收商讨价还价谈判成功的情况下，正规回收商与非正规回收商的各自利润将与谈判批发价格相关。将第二阶段正规回收商与非正规回收商制定的回收价格代入 π_{IC} 和 π_M，可得

$$\pi_{\text{IC}}^B = \frac{1}{9\lambda}\left(\lambda s_i + q_{f_0} + 2q_{i_0}\right)^2$$

$$\pi_M^B = \frac{1}{9\lambda}\left(-\lambda s_i + 2q_{f_0} + q_{i_0}\right)^2 + \left(b\psi - \frac{1}{2}\beta b^2 + s_f - w\right)\left(q_{f_0} + q_{i_0}\right)$$

2. 情形二：讨价还价谈判破裂

在正规回收商与非正规回收商讨价还价谈判破裂情况下，将出现竞争型双回收渠道，正规回收商与非正规回收商将通过对回收价格的决策实现回收竞争，双方的利润函数分别为

$$\pi_{\text{IC}}^C = \left(k\frac{\psi^2}{2\beta} + (1-k)P - p_i\right)\left(q_{i_0} + \lambda\left(p_i - p_f\right)\right)$$

$$\pi_M^C = \left(b\psi - \frac{1}{2}\beta b^2 - p_f\right)\left(q_{f_0} + \lambda\left(p_f - p_i\right)\right)$$

针对以上两类利润表达式分别对 p_f、p_i 进行求导，且令一阶导数等于零，并将两式进行联立，从而可得讨价还价谈判破裂的情况（竞争模式）下两回收渠道的最优回收价格为

$$p_f^{C*} = \frac{1}{2}\left(k\frac{\psi^2}{2\beta} + (1-k)P + b\psi - \frac{1}{2}\beta b^2\right) - \frac{1}{2\lambda}\left(2q_{f_0} + q_{i_0}\right)$$

$$p_i^{C*} = \frac{1}{4}\left(3k\frac{\psi^2}{2\beta} + 3(1-k)P + b\psi - \frac{1}{2}\beta b^2\right) - \frac{1}{4\lambda}\left(2q_{f_0} + 3q_{i_0}\right)$$

将最优回收价格代入两者利润函数，经整理，正规回收商与非正规回收商的最优利润函数分别为

$$\pi_{IC}^{C*} = \frac{1}{9\lambda}\left(\lambda\left(k\frac{\psi^2}{2\beta} + (1-k)P - b\psi + \frac{1}{2}\beta b^2 - s_f\right) + q_{f_0} + 2q_{i_0}\right)^2$$

$$\pi_M^{C*} = \frac{1}{9\lambda}\left(\lambda\left(b\psi - \frac{1}{2}\beta b^2 - k\frac{\psi^2}{2\beta} - (1-k)P\right) + 2q_{f_0} + q_{i_0}\right)^2$$

在讨价还价谈判破裂的情况下，正规回收商与非正规回收商的利润将在此种情形下得到，因此

$$d_{IC} = \pi_{IC}^{C*} = \frac{1}{9\lambda}\left(\lambda\left(k\frac{\psi^2}{2\beta} + (1-k)P - b\psi + \frac{1}{2}\beta b^2 - s_f\right) + q_{f_0} + 2q_{i_0}\right)^2$$

$$d_M = \pi_M^{C*} = \frac{1}{9\lambda}\left(\lambda\left(b\psi - \frac{1}{2}\beta b^2 - k\frac{\psi^2}{2\beta} - (1-k)P\right) + 2q_{f_0} + q_{i_0}\right)^2$$

满足假设 8.12 的情况下，此模型中讨价还价双方在谈判成功情况下的利润恒大于谈判破裂情况下的利润，从而保证了讨价还价谈判情形的存在。也就是说，只有在收编激励达到一定临界值时，本章讨论的正规回收商与非正规回收商间的讨价还价模型才会出现，否则将无法达成稳定的收编关系，从而回到竞争型双回收渠道情形。

根据上一小节中的模型构建，第一阶段中正规回收商与非正规回收商间的纳什讨价还价优化目标函数为

$$\text{Max}\left(\pi_M - d_M\right)^\alpha \left(\pi_{IC} - d_{IC}\right)^{1-\alpha}$$

在本书中，假设 $\prod$ 为正规回收商与非正规回收商在第一阶段讨价还价谈判成功时的最优利润之和，即 $\prod = \pi_M + \pi_{IC}$。d_M、d_{IC} 为正规回收商与非正

规回收商在讨价还价谈判破裂情况下双方的利润。

根据不对称纳什讨价还价模型的解的性质，可得在此讨价还价博弈中纳什讨价还价解 π_M^* 与 π_{IC}^* 为

$$\pi_M^* = d_M + \alpha\left(\Pi - d_M - d_{\mathrm{IC}}\right)$$
$$\pi_{\mathrm{IC}}^* = d_{\mathrm{IC}} + (1-\alpha)\left(\Pi - d_M - d_{\mathrm{IC}}\right)$$

根据以上不对称纳什讨价还价模型的解的性质，对此研究问题进行具体分析，将表达式 d_M、d_{IC} 以及 Π 代入上式，可得

$$\pi_M^B = d_M + \alpha\left(\pi_M^B + \pi_N^B - d_M - d_{\mathrm{IC}}\right) \Leftrightarrow -(1-\alpha)\pi_M^B + \alpha\pi_{\mathrm{IC}}^B + (1-\alpha)d_M - \alpha d_{\mathrm{IC}} = 0$$

式中，π_M^B 和 π_{IC}^B 为正规回收商与非正规回收商讨价还价谈判成功的情况下，正规回收商与非正规回收商的利润。从而，可得命题 8.29。

命题 8.29　在此不对称纳什讨价还价模型中，讨价还价双方（正规回收商、非正规回收商）在谈判成功情况下，双方利润满足以下关系：

$$-(1-\alpha)\pi_M^B + \alpha\pi_N^B + (1-\alpha)d_M - \alpha d_{\mathrm{IC}} = 0$$

将表达式 π_M^*、π_{IC}^* 以及 Π 代入上式，可得

$$-(1-\alpha)\left(\frac{1}{9\lambda}\left(-\lambda s_i + 2q_{f_o} + q_{i_0}\right)^2 + \left(b\psi - \frac{1}{2}\beta b^2 + s_f - w\right)\left(q_{f_o} + q_{i_0}\right)\right)$$
$$+\frac{\alpha}{9\lambda}\left(\lambda s_i + q_{f_o} + 2q_{i_0}\right)^2 + \frac{1-\alpha}{9\lambda}\left(\lambda\left(b\psi - \frac{1}{2}\beta b^2 - k\frac{\psi^2}{2\beta} - (1-k)P\right) + 2q_{f_o} + q_{i_0}\right)^2$$
$$-\frac{\alpha}{9\lambda}\left(\lambda\left(k\frac{\psi^2}{2\beta} + (1-k)P - b\psi + \frac{1}{2}\beta b^2 - s_f\right) + q_{f_o} + 2q_{i_0}\right)^2 = 0$$

经整理，可得纳什讨价还价解为

$$w^* = M - \frac{\lambda(M - N + s_i)\left[(1-2\alpha)(M-N)\lambda + 2(2-\alpha)q_{f_0} + 2(1+\alpha)q_{i_0}\right]}{(1-\alpha)\left(q_{i_0} + q_{f_0}\right)}$$

$$M = k\frac{\psi^2}{2\beta} + (1-k)P, \quad N = b\psi - \frac{1}{2}\beta b^2$$

因此，两回收渠道的最优回收价格分别为

$$p_f^* = M - \frac{\lambda(M-N+s_i)\big[(1-2\alpha)(M-N)\lambda + 2(2-\alpha)q_{f_0} + 2(1+\alpha)q_{i_0}\big]}{(1-\alpha)(q_{i_0}+q_{f_0})}$$

$$+\frac{1}{3}s_i - \frac{q_{i_0}+2q_{f_0}}{3\lambda}$$

$$p_i^* = M - \frac{\lambda(M-N+s_i)\big[(1-2\alpha)(M-N)\lambda + 2(2-\alpha)q_{f_0} + 2(1+\alpha)q_{i_0}\big]}{(1-\alpha)(q_{i_0}+q_{f_0})}$$

$$+\frac{2}{3}s_i - \frac{2q_{i_0}+q_{f_0}}{3\lambda}$$

将上述最优回收价格代入双渠道回收数量表达式：$q_i = q_{i_0} + \lambda(p_i - p_f)$、
$q_f = q_{f_0} + \lambda(p_f - p_i)$，可得

$$q_f^* = \frac{q_{i_0}+2q_{f_0}}{3} - \frac{1}{3}\lambda s_i$$

$$q_i^* = \frac{2q_{i_0}+q_{f_0}}{3} + \frac{1}{3}\lambda s_i$$

基于以上两个阶段的决策结果，考虑第一阶段政府对于收编激励的最优决策。政府在制定收编激励时，优化目标为社会福利最大化，具体到此问题中，社会福利包含四方面内容：①正规回收渠道（正规回收商）总利润；②经收编的非正规回收渠道（非正规回收商）总利润；③双回收渠道总环境效益；④政府的财政支出（补贴总金额）。基于以上两阶段的优化结果，政府的目标函数为

$$\mathrm{SW} = \pi_M^{B^*} + \pi_{\mathrm{IC}}^{B^*} + E - S$$

其中，

$$\pi_{\mathrm{IC}}^{B^*} = \frac{1}{9\lambda}\big(\lambda s_i + 2q_{i_0} + q_{f_0}\big)^2$$

$$\pi_M^{B^*} = \frac{1}{9\lambda}\big(-\lambda s_i + q_{i_0} + 2q_{f_0}\big)^2 + \left(b\psi - \frac{1}{2}\beta b^2 - w\right)(q_{i_0}+q_{f_0})$$

$$E = q_f^* + q_i^*$$

$$S = sq_i^*$$

将以上所得最优解 π_{IC}^{B*}、π_M^{B*}、q_f^*、q_i^* 代入政府目标函数中，从而可得

$$\text{SW} = \frac{1}{9\lambda}\left(-\lambda s_i + q_{i_0} + 2q_{f_0}\right)^2 + \left(b\psi - \frac{1}{2}\beta b^2 - w\right)\left(q_{i_0} + q_{f_0}\right) + \frac{1}{9\lambda}\left(\lambda s_i + 2q_{i_0} + q_{f_0}\right)^2$$

$$+ \left(\frac{q_{i_0} + 2q_{f_0}}{3} - \frac{1}{3}\lambda s_i\right) + \left(\frac{2q_{i_0} + q_{f_0}}{3} + \frac{1}{3}\lambda s_i\right) - \left(\frac{2q_{i_0} + q_{f_0}}{3} + \frac{1}{3}\lambda s\right)s$$

利用上述目标函数对 s 求二阶导数，假设 8.13 保证二阶导数小于零，从而该函数在 s 上为凹函数，则该函数有极大值。

令 $\dfrac{\partial \text{SW}}{\partial s} = 0$，从而可得政府收编激励最优解：

$$s^* = \frac{18\lambda\left((2-\alpha)q_{f_0} + (1+\alpha)q_{i_0}\right) - (1-\alpha)\left(q_{f_0} + q_{i_0}\right)\left(5q_{f_0} + 4q_{i_0}\right)}{2\lambda\left(9\lambda(1-2\alpha) + 1 - \alpha\right)}$$

三、研究结论

对于考虑讨价还价能力的非正规回收渠道治理模型，基于以上得到的均衡解，下面对解的相关性质进行定性定量分析。

命题 8.30 两回收渠道的回收量受补贴金额影响，经收编的非正规回收渠道回收数量随补贴金额增加而增加，而正规回收渠道回收数量随补贴金额增加而减少。

在"收编激励"模式下，政府提供的"收编激励"有利于非正规回收渠道回收数量的提高，但会降低正规回收渠道的回收数量。"收编激励"的引入起到了引导非正规回收渠道的作用。

命题 8.31 正规回收渠道平均经济收益的提高，使得正规回收商的利润增加。

由命题 8.31，废旧产品的正规回收渠道平均经济利益对正规回收商的利润情况有着重要的影响，单位经济利益越大，正规回收渠道的利润越大。另外，废旧产品的平均经济利益对非正规回收商利润情况没有影响，主要原因是在"收编激励"治理模式下，非正规回收商回收单位产品的利润主要取决于转移价格与回收价格间的差价，再加上"收编激励"治理模式下的激励，与废旧产品的经济价值无关。

命 题 8.32　当正规回收商议价能力 $\alpha > \alpha_0 =$

$$\frac{\left(q_{f_0} + q_{i_0}\right)\left(5q_{f_0} + 4q_{i_0}\right) - 18\lambda\left(2q_{f_0} + q_{i_0}\right)}{\left(q_{f_0} + q_{i_0}\right)\left(5q_{f_0} + 4q_{i_0}\right) + 18\lambda\left(-q_{f_0} + q_{i_0}\right)}$$ 时，最优收编激励值为零。

根据命题 8.32，当正规回收商的议价能力足够强，政府将无须给予非正规回收商收编激励，基于正规回收渠道的相对优势，通过正规与非正规回收商间的讨价还价过程，就可以形成较为稳定的收编关系。

命 题 8.33　当正规回收商议价能力 $\alpha < \alpha_0 =$

$$\frac{\left(q_{f_0} + q_{i_0}\right)\left(5q_{f_0} + 4q_{i_0}\right) - 18\lambda\left(2q_{f_0} + q_{i_0}\right)}{\left(q_{f_0} + q_{i_0}\right)\left(5q_{f_0} + 4q_{i_0}\right) + 18\lambda\left(-q_{f_0} + q_{i_0}\right)}$$ 时，最优收编激励随着正规回收商议价能力的提高而提高。

命题 8.33 说明，在正规回收商的议价能力较弱的情况下，议价能力对于政府制定适当的收编激励额度具有一定的调节作用，收编激励随着议价能力的提高而提高。当正规回收商具有较强的议价能力，非正规回收渠道则需要更多的政府支持，因此政府需要较高的收编激励，从而促进回收数量的提高，实现更高的社会总福利。而当正规回收商议价能力较弱时，则政府制定的最优收编激励则较低，可以依靠更多市场力量对废旧产品回收体系的运行进行调节。

制度篇　生产者责任延伸的宏观政策研究

第九章

国际生产者责任延伸制的政策规范

规范性文件，是各级机关、团体、组织制发的各类文件中最主要的一类，因其内容具有约束和规范人们行为的性质，故名称为规范性文件。本章所介绍的主要是在国际 EPR 政策下，企业作为社会组织所需要遵守的各种与 EPR 相关的规范性文件，目的是研究企业如何把这些规范性文件内化到自己的管理实践中去。本章在概述国际 EPR 相关规范性文件基础上，基于德国、日本和美国电子产业的制度体系分析，以 EPR 法律实施模式为研究对象，并依据供应链治理理论和产品生命周期理论探讨了国际上具有代表性的 EPR 实施模式。

第一节 国际 EPR 相关规范性文件概述

一、欧盟法令中的 EPR 政策

自 1973 年以来，欧盟制定了大量与 EPR 相关的法律，其中对欧盟各成员影响重大并对全世界相关立法形成标准的法律有 WEEE（2012/19/EU）、RoHS（2011/65/EU）、ELV（2000/53/EC）和《包装及包装废弃物指令》（Packaging and Packaging Waste，PPW）（94/62/EC）。本书根据产品生命周期阶段划分出与 EPR 相关的治理阶段，对各国家相关法律进行分析归纳，表 9.1 是对欧盟法律的分析。

表 9.1　欧盟法律对应治理阶段一览表

产品生命周期阶段	治理阶段	法律名称	英文名称	颁布时间	治理主体	涉及行业
加工制造 A	产品设计 a	关于废弃电器电子设备的指令（WEEE）	Waste Electrical and Electronic Equipment（WEEE）Directive（2012/19/EC）	2012年	生产者	电气电子
		报废车辆指令（ELV）	End of Life Vehicle（2000/53/EC）	2000年	生产者	废旧汽车
	预防 b	关于在电器电子设备中限制使用某些"有害物质的指令（RoHS）	The Restriction of the Use of Certain Hazardous Substances in Electrical and Electronic Equipment（2011/65/EU）	2011年	生产者	电气电子
		报废车辆指令（ELV）	End of Life Vehicle（2000/53/EC）	2000年	生产者	废旧汽车
		包装与包装废弃物指令（PPW）	Packaging and Packaging Waste（94/62/EC）	1994年12月20日	生产者	包装
运输 B						
使用 C						
维修 D						
再使用和循环再利用 E	分类收集 a	关于废弃电器电子设备的指令（WEEE）	Waste Electrical and Electronic Equipment（WEEE）Directive（2012/19/EC）	2012年	生产者、消费者、政府部门	电气电子
		报废车辆指令 （ELV）	End of Life Vehicle（2000/53/EC）	2000年	生产者、消费者、经销商、处理商	废旧汽车
	回收 b	关于废弃电器电子设备的指令（WEEE）	Waste Electrical and Electronic Equipment（WEEE）Directive（2012/19/EC）	2012年	生产者	电气电子
		包装与包装废弃物指令（PPW）	Packaging and Packaging Waste（94/62/EC）	1994年12月20日	经营者、政府部门	包装
	处理 c	关于废弃电器电子设备的指令（WEEE）	Waste Electrical and Electronic Equipment（WEEE）Directive（2012/19/EC）	2012年	生产者	电气电子
		报废车辆指令（ELV）	End of Life Vehicle（2000/53/EC）	2000年	处理商	废旧汽车
	再利用和恢复用 d	报废车辆指令（ELV）	End of Life Vehicle（2000/53/EC）	2000年	不明显	废旧汽车

注：此表较为详细地呈现了法律中的条例所对应的产品生命周期阶段和治理阶段，提炼出该条例针对的治理主体，以供后续研究参考

二、德国 EPR 政策

第二次世界大战结束之后，德国经济迅速发展。随着经济的发展，工业、商业及家庭生活垃圾也迅速增加。从第二次世界大战到 20 世纪 70 年代，德国处理垃圾的方式一直以堆放和焚烧为主，由此引发的环境问题对德国的发展产生了巨大的威胁，因此，自 20 世纪 70 年代开始，如何妥善处理废物逐渐成为德国立法的一个重点。

早在欧盟尚未颁布 WEEE 和 RoHS 等相关指令时，德国就已经开始着手与废物相关的立法。德国于 1972 年颁布了第一部废物处理法；1975 年发布了第一个国家废物管理计划。并且从 20 世纪 80 年代开始专注于探寻无危险固体废物的处理途径，1986 年对《废物限制处理法》进行修订以限制减少无危险废物（non-hazardous waste），规定了预先预防和重复使用的规则，并首次对生产者的责任进行了规定。随后，为了禁用聚对苯二甲酸乙二醇酯（polyethylene terephthalate）等包装材料，德国于 1991 年颁布了《防止和再生利用包装废物条例》（Ordinance on the Avoidance and Recovery of Packaging Wastes，或称 Toepfer Decree）（简称《包装废物条例》）之后，该条例于 1998 年和 2005 年分别进行了两次修改。1992 年在里约热内卢举行的联合国环境与发展大会加快了德国向发展循环经济方向迈进的步伐，德国环境部部长 Klaus Topfer 创造了资源的"闭合循环"概念。1994 年，德国颁布了综合性的立法《循环经济和废物处置法》（Closed Substance Cycle and Waste Management）。2005 年 3 月，德国响应欧盟 WEEE 指令，颁布了《关于电器电子设备使用、回收、有利环保处理联邦法》（Act Governing the Sale，Return and Environmentally Sound Disposal of Electrical and Electronic Equipment）。上述是德国在 EPR 方面的立法全过程。对德国循环经济的发展做出巨大贡献的法律主要包括《关于电器电子设备使用、回收、有利环保处理联邦法》《包装废物条例》和《循环经济和废物处置法》三个法律，对其进行分析归纳，见表 9.2。

表 9.2　德国法律对应治理阶段一览表

产品生命周期阶段	治理阶段	法律名称	英文名称	颁布时间	治理主体	涉及行业
加工制造 A	产品设计 a	关于电器电子设备使用、回收、有利环保处理联邦法	Act Governing the Sale, Return and Environ-mentally Sound Disposal of Electrical and Electronic Equipment (ElektroG)	2005 年 3 月	生产者	电气电子
	预防 b	包装废物条例	Ordinance on the Avoidance and Recovery of Packaging Wastes	1991 年	生产者	包装物
运输 B	运输 a	循环经济和废物处置法	Closed Substance Cycle and Waste Management	1994 年	生产者	通用
		包装废物条例	Ordinance on the Avoidance and Recovery of Packaging Wastes	1991 年	制造商、经销商	包装物
使用 C						
维修 D						
再使用和循环再利用 E	分类收集 a	关于电器电子设备使用、回收、有利环保处理联邦法	Act Governing the Sale, Return and Environ-mentally Sound Disposal of Electrical and Electronic Equipment (ElektroG)	2005 年 3 月	分销商、制造商	电气电子
	回收 b	关于电器电子设备使用、回收、有利环保处理联邦法	Act Governing the Sale, Return and Environ-mentally Sound Disposal of Electrical and Electronic Equipment (ElektroG)	2005 年 3 月	处理厂	电气电子
		包装废物条例	Ordinance on the Avoidance and Recovery of Packaging Wastes	1991 年	制造商、经销商	包装物
	处理 c	关于电器电子设备使用、回收、有利环保处理联邦法	Act Governing the Sale, Return and Environ-mentally Sound Disposal of Electrical and Electronic Equipment (ElektroG)	2005 年 3 月	处理厂	电气电子
	再利用和恢复	循环经济和废物处置法	Closed Substance Cycle and Waste Management	1994 年	制造商、经销商、处理厂	通用
	使用 d	包装废物条例	Ordinance on the Avoidance and Recovery of Packaging Wastes	1991 年	经销商	包装物
		循环经济和废物处置法	Closed Substance Cycle and Waste Management	1994 年	制造商、经销商、处理厂	通用

三、欧盟其他国家 EPR 政策

欧盟其他国家中，瑞典、瑞士、荷兰、芬兰和法国等多个政府也建立了相应的 EPR 体系制度，相关的立法和实践方面取得一定的成效。

瑞典作为 EPR 思想的发源地，其 EPR 的应用也较为广泛。1994 年通过法令《生态循环议案》（Ecocycle Bill）确立了 EPR 的原则和方法，即由生产者对消费后的产品承担环境责任，而消费者对废物予以分类并送回回收点。瑞典的 EPR 框架规定在《瑞典环境法典》中，对原料包装容器、汽车、电器电子产品均做了相关规定。2000 年，瑞典又颁布了《关于电器电子产品的生产者责任法令》（The Producer Responsibility for Electrical and Electronic Products Ordinance），进一步明确了生产者在电器电子产品中所承担的责任。

瑞士政府非常重视废品回收，1998 年颁布了《电器电子设备归还、回收和处理条例》（Ordinance on the Return，Taking Back and Disposal of Electrical and Electronic Equipment，ORDEE），该法律于 1998 年 7 月生效。该法令规定由生产商责任代理机构（Producer Responsibility Organizations，PROS）协调管理整个 EPR 回收处理系统。截至 2021 年，瑞士共有四家 PROS，这些 PROS 完成了回收处理及资金运作体系的组建，并选定监管机构控制和监督具体的运行技术指标。

荷兰于 1999 年颁布了《电器电子产品废物法》（Disposal of White and Brown Goods Decree），规定生产者与进口商共同承担回收处理责任。同瑞士一样，其电子废物回收处理系统由 PROS 协调管理。生产厂商将回收与处理的任务交由 PROS，费用由消费者承担并汇总给 PROS，最终分发给处理商以及汇集点。

芬兰在 EPR 体系制度方面并没有全国统一性的法律，芬兰采用 AWARENESS 回收项目，分为两个子项目：SELMA 和 RecISys。其中，SELMA

负责处理合作回收中的管理问题，包括政府与生产商间的交流，RecISys 负责开发回收管理信息系统，以满足回收的信息需求，并将相关信息传递给政府、生产商与消费者。

法国于 1993 年开始实施《包装废物条例》（Decree Regarding Waste Resulting from the Abandonment of Packaging），该条例规定了生产者需要对投放市场的产品包装废物承担回收利用的责任，首次将"绿色标志"作为识别回收包装废物的标志在法国推广。表 9.3 是上述几个欧盟国家相关法律的汇总，列举出各国法令涉及的关键条款以及运营模式。

四、美国 EPR 政策

美国是一个联邦制的国家，联邦除在国防、外交、财经政策、国际贸易和州际商业等方面外，无统一立法权；刑事和民商事方面的立法权基本上属于各州。EPR 的立法由美国各州各自立法，表 9.4 是各州在电子废物方面的立法情况总结。

其中，加利福尼亚州、缅因州、明尼苏达州、阿肯色州在制定的相关法律方面有创新点、有较大的影响力，现有文献对美国 EPR 体系的研究也基本上集中在这几个州。本节整理了现有文献对上述几个州相关法律的研究，见表 9.5。

五、日本 EPR 政策

日本国土狭小，资源匮乏，第二次世界大结束之后日本一直坚持"产值第一主义"，过度注重经济的发展造成了八大公害问题的爆发，迫于公害问题的严重，日本于 20 世纪七八十年代施行末端治理，被动解决环境问题，但随着经济的发展，废物急剧增长，在日本狭小的国土上，末端治理的处理方式

表 9.3　欧盟其他国家 EPR 体系制度一览表

国家	法令名称	英文名称	颁布时间	关键条款	条例相关文献	运营模式概况	模式相关文献
瑞典	生态循环议案	Ecocycle Bill	1993年	确立了 EPR 的原则和方法，即由生产者对消费后的产品承担环境责任，而消费者对废弃物予以分类并送回回收点	张雷. 2009. 欧美国家生产者责任延伸制度研究. 上海：华东政法大学	法规设定，如在原料包装容器方面，由制造商、进口商和销售商组织分类回收的系统；在汽车和电子电气产品方面，由生产者等免费接收返还的产品；其他如包装废弃物、废纸、轮胎等，都设定了 EPR 的法律机制。在 EPR 制度的运行上，瑞典已经成形成了颇为完备的回收利用体系，就包装物而言，依材质不同分别成立了十几个组织进行回收。并且在 EPR 制度的成效上、瑞典在欧洲国家中也首屈一指	张雷. 2009. 欧美国家生产者责任延伸制度研究. 上海：华东政法大学
瑞士	电器电子设备归还、回收和处理条例	Ordinance on the Return, Taking Back and Disposal of Electrical and Electronic Equipment	1998年	由生产者与进口商承担回收处理责任	Khetriwal D S, Kraeuchi P, Widmer R. 2009. Producer responsibility for e-waste management: key issues for consideration-earning from the Swiss experience. Journal of Environmental Management, 90 (1)：153-165	回收方式：典型的合作模式。回收体系：由 PROS 协调管理整个系统。目前瑞士共有四家 PROS，均为非营利性组织。PROS 组织建立了回收处理资金运作体系，参与 E-waste（电子垃圾）预付回收处理费（advanced recycling fee，ARF）的定价，监督回收处理合同的招投标事宜。每两年用 PROS 和合同处理商更新合同，通常采用竞标的形式。PROS 委派第三方技术（审计）监督人员对处理厂的技术指标进行整合和监督。付费方式：消费者在零售点缴纳回收处理费	裴蓓. 2013. 政府规制对 EOL 电子产品逆向物流的影响研究. 杭州：浙江工业大学

续表

国家	法令名称	英文名称	颁布时间	关键条款	案例相关文献	运营模式概况	模式相关文献
荷兰	电器电子产品废物法	Disposal of White and Brown Goods Decree	1999年	由生产者与进口商承担回收处理责任	Khetriwal D S, Kraeuchi P, Widmer R. 2009. Producer responsibility for e-waste management: key issues for consideration-learning from the Swiss experience. Journal of Environmental Management, 90 (1): 153-165	PROS 协调管理整个系统，建立了回收处理和资金运作体系。荷兰家电生产商完全委托两个 PROS 代为履行回收和处理责任。消费者（个人和企业）缴纳回收处理费。这些处理费汇总到 PROS，并支付给汇集点和处理商	裴蓉. 2013. 政府规制对电子产品逆向物流 EOL 电子产品回收（个人和企业）的影响研究. 杭州：浙江工业大学
芬兰	芬兰没有全国一性法律					芬兰采用 AWARENESS 回收项目，分为两个子项目：SELMA 和 ReclSys。其中，SELMA 负责处理合作回收中的管理问题，包括政府与生产商间的交流，ReclSys 负责开发回收管理信息系统，以满足回收相关的信息需求，并将相关信息传递给政府。生产商和进口商不仅要负责电子产品的生产制造和销售，还要对废家电及电子产品回收再利用，处理电子废物，并承担家庭电子垃圾处理费用	Yla-Mella J, Pongracz E, Keiski R L. 2004. Recovery of Waste Electrical and Electronic Equipment (WEEE) in Finland. Proceedings of the Waste Minimization and Resources Use Optimization Conference. Oulu: Oulu University Press: 83-92
法国	包装废物条例	Decree Regarding Waste Resulting from the Abandonment of Packaging	1993年	规定生产者需要对投放市场产品包装废物承担回收利用的责任	张雷. 2009. 欧美国家生产者责任延伸制度研究. 上海：华东政法大学	法国的厂商共同创立了 Eco-Emballages 公司。于 1992 年与德国回收利用系统股份有限公司签订协议，将"绿点标志"作为识别回收包装废物的标志，从而使"绿点标志"在法国得以推广	张雷. 2009. 欧美国家生产者责任延伸制度研究. 上海：华东政法大学

表 9.4　美国电子废物立法一览表

州名	签署生效日期	法规名称
阿肯色州（Arkansas）	2003 年	《阿肯色州计算机和电子固体废物管理法》（Arkansas Computer and Electronic Solid Waste Management Act）
加利福尼亚州（California）	2003 年	《电子废物再生法》（Electronic Waste Recycling Act） 《手机回收再利用法》（Cell Phone Takeback and Recycling） 《可再充电电池回收和再循环法》（Rechargeable Battery Takeback and Recycling）
科罗拉多州（Colorado）	2007 年 7 月	《国家计算机回收法》（National Computer Recycling Act） 《手机回收再利用法》（Cell Phone Takeback and Recycling） 《可再充电电池回收和再循环法》（Rechargeable Battery Takeback and Recycling）
康涅狄格州（Connecticut）	2007 年 7 月	《通信电子产回收法》（CT Electronic Recycling Law）
夏威夷州（Hawaii）	2008 年 7 月	《夏威夷州电子设备回收方案》（Hawaii Electronic Device Recycling Program）
伊利诺伊州（Illinois）	2008 年 9 月	《电子产品回收和再利用法案》（Electronic Products Recycling and Reuse Act）
印第安纳州（Indiana）	2009 年 5 月	《印第安纳州环境法修正案》（Amendment to Indiana Environmental Law）
缅因州（Maine）	2004 年	《通过提供电子废物安全收集和回收的共同责任制度，保护公众健康和环境的法案》（An Act to Protect Public Health and the Environment by Providing for a System of Shared Responsibility for the Safe Collection and Recycling of Electronic Waste）
马里兰州（Maryland）	2005 年	《马里兰州电子产品回收方案》（Maryland's Statewide Electronics Recycling Program）
密歇根州（Michigan）	2007 年 5 月	SB No. 897
明尼苏达州（Minnesota）	2008 年 12 月	《明尼苏达州电子产品回收法案》（Minnesota's Electronics Recycling Act）
密苏里州（Missouri）	2008 年 6 月	《制造商责任和消费者便利设备收集和回收法案》（Manufacturer Responsibility and Consumer Convenience Equipment Collection and Recovery Act）

续表

州名	签署生效日期	法规名称
新泽西州（New Jersey）	2008 年 12 月	Act No. 394
纽约州（New York State）	2010 年 5 月 28 日	《电子设备回收和再利用法案》（Electronic Equipment Recycling and Reuse Act）（自 2011 年 4 月 1 日起生效）
纽约市（New York City）	2008 年 4 月	INT 728；INT 729
北卡罗来纳州（North Carolina）	2007 年 8 月	S1492 （2007）H819 （2008 年修正案）
俄克拉荷马（Oklahoma）	2008 年 5 月	《俄克拉荷马州计算机设备回收法案》（Oklahoma Computer Equipment Recovery Act）
俄勒冈州（Oregon）	2007 年 6 月	House Bill 2626
宾夕法尼亚（Pennsylvania）	2010 年 11 月	《宾夕法尼亚州设备回收法案》（PA Covered Device Recycling Act）
罗得岛州（Rhode Island）	2008 年 6 月	《电子废物防止、再利用和回收法案》（Electronic Waste Prevention, Reuse, and Recycling Act）
得克萨斯州（Texas）	2007 年 6 月	House Bill 2714
弗吉尼亚州（Virginia）	2008 年 3 月	《计算机回收和再循环法案》（Computer Recovery and Recycling Act）
华盛顿州（Washington）	2006 年 3 月	SB 6428
西弗吉尼亚州（West Virginia）	2008 年 3 月	SB 746
威斯康星州（Wisconsin）	2009 年 10 月	SB 107

表 9.5　美国各州 EPR 体系一览表

名称	生效日期	涉及行业	关键条款	条例相关文献	运营模式概况	模式相关文献
电子废物再生法（加利福尼亚洲）	2005年1月1日		要求购买显示器的消费者每台设备支付6~10美元的回收费用	何文胜. 2009. EPR制度下废旧家电回收主体的利益博弈研究. 成都：西南交通大学	回收方式：消费者负责把废旧电子产品送往指定回收点，专业的回收企业提供电子产品的回收集。费用支付：消费者承担回收处理费用	付小勇. 2012. 废旧电子产品回收处理中的博弈模型研究. 大连：大连理工大学
有害废物管理条例（缅因州）	2006年1月1日		规定家用电视机和电脑显示器实行强制回收。要求每个在缅因州出售电子设备的生产者向环境保护署提交关于生产者出资收集、回收电子废物计划的资成书	付小勇. 2012. 废旧电子产品回收处理中的博弈模型研究. 大连：大连理工大学 何文胜. 2009. EPR制度下废旧家电回收主体的利益博弈研究. 成都：西南交通大学	回收方式：消费者负责把废旧电子产品送往指定回收点，专业的回收企业回收集。费用支付：由生产商（运输、回收商）和市政府当局（部分分收集费用）承担回收费用	付小勇. 2012. 废旧电子产品回收处理中的博弈模型研究. 大连：大连理工大学
（明尼苏达州）	2005年7月1日		全州禁止将电脑显示器及电视机与市政固体废物混合处理	何文胜. 2009. EPR制度下废旧家电回收主体的利益博弈激励机制研究. 成都：西南交通大学		
（明尼苏达州）	2007年9月1日		所有新视像显示设备必须附有清楚易见的永久性生产商商标，而生产商也必须参加州政府当行的每年登记计划，否则有关设备不得出售给零售商	何文胜. 2009. EPR制度下废旧家电回收主体的利益博弈激励机制研究. 成都：西南交通大学		
《电脑和电子固体废物管理法案》（阿肯色州）	1905年6月23日		解决电子废物的方案是部件回收、二次使用、捐赠转移和专业拆解处理等	李菁 2011. 基于EPR的再制造中的战略决策与合作机制研究. 南京：南京航空航天大学		

已不足以解决日益增重的环境负担，于是日本从 20 世纪 90 年代开始努力发展循环型社会。2000 年，日本颁布实施《资源有效利用促进法》，规定了企业、消费者以及国家和地方自治体等各利益相关者的责任，促进产品循环利用和报废产品作为产业原材料的再利用。1995 年颁布了《容器包装再生利用法》，对各类容器的回收方法进行了规定。1998 年颁布了《家电再生利用法》，并分别于 2009 年和 2010 年进行了两次修订。随后，日本于 2000 年颁布了《循环型社会形成推进基本法》和《食品再生利用法》，于 2001 年颁布了《建筑废物再生利用法》，2002 年颁布了《汽车回收再利用法》。这些条令的颁布构筑了以 3R[Reduce（减少原料）、Reuse（重新利用）、Recycle（物品回收）]原则为基础的循环型社会理念，专门配套法律覆盖日本产业结构审查会确定的 18 个产业和 36 类产品，规范了废物处理和再利用标准，如表 9.6 所示。

表 9.6　日本法律对应治理阶段一览表

产品生命周期阶段	治理阶段	法律名称	颁布时间	治理主体	涉及行业
加工制造 A	产品设计 a	汽车回收再利用法	2002 年	制造商	汽车
	预防 b	家电再生利用法	1998 年	制造商	电器电子
		循环型社会形成推进基本法	2000 年	经销商	通用
运输 B					
使用 C					
维修 D					
再使用和循环再利用 E	分类收集 a	容器包装再生利用法	1995 年	无明显主体	包装
	回收 b	家电再生利用法	1998 年	制造商	电器电子
		容器包装再生利用法	1995 年	运营商	包装
		资源有效利用促进法	2000 年	主管部门	通用
		汽车回收再利用法	2002 年	制造商	汽车
	处理 c	循环型社会形成推进基本法	2000 年	无明显主体	通用

第二节　国际 EPR 实施模式对比分析

EPR 是一种将生产者环境责任延伸到产品消费后阶段，以产品的报废阶段为重点，兼顾考虑设计、制造、分销、零售等其他阶段的处理问题，进而对生产者整个产品生命周期的环境行为进行约束与激励的制度。EPR 概念的推广多适用于欧洲和亚洲，代表国家如德国和日本。PS 管理①是一种以产品生命周期阶段为基础，侧重延伸产品的生命周期阶段，强调产品全生命周期中每个阶段的参与主体均需对产品的环境影响负责的一种制度。PS 概念多适用于美国及其各州的相关立法规定。EPR 与 PS 的比较见表 9.7。

表 9.7　EPR 与 PS 的比较

项目	责任主体	实施手段	实施阶段
EPR	生产者	强制为主	生命周期末端
PS	所有参与者	自愿为主	全生命周期

从表 9.7 可以看出，EPR 与 PS 虽然是针对同一种问题的环境政策，但在主要责任主体界定、实施手段属性和实施阶段范围等方面具有显著的差别。目前，全世界的大部分国家均以欧盟为代表的 EPR 为实施范例，我国也不例外，并且本书所研究对象本质是 EPR 立法体系，法律本身就是规定责任和义务的强制性手段，不能以自愿为主。因此，本书将着重研究 EPR 而非 PS 的实施模式，所选的代表国家为在 EPR 方面成绩显著且在世界范围内有引导作用的德国以及后来者居上、与中国一样经历过较大环境问题的日本。同时，电子产业作为 EPR 实施的重点行业，相关产品企业实践较为成熟，相关立法也比较完备，因此本书在对德国和日本整体的 EPR 实施模式进行分析的同时，着重以电子产业为例，对其相关的法律法规条文进行系统分析，为电子产业的

---

① PS(product stewardship)管理侧重从生命周期出发实施产品管理，即产品全程管理。

EPR 实施提供决策建议，更为我国 EPR 法律法规的完善提供政策建议。

对德国 EPR 实施进程做出巨大贡献的法律主要包括《包装废物条例》《循环经济和废物处置法》《关于电器电子设备使用、回收、有利环保处理联邦法》，20 世纪 90 年代以来，在循环经济和 EPR 立法方面，日本也颁布实施了《资源有效利用促进法》《容器包装再生利用法》《家电再生利用法》《循环型社会形成推进基本法》《汽车回收再利用法》等一系列法律。本书在两个国家的官网上找到了完整的法律文件，并且利用生命周期研究方法对两个国家的相关法律做了如下对比。

表 9.8 所示，治理阶段是本书结合产品生命周期以及 EPR 的适用阶段制定的。EPR 主要针对产品生命周期阶段中的加工制造、再使用与循环再利用阶段，因此制定治理阶段时只考虑了上述两个阶段，本书把加工制造阶段分成了产品设计和预防两个治理阶段,前期的产品设计对后期的回收影响甚大，但产品设计不能完全覆盖生产者在加工制造阶段需要履行的义务，在翻阅各个国家的法律文件时，本书发现"预防"出现的频率也相对较高，且"预防"一词的出现能够覆盖产品设计未规定的义务，因此本书将加工制造阶段对应成"产品设计"和"预防"两个治理阶段，同时把再使用与循环再利用阶段分成了分类收集、回收、处理以及再利用和恢复使用四个治理阶段。治理主体由本书根据法律文件自己整理，代表在相应的法律条例中明确或非明确规定需要承担责任的主体。

表 9.8 从供应链治理角度比较德国和日本 EPR 法律

产品生命周期阶段	治理阶段	德国			日本		
		法律名称	治理主体	涉及行业	法律名称	治理主体	涉及行业
加工制造	产品设计	关于电器电子设备使用、回收、有利环保处理联邦法	生产者	电器电子	汽车回收再利用法	制造商	汽车

续表

产品生命周期阶段	治理阶段	德国			日本		
		法律名称	治理主体	涉及行业	法律名称	治理主体	涉及行业
加工制造	产品设计	包装废物条例	生产者	包装物			废旧汽车
	预防	循环经济和废物处置法	生产者	通用	家电再生利用法	制造商	电器电子
					循环型社会形成推进基本法	经销商	通用
运输		包装废物条例	制造商、经销商	包装物			
使用							
维修							
再使用和循环再利用	分类收集	关于电器电子设备使用、回收、有利环保处理联邦法	分销商、制造商	电器电子	容器包装再生利用法	无明显主体	包装
	回收	关于电器电子设备使用、回收、有利环保处理联邦法	处理厂	电器电子	家电再生利用法	制造商	电器电子
		包装废物条例	制造商、经销商	包装物	容器包装再生利用法	运营商	包装
					资源有效利用促进法	主管部门	通用
					汽车回收再利用法	制造商	汽车
	处理	关于电器电子设备使用、回收、有利环保处理联邦法	城市规划管理机构、生产者	电器电子	循环型社会形成推进基本法	无明显主体	通用
		循环经济和废物处置法	制造商、经销商、处理厂	通用			废旧汽车
	再利用和恢复使用	包装废物条例	经销商	包装物			废旧汽车
		循环经济和废物处置法	制造商、经销商、处理厂	通用			

表 9.8 显示，治理主体除了包括生产者、制造商，还包括诸如经销商、分销商等供应链上的其他主体，从这点可以看出 EPR 虽然规定的是生产者的延伸责任，却也离不开整个供应链的支持，法律对其他主体的责任也做了一些规定。同时可以看出德国的治理主体包括城市规划管理机构，日本的治理主体包括主管部门。EPR 是由政府主导、强制性要求生产者承担的责任。虽然德国和日本的 EPR 均为政府主导，但实际上，两个国家在 EPR 实施时政府部门发挥的作用却不尽相同。

一、政府主导的 EPR 实施模式：德国和日本

（一）德国

在德国 EPR 实施模式中（图 9.1），政府相关部门授权由生产商或者协会联合组成的非营利组织对生产商的延伸责任进行协调、监督。以电子废物管理体系为例，德国环境部（Umweltbundesamt，UBA）是回收处理电子废物的主管部门，国家清算中心负责监督核对生产商所提交年度报告的准确性，由多个电器电子生产商和协会共同组建的 EAR（Elektro-altgeräte，废旧电器）基金会受 UBA 的全权授权，总体协调电子废物管理体系。

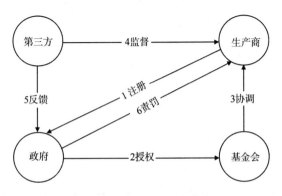

图 9.1　德国 EPR 实施模式

《关于电器电子设备使用、回收、有利环保处理联邦法》（以下简称 ElektroG）不仅明确了电器电子废物的管理目标（ElektroG 第 1 条）及适用范围（ElektroG 第 2 条），并且对电器电子设备回收的运作流程中各个责任主体的义务进行了明确的规定。依据法律原文，本书将德国电器电子废物的运作流程进行归纳，如图 9.1 所示。每个生产商有责任在主管机关处进行注册，没有注册的生产商不得出售商品（ElektroG 第 6 条第 2 项），并且每年需要在主管机关处报备资金担保情况，以保证企业在破产之后能够承担其出售电器的回收费用（ElektroG 第 6 条第 3 项）；生产商注册之后，在进行电器电子产品设计时应使得产品容易拆解和回收（ElektroG 第 4 条），如不执行，也不承担法律后果。另外，产品在进入销售之前需要进行标记，以便制造商是清晰可寻的；当产品寿命终止时，生产商有责任对其进行分类收集、回收、处理（ElektroG 第 9 条、第 11 条、第 12 条）。同时，ElektroG 第 14 条第 5 项规定生产商所对应的处理厂年度报告中电子废物分类收集、回收再利用的重量必须与第三方专家验证报告中的相关数量吻合，否则，国家清算中心有权向 UBA 报告，UBA 有权对生产商施行惩处。

（二）日本

日本的 EPR 实施模式中主要由政府部门规划、执行，日本政府对电器电子回收、垃圾分类等政策进行规划，从都道府县到市区町村（即省市到县乡村）逐级执行，以量化指标管理方式，制定相应环节切实可行的数量规划和清晰的回收目标。下文以电器电子回收法律——《家电再生利用法》为例说明日本 EPR 法律规定的实施流程，如图 9.2 所示。

日本的《家电再生利用法》是针对特定家电类电器电子产品回收的专项法律。第一章总则对能够回收的家电范围作了界定。第 3 条提出主管部长为了全面、系统地促进特定家用电器废物的收集、运输以及回收利用，制定了

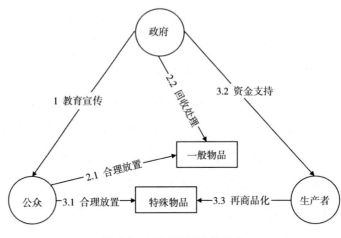

图 9.2 日本 EPR 实施模式

"基本方针",对于该"基本方针",涉及的利益主体必须执行,不得延误,由此可见日本的 EPR 实施主要是由政府部门规划制订的,并且具有很大的强制性。日本针对家用电器废物回收的运作模式如下:就政府而言,政府需要收集、整理和利用关于特定家电的信息,为家电废品的回收提供资金支持,并且通过教育和宣传等活动使公众理解回收家电废物的重要性,寻求市民合作(第 7 条),都道府县到市区町村均需按照国家政策采取必要的行动(第 8 条)。对于制造者而言,首先为了加强家用电器的耐久性,制造商必须通过对原材料的选择以及对家用电器的设计来减少报废之后的回收成本(第 4 条);另外,制造商必须预先制定一个地方供大家放置特定的家电废物,这个地方被称为"特定的收集位置"(第 17 条);对于放在"特定的收集位置"的特定家电,生产厂家必须无迟疑地对其进行再商品化(第 18 条第 1 项),领取到特定家电废物的制造商在进行再商品化等必要行为时的有关费用可以向主管部门提出请求(第 19 条),但这些费用必须预先公布(第 20 条第 1 项);由制造商回收的特定家电废物的再制造过程必须遵循再商品化的实施基准,并且要公布其再商品化的过程(第 22 条);制造商公布的对特定家电废物进行的再商品化必须要获得相应级别主管部门（都道府县、市区町村等）的接受（第 23 条）。另外，法律中还提到了零售商（第 5 条）、其他企业以及消费者（第 6 条）等供应链上其他主体的责任和义务，但这些并非本书的重点，在此不做赘述。

二、企业主导的 EPR 实施模式：美国

美国是一个联邦制的国家，EPR 立法由美国各州独立完成。虽然在循环经济方面，美国实施的是以企业为主导的 PS 模式，但一些相关的法律对其实施仍然做了一些激励和惩罚机制，作为企业"自愿"实施的回报。加利福尼亚州在 EPR 方面的立法开始得最早，在此，本书归纳加利福尼亚州在电子废物回收方面的法律，用以阐述美国企业主导的实施模式。

《电子废物回收法》（Electronic Waste Recycling Act）是加利福尼亚州 2003 年为解决电子废物回收问题所立的专项法律，法律中明确规定零售商在向消费者售卖电子设备时需要根据电子设备的尺寸型号等收取 6 美元、8 美元或者 10 美元的回收费用，该费用将会进入加利福尼亚州回收基金，用于偿还回收商和收集商的开支；对于制造商而言，法律规定其每年要提交一份报告，并针对这份报告中包含的年度预计售出电子设备数量及其所包含的有害物质（没有明确的数量规定）开展与上一年度情况的比较，此外，制造商要在该报告中表明进一步提高设计使其更容易回收电子废物，并且需要告知回收和处置的地点、电话号码、互联网网站等相关信息。值得一提的是，法律中并没有规定如果制造商没有提交报告应该受到什么惩罚。

三、EPR 实施模式的异同分析

基于对德国、日本和美国法律原文的归纳分析，本书对德国、日本和美

国 EPR 的实施模式进行了分类，如表 9.9 所示，并且对 EPR 不同实施模式的异同点进行了归纳总结。

表 9.9　不同实施模式之间的对比分析

主导方向	实施模式		代表国家
政府	EPR	政府授权特定组织（官方或民间）管理模式	德国
		政府分级管理模式	日本
市场（企业）	PS		美国

从表 9.9 中我们可以看出从主导方向上划分可以将循环经济的实施模式分为两种：政府主导（代表国家为德国和日本）和企业主导（代表国家为美国）模式。就政府主导模式而言，又可以根据协调监督的组织不同划分为政府授权特定组织（官方或民间）管理模式和政府分级管理模式。接下来我们进一步探讨这三种模式之间的异同点。

（一）政府主导与企业主导的异同点比较

二者的相同点是相关法律均对制造商在产品从设计到再利用的整个生命周期中的责任做了或松或紧的规定。

1. 是否有强制性和惩罚措施

政府主导型模式如德国和日本的制造商必须履行法律规定的责任，接受监督，否则会得到相应的惩罚，不管惩罚机制的执行者来自第三方机构还是政府部门；而企业主导的美国虽然对制造商的责任进行了规定，但并没有规定制造商如果不按此规定执行应该受到的惩罚。

2. 回收费用来源不同

德国和日本的回收费用主要来自生产商；而美国回收费用中的一部分是

从消费者处收取的，这种做法对制造商来讲具有很大的激励作用，制造商既可以减少回收废物的费用，又能够对社会、对环境负责，在消费者群体中树立负责任的企业形象。

（二）政府主导的不同模式比较

德国和日本均为政府主导的 EPR 实施模式，都具有强制性，对不按照规定执行的生产商具有惩罚措施，但二者的具体实施模式也不尽相同。

德国的法律中规定了清算中心、EAR 基金会的许多责任，UBA 将 EPR 实施过程中的一些协调和监督工作交由第三方非营利组织来完成，是政府授权特定组织（官方或民间）管理模式；日本的法律中详细规定了都道府县到市区町村的权利和义务，EPR 实施过程中的组织、协调和监督工作主要由各级政府完成，因此日本是政府分级管理模式。

第十章
我国生产者责任延伸制的政策规范

生产者责任延伸相关概念的法律政策从较早的时期开始便在中国普及，不过早期该概念本身并不流行，许多相关的政策都分散在了各类环境保护法律、循环经济法律、回收管理办法等法律中。在中国发展国情下，地方和行业存在多样化差异、政府执行部门的权责不断发展改变，EPR 的有效执行遇到了更多的问题。EPR 的应用导向在我国法律中虽已经初具形态，但由于制度涉及产业链庞大的相关主体，供应链的松散性和非完善法规下的机会主义行为从客观和主观上为政策的有效执行贯彻带来困难。对此，本章对中国 EPR 法规进行统计分析，依据供应链治理理论对法规制定的直接规范对象进行深入论证，为我国相关行业法规的实践提供改革和创新的建议。

第一节　我国 EPR 相关规范性文件概述

一、国内 EPR 法规总体概况

国内 EPR 法规总体概况主要以我国政府的法律/行政法规/部门规章/其他公文为基础，主要包括分析单位、分析目的、分析逻辑、筛选标准和具体的规范内容。

（一）分析单位

本书中以政府"规范性文件"为分析单位。规范性文件，是各级机关、团体、组织制发的各类文件中最主要的一类，因其内容具有约束和规范人们行为的性质，故名称为规范性文件。目前我国法律法规对于规范性文件的含义、制发主体、制发程序和权限以及审查机制等，尚无全面、统一的规定。但部分地区探索实现了规范性文件统一制作、统一编号、统一管理的"三统一"，初步实现了规范性文件的规范管理。

（二）分析目的

EPR 理论及其在中国的实践研究的主要目的是指导中国企业成功实施EPR，但是组织所面临的外部环境同样重要，而且具有更多的共性。因此，报告所介绍的主要是企业作为社会组织所需要遵守的各种与 EPR 相关的规范性文件，目的是研究企业如何把这些规范性文件内化到自己的管理实践中去。

（三）分析逻辑

依据政府在推进 EPR 建设工作中的角色，从规制者、推荐者和监督者三个视角来分析政府在 EPR 实施中的作用。

依据中国政府网站对法律法规的分类，我们按照以下内容进行归类整理。

中央政府：法律法规（法律文件 A 和行政法规 B）。

国家部委：部门规章（C）。

地方政府：地方公文（D）。

国家标准：行业标准（E）。

（四）筛选标准

植草益（1992）将社会规制分成以下四类：第一类是确保健康和卫生；第二类是确保安全；第三类是防止公害和保护环境；第四类是确保教育、文化、福利。其中第一类、第二类和第四类和本书内容不相关，不进行论述。其中第三类防止公害和保护环境具体包含以下内容。

（1）防止公害（大气污染防治法、水污染防治法、噪声污染防治法、振动规制法、矿山安全法、金属矿业等公害对策法等）。

（2）保护环境（环境保护法、自然公园法、水产资源保护法等）。

（3）防止产业灾害（核燃料、原子反应堆规则法、高压气去蒂法、液化石油安全法等）。

（4）防止自然灾害（国土利用法、港湾法、沿岸法、河川法、森林法、矿山法等）。

（五）规范内容

基于以上分类，本书所搜集规范性文件均属于社会规制中的第三类：防止公害和保护环境，规范性文件主要来源于中华人民共和国中央人民政府网（www.gov.cn）和中国政府法治信息网（www.chinalaw.gov.cn），具体内容见附录 E 和附录 F。

二、国内 EPR 法规描述统计

本书立足于问题的挖掘和论证，希望建立一个政策模型对 EPR 在中国的施行问题进行多维剖析，有研究者指出，挖掘和确认问题比解决问题更为重要，对一个决策者而言，用一套完整而优雅的方案去解决一个错误的问题对其机构产生的不良影响比用较不完整的方案去解决一个正确的问题大得多。本书希望尽可能地反映中国 EPR 相关法规的真实发展概况，挖掘 EPR 法规在中国实践中的问题和规律。

在国内 EPR 规范性文件的收集过程中，初期搜集规范性文件 330 篇，其中法律文件 12 篇、行政法规 36 篇、部门规章 61 篇、地区公文 155 篇、国家标准 66 篇；而在后期进行逐条阅览和整理之后，从中剔除了部分主题与本书相关性较低的文件 101 篇，并增加或更新了国家最新颁布未统计在内的文件 51 篇，现报告中总计规范性文件 280 篇，其中法律文件 8 篇、行政法规 22 篇、部门规章 69 篇、地区公文 117 篇、国家标准 64 篇，其具体情况如图 10.1 所示。

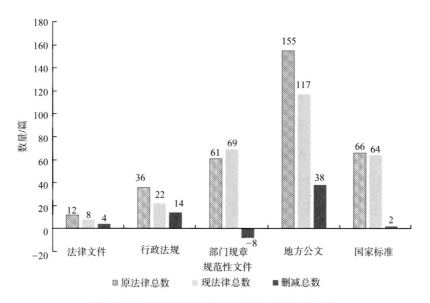

图 10.1　EPR 政策相关规范性文件数据统计分布

其中地方公文分别来自北京、天津、上海、重庆、河北、山东、辽宁、江苏、浙江、福建、广东、广西 12 个省区市，由于各地区各自的地方性与政策偏重点的不同，文件情况也有所区别，其具体情况如图 10.2 所示。

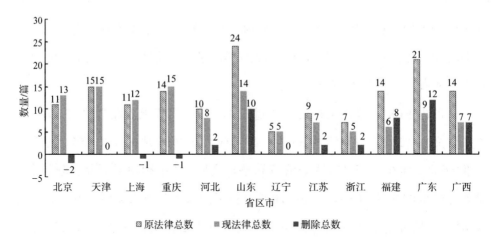

图 10.2 EPR 政策相关规范性文件地方政府数据统计分布

依据的 EPR 相关法律文献"EPR 制度相关标准清单（中国）"，时间范围截止到 2016 年，清单涵盖了法律，行政法规，部门规章、行业标准，以及北京、天津、上海、重庆、河北、山东、辽宁、江苏、浙江、福建、广东、广西 12 个地区的法律法规。

本书的地方性法规中涵盖中国 12 个地区的法规，为之后的跨行业的交叉提供足够的研究广度和适应性。"EPR 制度相关标准清单（中国）"的整理经过了不断的论证、删减和更新，初步筛选了 330 条进行录入并整理成册，除去与 EPR 相关性较低的部分法规，并按照最新国家文件补充了 2016 年之前颁布的未统计入内的部分法规，最后保留共计 264 条法律法规文献，形成规范性文件综述，条款的规范形式包括管理条例、管理办法、通知、环境保护条例、污染防治信息等；产业有电器电子、汽车、固体废物回收、铅酸蓄电池和再生铅、新型墙体材料等。选取东部沿海经济发展较快的城市作为重点研究地区。

第二节　我国 EPR 规范效力及演进规律分析

一、制度规范效力和演进规律分析理论基础

制度规范效力和演进规律分析理论以供应链治理理论为基础，包括供应链治理理论的嵌入、EPR 的扩张性解释、制度规范和激励效力的融合。

（一）供应链治理理论的嵌入

作为 EPR 的直接规范对象，供应链无疑是一个庞大而组织形式多样的多层协作系统，政策的制定是政府面向供应链的动态治理过程。李维安等（2016）在供应链治理理论的研究中，界定了供应链治理的内涵，供应链治理是以协调供应链成员目标冲突，维护供应链持续、稳定运行为目标，在治理环境的影响下，通过经济契约的联结与社会关系的嵌入所构成的供应链利益相关者之间的制度安排，并借由一系列治理机制的设计实现供应链成员之间关系安排的持续互动过程。而现有关于供应链治理理论的研究比较少，多是基于交易成本理论和信任理论展开的针对供应链管理与协调的研究。因此，从供应链治理的环境诉求到政策的规范实体再到供应链的具体实践环节，本书通过基于法规的实证方法，更多地考虑从政策设计者开始的顶层设计，自上而下地对某一具体产业链中各主体的规范效力宽度和深度进行研究，更加具有实践意义和政策价值。

在供应链治理的框架下，供应链各个环节的运转是法规落地的实际载体，供应链治理理论的提出指明了供应链治理来源于环境的变化和组织的变迁，相应地，环境变化是本实证研究的原因，改善环境并促进可持续供应链的建立与发展是本书的最终目的。关于可持续与供应链的交互作用，Linton 等（2007）的研究提到环境管理和运营的核心已经从环境因素的局部最优化转变

到运营过程中整个供应链的整体最优化，范围涉及"生产—消费—客户服务—废弃产品处理"各个阶段，供应链的可持续发展对于学术研究还是一个快速发展的婴儿期，政策研究、当代生产运营和商业模式识别都存在足够大的研究空间。

本书将可持续供应链的治理作为供应链背景，从政策研究视角对分析维度进行二次归纳：一方面，将企业、行业、公民、政府和机构作为法规在宏观治理层面的研究主体进行定量分析，另一方面，将企业所包括的生产者、销售者、回收者，以及公民在市场中的消费者身份作为微观层面的研究单元，进行法规激励效果的实证研究。其中，宏观层面上，企业作为供应链网络内部推动组织变迁的直接经济单元，在可持续供应链的边界内为核心研究主体，行业作为供应链中观层面的研究对象反映 EPR 相关法规从行业视角的规范情况，公民、政府和机构作为供应链延伸边界中的利益相关主体反映法规在执行层面的辅助设计和激励创新；微观层面上重点关注可持续供应链中 EPR 相关法规对正逆向供应链中关键主体之间物流、信息流、资金流的激励性制度设计。

（二）EPR 的扩张性解释

在供应链治理理论的基础上，我们展开了对 EPR 的研究思路，而 EPR 不仅与政策制定者的治理路径密切相关，更重要的是对"生产者"这个市场主体承担环境责任有强制性的规定。

马洪（2009）从我国立法层面对 EPR 结合具体法律法规进行了演进特征的定性分析，指出只有对 EPR 作扩张性解释，才能从环境法基本制度建设的高度，认识到 EPR 是在经济发展的前提下，为解决环境与资源的双重危机而提供的一项环境法上的创新性的制度安排。他对 EPR 进行了三个方面的详细阐释：第一，生产全过程控制治理模式中的生产者延伸责任；第二，生产者延伸责任与清洁生产责任；第三，我国 EPR 的立法体系。

研究指出，生产全过程控制治理模式找到了环境污染发生的整个轨迹，但并未真正有效落实各污染环节预防者的责任。当这个治理模式应对环境与资源的严重危机屡屡失灵时，人们开始从法律执行角度寻找原因，而不是从其制度构建本身寻找原因。EPR 相关制度的建立，使生产全过程控制治理模式发生革命性变化。它从物质循环利用角度，以生产活动中最积极、最活跃的要素——生产者为调控着力点，实现环境保护与资源节约的目标。至此，政府也从环境污染治理的直接责任者，真正转变为环境保护的管理、监督者，政府职能得以真正还原。随着政府环境管理能力和调控技术手段的不断提高，随着公众环境参与意识和参与水平的不断提高，EPR 的作用和适用领域将不断向纵深发展，给人类的生产活动和消费活动带来革命性的变化。

本书根据这三个方面的扩张性解释，研究了 EPR 相关法规的涉及范围，包括从产品设计到废弃产品再循环再利用的供应链各环节中的生产者责任。

（三）制度规范和激励效力的融合

制度可以分为硬制度和软制度，硬制度包括法律、规章、条令、政策、办法、合约、协议等，软制度包括规则、准则、惯例、习俗、禁忌、礼节、仪式、行为规范及道德规范等。本实证分析的研究对象属于硬制度范畴，最终目标是探索 EPR 下的相关法律法规在中国的执行情况和问题。本书用"制度效力"来表示制度设计的效力情况，是对法律效力制度规范层面的延伸。唐烈英（1995）在对法律效力与法律约束力的研究中指出，法律效力是法律对具体的法律关系的适用范围，包括时间、空间和对人的效力；法律一经公布，不管是否生效，就已有法律约束力。法律约束力为人们的行为提供模式、标准和方向，使人们能够估计自己的行为是合法还是非法，预见国家对自己和他人的行为态度，从而选择自己的行为方式和范围，并尽可能地将自己的行为限制在法律规定的范围内，以达到法律生效后的预期后果。

可见，制度效力通过法律约束力影响规范对象的执行模式、标准和方向。我们分别研究围绕法律法规所规范的主体和供应链环节的规范效力，以及围绕法律法规激励和约束效力的激励效力。需要注意的是，制度效力不同于制度执行力，但 EPR 的制度效力直接影响制度执行力和政策执行力——执行效力具有后置于政策颁布和制度推进的客观作用，直接反映法规中的内容对规范和激励对象的指向性效果评价。

van Meter 和 van Horn（1975）认为，政策执行是指公共人员和私人或公共团体和私人团体为了实现既定政策决策所设立的目标而采取的各项行动。这些行动主要可以分成两种类型：一种行动是为了将政策转换为具有可操作性的实施措施而做的努力；另一种行动是为了实现政策所规定的变迁目的而做的持续努力。

本书中分别通过相关法规的分布情况量化分析 EPR 的规范和激励效力，分析方法侧重对霍恩和米特所定义的第一种行动"为了将政策转换为具有可操作性的实施措施而做的努力"的研究，即对"硬"制度的效力分析。图 10.3 为 EPR 下法律法规实证研究逻辑关系图。

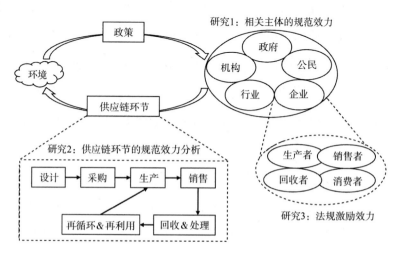

图 10.3　EPR 下法律法规实证研究逻辑关系图

二、EPR 相关环境法律制度的规范效力分析

（一）规范主体的制度规范效力分析

为了对规范主体进行制度规范效力分析，我们将宏观层面规范主体分为"企业、政府、机构、行业和公民"五类，宏观类的规范效力分析中规范主体被抽象为监管和问责、市场干预和垂范作用、费用补贴政策和辅助性制度支持。

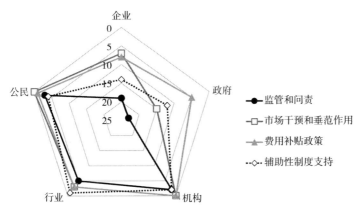

图 10.4　"规范主体—规范类型"数量分布图

图 10.4 分布图表示包括生产主体、回收主体、消费主体和研究主体在内的利益相关主体的对应分布。为了便于多维比较，设计统计规则为由外到内映射数量对数递增，越靠近中心数量越多。由统计结果可知如下内容。

第一，相应的映射关系最多的是企业和政府两个主体，而它们的规范主题相比其他几个主体而言较平均地分布在四个主题方面，其中对企业的规制在监管和问责、辅助性制度支持方面最多，而政府作为规制主体在监管和问责、市场干预和垂范作用两个主题的规范内容最多。企业和政府映射关系的法规主题比较与企业和政府的博弈、交互密切相关，这符合供应链治理理论中政府作为市场外的干预者，为了达到供应链可持续性目的而进行的引导和

协调。

第二，相关法规对于行业的规范尚且处于引导初期，数量不多，但是留给企业很多自发创新的机会。然而，在规范主体行业的相应法条中我们发现辅助性制度支持较少，对于 EPR 在产业方面的发展还需要进一步完善辅助支持性制度的设计。

第三，针对公民的具体条例很少且基本集中在对公民的消费行为引导和社会监督职责履行方面的规定。这说明我国公民在 EPR 中是非关键治理主体。

（二）供应链环节的制度规范效力分析

在供应链治理的理论框架下，EPR 在供应链环节的表现在实践和理论上都有很大意义。企业在供应链协作的环境下将产品从设计时的一个构念到被消费者消费后丢弃进入再循环或者废弃，都是产品环境中的责任流动，图 10.5 是相关法规对于供应链中延伸责任的具体界定范围的统计分析结果。

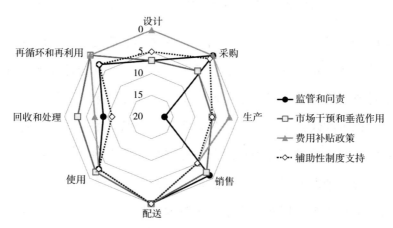

图 10.5　"供应链环节—法规规范主体"数量分布图

通过数量统计，我们可以很快地发现平时研究忽略的一些法规空白点。

第一，最突出地表现在"配送"环节的映射关系的缺失。作为供应链环节中不可缺少的一个运输配送的过程，配送环节所带来的环境外部性是不可忽视的。虽然我国法规中对机动车排放做了严格的规定和具体标准的要求，但是并没有将运输环节与企业的生产活动联系起来，从而对企业生产者责任进行相应的界定。

第二，设计阶段作为产品生产的源头，法规的费用补贴政策缺失。这在产品市场中可能无意识地让企业的环保产品设计更多地成为被动性选择，因为产品研发无疑是耗费很多成本的。

第三，采购阶段虽然苹果和华为这样的各行业大型企业都有绿色采购的行为和行业倡议，在法规的明文规定中对于采购阶段的监管和辅助支持都很缺失。

第四，回收和处理阶段政府可能存在过多干预。因为这部分法规的映射关系都集中在政府强制性很高的几类，并且以电子产品和汽车行业的废弃产品回收处理基金补贴的发放为主，而对于市场干预和垂范作用这一类激发市场活力的规范手段的内容较少。

（三）激励性描述性统计

根据对地方性法规的微观统计研究，我们从生产、回收和消费主体进行分类统计。

数据显示，从 2009 年国家实施家电以旧换新政策之后，涉及消费主体的政府补贴方面的地方性法规最多，而且所统计法规在内容上都与国家"以旧换新"的鼓励性政策条文密切相关。2009 年到 2011 年为法规密集推出的时期，从家电行业到汽车行业（2009 年北京、天津最先启动汽车行业以旧换新）到机关企事业单位；从低效电机的淘汰项目到面向所有商品的循环性以旧换新行为的鼓励，均广泛地在所统计地方的法规中得到了贯彻执行；从一年计划以及扩大计划（例如，上海市 2010 年 6 月扩大家电"以旧换新"实施范围截止到 2011 年底）到五年计划（例如，重庆市作为第二批试点城市制定了《重庆市废弃电器电子产品处理发展规划（2011-2015）》）。除此之外，2012 年天津和上海等地都制定了再生资源回收管理办法。可见，"以旧换新"的政策执行和地方推广的力度较大，而政策重心也在从刺激消费到控制污染转移。在中国发展重心由需求端改革创新向供给端转移的政策背景下，"以旧换新"在政策方面对绿色设计的提倡应重点关注。

另外，近几年《废弃电器电子产品处理基金征收使用管理办法》在各地的推行尚且处于经验积累阶段，资格许可制度管理下的回收者群体素质参差不齐，部分废弃产品资源还有被截留的现象，然而某些需要特别管控的废弃产品如空调等，则有极大可能产生二次污染，对环境整体造成十分恶劣的影响，总而言之，中国废弃产品回收利用中的"怪圈"不能仅由基金和补贴简单解决。而且政府在对相关技术研究、项目建设方面的投入与激励制度也没有提及具体金额，面向技术研究的政策中还有 67.7% 的条目为"仅说明"类别，缺乏具体措施，可见我国在落实 EPR 及其相关方面的研究、建设问题上，其投入还远远不够。因此，可以提出以下政策建议：增加措施、数值均明确的新激励性制度，并定期检查其落实情况与成果。

从法规的激励类型上看，总数占比最多的是"政府补贴"和"仅说明"两种，分别为 41% 和 37%，两者合计为 78%，几乎占据了绝大部分激励政策数量。这一数字一方面说明了政府在激励性政策方面还欠缺执行力，多达 37% 的激励性法规仅为"政府鼓励"等，并未涉及任何具体措施和数字，无法产生相对的强制力，对市场的作用很小。另外，41% 的激励性政策均为政府补贴，也就是直接的资金支持政策，这类直接的激励方式虽然有效，但缺乏灵活性，特别是近年来市场环境变化剧烈，只针对固定产品或者固定金额的补贴很容易成为鸡肋，无法真正达到刺激生产者履行生产者延伸责任的作用。

相比各项内容齐全、要求详尽的法律责任部分，以及其他国家的更广范围和高执行力的激励性政策，我国激励性政策的效力着实有所欠缺。我国需要增加措施、数值均明确的新激励性制度，并形成考核落实情况的长效机制。

（四）法律责任分析

根据对地方相关法规的较微观的统计研究，我们从政府、企事业单位、生产主体、销售主体、回收主体、外贸主体和第三方等方面分类统计法律责任，其中行政处分主要对象为政府；行政处罚包括罚款，没收所得，赔偿损失，查处单位，单位停业、关闭处罚，对单位和个人的行政处分；刑事责任包括主刑责任和附加刑责任；其他包含对建设项目、医院、单位和个人的惩罚性规定。分析结果如图 10.6 所示。

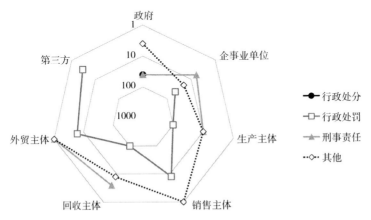

图 10.6　"地方惩罚性法规—相关利益主体"数量分布图

由图 10.6 可知，第一，相对于激励性，惩罚性特别地涉及了销售主体的责任，存在销售主体的奖惩失衡的问题。第二，主体与问题相互分离，作为概念主体的"生产者"与问题本身的"废弃产品再利用"相互分离，导致 EPR 无法在法律制度中充分体现，不能够有效地督促生产企业履行其相应义务。在本次 112 条我国地方性法规统计当中，几乎所有以生产者为责任主体的法规均属于"环境保护条例"和"污染防治办法"等类型，而将重心放在回收者的法规则属于"危险废物管理办法"和"再生资源回收利用管理办法"等类型，即使是明确规定了不同相关方责任的管理条例中，其法律责任部分也分别只有第一条涉及了生产者角度，其余仍以回收者为主体进行管制。这样的立法环境，将直接导致生产者将注意力大力集中在生产过程中造成的环境污染方面，而无暇顾及出厂后产品在使用结束后的处理问题，这部分问题就自然交接给了回收者，但由于回收者企业以营利为目的，所以只乐于负责经济回报较大的部分种类产品，不愿意负责需要付出更多时间和技术处理的产品，也可能存在规避法律制裁进行不符合环境要求的回收工作造成二次污染等严重问题。因此，选择多样性的协调方式，将生产者对于废弃阶段产品的回收和处理责任以除了费用征收的形式之外的方式进一步突出，将立法与生产者及其延伸责任在内容上更多地相互联系，具有一定的意义。第三，应负责回收的产品种类虽然在日益增多，但是覆盖率是否达到要求，需有严格的规范，并对回收者设定一些除资格制度之外的要求。

三、EPR 相关环境法律制度的演进规律分析

（一）环境法律的演进阶段分析

本书归纳了 EPR 相关法律的最新版本法律主旨的界定（表 10.1）。其中，"二级编码"代表该项法律产生此样本所属的版本序号，"公布年份"为人民代表大会常务委员会首次通过该项法律的年份。表 10.2 将主旨信息二次归

纳。演进时间不足一年的向上取整为一年。基于此，图 10.7 按照时间序列，从经济、社会和环境开展演进分析，得到如下三个演进阶段。其中，我们将 2000 年"可持续发展"主题词的出现作为前两阶段划分依据，将 2014 年《中华人民共和国环境保护法》25 年来的首次修订作为后两阶段的划分依据。

表 10.1　EPR 相关法律演进分析的法律文献主旨内容

一级编码	二级编码	公布年份	主旨界定
A1	A1.1	1984	防治水污染，保护和改善环境，以保障人体健康，保证水资源的有效利用，促进社会主义现代化建设的发展
	A1.2	1996	
	A1.3	2008	防治水污染，保护和改善环境，保障饮用水安全，促进经济社会全面协调可持续发展
	A1.4	2017	保护和改善环境，防治水污染，保护水生态，保障饮用水安全，维护公众健康，推进生态文明建设，促进经济社会可持续发展
A2	A2.1	1987	防治大气污染，保护和改善生活环境和生态环境，保障人体健康，促进社会主义现代化建设的发展
	A2.2	1995	
	A2.3	2000	防治大气污染，保护和改善生活环境和生态环境，保障人体健康，促进经济和社会的可持续发展
	A2.4	2015	保护和改善环境，防治大气污染，保障公众健康，推进生态文明建设，促进经济社会可持续发展
	A2.5	2018	
A3	A3.1	1989	保护和改善生活环境与生态环境，防治污染和其他公害，保障人体健康，促进社会主义现代化建设的发展
	A3.2	2014	保护和改善环境，防治污染和其他公害，保障公众健康，推进生态文明建设，促进经济社会可持续发展
A4	A4.1	1995	防治固体废物污染环境，保障人体健康，促进社会主义现代化建设的发展
	A4.2	2004	防治固体废物污染环境，保障人体健康，维护生态安全，促进经济社会可持续发展
	A4.3	2013	
	A4.4	2015	
	A4.5	2016	
A5	A5.1	1997	推进全社会节约能源，提高能源利用效率和经济效益，保护环境，保障国民经济和社会的发展，满足人民生活需要

一级编码	二级编码	公布年份	主旨界定
A5	A5.2	2007	推动全社会节约能源，提高能源利用效率，保护和改善环境，促进经济社会全面协调可持续发展
	A5.3	2016	
	A5.4	2018	
A6	A6.1	2002	促进清洁生产，提高资源利用效率，减少和避免污染物的产生，保护和改善环境，保障人体健康，促进经济与社会可持续发展
	A6.2	2012	
A7	A7.1	2002	实施可持续发展战略，预防因规划和建设项目实施后对环境造成不良影响，促进经济、社会和环境的协调发展
	A7.2	2016	
	A7.3	2018	
A8	A8.1	2005	促进可再生能源的开发利用，增加能源供应，改善能源结构，保障能源安全，保护环境，实现经济社会的可持续发展
	A8.2	2009	
A9	A9.1	2008	促进循环经济发展，提高资源利用效率，保护和改善环境，实现可持续发展
	A9.2	2018	
A10	A10.1	2016	保护和改善环境，减少污染物排放，推进生态文明建设
	A10.2	2018	
A11	A11.1	2018	保护和改善生态环境，防治土壤污染，保障公众健康，推动土壤资源永续利用，推进生态文明建设，促进经济社会可持续发展

表 10.2 主题词信息表

项目	主题词	符号	词频	通过年份	取消年份	演进时长/年
环境	环境（生态环境）	E	35	1984	—	35
	污染（和其他公害）	P&OPH	6	1989	—	30
	水污染	WP	4	1984	—	35
	大气污染	AP	5	1987	—	32
	土壤污染	SP	1	2018	—	1
	固体废物污染	SWP	5	1995	—	24
	生态安全	ES	4	2004	—	15
	水生态	WE	1	2017	—	2
	能源（节约能源）	EC	4	1997	—	22

续表

项目	主题词	符号	词频	通过年份	取消年份	演进时长/年
社会	生活环境	LE	4	1987	2015	28
				1989	2014	25
	健康	H	19	1984	—	35
	人民生活需要	LN	1	1997	2007	10
经济	能源利用效率	EE	4	1997	—	22
	能源（可再生能源开发利用）	RED	2	2005	—	14
	清洁生产	CP	2	2002	—	17
	资源利用效率	RE	4	2002	—	17
	水资源的有效利用	WR	2	1984	2008	24
	土壤资源永续利用	SS	1	2018	—	1
	经济效益	EB	1	1997	2007	10
综合	社会主义现代化建设	MD	6	1984	2008	24
				1987	2000	13
				1989	2014	25
				1995	2004	9
	国民经济和社会的发展	D	1	1997	2007	10
	经济和社会的可持续发展	SD	23	2000	—	19
	生态文明建设	ECC	7	2014	—	5
	循环经济	CE	2	2008	—	11
	经济、社会和环境的协调发展	CD	3	2002	—	17

1. EPR 产生期

一系列关于环境、污染、资源利用和能源消耗的法律不断出现，EPR 理念萌芽。在 1989 年《中华人民共和国环境保护法》诞生之前，1984 年《中华人民共和国水污染防治法》和 1987 年《中华人民共和国大气污染防治法》就明确提出水和大气的"环境"和"污染"问题，企业应为其经济行为带来的直接环境问题负责。"资源的有效利用"、"生活环境"和"健康"在"社会

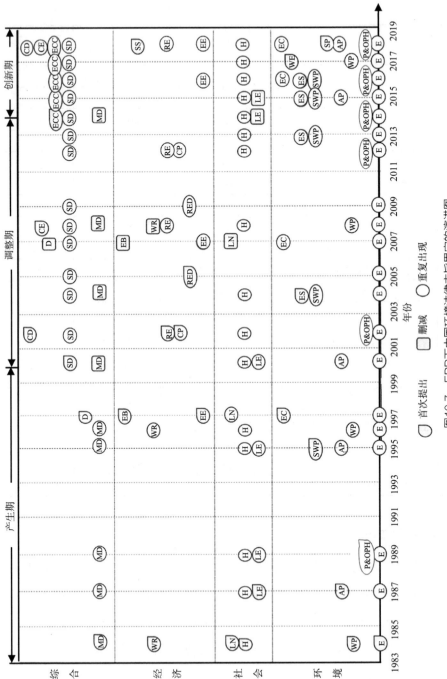

图10.7 EPR下中国环境法律主旨界定的演进图

主义现代化建设"的立法情境下被相继提出。随后，1995 年的《中华人民共和国固体废物污染环境防治法》的污染防治思路加入了产品的线索，"生产者、销售者、使用者"的责任被延伸到包装物回收利用的范畴。对进口企业的规范涉及"严重污染环境的落后生产工艺和设备"的进口以及固体废物的"非法入境"。此外，1997 年的《中华人民共和国节约能源法》把节能定位为国家发展经济的长远战略方针。

2. EPR 调整期

发展理念和生产方式被重新定义，EPR 原则中企业对产品的可持续环境责任在探索中不断丰富，对废弃阶段的规范更加明确，并出现向产品设计阶段延伸的趋势。2000 年《中华人民共和国大气污染防治法》修订，污染治理的理念从"现代化建设"被调整为"经济和社会的可持续发展"；2002 年《中华人民共和国清洁生产促进法》和《中华人民共和国环境影响评价法》首次提出"清洁生产"、"提高资源利用效率"的指导条文和"经济、社会和环境的协调发展"的发展方向，将环境纳入到协调经济和社会发展的重要组成单元。2004 年《中华人民共和国固体废物污染环境防治法》的修订，首次通过法律提出企业应对固体废物依法承担污染防治的延伸责任，对企业延伸责任的规定已经追溯到产品的设计和制造，同时将进口企业的回收责任纳入立法；2005 年《中华人民共和国可再生能源法》关于可持续发展从能源安全和非化石能源的利用视角进行分析，鼓励通过可再生能源在粗放型发展之外另辟蹊径。2008 年具有标志性意义的《中华人民共和国循环经济促进法》的颁布是对《中华人民共和国清洁生产促进法》的补充和强化，EPR 的理念开始了较充分的法律实践。随着此阶段从社会主义现代化建设到可持续发展理念的调整，关键词"水资源的有效利用""经济效益""生活需要"被逐渐删减，与生态环境相关的法律群在不断调整中独立性增强。

3. EPR 创新期

最具代表性的是 2014 年修订的《中华人民共和国环境保护法》。其被称为中国"最严环保法"，环保部门被赋予更多权力，标志着资源和环境已经成为我国未来很长一段时间发展的紧约束，广泛涉及利益相关者对产品全生命周期环境影响的责任。"生态文明建设"开始提上日程，并相继出现于 2014 年修订的《中华人民共和国环境保护法》、2016 年《中华人民共和国环境保护税法》和 2018 年《中华人民共和国土壤污染防治法》。"生活环境"关键词被淡化，不再强调"生活环境"与"生态环境"的区别，一定程度上反映"生态文明"理念下人与自然关系的重新审视。2016 年《中华人民共和国环境保护税法》作为 2015 年确立"税收法定"原则后制定的首部单行税法，以单独法律形式将市场机制引入资源环境的解决方案，建立了环境保护税的税收管理体系。2018 年《中华人民共和国土壤污染防治法》以法律形式规制有害物质全生命周期对土壤"永续利用"的责任，并进一步规范了农用品生产者、销售者和使用者对包装废弃物和农用薄膜的回收责任。"十三五"以来，随着战略性新兴产业的发展，针对新一代信息技术、高端制造、新能源等行业的发展规划也陆续出台，且均将高效、节能、减排放在首位。

（二）利益相关者权利义务分析

法学关系从属错综复杂，但其核心终不外为权利与义务。我们将利益相关者的责任细化到 EPR 相关法律条文，分析权利和义务的赋予情况。主要利益相关者包括企业、政府、公民和其他组织。在供应链治理情境，本书将其称为"治理主体"。首先，EPR 的实现基于企业履行环境责任。作为供应链内部推动组织变迁的直接经济单元，企业需要适应来自外部规制环境和内部运营环境的双重压力。除了一般意义上的"企业"，企业治理主体还包括产业园区、用能单位、机动车维修单位、新闻媒体等市场单元。其次，政府组织法律体系的总体设计，主导实施过程的监督管理和责任落实。最后，公民和其他组织不仅是环境规制中被赋予权利和义务的对象，也是社会经济活动的重要参与者。除了一般意义上的"公众""公民"，公民主体也包含志愿者等个人角色以及机动车使用者等消费者角色。其他组织包括金融机构、节能服务机构、中介机构、学会、行业协会、社会组织或团体等。

图10.8显示EPR相关法律治理主体权利和义务的赋予与履行的总体情况。研究样本对政府的规范和引导明显多于其他主体，并且权利的赋予和义务的履行在内容上总体平衡。企业作为EPR中的核心责任承担者，是法律的重要约束对象，其规范条文的数量仅次于政府，其中义务履行比重较大。而公民和其他组织的相关内容最少，法条中对"信息公开和公众参与"的相关权利的赋予值得关注，环境类信息披露的公众监督权利以及环境污染信息的知情权随之受到重视。

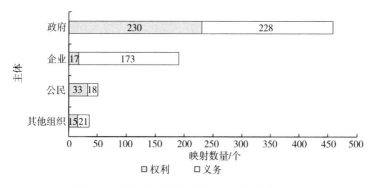

图10.8　EPR相关法律治理主体的权义分析

（三）供应链环节的治理分析

在EPR实施过程中，义务性规定的落实是重要组成部分。我们将产品供应链细化到8个环节（设计、开采、生产、进出口、销售、使用、回收利用、处置），治理方法归纳为管控方法、财政方法、模范方法、市场方法。基于此，进行如下规制交互分析。

1. 治理方法分析

与 EPR 相关的法律条文是各种治理方法的集合，因此对于治理方法的统计分析可以直观地看出各种方法的治理频率和强度。管控方法、财政方法、模范方法、市场方法四类治理内容的主要界定依据见表 10.3，治理方法的统计分析结果见图 10.9。其中管控方法指政府"命令-控制"类型的干预方法，其命令性和强制性最强。

表 10.3　法律条文治理方法的分类界定依据

治理方法		内容界定
管控方法	监管	监管、监督、举报、监测、预警、检查、调查、审查、普查、督促落实、加强管理、禁止、吊销经营许可证、罚款、能源/循环经济统计、能源审计、强制报废、限期建成/停止/拆除/淘汰、评估、检验和标准建立等监督管理类治理方法
	问责	依法承担责任、负责、处分、约谈、考核评价和目标责任等问责类治理方法
财政方法	筹资	预算、财政投入、财政补贴、财政资金、财政贴息、投资、补贴、专项资金和发展基金等财政筹资方法
	税收	税收政策、税收优惠、限制性税收政策和专项税法等税收方法
	收费	基金征收和费用缴纳等
模范方法	垂范	政府采购和模范带头等采用更严格的标准的模范治理方法
	鼓励	鼓励、支持、推广、促进、奖励和表彰等鼓励性治理方法
市场方法	价格	价格和交易政策等治理方法
	金融	金融、信贷优惠和社会融资等金融性治理方法

通过图 10.9 可以清晰地看到治理方法的情况：管控方法是主要的治理方法，其中监管方法在法律条文中的映射数量最多（379 个），问责方法次之（98 个）。鼓励方法与问责方法数量相当，在法律实施过程中起支持与引导作用。财政方法中税收和筹资治理在法律条文中较多，收费方法较少。垂范方法数

量较少，且集中体现在政府采购措施。

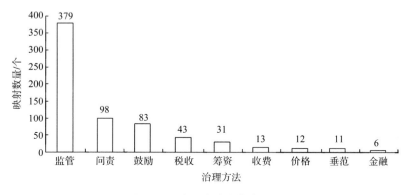

图 10.9　治理方法的统计分析

2. 供应链环节分析

对提供产品和服务的供应链环节的界定依据见表 10.4。

表 10.4　供应链治理环节的过程界定

环节	供应链治理环节的过程界定
设计	供应链中与设计相关的活动，包括生产选址、电力调度、产品成分设计、产品开发、工艺设计、技术研究、标记和标识设置、环保认证、技术创新、节能标准与产品开发和环境认证相关的活动、环境影响评估
开采	原材料等的开采活动
生产	各种生产和经营活动
进出口	进出口活动
销售	销售活动
使用	产品使用/消费活动，也包括能源消费
回收利用	回收、拆解、再制造、翻新、再利用、资源化、综合利用等活动
处置	废物/废水存储、拆解、销毁、处置、处理、无害化处理等活动

统计结果（图 10.10）显示，与核心生产环节相关的供应链活动在样本中最密集（227 条），使用、回收利用、设计和处置的相关法条次之，且数量

接近。销售、进出口、开采的相关法条数量较少，其中进出口相关的法条大多是具有强制性的限制性外贸规定。研究样本中涉及开采的法条数量最少，内容涉及造成土壤污染的清淤底泥、尾矿、矿渣的规范，矿产的科学开采和综合利用，以及开采过程规范和工艺要求。

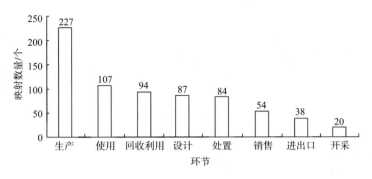

图 10.10　供应链环节下的统计分析

3. 交互分析

表 10.5 显示了供应链环节与治理方法的交互分析结果。首先，结合之前的结果，管控方法治理内容最多。表 10.5 进一步展示了管控方法中对供应链各环节治理强度的分布特征。监管方法中，对生产环节的治理最密集，使用阶段次之，处置、销售、回收利用、进出口和设计环节映射数量依次递减且治理强度差异较小，开采环节的监管法条数量最少。问责方法中，除开采环节之外，供应链其他各环节皆有涉及。其次，鼓励方法对治理强度集中于生产环节的不平衡特征的其他治理方法形成了一定的补充，并且对设计和使用阶段的补充支持较明显。最后，仍有很多规制的空白区域（共 12 项），在四种治理方法中皆有分布，开采环节涉及空白治理项最多。此外，如销售、进出口、回收利用和处置环节缺少垂范治理，处置环节缺少金融治理。最后，治理强度较小(以映射关系非空白，且不大于 5 来区分)的映射结果有 38 项，数量最多，其中市场方法和财政方法的占比较大。

表 10.5　供应链环节与治理方法的交互分析

环节	管控方法		财政方法			模范方法		市场方法	
	监管	问责	筹资	税收	收费	垂范	鼓励	价格	金融
设计	30	7	7	1	1	1	24	1	2
开采	13	0	0	1	0	0	2	0	0
生产	102	19	12	26	5	2	33	5	3
进出口	30	1	0	3	1	0	6	1	1
销售	37	2	2	1	1	0	8	3	1
使用	61	8	2	3	1	2	23	2	1
回收利用	32	5	2	4	4	0	19	2	1
处置	45	5	2	4	7	0	9	1	0

第三节　我国 EPR 下电子产品回收处理标准分析

一、废旧电子产品回收处理国家标准

根据 2015 年《生态文明体制改革总体方案》要求，2016 年 12 月 25 日，国务院办公厅印发了《生产者责任延伸制度推行方案》（国办发〔2016〕99号）。《生产者责任延伸制度推行方案》针对 EPR 的责任范围、重点任务和保障措施等方面制定了详细要求。EPR 是指将生产者对其产品承担的资源环境责任从生产环节延伸到产品设计、流通消费、回收利用、废物处置等全生命周期的制度。EPR 的具体内涵和外延见《生产者责任延伸制度推行方案》。该方案综合考虑产品市场规模、环境危害和资源化价值等因素，率先确定对四类产品实施 EPR，包括电器电子产品、汽车、铅蓄电池和包装物。电器电子产品是第一类，围绕电器电子产品落实 EPR，政府和企业重点关注以下几方面工作：一是废弃电器电子产品的生态设计，以 EPR 政策和标准为基础，充分利用生态设计对废弃电器电子产品回收和资源利用的作用机理。二是废弃电器电子等产品的新型回收体系构建，以"互联网+回收"为切入点，发挥"互联网+回收"对企业规范回收、整合、利用和处置再生资源，以及保障数据安全的影响机制。三是废弃电器电子产品回收处理相关制度，以废弃电器电子产品处理基金和信息共享为重点，研究基金对 EPR 的激励约束作用，以及评价废弃电器电子产品的 EPR 实施效果。四是电器电子产品实施EPR 的管理体系，涉及废弃电器电子产品生产、回收、再制造的相关流程规范化管理。

在对我国生产者责任延伸制配套政策整理过程中，本书重点介绍并分析了废旧电子产品回收处理的相关标准及其与生产者责任延伸制的关系，包括回收处理要求、可回收利用率计算方法和可回收性能评价准则。目前存在 8 类与废旧电子产品回收处理相关的国家标准，具体内容如表 10.6 所示。

表 10.6　废旧电子产品回收处理相关国家标准

国家标准号	国家标准名称	发布/实施
GBT 22422-2008	通信记录媒体的回收处理要求	2008.10.7/2009.4.1
GBT 22423-2008	通信终端设备的回收处理要求	2008.10.7/2009.4.1
GBT 22425-2008	通信用锂离子电池的回收处理要求	2008.10.7/2009.4.1
GBT 22426-2008	废弃通信产品回收处理设备要求	2008.10.7/2009.4.1
GBT 26258-2010	废弃通信产品有毒有害物质环境无害化处理技术要求	2011.1.14/2011.6.1
GBT 26259-2010	废弃通信产品再使用技术要求	2011.1.14/2011.6.1
GBT 28522-2012	通信终端产品可回收利用率计算方法	2012.6.29/2012.10.1
GBT 29237-2012	通信终端产品可回收性能评价准则	2012.12.31/2013.6.1

二、废旧电子产品回收处理要求

废旧电子产品回收处理要求包括通信产品的回收处理要求、回收处理设备要求和回收处理技术要求。

（一）通信产品的回收处理要求

通信产品回收处理系列标准目前包括 GBT 22426-2008、GBT 22422-2008、GBT 22423-2008、GBT 22425-2008、GBT 22421-2008（《通信网络设备的回收处理要求》）和 GBT 22424-2008（《通信用铅酸蓄电池的回收处理要求》）。其中，GBT 22421-2008 中规定的网络设备非终端产品，同时 GBT 22424-2008 中铅酸蓄电池常用于交通运输和电信电力领域，如汽车、火车、电动车和电站等，所以废旧电子产品相关的标准主要为 GBT 22426-2008、GBT 22422-2008、GBT 22423-2008 和 GBT 22425-2008，主要涉及通信记录媒体、通信终端设备和通信用锂离子电池三类电子及相关产品（图 10.11）。

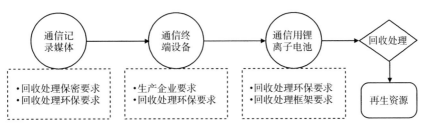

图 10.11　通信产品回收要求

GBT 22422-2008 发布于 2008 年 10 月 7 日，自 2009 年 4 月 1 日起实施。GBT 22422-2008 给出了通信记录媒体的保密要求。一方面要求使用者提前删除，更强调物理破坏方法非科学，达不到破坏信息的目的；另一方面要求通信记录媒体的回收企业不得直接使用回收产品。同时给出了废旧电子产品回收处理的保密要求，如专人监管和流程录像等建议。但目前标准对于保密要求的内容过于简化，对于回收处理过程中相关责任的划分以及监管人资质和相关认证流程均未详细说明，考虑生产者责任延伸制的数据安全工作及具体要求仍需持续完善。在环保要求方面给出了对回收企业资质的要求，提出了对光盘、磁带和硬盘等产品的回收处理要求。如光盘不适合化学处理方法；

磁带较光盘适合化学方法而非物理方法；硬盘更适合物理方法。现实回收中，企业很难做到具体物品具体回收利用，往往考虑到规模经济，而选择简单统一回收处理方式。尽管降低了回收成本，但也降低了回收利用率，进而增加了环境负担。总体来看，在回收处理方法方面，GBT 22422-2008 更倾向于物理方式对产品回收处理，如破碎、分离和强磁场等。在回收实践应用方面，GBT 22422-2008 忽略了回收成本对回收企业行为的影响，更突出回收处理的环境绩效。

GBT 22423-2008 发布于 2008 年 10 月 7 日，自 2009 年 4 月 1 日起实施。GBT 22423-2008 对生产企业的责任给出了具体要求，包括材料要求、易拆解需求、标识需求和回收处理指导信息。材料要求强调不影响性能的前提下，应注意生产材料的再利用性。生产材料的再利用性直接影响废旧电子产品的再利用率（reuse and recycling rate）。易拆解需求强调产品设计要考虑易拆解性和材料种类数量。标识需求要求内容较少，仅强调材质标识要符合国家法规和标准。回收处理指导信息中更多强调生产企业和生产企业认可的有资质的回收处理企业之间的信息共享责任与内容要求。与 GBT 22422-2008 相比较，GBT 22423-2008 在回收处理环保要求方面侧重回收过程的控制。如回收处理企业应将由回收过程描述、回收过程难点和回收处理结果构成的回收处理过程报告提供给生产企业。可见，GBT 22423-2008 在给出回收处理过程要求中，突出了回收企业在生产企业落实生产者责任延伸制过程中应该承担的废旧电子产品回收责任，表明在生产者责任延伸制实施过程中生产者责任的延伸方式不仅局限在自身履行的内容，更强调与供应链上其他企业的合作责任。

GBT 22425-2008 发布于 2008 年 10 月 7 日，自 2009 年 4 月 1 日起实施。锂离子电池广泛应用于手机和电脑等高科技电子产品中，因其含有很多金属元素，存在一定回收价值，同时，也会因处理不当对环境造成污染。GBT

22425-2008 的发布是为了规范废弃锂离子电池的回收过程，提高再生资源利用率，减少污染。GBT 22422-2008 主要涉及回收处理环保要求和回收处理框架要求两方面。回收处理环保要求主要针对收集、运输、存储、处理及处理方法。在对废弃锂离子电池回收工艺要求基础上，GBT 22422-2008 也给出了排放要求需符合 GB 16297-1996（《大气污染物综合排放标准》）。GBT 22425-2008 一方面强调构建科学高效的回收网络的重要性；另一方面表明当前废旧电池回收率较低。可见，除了规范的回收网络和处理流程，如何提高废旧电池逆向物流源头回收率依然是关键问题。

（二）回收处理设备要求

为了促进废旧电子产品的回收利用，同时更好地衔接国家法规和监管的相关要求，2008 年 10 月 7 日，我国国家质量监督检验检疫总局和国家标准化管理委员会发布了《废弃通信产品回收处理设备要求》（GBT 22426-2008），自 2009 年 4 月 1 日起实施，其涉及的主要设备如图 10.12 所示。

图 10.12 回收处理设备

GBT 22426-2008 作为废弃通信产品回收处理系列之一，对回收设备的噪声、能耗指标，以及防护条件给出了具体的参数要求。例如，运输设备和存储设备中的警示标志应满足《危险货物包装标志》（GB 190-2009）；混合材料分离设备中粉尘排放应满足《中华人民共和国国家职业卫生标准》（GBZ 2.2-2019）（GBZ 2.2-2019 代替 GBZ2.2-2002 工作场所有害因素职业接触限值第 2 部分：物理因素）；焚烧设备中焚烧炉的温度、燃烧效率焚毁去除率等参数要求。

（三）回收处理技术要求

为了更好地再利用废弃通信产品中完好的零部件及元器件，减少环境污染，我国发布针对废旧电子产品的系列标准，包括 GBT 26258-2010 和 GBT 26259-2010。GBT 26258-2010 对应 GBT 22423-2008 和 GBT 22425-2008 相关要求，GBT 26259-2010 对应 GBT 22422-2008 和 GBT 22423-2008 相关要求，回收处理标准中共性要求及对应关系如图 10.13 所示。

图 10.13   回收处理标准中共性要求及对应关系

GBT 26258-2010 发布于 2011 年 1 月 14 日，自 2011 年 6 月 1 日起实施。GBT 26258-2010 在借鉴 GBT 22423-2008 和 GBT 22425-2008 相关内容基础上，进一步给出了废弃通信产品有毒有害物质环境无害化处理技术要求。GBT 26259-2010 中给出的环境无害化处理技术要求包含 GBT 22423-2008 中针对锂离子电池的回收处理要求，但 GBT 26258-2010 侧重多种有毒有害物质的回收处理。GBT 26258-2010 和 GBT 22423-2008 在生产企业和回收处理企业的责任界定方面是一致的。如回收处理信息的提供方式，均是生产企业需主动提供信息，回收企业可以提出信息要求，实现信息共享。

GBT 26259-2010 发布于 2011 年 1 月 14 日，自 2011 年 6 月 1 日起实施。GBT 26259-2010 在借鉴 GBT 22422-2008 和 GBT 22423-2008 相关内容基础上，进一步细化和提升了回收处理技术要求，给出了通信产品再使用设计要求、再使用原则和再使用处理流程。在再使用设计要求中，与 GBT 22423-2008类似，同样要求材料减量化，但更突出材料的可靠性，区别于 GBT 22423-2008中的再利用性。GBT 26259-2010 更加突出零部件的重复使用性，指出模块化和标准化对产品再使用的意义。易修复升级性也是 GBT 26259-2010 对产品设计的要求。在再使用原则要求中，与 GBT 22422-2008 类似，给出信息安全原则，即 GBT 22422-2008 中给出的通信记录媒体的保密要求。信息安全问题一直是影响消费者对废旧电子产品回收意愿的重要因素。除了信息安全原则还有质量原则，质量原则是为了保障再使用产品的可靠性。级别有限原则鼓励企业直接再使用，促进节能减排目标实现。节约及环保原则是废弃通信产品能否被回收的基本底线原则。在再使用处理流程要求中，给出了回收处理企业的工作重点，如对再使用可能性的预检测，对产品性能和可靠性的检测，以及再使用说明的告知，用以区别新产品质量和性能。

三、废旧电子产品可回收利用率计算方法

GBT 28522-2012 发布于 2012 年 6 月 29 日，自 2012 年 10 月 1 日起实施。GBT 28522-2012 给出了通信终端产品可回收利用率计算标准。在综合 GBT 26259-2010 和 GBT 20861-2007（《废弃产品回收利用术语》）基础上，GBT 28522-2012 细化并更新了通信产品可回收利用相关的专业术语。例如，对标 GB 22423-2008 中再利用率，GBT 28522-2012 中将再利用率细化成 5 个指标，即再使用率（reusability rate），特指直接用于原用途的废弃产品零部件；再生利用率（recyclability rate），特指废弃产品中可再利用的材料，不包括能量回收部分；再回收利用率（recoverability rate），特指废弃产品中的回收利用部分和能量回收部分；可再生利用率（expected recyclability rate），特指新产品中可再利用的材料，不包括能量回收部分；可再回收利用率（expected recoverability rate），特指新产品中的回收利用部分和能量回收部分。在给出再生利用率和可再生利用率中，考虑到不确定性影响，新产品中的零部件不一定能够被再生利用，所以 GBT 28522-2012 给出了新产品中可再使用零部件质量为零的参数设定。该参数要求表明，对于监管方来讲，对企业新产品的直接可再使用零部件质量不做要求，符合实际情况；对于企业自身来讲，在估计新产品可再生利用率和可再回收利用率方面，一般给出的参数为最低期望水平，不应该对新产品中的零部件的可再使用率做过高估计，要结合实际情况，对不确定性做出合理估计。

四、废旧电子产品可回收性能评价准则

GBT 29237-2012 发布于 2012 年 12 月 31 日，自 2013 年 6 月 1 日起实施。GBT 29237-2012 重点给出了通信终端产品的可回收性能（recoverability）相关要求，是 GBT 22422-2008、GBT 22423-2008、GBT 22425-2008、GBT 22426-2008、GBT 26258-2010、GBT 26259-2010 和 GBT 28522-2012 系列标准的概括，整体内容侧重可回收性能评价原则介绍。GBT 29237-2012 与上述标准内容均有对照，如 GBT 29237-2012 中模块化原则对应 GBT 26259-2010 中模块化和标准化；GBT 29237-2012 中可再生利用率和可回收利用率对应 GBT 28522-2012 中的通信终端产品可回收利用率；GBT 29237-2012 中利用再生材料和材料易回收原则对应 GBT 22423-2008 中生产材料的再利用性；GBT 29237-2012 中结构易拆和材料易分离原则对应 GBT 26259-2010 中易拆解和易修复升级原则。

如上文所述，GBT 22422-2008、GBT 22423-2008、GBT 22425-2008、GBT 22426-2008、GBT 26258-2010、GBT 26259-2010、GBT 28522-2012 和 GBT 29237-2012 均应用于通信领域，针对通信终端设备，不包含通信网络设备。

该系列标准总体对标 GB/Z 40824-2021（《环境管理　生命周期评价在电子电气产品领域应用指南》）给出具体参数要求。标准中的生产材料的回收性要求、产品设计模块化要求、产品结构可升级性要求、产品回收过程标准化要求，以及生产企业与回收企业的信息共享和回收责任要求等均为我国《生产者责任延伸制度推行方案》的完善和实施提供了科学依据。

实践篇　生产者责任延伸的企业应用研究
与案例分析

第十一章
汽车产业的 EPR 实践分析

中国汽车产业的 EPR 相关法律法规逐渐呈现并处于不断发展完善阶段。因此本章选取了一部分国内领先企业在实施 EPR 方面的优秀成果，旨在利用案例分析的方式帮助读者加深对汽车行业 EPR 机制的理解，通过案例的梳理厘清汽车行业 EPR 的有效运行机制，为中国汽车行业 EPR 的实施模式和机制提供借鉴依据。本章共分为三节，第一节是对我国汽车行业 EPR 发展现状的阐述，并引出目前在汽车行业 EPR 中仍存在的一些问题；第二节选取了 8 个汽车行业 EPR 实施的优秀企业，从纵向和横向两个维度进行对比分析；第三节是从参与主体及运行模式两个方面对我国汽车行业 EPR 运行机制的分析。

第一节　我国汽车行业 EPR 发展现状分析

汽车产业属于资源密集型产业，具有链长、关联度大、辐射范围广等特点，是我国国民经济的重要支柱。商务部和中国物资再生协会的数据显示，2020 年我国约有 1800 万辆报废汽车，但进入正规拆解厂的大约只有 240 万辆，绿色回收率不足 20%。截至 2021 年底，我国汽车保有量达到 3.02 亿辆，报废汽车回收量为 249.3 万辆，进行资源再生利用预计可实现减排 947.3 万吨二氧化碳。因此，开展资源综合利用是我国汽车产业实现绿色可持续发展的有效手段和必然选择。为推动汽车产业的资源节约集约循环利用，国务院办公厅于 2016 年印发《生产者责任延伸制度推行方案》，指出要在汽车行业实施生产者责任延伸制度，推动汽车生产企业履行资源环境责任，促进报废汽车规范回收和资源高效利用。

为进一步探索建立易推广、可复制的汽车产品 EPR 实施模式，2021 年 6 月，工业和信息化部会同科技部、财政部、商务部联合印发《汽车产品生产者责任延伸试点实施方案》，并于 2022 年 10 月 20 日正式公布试点名单，包括一汽、东风、吉利、陕汽等在内的 11 家行业重点汽车生产企业联合 62 家产业链上下游相关企业入选该名单。试点名单的发布标志着我国正式启动汽车产品 EPR 试点工作，向构建以汽车生产企业为主体的资源循环利用体系、助力实现"碳达峰、碳中和"目标迈出坚实一步。

相较于其他行业，我国汽车行业由于其全产业链这一典型特征是 EPR 实施的先行者，因此具有一定的实施经验。但是，从汽车行业 EPR 的发展现状来看，我国汽车行业仍存在很多棘手的问题。以下为我国汽车行业 EPR 发展的现状分析和问题挖掘。

一、发展现状

（一）政策层面——报废汽车回收拆解市场逐步规范化发展

1995 年 10 月颁布的《中华人民共和国固体废物污染环境防治法》，其中的第十七条中提到"产品生产者、销售者、使用者应当按照国家有关规定对可以回收利用的产品包装物和容器等回收利用"。可见，早在 20 世纪国家政策层面就已经对生产者、销售者和使用者的生产责任延伸提出了初步的要求。

为了促进清洁生产，提高资源利用效率，减少和避免污染物的产生，保护和改善环境，保障人体健康，从而促进经济与社会可持续发展，2002 年 6 月颁布的《中华人民共和国清洁生产促进法》，其中第二十条"产品和包装物的设计，应当考虑其在生命周期中对人类健康和环境的影响，优先选择无毒、无害、易于降解或者便于回收利用的方案"已经对生产者责任延伸内容做了较为细致的要求。

2008 年 8 月颁布了《中华人民共和国循环经济促进法》。循环经济促进法从法律上确定了发展循环经济的目的、定义、基本方针、遵循原则、基本管理制度、激励约束措施等，推动我国循环经济发展步入法治轨道。这是我国第一部以提高资源利用效率为主要目的，以减量化、再利用、资源化为基本原则和实现路径，促进循环经济发展的法律。

自 2012 年起，我国先后新修订的《中华人民共和国清洁生产促进法》、《中华人民共和国循环经济促进法》和《中华人民共和国固体废物污染环境防治法》中均涉及生产者责任延伸的内容。国务院在 2015 年 5 月发布的《中国制造 2025》中提出：打造绿色供应链，加快建立以资源节约、环境友好为导向的采购、生产、营销、回收及物流体系，落实生产者责任延伸制度。2015 年 9 月发布的《生态文明体制改革总体方案》中再次提出：实行生产者责任延伸制度，推动生产者落实废弃产品回收处理等责任。

自 2016 年起，我国相继颁布了一系列有关汽车行业 EPR 的政策文件，将汽车行业的 EPR 管理逐步纳入法律法规体系，强调生产企业的报废汽车回收以及资源综合利用主体责任。2016 年，国务院办公厅印发《生产者责任延伸制度推行方案》，提出率先确定对电器电子、汽车、铅酸蓄电池和包装物等 4 类产品实施生产者责任延伸制度。

随后在《绿色制造工程实施指南（2016-2020 年）》和《关于开展绿色制造体系建设的通知》中也均明确提出了生产者责任延伸。自 2016 年 1 月 1 日起，对总座位数不超过九座的载客车辆（M1 类）有害物质使用和可回收利用率实施管理。其中，新产品有害物质使用、可回收利用率计算方法应分别符合国家标准《汽车禁用物质要求》《道路车辆可再利用性和可回收利用性计算方法》的要求。汽车生产企业应在申请新产品《车辆生产企业及产品公告》时，报送《汽车有害物质信息表》，并在获得《车辆生产企业及产品公告》6个月内，通过适当的途径和方式，向回收拆解企业提供《汽车拆解指导手册》。工业和信息化部每年发布汽车行业绿色发展年度报告，公布汽车有害物质使用和可回收利用率等信息，对汽车生产企业制度建设、绿色供应链管理等情况进行总结和评估。

2019年发布的《报废机动车回收管理办法》和2020年发布的《报废机动车回收管理办法实施细则》，鼓励机动车生产企业从事报废机动车回收活动。机动车生产企业按照国家有关规定承担生产者责任，应当向回收拆解企业提供报废机动车拆解指导手册等相关技术信息。2020年，国家发布了修订后的《中华人民共和国固体废物污染环境防治法》，确立了车用动力电池等产品的生产者责任延伸相关制度，明确要求建立车用动力电池等产品的生产者责任延伸制度，首次将生产者责任延伸列入法律体系。

2021年4月，国务院办公厅印发了《关于服务"六稳""六保"进一步做好"放管服"改革有关工作的意见》，意见提出规范报废机动车回收拆解企业资质认定，支持具备条件的企业进入回收拆解市场，依法查处非法拆解行为。2021年6月，工业和信息化部等四部委发布《汽车产品生产者责任延伸试点实施方案》，该制度强制性明确生产者对产品的全生命周期负责，对产品报废与处置承担责任，生产者责任延伸制度根本理顺了生产者与回收者的利益关系，有助于促进产品回收技术提升和回收的产业化、经济化运行。2021年7月，国家发展改革委发布的《"十四五"循环经济发展规划》指出，要推进汽车使用全生命周期管理和废旧动力电池循环利用行动，同时强化行业监管，严厉打击非法改装拼装、拆解处理等行为，加大查处和惩罚力度。

2022 年 2 月,工业和信息化部牵头相关七部委联合印发《关于加快推动工业资源综合利用的实施方案》将推进汽车等产品生产者责任延伸试点工作纳入"十四五"再生资源高效循环利用重点工程。随着这些政策法规的颁布实施,我国汽车产品 EPR 政策体系逐步完善,为"十四五"期间建立健全汽车产品 EPR 提供了重要保障。

2022 年 7 月,生态环境部发布《报废机动车拆解企业污染控制技术规范》(HJ 348-2022),该标准自 2022 年 10 月 1 日起实施。2022 年 10 月 20 日,方案中提到的试点申报企业名单正式发布,包括一汽、东风、吉利、陕汽等在内的 11 家行业重点企业正式入选该名单。此次试点名单的发布,标志着为期两年的试点正式启动,对建立健全 EPR 相关制度落地实施模式具有重要意义。通过本次试点,将选树一批标杆企业,推动汽车生产企业切实落实资源环境责任,带动汽车工业资源综合利用水平高效提升。

加快构建汽车资源综合利用体系,是深入贯彻习近平生态文明思想,立足党的二十大新发展阶段,完整、准确、全面贯彻新发展理念,构建新发展格局、建设生态文明的重要内容。

（二）实践方面——产业协同,探索循环快速发展新模式

随着汽车报废量进入上升周期和产业政策的影响,我国汽车拆解行业步入一个快速发展阶段。在企业规模方面,根据商务部市场体系建设司的数据,截止到 2021 年 2 月 22 日,回收拆解企业共计 771 家,增加 40 家,增加 5.47%。在报废机动车回收量方面,根据商务部统计,2021 年报废汽车回收拆解数仅为 249.3 万辆,同比增长高达 20.7%。2017 年至 2021 年,五年间复合增长率为 9.4%,保持高增长态势。汽车拆解行业市场规模从 2017 年 18.53 亿元快速增长至 2021 年 143.24 亿元,年均复合增长率为 66.74%,保持较快

增长态势。汽车零部件制造商、再生服务商、汽车拆解服务商将充分受益。但是，一直以来，我国汽车产品回收再利用行业存在着报废汽车回收拆解精细化程度不高、报废汽车再生利用水平低、产业链上下游闭环机制缺失等问题。为解决此类问题，亟须产业协同，探索循环发展的新模式。

2021 年 6 月的《汽车产品生产者责任延伸试点实施方案》中提出，鼓励汽车生产企业与报废机动车回收拆解企业、资源综合利用企业等联合申报试点，与相关企业、研究机构合作开展报废汽车精细化拆解、废旧零部件快速检测与分选、报废汽车"五大总成"等零部件再制造等关键共性技术的研发应用，实现前后端企业的资源共享的解决方案无疑是最好的尝试。其中试点企业之一浙江吉利汽车有限公司（简称吉利汽车）积极响应号召，与 2 家回收拆解企业及 3 家资源综合利用企业共同成立联合工作小组，开展零部件拆卸拆解、零部件回用、零部件再制造、材料再生利用等技术的研发，推动回收件与再制造件在售后维修市场上的应用，最大限度地利用报废汽车资源。

在产业协同实践中，中国第一汽车集团有限公司（简称中国一汽）积极贯彻国家汽车产品回收政策，提前布局报废汽车回收网点建设，目前已与联合申报试点的回收拆解企业针对一汽红旗、一汽奔腾、一汽大众等品牌车辆的回收拆解利用率方面开展深入研究，优化车辆的拆解工艺。未来，中国一汽也将持续进行精细化拆解，提高回收再利用零件与再制造件的利用率。预计至 2023 年 8 月，中国一汽的汽车产品的资源综合利用率将提升至 76%。吉利汽车也积极加入 EPR 的产业协同实践中，预计至 2023 年 8 月，实现 75% 的资源综合利用率。

（三）落地方面——政企联动，为 EPR 试点实施保驾护航

目前，我国汽车行业对于 EPR 的实践仍处于起步阶段，管理水平参差不

齐，部分企业面临管理不规范、制度不健全等问题。为了助力企业提高 EPR 管理水平，确保试点工作有效推进，我国政府主管部门及相关行业机构将围绕 EPR 政策体系、EPR 标准体系以及资源综合利用共性技术持续开展深入研究。

一是持续完善相关标准。在报废汽车回收方面，针对报废汽车资源综合利用标准瓶颈进行技术攻关，以报废机动车回收拆解企业实际拆解数量为计算依据，形成可量化汽车资源综合利用水平的《实际回收利用率和实际再利用率计算规范》；在再生材料使用方面，研究形成《道路车辆用再生塑料技术规范》等专业化、规范化、科学化的新技术引擎，共同支撑 EPR 管理体系建设。

二是不断强化政策引导。一方面，充分把握 EPR 试点实施的节点和力度，坚持边试点、边总结、边推广，逐步扩大实施范围，稳妥推进相关工作，充分发挥标杆企业的引领带头作用，探索全生命周期内资源环境责任履行模式；另一方面，聚焦有害物质管理、再制造、再生材料、动力电池回收利用体系建设、信息公开等重点工作领域，研究构建适应我国国情的配套政策体系。

三是建立信息化管理平台。依托大数据、云计算等技术手段，搭建公共服务平台，打通汽车产业链上下游信息断点，监测汽车行业用能、耗材及碳排放特征，分析重点环节、设备的资源综合利用潜力，聚焦再生资源高值化难点、工业资源协同利用堵点，精准施策、靶向发力，以科技赋能汽车资源综合利用产业高质量发展。

二、存在问题

党的十九大以来，我国把生态文明建设放在突出地位，着力推进绿色、循环、低碳发展，促进经济社会与自然和谐共进。我国是汽车工业大国，汽车产销量已经连续多年位居世界第一，报废量也随之攀升，2021年我国老旧机动车报废理论数量已经接近1500万辆。然而，长期以来报废汽车行业存在着实际回收率偏低、资源综合利用率不高等痛点问题。报废汽车作为"城市矿产"，对其合理有效地回收利用，是发展循环经济的重要内容，也是推动汽车行业可持续发展的必然选择。

（一）政府层面

EPR实施以来，国内法律法规和监管措施持续优化，不断完善，对EPR实践起到重要的指导和引领作用，但是仍存在一些瑕疵。一方面政策法规尚待完善，虽然我国在报废汽车回收利用方面发布了一系列法律法规，但是与发达国家相比，我国法律规定得不够全面、缺乏细节，导致可操作性差，且在车辆回收过程中的责任分配不够明确。《报废汽车回收管理办法》作为我国报废汽车回收处理的核心法规，是从汽车产品报废后即生命周期的末端出发，侧重于报废汽车回收处理行业的管制，没有考虑汽车生命周期前期的产品设计、制造等环节，也没有明确指出生产者应当承担的回收处理责任。在《汽车产品回收利用技术政策》中，虽然对生产者需要承担的责任做出了规定，但是该政策本身法律地位不高，而且没有具体的操作办法导致责任无法具体落实。此外，严格控制"五大总成"再制造的规定，也会继续限制我国汽车零部件再制造的发展。

另一方面，监管存在部分缺失。由于法律上责任划分不明确，我国同时有多个单位在管理报废汽车回收。公安部门负责报废车的注销登记和车辆拆解时的监督，回收拆解企业则由市场监督管理部门负责监管，但各部门实际上都未有效监管报废车辆的回收问题，导致实际回收报废车辆只占报废车辆的23%左右。执法力度远未达到应有的效果，而且地方保护主义的倾向导致行业内的监管混乱，监督机制有待健全。

（二）生产者层面

生产者责任应该涵盖产品的整个生命周期。生产者应当在汽车产品生命周期前端时，就考虑到产品的回收和处理，并使用利于拆解的绿色设计，同样在生产过程中也使用无害化的材料和对环境友好的工作流程。在汽车产品的生命中期，生产者同样要负起教育消费者的责任，使其环保地使用汽车并知道如何处理报废的汽车。而在汽车产品的生命末期，生产者和产品进口者应该和汽车拆解企业建立合作关系，对拆解企业公开必要的信息，让汽车得到有效的无害化处理。虽然目前国家顶层政策已初步建立，试点工作如火如荼，但政策落实到具体企业还需一段时间，加之在生产端实现产品的回收及处理也需要一定的成本投入，企业也需要成功的案例指引方向。如果企业自身未能将 EPR 提上管理日常，仅基于自身效益考虑，不主动承担绿色设计和回收等责任，造成对报废汽车回收处置承担直接责任的主体缺失，将会极大阻碍我国报废汽车回收处理产业的发展，也阻碍我国汽车产业的绿色创新。因此，正确引导企业建立起符合自身的 EPR 并落地实施十分关键。

（三）汽车回收行业

尽管汽车回收行业取得了重要的成绩和对 EPR 实践做出了很大的贡献，但是仍然存在着经营混乱而且汽车回收企业能力不足的问题。从 2008 年到 2016 年的数据上看，我国报废汽车从正规回收渠道回收的只有 23%。根据清华大学环境学院循环经济产业研究中心主任温宗国估算，2020 年进入正规回收渠道的报废量可能仅占实际报废量的 20%左右。而且如上文所述，即使所有报废汽车都通过正规回收渠道回收，我国的汽车回收行业也不能将其吸收，这其中体现出的是汽车回收行业发展水平严重滞后。尽管 2020 年出台的《报废机动车回收管理办法实施细则》取消了发动机、方向机、变速器、前后桥、车架"五大总成"强制回炉销毁的规定，但现实中报废车部件能用作二手配件的依旧很少，能够利用这些二手配件的技术和市场均不成熟。我国报废汽车回收企业资源分散、经济效益低、生产规模小，全国性的回收网络规模效应不显著，经营管理方式落后、技术手段和技术装备科技含量低、拆解效率低下，导致我国报废汽车的回收利用率低。我国通过正规回收渠道回收汽车的回收利用率，仅为 80% 左右远低于目标的 95% 水平。拆解回收利用的基本上都是废钢铁和一些易分拣、较大的有色金属，其他材料如塑料、橡胶、玻璃等大都无法回收利用。同时这些企业从业人员也存在业务水平偏低、技术创新能力不足、环保意识淡薄等问题。同时，市场监管也存在不足，对非正规回收渠道缺乏有效监管，导致一些该报废的汽车进入二手车市场，经过改装奔跑在城郊、乡村。

（四）消费者的角度

近年来，消费者的环保意识不断提升，但是仍然存在着很大部分的消费者未尽其有效处理报废车辆的义务，环保意识有待提升。在关于我国汽车回收行业的研究中，大多数研究者都强调政府监管失效导致报废汽车流失严重，而忽略了让报废汽车流失的其实是车主本人。当汽车进入生命周期的末期，消费者本可以选择正规合理的渠道处理自身报废汽车，但是大多数消费者可能出于经济的考虑而选择让其流入黑市。这体现出的不仅是我国消费者环保意识薄弱，更体现出政府和汽车行业对消费者教育的缺失，让其只关注到了汽车残存的价值而没有意识到无法有效处理报废汽车对环境的危害。

第二节　我国汽车行业案例分析

一定数量的案例分析一方面可以帮助我们更好地了解现阶段我国 EPR 实施的特点；另一方面更可以帮助我们更好地理解 EPR 实施的过程和关键点，以助于我国 EPR 相关制度和运行机制的建立。

政府视角下，汽车行业积极贯彻落实《生产者责任延伸制度推行方案》，探索建立易于推广、可复制的 EPR 实施模式；行业视角下，汽车行业的 EPR 实践重点关注于资源的循环利用、绿色供应链管理以及报废处理；企业绿色转型视角下，传统汽车企业在绿色发展、电气化时代、双碳目标约束下，开始持续优化发展战略和转型战略。从三个视角出发，本章选取汽车行业 EPR 实践较为突出的企业，这些企业已经或即将取得国家 EPR 试点企业、国家绿色工厂、国家绿色供应链、国家绿色园区、国家相关标准的主持或主要参与制定等多项国家级荣誉，同时也获得很多行业和省级 EPR 相关的称号。据此本章选取了上海汽车集团股份有限公司（简称上汽集团）、东风汽车集团有限公司（简称东风汽车）、一汽解放汽车有限公司（简称一汽解放）、北京汽车、浙江吉利控股集团有限公司（简称吉利控股）、广州汽车集团股份有限公司（简称广汽集团）、比亚迪股份有限公司（简称比亚迪）和株洲中车时代电气股份有限公司（简称中车时代）等 8 个汽车企业。

同时，本节所收录的汽车行业 EPR 案例企业主要来自中国社会科学院编制的《中国企业社会责任发展报告（2022）》内中国企业社会责任发展指数前100 强企业，企业性质涵盖中央企业、国企、民营企业，在《中国企业社会责任发展报告（2022）》中根据社会责任发展指数得分将企业分为五星级、四星级、三星级、二星级和一星级，分别对应卓越者、领先者、追赶者、起步者和旁观者五个发展阶段，为保障案例丰富性，额外选取 3 家未上榜企业纳入此次案例分析。案例企业基本情况见表 11.1。

表 11.1 案例企业基本情况

序号	企业名称	企业性质	2022 年社会责任发展指数			2022 年 EPR 试点企业
			社会责任发展指数	总排名	星级水平	
1	东风汽车	中央企业	84.4	8	卓越者	√
2	一汽解放	中央企业	84.0	13	卓越者	√
3	吉利控股	民营企业	65.3	52	领先者	√
4	上汽集团	市管国企	57.0	79	追赶者	√
5	比亚迪	民营企业	55.7	86	追赶者	
6	北京汽车	国企	中国企业社会责任发展指数排名前 100 强（2022 年）未上榜			
7	广汽集团	市管国企				
8	中车时代	国企				

注：2022 年社会责任发展指数来自中国社会科学院编制的《中国企业社会责任发展报告（2022）》

本节所收录的企业案例均来自国内企业公开的社会责任报告及有关官方文件，从纵向和横向两个维度进行梳理总结。在纵向上，在简述企业背景的基础上围绕绿色管理、绿色研发、绿色生产、绿色供应链、循环回收与再制造、特色管理等方面对每个企业案例进行详细介绍；在横向上，从 EPR 实施特征、绩效结果等层面进行对比分析。

接下来，从企业战略层次分析企业绿色管理和从产品 EPR 实现的全生命周期分析绿色研发、绿色生产、绿色供应链、汽车召回以及企业特色绿色实践等维度，对 8 个汽车行业的企业案例进行分析研究。首先对这 8 个汽车企业 EPR 相关的社会责任报告、行业研究报告以及相关学术研究进行归纳分析总结，其次根据所收集案例特点，进行案例综合分析。

一、案例研究

1. 上汽集团①

上汽集团（股票代码为 600104）是国内 A 股市场最大的汽车上市公司，

---

① 参考《上汽集团 2020 年度社会责任报告》和《上汽集团 2021 年度社会责任报告》。

截至 2021 年底，上汽集团总股本达到 116.8 亿股。目前，上汽集团主要业务涵盖整车、零部件、移动出行和服务、金融、国际经营等领域，并通过创新科技构建技术底座、提供业务赋能，现已形成以整车业务为龙头、各板块融合发展的"5+1"业务板块格局。

1）绿色管理

为全面推进环境监测、应急处理、信息公开、效能管理等绿色管理举措，上汽集团成立专门的环境保护领导小组和工作小组，完善环境保护相关体系建设，为上汽集团可持续发展提供机制保障。上汽集团严格执行国家各项环保政策，2021 年节能环保方面投入资金近 7 亿元，努力探索形成产业全生命周期绿色管理的目标。

此外，上汽集团在 2020 年主导参与编制了《乘用车单位产品能源消耗限额》地方标准，通过产品单耗限额标准的建立，指导企业积极着手新节能技术的开发和应用，在生产过程中进一步减少耗能，集团所属重点用能企业已实施推进能源管理体系（ISO50001）的贯标工作；贯彻落实《中国制造 2025》和《工业绿色发展规划》，持续加强在绿色工厂、绿色产品、绿色园区、绿色供应链等方面的建设，积极承担社会责任，践行可持续发展理念，上汽大众汽车有限公司、上汽通用汽车有限公司、上汽汽车集团股份有限公司乘用车分公司等企业获得国家和地方政府绿色认证。

2）绿色研发

上汽集团坚持"纯电动、插电混动、燃料电池"三条技术路线并行推进的策略，与清陶(昆山)能源发展股份有限公司、鄂尔多斯市人民政府、宝山钢铁股份有限公司等多个伙伴进行多方位战略合作，共同推动环保技术的研发及产业化应用，累计投入数百亿元，形成千人自主研发团队，提升绿色研发力量。

在新能源汽车领域，上汽集团一方面推进插电混动、纯电动汽车规模产业化，另一方面推动燃料电池汽车产业化应用开发及规模化工程测试。立足具有竞争力的"三电"核心技术与零部件产业链，在技术上打造全球行业标杆的新能源车型，建立创新的新能源汽车用户综合解决方案。通过"关注产业政策，聚焦需求深耕纯电市场""着力自主品牌，系列发展插电强混应用""联动合资企业，加快新能源车投放步伐"三大举措，着力发展新能源市场。

3）绿色生产

上汽集团持续推进绿色制造和能效标杆项目建设，加强重点用能企业的能耗管理，采用光伏发电、水电等绿色清洁能源持续提升"绿电"应用占比，2021年推广70余个节能项目，全年节能2.4万吨标准煤，约减少1%的碳排放总量。

上汽集团作为整车制造商动力电池回收的代表企业，其首个动力电池梯次利用项目已成功落地。2020年6月，宝骏基地大型光伏风能一体化储能电站投入使用，蓄电量可达1000千瓦时。电站采用宝骏E100、E200研发阶段的退役动力电池搭建，通过分析该退役电池剩余利用的储能残值，将电池检测重组达到可利用标准后再进行循环使用，成功挖掘了退役电池的经济价值。

此外，上汽集团与宁德时代新能源科技股份有限公司深入合作，签署了战略合作谅解备忘录，双方拟共同推进新能源汽车动力电池回收再利用，双方将充分利用各自在新能源研发、制造、服务方面的领先优势，合力推进国内动力电池回收行业更好更快发展，也为后续再利用环节提供技术支持。

4）绿色供应链

2021年，32家供应商参与上汽通用绿色供应链项目，共计实施87个改善方案，帮助供应商提升环境效益和能源的使用效率，获得可测量的成本节约和生产力提升，拉动供应商投资3016.47万元，产生经济效益2411.30万元，并减少二氧化碳排放8673吨。此外，上汽安吉物流股份有限公司与中国船舶集团有限公司旗下江南造船（集团）有限责任公司签订2艘7600车双燃料动力汽车运输船（pure car and truck carrier，PCTC）建造合同。物流过程中可减少一氧化碳排放约 30%，减少硫氧化物排放约 99%，减少氮氧化物排放约 80%。

5）汽车召回

上汽集团完善产品召回制度，积极参与国家"汽车召回""汽车三包""汽车排放召回"等相关制度的完善与实施。2021 年，为消除安全隐患，上汽集团及其所属企业启动 7 起整车产品召回计划，累计召回车辆 148.8 万辆。

上汽集团持续加强上汽认证二手车中心的能力建设，提高认证二手车销量，确保公司二手车保值率的稳步提升。升级"小管家 APP"，支持全新"人车分离"审批逻辑，审批时效缩减至 20 分钟，不断推动二手车业务发展。

6）绿色出行

上汽集团自 2016 年起探索开展新能源共享出行业务，5 年来累计减少碳排放约 13 万吨。2021 年，享道出行新能源车专车运力占比达 55%，新能源车专车日均运行超 100 万公里。全面减少运营城市交通一氧化碳排放，日均减少 199.57 吨；上线顺风车业务鼓励消费者减少私车出行，进一步提升车辆使用效率，新增共乘出行用户 1 万余人。

2. 东风汽车①

东风汽车是中央直管的特大型汽车企业，前身是始建于 1969 年的第二汽车制造厂。2021 年东风汽车全年销售 327.53 万辆，行业排名第三。东风汽车立足湖北面向全国，形成"4+N"事业布局，在国内 20 多个城市建有子公司，主营业务涵盖商用车、乘用车、新能源汽车、军车产品、汽车零部件、装备业务、水平事业等。

---

① 参考《东风汽车 2020 年度社会责任报告》和《东风汽车 2021 年度社会责任报告》。

1）绿色管理

东风汽车组织编制"绿色东风 2025 行动"计划，促进全价值链和产品全生命周期绿色发展，将绿色低碳贯穿于企业研发、设计、采购、生产、营销、服务全过程。制定并完善《建设项目环境保护管理办法》《节能环保管理办法》《绩效管理办法》等内部制度，指引环境管理工作的有序开展；推进目标考核体系、法规制度体系、管控体系、监测体系、事业计划体系及信息交流平台的"5+1"管理体系建设与运行任制。2021 年，东风汽车 87 家工厂（子公司）通过环境管理体系认证，建立覆盖集团总部、二级单位及附属公司（工厂）的节能环保三级责任体系审核（ISO14001），体系覆盖率达 94%。

2）绿色研发

东风汽车形成了以总部统一协调为指导的研发体系，积极布局新能源业务，加速推进新能源车的研发与应用。2021 年，东风汽车坚持电动、混动、氢动技术路线并进，基本完成"三电"产业化布局，建设两个"三电"工业园；在氢燃料领域，国内首款量产的全功率氢燃料电池乘用车东风"氢舟"实现示范运营。2021 年，东风汽车新能源车在售车型达 30 多款，共销售 18.3 万辆，同比增长 2.3 倍，位居行业第四位。在前瞻研究技术方面，东风汽车在氢燃料领域，80 千瓦系统实现-30℃ 冷启动、120 千瓦大功率电堆完成短堆测试，开发国内首款量产的全功率燃料电池乘用车东风"氢舟"，氢燃料商用车实现产业化运营。2021 年，东风汽车以 BEV（battery electric vehicle，纯电动汽车）、PHEV（plug-in hybrid electric vehicle，插电式混合动力汽车）、FCV（fuel cell vehicle，燃料电池汽车）多元化技术路线应对市场需求，推出"龙擎动力""马赫动力"绿色低碳动力品牌，积极发展高效节能动力技术。"马赫动力"混动系统荣获 2021 年度"中国心"十佳发动机。

3）绿色生产

东风汽车注重环保技术的改造和推广应用，2021 年投资 1.81 亿元实施节能环保项目。在混动电驱、减速箱、电机控制器关键核心零部件方面通过自主掌控及优化，实现国产替代，进一步提升性能，降低消耗。坚持"节能环保地造车，造节能环保的车"的理念，重视废水、废气、固体废物等污染物的排放管理工作。

在资源循环利用方面，东风汽车遵循"减量化、再利用、资源化"原则，改造和推广余热余压、中水、废水、固体废物、废旧汽车及其零部件的资源回收利用，推进绿色循环经济发展。旗下郑州日产汽车有限公司以包装"4R"（减量化 Reduce，再利用 Reuse，可回收 Recycle，资源化 Recover）为原则，对年度新增零件包装优先选用可降解、可回收、可循环利用的包装方案。2021 年循环包装比例提升至 94%，显著提升包装材料的可持续性。

在能源管理方面，东风汽车不断推进和完善能源管理体系构建。2021年，东风汽车进一步倡导各单位积极使用清洁能源，光伏发电总容量为104 092 千瓦，实际发电使用量为 10 002.62 万千瓦时。东风汽车通过开展能源监测和引入太阳能光伏发电系统、节能型热处理炉、热量回收装置等实现节能减排目的。

4）绿色供应链

东风汽车通过加强供应商资格准入管理、签订《环境与安全协议书》等，将各利益相关方纳入整体行动中，成为绿色行动的约束者和参与者。旗下东风本田汽车有限公司秉承绿色价值链理念，建立 Slim Office 本田绿色采购系统，持续加强供应商绿色管理工作。截至 2021 年底，总计 223 家重点供应商导入 Slim Office 本田绿色采购系统并上传温室效应气体（greenhouse gas，GHG）排放数据，供应商排放较 2020 年减少约 1.95%。

东风汽车从零部件供应、工厂生产加工、产品仓储和运输及产品消费角度倡导全过程的绿色物流理念，推进物流机械化、自动化、信息化，以降低产品的碳足迹。2021 年，东风汽车在智慧物流解决方案领域推出"鲲跃"生态品牌，打造绿色智慧物流生态解决方案。旗下郑州日产汽车有限公司改善运输方式，由公路运输向铁路运输或水路运输优化，有效利用车辆，提高配送效率；利用数字化分析工具，搭建数学模型，优化前端取货路线排布方式、近地化出货模式，报告期内运输路线距离缩短 2%。

5）汽车召回

2021 年，东风汽车根据《缺陷汽车产品召回管理条例》和《缺陷汽车产品召回管理条例实施办法》的要求，向国家市场监督管理总局备案召回计划。因供应商制造原因，导致动力电池包内高压配电盒的继电器部件焊接强度不足，长期耐久使用后焊接部位有可能断裂，造成继电器不工作。例如，在车辆行驶过程中继电器焊接部位发生断裂，会造成车辆动力中断，存在安全隐患。因此，召回 2021 年 5 月 8 日至 2021 年 7 月 20 日生产的东风日产启辰品牌 D60EV 和 T60EV 电动汽车，共计 1136 辆。免费为召回车辆检查动力电池包内高压配电盒的批号，将属于风险批次的零件更换为合格零件，以消除安全隐患。

6）绿色战略合作

2021 年东风汽车发布一系列战略合作项目，加速在新能源汽车和智能驾驶领域落棋布子。东风汽车与中国石油化工股份有限公司在氢燃料汽车、氢能产业链领域的战略合作项目，双方将发挥各自优势，围绕氢燃料汽车和氢能产业链，共同打造示范运营项目，形成在氢燃料汽车领域的新优势，助力实现"碳达峰、碳中和"目标。东风汽车与佛山市政府在东风"氢舟"氢能汽车示范运营的战略合作项目中，联合开展东风"氢舟"氢燃料电池乘用车示范运营，探索氢燃料汽车规模化运营模式，助推氢能汽车产业高质量发展。

3. 一汽解放[①]

一汽解放是中国一汽的控股子公司（股票代码 000800，2020 年 5 月 20

---

① 参考《一汽解放 2020 年度社会责任报告》和《一汽解放 2021 年度社会责任报告》。

日证券简称由一汽轿车变更为一汽解放）。成立于 2003 年 1 月 18 日，总部位于吉林省长春市，员工 2.1 万余人，主要生产中、重、轻型卡车及客车制造企业，历经七代产品更迭，解放卡车累计产销量近 800 万辆，截至 2020 年品牌价值 887 亿元。

1）绿色管理

随着我国"碳达峰、碳中和"目标的推动和"新四化"趋势的加速，以绿色、智能技术为核心的新能源商用车取代传统燃油汽车已经成为不可逆转的趋势。2021 年 9 月 29 日，为深入贯彻国家"双碳"目标，落实中国一汽"11245"战略目标，一汽解放发布"15333"新能源战略，即"蓝途行动"，旨在加快推动中国乃至全球商用车新能源产业变革进程，更好地造福全球、造福社会、造福客户。

2）绿色研发

一汽解放自主研发达到国内最高水平的新能源整车控制系统，并与行业伙伴在电池系统、驱动系统方面深入合作，精益求精打造安全、可靠、节能、高效的新能源产品，全力满足用户对驾驶里程、持久耐用、安全性能、环境适用性、综合成本、轻量化等各方面的需求。一汽解放通过纯电动、混合动力、燃料电池三条技术路线的同步开展，实现了新能源轻/中/重/微/客车市场全覆盖，为城市物流、城市环卫、城间物流、干线运输、工程运输、城市公交等各类场景提供了绿色解决方案，引领绿色运输新态势，实现了自主核心技术（一汽解放 J6 平台、自主整车控制系统和 EE 框架）、可靠总成资源（动力电池、电驱动系统）安全可靠节能高效。例如，采用超低排放技术的一汽解放汽车有限公司无锡柴油机厂的奥威 CA6DM3 发动机，该技术氮氧化物的加权排放低于全球最严苛排放法规要求 33%。该发动机成功通过塞浦路斯交通部审核，成为国内首个获得欧 Ⅵ-e 排放认证的发动机，取得进军欧洲市场的"入门证"。

3）绿色生产

一汽解放严格遵循环境管理体系标准要求，建立能源管理信息系统，采集、记录、分析能耗数据，对原材料、能源和水资源消耗、温室气体排放和有害物质生成等环保指标进行严格监控，制定《危险废物管理整治方案》，编制《问题排查、整改清单》和《拟建设危废管理制度清单》，严格配备环保设施，推进节能降耗、资源循环利用，打造环境友好型生产发展模式。例如，节能降耗方面，开发低能耗设备、进行节能设备改造和车间废气余热回收；废气治理方面，提升水性漆新材料、治理危废库 VOCs（volatile organic compounds，挥发性有机化合物）排放；治理危废方面，优化和规范危废库；水资源利用方面，采用水循环新技术。

4）绿色供应链

一汽解放致力于打造绿色供应链体系，通过 GB/T23331-2020、ISO 50001：2018 能源管理体系、ISO14001：2015 环境管理体系等体系认证，并将绿色工厂评价指标融入公司环境管理体系，定期进行管理评审。同时，制定《节能减排责任制考核细则》和签订《安全生产和节能环保责任状》，强化节能环保目标责任制，加强节能减排责任考核评估，为实现企业绿色发展打下扎实的管理基础。截至目前，一汽解放共揽获了国家级"绿色工厂"、国家级"绿色供应链"、省级"绿色供应链"、省级"绿色工厂"等 7 项极具分量的绿色制造领域荣誉称号。

5）汽车召回

大连氢锋客车有限公司根据《缺陷汽车产品召回管理条例》和《缺陷汽车产品召回管理条例实施办法》的要求，向国家市场监督管理总局备案了召回计划。决定自 2020 年 6 月 30 日起，召回 2017 年 8 月 14 日至 2018 年 8 月 31 日生产的解放 CA5020XXYBEV31、CA5040XXYBEV31 型两款纯电动厢式运输车，共计 3196 辆。动力电池供应商江苏智航新能源有限公司制造过程中存在以下原因导致电池包内单体出现一致性差问题：①分容工序中电芯周围环境温度直接影响了容量测试的准确性；②电芯与电芯的摆布密度过大；③温控系统能力不足等。以上原因造成车辆运行、充电、停放过程中，动力电池因电池单体一致性差，进而引发热失控，甚至使动力电池自燃，存在安全隐患。对召回范围内的车辆免费采取以下召回措施：①将电池包拆箱后，记录所有单体电池的单体电压数据，将所有压差在 300 毫伏以上的电池更换；②将电池包拆箱后，检查所有单体电池的外观，将所有外观有问题（生锈、漏液等）的电池更换；③对压差在 300 毫伏以内的电池进行均衡维护，对于均衡维护后一致性达不到要求的电池进行更换；④对于完成电池均衡维护的电池包进行充放电检测及气密性检测，达到出厂检验标准的方可出厂；⑤优化 BMS（battery management system，电池管理系统）控制策略，以消除安全隐患。

6）绿色生态圈

一汽解放秉持"开放共享、共生共赢"的发展理念，充分发挥在价值链上的带动作用，依托"智慧物流开放计划"，为合作伙伴提供开放、完整、安全和共赢的数据、软件、硬件、云、车辆共享平台，与合作伙伴共同打造可持续、绿色、正循环、"共创、共赢、共享"的智慧物流生态圈 2.0，加强战略合作和海外布局，推动产业链可持续发展，加速推进中国商用车产业高质量发展与转型升级。

4. 北京汽车[①]

北京汽车成立于 2010 年 9 月，注册资本 80.15 亿元，员工总数 3.3 万人，北京汽车是北京汽车乘用车整车资源聚合和业务发展的平台，是北京市政府重点支持发展的企业。

---

① 参考《北汽集团 2020 年度社会责任报告》和《北汽集团 2021 年度社会责任报告》。

1）绿色管理

北京汽车绿色管理贯穿于整车开发、生产、销售流程中，以禁止采用污染环境、危害人体健康的材料及加工工艺，优先考虑使用环保节能材料为基本原则，应用并行工程的思想，以闭环运作的方式，在汽车产品全生命周期过程中综合考虑材料的回收再利用及对环境的影响，提高资源利用效率，减少对环境的污染。体系内供应商通过 ISO14001 认证的占比逐年提高。截至2020 年，北京汽车累计减少碳排放 322.5 万吨，相当于植树 1178 万棵。

2）绿色研发

北京汽车从研发到生产，致力于打造名副其实的"绿色产品"，将绿色设计理念融入产品 DNA（deoxyribonucleic acid，脱氧核糖核酸）。北京汽车通过推出新能源车型、提升燃油使用效率、减少尾气排放、使用环保材料、改善车内空气质量等措施，竭尽可能将在车辆行驶过程中产生的能源消耗，以及温室气体、空气污染物及其他有害物质等排放降至最低，倾心守护用户的绿色出行需求。2019 年，北京汽车入选工业和信息化部首批工业产品绿色设计示范企业榜单。

北京汽车绿色研发战略主要突出在以下四个方面：①积极响应《"十三五"国家战略性新兴产业发展规划》，将全面新能源化作为"双轮驱动"发展战略的核心，通过持续提升电动化研发能力，打造新能源汽车生产智能工厂，全力加速新能源化进程；②减少燃油消耗，"优化发动机万有特性（风阻系数、轮胎滚阻系数与制动拖滞力）"，"怠速起停方案（减少油耗 3.2%～4.2%）"，"研究再生回收节油率效能及混动车制动能量回收"；③减少尾气排放，"A156T1 国六标准发动，气态污染物排放减少 50%，PN[①]排放减少90%"；④改善车内空气质量，提出了独创控制对策——正向设计+全流程链

---

① PN（particle number，颗粒数量）。

管控，在设计之初便已整合环保材料库，将异味扼杀在萌芽状态，从根本上解决车内空气污染问题，BEIJING-U7 等车型在第十一届中国车内环境论坛上荣获"2019 年度车内空气质量人气车型奖"。

3）绿色生产

北京汽车在生产制造流程中十分注重对环境的保护。不断加强环保设备建设、进行工艺技术改造、定期开展监测、采取规范化转移处理等措施，减少废气、废水及固体废物的排放，不断降低生产运营过程对环境的影响。技术改造，如"2K 清漆替代 1K 清漆涂装"和"低氮改造"等；统筹安排第三方对生产型企业进行污染物排放监测，并按季度对监测情况开展检查，纳入考核指标，保证达标排放，单位车辆温室气体排放密度 2019 年较 2018 年下降 10%；设立单位产品综合能耗及万元产值综合能耗等目标，以更高的标准开展技术改造、创新管理实践，不断发掘节能潜力、提高能源利用效率；重点能耗设备启闭优化，SPM（stroke per minute，每分钟冲程）优化管理。

4）绿色供应链

北京汽车绿色供应链管理贯穿于整车开发、生产、销售流程中，以禁止采用污染环境、危害人体健康的材料及加工工艺，优先考虑使用环保节能材料为基本原则，应用并行工程的思想，以闭环运作的方式，在汽车产品全生命周期过程中综合考虑材料的回收再利用及对环境的影响，提高资源利用效率，减少对环境的污染。

目前产品：①可再利用率 96.9%；②可回收利用率 98.7%；③使用节能环保工艺/设备的供应商占比 90%以上；④完善通过 ISO14001 认证的供应商占比 81%；⑤北京汽车成品车销售基本不采用包装，零部件采购包装可回收率近 100%。

5）汽车召回

北汽新能源汽车常州有限公司、北京汽车、北汽（广州）汽车有限公司根据《缺陷汽车产品召回管理条例》和《缺陷汽车产品召回管理条例实施办法》的要求，向国家市场监督管理总局备案了召回计划，决定自 2021 年 3 月 24 日起召回 2016 年 11 月 1 日至 2018 年 12 月 21 日期间生产的 EX360、EU400 纯电动汽车。由于本次召回范围内部分车辆动力电池系统的一致性差异，高温环境下长时间持续频繁快充可能导致单个电池单体性能劣化，极端情况下偶尔出现故障，可能导致动力电池存在起火风险和安全隐患。北汽新能源汽车常州有限公司、北京汽车、北汽（广州）汽车有限公司将对召回范围内的车辆动力电池进行免费检查维护，必要时更换模块或电池组，升级控制软件，消除安全隐患。此次召回是在国家市场监督管理总局启动缺陷调查时进行的，受调查影响，北汽新能源汽车常州有限公司、北京汽车、北汽（广州）汽车有限公司决定采取召回措施，消除安全隐患。

6）绿色出行

北京汽车持续推进"纯电动、混合动力、燃料电池"三线并举技术路线，以技术创新"加码"减碳减排，用优质的新能源汽车产品和服务，与用户共创出行新风尚。

北京汽车是国内最早布局新能源汽车产业的车企，在发展壮大自主研发团队的同时，加强技术合作，在新能源汽车关键领域形成具有国际竞争力的核心研发体系与供应链体系，为美好出行需求提供"北汽方案"，如不断扩充新能源汽车产品焕新，丰富产品矩阵（极狐阿尔法 S 全新 HI、北京 EU5 PLUS 等），推进燃料电池产业化（迄今为止获得 35 项燃料电池领域相关专利，北汽福田汽车股份有限公司推出国内首款续航超 1000 公里液氢重卡），持续推进新能源产业链建设（联合华为、百度、京东等企业跨界合作，联手国家新能源汽车技术创新中心共同打造北汽新能源汽车试验中心，与北京亿华通科技股份有限公司等合作开发氢能及燃料电池全链大数据监管平台）。

5. 吉利控股[①]

吉利控股始建于 1986 年，2021 年资产总值超过 5100 亿元，员工总数超过 12 万人，连续十年进入《财富》世界 500 强，是全球汽车品牌组合价值排名前十中唯一的中国汽车集团。致力于在 2045 年实现全链路碳中和，完成温室气体范围三盘查工作，实现了新能源汽车销量同比增长超过 94%，其下属的 11 家制造基地获评为工业和信息化部国家级绿色工厂。

吉利控股提出绿色发展引领低碳智能变革：助力全球气候变化行动，打造具备韧性、负责任且可持续的全价值链是吉利控股可持续发展的重要组成部分。作为资源保护、低碳经济坚定的践行者，吉利控股聚力全球合作伙伴，积极布局多元化新能源生态，并着眼于全价值链的零碳变革，为用户提供生态友好型的智能产品与解决方案，为形成企业绿色创新竞争力、推进产业链绿色转型、助力全球碳中和行动作出贡献。吉利控股已实现真正 100%自主研发的中国新能源汽车技术体系和解决方案，2021 年汽车行业绿色发展指数为 AAAAA，全年使用光伏发电（中国境内）约 79 584 兆瓦时。

1）绿色管理

吉利控股已搭建了体系健全、职责明确的可持续发展管理架构，其中，由碳中和工作组负责研究碳中和相关政策趋势和行业态势，制定碳中和总体战略与目标，建立碳中和业务相关运行机制、流程，并统筹推进跨业务集团/板块的碳中和相关工作和碳资产开发与交易等。各业务集团/板块的 ESG[②]碳中和工作组协助落实相关行动方案，并开展 ESG 工作规划。吉利控股充分认识到推动企业向低碳可持续发展的紧迫性，确定了到 2045 年实现控股集团全链路碳中和的总体目标。同时积极推动下属业务集团/板块相关目标指标的制

---

① 参考《吉利控股 2020 年度 ESG 报告》和《吉利控股 2021 年度 ESG 报告》。
② ESG（environment，social and governance），表示环境、社会和治理。

定。吉利控股大力提升自主创新能力，携手产业链上下游伙伴寻求关键核心技术的突破，统筹推进全集团碳中和目标的实现。

2）绿色研发

"电动化、智能化、网联化、共享化"正在重新定义汽车产业，吉利控股以研发创新驱动科技转型。为持续向消费者提供兼具技术优势和市场竞争力的新能源汽车产品和服务，吉利控股全力打造"智擎"新能源动力系统，涵盖纯电动技术、混合动力技术、替代燃料以及氢燃料电池四大技术路径，初步实现从技术跟随到技术引领的新跨越。

纯电动技术：2020年，吉利控股发布了全新自主研发纯电车型开发平台——浩瀚智能进化体验架构，这是世界上第一个开源电动汽车架构。其标志着吉利控股智能电动汽车战略进入加速阶段，带动产业升级与开放协同，为全球节能减排贡献力量。

超级电混技术：混合动力技术有利于汽车降低对燃油的依赖，保障使用的同时减少油耗水平与用车成本，是燃油汽车迈向新能源汽车发展的重要过渡。2021年，吉利控股发布全球动力科技品牌雷神动力。其中，雷神智擎Hi·X是世界级模块化智能混动平台，发动机热效率可达43.32%，创"能效之星"世界量产混动发动机热效率认证记录，节油率高达40%以上，百公里油耗低至3.6升。

甲醇技术：在纯电动技术路线不断成熟的当下，持续探索其他可持续的动力技术路线是加速转型进程的突破口。吉利控股从能源安全、绿色低碳出发，深耕甲醇汽车17年，成功地解决了甲醇发动机零部件耐醇、耐久性能等行业难题，掌握了甲醇汽车的核心技术，形成专利200余件，开发甲醇燃料车型20余款，累计行驶里程接近100亿公里，最高单车运行里程超过120万公里，成为全球首个实现甲醇汽车量产的主机厂。

换电技术：充电和换电是电动汽车的主要补能模式，而车电分离的换电模式，与传统的充电桩补电模式相比，具备高效补能和降低成本两大优势。在换电站的布局上，吉利控股打造了行业首个集换电技术研发、换电车制造和换电站运营"三位一体"的开放式换电生态，助力动力电池回收利用产业体系，促进资源循环利用。

3）绿色生产

吉利控股履行环境责任，秉持"建设对环境无害的绿色工厂，制造有益于人类的环保车辆"的原则，在建设新工厂以及改造老工厂的整个过程中，采用先进的节能环保技术和设施，提升能源使用效率，降低废物产生量，努力实现生产制造周期"零废水排放、零废物填埋、零有害物质排放"的"三零"绿色循环。吉利控股建立了完整有效的环境管理制度、流程和体系，通过严格的管理措施，避免运营对当地社区和环境产生的负面影响，并加强水资源管理、废物管理和生态管理，使环保理念贯穿到吉利控股生产运营的每个阶段。吉利控股严格执行"三同时"制度，即环保工艺设施与生产工艺设施同时设计、同时施工、同时运行，严格控制各项污染物指标，实时监测，最大限度减少生产过程对周边环境的影响。吉利控股对现有工厂推行能源管理体系建设和清洁能源使用，推广能源管理体系认证，加强能源在使用过程中的管理；新生产线上，吉利控股融入了"建设对环境无害的绿色工厂，制造有益于人类的环保车辆"的环保理念，在新工厂建设之初及现有工厂改造时，致力于采用先进的环保节能工艺和设备，满足打造环保、绿色、节能的现代化工厂要求。

绿色生产实践，如冲压厂采用国内先进的机器人自动化系统以及全封闭式的防尘降噪设施，防止噪声污染；涂装厂在工艺上采用聚氯乙烯（polyvinyl chloride，PVC）湿碰湿工艺，减少烘干工序，涂料采用更为环保的水性漆代替溶剂漆，减少废水污染，减少废气排放；末端治理上采用高去除率的水旋式除漆雾装置，利用回收式热力焚烧系统或蓄热式热力焚烧系统处理废气。

4）绿色供应链

吉利控股奉行绿色采购理念，既要求采购的产品不含有危害人体健康的有害化学物质，又要求供应商在制造产品的过程中不使用污染环境和有害人体的化学物，尽可能减少产生污染环境的废物，注重发挥整车企业的"龙头"作用，带动产业链上的供应商、经销商、用户等共同履行社会责任，努力通过建设"绿色产业链"推动责任融合，共同推动产业创新转型。打造具有韧性的可持续供应链有助于吉利控股提升全球竞争力。为此，吉利控股制定了《吉利供应商行为准则》，约束供应商及合作伙伴。2019 年吉利控股准入 206 家供应商，全部通过 ISO14001 认证。

在物流运输过程中，吉利控股致力于通过使用可循环利用材料、优化运输方案等多项手段，减少物流体系的资源使用和温室气体排放，以践行循环利用的可持续包装理念，推动对多元再利用包装材料的研发和推广应用。2019 年使用循环包装材料的供应商比例达 70%，覆盖 82%的零部件。截至 2021 年，循环包装改善项目已推广到吉利控股 12 个整车制造基地和 1 个动力制造基地，并已完成 72 个项目 58 家零部件供应商入厂包装切换循环包装的工作。

5）资源循环管理

本着"珍惜资源、环境保护、易拆解回收、降低材料种类"的绿色设计理念，吉利控股在汽车设计阶段就充分考虑汽车全生命周期对环境的危害，从材料选择、结构设计、零件标识、拆解技术着手，在新车开发过程中融入绿色设计理念，通过正向设计手段达到环保可回收目标。吉利控股通过了欧盟汽车材料可回收认证 RRR，在国内自主汽车品牌中率先跨越技术壁垒，整车生产和设计能力达到国际最高标准要求。吉利控股开发的车辆回收性能控制体系已经纳入吉利汽车研发流程中，贯穿汽车产品全生命周期，为后续其他车型的回收性能开发提供了指导意义，减少了开发成本，节约了开发时间，开发效率明显提高。

例如，通过对所有零部件的禁用物质和材料可回收性的有效控制，帝豪 EC7 系车型整车回收率达 96.59%、材料再利用率 87.24%，分别高于欧盟法规 95% 和 85% 的要求，是国内首批通过欧盟汽车可回收认证的车型。吉利帝豪 EC7 系列多款车型的车辆回收性能开发的研究和取得的成果可为其他品牌车型开发所借鉴，促进国内汽车企业车辆回收再利用领域的发展，缩短与欧盟法规要求的差距，共同实现海外市场的突破。

6）汽车召回

根据《缺陷汽车产品召回管理条例》和《缺陷汽车产品召回管理条例实施办法》的要求，吉利控股向国家市场监督管理总局备案了召回计划，自 2019 年 1 月 9 日起召回 2010 年 10 月 7 日至 2012 年 7 月 7 日期间生产的部分远景、GC7 汽车，共计 42 216 辆；2011 年 7 月 5 日至 2012 年 5 月 31 日期间生产的部分 EC7 汽车，共计 47 441 辆。本次召回范围内的车辆由于燃油泵零件原因，在车辆使用过程中可能发生燃油泵碳刷与换向器的异常磨损，当磨损到一定程度会产生泵油中断，导致车辆行驶中熄火，存在安全隐患。吉利控股将为召回范围内的车辆免费更换改进后的新型燃油泵，以消除安全隐患。

6. 广汽集团[①]

广汽集团是一家大型国有控股股份制企业集团，其前身为成立于 1997 年 6 月的广州汽车集团有限公司，截至 2021 年拥有员工约 9.7 万人，2021 年集团第九次入围《财富》世界 500 强，排名第 176 位。面向未来发展，广汽集团不断夯实六大板块（做强做实研发、整车、零部件、商贸、金融、出行服务）；突出一个重点（全面提升自主创新能力，实现集团高质量发展）；全面实现五个提升（电气化、智联化、共享化、数字化和国际化）。

---

① 参考《广汽集团 2020 年度社会责任报告》和《广汽集团 2021 年度社会责任报告》。

1）绿色管理

广汽集团把对社会责任的管理融入企业发展、企业文化建设中去，健全社会责任组织体系，逐步完善社会责任管理体系，加强与利益相关方沟通。为应对气候变化带来的挑战，集团搭建"十四五"节能减排目标体系，以"积极响应国家'双碳'目标，主动肩负环保使命，争做汽车行业绿色发展的引领者"为愿景，聚焦绿色发展、低碳发展、可持续发展三个方向，从绿色生产、绿色产品、绿色供应链、绿色出行、绿色金融、绿色社区六个重点发展领域综合发力，以实际行动推进节能减排工作。在降碳重点的生产制造使用环节，着眼资源循环利用，全面打造绿色工厂，系统推进绿色采购、绿色制造、绿色回收，形成了从研发到生产、从购买到使用的全链条绿色低碳新生态。

2）绿色研发

广汽集团目前已经形成了较强的研发资源的整合能力和集成创新能力，建成一个国家级企业技术中心、一个国家级创新型试点企业、三个省级企业技术中心、一个市级工业设计示范企业、两个市级企业技术中心，助力广汽集团实现跨越式发展。

新能源技术方面，在"GLASS①绿净计划"指引下，坚持多种新能源技术同步发展路线，在纯电动技术、燃料电池技术及混合动力技术等领域不断推陈出新。三电核心技术方面，重点突破新型电池技术、大功率充电技术、高效热管理技术、集成电驱动技术、域控制器技术等核心技术领域，加速向移动出行价值创造者转型。氢燃料电池技术方面，持续研究以氢为燃料的燃料电池系统。首批氢燃料电池乘用车在功率与效率方面，实现燃料电池系统70 千瓦净功率输出、最高效率 62%；在可靠性方面和在安全性方面持续优

---

① GLASS (Green Low-carbon for Achieving Sustainable Success)，其中 G 表示 Green 绿色,L 表示 Low-carbon 低碳，A 表示 Achieving 实现,第一个 S 表示 Sustainable 可持续,第二个 S 表示 Success 成就。

化，研发争取达到国际一流水平。混合动力技术方面，广汽集团发布混合动力技术平台"绿擎技术"，遵循"小车低成本、注重节油，大车追求性能"的原则，着力打造中国最强混合动力技术平台，全面推进双电机混合动力系统的搭载应用。

3）绿色生产

广汽集团制定"十四五"节能减排规划，以"积极响应国家'双碳'目标，主动肩负环保使命，争做汽车行业绿色发展的引领者"为愿景，聚焦绿色发展、低碳发展、可持续发展三个方向，设置绿色产品、绿色供应链、绿色出行等六大领域的发展目标，明确各领域的实施路径，全力推进节能减排工作。

广汽丰田汽车有限公司（简称广汽丰田）提出"构建中国 NO.1 环境企业"的目标，积极建设可持续工厂。2014 年，广汽集团秉承绿色环保理念并在工厂建设中推行智能集约型环保工厂建设。2014 年，广汽集团旗下的广汽本田汽车有限公司携手汉能薄膜发电应用集团有限公司，启动了 17 兆瓦分布式光伏发电项目的建设，并在 2015 年 1 月建成并实现并网发电。广汽丰田 2012 年已开始在节能降耗方面开展了大量工作，按照 ISO50001 能源管理体系标准的要求已基本建成能源管理体系。2014 年，共实施节能改善项目 48 项，年节约能量 3.9×10^7 焦耳，减少二氧化碳排放 0.8 万吨，节约成本 814 万元。

同时，2011 年至 2014 年广汽集团节能达到 9457 吨标准煤，提前完成了"十二五"期间 7875 吨标准煤的节能目标。其在国内率先引入能效比最高的离心式冷冻机，每年节约电量约 135 万千瓦时，减少二氧化碳排放近 1000 吨；业内首家导入太阳能发电系统，年节约发电量 20 万千瓦时，减少二氧化碳排放 160 多吨。2021 年，广汽乘用车以"祺节能，共环保"的理念积极开展节能设备改造与生产模式优化活动，共开展节能改善项目259项，以101.5%的完成率超额完成年度节能目标。广汽菲亚特克莱斯勒汽车有限公司从企业管理、生产制造、供应链管理等多领域出发，通过完善制度体系、优化管理方案、采取节能举措等方式将节能减排工作融入企业运营的多个环节，不断促进公司的节能减排。

4）绿色供应链

广汽集团致力于将环境和社会风险纳入供应链管理的全流程，通过严格的入库管理、资质审查、定期评估及审核等措施，有效对供应商的环境及社会风险进行把控。2021 年，广汽集团与所有合作供应商签署廉洁采购相关条款，签署率达 100%。

此外，对于有特定环保及安全管理要求的供应商，广汽集团亦会积极倡导及号召使用更多符合环境及安全管理资质要求的产品或服务。推行绿色采购，通过《企业绿色采购指南》，基于《丰田环境挑战 2050》战略，充分考虑供应商环境管理体制构建以及生命周期整体环境管理的推进等问题，大力推行绿色采购，争取早日实现生命周期的零排放。广汽集团始终坚持诚信经营，认真履行伙伴共赢责任，在原材料采购和汽车零部件供应链管理体系建设中，始终坚持 QSTP（质量 quality、服务 service、技术 technology、价格 price）原则，并将环保、高品质视为必备要素，通过对产品品质的要求帮助供应商产业升级，提升产品质量的同时关注环境保护。

5）汽车回收

广汽集团建立动力电池回收利用体系，可 100%实现动力电池、钢铁、铝合金的回收利用，并设置回收利用点进行整车回收。广汽研究院针对废旧电池开展针对性回收，委托广汽商贸有限公司回收拆解废旧新能源电池，回收利用可回收部分，并将危险废物部分委托有资质的第三方危废处理单位合规处置。广汽零部件有限公司通过对物流台车改造设计，提高其通用性，减少台车报废数量，进而减少废铁产生量；通过改变内制落料模残材刀口位置提高材料利用率，利用前副车架残材加工新零件，减少废钢板产生；采购部门与供应商合作建立废物回收模式，推动无包装物流供应体制，并要求供应商优先选择铁架、塑料盒等可回收周转材料。

6）汽车召回

广汽集团严格遵守《缺陷汽车产品召回管理条例》《缺陷汽车产品召回管理条例实施办法》等产品召回的相关法律法规要求，积极履行缺陷产品召回义务；各投资企业根据自身管理特点，制定召回相关管理制度；各整车企业建立缺陷排查流程，从源头预防汽车召回风险。2021 年，广汽集团旗下整车企业发出整车产品召回 661 129 辆，全年实际完成召回 798 901 辆（其中包含之前年度发出的召回，在本年度实际完成的数据），积极消除潜在安全隐患，有效保障用户的用车安全。

例如，自 2021 年 7 月 10 日起，广汽丰田召回 2018 年 10 月 13 日至 2021 年 4 月 9 日期间生产的部分汉兰达汽车，共计 25 143 辆。原因为由于零件生产工厂在高压燃油泵内部构成件组装工序中的制造偏差等原因，导致部分构成件未充分压紧。在使用过程中高压燃油泵内部可能会发生异常磨损，受内部构成件松动的影响，高压燃油泵焊接处可能会产生疲劳裂纹，存在燃油渗出的可能，极端情况下会增大起火风险，存在安全隐患。公司将为对象车辆中搭载了上述缺陷零件的车辆免费更换改良合格的高压燃油泵，以消除安全隐患。

2022 年，广汽三菱汽车有限公司根据《缺陷汽车产品召回管理条例》和《缺陷汽车产品召回管理条例实施办法》的要求，向国家市场监督管理总局备案了召回计划，决定召回 2017 年 8 月 1 日至 2022 年 8 月 21 日期间生产的部分国产欧蓝德汽车共计 55 台。本次召回范围内车辆因安全带卷收器内部零件制造不良，当车辆发生碰撞安全带所受拉力达到限力器工作条件时，安全带的抻出量会异常增加，导致对乘员的约束力降低，存在安全隐患。广汽三菱汽车有限公司将为召回范围内的车辆免费更换存在缺陷的安全带，以消除安全隐患。

7. 比亚迪①

比亚迪成立于 1995 年 2 月，总部位于广东省深圳市，截至 2021 年员工超过 28 万人，业务横跨汽车、轨道交通、新能源和电子四大产业，在香港和深圳两地上市。比亚迪肩负高度的社会责任感和历史使命感，构建"电动车治污，云巴治堵"绿色大交通体系，助力实现"碳达峰、碳中和"目标。截至2021 年底，比亚迪在全球累计申请专利约 3.4 万项、授权专利约 2.3 万项。

1）绿色管理

比亚迪一直是环境保护的积极响应者，比亚迪通过生产绿色产品帮助社会降低能源消耗的同时，也注重减少自身的经营活动对环境的直接影响。2021 年，比亚迪进一步加强落实节能减排目标，投入超过 5 亿元用于环境保护相关投资，进行技术改造和设备升级等，新建项目环境影响评估率100%。比亚迪定期评审温室气体排放数据，聘请第三方进行碳排放核查，并不断监测和改进温室气体管理绩效。比亚迪通过加强能源管理、加大节能改造、减少污染排放等方式，持续减少自身能资源的消耗和单位二氧化碳的排放。

2）绿色研发

目前，比亚迪建立了十大技术研究院，覆盖材料研究、电子、电池、汽车、新能源、轨道交通、半导体等各个领域，集团现有 4 万多名研发工程师从事各类技术开发，全面支撑集团四大产业的协同发展。传统汽车的启动用铅酸蓄电池，能量密度小、体积重量大、寿命短并且含铅等重金属（对人体及环境危害大）。比亚迪全球首创新能源汽车专用磷酸铁锂启动电池及电源管理系统。

---

① 参考《比亚迪 2020 年度社会责任报告》和《比亚迪 2021 年度社会责任报告》。

3）绿色产品

比亚迪以解决社会问题为导向，以技术创新为驱动，致力于用技术创新促进人类社会的可持续发展。早在 2008 年，比亚迪就提出太阳能、储能电站和电动汽车的绿色梦想，打通能源从吸收、存储到应用的全产业链绿色布局。比亚迪已经建立起一套完整的新能源生态闭环，可以提供安全可靠的一站式解决方案与服务，用电动车治理空气污染，用云轨云巴治理交通拥堵，为全球城市提供立体化绿色大交通整体解决方案。

储能产品方面，比亚迪依托先进的铁电池技术，专业从事电池储能技术的研究与产品开发，满足能源存储、削峰填谷、调峰调频等服务需求，提供高效清洁的新能源解决方案。目前，比亚迪储能已成功打入美国、英国、德国、法国、日本、加拿大、澳大利亚等全球多个市场，已为其全球合作伙伴提供近百个工业级储能解决方案，全球总销量 2.6 吉瓦时。

太阳能产品方面，太阳能是比亚迪在清洁能源领域的重要布局之一，拥有硅片加工，电池片、光伏组件制造，光伏系统等全产业链布局，其业务足迹遍布包括中国、美国、日本、英国、巴西、印度、澳大利亚等国家。同时，比亚迪太阳能在光伏组件领域可融资价值已跃升至全球第八位，并连续多年获得 Bloomberg Tier 1 全球一级组建制造商榜单。

新能源汽车方面，新能源汽车是比亚迪为社会提供的"治污"解决方案。目前，比亚迪新能源汽车已涵盖私家车、出租车、城市公交、道路客运、城市商品物流、城市建筑物流、环卫车等七大常规领域和仓储、港口、机场、矿山专用车辆等四大特殊领域，实现全市场布局。

4）绿色供应链

绿色采购：近年来，比亚迪对于物料的采购已经从价格采购过渡到价值采购，侧重风险和策略管理，一些重要零部件完全来自行业排名领先的供应商。比亚迪生产性物料生产厂商全部通过质量体系认证，电子、电池等物料要求通过 ISO9001 体系认证，汽车 S/A 类物料要求通过 IATF16949 体系认证，轨道物料要求通过 ISO/TS22163 体系认证。

比亚迪继续大力推行阳光采购和绿色采购，通过对供应商的生命周期管理形成闭环，打造高效协同、互利共赢的供应链平台。在供应链和原材料端，比亚迪始终坚持绿色采购，建立健全"绿色供应商、绿色原材料"的绿色采购体系，规范采购中的各项环境管理，确保每一个外购零部件都满足绿色环保要求。比亚迪一直要求供应商在产品设计和生产过程中考虑对环境的影响，实施持续的改善方案来处理这些影响，包括替换材料，减少碳排放，改善影响空气、水、土壤的废物的处理和控制方法。供应商提供给比亚迪的原材料或产品必须符合生产地及销售地国家标准和地方性法规及比亚迪对有毒有害物质的要求。

绿色运输与绿色包装：比亚迪致力于更环保的运输方式，如积极推行低碳海洋运输方式，以及提高铁路运输比例等。低碳海洋运输方式通过使用新型碳中性燃料（如甲醇）替代化石燃料，每运输一个集装箱，二氧化碳排放量减少 46%。同时，比亚迪积极推行循环物流包装箱，如将电池包产品转运过程中使用的纸箱、木质包装箱、铁架等逐步切换为可循环使用的吸塑围板，循环使用寿命 3 年以上，年回收循环次数 900 多次，大大减少了资源耗费。

5）汽车召回

针对汽车质量把控和问题产品回收，比亚迪严格按照《缺陷汽车产品召回管理条例》的相关要求，建立了《汽车产业群缺陷汽车召回控制程序》，主要从信息备案、各阶段信息数据库的建立及维护、召回条件、中国境内召回（召回信息确认、主动召回、指令召回）和境外汽车产品召回等方面进行了明确规定，确保缺陷汽车得到有效、规范处理，以减少其带来的不利影响。2021年，因车载终端在某些充电工况下存在可用于预警的数据更新不及时的情况，不利于通过远程数据平台及时发现车辆部分参数的变化，导致对可能存在的安全风险不能通过远程数据平台及时预警，比亚迪计划召回车辆 22 581辆，占全年车辆销售总数的 3.1%。比亚迪委托授权经销商为召回范围内的车辆免费升级车载终端软件，以消除安全隐患，截至 2021 年 12 月 31 日，已升级完成 16 476 辆，完成率 72.96%。

6）汽车回收与再制造

在电池拆解回收领域，比亚迪采取精细化拆解、材料回收、活化再生综合三步走策略。其中精细化拆解获得正极材料粉末、负极石墨、铜箔集流体、外壳、盖板及塑料附件等原料。

比亚迪与格林美股份有限公司（简称格林美）在 2015 年 9 月达成合作，将共同构建"材料再造—电池再造—新能源汽车制造—动力电池回收"的循环体系。比亚迪是工业和信息化部发布的第二批符合《新能源汽车废旧动力蓄电池综合利用行业规范条件》（白名单）的企业。除此之外，2022 年比亚迪新设立了台州弗迪电池有限公司，经营范围除电池制造销售外，也涉及新能源汽车废旧动力蓄电池回收及梯次利用。

8. 中车时代①

中车时代（原株洲南车时代电气股份有限公司）于 2005 年 9 月 26 日设立。公司秉承"双高双效"高速牵引管理模式，坚持"同心多元化"发展战略，坚持自主创新，拥有十大核心技术，并向强相关领域延伸，围绕技术与市场，形成了"基础器件+装置与系统+整机与工程"的完整产业链结构，产业涉及高铁、机车、城轨、轨道工程机械、通信信号、地面装备、大功率半导体、传感器、海工装备、新能源汽车电驱、新能源发电、工业变流等多个领域，业务遍及全球 20 余个国家和地区。

---

① 参考《中车时代 2020 年度社会责任报告》和《中车时代 2021 年度社会责任报告》。

中车时代坚持以人为本、绿色环保、健康安全的方针，不断完善环保管理体系，严格落实环境保护制度和环境污染物达标排放要求，加强资产全生命周期管理，有效推进资源节约型、环境友好型企业建设。

1) 绿色管理

中车时代在项目建设前，积极开展建设项目环境影响评价工作，做到环保设施与建设项目同时设计、同时施工、同时投入使用。在生产经营管理过程中，遵守国家、省、市相关法律法规及规章，并及时获取、更新和传达相关环保法规和标准，以新的法规和标准为依据进行公司内部日常环保管理，积极履行企业环保义务，落实国家节能减排方针政策。2021 年，中车时代未发生因违反环境法规遭到相关部门处罚情况，持续制定《EHS①体系管理手册》《环境因素和危险源管理办法》《EHS 目标、指标和管理方案管理办法》《EHS 事件报告和调查处理流程》等环保管理制度。截至 2021 年，中车时代形成 EHS 相关手册 1 个、管理办法 39 个、细则 10 个、流程 14 个和应急预案 11 个。

2) 绿色研发

2021 年，中车时代乘"双碳"之势，加大在半导体、乘用车电驱、新能源发电等新兴产业布局、资源整合及发展资金投入，将绿色节能的环保理念贯穿产品全生命周期，倡导中国中车品牌核心价值"绿色"理念，大力推广环保材料与环保工艺，为社会创造环保绿色产品。

中车时代积极响应国家"双碳"目标，重视"绿色、节能、高效"产品研发并加大资源投入，将高性能牵引供电项目、高原双源制动力集中动车组电气系统研制、地铁 CIMRES（中车羲梦）机电系统平台研究等项目作为公司重大科研项目开展，其主要技术突破与创新点有：①高性能牵引供电项目

---

① 其中 E（environment）表示环境、H（health）表示健康、S（safety）表示安全。

研制的再生制动能量利用装置显著提升供电品质及综合能效，该装置提出基于分区所功率融通的再生制动能量利用总体系统结构及能量管理策略，示范工程现场测算该装置日均省电 1.2 万千瓦时；②地铁 CIMRES 机电系统平台研究的智能供电系统、能量运控装置实现地铁供电系统的最优能量调度，牵引供电系统节能≥5%；攻克能量运控装置潮流控制算法，实现多台双向变流器之间的空载损耗降低 90% 以上。

3）绿色生产

中车时代抢抓"双碳"产业发展机遇，将环境保护、清洁生产和可持续发展作为企业运营的课题，不断研究创新突破，努力培育绿色低碳产业生态链。2021 年，中车时代未发生一起超标排放和违规排放事件，坚持驱动绿色交通和能源可持续发展的目标，持续构建绿色制造体系，为社会提供安全、便捷的核心动力，努力实现生态文明与人的同步发展。2021 年，中车时代重新制定《能源管理考核细则》，规范了生产与办公的考核标准，更科学合理地进行了能源管理，年度综合能耗目标控制在 0.013 吨标准煤/万元范围内。

中车时代工业废水污染物排放种类为氨氮、氟化物、化学需氧量、总磷四类，按照排污许可证要求，执行污水综合排放三级标准。2021 年其委托外部机构每月月底对废水、有组织废气、噪声进行检测，每次检测从不同点位进行 3 次检测，检测结果全部达标，合格率为 100%。

中车时代参照《国家危险废物名录》及环境评价报告对废物进行分类，分为危险废物和工业固体废物。危险废物交由持有危险废物经营许可证资质的单位合规处置，2021 年处置量为 519.26 吨。工业固体废物主要为氟化钙污泥，作为制砖辅料交由具有相应资质的砖厂生产制砖，2021 年处置量为 734.63 吨。

4）绿色供应链

中车时代在供应商管理中，始终坚持把握行业供应链管理现状及环境，坚持"高品质、低成本、快响应"目标，制定了"性能可靠、成本最优、供应柔性"的供应链管理方针，强化应对供应商对环境、社会的风险挑战。中车时代持续加强规范、阳光、公平采购，在《新供应商准入流程》的商务认证中，明确要求要针对供应商的 EHS 体系进行审核。按照流程规定，所有新准入的供应商均需要实施现场认证（EHS 认证），对于以往供应商，会定期开展供方现场认证（EHS 认证），要求供应商按国家颁布的法规、标准及其他要求，提供必要的证明、安全环保数据资料和检测报告等信息；明确供方产品全生命周期的危险（源）管理；明确供方工厂实施全面的工厂评估以识别和记录设施、设备和雇员的职业健康与安全风险等规定。公司公开招标会在技术规格书中约定"环保要求"，要求供应商进行响应，并定期组织供应商开展现场培训以及在线远程培训。

5）产品回收

中车时代六家公司因在机电产品再制造领域表现突出，被工业和信息化部评为机电产品再制造试点单位。根据工业和信息化部发布的《关于印发〈机电产品再制造试点单位名单（第二批）〉的通知》，中车时代旗下的中车北京时代、中车株洲所、中车浦镇海泰公司、中车浦镇公司、中车戚墅堰公司、中车洛阳公司等六家公司入选。此次全国共有 53 个企业和 3 个产业集聚区入围试点单位名单，其中 11 家企业隶属央企序列。中车时代入选份额占试点总数的 10.7%，占央企总数的 54.5%。

二、案例综合分析

根据所选取的案例，对这八个中国电子行业的代表性企业进行了 EPR 实施模式特征的分析，主要从主题、伙伴、模式、措施与建设以及法规依据细化展开。此外，还包括各个企业的相关绩效数据的信息，如表 11.2 所示。

表 11.2　汽车行业的企业 EPR 实施情况

企业	主题	伙伴	EPR 实施模式特征（模式）	EPR 实施模式特征（措施与建设）	法规依据	绩效
上汽集团	引领绿色科技，逐梦精彩出行	地方政府、能源企业、汽车制造企业、供应商等	坚持"纯电动、插电混动、燃料电池"三条技术路线全面推进，设计全新"车电分离商业模式"发展动力电池；以探索环保技术研发升级为主要方向，大力发展新能源汽车事业，推动全新动力绿色制造，探索共享绿色出行体系	回收循环利用，与国内外政府、汽车能源企业合作，加强重点用能企业能源监督与管理；加大用能企业能源监督与管理，推动全新；加强污染防治专门领导小组全面推进环境保护体系建设，探索产业全生命周期绿色管理目标；建立中程出行平台，发展低碳共享出行服务	《乘用车单位产品能源消耗限额》《乘用车单位产品能源管理体系（ISO 50001）》《中国制造 2025》《工业绿色发展规划》	2020 年主导参与编制《乘用车单位产品能源消耗限额》地方标准，集团所属重点用能企业已实施推进能源消耗工作，贯彻落实《中国制造 2025》和《工业绿色发展规划》，上汽通用汽车有限公司、上汽大众汽车有限公司、上海汽车集团股份有限公司乘用车分公司等企业获得国家和地方政府绿色认证。 上汽集团、中国石油化工集团有限公司、中国石油天然气集团有限公司、宁德时代新能源科技股份有限公司、上海国际汽车城（集团）有限公司合作成立上海捷能智电新能源科技有限公司，布局全新"车电分离模式"。 2020 年 6 月，宝骏基地大型光伏风能一体化储能电站投入使用，蓄电量可达 1000 千瓦时，通过电池检测重组在达到可利用标准后进行循环使用，成功挖掘了退役电池的经济价值。 推进重卡燃料电池技术，充分利用鄂尔多斯工业副产氢资源丰富、制氢空间广阔的特点，联手打造全球首个万辆级燃料电池重卡产业化应用项目。 与中国船舶集团有限公司旗下江南造船（集团）有限责任公司签订 2 艘 7600 车双燃料动力汽车运输船建造合同。物流过程中可减少一氧化碳排放约 30%，减少硫氧化物排放约 99%，减少氮氧化物排放约 80%。 旗下智己 AIRO 概念车"行走的空气净化器"环保理念入选英国多家小学课外阅读教材。 2021 年，32 家供应商参与绿色供应链项目，共计实施 87 个改善方案，帮助供应商提升环境效益和能源的使用效率，减少二氧化碳排放 8673 吨。 2021 年上半年，上汽集团重点用能企业通过推广 70 余个节能项目，预计节能达到 2.4 万吨标煤，持续提升"绿电"使用占比，利用厂房屋顶建设分布式光伏发电量达到 1.1 亿千瓦时，已占总用电量的 5% 左右；在直供电交易中积极购买绿电，加大采购和使用清洁能源，2021 年上半年采购天水电 1.4 亿千瓦时，其中上汽大众新能源汽车工厂自 2020 年 10 月起已全部使用水电。 自 2016 年起探索开展新能源共享出行业务，5 年来，按照同等行驶里程下对应燃油车的碳排放，上汽集团通过推广新能源汽车共享出行累计减少碳排放约 13 万吨。

续表

企业	主题	EPR 实施模式特征			法规依据	绩效
		伙伴	模式	措施与建设		
东风美行汽车		地方政府、企业、汽车制造企业、供应商等	将绿色低碳贯穿于企业研发、设计、采购、生产、营销、服务全过程，不断提高原辅材料和能源利用和能源回收利用效率，推动企业实现低碳转型	注重环保技术的改造和推广应用，坚持"节能环保造车"的理念，提供绿色产品；改造和推广余热、废压、中水、废水、固体废物、废旧汽车及其零部件的资源回收利用；优化能源结构，提高能源效率，加强供应商资格准入管理；倡导全过程绿色物流理念	ISO14001	在2021年国家工业和信息化部公布的第六批绿色制造名单中，旗下东风柳州汽车有限公司的T5 EVO入选"绿色设计产品"名单；东风商用车有限公司入选"绿色供应链管理企业"名单。编制《绿色东风2025行动》计划，制定"节能环保管理办法"等内部制度；推进目标考核体系、法规制度行任；推进目标考核平台的"5+1"管理体系建设与运行任制。2021年，东风汽车87家工厂（子公司）通过环境管理体系建设与运行。2021年，东风汽车87家工厂（子公司）通过环境管理体系认证，建立覆盖集团总部、二级单位及附属公司（工厂）的节能环保三级管理体系审核（ISO14001），体系覆盖率达94%。旗下郑州日产汽车有限公司以包装"4R"为原则，优先选用低碳绿色材料及包装方案，2021年循环包装比例提升至94%，显著提升包装材料的可持续性。坚持电动、混动、氢动技术路线并进，基本完成"三电"产业化布局，建设两个"三电"工业园；在氢燃料领域，开发国内首款量产的全功率氢燃料电池乘用车东风"氢舟"，氢燃料商用车实现产业化运营；2021年推出"龙擎动力""马赫动力"十佳发动机。荣获2021年度"中国心"十佳发动机。2021年投资1.81亿元实施节能环保项目。在混动电驱、减速箱等关键核心零部件方面通过自主掌控及优化，进一步提升性能，降低消耗。2021年，倡导各单位积极使用清洁能源，光伏发电总容量为104 092千瓦，实际发电量为10 002.62万千瓦时。例如，旗下神龙汽车有限公司投资4100万元导入3兆瓦太阳能光伏发电系统，2021年全年光伏发电人600万元，导入节能型T6热处理炉，年约天然气150万千瓦时，减少二氧化碳排放789吨；旗下东风本田汽车有限公司投入600万元，导入节能型T6热处理炉，年节约天然气41.2万立方米；旗下东风日产乘用车公司乘用车开展涂装烘房间接燃烧器排烟余热回用项目，一年削减1237吨二氧化碳。加强供应商资格准入管理，签定《环境与安全协议书》等，旗下公司建立Slim Office本田绿色采购系统，截至2021年底，总计223家重点供应商导入系统并上传GHG排放数据，供应商排放较2020年减少约1.95%。2021年，推出"鲲跃"智慧物流解决方案，旗下公司改善运输方式，由公路运输向铁路运输或水路运输转制，利用数字化分析工具，搭建数学模型，优化前端配送线路运输线路运输距离缩短2%。

续表

企业	主题	伙伴	EPR 实施模式特征		法规依据	绩效
			模式	措施与建设		
一汽解放	E 启蓝途创美好智慧人车生活	生产核心企业、回收企业，绿色低碳美好生活企业	环境友好型发展模式，实行绿色生产	布局报废汽车回收网点建设，优化车辆的拆解工艺，提高回收再利用与再制造零件的利用率；从强化政策、完善标准和构建信息化方面支撑 EPR 管理体系建设	《汽车产品生产者责任延伸试点实施方案》	青岛厂分布式光伏发电项目荣获国家工业和信息化部第二批智能光伏试点示范项目。探索完成绿电市场化交易，实现减碳超过 2.1 万吨，当前已累计创建 4 个国家级绿色工厂，1 个国家级绿色供应链，并在中央生态环境保护督察期间实现同期零投诉、零问题，为绿水青山贡献"解放力量"。为进一步探索建立易复制可推广、可复制推广的汽车产品 EPR 实施模式，于 2022 年 10 月 20 日正式公布试点名单，一汽、东风、吉利等 11 家行业重点汽车生产厂的奥威 CA6DM3 发动机，该发动机成功通过塞浦路斯交通运输部审核，企业联合 62 家产业链上下游相关企业入选该名单。一汽解放致力于打造绿色供应链体系，通过 GB/T23331-2020，ISO50001：2018 能源管理体系、ISO14001：2015 环境管理体系等体系认证。采用超低排放的一汽解放无锡柴油机厂的奥威 CA6DM3 发动机，该发动机成功通过塞浦路斯交通运输部审核
北京汽车	绿色经营助力美好成就的智慧人车生活	汽车产品全生命周期过程中的参与主体	绿色供应链管理，深化闭环运作，产品全生命周期评价	绿色生态设计，实现车内健康，技术领域的全流程绿色供应链开发管控；聚焦绿色生产和智能制造基础建设，深化信息技术与制造的两化融合；持续完善绿色供应链管理机制，构建供应商自身绿色体系建设，完善信息全供应链平台建设	国标 GB/T 30512 标准；中国汽车消费者满意度研究中心研究与传播规程	北京汽车开发了智能健康座舱，其中 CN95 空调滤芯获得中国汽车技术研究中心有限公司认证。工厂运营采用先进制造系统，MES（manufacturing execution system，制造执行系统）、LES（logistics execution system，物流执行系统）、SRM 系统、ERP（enterprise resource planning，企业资源计划）系统、SRM 系统、EAM（enterprise asset management，企业资产管理）系统在制造环节深入应用。二工厂增加涂装车间推动远距离装车同末端处理设备，满足环保法规要求的涂装工艺的 2020 年株洲一、二工厂完善绿色管理体系覆盖各工厂。VOCs 去除率达到 90%以上的最新要求。建立了完善的绿色供应商采购与供应商管理体系，北京汽车与绿色供应商共同推动远距离零部件离厂物流，实现绿色物流。通过报废车市场委托单位，实现废旧动力电池 100%包装回收。完成报废全流程 90%以上包装回收，增加废旧动力电池溯源模块，推进废旧动力电池双向流动，使用可循环包装，重复使用，降低包装成本。实现了绿色 SRM 系统，实现了绿色供应链管理信息数据系统，中国汽车材料数据系统 CAMDS（China automotive material data system，实现了 ELV（end-of-life vehicle，报废车辆）环境合规系统，中国汽车产品禁限用物质，报废车辆）环境合规系统，实现了对汽车产品可再利用率及可回收利用率的信息化管理

续表

企业	主题	EPR实施模式特征			法规依据	绩效
		伙伴	模式	措施与建设		
吉利控股集团	绿色发展引领低碳智能变革	供应商	将可持续理念融入全价值链条，并通过可再生材料、零件再制造和循环利用等方式，提升能源及资源利用效率	全面提高价值链使用循环材料；以节能、减污为目标，实现绿色生产		增设ESG委员会，并下设ESG工作组与碳中和工作组，以科学透明的管理体系，大生态体系里持续提升其可持续发展能力。2022年1月6日正式加入联合国全球契约组织（United Nations Global Compact, UNGC），承诺将履行以联合国全球契约为基础的全球契约十项原则，助力实现联合国可持续发展目标。吉利控股创建了以"增强员工节能环保意识，降低办公消耗"为主题的绿色办公活动，制定并颁发了《绿色办公管理办法》，在运用节能产品、节电、节水、节油、资源重复利用等方面提出了具体要求，倡导节约资源的办公习惯，进行资源循环利用。吉利控股通过了欧盟汽车材料可回收认证RRR，在国内自主汽车品牌中率先跨越技术壁垒，整车生产和设计能力达到国际最高标准要求。吉利控股开发的车辆回收性能控制体系已经纳入吉利控股汽车产品全生命周期中，为后续其他车型的回收利用能力提供了指导意义，减少了开发成本、节约了开发时间，开发效率明显提高。吉利控股旗下吉利汽车、沃尔沃汽车、吉利商用车等公司的绿色供应链战略，推动全价值链协同提高资源利用效率，已获得工业和信息化部国家级绿色供应链认证。台州工厂按照产品全生命周期理念将产品全生命周期管理通过ISO 14001外部审核，11家制造基地获评工业和信息化部绿色制造基地，已获得工业和信息化部"绿色供应链"认证
广汽集团	GLASS绿净计划	奇瑞、菲亚特、丰田、本田等供应商；经销商	上下游一体，广汽集团致力于与供应商一同切实践行环境保护责任；打造绿色销售网络	计划一体系统推进，从购买到使用与回收的全链条低碳排放管理；建设零碳工厂；提升新能源汽车及节能汽车占比	《汽车产品回收利用技术政策》	广汽丰田生产的即美端汽车，不仅低油耗、低排量，其可回收率达到了95%，远远超出国家《汽车产品回收利用技术政策》的要求。广汽首批氢燃料电池乘用车在功率与效率方面，实现燃料电池系统70千瓦净功率输出，最高效率62%。截至2021年12月，光伏系统发电累计约4870.88万千瓦时，折合节约标准煤5986.31吨，减排二氧化碳15178.48吨。广汽集团积极开展员工节能环保宣传教育活动，2012年全年共进行21次节能环保培训，全面建立动力电池回收利用体系，可100%实现动力电池、钢铁、铝合金的回收利用，并设置回收利用点进行整车回收

续表

企业	主题	伙伴	EPR 实施模式特征			绩效
			模式	措施与建设	法规依据	
比亚迪	与社会一起，共创生态文明	日本三菱等供应商；IT 领域的摩托罗拉、三星、诺基亚等供应商	健全绿色采购制度，加强供应商管理；加大科研投入，成立研究机构	全产业链绿色布局，技术创新，绿色共享；推行"阳光采购""绿色采购"，建设储能电站、太阳能电站		2021 年比亚迪深惠地区总计节约能量 3332 吨标准煤，减少 13 370 吨二氧化碳排放量。2021 年 8 月 19 日，比亚迪启动坪山工业园首个"零碳园区"项目，打造中国汽车品牌首个零碳园区总部。 2021 年，比亚迪合计使用 1035 台新能源汽车用于公务出行及员工交通，累计使用 3415 辆电动叉车替换传统的燃油叉车，运用于园区车间物流。比亚迪深圳葵涌、深圳宝龙、深圳坪山、惠州、上海、商洛、长沙各工业园利用太阳能发电量总计 4400.44 万千瓦时，累计载客量 3639 874 人次。 2021 年 11 月 6 日，获得中国首张 SGS（Societe Generale de Surveillance S.A.，瑞士通用公证行）承诺中和符合声明证书；2021 年报告期间，比亚迪深圳、惠州、陕西 3 个地区已获得国家级绿色工厂称号。 2021 年 12 月，比亚迪获由全球储能与新能源影响力峰会组委会颁发的"2021 年度中国储能产业技术创新奖"和"2021 年度中国储能产业最具影响力企业奖"。
中车	以人为本，绿色环保，健康安全，低碳时代	为车环保供应商	研发环保产品，监控跟踪供应商环保绩效，签订协议保证环保责任；针对全生命周期对供应链环境的 EHS 体系进行审核	完善环保管理体系；落实环境保护和环境污染物达标排放要求；加强全生命周期管理；推进资源节约型、环境友好型企业建设		持续制定《EHS 体系管理手册》《EHS 目标、指标和管理方案管理办法》《环境因素和危险源管理办法》《EHS 事件报告和调查处理流程》等环保管理制度。截至 2021 年，中车时代形成 EHS 相关手册 1 个，管理办法 39 个，细则 10 个，流程 14 个，应急预案 11 个。 对公司半导体、机电两个板块，持续开展节能降本活动，总计降本约 500 万元/年。 对固体工业废物按照分类收集存放。对于工业固体废物，不能回收利用的工业固体废物，先尽量考虑进行回收利用，不能回收利用的工业固体废物则送至有资质的单位进行无害化处理，危险废物则送至相关危险废物处置单位进行处置。 2006 年 5 月，公司通过英国标准协会 ISO14001 环境管理体系认证，一直以来，公司通过环境管理体系的绩效监视、内审、监督审核、管理审核等过程控制，持续改进环境管理体系运行绩效。 根据工业和信息化部发布的《关于印发〈机电产品再制造试点单位名单（第二批）〉的通知》，中车时代旗下的中车株洲所、中车株洲电机公司、中车浦镇海泰公司、中车洛阳公司等六家公司入选。

第三节　我国汽车行业 EPR 的运行机制分析

一、汽车行业 EPR 参与主体

（一）内部主体

国务院办公厅于 2016 年印发《生产者责任延伸制度推行方案》，指出要在汽车行业实施 EPR，即要求生产者对其产品承担的资源环境责任从生产环节延伸到产品设计、流通消费、回收利用、废物处置等全生命周期。EPR 的重点是确定生产者为产品回收利用阶段的责任主体，其核心是将生产者对其产品承担的资源环境责任从生产制造环节向上游延伸到研发设计、绿色供应链管理等环节，向下游延伸到流通消费以及回收利用等环节。汽车工业发达国家和地区自 2000 年以来，构建了"政府推动+企业主体+市场主导"的汽车产品 EPR 管理制度体系，明确了汽车生产企业的延伸责任，有效促进了报废汽车的规范回收及其资源高效利用。上述汽车行业案例研究中企业内外部主体合作情况如表 11.3 所示。

表 11.3　外部主体合作情况[①]

序号	内部主体单位	外部主体合作单位
1	吉利汽车	浙江豪情汽车制造有限公司 山西新能源汽车工业有限公司 安徽吉枫车辆再生利用有限公司 浙江瑞齐机动车拆解有限公司 衢州华友资源再生科技有限公司 福建常青新能源科技有限公司 浙江再生手拉手汽车部件有限公司

[①] 参考工业和信息化部、科技部、财政部、商务部公布的汽车产品 EPR 试点企业名单。

续表

序号	内部主体单位	外部主体合作单位
2	一汽解放	长春一汽综合冠通报废汽车回收拆解有限公司 吉林省白城市东利物资再生利用有限责任公司 宁波市废旧汽车回收有限公司 天奇欧瑞德（广州）汽车零部件再制造有限公司 深圳深汕特别合作区乾泰技术有限公司 江西天奇金泰阁钴业有限公司 富奥智慧能源科技有限公司 长春一汽综合利用股份有限公司 无锡大豪动力有限公司
3	东风汽车	岚图汽车科技有限公司 武汉东风鸿泰汽车资源循环利用有限公司
4	奇瑞汽车股份有限公司	国投安徽城市资源循环利用有限公司 安徽瑞赛克再生资源技术股份有限公司 芜湖奇瑞资源技术有限公司 合肥国轩高科动力能源有限公司 柏科（常熟）电机有限公司 江苏海德莱特汽车部件有限公司 芜湖众力部件有限公司 武汉金发科技有限公司
5	上汽集团	欧绿保（上海）拆车有限公司 上海伟翔众翼新能源科技有限公司 上海伊控动力系统有限公司 上海新孚美变速箱技术服务有限公司 上海锦持汽车零部件再制造有限公司 上海百旭机械再制造科技发展有限公司

汽车企业作为整车研发设计、生产制造、采购运输、销售运维等产品生命周期的核心参与者，同时也是汽车行业的 EPR 实践的内部主体，应该从如下几个方面持续优化改善，更好地推动 EPR 实践。在整车零部件研发设计时，可以采用模块化设计、提升产品可回收性和拆解性、设计重复使用的部

件以便其翻新再造。在零部件生产制造时，实施废气废水的循环使用，优化生产流程，创建绿色工厂和绿色园区。在逆向回收过程中，联合第三方配合回收拆解企业，推动老旧或报废汽车的逆向回收、翻新和再造；同时，政企联动实施合理的激励措施，激励整车的维修、拆解、回收、报废等信息溯源。核心参与主体应持续主动参与和推动 EPR 实践及循环经济建设。

（二）外部主体

我国汽车产品回收再利用行业存在着报废汽车回收拆解精细化程度不高、报废汽车再生利用水平低、产业链上下游闭环机制缺失等问题。为解决此类问题，《汽车产品生产者责任延伸试点实施方案》中提出，鼓励汽车生产企业与报废机动车回收拆解企业、资源综合利用企业等联合申报试点，与相关企业、研究机构合作开展报废汽车精细化拆解、废旧零部件快速检测与分选、报废汽车"五大总成"等零部件再制造等关键共性技术的研发应用，实现前后端企业的资源共享。外部参与主体辅助核心企业推动 EPR 实践，承担的社会责任同核心企业同等重要。外部参与主体作为 EPR 实践的重要推动者和实践者，应该从如下几个方面持续优化改善，更好地推动 EPR 实践。

政府应积极引导和借助第三方的评估和反馈，持续优化 EPR 激励政策和措施的实施，以市场机制驱动的创新激励政策和措施为原则，推动 EPR 实践良性发展。同时，鼓励汽车生产企业与其关联企业结合发挥优势，或与报废机动车回收拆解企业、资源综合利用企业等联合申报 EPR 实践模式试点，实现资源共享，优势互补。

绿色采购和绿色物流相关的企业，应当结合自身优势，开展绿色无害化包装，循环包装，制订绿色物流解决方案。报废拆解企业应当按照报废机动车回收拆解企业要求取得报废机动车回收拆解资质，并在认定的经营规范内经营，同时不断改善和优化拆解流程，积极主动编撰可复制、可推广的国际国内通用的拆解标准和拆解手册。

二、汽车行业 EPR 运行模式

（一）汽车回收管理框架的全球创新网络特点

全球创新网络是经济全球化背景下企业创新从"封闭式创新"到"开放式创新"转变后产生的一种新的在空间尺度不受限制的创新网络。开放性和资源流动性是全球创新网络的两大特点。全球创新网络框架下，企业生产创新的外围扩大到企业外部。同时，开放式创新还具有资源流入和流出两种资源流动形式，强调有效地利用外部可获取资源。同样，全球创新网络也包含资源流入和流出。企业或组织在全球范围内搜寻可利用资源，同时也参与其他企业或组织的全球搜索，将内部某些人才资源和知识产权等授权或转让给全球范围的其他组织。本节提出的汽车回收管理多主体互动框架具有全球创新网络的全部特点（王凌飞，2019）。

第一，汽车回收管理框架是一个不受空间尺度限制的开放的互动网络。开放性在于，创新不仅局限于企业的内部，更强调外部合作。汽车产品本身就具有复杂产品系统的特点，在汽车生产的过程中运用模块化的方式进行组装和生产。因此，汽车的生产少不了生产企业与全球各部件供应商的互动与合作。而在汽车回收管理框架中实施 EPR 时，要求汽车企业选用绿色的设计、绿色的生产方式和绿色的原材料。当汽车制造商在绿色设计、绿色生产方式以及原材料上创新时，需要与全球各个供应商进行合作和互动。而且大多数汽车制造商本身就是不受空间限制的全球企业。另外，政府实施创新的汽车产业 EPR，同样会产生国际互动。

例如，《汽车产品生产者责任延伸试点实施方案》入选试点企业名单中的中国一汽也积极贯彻国家汽车产品回收政策，提前布局报废汽车回收网点建设，目前已与联合申报试点的回收拆解企业针对一汽红旗、一汽奔腾、一汽大众等品牌车辆的回收拆解利用率方面开展深入研究，优化车辆的拆解工艺。未来，中国一汽也将持续进行精细化拆解，提高回收再利用零件与再制造件的利用率。预计至 2023 年 8 月，中国一汽的汽车产品的资源综合利用率将提升至 76%。

类似地，比亚迪与格林美在 2015 年 9 月达成合作，共同构建"材料再造—电池再造—新能源汽车制造—动力电池回收"的循环体系。比亚迪还是工业和信息化部发布的第二批符合《新能源汽车废旧动力蓄电池综合利用行业规范条件》（白名单）的企业。除此之外，2022 年比亚迪新设立了台州弗迪电池有限公司，经营范围除电池制造销售外，也涉及新能源汽车废旧动力蓄电池回收及梯次利用。

综上，在此框架上实施 EPR，使得汽车制造商与框架中其他主体产生互动合作关系时，形成了一个不受空间限制的全球创新网络。

第二，汽车回收管理多主体互动框架也具有资源流动性，并且在主体互动合作中引导了创新。在汽车回收管理框架中，最有特点的资源流动是无形资产的流动。汽车产业的生产者责任延伸制度强调各主体之间的合作，特别是汽车制造商和汽车回收企业的合作。要求汽车制造商不仅承担汽车回收的费用，还要向回收企业进行信息公开。汽车制造商主要的信息公开责任是公开汽车内有害材料的部位和处理办法，这些信息可以帮助汽车回收企业进行工艺和流程的更新，促进汽车回收行业的发展。同样，汽车回收企业能将实际作业过程中出现的问题反馈给汽车制造商，以便其进一步改进产品，而这一过程也产生了创新。汽车制造商施行绿色设计和绿色制造伴随着大量资源流动，这样的流动往往也是跨地域的。

例如，同样入选试点企业名单的吉利汽车与 2 家回收拆解企业及 3 家资源综合利用企业共同成立联合工作小组，开展零部件拆卸拆解、零部件回用、零部件再制造、材料再生利用等技术的研发，推动回收件与再制造件在售后维修市场上的应用，最大限度地利用报废车资源。吉利汽车计划到 2023 年 8 月实现 75%的资源综合利用率，2025 年实现全生命周期碳减排 20%，2035 年实现生命周期碳减排 40%，2050 年携手供应链共同努力实现全生命周期碳中和。

同样，上汽通用汽车有限公司也致力于绿色供应链战略的实施，从绿色设计、绿色制造、绿色物流、绿色回收等方面展开绿色改进使参与供应商获得可测量的成本节约和生产力提升效果。2014 年，35 家供应商参加上海通用汽车有限公司绿色供应链项目，共实施了 134 个改善方案，拉动供应商投资 2764 万元，产生经济效益 3158 万元，其中节电 695 万千瓦时/年，节水 22 万吨/年，减少三废排放 3.09 万吨/年。2019 年，强化了对供应商的风险管控，在供应商准入审核和评价时，加入环境和社会影响评估。要求零部件供应商通过 IATF16949 质量管理体系、ISO14001 环境管理体系和 OHSAS18000 职业健康安全管理体系认证，并符合当地环保政策要求，尽可能使用环保产品。

综上所述，汽车回收管理的多主体互动框架具有全球创新网络的特点。因此，政府在主导形成以 EPR 为核心的汽车回收管理框架时，需要充分考虑全球创新网络的特性。充分利用其开放性和资源流动性，选用能引导创新的政策，并尽可能多地利用各种资源，绿色地解决我国汽车回收产业现有的问题。

（二）各主体在汽车生命周期不同阶段的互动

汽车生命周期如图 11.1 所示。在汽车生命周期的早期，汽车生产企业（包括汽车进口商）要对汽车进行设计和生产（或进口）。据了解，关于报废汽车的回收问题，回收技术和工艺只能决定产品回收效益的 10%~20%，而设计阶段可以决定汽车回收收益的 80%~90%。因此，要想从源头上提高汽车产品回收利用水平，并最大限度地提升报废汽车的资源利用效率，降低环境污染，离不开汽车制造企业的努力和创新。汽车制造商在承担汽车回收责任时，应该推行绿色设计和绿色制造。汽车制造商设计汽车时应充分考虑汽车的可回收性、可拆解性，并与汽车回收企业进行信息共享。制造商与回收商之间的信息共享，不仅有利于回收流程和工艺的升级，也有益于汽车制造商在设计、制造流程和汽车材料使用上的创新。

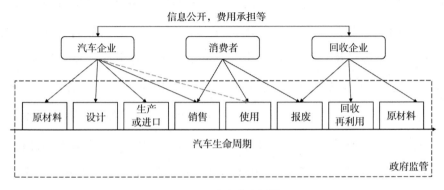

图 11.1   汽车生命周期

生态设计是发展汽车产业循环经济的重要途径。2021 年，工业和信息化部、科技部、财政部、商务部四部委联合印发《汽车产品生产者责任延伸试点实施方案》，提出报废汽车再生资源利用水平稳步提升要求。塑料包装是我国首个开展双易设计的行业，已形成相关产品双易设计评价机制，目前已发布《塑料制品易回收易再生设计评价通则》以及配套实施细则等系列标准。同时，塑料包装行业设计"回字形"双易标识，并成功推动企业进行双易设计产品认证。目前汽车行业开展双易设计是实现报废汽车再生资源利用的主要途径。

降低能耗的技术也是生态设计的重要组成部分。例如，广汽丰田生产的凯美瑞汽车，不仅低油耗、低排量，其可回收率达到了 95%，远远超出国家《汽车产品回收利用技术政策》的要求。同时广汽集团从新能源技术、三电核心技术、氢燃料电池技术和混合动力技术入手，秉持"无科技，不广汽"的决心，加快推进向科技型企业转型。同样地，比亚迪则从纯电动、混合动力、替代燃料以及氢燃料电池四大技术路径切入，初步实现从技术跟随到技术引领的新跨越。

在汽车生命周期的中期，若想降低此阶段对环境的影响，需要汽车生产商、消费者以及政府之间的互动合作。首先，政府应采取措施提升公众的环保意识，提倡绿色消费和绿色使用。制定相应的政策扶持和促进绿色消费的发展，将消费行为逐渐改变为环保消费。并且要求汽车生产商在销售时，公开车辆的环保信息，其中包含车辆所使用的有害物质，以及对报废车辆进行无害化处理的价格。在销售时引导消费者购买环境友好型产品，以达到保护环境的目的。在汽车使用方面，政府和汽车生产商都应该负起教育消费者健康且绿色使用的责任，培养消费者良好的用车习惯，从而降低在车辆使用过程中对环境造成的危害。

在汽车生命周期的末期，也是实施 EPR 最关键的阶段，需要政府、汽车回收企业、汽车制造商以及消费者全部主体的通力合作。各主体合作建立报废汽车回收体系，从而在最大程度上减少汽车回收处理对环境的污染。首先在拆解处理方面，政府应该大力扶持汽车回收企业，改善我国回收企业资源分散、经济效益低、生产规模小、回收网络规模效应不显著的现状。汽车制造商与汽车回收企业合作，一方面根据 EPR 政策，汽车制造商需要支付部分或全部汽车回收处理费用。因此，为了降低汽车回收费用，汽车制造商应该和汽车回收企业合作，提升汽车回收企业的技术水平，达到降低自身成本的目的；另一方面，与汽车回收企业合作，生产商能够得到自身产品的回收处理信息。这些信息不仅能够帮助汽车生产企业进行设计和生产的改进，也能从某种程度上对汽车的销售起积极的作用。另外，政府需要对消费者进行严格的监管，对擅自处置报废车辆的车主进行处罚。我国报废车辆流失率居高不下和消费者的习惯密不可分，如果消费者不能将报废车辆交予正规渠道处理，再好的回收工艺也会被浪费。同时，应该鼓励发展汽车零件的再制造，实现资源的循环利用。

当前汽车生产者责任组织涵盖百余家，初步形成了汽车资源综合利用生态圈，为报废汽车回收拆解、零部件再造、材料再生、资源综合利用等多元化业务发展注入新动力。例如，比亚迪与格林美共同构建"材料再造—电池再造—新能源汽车制造—动力电池回收"的循环体系。上汽集团从二手车交易切入，持续加强上汽认证二手车中心的能力建设，提高认证二手车销量，确保公司产品二手车保值率的稳步提升。广汽集团建立动力电池回收利用体系，可 100%实现动力电池、钢铁、铝合金的回收利用，并设置回收利用点进行整车回收。

第十二章
回收产业的 EPR 实践分析

工业和信息化部、财政部、商务部和科技部联合制定的《关于开展电器电子产品生产者责任延伸试点工作的通知》指出，生产者责任延伸制度的核心是通过引导产品生产者承担产品废弃后的回收和资源化利用责任，激励生产者推行产品源头控制、绿色生产，从而在产品全生命周期中最大限度提升资源利用效率，减少污染物产生和排放。对废弃产品的回收利用是一个系统工程，需要产品链条上每一位角色参与并承担相应的责任。对此，本章首先从 WEEE 回收行业背景出发，探究了基于 EPR 的 WEEE 回收模式和"互联网+"新型回收模式下的企业实践活动。其次，从经济因素、管理因素和技术因素三个方面，分析了影响 EPR 回收模式的因素。最后，从废弃电器电子产品出发，分析了 WEEE 回收处理行业的发展趋势。

第一节　WEEE 回收行业背景

中国是电器电子产品制造大国，与此对应的是大量的废弃产品。工业和信息化部数据显示，中国每年报废 2 亿余台、500 余万吨的电器电子产品，位居世界榜首。然而，生态环境部废弃电器电子产品处理信息管理系统数据显示，截至 2019 年底，全国共有 109 家废弃电器电子产品处理企业纳入废弃电器电子产品处理基金补贴企业名单，这些企业每年实际处理废弃电器电子产品能力约为 1.6 亿台，较 2015 年的 7500 万台增长约 1.13 倍。

废弃电器电子产品是一类新型的再生资源，建立 EPR 是管理这些产品的核心。在产品生命周期中，生产者具有挖掘废弃产品最大价值的能力，将其作为切入点引入外部激励，能够实现信号的全链条传递。对废弃产品的回收利用是一个系统工程，需要产品链条上每一位角色参与并承担相应的责任。其目的在于实现环境保护，包括无害化处置、源头减量和生态设计。无害化处置旨在建立规范的产品回收利用体系，提高无害化处理率，减少环境污染。源头减量关键在于延长产品使用寿命。生态设计也称环境协调性设计，即在产品或材料设计中，在考虑成本、功能、质量、外观等使用性能指标的同时，充分考虑产品或材料的环境性能，达到经济、环境和社会效益的和谐统一。

EPR 通过生态设计，提高企业社会责任意识，有利于产品从设计、材料选用的源头控制有毒有害物质的使用，采取有利于回收利用的设计方案。

我国目前 WEEE 的回收体系是政策、经济等多种因素构成的混合体系，具体回收渠道如表 12.1 所示。个体商贩上门回收以其便捷性占据了大部分市场，这一非正规的回收渠道劳动力密集，并已形成多层级和完全竞争的回收体系，其流向主要是"地下拆解工厂"。

表 12.1　我国废弃电器电子产品回收渠道

回收渠道	介绍	最终是否进入有资质回收处理企业
个体商贩	回收来源主要是家庭废弃电器电子产品	否
旧货市场	经过简单清洗、检测、修理后，出售可使用产品，其余低价卖给废品收购站	
"以旧换新"	主要流向为废品收购站、生产商（少量）和有资质的回收处理企业	部分

回收渠道	介绍	最终是否进入有资质回收处理企业
售后维修服务站	无法维修的产品由售后维修服务站收购，流向为废品收购站	否
互联网回收	互联网或环保公司等线上回收 WEEE，成本低，更便捷	
政府、事业单位统一交投回收	其 WEEE 基本有可追踪的档案	是

2012 年推行的《废弃电器电子产品处理基金征收使用管理办法》，通过基金补贴，促使各相关方加入到回收体系建设中，推动废弃电器电子产品回收行业进入了新的发展阶段。中国家用电器研究院调研可知，2015 年个体回收者的回收渠道占比为 85.86%，到 2018 年废旧家电理论报废量约 1.5 亿台，乐观估计 50%~60% 得到规范处理，我国初级回收渠道仍以个体回收者为主。

EPR 的提出，明确了废旧家电及电器电子的回收责任主体，有效地促进了废旧电子产品的回收及加工再利用，使其回收模式产生了根本性的改变。目前废旧家电及电器电子产品的回收模式主要有：生产商回收模式、生产商委托零售商回收模式、生产商联合回收模式和生产商委托第三方回收模式。

第二节　基于 EPR 的 WEEE 回收模式

基于生产者责任延伸制的 WEEE 回收模式是以生产商为主，主要包括生产商回收模式、生产商委托零售商回收模式、生产商联合回收模式和生产商委托第三方回收模式。

一、生产商回收模式

（一）操作模式描述

生产商回收模式是生产商自己操作完成国家制定和要求的目标工作，实现产品整个生命周期的环境管理，是由生产商主导并负责完成回收从消费者退回的废弃电器电子产品，主导构筑覆盖产品业务区域的回收网络，并承担费用。具体过程如图 12.1 所示。

图 12.1 生产商回收模式

（二）优缺点分析

生产商自己回收再利用废弃电器电子产品，可以提升对资源的管理权力并减少采购成本，从而获取较高利润。生产商主动承担回收工作，节约资源并保护环境，有助于树立企业社会形象。同时，有利于基于全生命周期从原材料选购、产品设计、生产等方面提升回收利用率。然而，对于生产商而言，最大的难题在于回收成本高，导致生产商无法有效发挥专业化优势，且难以对抗非正规回收。

（三）优秀企业实践

EPR 试点单位的生产企业四川长虹电器股份有限公司旗下的全资控股子公司——四川长虹格润环保科技股份有限公司（简称长虹格润）主营（非）金属废料和碎屑、废弃电器电子产品的回收再制造，以及新材料和环保产品的研制及销售等业务，此外还提供环保建设的咨询服务，是第一批废弃电器电子产品处理基金补贴企业和第三批废弃电器电子产品处理基金补贴企业，是有资质的废弃电器电子产品处理企业。截至 2021 年长虹格润在全国拥有上千个回收网点，年回收量超过 200 万台。长虹格润根据闭环理念调整业务，开启资源循环、经济循环的"Green"时代，以"打造循环经济，促进生态和谐"为使命，拆解处理洗衣机、电视机、电冰箱、空调机及电脑，获得全国首批废旧家电拆解资质，截至 2021 年，企业年拆解量西南地区第一，全国前三。

长虹格润还积极与高校、研究院合作，参与到科研项目中，在再资源化技术和设备方面硕果累累，获得了多项专利和授权。投入上亿元资金设立的"节能环保产业功能区"在无害化处理和资源再利用方法展现了卓越的能力，被四川省授予"城市矿产基地"的称号。2021 年长虹格润联合家电回收领域权威机构发布"真拆换新"倡议书，发起"真拆换新"活动，从根源上避免废旧家电回收二次销售或拆解污染问题，给出了家电换新专业化回收体系和流程新范本。另一优秀企业实践是格林美，其业务是对废旧电池、废弃电器电子产品等"城市矿产"进行循环利用，是我国循环经济与低碳制造行业的领头羊。

2013~2016 年，格林美建立了十二大城市矿山循环产业基地，贯通南北，承接东西，辐射世界。三大核心业务，形成三轨驱动模式：电子废物循环利用产业链、废旧电池和废弃钴镍钨稀有金属资源循环利用产业链、报废汽车与废钢循环利用产业链。格林美核心竞争力之一是覆盖中国八省（区）两市的庞大回收网络，有充足的原料保障。

截至 2016 年底，格林美回收网络覆盖湖北、广东、江西、河南、福建、广西、浙江与江苏等八省（区）以及天津、北京两市，建成 25 000 余个回收网点。年处理各种废旧电池、电子废物和钴镍废弃资源达到 50 万吨以上；循环再造超细钴镍粉末、塑木型材等各种高技术产品达到 50 000 吨以上；年产值 5 亿元以上，成为国内废弃资源循环利用的示范产业基地。2016 年，格林美以环保领域第一名的成绩取得对外援助成套项目管理企业的资格，格林美谋划废物再生循环产业项目，输出优势废物处理技术，开采全球城市矿产。

《格林美 2021 年度社会责任报告》显示，2012 年至 2021 年 10 年间格林美累计处理废物总量 3200 多万吨，累计回收处理报废家电 7500 万台（套），公司建立电子废物、报废汽车、废旧电池等固体废物的绿色处理模式，建成世界领先的电子废物绿色回收处理基地、动力电池绿色回收处理基地、报废汽车回收处理基地与世界先进的废塑料循环利用基地，成为中国固体废物处理领军企业。

二、生产商委托零售商回收模式

（一）操作模式描述

生产商委托零售商回收模式中，零售商从生产商取得新产品进行自主定价并销售的同时，还负责回收废弃电器电子产品并将其转交给生产商进行回收处理，收取生产商给予的回收价。具体过程如图 12.2 所示。

图 12.2　零售商回收模式

（二）优缺点分析

零售商可很好地胜任由于消费而形成的海量、多类、分散的各种废弃电器电子产品的回收任务。但是回收渠道的单一会导致较低的回收率，缺少竞争也会带来更不利于消费者和生产商的回收价格。

（三）优秀企业实践

国内零售商回收模式的典型案例并不多见，2015 年，英国零售行业龙头企业 Agros 与环保企业 Wrap 共同构建电子产品回收的业务，消费者可以在 Agros 旗下的 788 家店铺，用废旧的手机、平板电脑换到 Agros 代金券。消费者提供的电子产品将被翻新出售，或者将零部件拆解重用。据 Agros 透露，以后会纳入照相机、卫星导航仪等废旧电器电子产品。

三、生产商联合回收模式

（一）操作模式描述

生产商联合回收模式是指同类商品的多家生产商共建组织，由该组织负责这些生产商生产的电子产品的回收处置工作，其主要工作特点是"企业集资做事"。具体过程如图 12.3 所示。

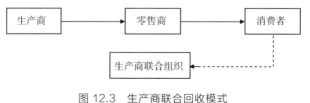

图 12.3　生产商联合回收模式

（二）优缺点分析

通过生产商联合组织机构开展废弃电器电子产品回收工作，共同打造产品回收处理机制，可以减轻单个生产商在建立回收系统上的资金压力，分散和降低市场、财务及技术风险，从而实现规模经营与企业间的合作共赢。但是合作单位的选择、组织治理与利润分配方面或许会出现冲突，导致整体成本的提升。

（三）优秀企业实践

电子产业中生产商联合回收模式的典型案例是上海铅酸蓄电池环保产业联盟。联盟成立于 2014 年 5 月 12 日，成员单位涵盖铅酸蓄电池整个产业链。联盟以 EPR 为导向，依靠物联网技术，打造上海铅酸蓄电池配送回收创新体系，实现"销一收一""以旧换新"，使铅酸蓄电池全过程绿色无污染。

四、生产商委托第三方回收模式

（一）操作模式描述

在生产商委托第三方回收模式中，生产商在销售产品后，不会直接承担回收任务，而是选择一家专门的第三方回收企业专门负责回收工作，然后由第三方回收企业与生产商对接处理。具体过程如图 12.4 所示。

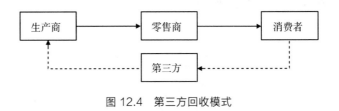

图 12.4　第三方回收模式

（二）优缺点分析

该模式通过引入其他主体分担生产商运营风险，有助于其更好地应对外部环境的变化，在一定程度上可以提高社会资产利用率。同时该模式既可以使生产商集中发展核心业务，又可提供更高的服务质量。但是该模式的缺点也很明显，即影响了生产商对终端信息的掌控。

（三）优秀企业实践

海信集团有限公司曾经将试点产品电视机、空调、冰箱、洗衣机等委托给第三方——青岛新天地生态循环科技有限公司（简称新天地公司）。新天地公司是中国节能环保新兴产业领域的重点龙头企业，首次进行"静脉产业"实践，创建了中国首个国家级静脉产业园区——青岛新天地静脉产业园，并被列为国家首批"城市矿产"示范基地，主要从事废弃电器电子产品的回收处理。

新天地公司专注于"城市矿产"绿色回收、循环利用、深加工、环境治理和固废终端处置等业务，并以科技创新能力驱动绿色发展，自主研发了百余项专利技术，创新了行业标准。其承建的废弃电器电子产品资源化项目，是国家发展和改革委员会在全国开展的第一批两个示范项目之一，是国家第一批循环经济试点项目、科技部 863 项目和中日合作城市典型废弃物循环利用体系建设及示范试点项目。其自主研发设计了国际先进、适合国情的各类废旧电器电子产品拆解再利用技术工艺和成套装备，可处置包括电冰箱、空调、洗衣机、废电视、废旧电脑和小家电、办公电器、手机等在内的废弃电器电子类产品。其初步构建了"城市矿产"回收—精细化拆解—深加工—再制造—无害化处置产业链，被确定为全国十大园区循环经济典型模式案例之一。

新天地公司项目配套贵金属提取等深加工生产基地，可对线路板等进行金、银、铂、钯等贵金属提取，提升资源价值品位，形成完整产业链，最终得到铜、铁、铝、塑料、玻璃和贵重金属等资源，重新输入动脉产业循环利用。新天地公司已在全国范围内建立了一定规模的回收处理体系，产业布局覆盖山东、山西、陕西、辽宁、吉林等省，全国年处理能力达千万余台。

第三节　基于互联网平台的新型回收模式

随着 WEEE 回收处理行业的稳步发展以及"互联网+"的快速融合，众多企业开始参与其中。回收哥等"互联网+回收"平台涌现出来并茁壮成长，不断扩大了回收业务的覆盖范围，并丰富了回收业务的种类；"绿色消费+绿色回收"的废弃电器电子产品的新回收模式也取得了一定的成效。北京推动的节能超市中，通过绿色消费带动的绿色回收 WEEE 产品达到 4 万台；工业和信息化部联合财政部、商务部和科技部发布《关于开展电器电子产品生产者责任延伸试点工作的通知》，鼓励电器电子产品的生产者通过逆向物流建立废弃电器电子产品绿色回收渠道；桑德集团有限公司在福州启动了"两网融合"的示范项目。这些新模式在未来多元化的废旧家电回收体系建设将初见成效，助力回收行业的可持续发展。

一、互联网+再生资源企业回收——湖南绿动

湖南绿动资源循环有限公司（简称湖南绿动）成立于 2015 年，是长株潭再生资源回收利用体系补链企业，是湖南省第一家"社区垃圾分类"试点企业。公司利用互联网、大数据和云计算等现代信息技术和手段，建立城市再生资源回收利用体系信息服务平台，实现资源聚集。

2019 年上线运行"基于移动互联网的垃圾分类回收应用系统"，该系统集流程化信息记录、智能化积分查询、多元化礼品兑换的垃圾分类 CRM（customer relationship management，客户关系管理）系统于一体，结合放置在社区、学校的垃圾分类回收箱，运用互联网平台，多种激励政策，倡导居民从最前端将垃圾进行分类处理，以达到垃圾减量化和再生资源循环利用。

湖南绿动以点、站、场为基础构建可回收物回收体系，为社区、街道开展垃圾分类宣传教育及收运服务；结合"互联网"平台，整合传统回收与新型回收，共享人力物力，极大程度降低前端回收成本，将可回收物回收利用做到市场化的可持续、可复制。

二、互联网+环保企业回收——桑德回收联盟

桑德回收联盟由国内大型环保集团、上市公司启迪环境科技发展股份有限公司创建，自 2015 年 10 月在福州启动以来逐步向全国推广，联盟采用"互联网+环保"的创新模式服务社区，通过提供创新技术、服务理念、相应的资金支持等推动绿色社区的建设，为社区居民提供一个人人参与的平台，让更多的居民加入到绿色社区建设中来。

2016 年 4 月 9 日，桑德回收联盟启动"互联网+分类回收"绿色社区项目。对于小件废弃电子产品，消费者可通过桑德回收联盟发放的垃圾分类指导手册，自行处理投递到专门的回收箱。而对于大件废弃电器电子产品，可预约工作人员提供服务。消费者投放后，由联盟对回收的废弃电器电子产品专业分拣，运送到启迪桑德环境资源股份有限公司旗下正规企业环保处理。消费者通过回收能够增加积分，用于兑换商品或消费卡等奖励等，并享受免费送货上门服务。分类回收活动目前已在福州、成都、重庆、郑州和北京等城市开展，桑德回收联盟为首都生态文明建设、为推动房山垃圾分类示范区的工作提供了新的发展思路。

相比传统的回收方式，桑德回收联盟"互联网+环保"回收更方便、及时，并具有可追溯性。据工作人员介绍，桑德回收联盟"互联网+环保"回收的优势还有能在进行分类回收的同时，详细记录用户交投废品的种类、数量、频率、分类准确率等相关数据，并上传到云平台，根据用户年龄、家庭

组成等情况，分析居民垃圾分类行为和生活习惯，为政府制定相关环保政策提供决策依据。

桑德回收联盟还将逐步对回收箱实行智能化改造和升级，以提供更多的交互功能，包括宣传垃圾分类知识，以及提供免费 WiFi、各类生活缴费、打印商家优惠券等多种便民服务。

三、互联网+智能回收机回收——盈创公司

自 2008 年起，北京盈创再生资源回收有限公司（简称盈创公司）向市场投放饮料瓶回收机，帮助消费者处理闲置或废弃饮料瓶，并且减少污染和资源浪费，该项目获得了政府和人民的一致好评。2012 年盈创公司推出基于物联网技术的饮料瓶智能回收机,此后也开发了手机和纸张等多类智能回收机，逐步构建起"再生资源智能回收体系"。2018 年 12 月联合北京工业大学等多家高校企业，成功申报科技部"固废资源化"重点专项"基于大数据的互联网+典型城市再生资源回收技术"项目，参与项目课题 1 和 3 的项目实施工作。

盈创公司总经理介绍，公司已在北京投放了近两千台的饮料瓶智能回收机；针对生活垃圾市场的回收渠道，盈创公司推出了 O2O（online to offline，从线上到线下）上门回收服务——"帮到家"，可以通过微信和手机 APP 网上预约，定制后回收人员可以提供周期性的上门服务，还对押金返还制下的回收模式进行了探索。

盈创公司智能回收物流系统，兼容传统回收模式，实现电子化交易，减少中间环节，降低运输成本，再生资源流向安全可控。盈创公司反向物流运营体系的建立,让高效的物流系统降低了物流成本和减少了再生资源堆积量。与传统回收模式相比，盈创公司反向物流运营体系需要的操作工人更少，大

大减少了运输车辆与缩短了运输距离，信息化、智能化的管理使整个运作过程达到最优化。再生资源从源头到再生工厂全程无缝对接和可控，极大地提升了效率。

四、电商的业务拓展

1. 联想在线回收平台——"乐疯收"

"乐疯收"利用 O2O 模式，回收的范围涵盖目前市场主流的联想、苹果、三星、摩托罗拉等 17 个品牌多达 1500 款手机和平板电脑。为消费者提供便捷的回收服务，只需消费者在线评估、提交订单然后邮寄或上门回收即可。

2. 线上线下双渠道——"嗨回收"

"嗨回收"采用互联网、大数据等新技术，整合行业上下游优质资源，和厂商、销售商、拆解商、后市场服务商等达成战略合作，提高回收规范性、正规处置率及客户满意度。2022 年，"嗨回收"入选商务部重点联系再生资源回收企业名单，与联想、携程、索尼、京东京车会、美的电器、雅迪电动车等多家企业签订战略合作协议，与中国物资再生协会共同发起的中国再生资源公共服务平台正式启动。

3. 平台+企业协同以旧换新模式——苏宁易购、京东、天猫

苏宁易购推出以旧换新活动，分为三种回收方式，包括邮寄回收、到店回收和上门回收，其回收家电品类为空调、冰箱、洗衣机和电视。家电普遍采用上门回收的方式，苏宁易购提供免费上门拆机并进行专业检测返现。

京东的以旧换新是京东与"爱回收"合作推出的活动，主要有两种换新方式：一是普通的以旧换新，就是先进行旧机回收，获得回款后进行新机购买；二是一站式以旧换新，旧机金额直接抵扣新机金额，换新回收无缝衔接，

更有专项换新补贴。京东采取同品类产品以旧换新的模式，但对产品品牌不做限制。

天猫以旧换新的形式更为灵活，并不局限于相同品类换新。只要是参与活动的新品，都可以用各种品类的旧品回收抵扣，且各种旧品在回收时的抵扣数固定，不随新品变化而变化，旧品抵扣金额大于新品价格的，可额外再得现金。此外，天猫将以旧换新的直接抵扣金额与个人的芝麻信用得分相关联,芝麻信用得分的高低也会成为影响最后可抵扣金额高低的影响因素之一。2022 年，天猫平台对于家电回收价格进行了调整，针对空调、冰箱、洗衣机，由原来的根据家电产品具体使用年限、产品型号评定价格改为一口价，具体抵扣金额根据不同类型产品的具体品牌略有细微区别，空冰洗可抵扣金额约为 250 元/65 元/50 元上下。

第四节　EPR 回收模式选择的影响因素

回收模式会对回收效率产生较大的作用，本节从多种影响因素的角度来分析废弃电器电子产品 EPR 回收模式选择问题，希望能够寻找到最适合我国国情的废弃电器电子产品的回收模式。

一、经济因素

影响废弃电器电子产品 EPR 回收模式选择的经济因素有投资额、盈利性和成本等。

（一）投资额

建立废弃电器电子产品回收系统，离不开大量资金的支持，用于设备购置和人员培训。在生产商负责回收或零售商负责回收模式下，投资主要由企业自身承担。而生产商联合回收模式或第三方回收模式下，企业投资较少，或者所有投资都由合作企业提供。因而，前两种模式的投资额最多，生产商联合回收模式居中，第三方回收模式最少。

（二）盈利性

在生产商和零售商负责回收的回收模式下，盈利性源于将废弃电器电子产品转变为新的生产原料，从而减少了企业投入，并且提升了消费者服务体验。在生产商联合回收模式和第三方回收模式下，企业收益状况并不理想。

（三）成本

在生产商负责回收的模式中，废旧产品的外观不够标准使得规模效益的价值无法体现，企业所投入的成本较多。另外，这些不标准的产品只能由人工检测判断，造成了成本的提升。在零售商负责回收的回收模式中，生产商需支付给零售商代为回收的回收价格，较生产商直接回收的回收业务成本低。在采用生产商联合回收模式和第三方回收模式时，企业要向合作方支付费用，但这部分费用要比前者少，四种回收模式（生产商回收模式、零售商回收模式、生产商联合回收模式和第三方回收模式）的成本依次递减。

二、管理因素

管理因素是指生产商对各种回收模式的运营管理能力。反映管理因素的主要指标有三种。

（一）设施设备管理能力

在生产商回收模式和零售商回收模式中，生产商需负责维修保养和管理处置废弃电器电子产品的设施设备，而在生产商联合回收模式和第三方回收模式下，则由合作企业或第三方承担这些维修保养及管理费用。

（二）人员管理与沟通能力

现有员工的能力是否可以完成废弃电器电子产品回收，有没有必要聘用新人，有没有必要培养员工能力，怎样促进员工之间的协作，是企业必须考虑的问题。在生产商联合回收模式和第三方回收模式下，要求企业充分考虑内外部协作，以保证良好的合作关系。因此，采取各个模式的企业的人员管理与沟通能力是其不可忽视的关键因素。

（三）信息管理能力

在采用生产商回收模式和零售商回收模式时，企业能够改进内部信息的管理从而实现共享，不断提高产品和服务质量。而在采用后两种回收模式下，企业也应该和合作商保持交流。因此，管理回收信息的能力是企业回收模式决策中的关键因素。

三、技术因素

在无害化回收处置废弃电器电子产品时，离不开专业的技术设备及技术工人。对于前两种回收模式，企业应该进行再制造、再利用的处理，对回收利用的技术水平要求较高，后两种回收模式次之。

第五节　WEEE 回收处理行业数据分析及发展趋势

EPR 在已被广泛应用于多个国家，在废弃电器电子产品处理利用方面扮演着重要角色。工业和信息化部节能与综合利用司相关负责人表示，推行电器电子产品 EPR 措施，是构建 EPR 的关键基础。

我国的 EPR 目前仍然存在一些问题，然而此前颁布的相关政策和制度已经取得较好成果。例如，2012 年发布的《废弃电器电子产品处理基金征收使用管理办法》为废弃电器电子产品处理做出了规范化运行的指引，并为其运行提供了保障和支撑。2021 年，国家发展改革委、工业和信息化部、生态环境部发布的《关于鼓励家电生产企业开展回收目标责任制行动的通知》对企业构建回收处理体系、履行生产者延伸责任提出了更高的要求。《2021 中国电器电子产品生产者责任延伸实施情况年度报告》中对 EPR 试点企业的履职调研显示，2020 年生产企业的回收量、回收率以及处理量均有所下降。主要原因是现阶段没有明确支持企业开展 EPR 履责政策，且企业 EPR 履责成本较高，导致企业参与积极性减弱。

一、废弃电器电子产品回收行业

我国废弃电器电子产品回收模式的发展经历了个体回收商回收模式、以零售商和制造商为主的政府补贴回收模式和以个体回收为主的新型多渠道回收模式这三个阶段，同时互联网技术大力赋能回收行业。通过政策和经济激励，吸引众多主体共建回收体系，促进了废弃电器电子产品回收行业的蓬勃发展，《中国废弃电器电子产品回收处理及综合利用行业白皮书 2021》显示2021 年我国废弃电器电子产品回收行业呈现了以下特点[1]。

---

[1] 资料来源：《2021 中国电器电子产品生产者责任延伸实施情况年度报告》。

1. 行业规范管理日趋完善

2021 年 10 月，中国再生资源回收利用协会发布《废弃电器电子产品回收规范》团体标准（T/ZGZS 0201—2021），该标准的建立标志着首个针对废弃电器电子产品回收全流程的管理规范的完善。此外，2021 年 12 月，财政部和税务总局发布的《关于完善资源综合利用增值税政策的公告》（2021 年第 40 号）将成为规范回收行业的有力抓手。

2. 互联网赋能快速发展

除了信息家电的电子产品回收市场，在《废弃电器电子产品回收处理管理条例》的推动下，"四机一脑"（电视机、电冰箱、洗衣机、空调器和微型计算机）大家电的互联网+回收模式快速发展。回收信息管理平台成为回收行业的标准配置，无论是生产企业开展的"以旧换新"回收模式，还是回收企业构建的回收网络，互联网的应用无处不在。2021 年，海尔在"互联网+"的基础上首创"碳中和"绿色工厂，打造全领域、全链路的国家级绿色再循环产业数字化平台。利用 AI（artificial intelligence，人工智能）识别、大数据等先进技术打通废旧资源回收、拆解、再利用全产业链条，解决各环节发展难题，构建智能、高效、可追溯、线上线下融合的绿色低碳循环体系。

3. 回收企业逐步成熟

2021 年 6 月，上海万物新生环保科技集团有限公司（简称爱回收）正式在纽约证券交易所挂牌上市，股票代码为"RERE"，标志着我国回收企业迈入新的阶段。爱回收是 2011 年成立的二手电子产品交易与服务平台。作为首家由二手 3C 电子产品回收业务起步的公司，其在全国线上线下建立回收门店，回收电子设备，通过专业检验分级、维修、包装后再次出售。爱回收与传统的 3C 产品回收经营者不同，其利用互联网平台优势，面向全国消费者提供二手手机估值及信息安全承诺，也提供了一定的品质保障。爱回收的经营模式是互联网技术赋能回收行业的典范。

二、废弃电器电子产品处理行业

我国废弃电器电子产品处理行业经历了四个发展阶段。第一个阶段是 2005 年前自发形成的拆解处理集散地模式阶段；第二个阶段是 2005~2008 年国家支持建设的少数废旧家电回收处理示范企业的阶段；第三个阶段是 2009~2011 年家电"以旧换新"政策下涌现出的 100 余家新兴的废旧家电指定拆解企业的阶段；第四个阶段是 2012 年在相关制度激励下，形成了 109 家有资质的处理企业的阶段。具体呈现以下特点[①]。

1. 废弃电器电子产品处理市场规模持续放大

2015 年，废弃电器电子产品处理量约 7500 万台，较 2014 年处理量增加 6.84%，到 2021 年，我国废弃电器电子产品的处理量约 8700 万台，废电视机的拆解占比持续下降。

废弃电器电子产品处理市场的市场规模由存量决定，一般取决于历年电器电子产品的生产量与使用年限。随着人民生活水平的日益提高，电器电子产品成为人民生活以及工作的必需品，产品存量广阔。根据中国家用电器研究院的测算，结合发达国家经验，未来我国的废弃电器电子产品处理行业将是一个大的增量市场。尽管近年来受疫情影响，但我国每年废弃电器电子产品的处理量仍然稳步上升，这也验证出我国废弃电器电子处理行业市场规模和市场潜力巨大。

2. 处理技术和效率显著提升

随着废弃电器电子产品处理量的日益增加，对于处理行业的专业技术和

---

① 资料来源：《2021 中国电器电子产品生产者责任延伸实施情况年度报告》。

管理手段的要求也有所增加，加之废弃电器电子产品的处理属于劳动密集行业，劳动成本的增加必然推动处理行业技术的改造以及相关智能化设备的提升。按照 2015 年第一季度和第二季度的拆解数据，每月 30 天核算，平均每个处理厂、每天规范拆解废弃电器电子产品 1941 台。为提高拆解效率，2015 年越来越多的处理企业改造拆解线，升级处理设备。随着处理企业的运营和发展，我国废弃电器电子产品拆解能力和设备也在不断提升。例如，上海新金桥环保有限公司融入感知技术和器械臂辅助设备，在原有处理工艺的基础上进行数字化、智能化提升，大大降低了工人的劳动强度。此外，一些处理企业受城市改造影响需要搬迁，进而推动了技术装备的升级改造；一些被并购的企业，因资金的输入也对设备进行了升级。

3. 企业积极开拓新模式

2021 年在 EPR 回收目标制的带动下，龙头生产企业构建了产品回收处理体系，同时处理企业也发现了新的商机。回收目标制推动了处理企业与生产企业合作，以此开发出新的 EPR 履责模式。同时，我国还大力推进"无废城市"建设，这同样给当地的处理企业带来了新的机会。为满足"无废城市"新的要求，处理企业处理"四机一脑"的同时还需要处理更多其他的废弃电器电子产品。此外，"非基金"业务的增长也为处理企业开拓了新的商业模式。

第十三章
电子行业的 EPR 实践分析

本章基于供应链治理理论，选择具有代表性的电子行业作为 EPR 体系在具体行业内实践的研究对象，共选择中国具有代表性的 8 个电子企业，通过多案例分析，得到供应链视角下的 EPR 运行及作用机制。本章分为三个小节：第一节从实际出发，阐述我国电子行业 EPR 的发展现状和运行过程出现的典型问题；第二节从电子企业的多案例出发，对典型案例进行了简单介绍和基于供应链治理视角的定性分析；第三节进一步从供应链视角出发，将电子行业 EPR 的运行机制模型化并结合模型进行参与主体的相关分析。

第一节　我国电子行业 EPR 发展现状分析

相比较于其他行业，我国电子行业由于其高附加值这一典型特征是 EPR 实施的先行者，因此具有一定的实施经验。但是，从电子行业 EPR 的发展现状来看，我国电子行业仍存在很多棘手的问题。以下为我国电子行业 EPR 发展的现状分析和问题挖掘。

一、发展现状

电子行业中产品使用后废弃所带来的电子垃圾称为 WEEE。Breivik 等

（2014）对电子垃圾数量和去向的研究发现，仅在 2005 年就有超过 3800 万吨的 WEEE 产品在世界各地被丢弃，其中近四分之一的废物由发达国家流向发展中国家，如中国、印度和西非国家。EPR 的思想在中国环境相关的企业实践中早有体现，但一直到 2004 年我国修订《中华人民共和国固体废物污染环境防治法》才标志着 EPR 的概念正式引入我国立法（马洪，2009）。如今，我国政府积极干预电子行业的治理，陆续出台了一系列相关法规。在"十二五"规划中，中国明确提出从推行循环型生产方式，健全资源循环利用回收体系，推广绿色消费模式，强化政策和技术支撑四个方面着手，加快构建覆盖全社会的资源循环利用体系。2015 年 6 月工业和信息化部、财政部、商务部和科技部联合印发的《关于开展电器电子产品生产者责任延伸试点工作的通知》中对 EPR 的定义做了详细的说明："生产者责任延伸制度的核心是通过引导产品生产者承担产品废弃后的回收和资源化利用责任，激励生产者推行产品源头控制、绿色生产，从而在产品全生命周期中最大限度提升资源利用效率，减少污染物产生和排放。"其条文中包括对开展电器电子产品生产者责任延伸试点工作相关指示的明确下达，EPR 工作由此正式提上了日程。

电子垃圾的回收处理中关于完善立法的相关设计变得愈发迫切，中国的立法速度也变得更快，其中环境保护部、工业和信息化部在 2015 年联合发布了《废弃电器电子产品规范拆解处理作业及生产管理指南》，进一步规范中国电子垃圾处理行业的现实问题，以期更好地解决电子行业中对电子垃圾的处理和拆解中相关责任主体模糊、监督管理制度不完善、拆解处理作业过程非法性操作等实际问题，并提出了更详细的规范方法。

2020 年 1 月，《家用电器安全使用年限》系列标准由中国家用电器协会正式发布，明确了六类八大产品的安全使用年限。该标准的发布及实施可以有效降低近年来频繁发生的因家用电器超年限使用而导致的安全事故，引导消费者及时更换家用电器电子产品，同时也意味着我国电器电子产品理论报废数量将迎来又一个增长点。2020 年，国家发展改革委等七部门联合印发的《关于完善废旧家电回收处理体系推动家电更新消费的实施方案》明确，用 3 年左右的时间，进一步完善行业标准规范、政策体系，基本建成规范有序、运行顺畅、协同高效的废旧家电回收处理体系。推广一批生产责任延伸、"互联网+回收"、处理技术创新等典型案例和优秀经验做法，废旧家电规范回收数量大幅提升，废旧家电交售渠道更加便利顺畅，家电更新消费支撑能力明显增强。

根据《中国废弃电器电子产品回收处理及综合利用行业白皮书 2020》数据分析，2020 年，我国电视机、电冰箱、洗衣机和移动电话的理论报废数量分别为 5521.1 万台、3694.9 万台、3542.3 万台、34 922.0 万台。从数量上来看，移动电话的报废数量占到常用电器电子产品理论报废数量的 55%以上。

二、存在问题

在 EPR 推动下，我国电子废弃产品回收处理及综合利用有了快速发展。但经调查分析发现，在目前转型升级的关键阶段，EPR 在我国实施过程中仍存在以下问题（张苗，2022）。

第一，闭环供应链奖惩机制不尽完善。电子废弃产品回收处理涉及制造企业、零售企业、回收企业及消费者等多方利益博弈，其共同形成闭环供应链。由于电子废弃产品规范收集和处理流程具有成本高、收益低、盈利少、任务重等特点，生产商自建回收、处理体系需承担高成本、高技术双重风险，所以闭环供应链上制造企业主动参与的积极性较低，符合国家政策标准要求的正规企业严重不足。而当前 EPR 财政补贴政策还不足以激励制造商、消费者等不同主体积极参与绿色回收循环利用行动，具有充分激励效用的奖惩机制的缺乏阻碍了社会资本进入电子废弃产品回收处理行业的步伐，影响了该行业的良性发展。

第二，回收处理重利用技术参差不齐。我国电子废物正规处理行业进入门槛较高，国家对于正规处理企业有非常严格的资质要求和总量控制。截至2020年，取得生态环境部处理资格许可的企业仅有109家。这些正规企业均拥有国内一流的回收处理重利用技术和先进流程。但因各种原因，超过60%的电子废弃产品却绕过正规渠道，流入无资质的回收商和处理商手里。这些无资质私人作坊把有价值的整机卖给一些厂家进行简单翻新后，经二手市场流入外来人口或者农村等偏远地区；同时对余下的废弃电子产品进行暴力拆解，甚至采用露天焚烧、腐蚀性极强的强酸碱浸泡等落后方式，造成严重环境污染、资源浪费和安全隐患。

第三，政策引导和政府监管有待加强。一方面，大量非正规二手电子产品回收企业缺乏环保技术资质认定流程和资料审核。政府对非正规机构监管力度不够，使其"暴力滋长"，减缓了 EPR 的推进步伐，影响了 EPR 的实施效果；另一方面，消费者对电子废物的价值和危害认识不足，许多消费者在电子废物处理过程中往往以便捷为主，导致大量电子废物流入家庭拆解作坊及地下拆解工厂等非正规机构手中。以成都市中心城区实际走访调查数据为例，82%左右的电子废物从消费者手中流入非正规机构（包括个体户上门回收、经营户坐地回收、废品站收购回收等），而原始设备制造商通过正规物流渠道（包括经销商负责回收、售后服务机构以旧换新、负责回收工作的国有企业统一回收等）回收的电子废弃产品占比不到18%。

第二节　我国电子行业案例分析

一定数量的案例分析一方面可以帮助我们更好地了解现阶段我国 EPR

实施的特点；另一方面可以帮助我们更好地理解 EPR 实施的过程和关键点，以助于我国 EPR 的制度和运行机制的建立。

政府视角下，电子行业积极贯彻落实从 2011 年实施的《废弃电器电子产品回收处理管理条例》到 2020 年国家发展改革委等七部门联合印发的《关于完善废旧家电回收处理体系推动家电更新消费的实施方案》，结合"以旧换新"等营销手段探索 EPR 实施模式，促进电子行业绿色发展；行业视角下，电子行业的 EPR 实践重点关注于产品的生态化设计、绿色供应链管理以及产品的回收处理；企业视角下，电子企业在可持续发展和双碳目标约束下，开始持续优化发展战略和实施战略转型。然而，根据中国社会科学院编制的《中国企业社会责任发展报告（2022）》，我国电子行业整体的 EPR 水平仍有较大提升空间。因此，从三个视角出发，本章选取电子行业 EPR 实践具有代表性的企业。据此本章选取了联想、中国电子信息产业集团有限公司（简称中国电子）、环旭电子股份有限公司（简称环旭电子）、京东方科技集团股份有限公司（简称京东方）、上海三思电子工程有限公司（简称上海三思）、光宝科技股份有限公司（简称光宝）、华硕电脑股份有限公司（简称华硕）和上海华虹（集团）有限公司（简称华虹集团）等 8 个电子企业。

同时，本节所收录的电子行业 EPR 案例企业主要来自中国社会科学院编制的《中国企业社会责任发展报告（2022）》内中国企业社会责任发展指数排名前 100 强与中国电子信息行业联合会发布的《中国电子信息企业百强榜单》，企业性质涵盖央企、国企、民营企业，在《中国企业社会责任发展报告（2022）》中根据社会责任发展指数得分将企业分为五星级、四星级、三星级、二星级和一星级，分别对应卓越者、领先者、追赶者、起步者和旁观者五个发展阶段。案例企业基本情况如表 13.1 所示。

表 13.1　案例企业基本情况

序号	企业名称	企业性质	2022 年社会责任发展指数		
			社会责任发展指数	总排名	星级水平
1	联想	民营企业	50.7	98	追赶者
2	中国电子	中央企业	49.6	100	追赶者
3	环旭电子	民营企业			
4	京东方	民营企业			
5	上海三思	民营企业	中国企业社会责任发展指数排名前 100 强（2022 年）未上榜		
6	光宝	外资企业			
7	华硕	外资企业			
8	华虹集团	合资企业			

资料来源：《中国企业社会责任发展报告（2022）》

　　本节所收录的企业案例均来自国内企业公开的社会责任报告及有关官方文件，从纵向和横向两个维度进行梳理总结。在纵向上，在简述企业背景的基础上围绕绿色管理、绿色研发、绿色生产、绿色供应链、产品回收、废物处理与再利用等方面对每个企业案例进行详细介绍；在横向上，从 EPR 实施特征、绩效结果等层面进行对比分析。

　　接下来，从企业战略层次分析企业绿色管理和从产品 EPR 实现的全生命周期分析绿色管理、绿色研发、绿色生产、绿色供应链、产品回收、废物处理与再利用等维度，对 8 个电子行业的企业案例进行分析研究。首先是对这 8 个电子企业 EPR 相关的社会责任报告、行业研究报告以及相关学术研究进行归纳、分析和总结，其次根据所收集案例的特点，进行案例综合分析。

一、案例研究

1. 中国电子[①]

　　1989 年 5 月成立的中国电子是中央直接管理的国有独资特大型集团公

---

①《中国电子 E 同发展价值报告（2020）》。

司，同时也是中国最大的国有 IT 企业。主营业务包括提供电子信息技术产品与服务，属于大规模国有综合性 IT 企业集团。中国电子旗下共拥有 36 家二级企业以及 15 家控股上市公司。核心业务范围包括涉及国家安全的战略性、基础性电子信息产业领域。此外，在集成电路与关键元器件、软件与系统集成、高新电子、计算机及核心零部件、移动通信终端与服务、电子商贸与工程等业务领域也有着较强的影响力和竞争优势。

1）绿色管理

中国电子依据国家环境保护有关法律、法规，成立了环境保护领导小组，积极编制《环境保护管理制度（试行）》，依据《环境保护管理制度（试行）》对环境保护工作实行统一领导，分级管理。2012 年，中国电子修订并印发了《集团公司节能减排监督管理暂行办法》，拟订《集团公司环境保护监督管理暂行办法》并发各有关单位征求意见，进一步健全环境安全管理体系和环境安全应急管理体系。中国电子所属企业结合自身业务，制定并落实《危险固体废物管理办法》《环境污染事故应急救援预案》《废弃物控制办法》等制度，新建项目按照环境保护的要求进行环境评估，项目完工进行环境验收，将环境保护与监管落到实处。

中国电子旗下中国中电国际信息服务有限公司在南方软件园推出"园区可视化运营管理平台"，与园区的客户管理、电子支付、智慧停车等其他信息化系统实现互联互通。该系统可实现综合节能效果 30%，其中园区用电主体中央空调末端系统节电率可达 25%，主机系统节能率为 10%~15%；照明系统通过智能化控制与新能源、新材料的应用，节能效果 60%左右；电梯等重要设备可实现节能 25%~30%，数字园区实施后效益较同期大幅增长。南方软件园依托中国电子资源平台，积极践行现代数字城市理念，导入可视化管理运营平台，提升园区管理水平的同时也帮助公司完成节能增效的目标。

2）绿色研发

2020 年 8 月，中国电子旗下中国长城科技集团股份有限公司研发出我国首台国产化喷淋式液冷服务器。该服务器采用"芯片级精准喷淋液冷技术"，可大幅提升服务器集成功率密度，具有更高性能、更低能耗、更低成本、更加可靠的特点。中国电子旗下中国振华电子集团有限公司响应"务实高效、勤俭节约"的倡议，各成员单位的相关部门和车间通过关键技术攻关、产品研发和工艺流程改进来提升生产质量和效率，进而节约成本，创造新增效益。

例如，贵州振华华联电子有限公司灵敏开关车间优化改进 40 多副夹具，减少夹具安装和调试辅助时间，使夹具的设计和加工周期缩短 50% 以上。中国振华集团永光电子有限公司研发一部攻关功率模块封装关键技术，从根本上解决了功率模块空洞率较高、热阻较大的问题，提高了产品成品率，每年创造经济效益 2640 万元以上。中国振华（集团）新云电子元器件有限责任公司有机钽事业部研制 CA55Z 型高压双芯导电聚合物钽电容器，高压 125 伏产品的技术水平属国内首创。该型号产品已经向多家单位供货，截至 2020 年共实现销售收入 250 万余元。中国振华电子集团宇光电工有限公司九车间解决瓷壳金属化层电镀起皮起泡问题，提高了产品合格率和准时交付率，节约生产成本 137.2 万元。贵州振华红云电子有限公司压电车间通过创新挤膜成型工艺，提升压电陶瓷芯片的膜带表面质量，使直径 25 毫米压电陶瓷芯片全线合格率提升 10.14%。2020 年全年创造经济效益 202.8 万元，节约动力费用、人工成本、材料成本 110.97 万元。

3）绿色生产

中国电子旗下中国长城科技集团股份有限公司和深圳长城开发科技股份有限公司等制造类企业在生产过程中坚持减量化、再循环、再利用的原则，建立并实施 ISO 14001 环境管理体系，加大环境监管，大力运用先进技术，切实提高企业节能降耗技术水平，同时加大环保宣传力度，提高员工环保意识，加快形成节约资源和保护环境的生产运营方式。

中国长城科技集团股份有限公司在电脑整机、显示器、电源生产过程中积极采用环保、节能的设备和工艺。2012 年，公司合计生产节能电源 900 万台，全部符合国家节能认证标准，合计节约电量 17 亿千瓦时。公司不断研发新技术挑战节能极限，截至 2012 年底，累计获得美国 80PLUS 认证电源系列达到 58 款，其中铜牌 23 款、银牌 3 款、金牌 12 款、铂金 4 款。

中国电子在生产过程中积极倡导绿色制造的生产理念，其所属的企业在产品开发生产和项目建设实施过程中，主动选择环保性能良好的原材料，应用节能技术，从更根本的层面做到清洁生产和节能减排。此外，其多家企业均通过了 ISO14000 环境管理体系的相关认证。

4）废物处理与再利用

成都中电锦江信息产业有限公司 2012 年淘汰有氰电镀工艺，采用无氰电镀新工艺后，年减少消耗氰化钠 200 多千克。此外，公司投入节能减排资金 62 万元，用于购买环保监控设备，加强环保过程控制和危废品的处置，防止二次污染。武汉中原电子集团有限公司旗下武汉长光电源有限公司，投资 300 万元，相继改造了铅粉、合膏、涂填、分刷片、包片、焊接等生产工艺设备，采取滤洞+HEPA 过滤集成器二级处理等先进的处理技术，有效提升环保设备的处理能力，减少固体废物、废渣和废气排放量，确保其排放达到国家标准。深圳市爱华电子有限公司对污水处理系统进行升级改造，可提高 60% 的废水循环利用，每月回收废水 1800 吨左右。中国电子旗下陕西彩虹新材料有限公司能源材料技术组是该公司锂电正极材料产品技术保障的支撑团队。相关技术人员细化分类锂电正极材料产线生产过程中产生的废料，综合分析各类废料产生原因及其质量缺陷，确保质量全程受控。该公司通过进行产线技改、优化工艺条件、分析产品质量大数据等，将产线一次粉碎工序筛渣料比例从 0.5%~0.6% 降低至 0.1% 以下，进而提高了产品收率，稳定了产品质量，实现了降低生产成本的目的。该项目全年降本增效节约资金合计 70 余万元，后期推广应用后预计全年可实现 100 万元收益。

2. 环旭电子[①]

环旭电子为全球电子设计制造领导厂商，在 SiP（system-in-package，系统封装）模块领域居行业领先地位，同时向国内外知名品牌厂商提供设计（design）、生产制造（manufacturing）、微小化（miniaturization）、行业软硬件解决方案（solutions）以及物料采购、物流与维修服务（services）等全方位 D（MS）2 服务。与旗下子公司 Asteelflash 共同在全球为品牌客户提供通信类、计算机及存储类、消费电子类、工业类与医疗及车用电子类的电子产品设计、微小化、物料采购、生产制造、物流与维修服务。公司销售服务与生产据点遍布亚洲、欧洲、美洲及非洲四大洲。

1）绿色管理

环旭电子追求企业可持续经营，如图 13.1 所示，以"低碳使命、循环再生、价值共创、社会共融"四大可持续发展策略为主轴，呼应联合国可持续发展目标（sustainable development goals，SDGs），根据企业核心价值，选择优先响应的可持续发展目标，展开全面性的行动。环旭电子于 2012 年加入电子产业公民联盟（Electronic Industry Citizenship Coalition，EICC）的 EICC-ON 平台，用以评估公司劳工人权、职场健康安全、企业道德和环境保护方面的表现，并遵守 EICC 准则（电子行业行为准则），要求全球各厂区共同落实企业责任。目前 EICC-ON 平台上海、深圳、昆山厂区自我评估问卷（self assessment questionnaire，SAQ）的评估结果皆为低风险。2013 年上海、深圳、昆山、台湾厂区接受并符合客户 EICC 稽核，并于每年定期执行公司内部稽核。

---

① 《环旭电子 2021 年可持续发展报告书》。

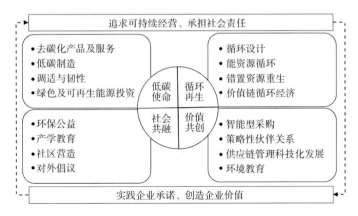

图 13.1 环旭电子可持续经营发展策略

2）绿色研发

环旭电子以电子产品有害物质合规处理、电子产品回收管理、产品生态化能源设计和产品微小化设计四大主轴,规划符合全球法规要求的绿色产品,并不断提升产品生态化设计能力,顺应绿色产品发展趋势。在产品开发设计时以生态设计为原则,在 2020 年导入专业的绿色价值链管理平台绿色零件承认及报告系统（green parts aggregations & reporting system，GPARS），建立 EHS 数据库,使用符合 HSF（hazardous substance free，无有害物质）、RoHS、WEEE 要求的材料, 截至 2021 年, "绿色产品规格" 共计管控 300 多项化学物质,符合欧盟 RoHS;在 REACH[①]法规中,应对新增第二十六批 4 项 SVHC（substances of very high concern，高度关注物质）公告,其候选清单物质已达到 223 项,而针对现阶段尚无技术取代的物质,制订了"禁用物质消灭计划",另外, 供应商必须提供 "环境有害物质不使用声明书" 及零件、材料成分表或是安全数据表等。在产品设计时,公司依据绿色环保产品规格及 DfE 作业程序,考虑产品的潜在环境影响,同步与项目开发单位及客户确认,并采用

---

① REACH（Registration，Evaluation，Authorization and Restriction of Chemicals）,《化学品的注册、评估、许可和限制》。

最新国际能耗法规 Energy Star 及欧盟 ErP 法规的要求及各项环境指标（如材料使用、节能减碳、水资源利用、污染排放、资源浪费问题和可回收性等），以降低产品生命周期对环境的负面冲击。

3）绿色产品

环旭电子遵循绿色管理及产品生态化设计策略，每年通过第三方 IECQ QC080000、ISO 14001 及 ISO 14064-1：2018 等管理系统查验，能迅速响应最新国际环保法规的趋势变化、销售区域的环保指令及客户要求，进行年度整合并制定"绿色环保产品规格"，对电子零部件及产品中的危害物质进行管控。环旭电子的设计研发人员具备产品生态化设计能力，持续导入绿色产品与清洁技术概念，让环保产品走进全球市场，确保我们制造及销售的绿色产品符合各国环保法规要求，并满足客户需求、环保发展趋势及公司内控标准。

4）绿色供应链

环旭电子与供货商共同管控原物料的质量；产品设计、制造过程皆符合环保标准及节能概念（无危害物质设计、低卤素设计、节能设计等）；要求供货商提供零件测试报告以及符合声明书；进行年度供货商绿色产品稽核。环旭电子也与上下游厂商共同合作，建立永续的绿色供应链，将绿色环保概念落实到原物料采购、产品设计、产品生产等各个方面，以符合欧盟各项环保指令。为建立可持续发展的供应链，环旭电子推行支持在地供应商、落实人权及维护劳工权益、有害物质限用管控及不使用冲突矿产物料等措施。并根据产业趋势调整采购策略，依原物料大类采取不同的采购策略，并分散货源以降低风险，确保原物料的供应具有价格优势、合理成本、准确交期与良好质量。另外，环旭电子进行跨部门沟通与协调，并定期对供应商进行审核，确保供应链的可持续经营，同时邀请供应商召开说明会，介绍新产品与新技术，与供应商建立伙伴关系。

5）废物处理与再利用

环旭电子将废物减量与再利用列为公司政策，秉持"污染预防、持续改善"及"节能减废、有效使用"的原则，各厂区贯彻执行，并将其列为年度绩效指标。因此，工艺、厂务与环境安全等相关单位，依据当地法规并通过定期的数据纪录、追踪，严格监控使用与产出情况，加强对废物的有效管控。根据统计数据显示，环旭电子 2021 年废物总产生量为 9733.33 吨，回收量为8318.25 吨，回收率达 85.5%，较前一年度稍有提升，并达到年度设定目标（80%）。在 2021 年，因部分厂区导入新制程及化学品造成废溶液量的增加，导致制程中相关非回收处置的有害废物产量提升。环旭电子持续针对产品包材外箱、隔板、Tray 盘清洁回收再利用，2021 年回收再使用总重量为 1105.52吨。未来，环旭电子将持续落实减废政策，从源头减量，致力达成资源可持续的目标。

3. 京东方[①]

京东方创立于 1993 年 4 月，是一家领先的物联网创新企业，为信息交互和人类健康提供智慧端口产品和专业服务，形成了以半导体显示为核心，物联网创新、传感器及解决方案、MLED[②]、智慧医工融合发展的"1+4+*N*+生态链"业务架构。

1）绿色管理

京东方不断完善环境管理架构，自上而下，保障整体环境绩效的提升。京东方以 ISO 14001 为基础建立了完善的环境管理体系，严格遵守《中华人民共和国环境保护法》《中华人民共和国大气污染防治法》《中华人民共和国水污染防治法》《中华人民共和国固体废物污染环境防治法》等国家法律法

---

① 《京东方 2021 年度社会责任报告》。
② MLED 是微米发光二极管（micro light emitting diode，Micro LED）及次毫米发光二极管（mini light emitting diode，Mini LED）的统称。

规,积极响应国家及行业各项环保政策。京东方还结合 ISO 9001、QC 080000、ISO 14001、ISO 50001 等管理体系要求,打造绿色环境管理体系。2021 年,京东方完善各组织层级能源与环境管理架构,并在此基础上,逐步完善制度管理体系,明确管理流程,发布《产品生命周期环境因素管理办法》《运营单位环境风险管理办法》等 6 项管理制度。

2)绿色产品

京东方在产品的设计研发阶段纳入生态评价,引入产品生命周期管理系统,确保产品的设计、质量、功能、生产过程符合绿色产品要求。在产品设计方面,充分考虑产品的可回收设计、通用化设计和最小化设计,遵循能源资源消耗最低化、生态环境影响最小化、可再生率最大化原则,调整产品结构,积极开发高附加值、低排放、低功耗、低频、环保产品。京东方北京第8.5 代 TFT-LCD 生产线在产品设计环节添加易拆解理念,将绿色设计、绿色产品开发、绿色生产各个环节均纳入重点项目规划中。

3)绿色生产

京东方持续加大环保投入,积极践行绿色低碳运营,通过在生产运营的各个环节持续开展行之有效的节能减排、管控有害物质、打造绿色产品等行动,努力将企业运营对环境的影响最小化。京东方严格遵循《电子信息产品污染防治管理办法》中的相关规定,如生产者应当采取措施逐步减少并淘汰电子信息产品中铅、汞、镉、六价铬、聚合溴化联苯(polybrominated biphenyl,PBB)、聚合溴化联苯乙醚(polybrominated diphenyl ethers,PBDE)及其他有毒有害物质的含量;对于不能完全淘汰的,其有毒有害物质含量不得超过国家标准的有关规定。同时,公司制定了一系列严格的管理标准,如《能源管理基准》《节能管理指南》《废弃物管理基准》《监测和测量管理基准》《环境污染突发事件应急响应指南》《水污染管理基准》《大气污染管理基准》《环境有害物质管控基准》等,有效进行污染预防和评估。

4）绿色供应链

京东方根据 SA 8000、ISO 14001 和 ISO 45001 等国际标准、责任商业联盟（Responsible Business Alliance，RBA）行为准则以及相关法规，结合客户要求制定了《京东方供应商企业社会责任管理规定》，对供应商在企业社会责任管理体系、劳工、安全与职业健康、环境、商业道德等方面提出明确的管理标准。在供应商准入时，京东方要求供应商签署企业社会责任管理规定确认函，同时推动主材供应商开展 CSR（corporate social responsibility，企业社会责任）自评，2021 年获得供应商 CSR 绩效评价 A 级的比例达 37%，较 2020 年提升了 7%；B 级、C 级、D 级比例分别为 31%、28%、4%。京东方对供应链实行分级管理，分工负责，不断健全和完善供应商的质量认证、产品导入、采购业务、关系维护的供应链管理体系，在统一的 IT 平台上共享供应商的相关信息。京东方每年制订供应商审核计划，审核内容包括供应商的成本、供应、技术、品质、财务、法务状况等。对于关键材料的供应商每年进行两次 QPA（quality process audit，制程稽核）和一次 QSA&HSA（quality system audit & hazardous substances audit，质量体系评定&有害物质稽核）审核，核心材料供应商每年进行一次 QPA、QSA&HSA 审核，一般材料供应商两年进行一次 QPA、QSA&HSA 审核。根据供应商定期评价结果，京东方对供应商实施表扬、改善辅导或取消其供应资格的处理，以促进供应商在价格、品质、服务等方面的不断提升。

5）废物处理与再利用

京东方制定并发布《显示事业废弃物管理制度》，并遵循循环（recycle）、减量（reduce）、再生（renew）、负责（responsible）的 4R 原则对原材料进行处理。京东方始终坚持综合利用为主，坚持将废溶剂交由合格厂商进行纯化，并送回公司进行再次使用，这样既有效回收废液，又降低了原材料的购买量。次级工业原料再利用：对于无法再次使用的废物，将作为其他工业原料进行再次利用。辅助燃料再利用：对于无法回收使用的废溶剂，利用其高热作为辅助燃料进行再利用，减少燃油用量。在固体废物方面，京东方通过具有资质的第三方专业机构，对危险废物进行 100%回收。按照规定程序，京东方处理危险废物、医疗废物及一般废物，并对第三方机构进行监督管理。2021年，京东方危险废物综合利用率达到 96.41%。

4. 上海三思①

上海三思成立于 1993 年,三十年来一直致力于 LED(light emitting diode，发光二极管）应用技术研究。专业从事 LED 显示屏、LED 照明、智能交通与系统解决方案提供商。上海三思拥有 2000 多名员工、超过 23 万平方米研发生产基地。如今，上海三思 LED 应用的产品、产值、出口创汇及市场占有率均居中国 LED 显示行业的前列。

1）绿色管理

上海三思建立并实施了 ISO14001：2004 环境管理体系和 GB/T28001-2001/OHS18001：2007 职业健康安全管理体系，都通过了认证。企业的核心社会责任是"绿色、环保、节能"，企业在研发生产优质 LED 显示屏和照明灯方面，进行大量的科技创新活动，致力于研发最节能、最环保、分辨率最高的环境友好型产品，努力提升产品质量和档次，走清洁生产和绿色发展之路，做环境友好、资源节约的积极推进者，严格贯彻执行国家和行业的有关环保标准。上海三思严格执行《中华人民共和国环境保护法》《中华人民共和国大气污染防治法》《中华人民共和国水污染防治法》《中华人民共和国固体废物污染环境防治法》等国家有关法律法规，并将其转化为公司对环境保护、能源节约、资源综合利用、安全生产的内部控制程序，从强化管理、规范流程到改进工艺，积极研究对策并预先做出应对准备，减少生产过程的污染物，

---

① 《上海三思 2021 年度社会责任报告》。

降低固体废物、污水、废气的排放，以消除公众隐忧。上海三思还识别产品、服务和运营产生的影响，严格遵循环保、安全生产的标准，通过 ISO9001、ISO14001、ISO45001 体系认证，深化对各作业场所的过程设计，实施对关键过程的控制。另外，上海三思还致力于改善与外部环境的关系，主动预测风险，消除隐患。在新上项目、扩建项目、改造项目之前，进行环境因素评价。在施工建设期间，遵循"三同时"制度，防止环境污染。投产后，根据产品的生产特点和交付使用的特性，通过环境评价、安全评价、环境因素识别、危险源识别、方案论证等方法来预测公众对当前和未来产品服务与运营等方面的隐忧，识别出主要的隐患及采取应对措施。

2）绿色生产

上海三思一贯崇尚绿色低碳发展理念，履行节能减排与低碳的社会责任，深入开展节能、节材、节水、节地及减碳活动，加快推进产业结构的升级转型，加快实现能源结构的清洁化、低碳化，坚决淘汰落后产能和高耗能、高污染工艺与装备，积极推广应用节能减排低碳新技术、新工艺，不断提高能源、资源利用效率，切实做好全国企业节能减排低碳发展的表率。2021 年，公司被评定为"金华市绿色低碳工厂"。上海三思及时投入足额的环保资金，专款专用，对设备设施进行改造，使用节能设备，淘汰高能耗、高污染设备。加强噪声测试仪等环保设施的保养维护和校验，确保对废水、废气、噪声、固体废物等主要污染物的日常监测，做到废水、废气、噪声、固体废物等主要污染物排放达标合格率 100%。公司严格贯彻执行有关环保标准，如国家标准 RoHS、国家和行业标准《电子信息产品污染防治管理办法》等。

5. 光宝①

光宝创立于 1975 年，为台湾省第一家制造 LED 产品的企业，核心光电

---

① 《光宝 2021 年度永续报告书》。

组件及电子关键零组件是其主营业务范畴。光宝所提供的产品广泛应用于计算机（computer）、通信（communication）、消费性电子（consumer electronics）及汽车电子（car electronics）等市场的 4C 领域。

1）绿色管理

光宝环保及企业社会责任委员会成立宗旨在于实现光宝对于社会的各项承诺，包括劳资关系、员工照护、公司治理、环境保护与社会公益等，尤其注重遵守政府法规、保障工作权、增进工作职场健康与安全、降低环境伤害、负起社会与环境责任与达到顾客要求等多项指标。光宝从投资的角度来看待 CSER[①]的推动，重视它的投资效益，并从计划管理的角度检视每个过程。光宝运用负载均衡组（load sharing group，LBG）模式，作为分析评估的工具，该模式关注 CSER 投资方案的三个层面，即投入、产出以及影响。

光宝在 CSER 行为准则中有环境行为准则，希望通过产品设计、制程管理、供应链管理、售后服务等层面的作为，降低对环境的冲击，进而达成永续发展的目的。此外，光宝将持续与客户、产业界（联盟）以及供应链合作，共同研讨提升环境管理绩效。各厂区均建立环境管理体系且要求取得第三方公正单位的 ISO 14001 认证及温室气体排放 ISO 14064-1 认证。

2）绿色研发

光宝以公司 CSR 为准则，以生命周期思维为基础，融入 3R 原则进行产品绿色设计，开发无毒害、易组装、易拆解及低能耗的环境友善产品。例如，以回路优化设计提升电源产品（服务器及 3C 产品的电源供应器等）能源转换效率，降低能耗，减少材料用量及碳排放量。在 LED 及节能路灯产品上借助提升能源使用效率与萃光效率降低产品能耗，通过使用低碳循环材料、改良封装技术来延长产品寿命。以 2021 年出货量估计，光宝整体减少产品使用

---

① CSER（corporate social and environmental responsibility）表示企业社会和环境责任。

阶段约 50 673.6 吨碳排放。因产品绿色设计而累计减碳量达 404 518 吨二氧化碳当量。

光宝依据公司 CSR 行为准则规范和生命周期思维（life cycle of thinking）为基础，并将 3R 原则融入产品绿色设计，以降低对环境的冲击、有效管控环境关联物质，以开发无毒害、易组装、易拆解及延长产品寿命的环境友善产品。

英国 Carbon Trust 兼顾制造业与服务业的循环经济定义，以"设计时间"为核心，将产品"使用阶段""制造阶段""废弃阶段"串接，最后形成一个闭环（close loop），并依产业发展经验，发展为可执行、可操作的循环经济商业七大模式，包括产品共享、产品服务化、修复及翻新、再制造、副产品及产业共生、再生料替代原生料、资源再生与回复。

依此模式，光宝绿色设计小组进行了广泛的产业调查评估，在材料方面以高附加价值与高减碳潜力为目标，针对现行材料广泛盘点，锁定特定材料后进行价值工程分析与创新技术研发；在价值链方面则通过供货商调查与技术合作，强化产业共生资源研究。以绿色设计为核心理念，光宝最终聚焦于"副产品及产业共生"、"再生料替代原生料"和"资源再生与回复"三大方面，携手供货商共创产业循环经济基础，并提出包括海洋废物再生塑料开发、制程资源使用率优化技术、材料的再循环使用等多项绿色解决方案。

3）绿色产品

提升产品能源使用效率及降低环境冲击是光宝产品绿色设计的核心，虽然产品多元、使用材料广泛且相关制程各异，但光宝仍以严谨的生命周期评估为基础方法，依据 ISO 14040/ISO 14044 国际标准，针对原料、制造、运输、使用及弃置五大阶段进行详细盘查，同时依据 IEC 62430 规范，在产品开发过程融入环境考虑评估及 3R 改善设计原则，并以工业技术研究院开发的本土生命周期评估软件及数据库 DoItPro Version 2020.0003 进行碳排放计算分析，量化生命周期各阶段的环境效益。2021 年因产品绿色设计而累计减碳量达 404 518 吨二氧化碳当量。

光宝为善尽绿色产品责任，给客户提供完整的产品碳足迹信息，并将其作为后续产品减碳设计的基线，以期能开发出更低碳的产品。故针对公司主要关键产品，光宝主动完成产品碳足迹盘查，并依据 ISO 14067：2018 标准要求的完整生命周期进行盘查及量化。

4）绿色生产

光宝于 2008 年进驻中国江苏省常州市武进区打造绿能产业基地，配合当地政府节能计划，将其所有厂房进行绿色建筑系统节能设计，包含浮力通风塔、空调负荷改善、系统变频、空压机热能回收等设施。同时对制程、机器设备进行节能设计，包含老化烧机房、热风再利用、回流焊、制程自动化等节能减排配备。此外，对服务器电源、笔记本电脑电源供应器、桌面计算机电源供应器及 3C 充电座等电源类产品进行回路优化及芯片整合设计，减少电子零组件使用量，同时做到产品减积和减材。以 2021 年出货量估算，宝光减碳量累计达 14 595.81 吨二氧化碳当量。宝光的 UV LED（ultraviolet LED，紫外发光二极管）产品以创新再利用技术为手段，进行原料改造精进，以 2021 年出货量估算，减碳量达 11.83 吨二氧化碳当量。最后，宝光对其 AI 相机、节能路灯及车用摄像镜头等类产品进行结构优化设计，减少零组件用量，以 2021 年出货量估算，减碳量达 1989.15 吨二氧化碳当量。

5）绿色供应链

光宝注重可持续供应链管理。同时，要求一级供货商必须针对其下一级供货商执行相同的准则规范。此外，在产品制造方面，光宝则针对供货商提供的产品与料件等绿色产品在"光宝环境管控有害物质技术标准"中制定绿色产品禁限用物质规范及责任管理政策。

6）废物处理与再利用

光宝依循 ISO14001 标准设置专责单位有效追踪废物的来源及产出量，

以资源使用最大化与废物产出最小化为准则，推动产品的绿色设计与废物管理措施，生产时尽量减少产生废物，增加各原料的生命周期，提升永续资源的循环与废物再利用，以达到废物减量目标。废物处理时，筛选能有效处理废物的合格废物处理单位进行处理，通过实地或文档等方式对处理单位进行稽核，确保产出的废物不会对周遭环境造成显著影响。

光宝的废物再利用方案，通过对包材、塑料、纸皮、纸箱、酒精、栈板等材料进行限定和合理回收来减少废物产生。其中在栈板选用上，宝光与上游供货商协调使用较耐用的栈板提升栈板使用次数。以广州厂为例，光宝采用较耐使用的塑料栈板提升栈板利用率，装货时将纸箱改为塑料箱，提升再利用率，栈板回收使用率达 99.2%，塑料箱回收使用率达 99.5%。在包装上，减少纸皮使用量，提升纸皮利用率，一年降低约 20%采购量。在废物处理方面，光宝除了委托合格清除处理商进行焚化处理或再利用处理之外，秉持着责任生产人的理念，定期进行针对处理方的稽核，以确保妥善处理。

光宝对于废物的定义为营运或生产后的物料且不再进入制程阶段，废物排放量为委托废物处理单位处理的废物称重总量计算的数量，一般废物处理方式包含掩埋处理及焚化处理（不含/含能源回收），有害弃物处理方式包含掩埋处理、焚化处理（不含/含能源回收）及资源化再利用。2021 年光宝的废物总量为 18 596 吨，相较 2020 年废物总量减少 1916 吨；2021 年废物密集度为 12.6 吨/亿新台币营收，较 2020 年下降 14.97%。光宝将持续精进废物管理，持续向 2023 年废物较 2020 年绝对减量 10%的目标迈进。

6. 华硕[①]

1990 年华硕（ASUS）成立，其总部位于台湾省，该公司是目前全球第一大主板生产商、全球第三大显卡生产商，同时也是全球领先 3C 解决方案

---

① 《华硕 2021 年度永续报告书》。

提供商之一。华硕的产品包括笔记本电脑、主板、显卡、服务器、光存储器、有线/无线网络通信产品、LCD（liquid crystal display，液晶显示器）、掌上电脑、智能手机等类型的全线 3C 产品。

1）绿色管理

华硕自 2000 年起成立可持续发展专责单位，将可持续发展作为企业营运决策的一环，通过检视治理、环境与社会的管理架构，运用可持续发展策略来促进创新并成为更好的企业。华硕的可持续发展脉络由经营理念"跻身世界级的绿色高科技领导群，对人类社会真正做出贡献"出发，为达到"数字新世代备受推崇的科技创新领导企业"的愿景，认为可持续发展的绩效必须跳出传统的道德感性要求，转化成可以客观衡量的策略指标，进而采取"数据化衡量、科技化管理，以核心竞争力建构企业永续价值"的永续策略，在每一个决策过程中纳入环境、社会的要素，塑形可持续发展竞争优势。华硕将可持续发展融入战略目标，制订可持续发展规划，致力于实现企业经济责任、社会责任和环境责任的统一。华硕与供应商建立良好的合作伙伴关系，共同履行社会责任。华硕根据法律和道德标准，公正公平地努力开展重视环保和安全的采购活动，将绿色、安全作为其采购基本方针。华硕公司提出GreenASUS 项目，GreenASUS 涵盖绿色设计、绿色制造、绿色采购、绿色服务及营销。

2）绿色研发

产品在生命周期中所带来的环境影响，超过 80%在设计阶段就已经决定，华硕将循环经济概念融入产品设计阶段，导入环境友善设计，更主动地管理产品生产过程中的化学品使用，提升产品与物质的循环再利用。华硕自 1999年导入 ISO 9001 质量管理系统认证，并辅以 IECQ QC 080000 管理有害物质，通过第三方实验室检测、华硕专职人员审核、管理系统稽核与复查等严谨的程序层层把关，让整个产品从真正的环境友善设计出发，给消费者提供对人体及环境皆安全的产品。美国 Energy Star Program（能源之星计划）为全球最严格的能源效率计划，相较于基本法令，符合 Energy Star Program 的产品除了展现高能效的竞争优势外，也可在使用阶段节省很多能源成本。华硕为达到更积极的目标采取了许多优化措施，如笔记本电脑全部采用目前市场上最高能源效率等级 Level Ⅵ 的外部电源供应器；产品关机状态功率设定比法令严格 10% 的内部规范，降低电力的损耗等。

产品在设计阶段考虑回收与再利用程序，可提升资源使用效率，具有促进循环经济的效果。通过易拆解回收设计，当产品需要升级，改善运算性能时，消费者可进行零部件升级以配合使用需求，无须被迫更换整个产品。在产品发生故障时，也易于拆解维修及更换料件，延长产品使用年限；若产品必须淘汰时，能有助于回收者进行分类，减少回收处理的作业成本，提高废弃电子产品的回收价值。2021 年法国生态和包容性转型部可维修指数评分为 7.3 分。说明华硕产品在提供维修相关信息、产品拆卸的难易程度、市场上备件的供应年限、备件与成品的价差以及产品后续的维护和升级等评分标准中，均优于市面的其他竞品。

3）绿色供应链

华硕认为落实企业可持续发展管理不应只局限于企业本身，更应妥善管理供应链可能造成的间接环境、社会冲击。依据 ISO 20400 可持续采购指南，在华硕的供应链管理的流程中，除了考虑质量、交期、成本、服务等传统方面，也加上了供货商的可持续发展绩效表现作为重要管理指标。华硕识别原料开采、零件制造、产品组装等阶段可能存在的人权、劳工安全、环境及诚信营运等可持续风险，制定环境、社会、治理可持续管理策略，带动供应链进行可持续转型。华硕可持续采购通过第三方单位 SGS 绩效评核，证明华硕将可持续落实在采购政策与采购实务，并于 2020 年取得全球第一张 ISO 20400 可持续采购指南绩效评核证书。华硕为产业可持续采购建立绩效指标体系，以华硕品牌采购影响力，打造可持续供应链。华硕后续将视管理架构变动，重启可持续采购绩效考核。

华硕建立了严谨的供应商筛选标准与稽核管理制度。2013 年，华硕对所有新增的 104 家供应商及代理工厂完成了三大稽核标准的评价，通过的供应商将签署《华硕电脑集团外包供应商遵守行为规范宣告书》。2021 年筛选出 36 家高风险供货商进行华硕二方及第三方单位现场稽核，稽核缺失总数共计 720 件，平均缺失改善完成率 98%。

4）产品回收

华硕支持生产者负起产品回收和厂商处理的管理责任，积极承担生产者延伸责任，承诺回收自有品牌产品，并与合格的回收厂商共同合作，以高标准来监督管理合作厂商，遵守全球环境法律。

自 2006 年起华硕陆续在欧洲、北美洲、亚洲及澳大利亚等地区和国家与当地合法回收处理商合作以建立华硕产品的回收系统，确保回收的废弃电子产品得到最妥善、最环保的处理，减低对环境造成的影响。回收系统的建立满足 WEEE 指令以及各国回收法令的要求，并且在各地区均与当地政府机关合作，给 B2B（business-to-business，企业对企业）客户提供公司产品免费回收服务。

华硕在台湾省利用客户服务中心及顺发电脑股份有限公司等渠道提供回收服务，不限品牌回收消费者打算淘汰的各式电子产品（计算机、手机、屏幕及接口设备）。华硕通过"再生计算机数字培育计划"，将废旧计算机与零组件翻新成再生计算机。2021 年华硕捐赠超过 1000 台再生计算机，再使用率达到 4.1%。华硕除了赋予产品新生命，同时推广在线学习解决数字落差问题；而无法使用的配置经妥善回收处理，使废弃电子产品所含的有害物质对环境的伤害降到最低。

7. 华虹集团①

华虹集团是拥有先进芯片制造主流工艺技术的 8+12 英寸②芯片制造企业。华虹集团旗下业务包括集成电路研发制造、电子元器件分销、智能化系统应用等板块，其中芯片制造核心业务分布在浦东金桥、张江、康桥和江苏无锡四个基地，目前运营 3 条 8 英寸生产线、3 条 12 英寸生产线。截至 2023 年，华虹集团有员工 10 000 余人，已形成一支专业化、国际化、高科技人才队伍。全集团累计专利申请受理超过 14 000 件，超过 95%为发明专利，超过 7000 件得到授权。

1）绿色管理

华虹集团按照 ISO 14001 标准，结合公司环境管理特点，制定了一套有效的管理规程，如《环境管理基准控制程序》《废水、废气排放、废弃物管理程序》等。公司还制定了一系列能源管理制度，其中《能源、资源管理程序》明确了最高管理层的管理工作、能源管理领导小组的职责和能源管理小组成员的责任，《VE 提案奖励活动管理规程》对节能活动进行了各类奖励。

2）绿色研发

创新是前进的强大动力，持续精进的研发能力是华虹集团长期保持核心竞争力重要因素。作为高新技术产业，华虹集团在多年的研发实践中积累了多项行业领先的核心技术及专利技术；秉持精益求精的精神，打造出一支高素质的研发队伍，培养出一代代精研笃学的华虹人，为自身的可持续发展奠定了坚实基础。华虹集团通过走自主特色的知识产权路线，建立了积极完善的防御性知识产权战略体系与知识产权管理架构。截至 2021 年末，集团全年累计申请专利 1439 项，获得国家发明专利授权 591 项、国际专利授权

---

① 《华虹 2021 年度社会责任报告》。
② 1 英寸=2.54 厘米。

47 项。

3）绿色生产

减少对环境的负面影响是华虹集团生产过程的追求。华虹集团优化生产过程及废物处置，在日常运营活动中严格遵守当地相关的环境法律法规及相关行业排放标准，通过并有效运行 ISO 14001 环境管理体系。同时持续完善自身环境管理措施，建立环境应急体系并不断改进工厂生产工艺和配置，推进资源循环再利用以有效节约资源。同时，华虹集团重视办公领域的环境管理，积极培养员工环境保护、节约使用办公资源和能源的意识。华虹集团的产品生产与制造涉及华虹宏力与上海华力两大业务板块，其他子公司在运营中不产生大量的污染物排放。

华虹集团重视对水资源保护以及对污水的处理，每年都对其耗水量进行严格监测和统计，力求通过工艺改造、流程优化等方法实现水资源的消耗减量，提高水资源利用效率。2021 年，华虹集团及其子公司共节约用水 24.806 立方米，减少废水排放 8.300 立方米。针对生产过程中包括硫酸雾、氯化氢、氨氧化物、氨、挥发性有机物等废气排放，华虹宏力与上海华力建立废气处理系统，全部满足达标排放的管理要求。

4）绿色供应链

华虹集团制定了《供应商管理规程》，审核内容包括供应商的安全环境审核、品质管理审核、产品性能审核和经营资质审核，并对审核中发现的问题进行跟踪，适时对供应商进行相关培训，帮助供应商持续整改，供应商整改完毕经重新审核通过后，才能成为合格的供应商。审核过程将道德、环境等社会责任要求融入供应商管理的全过程中。

例如，华虹集团所属上海华力搭建完善的供应商评估体系，从商务资质、交货及技术能力、质量、服务以及有害物质管理等方面对供应商进行年度绩效评价，并敦促不合格的供应商进行整改，对始终无法达到要求的供应商采取停止合作的措施，构建负责任价值链。2021 年，上海华力对 199 家供应商进行了年度绩效评价，合格 197 家，1 家材料供应商需要整改并已提交整改方案，1 家供应商因无法满足公司要求，公司已暂停与其合作。上海华力还对可能产生重点影响的供应商开展安全环境审核，从安全管理、应急响应、工业卫生、环境管理等方面开展评估。2021 年，上海华力共对 12 家供应商开展安全环境审核，涉及危险化学品/气体供应商、部件清洗供应商、危险废物及一般工业固体废物处理厂商，评估结果均合格。

5）废物处理与再利用

华虹集团生产过程产生的废水、废气采用了世界先进的处理技术和管理手段，严格控制污染物的排放。华虹集团每年进行环境因素/危险源识别、评价，并根据重要环境因素、危险源制定安全环境目标和管理方案。生产过程中产生的废水、废气、废物得到了 100%有效处理，废水每季度委托监测、废气每半年委托监测，其主要环保指标远低于国家和地方的各项环保指标。华虹集团所属原上海华虹 NEC 电子有限公司根据 RoHS、REACH 和客户等的要求，建立了有害物质管理体系，制定了《有害物质管理标准》（管控物质 314 种），对公司在生产过程使用的原辅材料进行风险评估，确保产品符合法律法规和客户对有害物质的控制要求。原上海华虹 NEC 电子有限公司每年委托国际认证服务机构 SGS 对生产的产品进行有害物质的检测。

除日常运营合规管理以外，华虹集团还系统地开展产品全生命周期的环境管理，促进能源节约工作更加科学高效，不断减少产品的环境影响。在原材料入库阶段，对原材料进行有害物质审查与系统管控；对供应商开展资格、环境合规情况的审查，并要求供应商签署《环保承诺书》。在产品生产阶段，按照排污许可证管理，推动物料减用项目；从资源回收角度，对废弃化学品进行厂内系统之间调配，减少对外部资源获取；实施水资源回收项目，提升整体回用率，减少管网水资源供应压力。在产品运输阶段，对产品包装材料进行回收与重复利用，减少包装材料用量及废物产生量。在终端产品使用阶段，通过帮助客户生产低能耗产品，减少终端电子产品的使用对环境的影响。在产品废弃阶段，子公司生产的晶圆均通过有害物质监测，意味着使用其晶圆制造的终端电子产品在废弃后对环境的影响较小。

8. 联想[①]

联想是 1984 年成立，总部位于中国北京市海淀区，联想电脑在 2013 年销售量跃居世界第一，成为全球最大的 PC（personal computer，个人计算机）生产厂商。联想广泛地从事开发、制造和销售可靠安全的技术产品以及优质专业的电脑相关服务，更好地帮助全球客户以及合作伙伴。该公司主要生产的产品包括台式电脑、服务器、笔记本电脑、打印机、主板、手机以及一体机。

1）绿色管理

联想按照全球环境管理体系（environmental management system，EMS）的规定管理业务过程中的环境问题，涵盖联想电脑产品、数据中心产品、移动设备、智能设备及配件在全球的产品设计、开发及生产制造活动（包括分销、订单交付及内部维修）。联想子公司或附属公司的相关活动也包括在内。联想 EMS 覆盖范围内的所有场所均已获得环境管理体系标准（ISO 14001：2015）认证。

在联想的 EMS 框架内，公司每年都通过使用包括联想企业风险管理流程输入数据的方法进行重要环境因素评估，以识别并评估其运营对环境实际产生或存在潜在重大影响的因素。联想已为这些重要环境因素设立指标及监控措施，并持续追踪和汇报与这些指标相关的情况。联想每年会对所关注的环境因素设立绩效目标，并将环境指标、环境政策、合规要求、客户要求、利益相关方意见、环境及财务影响以及管理层指导方面的表现纳入绩

---

① 《联想 2021/22 财年环境、社会和公司治理报告》。

效考核。

2）绿色研发

联想建立针对全公司范围的环境标准和规范，要求其产品设计者在设计时考虑环保因素，以促进材料循环利用，把资源消耗控制到最低。在使用时，联想优先使用环保材料。在坚持这一预防性措施的同时，当存在经济和技术上可行替代物的情况下，联想还限制具有潜在性威胁材料的故意添加。这些限制还可能包括对偶然事件实施概率限制。

当不存在经济和技术上可行替代物的情况下，联想收集超过规定含量限值的材料用量数据，并将这些数据报告给客户或其他利益相关方。联想持续积极寻找可作为替代品使用的环保材料，并期望合作伙伴及供应商也能对环保举措做相应承诺。

联想限制在产品中使用易污染环境的材料，其中包括禁止在所有应用产品中使用消耗臭氧层的物质；依据《斯德哥尔摩公约》限制使用持久性有机污染物；依据欧盟的 RoHS 及 REACH 逐渐淘汰相关材料，甚至在规定要求的地区以外也采取了该措施。联想的环保实施策略和相关要求，与欧盟 RoHS 指令和 REACH 规定中的要求一致。联想支持逐步淘汰溴化阻燃剂（brominated flame retardants，BFRs）及 PVC 的使用，并推动供应链实现该目标。联想目前关注的重点依然是从最畅销产品中乃至尽可能更多其他商品中，淘汰卤素材料。

3）绿色供应链

联想遵守中国国务院 2011 年实施的《废弃电器电子产品回收处理管理条例》，与包括政府、供应商、业务伙伴在内的众多利益相关方合作，严格管理包括 PC 在内的四种产品。联想产品的 WEEE 标签适用于全球所有国家的电子废物相关法规或标准。贴有标签的产品符合当地电子废物处理规范，能够进入当地的回收系统，循环使用。

作为一家为 180 个市场提供产品和服务的全球化企业，联想管理着多样化的动态供应链。联想的供应商包括自有制造中心、生产性采购商、原始设计制造商（original design manufacturer，ODM）和非生产性采购商。生产性采购商是为联想提供材料或零部件的供应商，这些材料或零部件将成为联想产品的一部分。ODM 是代表联想生产产品的制造合作伙伴。非生产性采购商包括为联想运营提供材料和产品支持的所有供应商，但这些材料和产品不成为联想产品的一部分。联想的供应商有多个层级，较低层级的供应商向较高层级的供应商提供材料和零部件，并最终提供给一级供应商，即与联想有直接合同关系的供应商。

联想要求供应商获得 RBA（Responsible Business Alliance，责任商业联盟）的 VAP（validated audit program，验证审计计划）和最佳厂房认证，彰显公司在 ESG 方面的先进性。通过 VAP 审核需要获得非常高的审核分数，拥有经过正式培训的现场人员，并证明有工作申诉系统。2021/2022 财年，占联想采购金额 87% 的供应商获得 VAP 认证，占联想采购金额约 6% 的供应商获得最佳厂房的称号。相比之下，2020/2021 财年则分别为 63% 和 2%。联想的目标是，到 2024 年占联想采购金额 95% 的供应商获得 RBA VAP 认证，50% 的供应商获得最佳厂房称号。无论供应商自评的风险水平如何，联想要求 95%（按采购金额计）的供应商每两年进行一次 RBA VAP 审核或由 RBA 批准的审核机构进行同等的独立第三方审核。

4）产品回收

联想的产品生命周期末端管理项目在帮助公司过渡至循环经济时发挥了很大作用。该项目增加了产品及部件的再利用和循环再利用，帮助减少报废电子产品的填埋量。联想的产品生命周期末端管理项目针对已停止使用、生命周期结束或报废的产品、部件及外部设备采取的措施包括：再利用、翻新、再生制造（de-manufacturing）、拆除、回收、分解、循环再利用、废物处理及处置。该计划涵盖联想所拥有或从客户及其他人士处接收的联想品牌产品及非品牌产品（包括客户退回或回收的产品）。为加强联想的全球供应商管理基础，联想已制定《电子产品报废供应商标准》。该文件详述了联想对供应商有关产品生命周期末端管理的要求及鼓励供应商进行的行业标准认证。基于全球业务，联想在世界各地为个人及企业客户提供产品生命周期末端管理服务。这些产品回收项目根据特定的地区及商业需求量身定制，许多地区还有产品、包装和电池的回收项目。对于其业务和企业客户，联想在全球范围内提供资产回收服务，负责处理 IT 资产和数据中心基础设施。

联想致力于在整个公司范围内，包括生产工厂、维修网络和渠道伙伴，最大化利用过剩、退回或陈旧产品及零部件的价值。通过转变供应链，这些产品及零部件按原样或经翻新后得以循环流通。联想认识到，重新整合产品及零部件，避免了重复制造新的零部件，带来了积极的环境效益。

随着客户对联想的回收项目给予更多关注，联想正在采取各种积极行动，使材料的回收与循环利用最大化。自 2005 年以来，联想已通过其签约服务提供商处理了 324 811 吨的计算机设备。2021 年，联想出资或直接处理了 34 163 吨的联想自有和客户退回的计算机设备。所有的废物中，有 5.5%作为产品或零部件得以再利用，88.2%作为材料循环再利用，1.5%作为垃圾发电的原料进行处理，2.1%焚烧处理，2.6%进行了填埋[①]。

二、案例综合分析

本节根据所选取的案例，对这 8 个中国电子行业的代表性企业进行了 EPR 制度实施模式特征的分析，主要从主题、伙伴、模式、措施与建设以及法规依据细化展开。此外，还包括各个企业的相关绩效数据的信息，如表 13.2 所示。

---

① 数据因四舍五入，合计不为 100%。

表 13.2　电子行业的企业 EPR 实施情况

企业	EPR 实施模式特征				法规依据	绩效
	主题	伙伴	模式	措施与建设		
中国电子	绿色保护生态文明	南京中电熊猫信息产业集团有限公司；中国电子进出口有限公司	强化环境管理，实施绿色办公，开展环保教育和环保公益活动，推进生态文明建设	依据管理制度对环境保护工作实行统一领导、分级管理	《关于印发〈关于中央企业履行社会责任的指导意见〉的通知》（国资发研究〔2008〕1号）	2012 年底，累计获得美国 80PLUS 认证电源系列达到 58 款，其中铜牌 23 款、金牌 12 款、银牌 3 款、铂金 4 款。公司投入节能减排资金 62 万元，用于购买环保监控设备，加强环保过程控制和废品的处置，防止二次污染。深圳市爱华电子处理系统对污水处理进行升级改造，可提高 60%的废水循环利用，每月回收废水 1800 吨左右。中国电子旗下陕西彩虹新材料有限公司通过进行产线改、优化工艺条件，分析产品质量大数据等，将产线一次粉碎工序筛渣料比例从 0.5%~0.6%降低至 0.1%以下，该项目全年降本增效节约资金合计达到 70 余万元，后期推广应用后预计全年可实现 100 万元收益。
环旭电子	低碳使命、循环再生、价值共创、社会共融	投资人、员工、客户、媒体、供货商/合作伙伴、NGO、小区、政府部门	通过"公司治理、绿色产品、价值共创、员工关怀与社会参与、环境保护与职场安全"五大方面展开	以"低碳使命、循环再生、价值共创、社会共融"四大可持续发展策略为主轴，呼应 SDGs，根据企业核心价值，选择优先响应的可持续发展目标，展开全面性的行动	ISO 14001 OHSAS 18001 ISO 50001 WEEE 指令	2011 年起，环旭电子导入 GPMS（green product management system，绿色产品管理系统）平台，使得供货商上传环保数据更迅速，管理绿色数据更为方便。废物回收率 2011 年达到 81.24%，2012 年达到 84.24%，到 2013 年已经达到了 88.7%。申请绿色产品与设计提案累计专利总数达 696 件。在 2021 年进行产品节能效益评估，年度出货产品总计减少耗电量为 9577.6 万千瓦时。2021 年，环旭电子南投工厂总计回收 Tray 盘 113 万个、隔板 23 万个与回收箱 6 万个，共节约约 914 万元

续表

企业	主题	伙伴	EPR 实施模式特征			绩效
			模式	措施与建议	法规依据	
京东方	引领绿色发展，共创美好生活	投资人、员工、客户、媒体、供货商/合作伙伴、NGO、政府部门、社区	以"引领绿色发展，共创美好生活"为愿景，致力于在全生命周期严格对环境运营的各个环节持续开展行之有效的节能减排等环保行动，将企业运营对环境的影响最小化	通过持续创新提高能效、降低排放、节约资源，在产品全生命周期严格进行环境管理，确保研发、设计、采购、生产、物流和回收处理的过程符合可持续发展的要求，并不断研发绿色产品及技术，探索运用新技术应对新的环境问题与挑战	EICC、《电子信息产品污染防治管理办法》	截至 2013 年底，京东方全部供应商 ISO9001 认证通过率达到 100%，ISO14000 认证通过率达到 87%，ISO18000 认证通过率 100%，QC080000 认证通过率达 45%。废水、废气等各项排放数据均达到各生产线所在地综合排放标准；危险废物收集处置合规率达到 100%。京东方北京第 8.5 代 TFT-LCD 生产线获北京市节约用水先进集体。京东方鄂尔多斯第 5.5 代 TFT-LCD 生产线获评胜区节水项目先进企业。2021 年，危险废物综合利用率达到 96.41%。京东方北京第 8.5 代 TFT-LCD 生产线荣获工信部工业绿色设计示范企业称号
上海三思	践行社会责任	投资人、员工、客户、媒体、供货商/合作伙伴、NGO、政府部门	通过内部控制程序，从强化管理、规范流程到改进工艺/设备研究对策并预先做出应对准备	通过技术创新、管理创新和规模发展，不断增强企业的可持续发展能力；及时足额投入环保资金、专款专用，对设备设施进行改造，使用节能设备、淘汰高能耗、高污染设备	国家标准 RoHS、国家和行业标准《电子信息产品污染防治管理办法》	废水、废气、噪声、固体废物等主要污染物排放达标合格率 100%。实施清洁生产，投入资金 81.5 万元，通过烘道改善、购置酒精回收机实现酒精反复利用，以及木制包装箱资源再利用。2021 年，公司被评定为"金华市绿色低碳工厂"。通过 ISO9001、ISO14001、ISO45001 体系认证

续表

企业	主题	EPR 实施模式特征			法规依据	绩效
		伙伴	模式	措施与建设		
光宝	永续发展	投资人、客户、员工、媒体、供货商/合作伙伴、NGO、社区小区、政府部门	秉持永续策略蓝图中的责任与策略理念，以绿色营运为环境策略方针	持续推动气候变迁与能源管理、水资源管理、废物及回收再利用，以及产品绿色设计与管理，通过提升再生能源使用及环境的影响方对环境的影响	ISO 14001 认证、温室气体排放 ISO14064-1 认证	2012 年，光宝环保支出总额 1.01 亿新台币，相较于 2011 年 9900 万新台币，集团新增环保支出约 2.02%。光宝 2012 年废物产出量总量 11 275 吨，因键盘、计算机机壳等大型产品产量增加，导致总废物量较 2011 年微幅上升 2.4%。其中一般废物为 3486 吨占总量的 30.9%，有害废物 1277 吨占总量的 11.3%，可回收或再利用废物 6512 吨占总量的 57.8%。连续两年国际碳揭露计划供应链合评价荣获"Leadership"最高等级。自行研发的海洋废物回收塑料 LGS-7505，取得 UL ECVP 2809 溯源验证暨 UL 746D 回收塑料性能认证，成为全球首家获得海洋塑料（ocean plastic, OP）溯源与性能双认证的企业。连续 4 年达成减碳目标，相对 2014 基准年降低碳密集度目标，提前达成 2025 年废物绝对减量目标 3300 吨
华硕	跻身世界绿色高科技领导号召，对人类社会真类做出贡献	员工、客户、供货商、科技化衡量、核心竞争力合作伙伴、政府部门	数据化衡量，以核心竞争力建构企业永续价值	以软件、硬件的研发能力提升产品能源效率，同时驱动供应链进行低碳制造型；扩大采用环境友善材料的使用，研发绿色产品提升企业绿色竞争力；协同上下游的商业伙伴创造共享价值，带动社会的正向转变；结合数字信息的核心能力满足环境与社会真需求，创造社会的共享价值	WEEE 指令、ISO 14001 环境管理系统、OHSAS 18001，带《电子行业行为准则》、RoHS	2013 年生产的所有笔记本型电脑符合 Energy Star V5.2 能源效率要求，并且能源效率优于 Energy Star 标准 60%以上。2013 年包装材料减量达 26%。2013 年完成对所有新增的 104 家供应商的稽核评价。完成 2021 年全球电力使用碳排放量较 2020 年减少 15.8%。营运据点外购电力温室气体盘查与第三方查证，全球运营据点电力购买的资源与生态方向，华硕从 2020 年开始适用 FSC 森林认证的纸材，2021 年共使用 20 吨，将近 2020 年的 1 倍，未来将大幅降低塑料材料的使用率。环保标章产品营业收入占比较 2020 年增长 65.1%

续表

企业	主题	EPR 实施模式特征				绩效
		伙伴	模式	措施与建设	法规依据	
华虹集团	构筑环保特友好"芯"企业	股东、政府、合作方和供应商	倡导和践行清洁生产、低碳生产	优化生产过程及废物处置，在日常运营活动中严格遵守相关行业的环境法律法规及相当地相关的环境排放标准；同时持续完善自身环境管理措施，建立环境响应急体系并不断改进工厂生产工艺和配置，推进资源循环再利用，有效节约资源	ISO14001 标准、RoHS、REACH	生产过程中产生的废水、废气、废物得到了 100%有效处理，废水每季度委托监测，废气每半年委托监测，其主要环保指标远低于国家和地方的各项环保指标。 截至 2021 年末，全年累计申请专利 1439 项，国际专利授权 47 项。 明专利授权 591 项，国际专利授权 47 项。 2021 年，公司对 199 家材料供应商进行了年度绩效评价，合格 197 家，1 家供应商需整改并已提交整改方案，1 家供应商因无法满足公司要求，公司已暂停与其合作。 2021 年，公司共对 12 家供应商开展安全环境审核，涉及危险化学品/气体供应商、部件清洗供应商，危险废物及一般工业固体废物处理厂商，评估结果均合格。 华虹致力于上海华为建立废气处理系统，全部满足达标排放的管理要求
联想	实现净零未来	政府、供应商、业务伙伴、投资者、NGO	智能循环设计、智能循环使用及智能循环回收	联想按照 EMS 的规定管理业务过程中的环境问题，涵盖联想电脑产品、数据中心产品、移动设备、智能设备及配件的产品设计、开发及生产全球配件在全球生产制造活动（包括开发及生产制造活动分销、订单交付及内部维修）	《废弃电器电子产品回收处理管理条例》	自 2005 年以来，联想已回收使用了超过 50 000 吨的具有一定再生比例的 PCC/PIC（post-consumer content/post-industrial recycled，消费后再生/工业类再生）材料，其中 PCC 和 PIC 净重总计超过 20 000 吨。 在 2012 年，联想的制造及研发过程里面废物回收/再利用率已达 90%以上。 闭环再生塑料的使用扩大至 248 种产品。 在 5 种产品中引入再生镁。 在 3 种产品中引入再生铝及在 1 种产品中引入再生镁

基于上述案例综合分析，结合企业的 EPR 试点实践，电子行业需要从以下几个方面持续优化和改善 EPR 实践，为循环经济、碳达峰、碳中和贡献社会责任。

第一，电子行业 EPR 实施应该构建多主体参与的激励与协调机制（李文军和郑艳玲，2021b）。EPR 是以生产者为主要责任主体的涉及产品全生命周期的环境管理制度，产品在生产、流通、消费使用、废弃与回收利用等各环节中的责任主体均应共同参与、科学合理分担延伸责任。从中国电子行业 EPR 实践来看，突出强调了生产者的责任承担，相对忽略了其他主体的责任约束与激励。企业明确界定各相关方在产品生命周期内承担的相关义务，进一步完善以生产者/进口者责任为主，销售者、消费者和处理者等责任主体责任规制与责任分担的激励和协调机制，确保制度的顺利实施。

第二，电子企业应该推行 IPR 模式与 CPR 模式相结合的责任模式（李文军和郑艳玲，2021b）。延伸责任既可采取生产者独立承担的 IPR 模式，也可采取生产者联合组织集体承担的 CPR 模式。IPR 模式下，生产者自主回收再利用本企业的产品，能够有效激励生产者改善产品设计决策，也确保了生产者之间相对公平的成本分配。比较来看，CPR 模式下，生产者通过组建集体联合组织来履行生产者责任，以市场化的运作手段，既体现了规模经济效应，降低了回收体系的运行成本，充分体现了公平公正，又在一定程度上克服了生产者独立承担延伸责任能力有限和多家企业重复组建逆流回收体系的无效率。企业应在继续完善处理基金制度为主体的延伸责任制度的基础上，逐步联合供应链上下游乃至竞争对手与互联网平台企业，构建推进正规回收处理企业规模化、集约化与市场化发展的长效机制，提高企业经济效益。

第三，政府应进一步打造监督监管增效模式（张苗，2022）。一是完善政策法规和制度体系，严格依法审批废旧电器电子产品回收处理企业资质，逐步构建废旧电器电子产品回收及处理企业评级制度，并定期对这些企业进行资格复审和排查。同时，可选试点实行二手电器电子产品标识制度，杜绝报废电器电子产品再次进入流通市场。二是强化执法监管措施。政府要根据前期调研为回收处理企业设置合理的目标回收率，定期检查企业的实施情况，并对企业进行对应的奖惩。重点加强对中小处理回收企业的监管，深入开展回收处理排查，督促推进回收企业在线监控设备和系统的安装，对骗取处理基金补贴或抽查不合格的企业要严肃处理。建立完善督查机制和保障机制，规范废弃电器电子产品的回收处理活动，引导和促进电器电子废弃产品回收处理行业健康发展，提高电器电子废弃产品规范收集力度。

以核心电子产品生产企业为主体，联合上下游参与主体，全供应链、全生命周期地开展和实施 EPR 实践，持续优化和改善，尽快全方位提升中国电子行业的 EPR 实施水平。

第三节　供应链治理视角下电子行业 EPR 的运行机制

在供应链治理理论的视角下，电子行业 EPR 的运行与政府等外部主体，以及供应商等内部主体都密切相关；基于电子行业利益相关者的相互关系以及产品在供应链中的物流、资金流和信息流的流动，本节建立了供应链治理视角下电子行业 EPR 的运行机制，并结合案例从 EPR 体系参与主体方面进行了更深入的特征分析。

一、电子行业 EPR 运行机制

（一）供应链治理理论定义

由我国电子行业的 EPR 发展现状和问题可见，要想了解电子行业 EPR 的运行机制，除了对供应链内以交易关系联系起来的供应链成员之间关系进行研究，我们还要考虑其他不可或缺的利益相关者，如政府部门、银行等金融机构、行业协会和 NGO，因为它们均在企业 EPR 实践过程中扮演着至关重要的角色。另外，基于生命周期分析、灰色关联分析、利益相关者分析等，企业和学者也逐渐发现单个企业并不能有效地解决 EPR 实践中的问题。

李维安等（2016）提出的供应链治理理论将涉及对象的范围从供应链内部的治理主体扩大到了供应链的外部环境。此理论研究涉及经济学、管理学、社会学等领域，探索构筑包括供应链治理边界、治理机制、治理目标和治理结构的供应链治理体系框架，并对供应链治理和供应链管理从多种视角进行了比较研究。从交易成本理论、资源能力理论和社会网络理论中，提炼供应链的分析属性，并以此展开分析逻辑框架，并探讨了未来研究的方向。对于治理机制的研究从机会行为和目标冲突出发，根据治理机制作用目标的不同将其划分为利益分享机制和关系协调机制，并指出两种机制类型相互影响、相互补充的关系。该研究对供应链治理做出如下定义：以协调供应链成员目标冲突，维护供应链持续、稳定运行为目标，在治理环境的影响下，通过经济契约的联结与社会关系的嵌入所构成的供应链利益相关者之间的制度安排，并借由一系列治理机制的设计实现供应链成员之间关系安排的持续互动过程。

一方面，供应链治理的核心范畴是以核心企业为焦点，将供应商、制造商、分销商、零售商联结起来而形成的功能结构，其中的核心企业处于主导和组织地位，其余参与主体通过交易体系相互联结起来；另一方面，随着供应链规模的不断扩大，供应链治理不断受到来自外部的强大冲击，涉及的利益相关者包括政府、社区、行业协会、竞争者以及类似金融机构或债权人的其他社会组织或团体。这样从供应链的外部形成了一种外在的倒逼机制，使得供应链内部不得不为了适应这种外在的影响力而服从某种正式或非正式的制度安排。供应链治理的外部边界是从整个供应链围绕产品的有限责任而展开和界定的。

（二）基于供应链治理理论的 EPR 实施边界

EPR 理论在各国家的实施存在多样性，如针对家电行业的回收法规包括欧洲的 WEEE 指令、日本的具体家用电器回收法以及美国各州的废弃家电回收项目等（Esenduran et al.，2015）。本书的供应链治理以中国的治理环境为背景，通过建立供应链治理理论下的 EPR 理论模型，作为下一步治理机制和案例分析的理论基础。基于供应链治理理论的 EPR 理论模型构建（李维安等，2016），如图 13.2 所示。

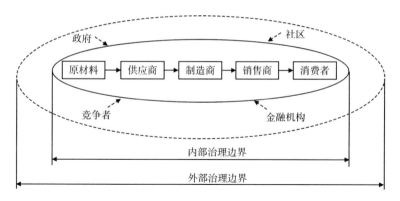

图 13.2　基于供应链治理理论的 EPR 实施边界

在供应链治理的视角下，电子行业的 EPR 理论模型被分为外部治理边界和内部治理边界。其中，内部治理边界是围绕电子行业的产品供应链所展开的以交易为主要形式的供应链，包括供应商、生产商、消费者和回收处理商，这是传统意义上的供应链的内部治理；外部治理边界是电子行业 EPR 施行的政策环境、社会力量和市场的其他竞争者，外部治理边界是供应链治理主体外部影响力的重要来源。

二、电子行业 EPR 参与主体

（一）基于供应链治理理论的 EPR 运行机制研究

模型中比较特别的是包括了逆向供应链中的回收处理商这一主体，一方面是因为电子行业的高残值的特点，另一方面是基于中国电子垃圾回收的一系列问题的重要性。很多公司在控制生产污染的同时关注回收和再利用，除了对消费者使用后的产品的回收再利用，还包括生产阶段对于所使用的资源的回收和再利用。例如，中国电子在控制生产污染的同时关注回收和再利用，减少固体废物、废渣和废气排放量，确保其排放达到国家标准；深圳市爱华电子有限公司对污水处理系统进行升级改造，可提高 60%的废水循环利用，每月回收废水 1800 吨左右。京东方要求废物再利用与废物减量为公司政策之一。光宝有效掌握废物来源产出量并进行管控，同时也与资源再利用业者进行合作，提高资源利用价值，并以零废物为最终目标。

在 EPR 的治理中，电子行业的企业十分看重与上下游的绿色供应链的 EPR 合作。例如，中国电子要求供货商提供零件测试报告以及符合声明书；进行年度供货商绿色产品稽核。环旭电子也与上下游厂商共同合作，建立永续的绿色供应链，将绿色环保概念落实到原物料采购、产品设计、产品生产等各个方面，以符合欧盟各项环保指令。原上海华虹 NEC 电子有限公司制定了《供应商管理规程》，对审核中发现的问题点进行跟踪，提供供应商培训，并且持续帮助供应商进行相关整改，整改完毕之后需经重新审核通过后，才能成为其合格供应商。严格的供应商管理系统是该公司供应商合作的基础。供应链治理视角下的 EPR 模型如图 13.3 所示。

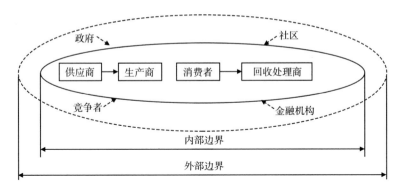

图 13.3　供应链治理视角下的 EPR 模型

（二）电子行业 EPR 体系参与主体分析

政府制定的强制性标准和环保要求是企业生产和设计系统的重要参照。电子行业的企业在回收方面都较积极地执行国家的环保标准和有害物质的处理与限定标准，严格贯彻执行国家和行业的有关环保标准。例如，上海三思采取积极的 EPR 措施，投入足额的环保资金，专款专用，用于对设备设施的改造，使用节能设备，根据国家的要求淘汰高能耗、高污染设备，确保对废水、废气、噪声、固体废物等主要污染物的日常监测，做到废水、废气、噪声、固体废物等主要污染物排放达标合格率 100%。此外，上海三思严格贯彻执行有关强制性的国家环保标准，如国家标准 RoHS、国家和行业标准《电子信息产品污染防治管理办法》等。

作为供应链核心企业的生产商，在电子行业 EPR 体系的实施中起着主导作用。一方面，很多电子企业都自发成立了企业内部的绿色监管体系。例如，2012 年，中国电子修订并印发了《集团公司节能减排监督管理暂行办法》；另一方面，将绿色制造作为产品设计的绿色定位。截止到 2012 年底，中国电子累计获得美国 80PLUS 认证电源系列达到 58 款。其通过市场认可度高的相关认证来不断提升自己承担生产工艺和材料设计绿色化责任的能力。

　　供应商作为产品进入供应链的上游成员，在 EPR 体系中扮演着重要的角色。本章所调研的 8 个电子企业都十分看重与上下游的绿色供应链进行 EPR 合作。

　　例如，京东方对于关键材料的供应商每年进行两次 QPA 和一次 QSA&HSA 审核，核心材料供应商每年进行一次 QPA、QSA&HSA 审核，一般材料供应商每两年进行一次 QPA、QSA&HSA 审核。华硕建立了严谨的供应商筛选标准与稽核管理制度。2013 年度，华硕对所有新增的 104 家供应商及代理工厂完成了华硕三大稽核标准的评价。

第十四章

基于供应链治理的电子行业 EPR 驱动因素研究

根据供应链治理视角下电子行业 EPR 体系分析，本章主要研究在供应链治理理论框架下的电子行业实施 EPR 的影响因素。首先，介绍研究背景和研究问题的重要性，即电子行业特点、存在问题，在此基础上提出研究问题。其次，根据对已有文献的梳理，识别可能存在的相关因素，在此基础上通过问卷调查收集研究数据，结合探索性因素分析，确定关键因素。最后，使用解释结构模型法（interpretative structural modeling method，ISM），探究因素之间的相互关系和相互作用。

第一节　电子行业实施 EPR 驱动因素的量表设计

一、电子行业实施 EPR 驱动因素的量表构建

（一）研究背景

人类对环境和自然资源的严重破坏问题，引起更多的人加强保护环境的意识和对环境问题的关心，面对新的市场经济环境，企业和政府也开始重新考虑经济增长和经济发展战略。因此，除了来自于政府法律法规的压力，激烈的全球竞争和消费者的偏好，也迫使生产商在商业实践中实施 EPR 行为。

尤其对发展中国家的企业来说，开拓海外市场的销售堡垒是一个相当大的挑战。在最近的几十年里，中国已经变成全球最大的"制造工厂"，堆积了大量电子废品并拥有世界上最大的消费群体。通过案例研究和讨论一些发展中国家所面临的挑战和问题，OECD（2016）提供了升级版的 EPR 实施设计。

为了保护环境和资源的再次使用、再次利用，苹果公司积极参与旧手机回收项目：一方面，显示企业社会责任，留给政府和公众好的印象，提高品牌价值；另一方面，回收的电子废品，可以被分成 3 类，包括再制造新产品、零部件、提取资源。

（二）问题的提出

Nash 和 Bosso（2013）描述了 EPR 政策在美国的演变。Gui 等（2013）概述各利益相关者的观点及其对落实 EPR 政策目标的意义。为实现有效和高效的 EPR 实施，他们提出了好的建议，包括设计改善激励机制、再使用和再利用的范围扩大、下游的原材料管理和公平的成本分配设计等。

一些学者对 EPR 的驱动因素进行了研究。Toffel（2002）做了关于生命周期末端产品的回收方面的文献综述，发现非市场和市场压力迫使企业要担当产品回收责任的两个重要因素。Zhu 等（2008）通过对中国汽车产业 EPR 实施影响因素的实证研究，发现了经济、技术、意识、国际贸易、法律法规、政府管理等因素。Gupt 和 Sahay（2015）通过发达国家和发展中国家中的 27 例非正规回收的探索性研究，归纳了影响 EPR 实施的 13 个重要因素，研究发现监管、回收责任和财务收益是最重要的三个因素。此外，Manomaivibool（2009）进行了案例研究，分析在非 OECD 国家中 EPR 实施的驱动因素和阻碍因素，并发现电子产品的灰色市场和电子废弃物非法进口是影响印度 EPR 实施的两个主要障碍。

通过以上文献分析,从供应链治理视角考虑电子行业实施 EPR 问题的研究并不多见。在供应链治理理论框架下研究电子行业实施 EPR 问题可能会涉及:电子行业实施 EPR 的影响因素是哪些? 哪个影响因素是关键因素? 这些关键因素之间的逻辑关系和相互作用是什么? 它们的运行机制是什么? 本书拟进一步解释和解决上述问题。

（三）量表的构建

从第十三章的供应链治理系统分析发现供应链治理可以分为两个方面,即供应链内部治理和供应链外部治理。供应链内部治理包括企业自身方面和供应链方面;而供应链外部治理由政府方面、消费者方面、竞争者方面、其他方面来组成。本书把 6 个方面的因素组成总量表,而每个方面的因素组成子量表。总量表由 6 个子量表来组成,所包含的影响因素数量为 29 个（表 14.1）。

表 14.1　影响电子行业实施 EPR 因素的描述

利益主体	序号	影响因素	描述	文献来源
政府方面	D_1	法律规制措施	国家所制定的各种政策,包括 WEEE、RoHS,履行回收（强制或自愿）义务,回收再利用的指标,产品的最小标准;禁止使用某些危险材料或产品	Zhu 和 Sarkis（2006）;Nnorom 和 Osibanjo（2008）
	D_2	政府的政策(补贴政策和产业支持政策)	政府各种基金政策所设置的环境税与回收处理补贴、产品税、原材料资源税、处置费用,存款退税计划,税收/补贴组合	Al Khidir 和 Zailani（2009）;Zhu 和 Sarkis（2006）; Nnorom 和 Osibanjo（2008）
消费者方面	D_3	政府的监管	称为政府规制或管制,政府为实现某些政策目的,而进行的规范与制约	Zhu 等（2005）;Zhu 和 Sarkis（2006）
	D_4	政府对 EPR 的宣传与推行力度	政府为实现 EPR 政策,通过大规模的官方、媒体等方式,来宣传政策的内涵、意义	赵一平等（2008b）
	D_5	消费者对 EPR 制度的认知	通过对 EPR 制度的认识、反省、解释过程,所产生的坚定信念	Yin 等（2014）

续表

利益主体	序号	影响因素	描述	文献来源
消费者方面	D_6	消费者对实施 EPR 的产品偏好（翻新、再制造产品）	指消费者对一种商品的喜好程度。按照自己的意愿将商品进行排序，这种排序反映了主观意愿和倾向	Yin 等（2014）
	D_7	消费者对企业实施 EPR 行为的关注	消费者对企业实施 EPR 所采取的态度和关心	Yin 等（2014）
	D_8	消费者参与废旧产品回收行为的积极程度	消费者认识到废旧产品可以再使用或者再活用，积极参与回收活动	Yin 等（2014）
	D_9	消费者的环保意识	消费者对环境的觉悟，表现出来的环境问题态度与行为的差异	Jose（2008）
企业自身方面	D_{10}	高层管理者的支持	高层管理者富有不同能力和经验，推动政策的实施	Zhu 等（2007）；Sarkis 等（2010）
	D_{11}	高层管理者对企业社会责任的认知程度	高层管理者通过对 EPR 制度的认识、反省、解释过程，所产生的坚定信念	Mudgal 等（2010）
	D_{12}	企业的战略	企业战略是对企业各种战略的统称，对企业的谋略是对企业整体性、长期性、基本性问题的计谋	赵一平等（2008b）
	D_{13}	企业品牌形象	企业在市场和消费者中所表现出来的信誉	Zhu 等（2007）
	D_{14}	企业高效的回收体系	企业有很好地回收处理废旧产品的能力	赵一平等（2008b）
	D_{15}	企业的市场竞争能力（市场份额）	在竞争性市场条件下，一种企业获取资源的能力，在市场上与其余品牌可以竞争，吸引消费者的能力	赵一平等（2008b）
	D_{16}	企业资金及人力情况	缺乏回收处理废旧产品的熟练工人，没有充足的资金来建立回收处理体系	赵一平等（2008a）
	D_{17}	企业拥有的回收处理、拆卸、再制造技术	企业具有很好的回收资源，拥有先进的拆卸废旧产品和重新组合制造技术	Perron（2005）
	D_{18}	企业回收利用的经济价值、环保成本	企业通过回收过程，可以实现经济上的收益，而减少破坏环境的处置成本	Freeman（2015）
竞争者方面	D_{19}	竞争者 EPR 战略实施	竞争者所采取的企业整体性、长期性、基本性问题的计谋	赵一平等（2008b）

续表

利益主体	序号	影响因素	描述	文献来源
竞争者方面	D_{20}	竞争对手的实力	竞争对手的经营实力，所表现出来的竞争能力	赵一平等（2008b）
	D_{21}	竞争对手在市场中的地位	竞争对手的市场占有率	赵一平等（2008b）
供应链方面	D_{22}	企业获得上游供应商的支持	企业得到供应商的信任和重视	Corsten 等（2011）；林筠等（2008）；Vachon 和 Klassen（2006）
	D_{23}	企业与上游供应商的伙伴关系	企业在一个特定长的时间内与供应商相互支持、相互协调，包括信息共享，分享和分担由于伙伴关系带来的利益和风险	林筠等（2008）；Chicksand（2015）；Vachon 和 Klassen（2006）
	D_{24}	企业获得下游销售商、回收处理商的支持	企业得到他下游的信任和重视	Chicksand（2015）
	D_{25}	企业与下游销售商、回收处理商的伙伴关系	企业在一个特定长的时间内与下游回收商相互支持、相互协调，包括信息共享，分享和分担由于伙伴关系带来的利益和风险	Chicksand（2015）
其他方面	D_{26}	金融机构对企业实施 EPR 的支持	面临资金缺口的企业获得金融机构的支援来实现政策的实施	Al Khidir 和 Zailani（2009）
	D_{27}	环保 NGO 对 EPR 的宣传与推广	为实现 EPR 政策，通过媒体等方式，来宣传政策的内涵、意义	Zhu 等（2005）；Zhu 和 Sarkis（2006）
	D_{28}	环保 NGO 对企业 EPR 实施情况的评价与监督	把企业的实施情况反馈到政府、行业协会以及公众	Zhu 等（2005）；Zhu 和 Sarkis（2006）
	D_{29}	媒体的关注和监督	一种监督方式，引起更多的公众参与	Zhu 等（2005）；Zhu 和 Sarkis（2006）

二、　电子行业实施 EPR 驱动因素的量表项目的测试与分析

（一）样本描述

本书所采用的数据源于对企业从业人员的问卷调查，问卷发放时间为 2016 年 10 月~2016 年 11 月，调查对象为南开大学商学院在读的工商管理学

硕士研究生以及从事电子行业的在职人员。此次问卷调查分为三个部分，第
一部分为企业基本信息调研，如企业性质、企业规模、主要经营范围等；第
二部分涉及电子行业实施 EPR 的驱动因素；第三部分涉及电子行业 EPR 实
施、实施绩效及供应商治理机制的相关问项。此次问卷调查共发放问卷 150
份，回收 132 份。

　　由于本部分研究只涉及第一、第二部分调研数据，因此，根据问卷在第
二部分数据的缺失情况进行筛选判断后，删除了 15 份无效数据，得到用于本
书的调研样本 117 份，基于该 117 份数据对本书量表进行验证。

　　表 14.2~表 14.4 分别为有效调查样本在公司性质、规模、年收入等方面
的分布情况。其中，公司性质方面，国有企业占所有样本数据总量的 35.9%，
民营企业占比 25.6%，外资独资企业占比 19.7%，中外合资/合作企业、台港
澳资企业及其他类型企业占比 18.8%，各类型企业均有涉及，且分布较为均
匀。企业规模方面，员工人数少于 300 人的小型企业占所有样本数据总量的
27.4%，员工人数在 300~2000 人的中型企业占比 32.5%，员工人数大于 2000
人的大型企业占到 40.2%，调研样本在企业规模方面分布均匀。

表 14.2　调查问卷样本数据概况（一）

公司性质	频率（n）	百分比/%
国有企业	42	35.9
民营企业	30	25.6
外资独资企业	23	19.7
中外合资/合作企业	11	9.4
台港澳资企业	4	3.4
其他	7	6.0
合计	117	100.0

表 14.3　调查问卷样本数据概况（二）

企业规模 （员工人数）	频率（n）	百分比/%
100 人以下	20	17.1
100~299 人	12	10.3
300~499 人	15	12.8
500~999 人	12	10.3
1000~2000 人	11	9.4
2000 人以上	47	40.2
合计	117	100.0

表 14.4　调查问卷样本数据概况（三）

公司年收入	频率（n）	百分比/%
50 万元以下	9	7.7
50 万~100 万元以下	2	1.7
100 万~500 万元以下	6	5.1
500 万~1000 万元以下	6	5.1
1000 万~5000 万元以下	16	13.7
5000 万元及以上	78	66.7
合计	117	100.0

（二）项目分析、项目决断值与 t 检验

本书一共发放 150 份问卷，回收 132 份，其中有效问卷数量为 117 份。总量表由 6 个维度的子量表组成，在进行项目分析时，找出总分排名前 27% 和排名后 27% 回答者的得分，可以作为判断高低分组的临界值。因此，将总分有高低排序时第 32 名回答者的总得分作为各个子量表高分组的临界值，总分由低到高排序时第 32 名回答者的总得分作为各个子量表低分组的临界值（表 14.5）。独立样本 t 检验即检验高分组、低分组在每一个问项测量值的平

均数的差异值是否达到显著（$P < 0.05$），以便判断量表中各项的平均分是否会受到高低分组的影响。SPSS22 会输出两种不同的 t 统计量计算值：若是两个分组的方差相等，则看"假设方差相等"行的 t 值数据；如果两个分组的方差不相等，则看"假设方差不相等"行的 t 值数据。通过对比 F 统计量以及 t 统计值，得到各子量表中各问项的决断值，通常在量表分析中，较严格的判断标准设为 3.5，本书采用 3.5 的标准值，可以考虑剔除。统计结果显示各问项决断值均显著高于 3.5（表 14.5）。

表 14.5　各子量表高低分组的临界值与组别个数

资料表待测维度	高分组临界值	高分组个数	低分组临界值	低分组个数
政府方面	16	50	14	44
消费者方面	21	35	16	32
企业自身方面	40	37	34	32
竞争者方面	13	45	11	41
供应链方面	17	45	15	43
其他方面	17	33	14	40

（三）同质性检验

信度是一种评价量表内部一致性的重要指标。本书总量表的 Cronbach's α 系数值高于 0.8，各子量表的 Cronbach's α 系数值均在 0.6 以上，表明量表具有较好的内部一致性（表 14.6）。

表 14.6　量表及子量表的 Cronbach's α 系数

量表及子量表	Cronbach's α 系数
总量表	0.876
政府方面	0.772
消费者方面	0.791

量表及子量表	Cronbach's α 系数
企业自身方面	0.807
竞争者方面	0.777
供应链方面	0.796
其他方面	0.757

　　量表内部结构的检验指标主要包括共同性与因子载荷两个指标，通常利用探索性因子分析来确保各问项对所测维度的单一指向性。一般情况下，KMO 大于 0.6，Bartlett 球体检验的统计值显著性概率小于或等于显著性水平时（≤0.005）可以进行因子分析。本书对各个维度进行检验，各维度的 KMO 值与 Bartlett 球体检验结果见表 14.7。

表 14.7　量表的 KMO 值与 Bartlett 球体检验

子量表待测维度	KMO 值	Bartlett 球体检验			释放差百分比
		近似卡方分布	自由度	显著性	
政府方面	0.739	165.373	6	0.000	61.344
消费者方面	0.780	159.355	10	0.000	54.647
企业自身方面	0.765	308.542	36	0.000	39.749
竞争者方面	0.655	108.553	3	0.000	69.437
供应链方面	0.720	149.280	6	0.000	62.010
其他方面	0.698	140.969	6	0.000	58.948

（四）综合分析

　　"问项删除后 Cronbach's α 系数"表示删除该问项后量表 Cronbach's α 系数的变化情况，理想情况下的 Cronbach's α 系数与问项数量呈正相关（表 14.8）。

表 14.8　量表的项目分析总表

量表的项目	项目编号	众数（≠3）	标准差（≥1.0）	极端组比较 决断值（≥3.5）	同项与量表相关（≥0.4且显著）	校正同项与量表相关（≥0.4）	同项删除后 Cronbach's α 系数（<对应α系数）	共同性（≥0.2）	因子载荷量（≥0.45）	处理结果
法律规制措施	a_1	4	0.657	6.7	0.801**	0.619	0.693	0.673	0.820	保留
政府的政策（补贴政策和产业支持政策）	a_2	4	0.643	9.9	0.834**	0.680	0.660	0.753	0.868	保留
政府的监管	a_3	4	0.636	11.6	0.864**	0.735	0.630	0.803	0.896	保留
政府对 EPR 的宣传与推行力度	a_4	4	0.647	6.0	0.584**	0.304	0.849	0.225	0.475	删除
消费者对 EPR 制度的认知	b_1	4	0.886	30.8	0.733**	0.562	0.754	0.536	0.732	保留
消费者对实施 EPR 的产品偏好（翻新、再制造产品）	b_2	4	0.908	17.9	0.692**	0.499	0.775	0.452	0.672	保留
消费者对企业实施 EPR 行为的关注	b_3	4	0.868	29.9	0.754**	0.597	0.743	0.579	0.761	保留
消费者参与废旧产品回收行为的积极程度	b_4	4	0.921	32.5	0.791**	0.641	0.728	0.641	0.801	保留
消费者的环保意识	b_5	4	0.856	25.3	0.698**	0.592	0.729	0.712	0.768	保留
高层管理者的支持	c_1	4	0.717	10.3	0.626**	0.507	0.788	0.416	0.645	保留
高层管理者对企业社会责任的认知程度	c_2	4	0.726	12.8	0.623**	0.501	0.788	0.407	0.638	保留
企业的品牌战略	c_3	4	0.684	15.4	0.685**	0.585	0.779	0.506	0.711	保留
企业品牌形象	c_4	4	0.680	12.0	0.567**	0.445	0.795	0.345	0.587	保留
企业高效的回收体系	c_5	4	0.747	20.5	0.631**	0.508	0.787	0.399	0.631	保留

续表

量表的项目	项目编号	众数和标准差		极端组比较	相关性检验		同质性检验			处理结果
		众数（≠3）	标准差（≥1.0）	决断值（≥3.5）	同项与量表相关（≥0.4且显著）	校正同项与量表相关（≥0.4）	同项删除后Cronbach's α系数（<对应α系数）	共同性（≥0.2）	因子载荷量（≥0.45）	
企业的市场竞争能力（市场份额）	c_6	4	0.809	22.2	0.635**	0.501	0.788	0.396	0.629	保留
企业资金及人力情况	c_7	4	0.769	18.8	0.591**	0.455	0.794	0.329	0.574	保留
企业拥有的回收处理、拆卸、再制造技术	c_8	4	0.863	23.1	0.614**	0.463	0.794	0.334	0.578	保留
企业回收利用的经济价值、环保成本	c_9	4	0.825	18.8	0.686**	0.562	0.780	0.446	0.668	保留
竞争者 EPR 战略实施	d_1	4	0.798	14.5	0.765**	0.495	0.822	0.546	0.739	删除
竞争对手的实力	d_2	4	0.786	20.5	0.862**	0.679	0.626	0.769	0.877	保留
竞争对手在市场中的地位	d_3	4	0.830	17.1	0.868**	0.676	0.627	0.769	0.877	保留
企业获得上游供应商的支持	e_1	4	0.796	22.2	0.842**	0.685	0.703	0.714	0.845	保留
企业与上游供应商的伙伴关系	e_2	4	0.765	25.6	0.796**	0.617	0.739	0.635	0.797	保留
企业获得下游销售商、回收处理商的支持	e_3	4	0.748	21.4	0.757**	0.561	0.767	0.564	0.751	保留
企业与下游销售商、回收处理商的伙伴关系	e_4	4	0.706	17.9	0.751**	0.566	0.764	0.568	0.754	保留
金融机构对企业实施 EPR 的支持	f_1	4	0.789	31.6	0.633**	0.367	0.796	0.322	0.567	删除
环保 NGO 对企业 EPR 的宣传与推广	f_2	4	0.798	24.8	0.792**	0.603	0.673	0.672	0.820	保留
环保 NGO 对企业 EPR 实施情况的评价与监督	f_3	4	0.773	29.1	0.865**	0.736	0.598	0.798	0.893	保留
媒体的关注和监督	f_4	4	0.808	22.2	0.754**	0.538	0.709	0.565	0.752	保留

**表示在 5% 水平下显著

（五）因素分析

通过上述分析后，可以对量表各个层面包括的题项进行因素分析，而不用以整个量表进行因素分析。第一个层面构念为"政府"，包含的题项有 3 个——a_1、a_2、a_3，可以将其单独放入因子分析中来检验此层面取多少个因素。然后可以利用同样的方法，检验剩下的各个层面。检验结果如表 14.9 所示。

表 14.9　因素分析结果

项目	成分个数	KMO 值	Bartlett 球体检验			提取平方和载入		
			近似卡方分布	自由度	显著性	合计	方差的 %	累积 %
政府方面	1	0.709	154.363	3	0.000	2.307	76.892	76.892
消费者方面	1	0.780	159.355	10	0.000	2.732	54.647	54.647
企业自身方面	2	0.765	308.542	36	0.000	2.284	25.376	54.563
竞争者方面	1	0.500	76.668	1	0.000	1.699	84.931	84.931
供应链方面	1	0.720	149.280	6	0.000	2.480	62.010	62.010
其他方面	1	0.651	122.448	3	0.000	2.143	71.448	71.448

从表 14.9 中可以看出政府方面、消费者方面、竞争者方面、供应链方面、其他方面等层面的公因子只有一个，说明各层面问项符合标准，可以保留，而企业自身方面具有两个公因子，说明企业自身方面量表中的问项不符合标准，进一步考虑删除。经因素分析后的量表情况如表 14.10 所示。

表 14.10　量表经因素分析后各子量表的基本情况

公因子	变量因素	因子负载	项已删除的 Cronbach's α 值	Cronbach's α 值	项数	解释方差百分比
政府方面	法律规制措施	0.907	0.849	0.849	3	76.892
	政府的政策（补贴政策和产业支持政策）	0.886	0.777			
	政府的监管	0.837	0.738			

公因子	变量因素	因子负载	项已删除的 Cronbach's α 值	Cronbach's α 值	项数	解释方差百分比
消费者方面	消费者对 EPR 制度的认知	0.732	0.754	0.791	5	54.647
	消费者对实施 EPR 的产品偏好（翻新、再制造产品）	0.672	0.775			
	消费者对企业实施 EPR 行为的关注	0.761	0.743			
	消费者参与废旧产品回收行为的积极程度	0.801	0.728			
	消费者的环保意识	0.725	0.757			
企业自身方面	高层管理者的支持	0.779	0.663	0.741	4	56.320
	高层管理者对企业社会责任的认知程度	0.775	0.666			
	企业的战略	0.739	0.689			
	企业品牌形象	0.707	0.709			
竞争者方面	竞争对手的实力	0.922	0.822	0.822	2	84.931
	竞争对手在市场中的地位	0.922	0.821			
供应链方面	企业获得上游供应商的支持	0.845	0.703	0.796	4	62.010
	企业与上游供应商的伙伴关系	0.797	0.739			
	企业获得下游销售商、回收处理商的支持	0.751	0.767			
	企业与下游销售商、回收处理商的伙伴关系	0.754	0.764			
其他方面	环保 NGO 对 EPR 的宣传与推广	0.857	0.713	0.796	3	71.448
	环保 NGO 对企业 EPR 实施情况的评价与监督	0.904	0.612			
	媒体的关注和监督	0.769	0.830			

（六）效度分析

本书采用常见的 4 种检验来确保量表是合适的：内容效度检验、信度检验、聚合效度和区别效度检验。

　　为了确保量表的内容效度，首先，作者积极与本领域的研究者进行广泛的探讨，并通过两轮预调查来对量表进行调整。本书与其他合作者一起找到相关文献以后，把所有的测量因素进行罗列并翻译。其次，在此基础上调整量表，并征求相关专家的意见，进一步对量表的结构和问项的内容进行修改。最后，根据预调查的反馈结果对问卷中的歧义性问项和误导性问项进行修改，以便填答者能够更好地理解问项的内容。

　　本章用组合信度来评价量表的信度以及因子负荷和平均提取方差值（average variance extracted，AVE）来评价量表的聚合效度。从表 14.11 可以看出量表的所有组合信度都大于 0.7，所以符合信度的标准。除了一个因子负荷接近于 0.7，剩下的因子负荷都要高于 0.7，AVE 也高于 0.5，因此，量表的因子负荷基本满足标准。

表 14.11　量表的特征分析结果

概念	变量因素	因子负荷	Cronbach's α 值	组合信度	AVE
政府方面	法律规制措施	0.907	0.849	0.9091	0.7694
	政府的政策（补贴政策和产业支持政策）	0.886			
	政府的监管	0.837			
消费者方面	消费者对 EPR 制度的认知	0.732	0.791	0.8574	0.5468
	消费者对实施 EPR 的产品偏好（翻新、再制造产品）	0.672			
	消费者对企业实施 EPR 行为的关注	0.761			
	消费者参与废旧产品回收行为的积极程度	0.801			
	消费者的环保意识	0.725			
企业自身方面	高层管理者的支持	0.779	0.741	0.8375	0.5634
	高层管理者对企业社会责任的认知程度	0.775			
	企业的战略	0.739			
	企业品牌形象	0.707			

续表

概念	变量因素	因子负荷	Cronbach's α 值	组合信度	AVE
竞争者方面	竞争对手的实力	0.922	0.822	0.9184	0.8492
	竞争对手在市场中的地位	0.922			
供应链方面	企业获得上游供应商的支持	0.845	0.796	0.8671	0.6204
	企业与上游供应商的伙伴关系	0.797			
	企业获得下游销售商、回收处理商的支持	0.751			
	企业与下游销售商、回收处理商的伙伴关系	0.754			
其他方面	环保 NGO 对 EPR 的宣传与推广	0.857	0.796	0.8819	0.7143
	环保 NGO 对企业 EPR 实施情况的评价与监督	0.904			
	媒体的关注和监督	0.769			

构念效度是检验量表的重要指标，是指某一变量与其他变量之间存在的理论关系。构念效度包含聚合效度和区别效度。从表 14.12 可以看出在 0.05 的显著性水平下，除了消费者方面和供应链方面的方差略接近于 0.7，剩下的因子方差都大于 0.7，说明各子量表可以衡量各维度之间的差异。此外，从表 14.12 中还可以看出除竞争者方面和其他方面之间的相关系数接近于 0.3，剩下所有因子之间的相关系数均达到重度相关，说明各因子之间存在明显的差异。

表 14.12　因子之间的相关性分析结果

因子	方差	政府方面	消费者方面	企业自身方面	竞争者方面	供应链方面	其他方面
政府方面	0.765	1					
消费者方面	0.688	0.557**	1				
企业自身方面	0.720	0.636**	0.377**	1			
竞争者方面	0.777	0.684**	0.653**	0.661**	1		
供应链方面	0.670	0.587**	0.369**	0.676**	0.555**	1	

因子	方差	政府方面	消费者方面	企业自身方面	竞争者方面	供应链方面	其他方面
其他方面	0.702	0.628**	0.477**	0.487**	0.286**	0.489**	1

**表示在 5%水平下显著

所谓聚合效度是构念效度的一个重要指标之一，是指测量同一特质构念的测量指标落在同一个因素构念上的度量。一般情况下，判断聚合效度的指标是 AVE。当 AVE> 0.5 时，量表具有聚合效度。从表 14.13 可以看出，所有 6 个因子的 AVE 值都大于 0.5，说明量表具备聚合效度。

表 14.13　量表结构中的区别效度和聚合效度检验

因子	AVE	政府方面	消费者方面	企业自身方面	竞争者方面	供应链方面	其他方面
政府方面	0.7694	1					
消费者方面	0.5468	0.310	1				
企业自身方面	0.5634	0.404	0.142	1			
竞争者方面	0.8492	0.469	0.426	0.437	1		
供应链方面	0.6204	0.346	0.136	0.457	0.308	1	
其他方面	0.7143	0.394	0.227	0.237	0.082	0.239	1

所谓区别效度，是指构念所代表的潜在特质与其他构念所代表的潜在特质间低度相关或有显著的差异存在。在测量的模型中，如果任何两种因素构念之间的相关显著不等于 1，说明两种因素构念之间是有区别的。假如两种子量表之间的区分值小于规定的标准值，说明两种子量表中的维度是相似的，总量表不具有区别效度。判断区别效度的两个要素分别为 AVE 和因子之间的标准化系数的平方（λ^2）。当 AVE$>\lambda^2$ 时，表明量表具有区别效度；当 AVE$<\lambda^2$ 时，表明量表不具有区别效度。从表 14.13 能看出，量表的 6 个因子的 AVE 值都大于与它们相关的 λ^2 值，说明这个量表具有区别效度。

第二节　电子行业实施 EPR 驱动因素分析方法
——解释结构模型法

一、解释结构模型法

（一）解释结构模型法的产生及内涵

解释结构模型法作为结构化模型技术的一种，最早产生于 1974 年（Warfield，1974）。这一方法通过对系统内不同的直接相关的元素进行交互式影响的分析，将这些复杂的要素关系分解为若干子结构化系统模型。

不少学者采用解释结构模型法来研究成因分析的相关问题。Mathiyazhagan 等（2013）应用解释结构模型法分析印度汽车公司实施绿色供应链管理的阻碍因素，得出供应商的阻碍因素是最重要的因素，研究结果有利于行业的绿色供应链管理的实施，消除阻碍因素。Sivaprakasam 等（2015）认为绿色供应链管理在企业竞争优势中，发挥重要作用。企业在评估供应商，以及供应商在生产过程中，越来越把环境因素融入评估供应商的活动中，利用解释结构模型法来确定实施绿色供应链管理的标准以及子标准框架。

（二）解释结构模型法的分析步骤

一般来说，解释结构模型法的求解过程需要经过以下几个步骤。

首先，确定所要研究的实际问题，并确定影响这个问题的所有因素；

其次，获得一个较为合理的因素关系有向图，并根据原则图建立相应的邻接矩阵；

再次，对邻接矩阵进行推移式矩阵运算，根据布尔运算法则，获得系统的可达矩阵；

最后，对上述可达矩阵进行分解，划分出系统因素的不同层次/结构，根据结构划分建立最终的解释结构模型。

二、 基于解释结构模型法的电子行业实施 EPR 驱动因素分析

（一）电子行业实施 EPR 驱动因素的提取及关系分析

在关键问题的影响因素分析中，从供应链治理框架下的电子行业实施 EPR 驱动因素利益相关主体角度出发，主要分为政府、消费者、企业自身、竞争者、供应链关系、其他等六个模块。从这六个模块中已经识别出 21 个影响企业实施 EPR 的驱动因素，对应 21 个有关企业实施 EPR 的问项。每一道问项回答采用利克特 5 点量表记录，其中 1=完全不符合，2=不符合，3=一般，4=符合，5=完全符合。专家成员由 4 名研究 EPR 的科研人员和 6 名来自电子行业的中高层管理者（分别来自天津和沈阳两地的相关企业）组成。

将专家所打分的电子行业实施 EPR 的因素进行重要程度排序。从反馈的信息看，平均分值都大于 3.5，具体因素列表如表 14.14 所示。

表 14.14 影响电子行业实施 EPR 的驱动因素

利益主体	序号	影响因素	文献来源
政府	D_1	法律规制措施	Zhu 和 Sarkis（2006）；Nnorom 和 Osibanjo（2008）
	D_2	政府的政策（补贴政策和产业支持政策）	Al Khidir 和 Zailani（2009）；Zhu 和 Sarkis（2006）；Nnorom 和 Osibanjo（2008）
	D_3	政府的监管	Zhu 等（2005）；Zhu 和 Sarkis（2006）
消费者	D_4	消费者对 EPR 制度的认知	Yin 等（2014）
	D_5	消费者对实施 EPR 的产品偏好（翻新、再制造产品）	Yin 等（2014）
	D_6	消费者对企业实施 EPR 行为的关注	Yin 等（2014）

续表

利益主体	序号	影响因素	文献来源
消费者	D_7	消费者参与废旧产品回收行为的积极程度	Yin 等（2014）
	D_8	消费者的环保意识	Jose（2008）
企业自身	D_9	高层管理者的支持	Zhu 等（2007）；Sarkis 等（2010）
	D_{10}	高层管理者对企业社会责任的认知程度	Mudgal 等（2010）
	D_{11}	企业的战略	Zhu 等（2007）；Sarkis（2010）
	D_{12}	企业品牌形象	Zhu 等（2007）
竞争者	D_{13}	竞争对手的实力	赵一平等（2008b）
	D_{14}	竞争对手在市场中的地位	赵一平等（2008b）
供应链关系	D_{15}	企业获得上游供应商的支持	Corsten（2011）；林筠等（2008）；Vachon 和 Klassen（2006）
	D_{16}	企业与上游供应商的伙伴关系	林筠等（2008）；Chicksand（2015）；Vachon 和 Klassen（2006）
	D_{17}	企业获得下游销售商、回收处理商的支持	Chicksand（2015）
	D_{18}	企业与下游销售商、回收处理商的伙伴关系	Chicksand（2015）
其他	D_{19}	环保 NGO 对 EPR 的宣传与推广	Zhu 等（2005）；Zhu 和 Sarkis（2006）
	D_{20}	环保 NGO 对企业 EPR 实施情况的评价与监督	Zhu 等（2005）；Zhu 和 Sarkis（2006）
	D_{21}	媒体的关注和监督	Zhu 等（2005）；Zhu 和 Sarkis（2006）

在确定因素分析的基础上，本书对各种因素之间的关系相关性进行了分析，并且参考了解释结构模型法专家小组的意见整理出各要素之间的相互关系，如表 14.15 所示。在表 14.15 中用 4 个参数来显示因素相关性关系，即 V 表示 D_i 影响 D_j；A 表示 D_j 影响 D_i，但 D_i 不影响 D_j；X 表示 D_i 影响 D_j，而且 D_j 影响 D_i；O 表示因素 D_i 和因素 D_j 之间没有直接相关。

表 14.15 影响因素之间的相互逻辑关系

因素序号	21	20	19	18	17	16	15	14	13	12	11	10	9	8	7	6	5	4	3	2
1	V	V	V	O	O	O	O	O	O	O	V	V	V	X	V	V	V	V	O	O
2	V	V	V	O	O	O	O	O	O	O	V	V	V	A	V	V	V	O	O	
3	V	V	O	O	O	O	O	O	O	V	V	V	O	O	O	V	O	O		
4	O	A	A	O	O	O	O	O	O	V	O	O	O	V	V	V	O			
5	O	O	O	O	O	O	O	V	V	V	O	O	O	A	V	A				
6	A	A	A	O	O	O	O	O	O	O	O	O	O	X	V					
7	O	O	O	O	O	O	O	O	O	O	X	O	O	A						
8	V	O	O	O	O	O	O	O	O	O	O	O	V							
9	A	A	A	V	V	V	V	O	O	V	V	X								
10	A	A	A	V	V	V	V	O	O	V	V									
11	A	A	A	O	O	O	O	O	O	V										
12	O	O	O	O	V	V	V	V	V											
13	O	O	O	O	O	O	O	X												
14	O	O	O	O	O	O	O													
15	O	O	O	O	O	X														
16	O	O	O	O	O															
17	O	O	O	X																
18	O	O	O																	
19	O	A																		
20	V																			

例如，政府的法律规制措施（D_1）会影响高层管理者的支持（D_9），所以元素 $C(1, 9)$=V；政府的法律规制措施（D_1）可以提高消费者的环保意识（D_8），同时消费者的环保意识（D_8）也会反馈到政府，促进政府修订法律规制措施，因此两个因素互相影响，所以元素 $C(1, 8)$=X；此外，环保 NGO 对企业 EPR 实施情况的评价与监督（D_{20}）影响了企业的战略（D_{11}），而企业的战略（D_{11}）却没有直接影响环保 NGO 对企业 EPR 实施情况的评价

与监督（D_{20}），所以元素 C（11，20）=A；政府的法律规制措施（D_1）没有直接影响政府的政策（补贴政策和产业支持政策）（D_2），而且政府的政策（补贴政策和产业支持政策）（D_2）没有直接影响政府的法律规制措施（D_1），所以元素 C（1，2）=O。

（二）邻接矩阵和可达矩阵

在这一环节中，需要将表 14.15 中对应的要素关系转换为邻接矩阵形式，以方便进行后续的矩阵运算。转换规则如下：

若（i,j）位置符号为 V，那么 C（i,j）=1 而 C（j,i）=0；

若（i,j）位置符号为 A，那么 C（i,j）=0 而 C（j,i）=1；

若（i,j）位置符号为 X，那么 C（i,j）=1，C（j,i）=1；

若（i,j）位置符号为 O，那么 C（i,j）=0，C（j,i）=0。

根据上述规则转换后生成的邻接矩阵如表 14.16 所示，它揭示了要素之间的直接关系。

表 14.16　企业实施 EPR 的因素邻接矩阵

因素序号	1	2	3	4	5	6	7	8	9	10	11	12	13	14	15	16	17	18	19	20	21
1	1	0	0	1	1	1	1	1	1	1	1	0	0	0	0	0	0	0	1	1	1
2	0	1	0	0	1	1	1	0	1	1	1	0	0	0	0	0	0	0	1	1	1
3	0	0	1	0	0	1	0	0	1	1	1	1	0	0	0	0	0	0	0	1	1
4	0	0	0	1	0	1	1	1	0	0	0	0	0	0	0	0	0	0	0	0	0
5	0	0	0	0	1	0	1	0	0	0	0	1	1	1	0	0	0	0	0	0	0
6	0	0	0	0	1	1	1	1	0	0	0	0	0	0	0	0	0	0	0	0	0
7	0	0	0	0	0	1	1	1	0	0	0	0	0	0	0	0	0	0	0	0	0
8	1	1	0	0	0	1	1	1	1	1	1	0	0	0	0	0	0	0	1	0	1
9	0	0	0	0	0	0	0	0	1	1	1	1	0	1	1	1	1	0	0	0	0
10	0	0	0	0	0	0	0	0	1	1	0	1	1	1	1	1	0	0	0	0	0

续表

因素序号	1	2	3	4	5	6	7	8	9	10	11	12	13	14	15	16	17	18	19	20	21
11	0	0	0	0	0	0	1	0	0	0	1	1	0	0	0	0	0	0	0	0	0
12	0	0	0	0	0	0	0	0	0	0	0	0	1	1	1	1	1	1	1	0	0
13	0	0	0	0	0	0	0	0	0	0	0	0	1	1	0	0	0	0	0	0	0
14	0	0	0	0	0	0	0	0	0	0	0	0	0	1	1	0	0	0	0	0	0
15	0	0	0	0	0	0	0	0	0	0	0	0	0	0	1	1	0	0	0	0	0
16	0	0	0	0	0	0	0	0	0	0	0	0	0	0	0	1	1	0	0	0	0
17	0	0	0	0	0	0	0	0	0	0	0	0	0	0	0	0	1	1	0	0	0
18	0	0	0	0	0	0	0	0	0	0	0	0	0	0	0	0	0	1	1	0	0
19	0	0	0	1	0	1	0	0	1	1	0	0	0	0	0	0	0	0	1	0	0
20	0	0	0	1	0	1	0	0	1	1	1	0	0	0	0	0	0	0	1	1	1
21	0	0	0	0	0	1	0	0	1	1	1	0	0	0	0	0	0	0	0	0	1

（三）电子行业实施 EPR 影响因素的层级划分

根据表 14.17 中可生成的可达矩阵中，本书将对于影响电子行业实施 EPR 程度不同的因素，分为不同的层次，计算过程如下：

（1）先确定可到达的集合集和先行的集合。

（2）确定最高级要素。如果 $R(D_i) \cap A(D_i) = R(D_i)$，则对应的要素 i 即为系统中的第一级要素。

（3）确定其他层级要素。在第一级要素确定以后，从可达矩阵中删去该要素所在的行和列，然后从删减后的可达矩阵中继续寻找满足条件 $R(D_i) \cap A(D_i) = R(D_i)$ 的第二层级的要素，以此类推，逐步确定各要素所在的层级。

表 14.17　企业实施 EPR 因素生成的可达矩阵（$k=4$）

因素序号	1	2	3	4	5	6	7	8	9	10	11	12	13	14	15	16	17	18	19	20	21
1	1	1	0	1	1	1	1	1	1	1	1	1	1	1	1	1	1	1	1	1	1
2	1	1	0	1	1	1	1	1	1	1	1	1	1	1	1	1	1	1	1	1	1
3	1	1	1	1	1	1	1	1	1	1	1	1	1	1	1	1	1	1	1	1	1
4	1	1	0	1	1	1	1	1	1	1	1	1	1	1	1	1	1	1	1	1	1
5	0	0	0	0	1	0	1	0	0	0	1	1	1	1	1	1	1	0	0	0	0
6	1	1	0	1	1	1	1	1	1	1	1	1	1	1	1	1	1	1	1	1	1
7	0	0	0	0	0	0	1	0	0	0	1	1	1	1	1	1	1	1	0	0	0
8	1	1	0	1	1	1	1	1	1	1	1	1	1	1	1	1	1	1	1	1	1
9	0	0	0	0	1	0	1	0	1	1	1	1	1	1	1	1	1	0	0	0	0
10	0	0	0	0	0	0	1	0	1	1	1	1	1	1	1	1	1	0	0	0	0
11	0	0	0	0	0	0	0	0	0	0	1	1	1	1	1	1	1	0	0	0	0
12	0	0	0	0	0	0	0	0	0	0	0	1	1	1	1	1	1	0	0	0	0
13	0	0	0	0	0	0	0	0	0	0	0	0	1	1	0	0	0	0	0	0	0
14	0	0	0	0	0	0	0	0	0	0	0	0	1	1	0	0	0	0	0	0	0
15	0	0	0	0	0	0	0	0	0	0	0	0	0	0	1	0	0	0	0	0	0
16	0	0	0	0	0	0	0	0	0	0	0	0	0	0	0	1	1	0	0	0	0
17	0	0	0	0	0	0	0	0	0	0	0	0	0	0	0	0	1	1	0	0	0
18	0	0	0	0	0	0	0	0	0	0	0	0	0	0	0	0	1	1	0	0	0
19	1	1	0	1	1	1	1	1	1	1	1	1	1	1	1	1	1	1	1	1	1
20	1	1	0	1	1	1	1	1	1	1	1	1	1	1	1	1	1	1	1	1	1
21	1	1	0	1	1	1	1	1	1	1	1	1	1	1	1	1	1	1	1	1	1

通过上述步骤，从表 14.17 的可达矩阵中提取出各元素的可到达的集合 $R(D_i)$ 和先行的集合 $A(D_i)$，依据判断规则，可以确定竞争对手的实力（D_{13}），竞争对手在市场中的地位（D_{14}），企业获得上游供应商的支持（D_{15}），企业与上游供应商的伙伴关系（D_{16}），企业获得下游销售商、回收处理商的支持

（D_{17}），企业与下游销售商、回收处理商的伙伴关系（D_{18}）等六个因素为第一层级的要素。在可到达的集合 R（D_i）和先行的集合 A（D_i），及它们的交集 R（D_i）∩A（D_i）中剔除要素 D_{13}、D_{14}、D_{15}、D_{16}、D_{17}、D_{18} 后，发现符合判断规则的第二层级要素为企业品牌形象（D_{12}）。继续剔除第二层级要素（D_{12}）以后，可以得到第三层级的要素，如消费者参与废旧产品回收行为的积极程度（D_7）、企业的战略（D_{11}）等，剔除这些要素以后，根据规则，认为消费者对实施 EPR 的产品偏好（翻新、再制造产品）（D_5）、高层管理者的支持（D_9）、高层管理者对企业社会责任的认知程度（D_{10}）等三个要素为第四层级要素。然后，继续剔除第三次层级要素 D_5、D_9、D_{10} 后，确定法律规制措施（D_1）、政府的政策（补贴政策和产业支持政策）（D_2）、消费者对 EPR 制度的认知（D_4）、消费者对企业实施 EPR 行为的关注（D_6）、消费者的环保意识（D_8）、环保 NGO 对 EPR 的宣传与推广（D_{19}）、环保 NGO 对企业 EPR 实施情况的评价与监督（D_{20}）、媒体的关注和监督（D_{21}）等 8 个要素为第五层级要素，剩下的要素——政府的监管（D_3）成为最底层要素。这些 21 个要素，一共划分为 6 个层级，它的划分依据如表 14.18 所示。

表 14.18　影响因素的层级划分

因素	可到达的集合 R（D_i）	先行的集合 A（D_i）	可达集合和先行集合的交集 R（D_i）∩A（D_i）	层级
D_1	D_1, D_2, D_4, D_5, D_6, D_7, D_8, D_9, D_{10}, D_{11}, D_{12}, D_{13}, D_{14}, D_{15}, D_{16}, D_{17}, D_{18}, D_{19}, D_{20}, D_{21}	D_1, D_2, D_3, D_4, D_6, D_8, D_{19}, D_{20}, D_{21}	D_1, D_2, D_4, D_6, D_8, D_{19}, D_{20}, D_{21}	V
D_2	D_1, D_2, D_4, D_5, D_6, D_7, D_8, D_9, D_{10}, D_{11}, D_{12}, D_{13}, D_{14}, D_{15}, D_{16}, D_{17}, D_{18}, D_{19}, D_{20}, D_{21}	D_1, D_2, D_3, D_4, D_6, D_8, D_{19}, D_{20}, D_{21}	D_1, D_2, D_4, D_6, D_8, D_{19}, D_{20}, D_{21}	V

续表

因素	可到达的集合 R（D$_i$）	先行的集合 A（D$_i$）	可达集合和先行集合的交集 R（D$_i$）∩A（D$_i$）	层级
D$_3$	D$_1$，D$_2$，D$_3$，D$_4$，D$_5$，D$_6$，D$_7$，D$_8$，D$_9$，D$_{10}$，D$_{11}$，D$_{12}$，D$_{13}$，D$_{14}$，D$_{15}$，D$_{16}$，D$_{17}$，D$_{18}$，D$_{19}$，D$_{20}$，D$_{21}$	D$_3$	D$_3$	VI
D$_4$	D$_1$，D$_2$，D$_4$，D$_5$，D$_6$，D$_7$，D$_8$，D$_9$，D$_{10}$，D$_{11}$，D$_{12}$，D$_{13}$，D$_{14}$，D$_{15}$，D$_{16}$，D$_{17}$，D$_{18}$，D$_{19}$，D$_{20}$，D$_{21}$	D$_1$，D$_2$，D$_3$，D$_4$，D$_6$，D$_8$，D$_{19}$，D$_{20}$，D$_{21}$	D$_1$，D$_2$，D$_4$，D$_6$，D$_8$，D$_{19}$，D$_{20}$，D$_{21}$	V
D$_5$	D$_5$，D$_7$，D$_{11}$，D$_{12}$，D$_{13}$，D$_{14}$，D$_{15}$，D$_{16}$，D$_{17}$，D$_{18}$	D$_1$，D$_2$，D$_3$，D$_4$，D$_5$，D$_6$，D$_8$，D$_{19}$，D$_{20}$，D$_{21}$	D$_5$	IV
D$_6$	D$_1$，D$_2$，D$_4$，D$_5$，D$_6$，D$_7$，D$_8$，D$_9$，D$_{10}$，D$_{11}$，D$_{12}$，D$_{13}$，D$_{14}$，D$_{15}$，D$_{16}$，D$_{17}$，D$_{18}$，D$_{19}$，D$_{20}$，D$_{21}$	D$_1$，D$_2$，D$_3$，D$_4$，D$_6$，D$_8$，D$_{19}$，D$_{20}$，D$_{21}$	D$_1$，D$_2$，D$_4$，D$_6$，D$_8$，D$_{19}$，D$_{20}$，D$_{21}$	V
D$_7$	D$_7$，D$_{11}$，D$_{12}$，D$_{13}$，D$_{14}$，D$_{15}$，D$_{16}$，D$_{17}$，D$_{18}$	D$_1$，D$_2$，D$_3$，D$_4$，D$_5$，D$_6$，D$_7$，D$_8$，D$_9$，D$_{10}$，D$_{11}$，D$_{19}$，D$_{20}$，D$_{21}$	D$_7$，D$_{11}$	III
D$_8$	D$_1$，D$_2$，D$_4$，D$_5$，D$_6$，D$_7$，D$_8$，D$_9$，D$_{10}$，D$_{11}$，D$_{12}$，D$_{13}$，D$_{14}$，D$_{15}$，D$_{16}$，D$_{17}$，D$_{18}$，D$_{19}$，D$_{20}$，D$_{21}$	D$_1$，D$_2$，D$_3$，D$_4$，D$_6$，D$_8$，D$_{19}$，D$_{20}$，D$_{21}$	D$_1$，D$_2$，D$_4$，D$_6$，D$_8$，D$_9$，D$_{19}$，D$_{20}$，D$_{21}$	V
D$_9$	D$_7$，D$_9$，D$_{10}$，D$_{11}$，D$_{12}$，D$_{13}$，D$_{14}$，D$_{15}$，D$_{16}$，D$_{17}$，D$_{18}$	D$_1$，D$_2$，D$_3$，D$_4$，D$_6$，D$_8$，D$_9$，D$_{10}$，D$_{19}$，D$_{20}$，D$_{21}$	D$_9$，D$_{10}$	IV
D$_{10}$	D$_7$，D$_9$，D$_{10}$，D$_{11}$，D$_{12}$，D$_{13}$，D$_{14}$，D$_{15}$，D$_{16}$，D$_{17}$，D$_{18}$	D$_1$，D$_2$，D$_3$，D$_4$，D$_6$，D$_8$，D$_9$，D$_{10}$，D$_{19}$，D$_{20}$，D$_{21}$	D$_9$，D$_{10}$	IV
D$_{11}$	D$_7$，D$_{11}$，D$_{12}$，D$_{13}$，D$_{14}$，D$_{15}$，D$_{16}$，D$_{17}$，D$_{18}$	D$_1$，D$_2$，D$_3$，D$_4$，D$_5$，D$_6$，D$_7$，D$_8$，D$_9$，D$_{10}$，D$_{11}$，D$_{19}$，D$_{20}$，D$_{21}$	D$_7$，D$_{11}$	III
D$_{12}$	D$_{12}$，D$_{13}$，D$_{14}$，D$_{15}$，D$_{16}$，D$_{17}$，D$_{18}$	D$_1$，D$_2$，D$_3$，D$_4$，D$_5$，D$_6$，D$_7$，D$_8$，D$_9$，D$_{10}$，D$_{11}$，D$_{12}$，D$_{19}$，D$_{20}$，D$_{21}$	D$_{12}$	II

续表

因素	可到达的集合 R（D_i）	先行的集合 A（D_i）	可达集合和先行集合的交集 R（D_i）∩A（D_i）	层级
D_{13}	D_{13}，D_{14}	D_1，D_2，D_3，D_4，D_5，D_6，D_7，D_8，D_9，D_{10}，D_{11}，D_{12}，D_{13}，D_{14}，D_{19}，D_{20}，D_{21}	D_{13}，D_{14}	I
D_{14}	D_{13}，D_{14}	D_1，D_2，D_3，D_4，D_5，D_6，D_7，D_8，D_9，D_{10}，D_{11}，D_{12}，D_{13}，D_{14}，D_{19}，D_{20}，D_{21}	D_{13}，D_{14}	I
D_{15}	D_{15}，D_{16}	D_1，D_2，D_3，D_4，D_5，D_6，D_7，D_8，D_9，D_{10}，D_{11}，D_{12}，D_{15}，D_{16}，D_{19}，D_{20}，D_{21}	D_{15}，D_{16}	I
D_{16}	D_{15}，D_{16}	D_1，D_2，D_3，D_4，D_5，D_6，D_7，D_8，D_9，D_{10}，D_{11}，D_{12}，D_{15}，D_{16}，D_{19}，D_{20}，D_{21}	D_{15}，D_{16}	I
D_{17}	D_{17}，D_{18}	D_1，D_2，D_3，D_4，D_5，D_6，D_7，D_8，D_9，D_{10}，D_{11}，D_{12}，D_{17}，D_{18}，D_{19}，D_{20}，D_{21}	D_{17}，D_{18}	I
D_{18}	D_{17}，D_{18}	D_1，D_2，D_3，D_4，D_5，D_6，D_7，D_8，D_9，D_{10}，D_{11}，D_{12}，D_{17}，D_{18}，D_{19}，D_{20}，D_{21}	D_{17}，D_{18}	I
D_{19}	D_1，D_2，D_4，D_5，D_6，D_7，D_8，D_9，D_{10}，D_{11}，D_{12}，D_{13}，D_{14}，D_{15}，D_{16}，D_{17}，D_{18}，D_{19}，D_{20}，D_{21}	D_1，D_2，D_3，D_4，D_6，D_8，D_9，D_{19}，D_{20}，D_{21}	D_1，D_2，D_4，D_6，D_8，D_9，D_{19}，D_{20}，D_{21}	V
D_{20}	D_1，D_2，D_4，D_5，D_6，D_7，D_8，D_9，D_{10}，D_{11}，D_{12}，D_{13}，D_{14}，D_{15}，D_{16}，D_{17}，D_{18}，D_{19}，D_{20}，D_{21}	D_1，D_2，D_3，D_4，D_6，D_8，D_9，D_{19}，D_{20}，D_{21}	D_1，D_2，D_4，D_6，D_8，D_9，D_{19}，D_{20}，D_{21}	V
D_{21}	D_1，D_2，D_4，D_5，D_6，D_7，D_8，D_9，D_{10}，D_{11}，D_{12}，D_{13}，D_{14}，D_{15}，D_{16}，D_{17}，D_{18}，D_{19}，D_{20}，D_{21}	D_1，D_2，D_3，D_4，D_6，D_8，D_9，D_{19}，D_{20}，D_{21}	D_1，D_2，D_4，D_6，D_8，D_9，D_{19}，D_{20}，D_{21}	V

三、 影响电子行业实施 EPR 的关键因素结构分析

（一）电子行业实施 EPR 的关键因素结构

根据表 14.18 确定的各因素之间的层次关系，建立电子行业实施 EPR 驱动因素的结构模型，如图 14.1 所示。

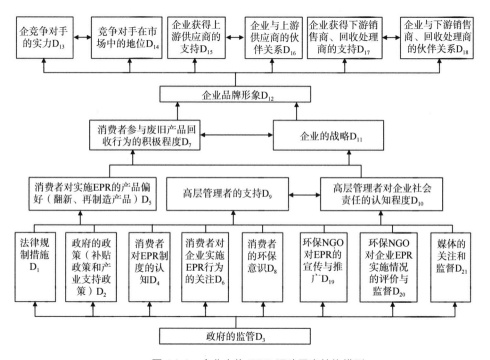

图 14.1　企业实施 EPR 驱动因素结构模型

（二）MICMAC 分析

交叉影响矩阵相乘法（cross-impact matrix multiplication applied to classification，MICMAC）分析指的就是分析要素的驱动力和依赖性的过程，即分析系统中要素之间的相互作用和相互关系。驱动系统的关键因素可以被分成不同的种类。各因素驱动力和依赖性如表 14.19 所示，驱动力和依赖性

矩阵是把依赖性当作横坐标，而把驱动力当作纵坐标，要素的驱动力可以计算从这个因素能达到的要素个数之和，而要素的依赖性是指到达这个因素的要素个数之和。基于最后的可达矩阵行和列数值，这些因素的驱动力和依赖性显示它们可以分类成四个集群（Kannan et al.，2008）：Ⅰ独立、Ⅱ依赖、Ⅲ联动、Ⅳ自发。驱动力和依赖性关系矩阵如图 14.2 所示。

表 14.19　驱动力和依赖性矩阵

因素	1	2	3	4	5	6	7	8	9	10	11	12	13	14	15	16	17	18	19	20	21	驱动
1	1	1	0	1	1	1	1	1	1	1	1	1	1	1	1	1	1	1	1	1	1	20
2	1	1	0	1	1	1	1	1	1	1	1	1	1	1	1	1	1	1	1	1	1	20
3	1	1	1	1	1	1	1	1	1	1	1	1	1	1	1	1	1	1	1	1	1	21
4	1	1	0	1	1	1	1	1	1	1	1	1	1	1	1	1	1	1	1	1	1	20
5	0	0	0	0	1	1	0	1	0	0	1	1	1	1	1	1	1	0	0	0	0	10
6	1	1	0	1	1	1	1	1	1	1	1	1	1	1	1	1	1	1	1	1	1	20
7	0	0	0	0	0	0	1	1	0	0	1	1	1	1	1	1	1	0	0	0	0	9
8	1	1	0	1	1	1	1	1	1	1	1	1	1	1	1	1	1	1	1	1	1	20
9	0	0	0	0	0	0	0	1	0	1	1	1	1	1	1	1	1	1	1	0	0	11
10	0	0	0	0	0	0	0	1	0	1	1	1	1	1	1	1	1	1	1	0	0	11
11	0	0	0	0	0	0	0	1	0	0	1	1	1	1	1	1	1	1	0	0	0	9
12	0	0	0	0	0	0	0	0	0	0	0	1	1	1	1	1	1	1	0	0	0	7
13	0	0	0	0	0	0	0	0	0	0	0	0	1	1	0	0	0	0	0	0	0	2
14	0	0	0	0	0	0	0	0	0	0	0	0	0	1	1	0	0	0	0	0	0	2
15	0	0	0	0	0	0	0	0	0	0	0	0	0	0	1	1	0	0	0	0	0	2
16	0	0	0	0	0	0	0	0	0	0	0	0	0	0	0	1	1	0	0	0	0	2
17	0	0	0	0	0	0	0	0	0	0	0	0	0	0	0	0	1	1	0	0	0	2
18	0	0	0	0	0	0	0	0	0	0	0	0	0	0	0	1	0	1	0	0	0	2
19	1	1	0	1	1	1	1	1	1	1	1	1	1	1	1	1	1	1	1	1	1	20
20	1	1	0	1	1	1	1	1	1	1	1	1	1	1	1	1	1	1	1	1	1	20

续表

因素	1	2	3	4	5	6	7	8	9	10	11	12	13	14	15	16	17	18	19	20	21	驱动
21	1	1	0	1	1	1	1	1	1	1	1	1	1	1	1	1	1	1	1	1	1	20
依赖	9	9	1	9	10	9	14	9	11	11	14	15	17	17	17	17	17	17	9	9	9	

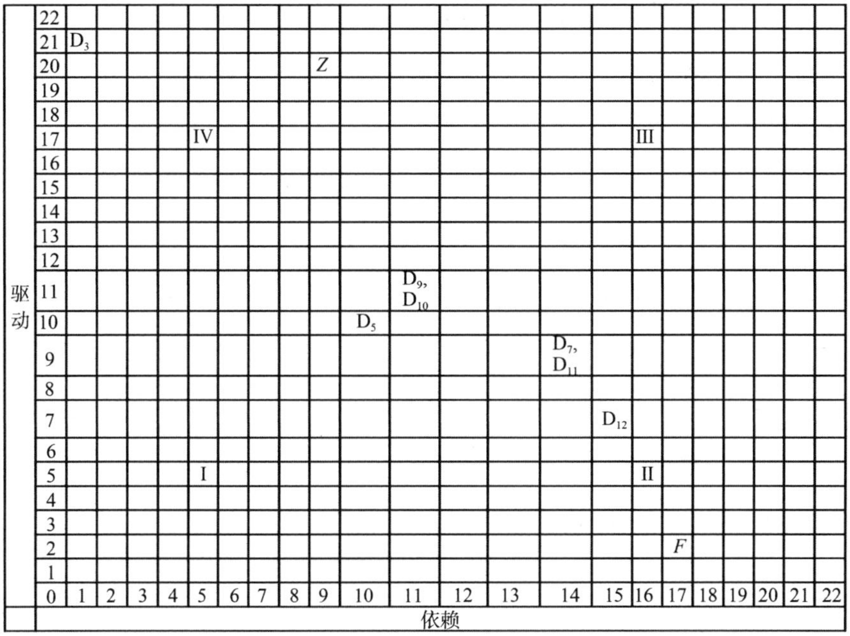

图 14.2　驱动力和依赖性的关系图

（1）独立象限 I 具有很弱的驱动力和依赖性，在系统里它们几乎是不相关的。消费者对实施 EPR 的产品偏好（翻新、再制造产品）（D_5）、高层管理者的支持（D_9）、高层管理者对企业社会责任的认知程度（D_{10}）等三个要素出现在这个象限里。

（2）依赖象限 II 具有很弱的驱动力和很强的依赖性。在图 14.2 中，用 F 表示（D_{13}，D_{14}，D_{15}，D_{16}，D_{17}，D_{18}），企业品牌形象（D_{12}），消费者参与废旧产品回收行为的积极程度（D_7），企业的战略（D_{11}），竞争对手的实力

（D_{13}），竞争对手在市场中的地位（D_{14}），企业获得上游供应商的支持（D_{15}），企业与上游供应商的伙伴关系（D_{16}），企业获得下游销售商、回收处理商的支持（D_{17}），企业与下游销售商、回收处理商的伙伴关系（D_{18}）属于依赖性强的要素，这些要素非常依赖另外的要素，一般出现在解释结构模型有向图的顶层。

（3）联动象限Ⅲ具有很强的驱动力和很强的依赖性，没有要素出现在这个象限里。对联动因素采取任何措施都可能会影响其他要素，并有可能对属于这些象限的要素产生闭环反馈。

（4）自发象限Ⅳ具有非常强的驱动力，但是它们的依赖性很薄弱。在图中，用 Z 表示（D_1，D_2，D_4，D_6，D_8，D_{19}，D_{20}，D_{21}），法律规制措施（D_1）、政府的政策(补贴政策和产业支持政策)（D_2）、消费者对 EPR 制度的认知（D_4）消费者对企业实施 EPR 行为的关注（D_6）、消费者的环保意识（D_8）、环保 NGO 对 EPR 的宣传与推广（D_{19}）、环保 NGO 对企业 EPR 实施情况的评价与监督（D_{20}）、媒体的关注和监督（D_{21}）、政府的监管（D_3）出现在这个象限里，一般出现在解释结构模型有向图的底部。

（三）讨论分析

通过解释结构模型和 MICMAC 分析，电子行业实施 EPR 的关键因素分成 6 个层次，各层的因素之间紧密联系，所有因素通过不同的路径和方式、手段来影响企业实施 EPR，企业必须注意这些因素的内在联系，在实际操作中，不能忽略这些因素。

法律规制措施（D_1）、政府的政策（补贴政策和产业支持政策）（D_2）、消费者对 EPR 制度的认知（D_4）、消费者对企业实施 EPR 行为的关注（D_6）、消费者的环保意识（D_8）、环保 NGO 对 EPR 的宣传与推广（D_{19}）、环保 NGO

对企业 EPR 实施情况的评价与监督（D_{20}）、媒体的关注和监督（D_{21}）、政府的监管（D_3）等这些因素非常影响电子行业实施 EPR 活动，位于层次结构的底部，影响其余因素。政府和消费者是企业实施 EPR 的关键点，政府更主动发挥自己的作用，为引导电子行业实施 EPR，制定更好的政策。

消费者对实施 EPR 的产品偏好（翻新、再制造产品）（D_5）、高层管理者的支持（D_9）、高层管理者对企业社会责任的认知程度（D_{10}）等要素处于解释结构模型有向图的中部，这些要素的特点是低驱动力、低依赖，这些要素也可能往 Ⅱ、Ⅳ 象限发展，成为关键因素。

企业品牌形象（D_{12}）、消费者参与废旧产品回收行为的积极程度（D_7）、企业的战略（D_{11}）、竞争对手的实力（D_{13}）、竞争对手在市场中的地位（D_{14}）、企业获得上游供应商的支持（D_{15}）、企业与上游供应商的伙伴关系（D_{16}）、企业获得下游销售商、回收处理商的支持（D_{17}）、企业与下游销售商、回收处理商的伙伴关系（D_{18}）等因素非常依赖于另外的因素，D_{13}、D_{14}、D_{15}、D_{16}、D_{17}、D_{18} 受到 D_{12} 的非常大的影响，企业品牌形象受到消费者参与废旧产品回收行为的积极程度（D_7）、企业的战略（D_{11}）的影响，消费者对实施 EPR 的产品偏好（翻新、再制造产品）（D_5）、高层管理者的支持（D_9）、高层管理者对企业社会责任的认知程度（D_{10}）直接影响消费者参与废旧产品回收行为的积极程度（D_7）、企业的战略（D_{11}）。

第十五章
基于 EPR 成熟度的汽车产业运营实践治理研究

面对严峻的资源、环境及立法压力，汽车相关制造企业开展 EPR 导向的运营治理日益重要，有利于改善资源利用效率、降低环境污染程度、创造新的利润增值空间和提高国际竞争力。然而，EPR 实践成效的评测与改良亟须一套系统而科学的理论与方法。基于此，首先本章提出了针对"制造型企业—EPR 责任体"的"EPR 成熟度模型"及相应的评估方法，之后对中外多个汽车制造企业案例进行了量化评估和对比分析，得出了中国汽车产业 EPR 治理的相关结论。

第一节　生产者责任延伸制成熟度模型构建

尽管已有众多学者对 EPR 相关问题做了深入研究，但他们多是关注如何优化 EPR 实践带来的效益，对于现实 EPR 实践中的一些基本问题，如"如何识别当前 EPR 实践处于哪个阶段和水平"、"如何找出当前 EPR 实践的'短板'"和"如何制订未来 EPR 实践的改进方案"等，尚未做出明确回答，而这些问题却是制造型企业主导下的 EPR 责任体在 EPR 实践中必须知晓且解答的关键问题。因此，本节聚焦"EPR 实践"这一研究对象，深入探究了"EPR 实践"的理论评估模型。首先，本节根据扩张性的 EPR 理论及内容框架，分析了研究对象的特征；然后，根据成熟度相关理论，构建了针对"制造型企业—EPR 责任体"的"EPR 成熟度模型"，并对模型的阶段特征进行了综合描述。

一、研究对象特征分析

目前，对于"生产者"的认识已不再局限于制造商，它指代的是原材料供应—制造—销售等一系列产品生产流通过程的参与者，可称为"EPR 责任体"。在扩张性 EPR 框架中，EPR 实践内容除了包含末端废品回收，还向前延伸到绿色原材料及零部件采购、再制造设计，向后延伸到再制造产品的营销与激励等。不同利益相关者的 EPR 实践行为如图 15.1 所示。

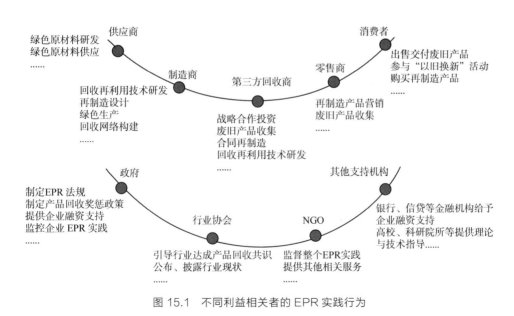

图 15.1　不同利益相关者的 EPR 实践行为

尽管 EPR 的主要责任者是制造商，但是 EPR 的顺利推行涉及其他众多利益相关者：供应商、第三方回收商、零售商、消费者、政府、行业协会、NGO、其他支持机构等。依据 EPR 扩张性解释，本节将制造型企业主导下的

EPR 利益相关者团体称为"制造型企业—EPR 责任体",记作"X—EPR 责任体",X 指代任何一个制造型企业。在每一个"X—EPR 责任体"中,不同角色的利益相关者具有不同参与行为。

在 EPR 实践过程中,萌生了五个主要的"连接机制":社会压力连接机制、暂时利益连接机制、正式契约连接机制、集中代理连接机制和市场化协作连接机制。当 EPR 实践运作体系越来越成熟,参与者们将营造并维持一个长期而稳定的合作态势。整个制造行业借助不同的连接机制可呈现出相应的五种社会状态,如图 15.2 所示,社会压力连接机制对应图中无序状态、暂时利

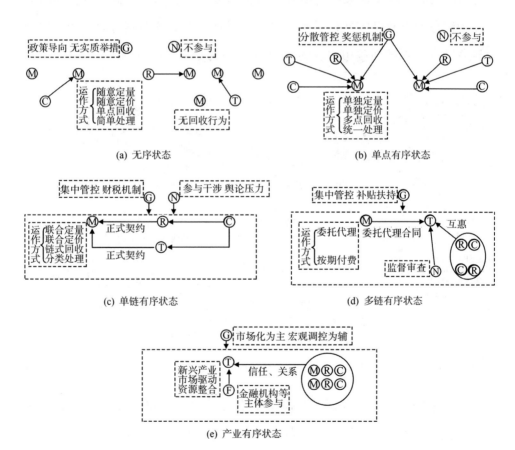

图 15.2　五种连接机制下的不同社会状态

益连接机制对应图中单点有序状态、正式契约连接机制对应图中单链有序状态、集中代理连接机制对应图中多链有序状态，以及市场化协作连接机制对应图中产业有序状态。其中，M、R、C、T、G、N、F 分别代表制造商、零售商、消费者、第三方回收商、政府、NGO、其他支持机构等。

二、 模型构建与阶段特征描述

"EPR 成熟度"指的是"X—EPR 责任体"践行废旧产品回收与再利用的成熟程度。"EPR 成熟度模型（EPR maturity model，EPRM2）"是用来描述"X—EPR 责任体"的 EPR 实践成熟度的，通过科学评估"X—EPR 责任体"当前所处的阶段与水平，它可帮助"X—EPR 责任体"识别其当前 EPR 实践的"短板"，提升其 EPR 实践能力，指导其制订 EPR 实践改进方案。参考"供应链管理成熟度模型（SCM process maturity model，SCM3）"（Lockamy and McCormack，2004）和"企业制造服务成熟度模型（enterprise manufacturing service maturity model，EMSM2）"（Li et al.，2014），EPRM2 按 EPR 实践的成熟度水平划分为五个阶段，从低到高依次为"无序阶段"、"界定阶段"、"联合阶段"、"整合阶段"和"延展阶段"，每个阶段含有高、低两个水平。从低水平（即水平 1）到高水平（即水平 2），EPR 实践的业务流程由不规范到规范，实践支持体系（如信息交互、投融资服务等）由不健全到健全，各参与者协作程度由低到高，实践绩效转化程度由低到高。在图 15.3 中，横轴（或 x 轴）表示 EPR 实践的能力，用 EPR 实践阶段来测度，纵轴（或 y 轴）表示 EPR 实践的质量，用 EPR 实践水平来测度。从坐标区域（阶段 1，水平 1）到（阶段 5，水平 2），EPR 实践的成熟度不断递增。

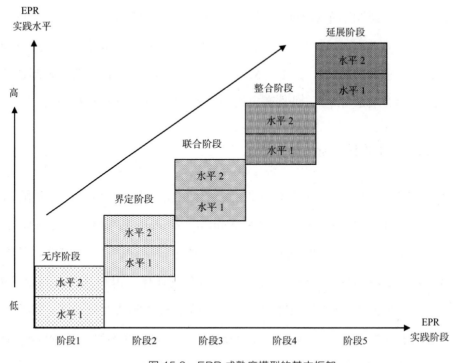

图 15.3　EPR 成熟度模型的基本框架

　　本节提出的 EPRM2 已经超越了供应链层次，它的参与者既包含供应链内部的成员（供应商、制造商、第三方回收商、零售商和消费者），也包含供应链外部的参与者（政府、行业协会、NGO、其他支持机构等），这使得 EPR 实践成熟度的演进不仅是一个供应链管理的过程，也是一个社会治理的过程。对于 EPRM2 的五个阶段，从六个维度视角来详细阐述其特征，它们分别是 EPR 实践目标、EPR 实践内容、EPR 实践流程、EPR 实践成本、EPR 实践协作水平和 EPR 实践绩效（表 15.1），这与 SCM3 的描述框架相一致。

表 15.1　EPRM2 各实践阶段的主要特征描述

阶段	EPR 实践目标	EPR 实践内容	EPR 实践流程	EPR 实践成本	EPR 实践协作水平	EPR 实践绩效
阶段 1 无序阶段	无目标或将响应国家立法要求作为实现目标的计划是模糊不清的	几乎无 EPR 实践,仅有 EPR 实践也是基本的强制型实践;废旧产品回收是随意的,且是由原始制造商主导的	单个企业各自参与废旧产品回收,回收流程无规则性和统一性;制造商回收渠道是杂乱无章的,废旧产品可能来自消费者,可能来自零售商,也可能来自第三方;废旧产品回收数量和回收价格是企业根据自身情况任意决定的;废旧产品的处理方式是简单粗暴的,主要是二次销售和简单拆解	EPR 实践的运作成本很高,但是社会满意度通常很低	制造商单独参与 EPR 实践,并由其全权控制整个 EPR 实践过程,各利益相关者之间几乎没有合作	在前期阶段,EPR 实践绩效具有很大的波动性且无法被准确测量;在后期阶段,EPR 实践绩效大致可以被测量,但它通常是低于国家立法要求的最低标准
阶段 2 界定阶段	有明确目标并内化于企业当前的运营计划,EPR 实践目的在于满足政府的立法要求	EPR 实践既包含强制型实践,也包含少量自主型实践;其核心内容是制定行业标准和运作规则	EPR 内涵和每个参与者的责任是已被界定的,EPR 实践不再是单个企业的事情;传统废旧产品回收流是原始制造商主导的;具体决策(包括回收数量、回收价格、处理方式选择等)必须遵循政府制定的一定规则和标准	EPR 实践的运作成本依然很高,但是社会满意度有一定程度的提高	参与者包括制造商、零售商、消费者和政府。所有参与者在政府的引导和监督下规范各自的运作流程	EPR 实践绩效可以被准确测量,并且通常等于国家立法要求的最低标准

续表

阶段	EPR 实践目标	EPR 实践内容	EPR 实践流程	EPR 实践成本	EPR 实践协作水平	EPR 实践绩效
阶段 3 联合阶段	有明确目标并内化于企业长期的发展战略；其主要目的是在不违背政府立法要求的前提下，实现良好的经济效益	EPR 实践既包含强制型实践，也包含大量自主型实践；其核心内容是在各参与者间构建起兼具支持性和协作性的运营机制	EPR 内涵和各参与者责任是被清晰界定的，分工协作、已建立起相对健全的合同再制造合作体系；所有参与者采取一些自主性和支持性行为，改善 EPR 实践的运营过程	由于各参与者间互相协作，EPR 实践的运作成本骤减，同时社会满意度有一定程度提高	参与者包括制造商、零售商、第三方合作者、消费者、政府、非政府组织协会、政府和金融机构；参与者间进行更为广泛的合作，各自利用自身优势开展具有前瞻性和深远意义的废品收集网络，加大回收再利用技术研发力度，达成行业共识	EPR 实践绩效可被准确测量，并且它通常超过国家立法要求的最低标准；制造商不仅可获得可观的经济效益，还可获得良好的社会效益
阶段 4 整合阶段	有明确目标并内化于企业长期的发展战略；其主要目的是在不违背政府立法要求的前提下，实现良好的社会效益	大多数 EPR 实践是自主型的；其核心内容是不同参与者间共同努力下实现外部环境的治理和内部运作流程的集成	EPR 内涵和各参与者责任被清晰界定；制造商通常与第三方回收商分工协作，以获得业务外包优势；整个 EPR 运作过程是具有开放性的合作性的、技术、资本、信息、人才等资源在所有参与者之间共同共享	由于业务外包和资源共享，EPR 实践的运作成本低于行业平均水平，同时社会满意度很高	参与者包括制造商、零售商、第三方合作者、消费者、政府、非政府组织协会、政府和金融机构；各参与者间通过共享资源、彼此互助，形成更为深入的跨组织合作	EPR 实践绩效可被准确测量，并且它通常超过国家立法要求的最低标准；制造商不仅可获得可观的经济效益，还可获得良好的社会效益益

续表

阶段	EPR 实践目标	EPR 实践内容	EPR 实践流程	EPR 实践成本	EPR 实践协作水平	EPR 实践绩效
阶段 5 延展阶段	有明确目标并内化于企业长期的发展战略;其主要目的是形成一个新的第三方产品回收再利用行业	大多数 EPR 实践是自主型的;其核心内容是实现产品回收再利用工作的专业化和工业化发展,强调 EPR 实践的战略布局;EPR 实践不再是受环境责任驱动的,而是市场化的结果	EPR 内涵由第三业务参与者在开展其主要业务过程中得以推广;EPR 实践的运营流程更加简化和合理,第三方回收商依据市场需求和自身回收能力,借助自身完善的管理模式和回收再利用技术,实现了废旧产品回收的统一化、专业化处理;第三方回收商注重利益相关者间的融合创新与战略合作,旨在建立顺畅的资源流通渠道,形成更加开放、便捷和互联的产业化发展模式;参与并优化 EPR 实践是第三方回收商的基本经营原则,基于此,制造商、零售商、消费者以及其他参与者构建起稳固的信任和合作关系	在前期阶段,由于整体运营网络需要构建和协调不同利益相关者,其 EPR 实施成本是相对较高的;在后期阶段,由于整个运营网络的资源整合效应和规模效应凸显,EPR 实施成本变得很低,使得市场竞争加剧而社会满意度明显增加;整体 EPR 实践的运营效率和服务质量有一个质的飞跃,社会满意度非常高	所有的利益相关者在第三方专业回收公司的带动下进行整合和集成;所有参与的和参与者间的合作是战略性的和深远的	EPR 实践绩效是完全可被预测的;起主导作用的第三方专业回收企业具有很强的自主性、适应性和灵活性,它能够快速响应市场需求;在此阶段,EPR 实践的经济绩效、社会绩效和环境绩效均为最高

第二节　EPR 成熟度评估过程设计

在针对特定行业（如汽车制造行业）构建起"EPR 成熟度模型"的基本框架后，需要使用一套方法来评估"EPR 成熟度模型"，同时识别该行业中某具体"X—EPR 责任体"的 EPR 实践运营实况。基于此，本节重点阐述了 EPR 成熟度的评估方法，对其五个评估步骤进行了详细说明，然后选取了以德国宝马、美国通用、日本本田和中国一汽为主导的四个 EPR 责任体作为研究案例，展示了"EPR 成熟度模型"的具体构建与评估过程，判断出了不同案例企业所处的 EPR 实践阶段和水平。

一、EPR 成熟度评估方法

EPRM2 沿用了 EMSM2 的评估方法，评估过程分为构建阶段、定位阶段和分析阶段三个阶段（图 15.4）。

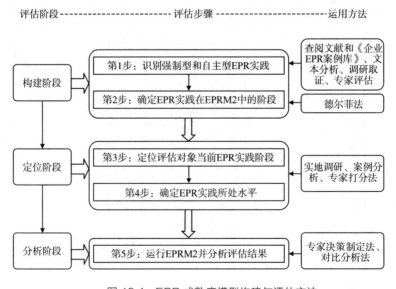

图 15.4　EPR 成熟度模型构建与评估方法

（一）第一阶段：针对某行业的 EPRM2 构建

第 1 步：识别强制型和自主型 EPR 实践。

EPRM2 中包含两种不同类型的 EPR 实践：强制型实践和自主型实践。通过采用文献查阅、案例分析、企业调研等方法识别所有的 EPR 实践行为，然后依据强制型和自主型 EPR 实践的不同特征（表 15.2），运用问卷调查法和专家座谈法区分出某具体实践当属哪种类型。

表 15.2　强制型和自主型 EPR 实践的主要特征描述

类别	实践参与者	驱动力	业务模式	实践周期
强制型实践	并不总是包含 全部利益相关者	立法限制 行业规定	封闭的 独自的	临时的 间歇性的
自主型实践	通常包含 全部利益相关者	企业发展 社会责任	开放的 联合的	长期的 策略性的

第 2 步：确定 EPR 实践在 EPRM2 中的阶段。

根据表 15.1 中对 5 个 EPR 实践阶段的描述，提取出了 6 个关键测量指标，标记为 B$_1$~B$_6$，依次对应权重为 F_k^j，j=1, 2, 3, 4, 5, 6，其中 F_k^1=0.1，F_k^2=0.1，F_k^3=0.2，F_k^4=0.2，F_k^5=0.2，F_k^6=0.2。依照"X—EPR 责任体"运营实情，每一个指标设计有四个不同等级，标记为 A$_1$~A$_4$，依次对应分值为 S_k^i（i=1, 2, 3, 4)。

其中 S_k^1=0.1，S_k^2=0.2，S_k^3=0.3，S_k^4=0.4。对于指标 B$_1$、B$_2$，运用德尔菲法得出一致性等级评判，从而确定每个指标分值 S_k^i；对于指标 B$_3$~B$_6$，运用专家打分法（打分范围 0-1）取均值临近等级，从而确定每个指标分值 S_k^i。之后，依据式（15.1），每一项 EPR 实践都将计算得一个具体分值 P_k，进而可将其归入 EPR 实践的某一阶段。

由表 15.3 可知，每一项 EPR 实践的 P_k 均在分值区间[0.10, 0.40]。对于某项具体的 EPR 实践来说，若 $P_k \in [0.10, 0.16)$，则其被纳入阶段 1、2、3、4、5；若 $P_k \in [0.16, 0.22)$，则其被纳入阶段 2、3、4、5；若 $P_k \in [0.22, 0.28)$，则其被纳入阶段 3、4、5；若 $P_k \in [0.128, 0.34)$，则其被纳入阶段 4、5；若 $P_k \in [0.34, 0.40)$，则其被纳入阶段 5。

表 15.3　EPR 实践阶段分配的关键测量指标

类别	测量指标	$A_1(S_k^1)$	$A_2(S_k^2)$	$A_3(S_k^3)$	$A_4(S_k^4)$
$B_1(F_k^1)$	EPR 实践行为的主要目的	响应 国家法规	缓解 公众压力	获取 经济回报	保护 生态环境
$B_2(F_k^2)$	EPR 实践行为的作用属性	辅助性的	基础性的	支持性的	策略性的
$B_3(F_k^3)$	EPR 实践行为的技术复杂性	不复杂	较为复杂	复杂	非常复杂
$B_4(F_k^4)$	EPR 实践行为的实施困难性	不困难	较为困难	困难	非常困难
$B_5(F_k^5)$	EPR 实践行为的协作力度	小	较大	大	非常大
$B_6(F_k^6)$	EPR 实践行为对社会贡献度	低	较高	高	非常高

$$P_k = \sum_{j=1}^{6} S_k^i \times F_k^j, \quad i=1, 2, 3, 4, 5, 6; k=1, 2, \cdots, n \qquad (15.1)$$

其中，$\forall k$ 和 $\forall j$，$i=1$ 或 2 或 3 或 4。

（二）第二阶段：定位"X—EPR 责任体"当前 EPR 实践的阶段和水平

第 3 步：定位评估对象当前 EPR 实践阶段。

用 D_k^i ($i=1, 2, 3, 4, 5$)表示被纳入阶段 $\{i, i+1, \cdots, 5\}$的第 k 项 EPR 实践的影响程度。进一步，假定 $D_k^1=0.1$，$D_k^2=0.2$，$D_k^3=0.3$，$D_k^4=0.4$，$D_k^5=0.5$。通过搜集分析参与主体——某制造型企业的实践数据，找出当前参与了哪几项 EPR 实践，计算出每项实践的 D_k^i，则可求出某"X—EPR 责任体"现有的 EPR 实践能力 PC：$PC = \sum_{k=1}^{n} D_k^i$。另外，将 D_k^i 相同的所有 EPR 实践个数记

为 m_i，根据判别式（15.2），可判定当前所属阶段。

$$EPR实践阶段=\begin{cases} 阶段1，若PC < D_k^1 \times m_1 \\ 阶段2，若D_k^1 \times m_1 \leqslant PC < \sum_{i=1}^{2} D_k^i \times m_1 \\ 阶段3，若\sum_{i=1}^{2} D_k^i \times m_i \leqslant PC < \sum_{i=1}^{3} D_k^i \times m_i \\ 阶段4，若\sum_{i=1}^{3} D_k^i \times m_i \leqslant PC < \sum_{i=1}^{4} D_k^i \times m_i \\ 阶段5，若\sum_{i=1}^{4} D_k^i \times m_i \leqslant PC < \sum_{i=1}^{5} D_k^i \times m_i \end{cases} \tag{15.2}$$

第 4 步：确定 EPR 实践所处水平。

通过综合采用实地调研、专家访谈和文献查阅等手段，提取出了用于评估 EPR 实践水平的 7 个指标，其中两个指标参考自 EMSM2，用上标*标识（表 15.4）。依照"X—EPR 责任体"运营实情，每一个指标设计有三个不同等级，标记为 C_1~C_3，依次对应分值为 L_I^i (i=1, 2, 3)，其中 L_I^1=0，L_I^2=2，L_I^3= 4。运用专家打分法（打分范围 0-1）取均值临近等级，可确定每个指标的分值 L_I^i。将每个评估指标 L_I^i 相加，即可得某"X—EPR 责任体"当前 EPR 实践质量 PQ：$PQ = \sum_{i=1}^{7} L_I^i$。根据判别式（15.3），可判定某"X—EPR 责任体"当前 EPR 实践属于哪个水平。

$$EPR实践水平=\begin{cases} 水平1-低水平，若0 \leqslant PQ \leqslant 14 \\ 水平2-高水平，若14 \leqslant PQ \leqslant 28 \end{cases} \tag{15.3}$$

表 15.4　EPR 实践水平的评估指标

标号（I）	评估指标	$C_1(L_I^1)$	$C_2(L_I^2)$	$C_3(L_I^3)$
1*	领导者 EPR 认知度	基本不了解	了解一点	深入了解
2	EPR 运营决策自由度	基本无决策权	部分决策权	自由决策

续表

标号（I）	评估指标	$C_1(L_I^1)$	$C_2(L_I^2)$	$C_3(L_I^3)$
3*	EPR 实践流程标准度	无标准	一般	高度标准化
4	单周期废品回收量	低于行业均值	约等于行业均值	高于行业均值
5	废品主要处理方式	简单粗暴式（再销售、修理和简单拆解为主）	较高附加值且环境友好式（原材料再利用为主）	高附加值且环境友好式（再制造为主）
6	业务工作关系友好度	非常差或差	一般	好或非常好
7	产品信息共享度	基本不共享	部分共享	几乎全部共享

（三）第三阶段：分析结果

第 5 步：运行 EPRM2 并分析评估结果。

在某"X—EPR 责任体"当前的 EPR 实践阶段和水平确定之后，从两个方面开展综合分析，解决两个问题：一是如何加强和改善现有的 EPR 实践能力和质量；二是如何规划和推进下一个及下几个阶段的 EPR 实践。

二、 具体案例评估过程

"案例企业—EPR 责任体"具体评估过程如下。

第一步：通过汇总和整理"企业 EPR 案例库"中 57 个中外汽车制造企业的 EPR 相关实践，提取的 48 种企业实践行为是与 EPR 相关的［见附录 D 中(1)ᵃ］。之后，将其交予 5 名业内专家，由他们依照表 15.2 中"强制型实践"和"自主型实践"的分类描述，做出一致性"定型评判"［见附录 D 中(1)ᵇ］，识别出强制型和自主型 EPR 实践。

第二步：依据表 15.3 中用于 EPR 实践阶段分配的 6 个关键测量指标，运用德尔菲法得出每项 EPR 实践的 P_k 值，进而可得，属于阶段 1~5 的 EPR 实践有 1、5、9、21、23，即 m_1=5；属于阶段 2~5 的 EPR 实践有 15、22、27、28、31，即 m_2=5；属于阶段 3~5 的 EPR 实践有 2、3、6、7、10、11、

24、25、26、29、30、32、34、35、39、43，即 m_3=16；属于阶段 4~5 的 EPR 实践有 4、8、12、13、14、16、17、33、38、40、41、42、45、46，即 m_4=14；属于阶段 5 的 EPR 实践有 18、19、20、36、37、44、47、48，即 m_5=8。

第三步：通过案例描述比对，找出德国宝马、美国通用、日本本田和中国一汽分别参与了哪几项 EPR 实践，计算出所有参与实践的 PID_k^i 之和，即 PC。如附录 D 所示，PC 德国宝马=13.8，PC 美国通用=10.8，PC 日本本田=10.4，PC 中国一汽=6.2。由于此时的判别公式（15.2）可具体表达为：若 PC<0.5，则"案例企业—EPR 责任体"当前 EPR 实践属于阶段 1；若 0.5≤PC<1.5，则"案例企业—EPR 责任体"当前 EPR 实践属于阶段 2；若 1.5≤PC<6.3，则"案例企业—EPR 责任体"当前 EPR 实践属于阶段 3；若 6.3≤PC<11.9，则"案例企业—EPR 责任体"当前 EPR 实践属于阶段 4；若 11.9≤PC<15.9，则企业当前 EPR 实践属于阶段 5。由此，可判定"德国宝马—EPR 责任体"属于阶段 5，"美国通用—EPR 责任体"属于阶段 4，"日本本田—EPR 责任体"属于阶段 4，"中国一汽—EPR 责任体"属于阶段 3。

第四步：依据表 15.4 中用于 EPR 实践水平评估的 7 个关键测量指标，运用德尔菲法选出符合四个"案例企业—EPR 责任体"当前实践现状的描述类型，得出每项评估指标的 PL_j^i 值，求和即可得"案例企业—EPR 责任体"当前 EPR 实践质量，即 PQ。如附录 D 所示，PQ 德国宝马=14，PQ 美国通用=20，PC 日本本田=10，PC 中国一汽=6。由于此时的判别公式（15.3），可判定"德国宝马—EPR 责任体"属于水平 1，"美国通用—EPR 责任体"属于水平 2，"日本本田—EPR 责任体"属于水平 1，"中国一汽—EPR 责任体"属于水平 1。至此，我们可得出"德国宝马—EPR 责任体"属于{阶段 5，水平 1}，"美国通用—EPR 责任体"属于{阶段 4，水平 2}，"日本本田—EPR 责任体"属于{阶段 4，水平 1}，"中国一汽—EPR 责任体"属于{阶段 3，水平 1}。

第五步：在确定各"案例企业—EPR责任体"所属的EPR实践等级之后，可找出它们未来EPR实践的改进路径（图15.5）。同时，通过分析当前的运营现状，分别找出哪些实践是为进入更高水平而急需完善的（即附录D中下斜线标记部分），哪些实践是为维持当前阶段而需弥补的（即附录D中竖线标记部分），哪些实践是为进入更高阶段而需要战略筹谋的（即附录D中网格标记部分），由此可设计出具体的EPR实践改进方案，指导"案例企业—EPR责任体"按照"完善已有—弥补不足—筹划未来"的工作顺序，按部就班地开展改进工作。

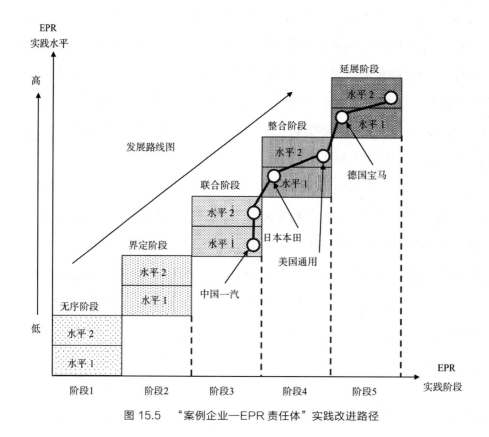

图 15.5　"案例企业—EPR责任体"实践改进路径

第三节　汽车制造业 EPR 实践治理分析

在对宝马、通用、本田和一汽为主导的四个 EPR 责任体开展具体 EPR 实践评估后，本节首先综合分析了不同案例企业 EPR 实践的特点和差异，然后对中国汽车制造业 EPR 实践治理问题进行了深入思考，依据 "EPR 成熟度模型" 的量化评估结果，界定了中国 EPR 实践治理的核心责任体，定位了 EPR 实践治理的关键环节，并判别了中国 EPR 实践研究的关键对象。

一、中外 EPR 实践差异分析

通过前文对案例企业开展 EPR 实践描述和模型评估，除了发现它们所处阶段和水平有所不同之外，还发现了一些符合现实的有趣现象，体现了不同案例企业 EPR 实践的特点和差异。

通用与合作者的协作水平比较低，尤其在技术研发的资金、人员支持等方面。这符合美国的实情，因为在美国第三方市场化运作模式下，第三方回收商作为独立的产业，与原始制造商既是合作者关系，同时也是竞争者关系。

宝马与合作者的协作水平比较高，在技术研发、信息共享、协商收费等方面展现出较好的优势。对于宝马来说，国家对废弃产品回收利用的管控强度很高，合同再制造是主要的模式，原始制造商和委托再制造商合作关系深厚，但这也是依托原始制造商的再制造企业走向产业化、市场化发展的一大障碍。

一汽和本田具有相似性，国家干预程度均相对较高，政府扮演了推动者的角色，但政府的 EPR 政策推行力度仍弱于德国；相比美国和德国，日本和中国的行业协会、NGO、金融机构等的作用没有发挥出来，难以调动社会总资源，使得企业的实际运营绩效和政府的期望绩效间存在较大差距。

在日本和中国均存在双废品流通渠道，简单拆解后的二手零部件及原材料市场兴盛，这对正规回收渠道的产品回收和高附加值的再利用处理产生了较大冲击。另外，相较于宝马、通用和本田，中国汽车制造企业对可回收产品研发投入不足，对前期再制造设计和后期再制造品营销的关注度不够，致使中国废品回收率、再利用率均相对较低，中国再制造品市场接受度也相对较低。

因此，中国当前应努力促使供应链企业、行业协会、政府、NGO、金融机构等各利益相关者达成 EPR 共识，规范正规回收渠道的运作流程，全面推进关键环节（短板环节）的治理工作。

二、 中国 EPR 实践治理分析

依据"中国一汽"的 EPRM2 评估结果（附录 D），可以明确其 EPR 实践改进路径，即按"下斜线标记项—竖线标记项—网格标记项"依次改进。"中国一汽"是中国汽车行业的代表性企业，因此可以其评估结果及改进方案为参考来分析中国汽车行业 EPR 实践的治理问题。

（一）核心责任体界定

如表 15.5 所示，中国 EPR 实践需要改进的项目总量为 38 项，横向观察可知，亟须完善的项目有 10 个，另需弥补的项目有 6 个，战略筹谋的项目有 22 个，纵向观察可知，企业需改进的项目有 21 个，政府需改进的项目有 6 个，行业协会需改进的项目有 5 个，NGO 需改进的项目有 2 个，其他支持机构需改进的项目有 4 个。较之其他参与主体，从 EPR 实践改进项目总量和 EPR 实践亟须完善项目量来看，中国企业和政府的项目数量均较多，所以可得出中国的企业和政府是中国汽车制造业 EPR 实践治理的核心责任体。

表 15.5　基于 EPRM 评估结果的中国 EPR 实践改进分析

EPR 项目属性	EPR 参与主体					合计
	企业	政府	行业协会	NGO	其他支持机构	
亟须完善	8	2	0	0	0	10
另需弥补	3	1	1	1	0	6
战略筹谋	10	3	4	1	4	22
合计	21	6	5	2	4	38

（二）关键环节定位

在表 15.5 的基础上，对企业和政府两个核心责任体的 EPR 实践改进项目进行深入分析，特别是将企业的 EPR 实践细分为再制造前期、再制造期、再制造后期和政府干预环节四个不同阶段（表 15.6）。

表 15.6　基于 EPRM 评估结果的企业/政府 EPR 实践改进分析

EPR 项目属性	EPR 项目所属阶段				合计
	再制造前期	再制造期	再制造后期	政府干预环节	
亟须完善	5	0	3	2	10
另需弥补	0	1	2	1	4
战略筹谋	2	8	0	3	13
合计	7	9	5	6	27

如表 15.6 所示，在亟须完善一栏中，再制造前期和再制造后期的 EPR 实践项目数相对较多，分别是 5 个和 3 个，政府干预环节的 EPR 实践项目为 2 个，而再制造期并无亟须完善项目，有的多是战略筹谋项目。由此可见，再制造前期、再制造后期和政府干预环节是当前中国 EPR 实践治理的关键。进一步，通过对实践案例剖析可知，再制造品设计是企业再制造前期 EPR 实践的重点，再制造品营销是企业再制造后期 EPR 实践的重点，而政府的 EPR

规制建设是政府干预环节的重点,所以针对上述三个 EPR 实践的重点内容开展相关研究具有重要意义。

(三)重点对象判别

本章的研究对象是废旧汽车零部件,借助国家社会科学基金重大项目课题开展的社会调研发现,当前我国回收与再制造的汽车零部件可分为两大类:第一类是产品尺寸规格较大的、拆解结构较为复杂的、单品再制造附加值较高的汽车零部件,如发动机、变速箱、发电机等;第二类是产品规格相对较小、构成材质为有色金属(尤其是内含稀贵金属)的、再制造过程相对简单的、批量回收再制造可获得较高附加值的汽车零部件,如轴承(含铜)、汽缸和活塞(含铝、镍)、火花塞(含铱金、铂金)、三元催化器(含金)、继电器(含白金)等。

第十六章
EPR 下考虑生态设计的可持续供应链价值创造研究

在循环经济背景下，由于认识到可持续产品为企业创造的巨大价值，越来越多的企业将可持续性整合到产品设计中。但生态设计的复杂性和模糊性亟须一个适当的理论来解释其如何实现价值创造。本章通过翔实的案例研究创造性地将可持续性与价值链、内部整合和外部整合联系起来，提出了可持续价值创造系统，并阐述了构成该系统的三种能力的作用机制，为研究可持续供应链治理提供了理论基础。

第一节　生态设计的可持续价值创造理论基础研究

一、研究背景和问题描述

随着管理者越来越关注可持续发展的战略意义，他们开始减少关注绿色环保是否值得的问题，更加关注创造可持续价值和保持竞争力的途径。价值创造系统及其有效运转的能力是企业核心竞争力和可持续发展的关键。与此相对应的是，日益增长的环境关切、市场竞争、公众压力、品牌形象和更严格的监管，正在从根本上影响企业设计和推出新产品的方式（Held et al.，2018；Tang and Zhou，2012；Kara et al.，2014）。因此采用可持续的方法进行产品设计是 21 世纪高科技产业面临的关键挑战之一。作为循环经济的第二个模块，产品生态设计是解决全球可持续挑战的主要途径。

虽然生态设计正向影响组织环境和成本绩效（Shashi et al.，2018）。但目前为止，生态设计如何创造可持续价值仍是一个新兴的研究领域。只有了解其价值创造机理，企业才能更好地做出战略部署和运营决策，改善其可持续绩效。系统思维对于指导企业成功实现可持续产品创新至关重要（Baumann et al.，2002；Waage，2007）。有学者已经在企业内部建立了系统的框架。Rocha和Silvester（2001）提出了一个包含34个典型绿色实践的总体框架，以确定战略、管理和运营层面之间的关系。Zhang等（2013）为可持续性融入企业提供了一些实用的路线图。动态能力为资源与能力注入演化性，形成动态的资源基础观（Helfat and Peteraf，2003），被认为是创造可持续价值的机制（Ngo and O'cass，2009）。在环境方面的运营能力对企业的可持续性和声誉有很大的影响（Kates et al. 2001；Lee and Kwon，2019）。因此本章从系统和能力的视角探索我国核心企业进行生态设计的价值创造机理。

虽然我国对产品生态设计的理论研究尚处于起步阶段，但随着政府对循环经济与绿色制造的高度重视，涌现出一批优秀的"生态设计示范企业"和"绿色供应链优秀案例"，它们各自以不同方式、不同程度地实践着产品生态设计的理念，收获了良好的环境效益和经济效益。这些企业丰富的实践经验亟待学者进一步挖掘、提炼及构建理论。本章对我国可持续供应链领先的核心企业进行了全面调查和系统剖析，根据电子行业的标杆案例实践对生态设计策略进行了明确的表述，有助于让设计师和管理者达成共同的愿景，加速开发可持续的产品、流程和业务。此外，本章通过分析价值链运营、内部整合和外部整合能力之间的因果关系，阐明了可持续价值创造机理，这可以作为企业应对产品可持续发展挑战的方法论工具和决策框架。

本节首先介绍了可持续价值创造和可持续能力的理论背景，在此基础上提出了本书的初始理论框架；其次通过案例研究和数据编码分析，建立了生态设计创造可持续价值的系统；最后讨论了价值创造系统中三种能力的角色及相互作用机制。

二、　理论基础与研究框架

本节旨在探索生态设计的可持续价值创造机理。可持续价值被定义为可持续发展背景下的一组广泛的利益（Yang et al.，2014），是企业核心竞争力的关键。Evans 等（2017）阐述了一种整合经济、环境和社会价值形态的整体可持续价值观。Figge 和 Hahn（2013）提出了一种可持续价值模型，旨在定量评估环境、经济和社会资源的价值创造情况。Freudenreich 等（2020）详细阐述了可持续发展的利益相关者价值创造商业模式的应用。Tao 和 Yu（2018）提出了一个可持续价值驱动的生命周期设计框架，并提供了产品可持续创新的概念连接。此外，有学者研究了混合型企业运营的可持续价值创造的挑战（Davies and Doherty，2019）。可持续发展与企业社会责任是并存的。数据表明，战略性企业社会责任可以被视为对未来竞争力的长期投资（Lai et al.，2015）。Francisco 和 Marianna（2005）认为，如果企业没有将社会责任视为自身的价值创造流程，那么企业的可持续性就会受到限制。换句话说，组织应该主动将企业社会责任融入自身的战略中，创造可持续价值。

Sewchurran 等（2019）介绍了能力投资作为无形资产在刺激可持续价值创造方面的重要作用。从严格意义上说，环境和道德问题最终是企业本身的核心问题，与传统的经济考量同等重要。以能力发展为导向的公司致力于环境和社会的可持续性，在短期和长期都有更好的绩效（Longoni and Cagliano，2015）。这种思维模式为能力建设提供了基础，释放了资源，最终促进了积极的跨企业合作（Gold et al.，2010）和可持续转型（Borland et al.，2016）。关于可持续能力的研究成果十分丰富。Dangelico 等（2017）认为可持续导向的动态能力由三个基本过程组成：外部资源整合、内部资源整合和资源构建与重构，其中最后一个过程对市场绩效的总体（直接和间接）影响最大。以生态为中心的动态能力，如感知（sensing）、捕捉（seizing）、重新配置（reconfiguring）、重新规划（remapping）和获取（reaping），可以帮助领导者和管理者实现可持续转型战略目标（Borland et al.，2016）。为了确保生态设计，企业需要投资能力建设。基于可持续性背景下能力形成的现有文献，本节确定了三种动态能力：价值链运营能力、内部整合能力和外部整合能力。

（一）价值链运营

运营能力被定义为一组常规流程，与企业的可持续性和声誉有着相当大的关联，是竞争优势的核心来源（Mu，2017；Lee and Kwon，2019）。价值链创新是实现企业可持续性的一种重要途径（Zegher et al.，2019）。Salari和 Bhuiyan（2018）通过最大化价值增值活动优化了可持续产品开发。Siiskonen等（2019）识别出制药产品的价值链和可持续设计中容易受到影响的变量。Brockhaus 等（2016）发现了产品可持续性的六个维度：可持续材料；制造；采购；交付；使用；可重复使用或可回收。将企业可持续发展目标映射到各个运营环节，可以发现可持续价值创造的机会和潜力（Tao and Yu，2018）。根据以上研究成果，本章确定了产品价值链的五个关键环节：采购、研发、制造、营销和服务。通过各个环节的增值，企业生态设计运营成本最低、效率最高、绩效最佳、价值最大化的目标得以实现。

（二）内部整合

内部整合长期以来被认为是新产品开发和公司绩效的关键驱动因素，是实现灵活性的竞争优势的重要来源，同时也是一种可持续性动态能力（Huo，

2012；Wiengarten and Longoni，2015；Sroufe，2017；Dangelico et al.，2017）。Dao 等（2011）认为人力、供应链和 IT 资源的整合使企业能够发展可持续性能力，这有助于向利益相关者传递可持续价值。其中自动化、信息化、转换和基础设施等 IT 资源在可持续能力开发中发挥着非常重要的作用。研究表明，可持续产品开发的领导者和创新者重视以下整合过程：信息系统、人力资源、长期导向、跨职能沟通和协调、可持续文化、企业间关系、集成和规范化流程（Gmelin and Seuring，2018；Sroufe et al.，2000；Eccles et al.，2014；Huo，2012）。他们在股票市场和财务绩效上都超过了竞争对手。因此，内部整合能力由人力资源、信息系统、制度流程、战略与文化、职能整合等要素组成，旨在获得组织的协同效应和竞争优势。

（三）外部整合

外部整合指的是企业与外部参与者之间可持续性知识和能力的交流和整合（Dangelico et al.，2017）。外部整合是推进可持续性战略的一个关键成功因素，因为它要求整个组织和价值链的三重底线一致，从而为决策制定和透明度服务（Sroufe，2017）。通过协同集成，企业能够更快、更有效地获取和吸收外部知识（Wiengarten and Longoni，2015），从而开发出可持续的产品（Brockhaus et al.，2016）。研究表明，更大的外部整合弧可以提高运营绩效（Schoenherr and Swink，2012），而内部整合则能够帮助实现并改善这种积极效应（Huo，2012；Zhao et al.，2011）。从企业利益相关者角度来看，外部整合能力的组成要素为：供应商整合、消费者整合、政府整合和行业整合。

（四）研究框架

策略性地管理可持续运营业务可以获得具有竞争力的可持续价值和回报

（Kleindorfer et al.，2005）。重新思考价值创造的基础为重新设计运营提供了机会。那生态设计如何创造可持续的价值呢？本书提出了一个可检验的三维结构模型，来弥补这一文献空白，本节研究框架如图 16.1 所示。优化可持续集成需要一个连接多种功能的循环系统（Hallstedt et al.，2010）。创造可持续价值的循环流程是：企业的价值链是从采购业务开始的。其运营能力使内部整合能够快速匹配并做出决策，为价值链提供可靠的保障。内部整合支撑着超越组织功能的外部整合，为利益相关者协作的可能性奠定了基础。它们同时构成了企业价值链的基础，并打造了更好的运营（Wolf，2011；Wiengarten and Longoni，2015）。因此，本章提出了一个初步的可持续价值创造的研究框架。作为生态设计的实现途径，该框架为案例研究提供了研究"焦点"（Yin，2014）。

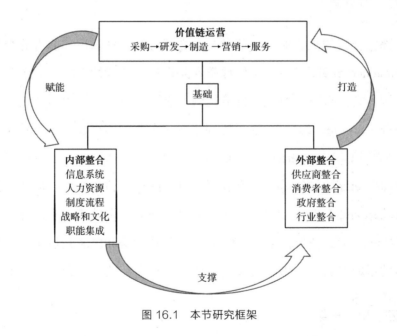

图 16.1　本节研究框架

在可持续价值创造系统中，从价值链运营、内部整合到外部整合，都可以识别出与生态设计相关的变量。本章从每个构念的相关文献中选取最重要的变量，以避免随机或偏倚的选择。这些变量随后根据第二节的案例研究结果对它们进行了验证。极端的案例可以提供富有洞察力的发现（Flyvbjerg，2006），分析这个案例并将识别出的因素映射到提出的概念框架中是很有趣的。改进后的框架将在随后的讨论中进行描述。本章依据研究框架的三个能力维度提出了一个创造可持续价值的生态设计研究范式。

第二节　生态设计的可持续价值创造机理案例分析

一、研究方法与研究发现

（一）研究方法

1. 案例设计

本书探讨企业利用生态设计创造可持续价值的机理。只有深入的案例研究才能揭示企业是否真正将生态设计嵌入到产品核心战略中。它允许与信息提供者进行广泛的互动，并有助于减少在可持续性主题上的误解和社会偏见（Gmelin and Seuring，2014）。这一方法基于 Yin（2014）的建议，使用一手和二手数据进行三角测量（Gibbert et al.，2008；Eisenhardt，1989）。因此必须收集大量的数据来支持过程分析。以设计为导向的案例研究非常强调信度和实用效度为测量的主要标准（Denyer et al.，2008）。表 16.1 显示了本书在不同研究阶段达到信度和效度标准的实现途径（Gibbert et al.，2008）。

表 16.1 保证信度和效度的策略

标准	案例研究阶段			
	案例设计	案例选择	数据收集	数据分析
构建效度	回顾已有的生态设计研究	确保案例企业对研究问题的正确认识	对多种数据来源进行三角测量	形成证据链检验研究结果
内在效度	建立理论研究框架	在研究计划中明确采样标准	记录访谈细节	模式匹配
外在效度	研究与文献的深度对话	案例企业和情境的描述	调查问卷和半结构化访谈	代表企业特征的极端案例数据
信度	翔实的案例研究计划	多种数据来源	形成证据链	不同的研究人员比对结果

2. 案例选择

对于案例研究来说，普适性是从每个案例衍生到更广泛的理论，而不是从样本衍生到总体。在极端情况下，从一个案例中归纳、总结并推广到其他企业是可行的（Stuart et al.，2002）。美国绿色电子委员会称，电子产品90%的环境属性源于设计阶段。到目前为止，生态设计在电子行业中引起了极大的兴趣。根据理论抽样原则，理论研究的现象需透明清晰（Eisenhardt，1989）。根据核心企业的定义，本章选取联想集团作为案例研究对象。联想集团是一家营业额达450亿美元的《财富》世界500强国际化制造企业，是全球最大个人电脑、平板电脑生产厂商，业务遍及160多个国家，拥有超过6万名员工。联想拥有对行业资本、资源、技术和信息的整合能力，以及对供应链的统筹和管理能力，进而影响其他利益相关者进行协同的供应链运营，因此是供应链中的核心企业。此外，联想集团经常被媒体公认为全球可持续发展的领导者。一些有代表性的荣誉如下：

（1）行业内《企业骑士》全球100可持续性最高排名；

（2）获得恒生可持续发展企业指数AA评级；

（3）科技领域 EcoVadis（全球供应链业务可持续性评级）金级企业社会责任排名；

（4）连续 5 年入围 Gartner 的全球供应链前 25 强；

（5）连续获评 Channel News Asia 的可持续发展；

（6）连续多年位列联合国全球契约 100 股票指数；

（7）连续 10 年获"全球最佳可持续发展企业"金奖；

（8）获评联合国全球契约中国网络"实现可持续发展目标 2021 最佳企业实践"。

联想集团在充分了解其服务的每个国家的法律体系的基础上，不断提高产品可持续性能的标准，确保生态设计的顺利实施。联想的可持续价值创造系统自然地突出了与可持续发展目标相一致的能力变量，适合研究实现生态设计创造价值的内在机理。其研究结果可以用于更好地构建理论，为进一步的实证研究提供启发（Flyvbjerg，2006）。

3. 数据收集

案例数据有三个来源：①针对生态设计措施的半结构化访谈；②实地考察可持续性举措如何在企业内部实施；③每次访问收集的档案资料，以及调查问卷、公司网站和可持续发展报告。多样化数据来源满足了三角测量的要求，最大化案例研究的内部效度（Yin，2014）。

为了提高定性研究的严谨性，避免在以后的访谈中出现沟通不畅和误解，研究人员进行了企业背景分析和术语准备，以便与访谈者建立共同的表达语言。同时，联想也获得了关于访谈内容的一些资料信息，并邀请了研究人员选择适合访谈的对象。13 名访谈对象被选出，他们有着不同的可持续工作的背景和职责。最重要的是，这些访谈对象在产品生态设计过程中发挥着关键的作用。表 16.2 描述了这些受访者的特征。

表 16.2　半结构化访谈受访者描述（单位：年）

访谈对象职位	经验	可持续经验
全球环境事务部环境项目经理	13	11
环境 NB 工程师	8	4
环境 TB 工程师	6	2
Thinkpad 质量管理经理	14	13
全球商品高级采购专员	8	7
产品研发首席项目经理	13	10
联想环境标准与法规主管	11	11
联想成都工厂外事专员	5	2
成都工厂 EMS 和 OHS 项目经理	12	8
质量管理体系和产品认证经理	10	2
环境主管工程师	11	11
成都工厂生产经理	14	1
质量与工程高级经理	15	8

NB：notebook，笔记本电脑；TB：tablet，平板电脑；EMS：environmental management system，能源管理系统；OHS：occupational health and safety，职业健康安全

　　所有的访谈都在联想的主要业务场所进行。平均访谈时间是 60~90 分钟，有些访谈时间达到了 120 分钟。研究人员首先向受访者介绍了访谈的流程和目的，使他们了解这项研究的意义，其次调研了整个公司的生态设计举措（Eisenhardt and Graebner，2007）。每一位来自联想不同职能的受访者都公开表达了他们对生态设计的观点。研究人员立即转录，并保证只有在他们同意的情况下，做出的评论才会被引用。访谈结束后，研究人员会跟踪现象及提出补充问题以收集关于生态设计的更多信息，同时建立了案例数据库，数据包括访谈记录，及所有其他来源的不同观点和对现象的不同解释，以保证研究的信度（Gibbert et al.，2008）。该方法通过观察联想的生态设计举措，与相关管理人员交流，数据的多样性达到了理论饱和点（Eisenhardt，1989）。

4. 数据分析

当收集了所有的一手和二手数据（即档案数据、现场记录和访谈数据）后，由两名研究人员按照统一流程进行编码：首先把受访者的语录标记为一阶数据。当有足够的证据出现时，一项生态设计措施被确定下来。这些措施被提炼为二阶数据，根据研究框架分为三个理论维度。研究人员对编码和标记上的差异进行了讨论，直到达成一致意见。一些与理论框架不符的数据使我们能够分析理论框架与实践之间的区别，更准确地解释变量之间的作用机制，并修正理论框架（Eisenhardt and Graebner，2007）。研究人员识别出了理论维度之间的关系，从而产生重要命题和结论。

接下来本节将在以下两个方面展示研究发现：产品的可持续性能和生态设计举措。

（二）产品的可持续性能

关于产品的可持续性能，Jawahir 等（2006）最初提出了六个要素：环境影响、社会影响、功能性、资源利用和经济性、可制造性和再循环性/再制造性。特别对于电子产品，Silva 等（2009）进一步分析了以上六个要素，识别出各要素的影响因素并得到了子要素。Shuaib 等（2014）随后通过产品可持续性指数在性能评价体系中引入各要素对全生命周期的解释。

作为第一家被选为电子行业生态设计标杆的企业，联想一直专注于设计可持续产品。所有 ThinkPad 系列均通过以下国际生态标签认证：电子产品环境评估工具（Electronic Product Environmental Assessment Tool，EPEAT）；UL 环保（Underwriters Laboratories Environment）；北欧白天鹅生态认证（Nordic Swan Ecolabel）；能源之星（Energy Star）；ECMA 370；绿色卫士认证（GREENGUARD）；TCO 认证[TCO（Edge）Certification]。以上可持续要素的产品性能总结见表 16.3。

表 16.3　联想产品的可持续性能

可持续要素	可持续子要素	描述
环境影响	生命周期因素	在产品碳足迹和水足迹上用 LCA 方法评价
	环境影响	符合所有司法管辖区的能源效率要求, 2017/18 财政年度非有害固体废物的再利用/再循环率达到 91.4%
社会影响	道德责任	延长产品各个方面的使用寿命, 如对维修负很高的责任
	社会影响	集中在产品全生命周期的安全和质量
功能性	材料寿命	使用 100%可循环材料:2008 年开始使用的消费后再生材料和 2017 年开始使用的生物降解包装材料
	服务期限/耐久性	产品有很强的耐久性, 如电池寿命技术
	可升级/模块化	产品可以模块化从而易于升级和拆解
	人体工效学	智能、人体工效和直觉设计有利于每个人使用, 包括残疾人
	维修性/服务能力	提供三年标准件担保和五年零部件替换保障
资源利用和经济性	能源效率	许多产品满足甚至超过能源之星的要求 10%~25%
	材料利用	减少材料使用, 促进可循环和环保材料的使用
	使用可再生能源	安装了可再生能源, 如太阳能热水器和发电装置
	市场价值	行业领先, 年收入 430 亿美元, 每秒销售 4 台设备
	运营成本	2015~2017 年, 联想共节省了 1.14 亿美元运营成本
可制造性	包装	将包装材料的使用降到最低, 同时使用可持续材料
	组装	螺丝用量减少, 形状统一
	运输	和关键物流商 (Green Freight Asia、EPA SmartWay) 一起推动生态物流、轻便包装、高密度、可重复使用的包装材料
	储存	货架只有 9.8 千克, 每年减少 6600 吨二氧化碳排放量
再循环性/再制造性	再循环性	为 40 多个国家的企业和客户提供免费的资产回收服务
	处置性	在产品生命周期末端减少焚烧、填埋和表面处理
	再制造性	通过自愿或国家项目提供消费者一系列选择
	拆卸	产品零件方便替换和拆卸, 减少零件数量
	材料回收	75%的产品含有闭环消费后回收 (closed-loop post customer recycled, CLPCR) 材料

（三）生态设计举措

基于案例数据分析（一级编码），我们识别出实施生态设计的关键举措（二级编码），并根据研究框架将其归纳为三个维度。本节阐述了联想在 ThinkPad 产品中的生态设计措施。通过分析公司相关举措，我们不仅了解了生态设计的最佳运营管理实践，还明确了价值创造系统的运行机制。

1. 价值链运营

1）采购

研究显示，采购经理普遍愿意为符合联合国全球契约的材料支付溢价（Goebela et al.，2018）。作为一个跨国企业，联想通过审计和监控，将其可持续标准延伸到供应商，采购订单条款规定供应商须遵守产品环境规范、材料申报程序和所有适用法律。这是实现企业绩效的中间环节（Gualandris and Kalchschmidt，2016）。高级采购专家告诉我们：“联想是责任商业联盟（Responsible Business Alliance，RBA）的成员，该联盟授权独立的第三方每两年对供应商的合规情况进行审核。联想供应商质量工程师还严格执行全功能测试和来料质量控制。此外，供应商应准备一份关于其商品的声明和检验报告。”特别地，为了改善社会和环境绩效，联想为其供应商提供了增加业务和培训的激励措施，这与违规行为和运营成本的减少密切相关（Porteous et al.，2015）。联想控股深知企业业务营运与供应商的表现息息相关。因此，联想控股严格遵守相关法律法规，颁布《联想控股股份有限公司采购管理制度及细则》《联想控股股份有限公司采购招标管理规定》《联想控股股份有限公司行政类采购招标流程》《联想控股行政类采购业务人员行为准则》等多项采购管理制度，建立涵盖供应商寻源、准入、考评、淘汰与替换等全流程的完备采购管理体系，通过规范化、精细化管理，降低采购风险，提升供应商管理效率。此外，联想控股亦定期开展年度供应商交流总结会，与供应商深入交流，共同进步[①]。

2）研发

它是企业价值链中连接各要素的关键环节，在价值创造过程中具有至关重要的作用。联想鼓励技术创新，如用于降低二氧化碳排放的冷水服务器和低温焊料，已投资了 85 家公司和 8 家独立的子公司。研发项目经理称："联想研究院培育了具有自主知识产权的核心技术体系。近 3 万项专利为联想带来了卓越的研发优势和能力。我们每年都设计和升级一款 NUDD（new，unique，different，difficult）产品，并投入量产。"联想产品迭代首先考虑生态设计需求，其次是客户满意度。符合电子产品生态设计的国际标准是所有受访者的基本观点，旨在保持节能、生命末端管理和资源效率。Rahimifard等（2009）呼吁应建立生产者责任和价值回收链的可持续商业模式，如 EPR。环境标准与法规主管回应了这一呼吁："我们持续投资于 EPR，形成产品回收系统和材料闭环系统，以尽可能延长产品的生命周期。每一款新产品都附有碳足迹报告。"

3）制造

联想成都工厂是绿色制造的有力证明，以生产节能减排、控制污染的笔记本电脑为主。这个大型生产基地的绿色产品广泛分布在欧洲和亚洲。外事专家指出："我们今年已经完成了中国绿色工厂的申报，因在生产过程中使用空气能源等可再生能源，包装材料是回收的纸盒和楦体。我们的产品通过了美国 EPEAT 等许多国家的相关规定认证。"电子产品的生态设计标准规定能源应该由可再生和碳中性资源产生（Tischner and Hora，2019）。2018 年，联想在行业内免费推广的制造技术——可持续低温焊接，每年减少 5956 吨二氧化碳排放量。

---

① 联想集团发布《2021/22 财年环境、社会和公司治理报告》，联想集团网站. https://investor. lenovo.com/sc/sustainability/reports/FY2022-lenovo-sustainability-report.pdf,2022-08-30.

4）销售

中国消费者可能比预期更注重可持续性主张（Moosmayer et al.，2019）。在第一波个人电脑和平板电脑市场，联想保持了行业领先的绿色盈利能力。Thinkpad 质量工程师表示，新闻发布会和广告积极推广绿色产品和可持续发展的理念。联想在中国 IT 行业推出 4S 店，全面开启和优化了新零售模式。现场产品展示提供了生态设计的信息，如能源效率标识、绿色认证和环境无害材料。这些有效的沟通方式可以鼓励消费者参与设计满足其需求的绿色产品，并影响用户对生态设计的偏好（Liao et al.，2013）。

5）服务

联想还为不同的客户提供高水平的服务。在我们参观成都工厂的过程中，高级质量和工程经理表示："成都履约中心是提供定制化服务的专业机构。较短的产品交付周期、专业的服务人员、及时地沟通反馈和根本性地解决问题是我们的关键增值点。"联想还在世界各地提供可靠的 ARS，通过数据销毁、回收和翻新，尽可能延长产品寿命。该服务为客户提供从购买到处置的产品全生命周期解决方案，在不增加物流的情况下增加产品的使用价值和功能特性，有助于将核心产品竞争力转变为产品服务一体化。巨大的技术进步（如区块链）和以用户为导向的产品服务是引领工业发展迈向可持续性的开拓性创新（Ceschin and Gaziulusoy，2016；Evans et al.，2017）。

2. 内部整合

1）人力资源

联想高度重视员工素质，从而更好地应对三重底线集成的挑战（Jamali，2006）。企业打开了各种学习渠道，即工作经验、同事关系和教育培训，以最大化可持续性学习。所有主要采购人员每半年就可持续性问题接受培训。特别是，联想大学（Lenovo University）和联想智学平台（Grow@Lenovo）旨在为员工提供获取核心竞争力和技能的途径。环境主管工程师做出了证明："从 2008 年开始，我们每年通过环境周的主题活动加强知识学习。" 此外，OHS 项目经理补充道，为了确保关键岗位有足够的后备协调人员，联想实施了一个多技多得的制度 "Pay for X"。为此，联想成都工厂 2017 年当选 "职业健康示范企业"，并于 2015 年和 2018 年两次当选当地政府颁发的 "安全文化建设示范企业"。

2）信息系统

信息系统在可持续产品设计中有着非常重要的地位，因为它不断提供产品耐用性的激励（Razeghian and Weber，2019）。Santana 等（2010）构建了一个用于可持续设计的信息系统指南。相比之下，更令人兴奋的是，联想建立了持续披露政策，对股东、投资者、分析师和媒体进行信息监测、报告和发布，如中国首个资源与环境影响数据库和微型计算机 LCA 系统。环境项目经理向我们介绍了产品环保合规平台，该平台对供应商的产品数据进行收集、公开、评估，使供应商的信息准确、方便、及时地传递给联想。许多受访者强调现有的数据库有效和系统地解决了信息碎片化和透明度的问题。联想全球供应链的可见性提高，因而在产品生态设计合规方面实现了端到端的控制。

3）制度流程

联想拥有一系列制度流程，使生态设计成为产品设计目标中必要的一部分（Brockhaus et al.，2019）。正如环境项目经理所强调的，"成熟的可持续产品开发流程是联想的显著优势之一"。EMS 被认为是实现产品可持续性的关键工具（Melnyk et al.，2003）。外事专家向我们展示了成都工厂绿色制度建设体系。该体系由绿色志愿者活动、员工环保培训、绿色工作推广团队、绿色产品宣传等组成。EMS 项目经理介绍了环保义工活动，包括废物回收和替换、植树、观看环保电影和参观废物处理厂。联想环境标准与法规主管指出，"联想拥有一套完善的管理制度流程，因此成都工厂是绿色工厂的代表"。

4）职能整合

联想于 2022 年 3 月成立了 ESG 委员会，且之前也建立了专业的环境事务团队，分布在不同的组织职能中，以实现可持续性的流程和产品（Shashi et al.，2018）。由于高效交付产品的跨功能集成（Huo，2012），联想成都工厂荣获"2018 年联想中国优秀团队"。与此同时，联想的职能整合平衡和利用了自有制造能力和外包制造能力（如 OEM[①]和 ODM）。环境主管工程师解释说，"这种整合充分利用了不同制造商的互补优势，集中优势资源进行生产"。

5）战略和文化

根据 ISO 9001、ISO 14001 和 OSHAS 18001，联想制定了全面的可持续发展政策，涵盖了建设项目的所有方面：供应链、环境足迹、产品生态设计和制造，以及社区投资。联想的文化包括透明可持续的价值观，尊重所有利益相关者的期望。这有助于实施绿色实践（Li et al.，2019）。环境项目经理做出了补充："我们还每年发布一份可持续发展报告，以展示一个清晰的愿景。" 基于此，联想遵循了其长期以来对道德、企业、公民和可持续发展的承诺。

3. 外部整合

1）供应商整合

联想与供应商大力合作，以提高透明度和合规程度。Villena 和 Gioia（2018）认为许多较低层次的供应商在供应网络中的可持续风险最大。因此，联想非常重视对低层次供应商的可持续性管理。Tablet 环境工程师表示："我们的项目包含了大约 60% 的二级供应商和 30% 的三级供应商。我们与他们建立了良好的合作伙伴关系，这些合作伙伴非常固定"。联想通过供应商可持续

---

① OEM: original equipment manufacture，原始设备制造商。

发展记分卡、半年一次的供应商沟通信、能力提升项目、诚信采购和供应商行为准则来消除可持续性风险。Porteous 等（2015）和 Distelhorst 等（2017）的研究支持了这些做法，因为供应商可能缺乏方法和知识来提高自身的可持续性。多数联想供应商往往优先审视自身的可持续发展目标。环境标准与法规主管证明了这一点："质量和环境方面的要求是通过供应商培训来传达的。为了促进整个供应链的可持续性和一致性，在中国经营的企业应该通过这种方式向供应商明确表达他们的期望。"此外，在产品设计中使用回收材料，以及如何引导供应商开发替代材料在当今社会对企业造成了较大的隐性压力（Kraft and Raz，2017）。然而，这些问题对联想来说已不再具有挑战性。环境项目经理给出了两个例子："通过与供应商合作，我们成功地开发了闭环PCC（post consumer content）材料和低温锡膏焊接技术，这在 IT 行业是开创性的工作。"

2）消费者整合

以客户为中心是联想的文化。联想与消费者持续对话，以确保在价值链的产品设计和服务过程中及时收到反馈信息。联想建立了自己的大数据系统，有效识别潜在客户及其需求。环境标准与法规主管证实了这一点："我们收集客户体验、满意度等反馈信息完善产品设计和技术服务，并创造全新的产品价值。"Thinkpad 质量工程师认为："来自不同业务部门的联想质量工程师会不时在现场听取客户的意见，确保尽早解决潜在问题。" 环境项目经理表示，"我们还提供真实的环保广告，培养用户的环保消费习惯，从而树立良好的企业形象"。

3）政府整合

Zhu 等（2018）认为中国制造商对环境监管政策的重视程度影响了绿色实践，如治理措施，财务激励，可持续采购、设计、物流和回收等，从而影响了供应链的可持续转型（Esfahbodi et al.，2017）。联想积极参与和领导政府 ICT（information and communications technology，信息与通信技术）环境项目，包括中国产品碳足迹标准、中国环境标志计划和美国能源部政策。环境标准与法规主管强调："联想参与了中国政府的绿色制造系统集成项目，完成了绿色工厂、绿色供应链、绿色设计产品的建设。" 凭借国内良好的声誉和形象，联想不仅是 IEC（International Electrotechnical Commission）、ISO（International Organization for Standardization）、IEEE（Institute of Electrical and Electronics Engineers）等国际标准制定的主力军，也是多个国家标准如中国RoHS 系列标准的技术专家。联想充分利用这些政策和法规，设计出运营效率和可持续性显著提高的产品。

4）行业整合

为了更好地发展可持续性，联想特别重视行业联盟的作用，并加强全行业的参与（Moosmayer et al.，2019）。环境标准与法规主管列举了一些实例：中国电器工业协会、北京生态设计与绿色制造促进会、生产者责任延伸产业技术创新联盟、RBA、全球电子可持续发展倡议组织。此外，联想正在与世界上一些大学和公司合作，以实现产品生态设计。联想与麻省理工学院（MIT）、惠普（HP）、思科（Cisco）和希捷（Seagate）合作，开发了能够快速计算产品碳足迹的工具。同样，环境项目经理也引用了另一个例子，他们在北京工业大学的帮助下完成了 LCA，通过 LCA 可以对核心产品的设计方案进行科学、定量的评价。

（四）可持续价值创造系统

将动态能力应用于可持续性研究可以帮助我们更好地了解如何实现生态设计。在传统文献和案例研究的基础上，我们建立了可持续价值创造的框架，包括三个理论维度的具体变量及其密切联系（图 16.2）。生态设计是一项复杂的工作，不能用线性因果关系充分描述（Slawinski and Bansal，2015）。联想案例展示了三种能力之间的相互作用和机制，以此创造可持续价值。变量之间的箭头表示可持续的价值流动方向。在利益相关者中识别这些价值流可以发现商业模式创新的机会（Evans et al.，2017）。

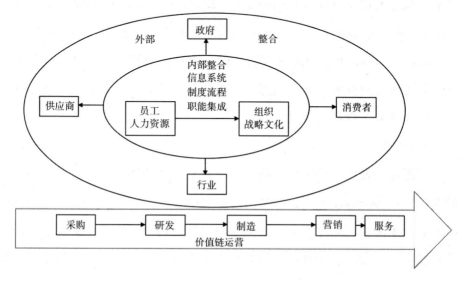

图 16.2　可持续价值创造系统

在内部整合能力中，企业通过员工培训和学习，培养员工的可持续发展意识，提高技术创新能力。通过有效的信息披露和透明度措施、健全的制度流程，如可持续产品开发流程，以及协调制造能力和环境事务的职能整合机制，将可持续性最终嵌入到企业的战略和文化中，使得可持续价值从员工延伸到整个组织。在内部整合能力的基础上，外部整合能力通过与供应商、消费者、政府和行业的项目合作，将可持续绩效扩展到企业的多个利益相关者。这个过程中进行的知识交流和共享可以为复杂的生态系统创造新的价值。基于这种协同作用，可持续的价值从组织流向利益相关者。内部和外部整合能力有助于新产品的可持续开发（Alblas et al.，2014）。它们通过使价值链的每一个环节都能顺利进行从而服务于运营能力。例如，为了打造更好的产品价值链，员工不断学习和提升，从而帮助企业保持有竞争力的全球劳动力和可持续发展的文化。

此外，通过供应商整合，供应商会反思可持续性是否是他们的优先事项。很明显，从采购到服务，可持续价值在价值链的这些环节之间流动。可持续价值链得以形成，最终实现产品生态设计。

这样的整合观点可以确保企业持续的价值创造。同时，所有帮助企业创造价值的利益相关者也分享了可持续收益（Vermeulen，2015）。了解将战略与运营联系起来的管理周期，以及在周期的每个阶段应用的工具是成功执行战略的两个基本规则（Kaplan and Norton，2008）。基于案例数据分析，生态设计目标通过企业内部及外部的沟通和跟踪与三种动态能力的获得相一致。它们之间的密切相互作用构成了可持续价值创造系统，响应了前人对可持续性和新产品开发过程研究的呼吁（Alblas et al.，2014）。由此可见，生态设计可以通过价值创造系统中价值链运营能力、内部整合能力和外部整合能力之间的相互作用来实现。

二、　研究结论与讨论

上文第（四）部分"可持续价值创造系统"在研究框架的基础上阐述了联想案例可持续价值创造的过程。本书中的数据足以启发我们提出关于生态设计价值创造机理的重要命题。在可持续价值创造系统中，有两种关系值得关注：一是价值链运营能力与整合能力的关系；二是内部整合能力与外部整合能力的关系。核心企业如何采取行动，追求渐进式和根本性的生态设计，以提高产品的可持续性，创造可持续价值？基于这个研究问题，本节讨论了三种作用机制：价值链运营能力的主导作用；整合能力的基础作用；内部整合能力与外部整合能力的相互作用。

（一）价值链运营能力的主导作用

企业可以利用卓越的运营能力实现可持续发展（Longoni et al.，2019）、竞争优势（Zhang et al.，2002）和熊彼特利润（Zawislak et al.，2012）。为了确保利益相关者的接受和参与，全球价值链加强了将可持续性原则融入设计决策中的关注（Brown，2007）。在可持续价值创造系统中，价值链运营是一个相互依赖的动态过程，通过可持续性信息流进行获取和共享信息，通过产品物料流进行回收和提高资源效率，或者通过资本流进行成本控制以满足客户需求。

联想的案例说明了生态设计起源于价值链中的产品采购环节，终结于服务环节。运营能力选择和培育核心整合能力实践，可以进行调整以适用于不同的价值链环节。所有的内外部资源应灵活匹配，以确保价值链的高效运行。具体来说，采购环节要求供应商积极参与可持续材料的开发和应用；研发和制造环节主要通过内部整合来实现，与政府和行业一起创造可持续的产品优势；营销和服务环节主要针对消费者，提高绿色市场的响应能力，如绿色消费、延长产品使用周期和回收服务。因此，运营能力可以看作实现生态设计目标的统筹者。价值链整合了内部和外部的资源和要素，形成一个可持续的价值创造系统。价值网络中的任何参与者因为其动态性都可以影响组织的价值创造（Peppard and Rylander，2006）。为了清楚地观察系统的组成部分，以及相关的稳健性，企业应该对其价值链进行端到端的审查，并定制其最佳集成实践。那些能够了解系统中的价值来源并能够利用它们的企业将是循环经济下激烈的产品市场竞争中的赢家。整合能力支撑的可持续价值链可以帮助组织获得良好的声誉和市场价值。由此可见，价值链运营能力对可持续价值创造发挥着主导作用。

（二）整合能力的基础作用

在可持续价值创造系统中，整合能力归根结底是为价值链运营服务。内部整合为价值链的研发和制造提供基础设施或隐性资源。可持续内部管理战略对于产品设计是必要的，可能会影响整个企业的方向以及员工的态度和行为（Alblas et al.，2014）。在联想，生态设计被置于重要的战略地位。它通过人力资源、信息系统、制度流程和职能整合形成一个共享的、可见的内部管理机制，进而以反馈、建议或评估的形式落实可持续发展的责任（Wolf，2011）。例如，涵盖产品所有环境设计要求的制度汇编显然是将可持续性战略目标转化为超越利己市场的有形产品的最有效方法（Brockhaus et al.，2019）。这种内部整合将以人为本的管理与以客户为中心的需求结合起来，使组织能够深入洞察潜在的风险和增强产品的可持续性以及提升市场能力的机会。

同时，外部整合能力通过组织结构改造和流程的重新配置全面融入企业价值链，是实现高可持续性、盈利能力和运营绩效的必要条件（Huo，2012；Zhao et al.，2011）。在价值链运营中，每个参与者的合作保证了企业本身、社区和供应链的长期生存能力（Brown，2007；Closs et al.，2011）。供应链整合、政府整合和产业整合与全球竞争力集群相关联（Johannessen and Olsen，2010），是可持续产品研发、采购、制造、营销和服务的解决方案。具有最广泛整合弧的公司将拥有最大的绩效提升率（Frohlich and Westbrook，2001）。企业价值链必须采用内外部一体化的视角来平衡经济、环境、社会绩效，因为它们对企业绩效具有协同效应（Droge et al.，2004）。由此可见，内部和外部整合能力对可持续价值创造发挥着基础作用。

（三）内部整合能力与外部整合能力的相互作用

很多研究发现内部整合能够启动和改善外部整合（Huo，2012；Zhao et al.，2011）。案例数据显示，外部整合也调整和增强了内部整合，使其更加强大和灵活。一个企业的可持续发展战略只有在与利益相关者保持一致时才能产生最大的利益（Kates et al.，2001）。联想产品开发团队创造了可持续性技术突破——100%可回收材料 PCC（Dangelico and Pujari，2010）。这种供应商整合促进了制度流程的优化，明确了负责任的采购和供应商管理流程。此外，联想提供按需的教育培训，以提高供应商在可持续材料方面的绩效。因此，利益相关者的参与为企业资源和基础设施提供了更大的施展和改善空间，以实现更高水平的生态设计。内部整合和外部整合的相互促进对于可持续价值创造系统能否长期发挥作用至关重要。

今天，竞争不是在单一企业之间进行，而是在相互关联的商业生态系统之间进行。网络中企业之间的关系对获得竞争地位不可或缺（Peppard and Rylander，2006）。组织必须重视生态系统的利益和组成生态系统的参与者的利益（Barnett，2006）。换句话说，组织不仅应该关注企业本身，还应该关注可持续价值创造系统。只有不同的经济角色——供应商、行业联盟、政府和消费者协同共生，系统才能创造最大的可持续价值。由此可见，内部整合能力与外部整合能力相辅相成，共同通过价值链运营创造可持续价值。

建议篇　生产者责任延伸的决策建议研究

第十七章
政府有效落实 EPR 的政策建议

中国 EPR 政策落实问题已经成为一个重大社会问题，EPR 规制体系的构建、政府部门的协调、企业社会责任的承担、NGO 的监督，以及消费者的环保需求等，均会影响我国 EPR 政策的有效落实。如何构建合理有效的 EPR 规制体系，发挥 EPR 政策下利益主体和责任主体的功能，高效地解决目前的废旧产品回收再利用问题，提升产品的环境绩效，进而促进整体产业的可持续发展，是目前政府面临的重大决策问题。对此，基于理论基础研究、宏观政策研究、企业调研研究，本章从中国 EPR 政策落实机制总体设计出发，分别给出我国构建 EPR 政策落实机制、加强 EPR 规制体系建设的战略思考和政策建议。

第一节　构建我国 EPR 政策落实机制的建议

一、生产者的责任延伸问题是重大的社会问题

作为全球最大能源消费国，中国制造业是环境污染和能源消耗的重要来源，因此，中国 EPR 政策的有效落实成为国际聚焦、政府关注、社会公众和研究学者关心的重大社会问题。根据国际能源署（International Energy Agency，IEA）2022 年的最新分析数据，随着世界经济从 COVID-19 危机中强劲反弹，

并严重依赖煤炭来推动增长，2021 年，全球与能源相关的二氧化碳排放量增加了 6%，达到 363 亿吨，创造了新的历史纪录。其中，中国二氧化碳排放量就超过 119 亿吨，占全球总量的 33%。而早在 2020 年，我国就宣布了自己的"双碳"目标：2030 年前实现碳达峰，2060 年前实现碳中和。这个目标也被写进了《中华人民共和国国民经济和社会发展第十四个五年规划和 2035 年远景目标纲要》。我们必须要看到，中国从排放达峰到净零排放的时间比美国、法国、德国等国家更短。主动承担这么艰巨的任务，就必须要求我们举全国之力来实现"碳达峰"和"碳中和"。而随着我国制造业的增长，若单纯依靠数量，是资源能源和环境所不能承受的。中国制造业必须承担起经济、环境和社会的多重责任，在实现经济效益的同时，努力降低资源消耗和环境污染。而以往采取的解决生产者责任延伸问题的措施多为权宜之策，实施效果有待检验。在中国品牌缺失、研发投入过低、质量问题严重、国际竞争加剧的背景下，回收再制造产业所占比重不仅难以增加，反而会随着其他产业经济效益优势的增加而进一步收缩；节能环保产业的发展也会随着自身高投资和短期低收益的特点而难以快速发展；回收再制造行业的人力资源更会随着从业人员待遇低、环境差等原因，出现无法满足行业需求的状况，科技人才的缺乏限制了回收再制造行业的发展。因此，若缺少科学的长效机制，EPR 政策的落实形势将越发严峻。

生产者责任延伸制难以有效落实（如国内汽车昂贵且设计不环保、电子废弃增加但收回再利用率低、科技快速发展但能耗剧增且环境质量下降）现象，不仅与绿色发展、建设资源节约型、环境友好型社会目标相悖，而且导致了诸多不良效应发酵并持续扩张：一是降低产品质量，影响消费者权益。二是降低企业国际竞争力。缺乏社会责任感的企业，无法实现内部经济效益和外部社会效益的均衡，合法性的降低将导致国际竞争力的下降。三是直接影响国家产业结构的调整，限制了战略性新兴产业的培育和发展。四是加剧社会公众和企业的矛盾。企业以公众的人身健康为代价来换取自身的经济效益行为，激化了彼此的矛盾，不仅降低了国家公共服务水平，同时阻碍了中国和谐社会的发展。五是直接影响中国的国际形象，剥夺了中国企业在国际产业链中的权益。发达国家将粗加工的产业大量出口到中国，赚取中国廉价劳动力，并获得高额的产权利润，加剧中国的污染责任，更使得"中国制造"成了价格低廉、品质粗糙的代名词。

二、 构建中国 EPR 政策落实机制的具体建议

造成中国 EPR 政策难以落实的原因除了有国民环保意识弱、消费需求大、产品生产数量多、废物处理技术差等方面，重点还在于产业结构不合理与经济制度环境不健全，是产业发展需求与 EPR 政策导向和监督之间存在落差的结果。因此，要从根本上解决问题，必须构建科学的长效机制。

（一）加快扩展回收再制造产业，通过产业实际成效带动 EPR 政策的落实

在中国作为"世界工厂"及每年产生大量固体废弃物的情况下，解决 EPR 政策落实问题的关键在于回收再制造产业的发展。但由于起步晚、投入不足，我国的回收再制造产业的发展面临众多问题，如基础薄弱、产业发展长期滞后，骨干企业少、行业整体缺乏竞争力，产业共性技术尚未普及和产业体系不完整等。因此，加速调整经济结构与产业布局，将促进回收再制造产业快速发展作为促进 EPR 政策落实的重要途径。

具体建议：一是将节能环保产业纳入国家产业规划，并享受相应的政策支持，如加大政府投资力度，对回收再制造等节能环保项目给予资金支持和税收优惠政策。二是提高环保产业技术人才培养和技术创新速度，引导高科技人才的流入，加大科学技术投入，并提高环保产业工作者的待遇和社会地

位。三是构建"政用产学研"协同发展模式，政府为用户、企业的市场经济、学校的人才培养和科研机构的科学技术研究提供学习交流平台，经常性地开展产业技术培训讲座、实际操作培训、行业科技咨询，帮助企业解决各种实际应用中碰到的技术难题；推介联盟成员的科技成果，促进政用产学研各方沟通，推动产业结构调整，提升回收再制造产业技术创新能力。

（二）大力培育环保社会公益组织，规制、推广并监督 EPR 政策的落实

民政部《中华人民共和国 2012 年社会服务发展统计公报》则显示，截至 2012 年底，全国生态环境类组织共有 7881 个，其中社会团体有 6816 个，生态环境类民办非企业单位 1065 个。而民政部《2016 年社会服务发展统计公报》则显示，截至 2016 年底，全国生态环境类组织共有 6400 多个，其中社会团体有 0.6 万个，生态环境类民办非企业单位则只有 444 个。可见，全国的生态环境类组织的数量已经出现了下降的趋势。而美国仅慈善公益组织就达 120 万个，我国社会组织明显偏少，并且其执行权利和影响效力仍然受到一些现行政策的制约，如登记条件较为严格，诉讼权益不明确，环保社会组织的领导力不足，与当前环保议题的契合度不够，未能有效发挥组织职能优势等。许多企业排污，进行非法废旧产品回收处理等较为严重的污染事件，需要民众和社会组织的参与，但苦于没有权利和提出诉讼的资格，法院不愿受理，按照新《中华人民共和国环境保护法》的规定，有资格提起公益诉讼的组织必须符合两个条件：依法在设区的市级以上人民政府民政部门登记；专门从事环境保护公益活动连续五年以上且无违法记录，并规定"符合前款规定的社会组织向人民法院提起诉讼，人民法院应当依法受理"。按这个规定，全国满足条件的组织很少，且主要是政府背景的组织。因此，应将社会环保组织的权益发展作为推进生态文明建设，促进经济可持续发展的新突破点。

具体建议：一是将国家扶持新型节能环保产业的财税政策同时适用于环保社会公益组织，与其他企业一样，获得政府补贴、享受职业培训、公共就业服务等政策扶持的同等待遇，给 NGO 一个良性的生存和培育空间。二是政府在规范并强化监督的同时，降低社会组织设立门槛，取消主管部门规定，简化登记手续，给"草根" NGO 一个合法的身份和应有的权利。三是培育地方较大影响力的龙头环保社会组织，形成环保社会组织参与环境保护的社会行动体系。四是发展学生及社区"草根"环保社团，组建环保志愿服务队伍，在扩大环保社会组织的数量的同时提高质量。

（三）完善政府的规范制度，利用法律的强制效用规范 EPR 政策的落实

我国在众多法律法规中提及了生产者在生产过程中以及废旧产品回收过程中应该承担的责任与做法，但是缺乏对生产者责任延伸边界的一个清晰界定以及一个明确的整体执行框架，尚未形成一个基于产品生命周期的连贯的生产者责任延伸体系，而是根据法规的不同将其割裂开来，虽然便于参考，但是不利于总体执行。

具体建议：一是明确中国 EPR 发展的总体战略目标和阶段目标，逐步推进 EPR 政策的落实。二是从法律层面进一步明确生产者责任延伸的内涵。我国在法律中尚未有对 EPR 的内涵加以界定。三是从产品生命周期总体进行考虑，从原料的开采加工开始到最下游的回收处置，均对生产者责任有具体的规范与要求，包括中间部分的销售及使用环节也应该加强对销售点和废弃点的责任要求，相关法规应该互为补充，共同形成体系，而并非单就一方面进行要求，这样可以给企业在执行过程中进行全程的指导与规范，使其更好地落实 EPR 政策。比如，德国包装法要求"2022 年 7 月 1 日起，卖家若未上传包装法注册号，亚马逊将暂停所有不合规商品。2023 年 1 月 1 日起，暂停

属于电气和电子设备的不合规商品"。法国包装法要求"对于缺少 EPR 注册号的生产者责任延伸商品分类，亚马逊将代您支付环保款项，并向您扣款"。同时，在 2020 年 2 月，法国的《反浪费循环经济法》（AGEC）又将"园艺工具、运动与休闲产品以及玩具的回收再利用列入生产者责任延伸清单中"。可见，EPR 的有效落实不仅需要法律的强制效用手段进行规范和指引，也需要生产者从产品的生命周期方面进行规范和要求。

（四）发挥政府的推进职能，高效引导 EPR 政策在产业中的落实

EPR 政策落实实际领域广泛，各行业责任特性差异大，因此在推进 EPR 政策过程中，各级政府很难自觉形成生产者责任的推进领导机构。中央政府和多数地方政府仍未明确生产者责任的领导机构，地方政府并未涉及国内、国际等责任合作领域。相比美国的生产者责任延伸制，我国的政府激励与优惠政策明显不足，甚至有些企业在接受政府优惠之后在执行生产者责任进行回收处理时仍旧亏损，极大地打击了生产型企业发展 EPR 的积极性。

具体建议：一是借鉴美国的公众参与循环消费体系，推动循环经济产业的发展，对 EPR 政策进行积极地教育与宣传推广。二是实时关注国际形势，积极掌握国际话语权。目前发达国家的跨国公司、商贸协会、多边组织或国际机构，通过制定 EPR 相关的国际指令和国际标准来推进 EPR 政策的落实，如 WEEE、RoHS、社会责任标准（SA8000）、环境管理系列标准（ISO14000）、社会责任指南标准（ISO26000）等。因其掌握了话语权，此种推进范式较为创新。三是我国政府应该积极主动地参与全球 EPR 相关标准的研讨和起草活动，提高我国在国际标准制定中的话语权和影响力。四是结合我国经济发展的实际情况和企业实际，积极整合有关 EPR 方面的内容，形成我国自己的 EPR 体系和标准，并逐步与国际惯例接轨，使我国 EPR 政策管理制度化、规

范化、国际化。

（五）加强政府环境部门的执行和监督力度，为 EPR 的落实提供有效保障

我国法律体系构建比较完善，但缺乏有效的执行和监管体系，虽然法规内容比较具体，但政策的落实还存在差距，而且对违反法律的责罚力度也有明显不足，再加上有些法律法规对其目标对象定位不够明确，让很多企业有了可乘之机，影响了 EPR 的实施效果。从欧美各国的实践来看，我国法律的公众参与度与责任制明显不足，相比德国明确的产品责任制、双元回收系统、垃圾分类与"绿点"系统、抵押金制度，我国在法律的细则与规范方面还有待加强，特别是垃圾的分类回收问题，我国非正式的回收与处理系统让许多回收类企业深受其害，垃圾分类不落实问题也已经成为一个巨大的隐患，也极大地阻碍着 EPR 在中国的发展。

具体建议：一是在法律法规上进一步加强产品责任制和生产者责任制的细化落实环节，针对不同产品建立抵押金制度或者预付费制度等，让每一部法律法规都能与它的对象确实地对号入座，更好地发挥效用。二是加强政府对违规企业的责罚力度，以便法律法规更好地发挥其强制性功效。三是设立垃圾分类的法律法规，并强制执行，让回收再制造系统更加规范与可控，以便于 EPR 更好地落实与发展起来。

第二节　加强我国 EPR 规制体系建设的建议

我国 EPR 规制体系建设以生产者责任延伸制为基础，主要包括我国政府法律体系中对 EPR 的关注特点、我国 EPR 的政策发展定位和我国 EPR 规制体系发展建议。

一、我国政府法律体系中对 EPR 的关注特点

（一）政府在"生产者责任延伸"相关政策实施方面的总体情况

对中央政府和 12 个省市的"环保类法律法规文件"的全文材料进行数据分析显示，中央和各省在"法律法规"中对"生产者责任延伸"总计提及 16 次。"生产者责任延伸"在各省法律法规文件中总计被提及 3 次，其中重庆 2 次，江苏 1 次，其余省份 0 次。总体来看，"生产者责任延伸"目前平均被提及 0.25 次。可见，政府目前对生产者责任延伸制度落实投入的力度相对来说比较薄弱。但是从整体发展态势来讲，EPR 将会成为政府在环境保护战略规划工作中的重点。而从省级差异中我们发现，并未出现经济发达程度对重视程度的潜在影响，江苏和重庆提及"生产者责任延伸"较多，而同处于发达地区的北京、上海、广东等却没有明确提及；简单对比对我国四大经济区域的提及次数，西部地区要高于东部地区。东部地区由于 EPR 相关工作的经济贡献量较小，所以更多地选择环境战略规划中的高投资和高回报的高新技术产业；对于欠发达的西部地区，考虑到经济成本投入和 EPR 相关工作难以落实的特点，所以也很少提及。

（二）政府视角中"生产者责任延伸"的工作重点

数据显示，绝大部分情况下"生产者责任延伸"出现在加强循环经济发展的法规监管章节中，其次就是生态设计和回收体系建立章节中，少数在战略性新兴产业重点领域建设、节能环保战略中的市场运行机制、固体废弃物处理措施和再生资源利用技术章节。可知，政府多将"生产者责任延伸制"看作循环经济发展中的一种有效市场监管机制，涉及战略性新兴产业中重点发展领域——产品生态设计领域、再生资料利用领域，以及固体废弃物回收

领域，整个产品生命周期各个环节，均受到政府重视，并用"生产者责任延伸制"来对生产者和各个利益相关者进行市场效率性和社会合法性约束，进而促进循环经济的发展。

（三）政府视角中"生产者责任延伸"的重点规划

数据显示，EPR 在"法律法规"中隶属章节的主题为循环经济、战略性新兴产业、节能环保、固体废物、生态设计等方面。通过内容分析可知，未来 EPR 的工作重点主要在固废产业的投资和发展方面。固废产业作为一座隐性的金矿，将成为未来产业投资的重点，通过固废产业的发展，带动节能环保产业等战略性新兴产业，促进产品的生态设计，减少产品对环境的污染，从而推动社会层面的循环经济发展。

（四）政府对"生产者责任延伸"的实施主体权责界定

权利和义务是一切法律问题的核心，但是对于 EPR 的实施主体责权问题，目前仍存在很多不明确的地方。数据显示，中央和各省在"法律法规"中对"废弃电器电子产品处理企业"总计提及 392 次；对"回收企业"总计提及 265 次；对"生产者"总计提及 115 次；对"生产企业"总计提及 108 次；对"再制造企业"总计提及 23 次；对"制造商"总计提及 9 次。可以看出，"废弃电器电子产品处理企业"是政府眼中最重要的实施主体，同时也出现了其他类似功能的主体，如回收企业、生产者、生产企业、再制造企业、制造商，这些都是政府在环境规制中关注的对象，同时也是 EPR 制度的落实对象。但内容表明，实施主体的义务范围规定较全面，权利划分尚未明确，同时责任承担方式除了罚款之外，许多地方没有明确的规定。总之，责任主体涉及众多利益相关方，但权利和义务的划分尚未准确界定，同时对于责任承担方式的界定模糊不清，没有准确的责罚内容可依。

二、 我国 EPR 的政策发展定位

（一）以生产者责任的延伸为出发点

生产者责任延伸制的实施规律就是必须按生产者责任的延伸特点来制定 EPR 政策。我国生产者责任的延伸特点：一是责任专属性。这种责任是生产者的责任，而不是政府或者消费者的责任，生产者是指直接生产对环境造成污染的产品或者产品零配件的企业，生产者应该学习如何降低自己产品的环境污染水平。二是责任延伸性。履行社会责任是企业应有的法律义务，责任的延伸不仅是从经济责任延伸到环境责任或者社会责任，更是从产品的前端生产延伸到后端处理，生产者除了对产品的设计、生产和销售负有责任，更应该承担产品的回收、处理和再利用等责任。正如《中华人民共和国国民经济和社会发展第十四个五年规划和 2035 年远景目标纲要》中提到：推行生产企业"逆向回收"等模式，建立健全线上线下融合、流向可控的资源回收体系。拓展生产者责任延伸制度覆盖范围。推进快递包装减量化、标准化、循环化。三是责任合法性。即在生产者责任的延伸过程中，企业的社会责任要求应该被翻译成具体的制度规范，责任的实施行为应该受到法律的制约。因此，生产者责任延伸制度应明确界定生产者的权利和义务，强调产品生命周期各个阶段生产者所对应的责任内容，以及清晰的激励和处罚条款。

（二）以固废产业中利益相关者的可持续发展为目的

固废产业中利益相关者的可持续发展目标指生产者责任延伸的政策应有利于企业发展、固废产业发展和社会发展。生产者责任延伸政策必须以利益相关者的可持续发展为目的，从根本上改变企业承担社会责任与经济发展相悖的状况。一是改变企业社会责任是按标准体系来展开，标准体系是按国家

监管考核选取的方式。二是改变企业社会责任把每个企业都放在统一标准体系中评估的发展方式。三是改变社会责任实践导向与企业发展相颠倒的现象，转变事后控制、罚款的监督方式，从企业发展的实际出发，把企业在每个产品生命周期阶段应当承担和发展的内容统一起来。首先应重视企业发展的经济性，对小企业的社会责任标准适当降低。其次应重视企业发展的最佳期，鼓励产业链中的核心企业主动承担社会责任。最后是打破平均主义评价体系，按企业发展的实际情况，推行不同程度分类监管，不同产业按不同评价标准发展，而不是到事后评估时分层次来考察。

（三）以我国的区域经济特点为原则

根据我国 EPR 政策的区域间重视程度差异情况来看，EPR 的实施主要应由各地方政府把握，允许多元化。一是修改中央 EPR 相关法律，将统一规定改为地方政府规定。二是变中央 EPR 统一法律为一般指导规定，各地方对 EPR 的实施过程都可以有相应的规范和标准，可以对生产者的内涵、责任范围和激励设计做出新的调整。三是可以由各地方决定 EPR 实施的模式和机制，允许地方企业开展适合地方经济发展的 EPR 活动。特别是中国各地方经济差异较大，产业结构各具特色，统一的 EPR 实施模式、机制、收费和税收政策极大地限制了 EPR 的有效落实和发展。

三、　我国 EPR 规制体系发展建议

（一）明确法规政策的主体适用范围、责罚内容，设立科学的衡量机制

EPR 法律的制定和实施是为了强制规定生产型企业的责任和义务，更好地监督生产者履行自己的延伸责任，因此 EPR 相关法律必须要明确并且强调

责任和惩罚机制，对企业施加压力，要求企业必须在产品生命周期的相应阶段承担自己应尽的延伸责任。同时，法律对生产者所需要承担的延伸责任需要给出量化标准。2016年国务院办公厅印发《生产者责任延伸制度推行方案》（以下简称《方案》）。《方案》指出，实施生产者责任延伸制度，把生产者对其产品承担的资源环境责任从生产环节延伸到产品设计、流通消费、回收利用、废物处置等全生命周期，仅对生产者有内在要求但并未有具体的细节指导。比如，以电器电子行业为例，在 EPR 法律的实施过程中，政府可以根据各个电器电子生产商销售量、电器电子产品平均寿命等指标对生产者每一年、每一季度需要回收再利用的产品数量进行规定，由相关政府部门一层一层监督。

但我国的国情表明，不可能令所有的生产者全部承担延伸责任，必须对需要承担 EPR 的企业做出量化规定。小型生产者可能刚刚能够满足自己企业的温饱问题，如果让他们再承担自己的延伸责任无疑是将他们逼入绝境，因此不能过多地要求他们承担延伸责任，否则会破坏整个国家的企业环境，继而引发更多的社会问题。那么法律规定的需要承担延伸责任的企业应该是什么样的，我们认为应该是大型生产者，生产者的"大型"和"小型"如何界定需要借助量化的思想，对生产型企业的员工数、销售额、知名度等指标进行量化，界定"大型生产商"的最小指标。

（二）合理化政策激励措施，构建 EPR 落实的保障机制

EPR 对企业而言确实是一种行为约束，从某种程度上看会影响企业的收益，但如果产品设计、回收渠道等考虑周全、设计合理，企业的成本未必增加太多，更重要的是企业实行 EPR 会提高企业声誉，为企业带来的隐性价值可能会远远高于对企业增加的成本。EPR 针对的主要是大型生产者，他们更

加看重社会形象，因此会主动承担自己的延伸责任。

当企业有主动意向，政府要实施一定的措施使企业坚定这份主动意识。政府在制定 EPR 法规时，可以借鉴国外法律中的一些措施，在消费者购买电器时隐性或者显性地承担一部分回收费用，并且明确和强调一些补贴措施，使生产商在付出的同时能够得到一些反馈。

（三）借助非营利组织，构建公开的监管机制

法律规范对生产者的责罚和补贴做了相关规定，并且对指标进行量化。生产者以供应链为单位执行之后，仅仅有政府部门的监督和控制是远远不够的。政府部门的权责过大会造成监督有失公允，更甚者可能会助长行贿受贿行为。随着我国对环境保护越发重视，环保相关的非营利协会和组织蓬勃发展，政府可以借鉴德国 EPR 引入第三方的实施模式，授权相应的非营利组织，这个组织可以是几个有影响力的协会与相关行业大部分生产商（如在授权电器电子行业的非营利组织时对应的是电器电子生产商）所组成的组织。这样，在制定相关衡量机制和保障措施时充分发挥生产商及相关协会的能动性，发挥该组织在"民间"的信息优势。政府可以借助该组织的力量协调、监督 EPR 实施和执行效果，使 EPR 相关的各项规定更加符合实际国情和生产者情况。同时由于大多数企业均参与到 EPR 的规划和制定中，企业会更加清楚和明白自己需要承担的延伸责任内容，进而避免因信息不对称而造成企业未承担自己延伸责任的情况。

（四）发挥社会公众传播和监督的作用，培养透明的传播机制

尽管在政府和企业的层面对 EPR 法律的制定和实施均给出了相应建议，使得政府、企业和 NGO 都参与到 EPR 的制定和监督中，但如果在 EPR 实施

过程中，生产者所组成的非营利组织相互包庇，对企业的不合规行为都当作看不到，EPR 的实施还是会很难推行的。

因此，建立 EPR 的信息公开制度，发挥社交网络、新媒体的影响力来监督生产商对自己延伸责任的履行情况变得极其重要。政府和成立的非营利组织需要将所有 EPR 相关的法律、制度以及组织中所涉及的协会和生产商的名字等信息全部公开，实现信息的透明化，接受舆论的监督。这样，EPR 才能够在一个相对完善、健康的环境下实施。

第十八章
企业有效实施 EPR 的对策建议

中国企业有效实施 EPR 问题已经成为政府和企业关心的经济、环境和社会可持续发展问题。如何构建合理有效的 EPR 实施对策，发挥 EPR 政策下企业及其利益相关主体的责任，高效解决目前企业实践 EPR 遇到的问题，提升企业的环境绩效，进而促进整体供应链的可持续发展，是目前企业面临的重大决策问题。对此，基于前文的理论基础研究、宏观政策研究、企业调研研究，本章从中国的绿色采购政策出发，分析当前政府和企业在绿色采购中遇到的问题，给出完善 EPR 下绿色采购政策、推动我国企业 EPR 实践的政策指导和对策建议。

第一节　完善 EPR 下绿色采购政策建议

一、绿色采购政策实施现状及面临的主要障碍

绿色采购政策现状及其遇到的障碍以绿色采购相关法律法规为对象进行分析，其中绿色采购现状分析涉及政策绿色采购和企业绿色采购两个方面；绿色采购面临的障碍主要包括法律框架、主体范围与采购力度、采购标准三个方面。

（一）绿色采购现状分析

1. 政府绿色采购发展现状

政府采购制度作为市场经济国家管理直接支出的一项基本手段，也是公共财政体系管理中的一项重要内容。"政府绿色采购"就是指，政府需要选择符合绿色产品认证的产品和服务进行采购。不仅终端产品需要符合环保技术标准，而且产品研发、生产、包装、运输、使用、循环再利用的全过程均需符合环保要求。政府绿色采购在完成其政策性目标的同时，兼顾政府采购的环境效益和社会效益，对消费者的消费方向和企业生产的发展方向有着非常积极的作用，有利于引导改变高消耗高污染的传统发展方式和不合理的消费行为习惯。政府绿色采购制度已成为发展循环经济，构筑可持续消费模式的重要措施和突破口。

1）政府绿色采购的法律法规

我国于 2003 年实施《中华人民共和国政府采购法》，其中第九条明确规定了政府采购的保护环境目标："政府采购应当有助于实现国家的经济和社会发展政策目标，包括保护环境，扶持不发达地区和少数民族地区，促进中小企业发展等。" 2003 年实施的《中华人民共和国清洁生产促进法》中第十六条也规定了政府要优先采购绿色产品。这两部法律成为我国政府绿色采购制度的重要法律基础。除此之外，一些地方政府也制定了与保护环境相关的单行法或地方性法规。

2004 年底，我国政府正式出台了《节能产品政府采购实施意见》，并公布节能产品政府采购清单。该清单中列举了汽车、电脑等 8 类 100 多种节能产品供政府优先采购。2006 年 11 月，财政部和国家环境保护总局联合发文，公布了我国第一份政府采购绿色清单《环境标志产品政府采购清单》，2005年 7 月，在《国务院关于加快发展循环经济的若干意见》中，国务院鼓励使用能效标识产品、节能节水产品和环境标志产品等，减少过度包装和对一次性用品的使用。2006 年 11 月，财政部与国家环境保护总局联合发布的《关于环境标志产品政府采购实施的意见》以及"环境标志产品政府采购清单"附件，表明我国已经正式地将环境准则纳入政府采购过程中，并且提出了政府绿色采购的范围以及相关管理制度等。自 2007 年 1 月 1 日开始，我国在中央一级预算单位和省级（含计划单列市）预算单位实施政府绿色采购制度，并于 2008 年 1 月 1 日开始在全国范围内执行。截至目前，我国公布的政府绿色采购清单的产品范围在逐步扩大，如表 18.1 所示。

表 18.1　绿色采购相关的法律清单

年份	法律法规名称	相关规定
2002	《中华人民共和国清洁生产促进法》	各级人民政府应当优先采购节能、节水、废物再生利用等有利于环境与资源保护的产品
2002	《中华人民共和国政府采购法》	政府采购应当有助于实现国家的经济和社会发展政策目标，包括保护环境，扶持不发达地区和少数民族地区，促进中小企业发展等
2004	《节能产品政府采购实施意见》	财政部、国家发展改革委综合考虑政府采购改革进展和节能产品技术及市场成熟等情况，从国家认可的节能产品认证机构认证的节能产品中按类别确定实行政府采购的范围，并以"节能产品政府采购清单"的形式公布；政府采购属于节能清单中产品时，在技术、服务等指标同等条件下，应当优先采购节能清单所列的节能产品
2006	《关于环境标志产品政府采购实施的意见》	财政部、国家环境保护总局综合考虑政府采购改革进展和环境标志产品技术及市场成熟等情况，从国家认可的环境标志产品认证机构认证的环境标志产品中，以"环境标志产品政府采购清单"的形式，按类别确定优先采购的范围；采购人采购的产品属于清单中品目的，在性能、技术、服务等指标同等条件下，应当优先采购清单中的产品
2008	《中华人民共和国节约能源法》	公共机构采购用能产品、设备，应当优先采购列入节能产品、设备政府采购名录中的产品、设备。禁止采购国家明令淘汰的用能产品、设备
2011	《"十二五"节能减排综合性工作方案》	推行政府绿色采购，完善强制采购和优先采购制度，逐步提高节能环保产品比重，研究实行节能环保服务政府采购

2）政府绿色采购的规模

自《中华人民共和国政府采购法》实施以来，我国政府采购规模持续增长，政府采购行为不断规范，基本形成了集中采购与分散采购相结合，公开招标方式为主、其他采购方式为辅的整体框架。政府采购规模的增长情况如图 18.1 所示。

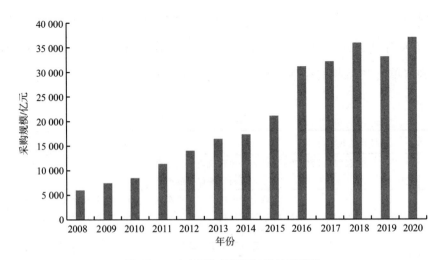

图 18.1　政府采购规模逐年增长示意图

政府采购有三类采购对象：工程类、服务类、货物类。根据 2020 年政府采购统计，三类采购对象的规模及占比如图 18.2 所示。

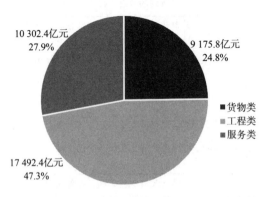

图 18.2　2020 年政府采购各大类规模及所占比例

其中工程类采购增幅大幅上涨，占采购总规模的 47.3%，上升 21.1 个百分点。货物类采购增幅趋缓，占采购总规模的 24.8%，上升 0.1 个百分点。服务类采购增长迅速，占采购总规模的 27.9%，增加了 9 个百分点。其中，全国强制和优先采购节能、节水产品 566.6 亿元，占同类产品采购规模的 85.7%，全国优先采购环保产品 813.5 亿元，占同类产品采购规模的 85.5%。说明政府采购呈增速放缓、结构优化的特点。推进政府购买服务改革、落实支持中小企业发展政策等效应逐步显现。

3）政府绿色采购过程

在政府采购活动中（图 18.3），采购人或其委托的采购代理机构应当在政府采购招标文件中载明对产品（含建材）的环保要求、合格供应商和产品的条件，以及优先采购的评审标准。从而达到采购活动的环境保护效果，实现政府绿色采购。

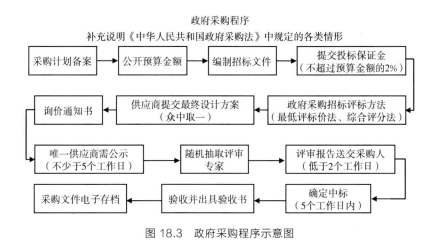

图 18.3　政府采购程序示意图

2. 企业绿色采购发展现状

企业绿色采购是指企业在采购产品、工程或服务时，包括但不限于对供应商的选择和管理、与采购物资相关的包装、物流等一系列的活动，综合考虑环境因素和经济因素，优先购买对环境保护最有利的产品、工程或服务，以达到保护环境和节约采购成本的双重目标。我国 2015 年由商务部、环境保护部和工信部联合发布《企业绿色采购指南（试行）》，指导企业实施绿色采购，构建企业间绿色供应链，推进资源节约型、环境友好型社会建设，促进绿色流通和可持续发展。

《企业绿色采购指南（试行）》提出了许多具有针对性、可操作性的措施。该指南公布了建议企业避免采购的产品"黑名单"，包括被列入环境保护部制定的《环境保护综合名录》中的"高污染、高环境风险"产品等。对于被评定为环保诚信企业或者环保良好企业的供应商，可以优先选购其产品；反之，对于被评定为环保不良企业的供应商，应避免采购其产品。与此同时，该指南建议企业在采购合同中做出绿色约定，针对有重大环境违法行为的供应商，采购商可以降低采购份额、暂停采购或终止采购合同；如果供应商隐瞒环保违法行为，致使采购商造成损失，采购商有权依法维护自身权益。另外，该指南强调采购商可以通过一些方式激励供应商，比如适当提高采购价格、增加采购数量、缩短付款期限等①。

新修订的《中华人民共和国环境保护法》也对企业的环境责任做出了一系列明确规定，其主要内容包括：一是明确绿色采购的理念和主要指导原则，推动企业将环境保护的要求融入采购全过程，努力实现经济效益与环境效益兼顾。二是引导、规范企业绿色采购全流程。其包括引导企业树立绿色采购理念、制定绿色采购方案，加强产品设计、生产、包装、物流、使用、回收利用等各环节的环境保护，更多采购绿色产品、绿色原材料和绿色服务，并根据供应商的环境表现采取区别化的采购措施等内容。三是有效发挥政府部门和行业组织的指导、规范作用。推动建立绿色采购和供应链的管理体系、

---

① 三部门联合发布《企业绿色采购指南(试行)》. 中央政府门户网站. http://www.gov.cn/xinwen/2014-12/29/content_2797853.htm，2014-12-29.

宣传机制、信息平台和数据等，为企业绿色采购提供保障和支撑。

（二）绿色采购所面临的障碍

1. 法律框架不够完善

我国目前实施的绿色采购制度缺少法律制度的支持。为了实现低碳循环经济和社会可持续发展目标，政府在采购过程中，应优先选择节能环保的产品，这将积极引导其他社会采购主体购买绿色产品。政府的绿色采购行为会影响其他消费者对产品的选择及市场竞争格局的变化，政府采购产品的数量及种类会影响市场的发展格局，因此，政府的采购行为会对市场产生巨大的影响。但是，目前政府的绿色采购效率仍有待提高。其主要原因是地方政府在绿色采购时存在地方保护主义，绿色采购的信息透明度不高以及缺乏科学的绿色采购绩效评价体系，因此，建议尽快出台"绿色采购法"作为指导更加有利于"双碳"目标的实现。另外，绿色采购行为也会影响供应商的相关利益，具体而言，为了获得政府采购合同，供应商将不断研发、制造、销售节能环保产品，进而满足政府对产品的节能环保需求。因此，这不仅提高了我国政府绿色采购的规模，也可以促进我国节能与环保事业的发展。与此同时，法律与政策的规定是实施政府绿色采购政策的基本保障，但是，我国政府绿色采购的相关法律制度极不完善。虽然根据《中国财政透明度报告》，我国的财政信息公开度呈现逐年上升的趋势，但是针对绿色采购的规模、绿色产品的价格、绿色产品种类等具体采购信息并未在地方政府统计年鉴、国家统计年鉴、国家统计局网站及财政统计年鉴中有所具体体现。再加之，在我国与政府绿色采购相关的地方法律法规中虽有所提及，但各个条款只是原则性和引导性较强，引导社会进行绿色消费，而缺乏具体有效的实施方案。因此，如果缺少相应的法律支持，就会使得绿色采购无法可依。尽管财政部对于供应商以及采购者的违规行为将予以一定的处理，但是根据《中华人民共和国政府采购法》的规定，政府采购中的法律规定的不完善依然会降低政府绿色采购制度的可操作性。

2. 主体范围与采购力度不足

2021 年 2 月，国务院印发的《关于加快建立健全绿色低碳循环发展经济体系的指导意见》提出，加大政府绿色采购力度，扩大绿色产品采购范围，逐步将绿色采购制度扩展至国有企业。虽然相较于之前的《中华人民共和国政府采购法》的规定（即政府采购中的采购人仅指依法进行采购的国家机关、事业单位、团体组织），而将国有企业排除在外的采购主体范围进行了完善。但是实际上，国有企业每年的采购规模已经超过各级政府的采购规模。因此，需要考虑国有企业的公有性等其他特点，更何况近几年因为疫情等原因导致我国财政预算约束力也越来越大，这种财政收入与财政支出的矛盾也越发明显，加之财政收入增速有下降趋势，因此导致政府绿色采购的力度不足，在助力实现"双碳"目标过程中也会有所顾虑。以上的种种情形不仅不利于我国绿色采购制度的完善，也不利于整个经济社会的长远发展。此外，在采购对象方面，截至目前，我国共发布了 23 期《环境标志产品政府采购清单》，其中涉及的产品类别以及数量都在逐年扩大，但是仍不能满足我国目前的政府绿色采购需求。比如，在我国的政府绿色采购中，虽然在 2022 年 8月财政部和国家环保总局联合发文，公布了我国首份政府采购"绿色清单"。清单中明确了政府用车只能选择 9 个环保认证的品牌。也推出了汽车、打印机、彩电、板材、家具等 14 个行业数百种获得中国环保标志认证产品的采购清单，但是对于占比较大的医疗设备，目前我国的政府绿色采购清单未涵盖这些产品类别。

3. 绿色采购的认证标准不统一

对于政府采购的绿色产品，必须由具有权威性的标准来判定。在政府绿色采购制度领先的国家，以环境标志产品为依据，要求政府采购环境标志产品，这不仅有利于核查和审计，也可以让全社会对绿色采购有更加直观的了解。在我国，目前正在实施的环保节能标志有四种，分别是中国环境标志（又称十环标志）、Ⅱ型环境标志、中国节能标志和中国能效标识。虽然我国已经颁布了环境标志认证标准，但是类别太多，如中国质量认证中心执行的强制性产品认证。我国目前的绿色产品认证工作，分别由生态环境部、财政部、国家发展改革委等部门操作，因此，认证标准的不统一将严重影响绿色采购的执行。

二、 完善 EPR 下绿色采购政策的相关建议

（一）完善再生资源产品绿色采购的相关立法

通过专门立法或政府令的形式强制推行或鼓励绿色采购是国际上通行做法。美国于 1991 年发布了总统令，规定政府采购绿色产品清单。加拿大的环境责任采购法案要求政府使用环境标志产品。日本于 2001 年开始实施绿色采购法。韩国于 2004 年底颁布了鼓励采购环境友好产品法。丹麦、荷兰、德国等国家都在相关的法律中对政府绿色采购有明确要求和规定。可以说立法是发达国家成功推行政府绿色采购的重要保障。我国于 2003 年开始实施《中华人民共和国政府采购法》，该法明确要求政府采购要有利于环境保护。与此同时，我国于 2006 年 11 月正式对外公布了《关于环境标志产品政府采购实施的意见》和首批《环境标志产品政府采购清单》，这标志着我国绿色采购制度的正式实施。但是，目前政府绿色采购的法律规定比较分散，分布于《中华人民共和国政府采购法》第九条、《中华人民共和国清洁生产促进法》第十六

条第一款、《中华人民共和国固体废物污染环境防治法》第一百条以及《节能产品政府采购实施意见》和《关于环境标志产品政府采购实施的意见》等法律规定。2022 年 1 月，国家发展改革委、商务部、工信部、财政部、自然资源部、生态环境部、住房和城乡建设部七部门联合发布《关于加快废旧物资循环利用体系建设的指导意见》，要求统筹现有资金渠道，加强对废旧物资循环利用体系建设重点项目的支持，加大政府绿色采购力度，积极采购再生资源产品。可见，再生资源产品的绿色采购的立法不仅立法周期相对较长，且由于政府绿色采购的相关规定较为分散，未能形成体系，并且缺乏具体的操作性，因此，应该尽快制定较为完善且细致的"绿色采购法"，明确规定实施绿色采购的主体、相关责任、绿色采购标准、绿色采购清单等。

（二）制定再生资源产品绿色采购标准与清单

目前，我国的政府绿色采购清单仅有《节能产品政府采购清单》和《环境标志产品政府采购清单》，并且尚未涉及再生资源产品。制定明确的再生资源产品绿色采购标准是实施绿色采购的重要步骤，国家权威部门应该发动相关行业，并联合多部门，充分整合现有资源，优先在政府采购所涉及的领域，制定统一的再生资源产品绿色采购标准和清单，推行再生资源产品绿色采购。

（三）实行优先采购制度，扩大再生资源利用比例

实行优先采购制度，即对再生资源利用的项目或产品，政府及企业通过自己的优先采购行为来予以鼓励，使有再生成分的产品在采购中处于优先地位。制定对使用再生材料的产品实行优先购买的相关政策。审计部门有权对政府采购的再生产品进行检查，对未能按规定购买的行为进行处罚。增加政府及企业对再生产品的购买，引导与带动市场形成对再生产品的稳定需求。

提高政府及企业采购部门对采购再生产品意义的认识；在招标和其他合同中规定最低再生资源使用量,或者适当提高利用再生资源的项目和服务的价格。

扩大再生资源的使用规模能够在一定程度上缓解初始资源稀缺情况,保持一定的再生资源利用比例,进而维持合理的资源消费市场结构。再生资源作为一种新的资源供给渠道,不仅有利于明确产业定位和发展目标,而且会带动相关技术研发、资金供给和服务的发展,进一步形成促进再生资源产业发展的有利环境。

（四）用经济激励手段扶持推动再生资源产品绿色采购

国家和各级政府要对研发和生产再生资源产品的企业实施价格补贴或适当的税收减免措施,特别是很多再生资源回收企业难以取得增值税进项抵扣,导致其税负过重,加上地方税后有的企业税负总额高达 19%以上,远高于一般行业企业水平。增强企业从事再生资源产品研发和生产的积极性和主动性,银行给予生产再生资源产品的企业和采购、使用再生资源产品的企业一定的贷款优惠措施,或优先考虑这些企业的商业贷款。调动企业实施再生资源产品绿色采购的积极性,一方面更有利于企业绿色采购活动的开展,另一方面推动再生资源产业的良性发展。

（五）公开再生资源产品绿色采购信息,完善监督机制

环境信息是制定政府及企业绿色采购指南、发布产品清单的重要依据。注重环境信息的获取、利用和发布,积极获取并规范发布相关产品生产和销售企业的环境信息,成为绿色采购实施和监督的重要依据。因此,我国也需要制定公开再生资源产品相关环境信息的规范,并公布政府及企业再生资源产品绿色采购的执行情况,建立并完善公众对再生资源产品绿色采购的监督机制。

第二节　推动我国企业 EPR 实践的对策建议

一、国内外企业 EPR 实践重点及规律

采用案例研究方法，重点研究了汽车及相关设备制造产业、电器电子产业以及第三方专业回收产业，搜集欧盟、美国、日本及中国等相关企业数据，展开泛化案例研究和深度案例研究，经由"案例筛选—案例描述—案例分析"流程构建了一套完整的企业 EPR 案例库，共涵盖企业案例 57 个。对于每个所选企业案例，由内而外，对企业内部运营、上下游产业链以及所处的国家/行业立法环境等各个方面展开 EPR 实践分析。

（一）国内外企业 EPR 实践的总体态势

1. 汽车及相关设备制造产业

通过汇总来自中国企业社会责任云平台、天津绿色供应链中心以及公众环境研究中心（Institute of Public and Environmental Affairs，IPE）、自然资源保护协会（Natural Resources Defense Council，NRDC）等世界环保机构公布的现有企业名录，从中选取 22 个国内外汽车及相关设备制造企业（如德国宝马、美国通用、日本本田、中国一汽、中国北车等）作为研究案例。总体来看，对于 EPR，发达国家的汽车制造企业具有较为明确的认知，它们拥有较为系统、健全的报废汽车及零部件回收网络，并在传统的废品回收基础上，注重生产前端的设计研发和技术革新。对于汽车零部件再制造，在美国、法国、德国等发达国家，已经形成了比较完善的生产和服务体系，其产品也受到了消费者的普遍认可。而在我国，EPR 的工作重心依然在于废品回收和再利用方式上，非正规回收对原始制造企业的正规回收造成了极大的冲击。特别地，通用、宝马等全球知名的汽车制造企业极其重视 EPR 工作，在企业内

部成立独立的 EPR 相关管理机构，EPR 工作范围涉及绿色办公、绿色工厂、绿色供应链、再利用技术研发、网络化回收等各个方面，并且每年都会公布一份《可持续发展报告》或《社会责任报告》。较之中国，目前仅有上市公司会在中国证券监督管理委员会（简称证监会）的要求下定期公布《可持续发展报告》。因此，在欧盟、日本等国家和地区，健全的立法环境、有序的市场环境及良好的公众认知，为企业参与 EPR 实践提供了有利条件。

2. 电器电子产业

选取富士施乐、东芝集团、英特尔、惠普、松下、三星等 26 个企业为案例，对电器电子企业的 EPR 相关举措进行汇总，发现"环境体系认证"、"环保新材料的研发"、"绿色供应链管理"、"废品回收网络构建"和"废弃物处理"五项是实施 EPR 的重点。在废旧产品的回收中利用零售商网点及社区网点是常用的方式，很多企业还设置了专门的计划项目，如惠普的"地球伙伴计划"、联想的"绿箱子计划"、华硕的"Green ASUS 项目"等。另外，电器电子的回收再利用率普遍很高，原材料回收（尤其是贵金属提取）、产品翻新及再制造是行业内普遍的现象。对于废旧产品的回收再利用的实际执行者，在国外发达国家主要是付费性委托代理模式，由国家政府指定的专业回收商进行统一处理，而在我国，除了电子危废外，一般废旧产品很难做到如此统一处理。总体来看，全球电器电子企业在 WEEE、RoHS 等国际法规的规范下，EPR 实践比汽车产业成效更为显著。

（二）企业 EPR 实践的主要内容及模式

1. 汽车及相关设备制造产业

汽车及相关设备制造产业案例分析显示，EPR 实践内容已经从生产者本身延展到了供应链的上下游，与扩张性 EPR 解释相一致，也与源头治理的

EPR 实施思路相契合。从上游供应商的绿色、环保性原材料的研发及供应，到中游制造商的再利用技术的研发、可拆解设计、再制造设计，再到下游零售商的"以旧换新/再"、销售补贴等营销策略，整条供应链的正逆向物流协作，已成为行业履行 EPR 的主要内容。由于汽车零部件属于耐用品，其新品及再制造品的销售后服务成为 EPR 实践中不可忽视的重要环节。对于 EPR 实践模式，主要有两种：一种是 OEM 模式，主导者为传统的原制造商投资、控股或者授权生产的再制造零部件企业，它们依托传统产品销售渠道实现废品的回收及再销售。另一种是第三方制造商（third party manufacturer，3PM）模式，主导者是第三方专业回收商及再制造商，原制造企业通过合同契约等方式将 EPR 义务委托给第三方完成。美国等拥有健全、规范的市场机制，3PM模式盛行，如其废品及再制造品可经由保险公司、拍卖行、产品交易市场进行流通，而在我国还是以 OEM 模式为主。

2. 电器电子产业

电器电子产业案例分析显示，EPR 实践内容已经从强制性危废处理延展到了一般产品的回收再利用。欧盟、日本等国家均制定了严格详尽的电子产品生产及处理标准（如 WEEE 指令、ISO 14001 环境管理系统、OHSAS 18001、电子行业行为规范、RoHS），对于原材料的使用做了限定，而新型原材料的研发也是践行 EPR 的关键。电子产业的 EPR 模式同样存在 OEM 模式和 3PM模式两种，但是电器电子的回收和处理主要是依托第三方回收商，尤其第三方电商平台来完成。

企业 EPR 实践不只是某企业自身的责任，它先拓展到了供应链范畴，随后拓展到了社会利益相关者范畴，包含供应商、制造商/再制造商、第三方回收商、零售商、消费者、政府、行业协会、NGO 以及银行、高校等其他服务机构。基于利益相关者角度，解析了各参与者的 EPR 实践行为构成（共 51

项），构建了分层次的 EPR 成熟度模型（依次分未定义阶段—定义阶段—联合阶段—整合阶段—拓展阶段），发现欧盟、日本的企业多数属于整合阶段，而美国有部分企业发展到拓展阶段，而我国企业多数停留在联合阶段。

（三）企业 EPR 实践的共性和特性

综合分析 57 个国内外案例，发现企业实践是存在共性的。首先，企业 EPR 实践过程都需要有一个强有力的第三方进行统一管控，在欧盟、日本、中国是国家政府，在美国是行业协会，由其制定行业标准，促进新技术推广使用，疏通 EPR 回收网络等。其次，企业 EPR 实践内容不仅是后期废品回收和再利用，而是已延伸到上游绿色采购、产品设计和下游产品的促销激励。最后，企业 EPR 实践模式更趋向市场化，废品回收处理及再销售将成为一个新的产业，会带动金融机构、高校、公众等共同参与，形成一个责任共同体。

然而，不同企业的 EPR 实践还是存在差异的，这与国家宏观治理机制有关（政府干预型还是自由市场型），也与社会经济发展水平有关（是否具有高端的废品处理技术、消费者认知水平和购买力），也与企业发展战略及规划有关（经济利益导向、社会舆论导向还是环境责任导向）。

二、　我国企业 EPR 实践特点及不足

（一）政府干预为主，市场调节为辅

现阶段，我国政府对企业 EPR 实践具有较强的干预作用，类似日本。例如，对于汽车及汽车相关设备制造产业，自 2008 年，我国政府陆续发布了《关于组织开展汽车零部件再制造试点工作的通知》《汽车零部件再制造试点管理办法》《关于确定第二批再制造试点的通知》等，使得再制造试点企业已拓

展至 42 家。2013 年，我国政府颁布的《再制造品"以旧换再"试点实施方案》明确规定，中央财政按照其推广置换价格的一定比例，通过试点企业对"以旧换再"再制造品购买者给予一次性补贴，从而有效拉动了国内再制造品市场需求。2016 年，国务院办公厅印发《生产者责任延伸制度推行方案》，提出率先对汽车、电器电子、铅酸蓄电池和包装物等 4 类产品实施 EPR 制度。2019 年，国务院公布《报废机动车回收管理办法》，明确提出机动车生产企业按照国家有关规定承担生产者责任。2020 年，全国人大常委会正式通过《中华人民共和国固体废物污染环境防治法》的修订，明确要求建立车用动力电池等产品的生产者责任延伸制度，首次将 EPR 制度列入法律体系，为我国建立汽车产品 EPR 管理制度提供了法律依据。2021 年，工信部、科技部、财政部、商务部四部委联合印发《汽车产品生产者责任延伸试点实施方案》（以下简称"试点方案"），为探索建立易推广、可复制的汽车产品生产者责任延伸制度实施模式迈出坚实步伐。2022 年 1 月，工信部牵头相关七部委联合印发《关于加快推动工业资源综合利用的实施方案》，将推进汽车产品 EPR 试点工作纳入"十四五"再生资源高效循环利用重点工程。2022 年 10 月，汽车行业的 EPR 试点名单正式发布，包括一汽、东风、吉利、陕汽等在内的 11 家行业重点企业正式入选该名单。此次试点名单的发布，标志着为期两年的试点正式启动，对建立健全 EPR 制度落地实施模式具有重要意义。可见，在我国企业 EPR 的实践中是以为政府干预为主，市场调节为辅的。对此，政府应对干预内容、干预方式进行更细致的仔细考量，利用干预反作用于市场，不断增强 EPR 的政策约束力，不断完善 EPR 的制度模式，从而消解市场失灵现象。

（二）生产端推动过剩，消费端拉动不足

在我国，对于废品的再制造技术已经成熟，在再制造成本上也已具竞争优势和盈利空间，但是与消费者有关的两个关键环节——废品回收和再制造品销售，却存在很大问题。一方面，消费者对于废品的回送意识较差，使得生产端原材料不足，出现产能浪费现象；另一方面，消费者对于再制造品的价值评估比较低，产品接受度较差，使得生产端的产品滞销。EPR 实践过程应该是动态的集体参与活动，需要正逆向产品流、资金流的闭环连通和生产端、消费端的共同作用。

（三）企业 EPR 认知模糊，EPR 绩效考量困难

通过企业调研，发现不同企业高管对于 EPR 的理解和认知是参差不齐的，多数将生产者责任延伸与企业社会责任、可持续发展等概念相混淆，甚至有的企业高管认为承担了经济责任就等于是履行了 EPR 的责任。另外，对于 EPR 的实践内容、实践流程、实践绩效等缺乏明确的规范和界定，以响应国家法规要求和经济效益为目的的回收占多数，很少企业以肩负环境责任为目的，对于收益回报周期比较长的研发投入比较谨慎。当前，单纯以回收率或回收量为标准的奖惩考评方法是有待商榷的。因此，实际上，企业的 EPR 的实施不单纯是生产者的责任，而是一个系统工程，需要全社会的参与和支持。

（四）企业授权自营谋利，回收网络不健全

所选案例中部分企业参与了授权第三方企业进行废品回收再利用，归纳分析发现很多获得授权的第三方企业实际上是归属原始制造商企业的，它们并不是纯粹的委托代理关系。被授权企业不仅回收原始制造企业的废品，还

社会性收购其他产品。实际上，看似"责任履行"的原始制造企业，却是以"瓜分第三方回收市场份额"为目的。总体而言，我国企业通常是单独进行废品回收，各自经营自己的回收网络，很少有资源共享和联合回收，因此回收辐射范围受限，降低了回收效率。

三、　我国企业 EPR 实践的对策建议

（一）强调供应链集体延伸责任，打通闭环供应链渠道

在明确生产者责任延伸内容的基础上，传递"供应链集体延伸责任"的参与理念，对某企业的 EPR 利益相关者进行梳理和统计，按照 EPR 成熟度实践清单进行勾选打分，找出哪个参与者的哪个行为是需完善或欠缺的，根据现实需要制定行动规划。在"供应链集体延伸责任"的框架下，供应商、制造商、第三方回收商、零售商、消费者等各参与者实现战略合作，形成一个联通的闭环供应链。

（二）加强研发和销售资本投入，提升消费者产品评估价值

EPR 实践的最直接驱动力是再利用产品的售后收益，而销售服务达成的基本条件是产品本身具有较高的使用价值。为了提高消费者的产品评估价值，企业应该从两个关键环节着手：前端研发设计和后端营销服务。在前端研发设计阶段，增加资本投入以引入先进设备及技术，缩短研发周期，使得产品更易于拆解和再制造的同时兼具较高实用价值。在后端营销服务方面，增加资本投入以扩大宣传力度，提高服务质量，使得消费者在购买产品时获得更好的质量承诺和更高的服务体验价值。比如电子设备领域的实践者易点云，截至 2022 年 6 月 30 日，易点云拥有中国唯一年产能超过 60 万台的电脑再制

造工厂。核心再制造工厂位于武汉，同时在北京、上海、深圳及成都建有再制造工厂。在前端其通过行业领先的再制造技术，可以把电脑的使用寿命从平均 3 年延长至平均 7~10 年，明显提高了设备的利用率，另外，电脑通过再制造技术延长了使用年限，也有利于易点云降低成本、提升盈利能力。在后端，通过其地域网格化的企业及时服务和冲击港股首次公开募股（initial public offering，IPO）的品牌化宣传，不仅提高了服务质量，而且使消费者也获得了因为上市带来的更好质量承诺和更高的服务体验价值。如今，易点云的再制造设施已经成功运作了 15 年，包括软件系统、批量检测的硬件设备、快速翻新工具以及创新翻新技术，以提高再制造的效率，同时保持设备的外观及性能。易点云创新再制造技术拥有的诸多优势和领先于行业的水平，无疑是电子产品领域 EPR 的最好实践者。

（三）加强与电商、金融机构合作，搭建现代化 EPR 服务网络

随着产品销售渠道的拓展，电商线上平台也是 EPR 实践的重要服务模式。电商线上平台除了支持再制造品的线上销售外，还可以支持废品的回收。爱回收、回收宝等线上第三方回收平台日益成熟，借助其网络延展性，可以更加快速地接近消费者，更为便捷地完成废品的回收工作。另外，与银行、保险公司及期货交易机构等进行合作，通过它们提供支持性服务，可以拓展企业的服务范围和服务途径，实现资金流、产品流（新品、废品）的多元流通，形成现代化的 EPR 服务网络。

（四）合理管控 OEM-EPR 模式，积极支持 3PM-EPR 模式

中国传统的 OEM-EPR 模式比 3PM-EPR 模式具有优越性。OEM 企业不仅具有雄厚的技术研发能力，还具有成熟的连锁销售网店及服务体系，属于

一个较为成熟的 EPR 参与主体。政府作为一个管控者，实时了解企业 EPR 实践的情况，联合制造商推行"以旧换/再"，借助已有的正向渠道来处理产品回收，能够快速覆盖潜在客户群。剖析发达国家的发展近况，由第三方专业回收机构代理履行 EPR 责任将是 EPR 实践的发展趋势。在我国，格林美作为电器电子产品回收的领军者，港股上市公司小熊 U 租作为再制造的先行实践者，其运营模式都具有较强的借鉴作用。政府政策制定、银行信贷、税收减免等优惠待遇应适当向第三方回收企业倾斜。

（五）发挥行业协会、公众监督作用，构建全民责任机制

政府和行业协会应通力合作，根据企业发展的不同阶段，制定相应的、动态的 EPR 责任标准，通过分析企业 EPR 实践内容，设置详尽的绩效考核指标，建立奖罚分明的激励机制。可以借鉴美国行业协会的管理经验，不仅要发挥行业自我规范和治理的功能，而且还可以通过定期召开行业会议，达成行业共识，来促进行业内的信息共享和向公众的技术推广。NGO、社会公众应积极参与企业 EPR 实践的监督，利用社会舆论作用引导企业 EPR 行为，最终形成全民参与、责任共担的 EPR 机制。

参考文献

阿茵，沈绍柱. 2007. 绿色风尚标：生产者责任延伸. 环境，（11）：30-33.

白璐，孙启宏，乔琦. 2010. 生命周期评价在国内的研究进展评述. 安徽农业科学，38（5）：2553-2555.

白少布. 2012. 基于第三方回收的产品供应链生产者责任延伸激励机制. 计算机集成制造系统，18（6）：1288-1298.

白少布，刘洪. 2012. EPR制度意义下制造商和零售商激励契约研究. 中国管理科学，20（3）：122-130.

鲍健强，翟帆，陈亚青. 2007. 生产者延伸责任制度研究. 中国工业经济，（8）：98-105.

曹海英，温孝卿. 2012. 零售商主导型绿色供应链企业间的合作博弈分析. 统计与决策，（7）：186-188.

曹柬，吴晓波，周根贵. 2011. 基于产品效用异质性的绿色供应链协调策略. 计算机集成制造系统，17（6）：1279-1286.

常香云，范体军，黄建业. 2006. 基于"生产者责任延伸"的逆向物流管理模式. 现代管理科学，（5）：35-37.

常香云，潘婷，钟永光，等. 2021. EPR制度约束下生产–再制造竞争系统的双环境责任行为分析. 系统工程理论与实践，41（4）：905-918.

陈红，郝维昌，石凤，等. 2004. 几种典型高分子材料的生命周期评价. 环境科学学报，（5）：545-549.

陈娜. 2013. 基于知识网络的产品生命周期设计、评价方法及系统. 杭州：浙江大学.

陈文. 2012. 论我国汽车业生产者责任延伸制度的建构. 中共郑州市委党校学报，（2）：63-65.

陈翊. 2006. 生产者延伸责任与我国出口贸易. 对外经贸实务，（9）：78-80.

陈懿. 2009. 论延伸生产者责任原则在欧盟法中的适用. 东岳论丛，30（4）：151-154.

程经. 2006. 生产者责任延伸——"双管齐下"解决电子垃圾污染. 绿叶,（1）：36-37.

程岩，杨丹琴，田凤权. 2012. 基于生产者延伸责任制的电子产品再制造逆向物流研究. 机械设计与制造工程，41（15）：13-15，20.

戴勇. 2017. 食品安全社会共治模式研究：供应链可持续治理的视角. 社会科学，（6）：47-58.

电子废弃物循环体系的实现与政策研究课题组. 2007. 中国生产者责任延伸机制探讨. 中国市场，（1）：79-80.

丁敏. 2005. 固体废物管理中生产者责任延伸制度研究. 北京：中国政法大学.

董长青，吴蒙. 2012. 基于生产者责任延伸制度的我国汽车回收利用管理研究. 资源再生，（6）：44-45.

董琪. 2008. 我国生产者责任延伸制度研究. 青岛：山东科技大学.

董正爱. 2008. 生产者责任延伸制度研究. 重庆：重庆大学.

董正爱. 2010. 循环经济视阈下的生产者责任延伸制度解构. 中国软科学，（S2）：166-174.

杜楠楠. 2016. 基于生命周期分析的汽车行业 EPR 实施障碍因素研究. 大连：大连理工大学.

樊庆锌，敖红光，孟超. 2007. 生命周期评价. 环境科学与管理，32（6）：177-180.

范泽云，朱萍，乌力吉图. 2009. 生产者责任延伸制度在电子产品行业中的应用. 中国资源综合利用，27（4）：24-27.

方海峰，黄永和，黎宇科. 2009. 落实生产者责任延伸制度推动汽车企业提高回收利用水平（上）. 汽车与配件，31：41-43.

房巧红. 2010. 公众环保意识对再制造决策的影响研究. 工业工程，13（1）：47-51.

冯菲菲. 2009. 生产者责任延伸制度研究. 重庆：西南政法大学.

冯良. 2005. 推行生产者责任延伸制度，促进电子废物回收利用——欧盟废旧家电回收处理制度考察. 电器，7：70-72.

付小勇，朱庆华，窦一杰. 2011. 中国版 WEEE 法规实施中政府和电子企业演化博弈分析. 管理评论，23（10）：171-176.

高敏. 2011. 环境立法成本效益评估的功能与局限. 中国环境法治，（2）：154-161.

高晓露. 2009. 循环经济视野下的生产者责任延伸制度解读. 经济经纬，4：145-148.

郜翔. 2012. 政府在生产者责任延伸制中的承担责任研究. 河南师范大学学报：哲学社会科学版，39（1）：107-110.

龚浩，郭春香，李胜. 2012. 基于消费者偏好的供应链社会责任内在动力研究. 软科学，26（12）：45-49.

谷德近. 2008. 论生产者延伸责任制度. 生态经济，10：60-63.

顾霁虹. 2011. 落实"生产者责任延伸制度"推进循环经济. 经济研究导刊，18：195-196.

海热提，夏训峰，陈凤先. 2006. 生产者责任延伸制在汽车回收中的实施手段研究. 汽车与配件, 49: 18-19.

何悦. 2010. 我国生产者延伸责任立法. 科技与法律（中英文）, 84（2）: 70-73.

何悦. 2012. 产品责任与生产者延伸责任研究. 天津法学, 28（1）: 5-10.

胡彪, 马俊. 2022. 奖惩机制下铅蓄电池生产商实施 EPR 的演化博弈分析. 安全与环境学报, 22（2）: 962-971.

胡兰玲. 2012. 生产者责任延伸制度研究. 天津师范大学学报: 社会科学版, 4: 66-70.

胡苑. 2010. 生产者延伸责任: 范畴、制度路径与规范分析. 上海财经大学学报: 哲学社会科学版, 12（3）: 42-49.

胡志远, 程鹏, 谭丕强, 等. 2013. 电动汽车生命周期影响评价. 2013 中国环境科学学会学术年会论文集.

黄恒伟. 2006. 电子电气设备生产者延伸责任制度中的逆向物流管理. 长沙: 湖南大学.

黄慧婷, 王涛, 童昕. 2018. 基于 EPR 的手机逆向物流空间分析. 北京大学学报: 自然科学版, 54（5）: 1085-1094.

黄珈琳. 2007. 延伸生产者责任法律制度剖析. 湖北开放大学学报, 27（4）: 92-94.

黄锡生, 张国鹏. 2006. 论生产者责任延伸制度——从循环经济的动力支持谈起. 法学论坛, 21（3）: 111-114.

黄英杰, 梁富丽. 2003. 延长生产者责任制度. 永续产业发展, 4: 9-16.

黄英娜, 张锡辉, 郭振仁. 2005. 生产者延伸责任制及其在我国电子电器行业推行的现实意义. 生态经济, A10: 163-165.

黄颖, 计军平, 马晓明. 2012. 基于 EIO-LCA 模型的纯电动轿车温室气体减排分析. 中国环境科学, 32（5）: 947-953.

霍李江. 2003. 生命周期评价（LCA）综述. 中国包装, 23（1）: 19-23.

季京京. 2012. 生产者责任延伸制下的逆向物流博弈分析. 阜新：辽宁工程技术大学.

贾国华，叶婷. 2008. 论生产者责任延伸制度的完善. 天津商业大学学报，28（5）：8-12.

江世英，李随成. 2015. 考虑产品绿色度的绿色供应链博弈模型及收益共享契约. 中国管理科学，23（6）：169-176.

蒋春华. 2009. 循环经济中"生产者延伸责任"的概念辨析. 黑龙江省政法管理干部学院学报，1：126-129.

金常飞. 2012. 基于博弈视角的绿色供应链政府补贴政策研究. 长沙：湖南大学.

金广香. 2010. 生产者责任延伸制与电子废弃物管理——环境法规. 河北环境工程学院学报，20（6）：49-52.

李博洋，顾成奎. 2012. 实施生产者责任延伸制度促进资源综合利用. 中国科技投资，11：41-43.

李桂林. 2007. 论生产者责任延伸制度. 合肥：合肥工业大学.

李花蕾. 2011. 循环经济视角下生产者责任延伸制度研究. 昆明：昆明理工大学.

李慧明，王军锋. 2007. 物质代谢、产业代谢和物质经济代谢——代谢与循环经济理论. 南开学报（哲学社会科学版），（6）：98-105.

李金华，黄光于. 2019. 供应链社会责任治理机制、企业社会责任与合作伙伴关系. 管理评论，31（10）：242-254.

李婧婧，李勇建，刘露，等. 2019. 激励绿色供应链企业开展生态设计的机制决策. 系统工程理论与实践，39（9）：2287-2299.

李婧婧，李勇建，宋华，等. 2021. 资源和能力视角下可持续供应链治理路径研究——基于联想全球供应链的案例研究. 管理评论，33（9）：326-339.

李亮，李桂林.2008. 论我国生产者责任延伸制度的实施. 华东经济管理，22（9）：66-69.

李名林.2006. "生产者责任延伸"类技术法规研究. 中国质量与标准导报，6：12-14.

李瑞海，张涛.2009. 减量化生产模式下绿色供应链效率比较. 系统管理学报，18（4）：432-435.

李世杰，李凯.2006. 生产者延伸责任的双重效应分析. 技术经济与管理研究，6：118-119.

李书华.2014. 电动汽车全生命周期分析及环境效益评价. 长春：吉林大学.

李维安，李勇建，石丹.2016. 供应链治理理论研究：概念、内涵与规范性分析框架. 南开管理评论，19（1）：4-15，42.

李玮玮，盛巧燕.2008. 生产者责任延伸制度：企业承担社会责任的可行路径. 江苏商论，（9）：101-102.

李文军，郑艳玲.2021a. 废弃电器电子产品领域 EPR 激励政策工具设计与分析.江淮论坛，（3）：41-47，140，193.

李文军，郑艳玲.2021b.中国废弃电器电子产品行业发展及 EPR 制度效应. 数量经济技术经济研究，38（1）：98-116.

李响，李勇建.2012. 多再制造商回收定价竞争博弈. 管理工程学报，26（2）：72-76.

李晓鸿，田巧娣.2012. 我国电子废弃物回收处理研究——基于生产者责任延伸制度. 学理论，（2）：74-75，78.

李雅倩.2012. 生产者责任延伸制度研究. 青岛：中国海洋大学.

李艳波，刘松先.2008. 信息不对称下政府主管部门与食品企业的博弈分析. 中国管理科学，（z1）：197-200.

李艳萍.2005. 论延伸生产者责任制度. 环境保护，（7）：13-15，38.

李艳萍，孙启宏，乔琦，等.2007.延伸生产者责任制度的本质和特征.环境与可持续发展，（4）：21-24.

李勇建.2006.供应链上的新元素：企业逆向物流管理实践.北京：人民交通出版社.

李勇建，邓芊洲，赵秀堃，等.2020a.生产者责任延伸制下的绿色供应链治理研究——基于环境规制交互分析视角.南开管理评论，23（5）：134-144.

李勇建，冯立攀，赵秀堃，等.2020b.新运营时代的逆向物流研究进展与展望.系统工程理论与实践，40（8）：2008-2022.

李勇建，许垒.2012.租赁返回产品的回收再制造活动协调机制研究.系统工程学报，27（3）：370-382.

李芊蓁.2012.电器电子产品生产者责任延伸制度研究.咸阳：西北农林科技大学.

李芊蓁，田义文，陈毓君.2012.论我国生产者责任延伸制度中生产者范围的扩张.特区经济，1：290-292.

李媛，赵道致.2013.基于供应链低碳化的政府及企业行为博弈模型.工业工程，16（4）：1-6.

林晖.2010.循环经济下的生产者责任延伸制度研究.青岛：中国海洋大学.

林筠，薛岩，高海玲，等.2008.企业-供应商关系与合作绩效路径模型实证研究.管理科学，21（4）：37-45.

刘冰，梅光军.2005.生产者责任延伸制度在电子废弃物管理中的探讨.环境技术，24（6）：1-3，17.

刘冰，梅光军.2006.在电子废弃物管理中生产者责任延伸制度探讨.中国人口·资源与环境，16（2）：120-123.

刘伯超.2012.基于绿色供应链的企业绿色度评价研究.物流技术，31（12）：402-404.

刘超. 2004. 面向延伸生产者责任的产品设计. 轻工机械, 3: 121-122.

刘丛, 黄卫来, 郑本荣, 等. 2017. 考虑营销努力和创新能力的制造商激励供应商创新决策研究. 系统工程理论与实践, 37 (12): 3040-3051.

刘海歌. 2010. 浅析生产者责任延伸制度及其完善. 延安大学学报: 社会科学版, 32 (3): 78-80.

刘红超. 2014. 基于可持续视角的生命周期评价模型研究. 天津: 天津大学.

刘红旗, 陈世兴. 2000. 产品绿色度的综合评价模型和方法体系. 中国机械工程, 11 (9): 1013-1016.

刘健敏. 2008. 我国废旧家电逆向物流回收机制探讨. 物流科技, 31(8): 26-28.

刘军军, 冯云婷, 朱庆华. 2020. 可持续运营管理研究趋势和展望. 系统工程理论与实践, 40 (8): 1996-2007.

刘俊海. 1999. 公司的社会责任. 北京: 法律出版社.

刘克宁, 宋华明. 2017. EPR 制度下废弃电子产品回收的低碳研发激励机制研究. 控制与决策, 32 (4): 656-664.

刘丽敏, 杨淑娥. 2007. 生产者责任延伸制度下企业外部环境成本内部化的约束机制探讨. 河北大学学报: 哲学社会科学版, 32 (3): 79-82.

刘林. 2011. 生产者责任延伸法律制度研究. 哈尔滨: 黑龙江大学.

刘慕凡, 胡春华, 刘汉红, 等. 2005. 电子废物管理中生产者责任延伸制度及对策研究. 科技进步与对策, 22 (2): 57-59.

刘宁, 田义文. 2009. 生产者责任延伸制度及法律规制. 商业经济研究, 10: 57.

刘志超. 2013. 发动机原始制造与再制造全生命周期评价方法. 大连: 大连理工大学.

卢代富. 2002. 企业社会责任的经济学与法学分析. 北京: 法律出版社.

陆辉. 2008. 对建立和实施我国生产者责任延伸制度的思考. 经济师, 1:

50-51.

陆辉,白晓革.2008.生产者责任延伸制度实施方式选择的市场效应——基于企业层面的经济学分析.中国市场,6:82-84.

陆燕.2011.生产者责任延伸制度应用于氙85高强度气体放电灯的废弃管理研究.上海:复旦大学.

骆盛智.2009.论我国生产者责任延伸法律制度的完善.贵阳:贵州大学.

吕静.2007.生产者延伸责任及国外相关立法综述.中国发展,7(1):43-46.

马洪.2009.生产者延伸责任的扩张性解释.法学研究,31(1):46-59.

马敬爱,钟永光.2021.生产者责任延伸制下 WEEE 回收多主体参与策略选择研究.软科学,35(7):122-129.

马娜.2006.生产者责任延伸制度对环保和贸易的作用.质量与标准化,5:18-23.

毛欢喜.2004.专家认为:环保产业应尽早实施生产者责任延伸制.再生资源研究,2:44.

宁亚春,罗之仁.2010.政府管制与双寡头企业社会责任行为的博弈研究.中国管理科学,18(2):157-164.

牛睿.2012.生产者责任延伸制度的不足与完善.人民论坛,6:54-55.

牛水叶,李勇建.2017a.生产者延伸责任制(EPR)运营实践的供应链治理与评估方法研究——"EPR 成熟度模型"的构建与多案例的实践应用.珞珈管理评论,(1):188-213.

牛水叶,李勇建.2017b.再制造供应链运营策略博弈.系统工程学报,32(5):674-685.

牛水叶,李勇建.2019.再制造供应链"投保策略"运营模式研究:谁应来投"产品质量保险"?.运筹与管理,28(1):46-53.

潘峰.2012.我国生产者责任延伸制度研究.长沙:湖南大学.

期海明，李花蕾.2011.刍议循环经济视角下的生产者延伸责任.普洱学院学报，5：48-51.

齐珊娜.2012.中国环境管理的发展规律及其改革策略研究.天津：南开大学.

乔鹏亮.2013.生产者责任延伸下的废弃物物流研究.物流技术，32（4）：39-41.

邱国斌.2013.基于损失厌恶的绿色供应链博弈研究.当代经济管理，35（12）：18-23.

任文举.2009.生产者责任延伸制度实施方式差异及绩效评价.西南农业大学学报：社会科学版，7（4）：15-18.

任文举，李忠.2006.生产者责任延伸制度理论及其实践.经济师，4：29-30.

申进忠.2013.国际气候法视野中的产品隐含碳排放.上海商学院学报，14（1）：15-19.

申进忠，徐祥民.2013.产品导向环境政策研究.北京：法律出版社.

申亮.2008.绿色供应链演化博弈的政府激励机制研究.技术经济，27（3）：110-113.

沈百鑫.2021.生产者责任延伸机制的发展和演变趋势——中国、德国及欧盟固废治理的法律比较.中国政法大学学报，（6）：76-93.

生态环境部.2019.海尔白电研发基地建设项目环境影响报告表.[2020-02-25].
http://118.190.71.80:8081/HuanPing/1/141721_87594_cfd96bfd-d969-4bd7-a373-e94e44f6ffb9.pdf.

施锡铨，朱鸣雄.2012.政治与经济中的合作博弈分析.马克思主义研究，（2）：124-128.

石丹，李勇建.2014.基于契约和关系治理的供应链质量控制机制设计.运筹与管理，23（2）：15-23.

石平，颜波，石松.2016.考虑公平的绿色供应链定价与产品绿色度决策.系统工程理论与实践，36（8）：1937-1950.

石晓红. 2008. 论废弃物处理与扩大生产者责任——以日本为例. 华章，11：
　　32，105.

宋寒，但斌，张旭梅. 2010. 服务外包中双边道德风险的关系契约激励机制.
　　系统工程理论与实践，30（11）：1944-1953.

孙绍锋，王兆龙，邓毅. 2017. 韩国生产者责任延伸制实施情况及对我国的启
　　示. 环境保护，45（1）：58-62.

孙曙生，陈平，唐绍均. 2007. 论废弃产品问题与生产者责任延伸制度的回应.
　　生态经济，9：72-75.

孙亚锋，韦家旭. 2002. 浅述日本生产者责任扩大的选择. 经济师，4：92-93.

台桂花，赵义博，王敏. 2007. 生产者责任延伸制度亟待确立. 环境经济，9：
　　17-18.

唐烈英. 1995. 论法律效力与法律约束力. 现代法学，（2）：74-77.

唐绍均. 2007. 生产者责任延伸（EPR）制度研究. 重庆：重庆大学.

唐绍均. 2008. 论生产者的延伸责任. 学术论坛，31（10）：140-146.

唐绍均. 2009. 论生产者责任延伸制度概念的淆乱与矫正. 重庆大学学报：社
　　会科学版，15（4）：115-119.

田海峰，孙广生，李凯. 2010. 生产者责任延伸、废物再利用与政策工具选
　　择——基于产品生命周期的一个考察. 产业经济评论，9（3）：22-36.

田艳敏. 2012. 论河南省生产者责任延伸制度的建构. 管理工程师，4：38-42.

童昕. 2003. 论电子废物管理中的延伸生产者责任原则. 吉林环境，22（1）：
　　1-4，7.

童昕，罗朝璇. 2020. 基于企业自愿信息披露的生产者责任延伸履责绩效评
　　价. 中国人口·资源与环境，30（4）：63-74.

童昕，颜琳. 2012. 可持续转型与延伸生产者责任制度. 中国人口·资源与环

境，8：48-54.

汪张林. 2009. 论我国生产者延伸责任的内涵及立法的完善. 内蒙古社会科学，30（3）：15-18.

王安宇. 2008. 研发外包契约类型选择：固定支付契约还是成本附加契约. 科学管理研究，26（4）：34-37.

王安宇，司春林，骆品亮. 2006. 研发外包中的关系契约. 科研管理，27（6）：103-108.

王冰. 2013. 2013 电子电器产品回收处理技术及生产者责任延伸制度国际会议在京召开. 资源再生，5：42.

王长波，张力小，庞明月. 2015. 生命周期评价方法研究综述——兼论混合生命周期评价的发展与应用. 自然资源学报，（30）7：1232-1242.

王长义，王大鹏，赵晓雯，等. 2010. 结构方程模型中拟合指数的运用与比较. 现代预防医学，37（1）：7-9.

王干. 2006. 论我国生产者责任延伸制度的完善. 现代法学，28（4）：167-173.

王慧敏，刘畅，钟永光. 2021. 基于演化博弈的动力电池回收商投资模式选择研究. 工业工程与管理，26（2）：161-170.

王军锋，侯超波. 2013. 中国流域生态补偿机制实施框架与补偿模式研究——基于补偿资金来源的视角. 中国人口·资源与环境，23（2）：23-29.

王军锋，闫勇，杨春玉. 2012. 区域差异对排污税费政策的影响分析及对策研究. 中国人口·资源与环境，22（3）：93-97.

王丽杰，郑艳丽. 2014. 绿色供应链管理中对供应商激励机制的构建研究. 管理世界，（8）：184-185.

王林秀，王瑞敏，马强. 2011. 基于生产者责任延伸的建筑业逆向物流系统研究. 科学与管理，31（2）：69-72.

王凌飞. 2019. 我国汽车回收管理的 EPR 制度与实践. 武汉：中南财经政法

大学.

王明强, 李婷婷. 2008. 基于 AHP 与改进 DEA 方法的机械产品绿色度评价研究. 机械与电子,（4）：11-13.

王能民, 孙林岩, 汪应洛. 2005. 绿色供应链管理. 北京：清华大学出版社.

王世磊, 严广乐, 李贞. 2010. 逆向物流的演化博弈分析. 系统工程学报, 25（4）：520-525.

王帅. 2010. 我国生产者责任延伸法律制度研究. 咸阳：西北农林科技大学.

王帅, 王育才. 2009. 生产者责任延伸视角下的绿色设计制度研究. 生态经济, 11：97-99.

王文宾, 达庆利. 2011. 奖惩机制下闭环供应链的决策与协调. 中国管理科学, 19（1）：36-41.

王文川, 闫静. 2010. 加强监管, 实施生产者责任延伸制度, 防止电子废物污染环境. 四川环境, 29（5）：66-72.

王雪松, 岳静. 2007. 生产者责任延伸制度内涵和要素探析. 乡镇经济, 4：41-43.

王岩. 2008. 中国特色生产者责任延伸制度建设模式初探. 再生资源与循环经济, 1（2）：15-20.

王颖, 王方华. 2007. 关系治理中关系规范的形成及治理机理研究. 软科学, 21（2）：67-70.

王兆华. 2006. 电子废弃物管理中的延伸生产者责任制度应用研究. 工业技术经济, 25（4）：57-59.

王兆华, 尹建华. 2006. 基于生产者责任延伸制度的我国电子废弃物管理研究. 北京理工大学学报：社会科学版, 8（4）：49-51, 59.

王兆华, 尹建华. 2008. 生产者责任延伸制度的国际实践及对我国的启示——以电子废弃物回收为例. 生产力研究, 3：95-96.

魏洁.2006.生产者责任延伸制下的企业回收逆向物流研究.成都：西南交通大学.

魏洁.2009.生产者责任延伸制下逆向物流回收体系的选择.杭州电子科技大学学报：社会科学版，4：12-16.

魏洁，李军.2005.EPR下的逆向物流回收模式选择研究.中国管理科学，13（6）：18-22.

温素彬，薛恒新.2005.面向可持续发展的延伸生产者责任制度.经济问题，2：11-13.

温忠麟，侯杰泰，马什赫伯特.2004.结构方程模型检验：拟合指数与卡方准则.心理学报，（2）：186-194.

吴波，贾生华.2006.企业间合作治理模式选择及其绩效研究述评.软科学，20（5）：20-24.

吴怡.2007.基于期望理论的生产者延伸责任激励机制研究.中国市场，40：104-105.

吴怡，刘宁.2009.基于生产者责任延伸制的汽车零部件再制造研究.生态经济，11：120-124.

吴怡，诸大建.2007.生产者延伸责任的成本控制研究.工业技术经济，26（10）：23-26.

吴怡，诸大建.2008.生产者责任延伸制的SOP模型及激励机制研究.中国工业经济，3：32-39.

吴知峰.2007.生产者责任和生产者延伸责任比较研究.企业经济，10：42-44.

肖陈翔.2007.关于循环经济立法中生产者责任延伸制度的探究.闽江学院学报，28（4）：54-58.

肖洪礼.2011.生产者责任延伸制度下中国家用电器逆向物流组织模式研究.北京：北京交通大学.

谢芳，李慧明.2006.生产者责任延伸制与企业的循环经济模式.生态经济，
　　6：64-66，77.

徐滨士，刘世参，史佩京.2008.再制造工程的发展及推进产业化中的前沿问
　　题.中国表面工程，21（1）：1-5，15.

徐成，林翎，陈利.2008.瑞士电子废物生产者责任延伸制度.环境科学与技
　　术，31（3）：117-119.

杨传明.2011.EPR下电子废旧品回收物流产业链模块化研究.科技管理研究，
　　31（1）：107-111.

杨茹，冯超，张耀伟，等.2014.混合动力汽车的全生命周期评价.新能源进
　　展，2（2）：151-156.

姚海琳，王昶，黄健柏.2015.EPR下我国新能源汽车动力电池回收利用模式
　　研究.科技管理研究，35（18）：84-89.

姚志奇.2010.生产者责任延伸制度研究.济南：山东大学.

叶飞，陈晓明，林强.2012.基于决策者风险规避特性的供应链需求信息共享
　　价值分析.管理工程学报，26（3）：176-183.

叶文虎，万劲波.2008.论环境管理思想与环境科学的协同演进.中国人
　　口·资源与环境，18（1）：6-10.

易丹辉.2008.结构方程模型：方法与应用.北京：中国人民大学出版社.

尤海林.2012.论我国循环经济促进法的生产者责任延伸制度.桂林：广西师
　　范大学.

于骥，蒲实.2010.生产者责任延伸制度研究——以"以旧换新"政策的实施
　　为例.中国经贸导刊，16：79.

于召祥.2009.从废弃产品问题来看延伸生产者责任.南方论刊，1：72-73.

袁歌阳，罗卫.2012.生产者延伸责任制度下废弃电器电子产品回收研究.企
　　业技术开发，31（5）：114-115.

张彬. 2012. 论循环经济法中生产者为主责任延伸制度之完善. 公民与法：综合版，4：33-35.

张福德. 2009. 生产者环境延伸责任立法及其完善. 特区经济，9：255-256.

张海燕. 2011. 生产者责任延伸制度研究. 上海：华东政法大学.

张建普. 2010. 电冰箱全生命周期环境影响评价研究. 上海：上海交通大学.

张雷. 2009. 欧美国家生产者责任延伸制度研究. 上海：华东政法大学.

张苗. 2022. 中国电器电子废弃物行业现状及 EPR 制度实施效果分析. 中国市场，（24）：15-17.

张琦，李玉基. 2010. 论循环经济法中的生产者责任延伸制度. 商业经济研究，27：96-97.

张青，华志兵. 2020. 资源编排理论及其研究进展述评. 经济管理，42（9）：193-208.

张瑞瑞，陈起俊，刘兴民. 2020. 基于 EPR 的建筑废物逆向物流回收模式研究. 环境工程技术学报，10（4）：653-660.

张树林，李桂林. 2007. 论中国生产者责任延伸制度权威瑕疵. 环境科学与管理，32（10）：14-16.

张维迎. 2004. 从制度环境看中国企业成长的极限. 企业管理，（12）：12-18.

张晓华，刘滨. 2005. "扩大生产者责任"原则及其在循环经济发展中的作用. 中国人口·资源与环境，15（2）：19-22.

张旭东，雷娟. 2012a. 循环经济模式下生产者延伸责任研究. 环境保护，12：41-44.

张旭东，雷娟. 2012b. 我国生产者延伸责任的偏差与矫治. 西南交通大学学报：社会科学版，13（4）：93-103.

张智光. 2021. 绿色经济模式的演进脉络与超循环经济趋势. 中国人口·资源与环境，31（1）：78-89.

赵建林. 2005.《固体废物污染环境防治法》修订的新亮点——生产者延伸责任制度. 中国环境管理丛书, 2：6-8.

赵乾, 李健, 崔宏祥, 等. 2009. 基于生产者责任延伸制的废旧电池回收模式研究. 环境科学与技术, 32（12）：194-198.

赵鲜. 2012. 生产者责任延伸制度的思考. 内蒙古电大学刊, 5：14-15.

赵秀堃, 李勇建, 石丹. 2015. 基于 EPR 的供应链治理机制博弈分析. 系统工程学报, 30（2）：231-239, 250.

赵秀堃, 马亚璇, 李勇建. 2020. 基于供应链治理的国际生产者责任延伸制实施模式及政策启示研究. 供应链管理, 1（6）：22-33.

赵一平, 朱庆华. 2008. 中国汽车行业 EPR 实施绩效及作用机理实证研究. 工程管理科技前沿, 27（1）：46-52.

赵一平, 朱庆华, 傅泽强. 2008a. 产品导向环境管理制度的发展与思考. 科技进步与对策, 25（8）：122-125.

赵一平, 朱庆华, 武春友. 2008b. 我国汽车产业实施生产者延伸责任制的影响因素实证研究. 管理评论, 20（1）：40-46.

赵一平, 朱庆华, 武春友. 2009. 基于博弈的我国生产者延伸责任制度运行环境研究. 大连理工大学学报, 49（2）：294-298.

赵元元. 2007. 生产者责任延伸制度概述——从法理上分析. 法制与社会, 1：667-668.

郑秀君, 胡彬. 2013. 我国生命周期评价（LCA）文献综述及国外最新研究进展. 科技进步与对策, 30,（6）：155-160.

郑云虹. 2008. 延伸生产者责任（EPR）制度下的企业行为研究. 沈阳：东北大学.

植草益. 1992. 微观规制经济学. 朱绍文, 等译. 北京：中国发展出版社.

中国家用电器研究院. 2010. 中国废弃电器电子产品回收处理及综合利用行

业白皮书 2010.

中国家用电器研究院. 2021. 中国废弃电器电子产品回收处理及综合利用行业白皮书 2021.

中国家用电器研究院, 北京大学. 2019-12-02.中国电器电子产品生产者责任延伸实施情况年度报告 2019. [2020-02-02]. http://t.weee-epr.com/ueditor/net/upload/file/20191202/637108910263412103688145 9.pdf.

钟刚. 2012. 论生产者责任延伸规则下的环境型垄断协议. 公民与法：综合版法学版，8：8-10.

钟永光. 2012. 回收处理废弃电器电子产品的制度设计. 北京：科学出版社.

周丹, 海热提, 夏训峰, 等. 2006. 生产者责任延伸制在汽车回收中的实施研究. 汽车与配件，51：22-24.

周丹, 海热提, 夏训峰, 等. 2007. 汽车回收中实施生产者责任延伸制手段研究. 环境科学与技术，30（9）：61-64，118-119.

周红. 2008. 农用地膜废弃物管理中的生产者责任延伸制探讨. 中国环保产业，10：51-54.

周庆春, 戚道孟. 2007. 以生产者为主的责任延伸制度新探——有感于《中华人民共和国循环经济法草案征求意见稿》. 天津商业大学学报，27（5）：49-54.

周玮. 2012. 生产者延伸责任：蓄电池回收. 汽车与配件，6：48-50.

朱柯冰, 曾珍香. 2018. 供应链社会责任研究综述. 技术经济与管理研究，7：63-67.

朱庆华, 窦一杰. 2007. 绿色供应链中政府与核心企业进化博弈模型. 系统工程理论与实践，27（12）：85-89.

朱庆华, 窦一杰. 2011. 基于政府补贴分析的绿色供应链管理博弈模型.管理科学学报，14（6）：86-95.

朱庆华，田一辉. 2010. 企业实施绿色供应链管理动力模型研究. 管理学报，7（5）：723-727.

祝融. 2005. 生产者责任延伸制度立法的探讨. 环境保护，（10）：48-50.

邹松涛，顾文婷. 2009. 废旧家电：分阶段有选择地实施延伸生产者责任. 科技导报，27（18）：18.

Achillas C，Moussiopoulos N，Karagiannidis A，et al. 2010. Promoting reuse strategies for electrical/electronic equipment. Proceedings of the Institution of Civil Engineers- Waste & Resource Management，163（4）：173-182.

Aflaki S，Mazahir M S. 2015. Recovery targets and taxation/subsidy policies to promote product reuse. HEC Research Papers Series 1091，HEC Paris. https://ideas.repec.org/p/ebg/heccah/1091.html.

Agamuthu P，Victor D. 2011. Policy trends of extended producer responsibility in Malaysia. Waste Management & Research，29（9）：945-953.

Aitken J，Harrison A. 2013. Supply governance structures for reverse logistics systems. International Journal of Operations &Production Management，33（6）：745-764.

Akenji L，Hotta Y，Bengtsson M，et al. 2011. EPR policies for electronics in developing Asia：An adapted phase-in approach. Waste Management Research，29（9）：919-930.

Al Khidir T，Zailani S. 2009. Going green in supply chain towards environmental sustainability. Global Journal of Environmental Research，3（3）：246-251.

Alblas A A A，Peters K K，Wortmann J C H. 2014. Fuzzy sustainability incentives in new product development：An empirical exploration of sustainability challenges in manufacturing companies. International Journal of Operations & Production Management，34（4）：513-545.

Alboiu C. 2012. Governance and contractual structure in the vegetable supply chain in Romania. Journal of Economic Forecasting, 15（4）: 68-82.

Alev I, Agrawal V V, Atasu A. 2020. Extended producer responsibility for durable products. Manufacturing & Service Operations Management, 22（2）: 364-382.

Al-Kindi L A, Al-Zuheri H A. 2018. Optimization of economic and environmental perspectives for sustainable product design and manufacturing. Engineering and Technology Journal, 36（1）: 94-102.

Amaral J, Ferrao P, Rosas C. 2006. Is recycling technology innovation a major driver for technology shift in the automobile industry under an EU context?. International Journal of Technology Policy and Management, 6（4）: 385.

Aras N, Verter V, Boyaci T. 2006. Coordination and priority decisions in hybrid manufacturing/remanufacturing systems. Production and Operations Management, 15（4）: 528-543.

Ardente F, Beccali G, Cellura M, et al. 2006. POEMS: A case study of an Italian Wine-Producing Firm. Environmental Management, 38（3）: 350-364.

Ashenbaum B, Maltz A, Ellram L, et al. 2009. Organizational alignment and supply chain governance structure: Introduction and construct validation. International Journal of Logistics Management, 20（2）: 169-186.

Atasu A, Özdemir Ö, van Wassenhove L N. 2013. Stakeholder perspectives on e-waste take-back legislation. Production and Operations Management, 22（2）: 382-396.

Atasu A, Souza G C. 2013. How does product recovery affect quality choice?. Production and Operations Management, 22（4）: 991-1010.

Atasu A, Subramanian R. 2012. Extended producer responsibility for e-waste:

Individual or collective producer responsibility?. Production and Operations Management, 21（6）: 1042-1059.

Atasu A, van Wassenhove L N, Sarvary M. 2009. Efficient take-back legislation. Production & Operations Management, 18（3）: 243-258.

Aubert B A, Patry M, Rivard S. 2005. A framework for information technology outsourcing risk management. ACM SIGMIS Database, 36（4）: 9-28.

Auger P, Burke P, Devinney T M, et al. 2003. What will consumers pay for social product features?. Journal of Business Ethics, 42（3）: 281-304.

Autry C W, Daugherty P J, Richey R G. 2001. The challenge of reverse logistics in catalog retailing. International Journal of Physical Distribution & Logistics Management, 31（1）: 26-37.

Ayres R, Ferrer G, van Leynseele T. 1997. Eco-efficiency, asset recovery and remanufacturing. European Management Journal, 15（5）: 557-574.

Baker G, Gibbons R, Murphy K J. 2002. Relational contracts and the theory of the firm. The Quarterly Journal of Economics, 117（1）: 39-84.

Bals L, Tate W L. 2018. Sustainable supply chain design in social businesses: Advancing the theory of supply chain. Journal of Business Logistics, 39（1）: 57-79.

Bandyopadhyay A. 2008. Indian initiatives on e-waste management—A critical review. Environmental Engineering Science, 25（10）: 1507-1526.

Barba-Gutiérrez Y, Adenso-Díaz B, Hopp M. 2008. An analysis of some environmental consequences of European electrical and electronic waste regulation. Resources, Conservation &Recycling, 52（3）: 481-495.

Barnes R L. 2011. Regulating the disposal of cigarette butts as toxic hazardous waste. Tobacco Control, 20（SUPPL.1）: i45-i48.

Barnett M L. 2006. The keystone advantage：What the new dynamics of business ecosystems means for strategy，innovation，and sustainability. Future Survey，20（2）：88-90.

Barnett M L，Salomon R M. 2006. Beyond dichotomy：The curvilinear relationship between social responsibility and financial performance. Strategic Management Journal，27（11）：1101-1122.

Baron D P. 2001. Private politics，corporate social responsibility，and integrated strategy. Journal of Economics & Management Strategy，10（1）：7-45.

Baumann H，Boons F，Bragd A. 2002. Mapping the green product development field：Engineering，policy and business perspectives. Journal of Cleaner Production，10（5）：409-425.

Bendell B L. 2017. I don't want to be green：Prosocial motivation effects on firm environmental innovation rejection decisions. Journal of Business Ethics，143（2）：277-288.

Bentler P M，Bonett D G. 1980. Significance tests and goodness of fit in the analysis of covariance structures. Psychological bulletin，88（3）：588-606.

Bolton P，Dewatripont M. 2004. Contract Theory. Cambridge，MA：MIT Press.

Boons F. 2002. Greening products：A framework for product chain management. Journal of Cleaner Production，10（5）：495-505.

Borland H，Ambrosini V，Lindgreen A，et al. 2016. Building theory at the intersection of ecological sustainability and strategic management. Journal of Business Ethics，135（2）：293-307.

Bos-Brouwers H E J. 2010. Corporate sustainability and innovation in SMEs：Evidence of themes and activities in practice. Business Strategy and the Environment，19（7）：417-435.

Brammer S, Millington A. 2008. Does it pay to be different? An analysis of the relationship between corporate social and financial performance. Strategic Management Journal, 29 (12): 1325-1343.

Breivik K, Armitage J M, Wania F, et al. 2014. Tracking the global generation and exports of e-waste. Do existing estimates add up?. Environmental Science & Technology, 48 (15): 8735-8743.

Brigden K, Labunska I, Santillo D. 2005. Recycling of electronic wastes in China and India : Workplace and environmental contamination. Greenpeace Research Laboratories, Department of Biological Sciences, University of Exeter, Exeter EX4 4PS, UK.

Brockhaus S, Fawcett S, Kersten W, et al. 2016. A framework for benchmarking product sustainability efforts: Using systems dynamics to achieve supply chain alignment. Benchmarking, 23 (1): 127-164.

Brockhaus S, Petersen M, Knemeyer A M. 2019. The fallacy of " trickle-down" product sustainability : Translating strategic sustainability targets into product development efforts. International Journal of Operations & Production Management, 39 (9/10): 1166-1190.

Brouillat E. 2009. Recycling and extending product-life : An evolutionary modelling. Journal of Evolutionary Economics, 19 (3): 437-461.

Brouillat E , Oltra V. 2012a. Dynamic efficiency of extended producer responsibility instruments in a simulation model of industrial dynamics. Industrial and Corporate Change, 21 (4): 971.

Brouillat E, Oltra V. 2012b. Extended producer responsibility instruments and innovation in eco-design: An exploration through a simulation model. Ecological Economics, 83 (November), 236-245.

Brown G. 2007. Corporate social responsibility: Brings limited progress on workplace safety in global supply chain. Occupational Hazards, 69 (8): 16-20.

Brown J, Alam S. 2009. Australia's extended producer responsibility for portable consumer batteries: Conflicting or reconciling trade and environment obligations. Journal of World Trade, 43 (1): 125-152.

Bush S R, Oosterveer P, Bailey M, et al. 2015. Sustainability governance of chains and networks: A review and future outlook. Journal of Cleaner Production, 107 (November): 8-19.

Cachon G P. 2003. Supply chain coordination with contracts. Handbooks in Operations Research and Management Science, 11: 227-339.

Cahill R, Grimes S M, Wilson D C. 2011. Review article: Extended producer responsibility for packaging wastes and WEEE — a comparison of implementation and the role of local authorities across Europe. Waste Management Research, 29 (5): 455-479.

Cai J, Smart A U, Liu X. 2014. Innovation exploitation, exploration and supplier relationship management. International Journal Journal of Technology Management: The Journal of the Technology Management of Technology, Engineering Management, Technology Policy and Strategy, 66 (2/3): 134.

Cai Y J, Choi T M. 2020. A United Nations' Sustainable Development Goals perspective for sustainable textile and apparel supply chain management. Transportation Research Part E: Logistics and Transportation Review, 141: 102010.

Calcott P, Walls M. 2000. Can downstream waste disposal policies encourage upstream "design for environment"?. The American Economic Review, 90

（2）：233-237.

Calvo E, Martínez-de-Albéniz V. 2016. Sourcing strategies and supplier incentives for short-life-cycle goods. Management Science：Journal of the Institute of Management Sciences, 62（2）：436-455.

Cannon J P, Achrol R S, Gundlach G T. 2000. Contracts, norms, and plural form governance. Journal of the Academy of Marketing Science, 28（2）：180-194.

Cantù C, Corsaro D, Snehota I. 2012. Roles of actors in combining resources into complex solutions. Journal of Business Research, 65（2）：139-150.

Cao M, Zhang Q. 2011. Supply chain collaboration：Impact on collaborative advantage and firm performance. Journal of Operations Management, 29（3）：163-180.

Carbone V, Moatti V, Schoenherr T, et al. 2019. From green to good supply chains：Halo effect between environmental and social responsibility. International Journal of Physical Distribution & Logistics Management, 49（8）：839-860.

Carter C R, Easton P L. 2011. Sustainable supply chain management：Evolution and future directions. International Journal of Physical Distribution & Logistics Management, 41（1）：46-62.

Carter C R, Jennings M M. 2002. Social responsibility and supply chain relationships. Transportation Research Part E Logistics & Transportation Review, 38（1）：37-52.

Castell A, Clift R, France C. 2004. Extended producer responsibility policy in the European Union：A horse or a camel?. Journal of Industrial Ecology, 8（1/2）：4-7.

Ceschin F, Gaziulusoy I. 2016. Evolution of design for sustainability：From product design to design for system innovations and transitions. Design Studies, 47: 118-163.

Ceschin F, Vezzoli C. 2010. The role of public policy in stimulating radical environmental impact reduction in the automotive sector: The need to focus on product-service system innovation. International Journal of Automotive Technology and Management, 10 (2/3): 321-341.

Chalmeta R, Palomero S. 2011. Methodological proposal for business sustainability management by means of the Balanced Scorecard. Journal of the Operational Research Society, 62 (7): 1344-1356.

Chan J W K. 2008. Product end-of-life options selection: grey relational analysis approach.International Journal of Production Research, 46(11): 2889- 2912.

Chawla P, Jain N, Bagai D. 2011. Computer waste management: A review on Indian initiatives. International Journal of Environmental Technology and Management, 14 (5/6): 485.

Chen C C. 2005. Incorporating green purchasing into the frame of ISO 14000. Journal of Cleaner Production, 13 (9): 927-933.

Chen C C, Shih H S, Shyur H J, et al. 2012. A business strategy selection of green supply chain management via an analytic network process. Computers & Mathematics with Applications, 64 (8): 2544-2557.

Chen S. 2018. Multinational corporate power, influence and responsibility in global supply chains. Journal of Business Ethics, 148 (2): 365-374.

Chen Y, Chen I J. 2019. Mixed sustainability motives, mixed results: The role of compliance and commitment in sustainable supply chain practices. Supply Chain Management, 24 (5): 622-636.

Chicksand D. 2015. Partnerships: The role that power plays in shaping collaborative buyer-supplier exchanges. Industrial Marketing Management, 48: 121-139.

Choi Y, Rhee S-W. 2020. Current status and perspectives on recycling of end-of-life battery of electric vehicle in Korea (Republic of). Waste Management, 106: 261-270.

Chowdhury M M H, Agarwal R, Quaddus M. 2018. Dynamic capabilities for meeting stakeholders' sustainability requirements in supply chains. Journal of Cleaner Production, 215 (APR.1): 34-45.

Ciliberti F, Pontrandolfo P, Scozzi B. 2008. Logistics social responsibility: Standard adoption and practices in Italian companies. International Journal of Production Economics, 113 (1): 88-106.

Cimattia B, Campanab G, Carluccio L. 2017. Eco design and sustainable manufacturing in fashion: A case study in the luxury personal accessories industry. Procedia Manufacturing, 8: 393-400.

Clift R, France C. 2006. Extended producer responsibility in the EU: A visible march of folly. Journal of Industrial Ecology, 10 (4): 5-7.

Closs D J, Speier C, Meacham N. 2011. Sustainability to support end-to-end value chains: The role of supply chain management. Journal of the Academy of Marketing Science, 39 (1): 101-116.

Coffey D, Thornley C. 2012. Low carbon mobility versus private car ownership: Towards a new business vision for the automotive world. Local Economy, 27 (7): 732-748.

Colelli F P, Croci E, Bruno Pontoni F, et al. 2022. Assessment of the effectiveness and efficiency of packaging waste EPR schemes in Europe. Waste Management, 148: 61-70.

Cook W D, Zhu J, Bi G, et al. 2010. Network DEA: Additive efficiency decomposition. European Journal of Operational Research, 207 (2): 1122-1129.

Corsten D, Gruen T, Peyinghaus M. 2011. The effects of supplier-to-buyer identification on operational performance-An empirical investigation of inter-organizational identification in automotive relationships. Journal of Operations Management, 29 (6): 549-560.

Crisan E, Parpucea L, Ilies L. 2011. The relation between supply chain performance and supply chain governance practices. Management & Marketing, 6 (4): 637-644.

Cruz J M. 2008. Dynamics of supply chain networks with corporate social responsibility through integrated environmental decision-making. European Journal of Operational Research, 184 (3): 1005-1031.

Cruz J M. 2009. The impact of corporate social responsibility in supply chain management: Multicriteria decision-making approach. Decision Support Systems, 48 (1): 224-236.

D'Aspremont C, Jacquemin A. 1988. Cooperative and noncooperative R&D in duopoly with spillovers. The American Economic Review, 78 (5): 1133-1137.

Daft R L, Sormunen J, Parks D. 1988. Chief executive scanning, environmental characteristics, and company performance: An empirical study. Strategic Management Journal, 9 (2): 123-139.

Dangelico R M, Pujari D. 2010. Mainstreaming green product innovation: Why and how companies integrate environmental sustainability. Journal of Business Ethics, 95: 471-486.

Dangelico R M, Pujari D, Pontrandolfo P. 2017. Green product innovation in manufacturing firms: A sustainability-oriented dynamic capability perspective. Business Strategy and the Environment, 26 (4): 490-506.

Dao V, Langella I, Carbo J. 2011. From green to sustainability: Information technology and an integrated sustainability framework. Journal of Strategic Information Systems, 20 (1): 63-79.

Davies I A, Doherty B. 2019. Balancing a hybrid business model: The search for equilibrium at cafédirect. Journal of Business Ethics, 157: 1043-1066.

Dawson M, Kasser T, Soron D, et al. 2005. Death by consumption (State of the World 2004. Special Focus: The Consumer Society) (The High Price of Materialism) (The Consumer Trap: Big Business Marketing in American Life) (Book Review). Labour, 55 (7): 197-212.

de Oliveira M C C, Machado M C, Jabbour C J C, et al. 2019. Paving the way for the circular economy and more sustainable supply chains. Management of Environmental Quality: An International Journal, 30 (5): 1095-1113.

Debo L, Sun J. 2004. Repeatedly selling to the newsvendor in fluctuating markets: The impact of the discount factor on supply chain. Working Paper, Carnegie Mellon University, Pittsburgh, PA.

Denyer D, Tranfield D, van Aken J E. 2008. Developing design propositions through research synthesis. Organization Studies, 29 (3): 393-413.

Desai P S. 2001. Quality segmentation in spatial markets: When does cannibalization affect product line design?. Marketing Science, 20 (3): 265-283.

Dill W R. 1958. Environment as an influence on managerial autonomy. Administrative Science Quarterly, 2 (4): 409-443.

Dilling P F A. 2011. Stakeholder perception of corporate social responsibility. International Journal of Management & Marketing Research, 4（2）: 23-34.

DiMaggio P, Powell W W. 1983. The iron cage revisited: Collective rationality and institutional isomorphism in organizational fields. American Sociological Review, 48（2）: 147-160.

Distelhorst G, Hainmueller J, Locke R M. 2017. Does lean improve labor standards? Management and social performance in the Nike supply chain. Management Science, 63（3）: 707-728.

Drake M J, Schlachter J T. 2008. A virtue-ethics analysis of supply chain collaboration. Journal of Business Ethics, 82（4）: 851-864.

Droge C, Jayaram J, Vickery S K. 2004. The effects of internal versus external integration practices on time-based performance and overall firm performance. Journal of Operations Management, 22（6）: 557-573.

Drumwright M E. 1994. Socially responsible organizational buying : Environmental concern as a noneconomic buying criterion. Journal of Marketing, 58（3）: 1-19.

Duan H, Eugster M, Hischier R, et al. 2009. Life cycle assessment study of a Chinese desktop personal computer. Science of the Total Environment, 407（5）: 1755-1764.

Dubois M. 2012. Extended producer responsibility for consumer waste: The gap between economic theory and implementation. Waste Management & Research: the Journal of the International Solid Wastes & Public Cleansing Association Iswa, 30（9Suppl.）: 36-42.

Dwivedy M, Mittal R K. 2012. An investigation into e-waste flows in India. Journal of Cleaner Production, 37: 229-242.

Dwivedy M，Suchde P，Mittal R K. 2015. Modeling and assessment of e-waste take-back strategies in India. Resources Conservation & Recycling，96：11-18.

Dyer J H，Singh H. 1998 The relational view：Cooperative strategy and sources of interorganizational competitive advantage. The Academy of Management Review，23（4）：660-679.

Earl M J. 1996. The risks of outsourcing IT. Sloan Management Review，37（3）：26.

Eccles R G，Ioannou I，Serafeim G. 2014. The impact of corporate sustainability on organizational processes and performance. Management Science：Journal of the Institute of Management Sciences，60（11）：2835-2857.

Ehrenfeld J. 2000. An assessment of design for environment practices in leading US electronic firms. Interfaces，30（3）：83-94.

Eisenhardt K M. 1989. Building theories from case study research. Academy of Management Review，14（4）：532-550.

Eisenhardt K M，Graebner M E. 2007. Theory building from cases：Opportunities and challenges. Academy of Management Journal，50（1）：25-32.

Elkington J. 2004. Enter the triple bottom line. The Triple Bottom Line：Does It All Add Up，11（12）：1-16.

Esenduran G，Kemahlioğlu-Ziya E，Swaminathan J M. 2015. Take‑back legislation：Consequences for remanufacturing and environment. Decision Sciences，47（2）：219-256.

Esfahbodi A，Zhang Y，Watson G，et al. 2017. Governance pressures and performance outcomes of sustainable supply chain management—An empirical analysis of UK manufacturing industry. Journal of Cleaner

Production, 155: 66-78.

Evans S, Vladimirova D, Holgado M, et al. 2017. Model innovation for sustainability: Towards a unified perspective for creation of sustainable business models. Business Strategy and the Environment, 26 (5): 597-608.

Faisal N M. 2010. Sustainable supply chains: A study of interaction among the enablers. Business Process Management Journal, 16 (3): 508-529.

Farndale E, Paauwe J, Boselie P. 2010. An exploratory study of governance in the intra-firm human resources supply chain. Human Resource Management, 49 (5): 849-868.

Favot M, Grassetti L, Massarutto A, et al. 2022. Regulation and competition in the extended producer responsibility models: Results in the WEEE sector in Europe. Waste Management, 145: 60-71.

Fehm S. 2011. From iPod to e-waste: Building a successful framework for extended producer responsibility in the United States. Public Contract Law Journal, 41 (1): 173-192.

Feng C, Ma X Q. 2009. The energy consumption and environmental impacts of a color TV set in China. Journal of Cleaner Production, 17 (1): 13-25.

Ferguson M E, Toktay L B. 2006. The effect of competition on recovery strategies. Production and Operations Management, 15 (3): 351-368.

Ferrao P, Amaral J. 2006. Design for recycling in the automobile industry: New approaches and new tools. Journal of Engineering Design, 17(5): 447-462.

Ferrao P, Ribeiro P, Silva P. 2008. A management system for end-of-life tyres: A portuguese case study. Waste Management, 28 (3): 604-614.

Figge F, Hahn T. 2013. Value drivers of corporate eco-efficiency: Management accounting information for the efficient use of environmental resources.

Management Accounting Research, 24（4）: 387-400.

Fleckinger P, Glachant M. 2010. The organization of extended producer responsibility in waste policy with product differentiation. Journal of Environmental Economics & Management, 59（1）: 57-66.

Florida R. 1996. Lean and green: The move to environmentally conscious manufacturing. California Management Review, 39（1）: 80-105.

Flyvbjerg B. 2006. Five misunderstandings about case-study research. Qualitative Inquiry, 12（2）: 219-245.

Foran B, Lenzen M, Dey C, et al. 2005. Integrating sustainable chain management with triple bottom line accounting. Ecological Economics, 52（2）: 143-157.

Formentini M, Taticchi P. 2016. Corporate sustainability approaches and governance mechanisms in sustainable supply chain management. Journal of Cleaner Production, 112（3）: 1920-1933.

Forslind K H. 2005. Implementing extended producer responsibility: The case of Sweden's car scrapping scheme. Journal of Cleaner Production, 13（6）: 619-629.

Forslind K H. 2008. The effect of a premium in the Swedish car scrapping scheme: An econometric study. Environmental Economics & Policy Studies, 9（1）: 43-55.

Forslind K H. 2009. Does the financing of extended producer responsibility influence economic growth?. Journal of Cleaner Production, 17（2）: 297-302.

Freeman R E. 1984. Strategic Management: A Stakeholder Approach. Cambridge: Cambridge University Press.

Freeman R E. 2015. Strategic Management：A Stakeholder Approach. Cambridge：Cambridge University Press. https://doi.org/10.1017/CBO 9781139192675.

French, Italian, Spanish. 2021. OECD Science, Technology and Innovation Outlook 2021. Paris：Organisation for Economic Co-operation and Development.

Freudenreich B, Lüdeke-Freund F, Schaltegger S. 2020. A stakeholder theory perspective on business models：Value creation for sustainability. Journal of Business Ethics, 166：3-18.

Friege H. 2012. Review of material recovery from used electric and electronic equipment-alternative options for resource conservation. Waste Management & Research：the Journal of the International Solid Wastes & Public Cleansing Association Iswa, 30（9suppl.）：3-16.

Frohlich M T, Westbrook R. 2001. Arcs of integration：An international study of supply chain strategies. Journal of Operations Management, 19（2）：185-200.

Fung Y N, Choi T M, Liu R. 2020. Sustainable planning strategies in supply chain systems：Proposal and applications with a real case study in fashion. Production Planning & Control, 31：883-902.

Garcia-Torres S, Albareda L, Rey-Garcia M, et al. 2019. Traceability for sustainability—literature review and conceptual framework. Supply Chain Management, 24（1）：85-106.

Gardner T A, Benzie M, Börner J, et al. 2019. Transparency and sustainability in global commodity supply chains. World Development, 121：163-177.

Gereffi G, Humphrey J, Sturgeon T. 2005. The governance of global value chain. Taylor & Francis Group, 12（1）：78-104.

Geyer R, van Wassenhove L N, Atasu A. 2007. The economics of remanufacturing under limited component durability and finite product life cycles. Management Science, 53（1）: 88-100.

Ghosh A, Fedorowicz J. 2008. The role of trust in supply chain governance. Business Process Management Journal, 14（4）: 453-470.

Ghosh D, Shah J. 2015. Supply chain analysis under green sensitive consumer demand and cost sharing contract. International Journal of Production Economics, 164: 319-329.

Ghoshal S, Moran P. 1996. Bad for practice: A critique of the transaction cost theory. Academy of Management Review, 21（1）: 13-47.

Gibbert M, Ruigrok W, Wicki B. 2008. What passes as a rigorous case study? Strategic Management Journal, 29（13）: 1465-1474.

Gimenez C, Sierra V. 2013. Sustainable supply chains: Governance mechanisms to greening suppliers. Journal of Business Ethics, 116（1）: 189-203.

Ginsberg J M, Bloom P N. 2004. Choosing the right green-marketing strategy. MIT Sloan Management Review, 46（1）: 79-84.

Glavas A, Mish J. 2015. Resources and capabilities of triple bottom line firms: Going over old or breaking new ground?. Journal of Business Ethics, 127（3）: 623-642.

Glock C H, Jaber M Y, Searcy C. 2012. Sustainability strategies in an EPQ model with price-and quality-sensitive demand. International Journal of Logistics Management, 23（3）: 340-359.

Gmelin H, Seuring S. 2014. Achieving sustainable new product development by integrating product life-cycle management capabilities. International Journal of Production Economics, 154（4）: 166-177.

Gmelin H, Seuring S. 2018. Sustainability and new product development: Five exploratory case studies in the automotive industry. Social and Environmental Dimensions of Organizations and Supply Chains. Part of the Greening of Industry Networks Studies Book Series, 5: 211-232.

Goebela P, Reuterb C, Pibernikc R, et al. 2018. Purchasing managers' willingness to pay for attributes that constitute sustainability. Journal of Operations Management, 62: 44-58.

Gold S, Seuring S, Beske P. 2010. Sustainable supply chain management and inter-organizational resources: A literature review. Corporate Social Responsibility & Environmental Management, 17 (4): 230-245.

Gong M, Simpson A, Koh L, et al. 2018. Inside out: The interrelationships of sustainable performance metrics and its effect on business decision making: Theory and practice. Resources, Conservation and Recycling, 128: 155-166.

Gopal A, Koka B R. 2010. The role of contracts on quality and returns to quality in offshore software development outsourcing. Decision Sciences, 41 (3): 491-516.

Gottberg A, Morris J, Pollard S, et al. 2006. Producer responsibility, waste minimisation and the WEEE directive: Case studies in eco-design from the European lighting sector. Science of the Total Environment, 359 (1-3): 38-56.

Govindan K, Shankar M, Kannan D. 2018. Supplier selection based on corporate social responsibility practices. International Journal of Production Economics, 200: 353-379.

Green K, McMeekin A, Irwin A. 1994. Technological trajectories and R&D for environmental innovation in UK firms. Futures, 26 (10): 1047-1059.

Green K, Morton B, New S. 2000. Greening organizations purchasing, consumption, and innovation. Organization & Environment, 13（2）: 206-225.

Grossman S J, Hart O D. 1986. The costs and benefits of ownership: A theory of vertical and lateral integration. Journal of Political Economy, 94（4）: 691-719.

Gu Y, Wu Y, Xu M, et al. 2017. To realize better extended producer responsibility: Redesign of WEEE fund mode in China. Journal of Cleaner Production, 164: 347-356.

Gualandris J, Kalchschmidt M. 2016. Developing environmental and social performance: The role of suppliers' sustainability and buyer-supplier trust. International Journal of Production Research, 54（8）: 2470-2486.

Guggemos A A, Horvath A. 2003. Strategies of extended producer responsibility for buildings. Journal of Infrastructure Systems, 9（2）: 65-74.

Gui L, Atasu A, Ergun Ö, et al. 2013. Implementing extended producer responsibility legislation. Journal of Industrial Ecology, 17（2）: 262-276.

Gummesson E. 1991. Qualitative Methods in Management Research. London: Sage Publications.

Guo S, Choi T M, Shen B. 2020. Green product development under competition: A study of the fashion apparel industry. European Journal of Operational Research, 280（2）: 523-538.

Gupt Y, Sahay S. 2015. Review of extended producer responsibility: A case study approach. Waste Management & Research, 33（7）: 595-611.

Gurnani H, Erkoc M, Luo Y. 2007. Impact of product pricing and timing of investment decisions on supply chain co-opetition. European Journal of Operational Research, 180（1）: 228-248.

Hallstedt S, Ny H, Robert K H, Broman G. 2010. An approach to assessing sustainability integration in strategic decision systems for product development. Journal of Cleaner Production, 18（8）: 703-712.

Hao H, Wang H, Song L, et al. 2010. Energy consumption and GHG emissions of GTL fuel by LCA: Results from eight demonstration transit buses in Beijing. Applied Energy, 87（10）: 3212-3217.

Harland C M. 1996. Supply chain management: Relationships, chains and networks. British Journal of Management, 7（s1）: S63-S80.

Hart O, Moore J. 1988. Incomplete contracts and renegotiation. Econometrica: Journal of the Econometric Society, 56（4）: 755-785.

Hart O, Moore J. 1999. Foundations of incomplete contracts. The Review of Economic Studies, 66（1）: 115-138.

Hart S L. 1995. A natural-resource-based view of the firm. Academy of Management Review, 20（4）: 986-1014.

Hart S L, Dowell G. 2010. A natural-resource-based view of the firm: Fifteen years after. Journal of Management, 37（5）: 1464-1479.

Hawkins T, Matthews S, Hendrickson C. 2006. Closing the Loop on Cadmium—An Assessment of the Material Cycle of Cadmium in the U.S.. International Journal of Life Cycle Assessment, 11（1）: 38-48.

He L, Sun B. 2022. Exploring the EPR system for power battery recycling from a supply-side perspective: An evolutionary game Analysis. Waste Management, 140: 204-212.

Hedström P, Swedberg R. 1998. Social Mechanisms: An Analytical Approach to Social Theory. Cambridge: Cambridge University Press.

Held M, Weidmann D, Kammerl D, et al. 2018. Current challenges for sustainable product development in the German automotive sector: A survey based status assessment. Journal of Cleaner Production, 195 (September): 869-889.

Helfat C E, Peteraf M A. 2003. The dynamic resource-based view: Capability lifecycles. Strategic Management Journal, 24 (10): 997-1010.

Hernández E M, Rodríguez O A, Sánchez P M. 2010. Inter-organizational governance, learning and performance in supply chains. Supply Chain Management: An International Journal, 15 (2): 101-114.

Hoetker G, Mellewigt T. 2009. Choice and performance of governance mechanisms: Matching alliance governance to asset type. Strategic Management Journal, 30 (10): 1025-1044.

Holcomb T R, Hitt M A. 2007. Toward a model of strategic outsourcing. Journal of Operations Management, 25 (2): 464-481.

Holmes K. 2005. Filling the policy gap: Trends in e-scrap recycling. Resource Recycling, 24 (4): 32-35.

Hong Z, Guo X. 2019. Green product supply chain contracts considering environmental responsibilities. Omega, 83: 155-166.

Hooghiemstra R. 2000. Corporate communication and impression management—new perspectives why companies engage in corporate social reporting. Journal of Business Ethics, 27 (1): 55.

Hosoda E. 2007. International aspects of recycling of electrical and electronic equipment: Material circulation in the East Asian region. Journal of Material Cycles & Waste Management, 9 (2): 140-150.

Hotta Y, Elder M, Mori H, et al. 2008. Policy considerations for establishing an environmentally sound regional material flow in East Asia. Journal of

Environment & Development，17（1）：26-50.

Hsueh C F，Chang M S. 2008. Equilibrium analysis and corporate social responsibility for supply chain integration. European Journal of Operational Research，190（1）：116-129.

Huang M，Song M，Lee L H，et al. 2013. Analysis for strategy of closed-loop supply chain with dual recycling channel. International Journal of Production Economics，144（2）：510-520.

Huang X，Atasu A，Toktay L B. 2019. Design implications of extended producer responsibility for durable products. Management Science，65（6）：2573-2590.

Huo B. 2012. The impact of supply chain integration on company performance：An organizational capability perspective. Supply Chain Management-An International Journal，17（6）：596-610.

Huq F A，Stevenson M. 2020. Implementing socially sustainable practices in challenging institutional contexts：Building theory from seven developing country supplier cases. Journal of Business Ethics，161（2）：415-442.

Hur T，Kim I，Yamamoto R. 2004. Measurement of green productivity and its improvement. Journal of Cleaner Production，12（7）：673-683.

Husted B W，Salazar J D J. 2006. Taking friedman seriously：Maximizing profits and social performance. Journal of Management Studies，43（1）：75-91.

Hwang S N，Chen C，Chen Y，et al. 2013. Sustainable design performance evaluation with applications in the automobile industry：Focusing on inefficiency by undesirable factors. Omega，41（3）：553-558.

Jaber M Y，Khan M. 2010. Managing yield by lot splitting in a serial production line with learning，rework and scrap. International Journal of Production

Economics，124（1）：32-39.

Jacobs B W，Subramanian R. 2012. Sharing responsibility for product recovery across the supply chain. Production & Operations Management，21（1）：85-100.

Jamali D. 2006. Insights into triple bottom line integration from a learning organization perspective. Business Process Management Journal，12（6）：809-821.

Jamali D，Mirshak R. 2007. Corporate social responsibility（CSR）：Theory and practice in a developing country context. Journal of Business Ethics，72（3）：243-262.

Jang Y C. 2010. Waste electrical and electronic equipment（WEEE）management in Korea：generation，collection，and recycling systems. Journal of Material Cycles & Waste Management，12（4）：283-294.

Jangirala S，Das A K，Vasilakos A V. 2020. Designing secure lightweight blockchain-enabled RFID-based authentication protocol for supply chains in 5G mobile edge computing environment. IEEE Transactions on Industrial Informatics，16（11）：7081-7093.

Jawahir I S，Dillon O W，Rouch K E，et al. 2006. Total life-cycle considerations in product design for sustainability：A framework for comprehensive evaluation. In Proceedings of the 10th International Research/Expert Conference，Barcelona，Spain：11-15.

Jentsch M，Fischer K. 2019. Sustainability governance of global supply chains：A systematic literature review with particular reference to private regulation. Sustainable Global Value Chains. Natural Resource Management in Transition，2：211-226.

Jha M K, Lee J C. 2006. A review on the status of WEEE recycling in Korea. Journal of Metallurgy & Materials Science, 48 (3): 117-127.

Jofre S, Morioka T. 2005. Waste management of electric and electronic equipment: Comparative analysis of end-of-life strategies. Journal of Material Cycles & Waste Management, 7 (1): 24-32.

Johannessen J A, Olsen B. 2010. The future of value creation and innovations: Aspects of a theory of value creation and innovation in a global knowledge economy. International Journal of Information Management, 30 (6): 502-511.

Johnson R W. 2004. The effect of blowing agent choice on energy use and global warming impact of a refrigerator. International Journal of Refrigeration, 27 (7): 794-799.

Jorgensen S, Zaccour G. 2001. Time consistent side payments in a dynamic game of downstream pollution. Journal of Economic Dynamics and Control, 25 (12): 1973-1987.

Jose P D. 2008. Getting serious about green. Real CIO World, 3 (8): 26-28.

Kaiser H F. 1974. An index of factorial simplicity. Psychometrika, 39(1): 31-36.

Kalkanci B, Plambeck E L. 2020. Reveal the supplier list? A trade-off in capacity vs. responsibility. Manufacturing & Service Operations Management, 22 (6): 1251-1267.

Kalkanci B, Rahmani M, Toktay L B. 2019. The role of inclusive innovation in promoting social sustainability. Production and Operations Management, 28 (12): 2960-2982.

Kannan G, Haq A N, Sasikumar P, et al. 2008. Analysis and selection of green suppliers using interpretative structural modelling and analytic hierarchy process. International Journal of Management and Decision Making，9（2）：163-182.

Kanter R M. 1999. From spare change to real change. The social sector as beta site for business innovation. Harvard Business Review，77（3）：122-132，210.

Kanzawa O，Takahashi M. 2005. Establishment of global recycle network. Fujitsu Scientific & Technical Journal，41（2）：242-250.

Kaplan R S，Norton D P. 2008. Mastering the management system. Harvard Business Review，86（1）：62-77.

Kara S，Ibbotson S，Kayis B. 2014. Sustainable product development in practice：An international survey. Journal of Manufacturing Technology Management，25（6）：848-872.

Kates R W，Clark W C，Corell R，et al. 2001. Sustainability science. Science，292（5517）：641-642.

Kautto P. 2006. New instruments-old practices? The implications of environmental management systems and extended producer responsibility for design for the environment. Business Strategy & the Environment，15（6）：377-388.

Kaya M，Özer Ö. 2009. Quality risk in outsourcing：Noncontractible product quality and private quality cost information. Naval Research Logistics，56（7）：669-685.

Kazancoglu I，Kazancoglu Y，Yarimoglu E，et al. 2020. A conceptual framework for barriers of circular supply chains for sustainability in the textile industry. Sustainable Development，28（5）：1477-1492.

Khetriwal D S，Kraeuchi P，Widmer R. 2009. Producer responsibility for e-waste management: Key issues for consideration—Learning from the Swiss experience. Journal of Environmental Management, 90（1）: 153-165.

Kibert N C. 2004. Extended producer responsibility: A tool for achieving sustainable development. Florida State University Journal of Land Use and Environmental Law, 19（2）: 503.

Kiddee P, Naidu R, Wong M H. 2013. Electronic waste management approaches: An overview. Waste Management, 33（5）: 1237-1250.

Killing J P. 1988. Understanding alliances: The role of task and organizational complexity. Cooperative Strategies in International Business, 87（3）: 55-68.

King A M, Burgess S C, Ijomah W, et al. 2006. Reducing waste: Repair, recondition, remanufacture or recycle?. Sustainable Development, 14（4）: 257-267.

Kleindorfer P R, Singhal K, Wasssenhove L N V. 2005. Sustainable operations management. Production and Operations Management, 14（4）: 482-492.

Ko Y D, Noh I, Hwang H. 2012. Cost benefits from standardization of the packaging glass bottles. International conference on computers & industrial engineering. IEEE, 62（3）: 693.

Kojima M, Yoshida A, Sasaki S. 2009. Difficulties in applying extended producer responsibility policies in developing countries: Case studies in e-waste recycling in China and Thailand. Journal of Material Cycles & Waste Management, 11（3）: 263-269.

Koroneos C J, Nanaki E A. 2012. Life cycle environmental impact assessment of a solar water heater. Journal of Cleaner Production, 37: 154-161.

Kouvelis P, Zhao W. 2016. Supply chain contract design under financial constraints and bankruptcy costs. Management Science, 62（8）: 2341-2357.

Kovacs G. 2006. Stakeholder salience and environmental responsibility: A cross-industrial comparison. Progress in Industrial Ecology, 3（5）: 418-430.

Kozlowski A, Searcy C, Bardecki M. 2018. The redesign canvas: Fashion design as a tool for sustainability. Journal of Cleaner Production, 183: 194-207.

Kraft T, Raz G. 2017. Collaborate or compete: Examining manufacturers' replacement strategies for a substance of concern. Production and Operations Management, 26（9）: 1646-1662.

Kraft T, Valdés L, Zheng Y. 2020. Motivating supplier social responsibility under incomplete visibility. Manufacturing & Service Operations Management, 22（6）: 1268-1286.

Krass D, Nedorezov T, Ovchinnikov A. 2013. Environmental taxes and the choice of green technology. Production and Operations Management, 22（5）: 1035-1055.

Krause D R, Handfield R B, Tyler B B. 2007. The relationships between supplier development, commitment, social capital accumulation and performance improvement. Journal of Operations Management, 25（2）: 528-545.

Krikke H. 2010. Opportunistic versus life-cycle-oriented decision making in multi-loop recovery: An eco-eco study on disposed vehicles. The International Journal of Life Cycle Assessment, 15（8）: 757-768.

Kuiti M R, Ghosh D, Gouda S, et al. 2019. Integrated product design, shelf-space allocation and transportation decisions in green supply chains. International Journal of Production Research, 57（19）: 6181-6201.

Kumar G, Subramanian N, Arputham R M. 2018. Missing link between sustainability collaborative strategy and supply chain performance: Role of dynamic capability. International Journal of Production Economics, 203

（September）：96-109.

Lai W H，Lin C C，Wang T C. 2015. Exploring the interoperability of innovation capability and corporate sustainability. Journal of Business Research，68（4）：867-871.

Lambert A J D，Boelaarts H M，Splinter M A M. 2004. Optimal recycling system design：With an application to sophisticated packaging tools. Environmental and Resource Economics，28（3）：273-299.

Lauridsen E H，Jørgensen U. 2010. Sustainable transition of electronic products through waste policy. Research Policy，39（4）：486-494.

Lazare S. 2006. Challenging the chip：Labor rights and environmental justice in the global electronics industry. Multinational Monitor，27（3）：52.

Lee J C，Song H T，Yoo J M. 2007. Present status of the recycling of waste electrical and electronic equipment in Korea. Resources，Conservation and Recycling，50（4）：380-397.

Lee J N，Miranda S M，Kim Y M. 2004. IT outsourcing strategies：Universalistic，contingency，and configurational explanations of success. Information Systems Research，15（2）：110-131.

Lee J，Kwon H B. 2019. The synergistic effect of environmental sustainability and corporate reputation on market value added（MVA）in manufacturing firms. International Journal of Production Research，57（22）：7123-7141.

Lee R G. 2008. Marketing products under the extended producer responsibility framework：A battery of issues. Review of European Community and International Environmental Law，17（3）：298-305.

Lee S G，Xu X. 2005. Design for the environment：Life cycle assessment and sustainable packaging issues. International Journal of Environmental

Technology and Management, 5（1）: 14-41.

Levin J. 2003. Relational incentive contracts. The American Economic Review, 93（3）: 835-857.

Levis J. 2006. Adoption of corporate social responsibility codes by multinational companies. Journal of Asian Economics, 17（1）: 50-55.

Lewis A M, Kelly J C, Keoleian G A. 2014. Vehicle lightweighting vs. electrification: Life cycle energy and GHG emissions results for diverse powertrain vehicles. Applied Energy, 126（August 1）: 13-20.

Li J H, Lopez N B N, Liu L L, et al. 2013. Regional or global WEEE recycling. Where to go?. Waste Management, 33（4）: 923-934.

Li L, Geiser K. 2005. Environmentally responsible public procurement（ERPP）and its implications for integrated product policy（IPP）. Journal of Cleaner Production, 13（7）: 705-715.

Li S, Shi L, Feng X, et al. 2012. Reverse channel design: The impacts of differential pricing and extended producer responsibility. International Journal of Shipping & Transport Logistics, 4（4）: 357-375.

Li Y, Ye F, Dai J, et al. 2019. The adoption of green practices by Chinese firms: Assessing the determinants and effects of top management championship. International Journal of Operations & Production Management, 39（4）: 550-572.

Li Y, Zhao X, Shi D, et al. 2014. Governance of sustainable supply chains in the fast fashion industry. European Management Journal, 32（5）: 823-836.

Liang L, Cook W D, Zhu J. 2008. DEA models for two-stage processes: Game approach and efficiency decomposition. Naval Research Logistics, 55（7）: 643-653.

Liao C-S, Lou K-R, Gao C-T. 2013. Sustainable development of electrical and electronic equipment: User-driven green design for cell phones. Business Strategy and the Environment, 22 (1): 36-48.

Lifset R, Lindhqvist T. 2008. Producer responsibility at a turning point?. Journal of Industrial Ecology, 12 (2): 144.

Lin C. 2008. A model using home appliance ownership data to evaluate recycling policy performance. Resources, Conservation and Recycling, 52 (11): 1322-1328.

Lindhqvist T. 2000. Extended producer responsibility in cleaner production. Lund: Lund university.

Lindhqvist T. 2010. Policies for waste batteries. Journal of Industrial Ecology, 14 (4): 537-540.

Linton J D, Klassen R, Jayaraman V. 2007. Sustainable supply chains: An introduction. Journal of Operations Management, 25 (6): 1075-1082.

Liu H, Wei S, KeW, et al. 2016. The configuration between supply chain integration and information technology competency : A resource orchestration perspective. Journal of Operations Management, 44(1): 13-29.

Liu S, Eweje G, He Q, et al. 2020. Turning motivation into action: A strategic orientation model for green supply chain management. Business Strategy and the Environment, 29 (7): 2908-2918.

Liu S, Kasturiratne D, Moizer J. 2012. A hub-and-spoke model for multi-dimensional integration of green marketing and sustainable supply chain management. Industrial Marketing Management, 41 (4): 581-588.

Liu X, Tanaka M, Matsui Y. 2006. Electrical and electronic waste management in China: Progress and the barriers to overcome. Waste Management &

Research: the Journal of the International Solid Wastes & Public Cleansing Association Iswa, 24 (1): 92-101.

Lockamy III A, McCormack K. 2004.The development of a supply chain management process maturity model using the concepts of business process orientation. Supply Chain Management: An International Journal, 9 (4): 272-278.

Longoni A, Cagliano R. 2015. Environmental and social sustainability priorities their integration in operations strategies. International Journal of Operations & Production Management, 35 (2): 216-245.

Longoni A, Pagell M, Shevchenko A, et al. 2019. Human capital routines and sustainability trade-offs: The influence of conflicting schemas for operations and safety managers. International Journal of Operations & Production Management, 39 (5): 690-713.

Lu C, Zhang L, Zhong Y, et al. 2015. An overview of e-waste management in China. Journal of Material Cycles and Waste Management, 17 (1): 1-12.

Lu L T, Hsiao T Y, Shang N C, et al. 2006. MSW management for waste minimization in Taiwan: The last two decades. Waste Management, 26(6): 661-667.

Lu W, Yuan H. 2011. A framework for understanding waste management studies in construction. Waste Management, 31 (6): 1252-1260.

Lusch R F, Brown J R. 1996. Interdependency, contracting and relational behavior in marketing channels. The Journal of Marketing, 60 (4): 19-38.

Ma L P, Jiang Q, Zhao P, et al. 2014. Comparative study on life cycle assessment for typical building thermal insulation materials in China. Materials Science Forum, 787: 176-183.

Ma W, Zhao Z, Ke H. 2013. Dual-channel closed-loop supply chain with government consumption-subsidy. European Journal of Operational Research, 226（2）: 221-227.

Macchion L, Da Giau A, Caniato F, et al. 2018. Strategic approaches to sustainability in fashion supply chain management. Production Planning & Control, 29（1）: 9-28.

Mani V, Gunasekaran A, Delgado C. 2018. Enhancing supply chain performance through supplier social sustainability: An emerging economy perspective. International Journal of Production Economics, 195（January）: 259-272.

Manomaivibool P. 2009. Extended producer responsibility in a non-OECD context: The management of waste electrical and electronic equipment in India. Resources Conservation & Recycling, 53（3）: 136-144.

Manomaivibool P, Vassanadumrongdee S. 2011. Extended producer responsibility in Thailand: Prospects for policies on waste electrical and electronic equipment. Journal of Industrial Ecology, 15（2）: 185-205.

Margolis J D, Walsh J P. 2003. Misery loves companies: Rethinking social initiatives by business. Administrative Science Quarterly, 48（2）: 268-305.

Marsh G. 2003. Europe gets tough on end-of-life composites. Reinforced Plastics, 47（8）: 34-36, 38-39.

Masanet E, Horvath A. 2007. Assessing the benefits of design for recycling for plastics in electronics: A case study of computer enclosures. Materials and Design, 28（6）: 1801-1811.

Masten S E. 1993. Transaction costs, mistakes, and performance: Assessing the importance of governance. Managerial and Decision Economics, 14（2）: 119-129.

Mathiyazhagan K, Govindan K, NoorulHaq A, et al. 2013. An ISM approach for the barrier analysis in implementing green supply chain management. Journal of Cleaner Production, 47: 283-297.

Maxwell D, Vorst R V D. 2003. Developing sustainable products and services. Journal of Cleaner Production, 11 (8): 883-895.

Mayers C K. 2007. Strategic, financial, and design implications of extended producer responsibility in Europe: A producer case study. Journal of Industrial Ecology, 11 (3): 113-131.

Mayers C K, France C M, Cowell S J. 2005. Extended producer responsibility for waste electronics. Journal of Industrial Ecology, 9 (3): 169-189.

McKerlie K, Knight N, Thorpe B. 2006. Advancing extended producer responsibility in Canada. Journal of Cleaner Production, 14(6/7): 616-628.

McLennan A. 2002. Strategic foundations of general equilibrium: Dynamic matching and bargaining games. Journal of Economic Literature, 40 (1): 163-165.

McWilliams A, Siegel D S, Wright P M. 2006. Corporate social responsibility: Strategic implications. Journal of Management Studies, 43 (1): 1-18.

Meehan J, Meehan K, Richards A. 2006. Corporate social responsibility: The 3C-SR model. International Journal of Social Economics, 33(5/6): 386-398.

Melnyk S A, Sroufe R P, Calantone R. 2003. Assessing the impact of environmental management systems on corporate and environmental performance. Journal of Operations Management, 21 (3): 329-351.

Messagie M, Boureima F S, Coosemans T, et al. A range-based vehicle life cycle assessment incorporating variability in the environmental assessment of different vehicle technologies and fuels. Energies, 2014, 7(3): 1467-1482.

Meyer J W, Rowan B. 1997. Institutionalized organizations: Formal structure as myth and ceremony. American Journal of Sociology, 83 (2): 340-363.

Middleton C, Crow B. 2008. Building Wi-Fi networks for communities: Three Canadian cases. Canadian Journal of Communication, 33 (3): 419-441.

Milanez B, Buhrs T. 2009. Extended producer responsibility in Brazil: The case of tyre waste. Journal of Cleaner Production, 17 (6): 608-615.

Mitra S, Webster S. 2008. Competition in remanufacturing and the effect of government subsidies. International Journal of Production Economics, 111 (2): 287-298.

Mohareb A K, Warith M, Narbaitz R M. 2004. Strategies for the municipal solid waste sector to assist Canada in meeting its Kyoto protocol commitments. Environmental Reviews, 12 (2): 71.

Moorthy K S. 1988. Product and price competition in a duopoly. Marketing Science, 7 (2): 141-168.

Moosmayer D C, Chen Y, Davis S M. 2019. Deeds not words: A cosmopolitan perspective on the influences of corporate sustainability and NGO engagement on the adoption of sustainable products in China. Journal of Business Ethics, 158: 135-154.

Mu J. 2017. Dynamic capability and firm performance: The role of marketing capability and operations capability. IEEE Transactions on Engineering Management, 64 (4): 554-565.

Mudgal R K, Shankar R, Talib P, et al. 2010. Modeling the barriers of green supply chain practices: An Indian perspective. International Journal of Logistics Systems and Management, 7 (1): 81-107.

Nakajima N, Vanderburg W H. 2005. A failing grade for WEEE take-back programs for information technology equipment. Bulletin of Science Technology & Society, 25 (6): 507-517.

Nakajima N, Vanderburg W H. 2006. A description and analysis of the German packaging take-back system. Bulletin of Science, Technology & Society, 26 (6): 510-517.

Nash H A. 2009. The revised directive on waste: Resolving legislative tensions in waste management?. Journal of Environmental Law, 21 (1): 139-149.

Nash J, Bosso C. 2013. Extended producer responsibility in the United States. Journal of Industrial Ecology, 17 (2): 175-185.

Nash Jr J F. 1950. Equilibrium points in n-person games. Proceedings of the National Academy of Sciences, 36 (1): 48-49.

Ngai E W T, Chau D C K, Poon J K L, et al. 2013. Energy and utility management maturity model for sustainable manufacturing process. International Journal of Production Economics, 146 (2): 453-464.

Ngo L V, O'Cass A. 2009. Creating value offerings via operant resource-based capabilities. Industrial Marketing Management, 38 (1): 45-59.

Ni W, Sun H. 2018. A contingent perspective on the synergistic effect of governance mechanisms on sustainable supply chain. Supply Chain Management: An International Journal, 23 (3): 153-170.

Nicol S, Thompson S. 2007. Policy options to reduce consumer waste to zero: Comparing product stewardship and extended producer responsibility for refrigerator waste. Waste Management & Research: the Journal of the International Solid Wastes & Public Cleansing Association Iswa, 25 (3): 227-233.

Niza S, Santos E, Costa I, et al. 2014. Extended producer responsibility policy in Portugal: A strategy towards improving waste management performance. Journal of Cleaner Production, 64 (2): 277-287.

Nnorom I C, Ohakwe J, Osibanjo O. 2009. Survey of willingness of residents to participate in electronic waste recycling in Nigeria—A case study of mobile phone recycling. Journal of Cleaner Production, 17 (18): 1629-1637.

Nnorom I C, Osibanjo O. 2008. Overview of electronic waste (e-waste) management practices and legislations, and their poor applications in the developing countries. Resources Conservation & Recycling, 52 (6): 843-858.

Nwachukwu M A, Feng H, Achilike K. 2011. Integrated studies for automobile wastes management in developing countries; in the concept of environmentally friendly mechanic village. Environmental Monitoring and Assessment, 178 (1-4): 581-593.

O'Rourke M. 2004. Killer computers: The growing problem of e-waste. Risk Management, 51 (10): 12-18.

OECD. 2001. Extended Producer Responsibility: A Guidance Manual for Governments. Paris: OECD Publishing.

OECD. 2016. Extended Producer Responsibility: Updated Guidance for Efficient Waste Management. Paris: OECD Publishing. https://doi.org/10.1787/9789264256385-en.

Ogushi Y, Kandlikar M. 2007. Assessing extended producer responsibility laws in Japan. Environmental Science & Technology, 41 (13): 4502-4508.

Olla P, Toth J. 2009. E-waste education strategies: teaching how to reduce, reuse and recycle for sustainable development. International Journal of Environment & Sustainable Development, 9 (1/2/3): 294-309.

Osibanjo O, Nnorom I C. 2007. The challenge of electronic waste (e-waste) management in developing countries. Waste Management and Research, 25 (6): 489-501.

Ovchinnikov A, Blass V, Raz G. 2014. Economic and environmental assessment of remanufacturing strategies for product + service firms. Production and Operations Management, 23 (5): 744-761.

Özdemir Ö, Denizel M, Guide V D R. 2012. Recovery decisions of a producer in a legislative disposal fee environment. European Journal of Operational Research, 216 (2): 293-300.

Pache A C, Santos F. 2013. Inside the hybrid organization: Selective coupling as a response to competing institutional logics. Academy of Management Journal, 56: 972-1001.

Pani S K, Pathak A A. 2021. Managing plastic packaging waste in emerging economies: The case of EPR in India. Journal of Environmental Management, 288: 112405.

Paulraj A. 2011. Understanding the relationships between internal resources and capabilities, sustainable supply management and organizational sustainability. Journal of Supply Chain Management, 47 (1): 19-37.

Pearce D. 2003. Environmentally harmful subsidies: Barriers to sustainable development. Environmentally harmful subsidies : Policy issues and challenges. Paris: OECD.

Peattie K. 2001. Golden goose or wild goose? The hunt for the green consumer. Business Strategy and the Environment, 10 (4): 187-199.

Peng M W. 2002. Towards an institution-based view of business strategy. Asia Pacific Journal of Management, 19 (2/3): 251-267.

Peppard J, Rylander A. 2006. From value chain to value network: Insights for mobile operators. European Management Journal, 24 (2/3): 128-141.

Perron G M. 2005. Barriers to environmental performance improvements in Canadian SMEs. Halifax: Dalhousie University.

Peteraf M A. 1993. The cornerstones of competitive advantage: a resource-based view. Strategic Management Journal, 14 (3): 179-191.

Petrosjan L, Zaccour G. 2003. Time-consistent shapley value allocation of pollution cost reduction. Journal of Economic Dynamics and Control, 27 (3): 381-398.

Pisano G P. 1989. Using equity participation to support exchange: Evidence from the biotechnology industry. Journal of Law Economics & Organization, 5 (1): 109-126.

Pitchipoo P, Venkumar P, Rajakarunakaran S. 2015. Grey decision model for supplier evaluation and selection in process industry: A comparative perspective. International Journal of Advanced Manufacturing Technology, 76: 2059-2069.

Plambeck E L, Taylor T A. 2006. Partnership in a dynamic production system with unobservable actions and noncontractible output. Management Science, 52 (10): 1509-1527.

Plambeck E, Wang Q. 2009. Effects of E-waste regulation on new product introduction. Management Science, 55 (3): 333-347.

Pocklington D. 2003. The role of mandatory targets in waste management legislation. Environmental Law & Management, 15 (5): 285-294.

Poppo L, Zenger T. 1998. Testing alternative theories of the firm: Transaction cost, knowledge-based, and measurement explanations for make-or-buy decisions in information services. Strategic Management Journal，19（9）：853-877.

Poppo L，Zenger T. 2002. Do formal contracts and relational governance function as substitutes or complements?. Strategic Management Journal，23（8）：707-725.

Porteous A H，Rammohan S V，Lee H L. 2015. Carrots or sticks? Improving social and environmental compliance at suppliers through incentives and penalties. Production & Operations Management，24（9）：1402-1413.

Porter M E，Kramer M R. 2006. Strategy and society：The link between competitive advantage and corporate social responsibility. Harvard Business Review，84（12）：78-92.

Porter M E，Kramer M R. 2011. Creating shared value. Harvard Business Review，89（1/2）：62-77.

Premalatha M，Tabassum-Abbasi，Abbasi T，et al. 2014. The generation，impact，and management of e-waste：State of the art. Critical Reviews in Environmental Science and Technology，44（14）：1577-1678.

Purohit D. 1994. What should you do when your competitors send in the clones?. Marketing Science，13（4）：392-411.

Qian W，Burritt R. 2011. Lease and service for product life-cycle management：An accounting perspective. International Journal of Accounting and Information Management，19（3）：214-230.

Quinn L，Sinclair A J. 2006. Policy challenges to implementing extended producer responsibility for packaging. Canadian Public Administration，49（1）：60-79.

Rahimifard S，Coates G，Staikos T，et al. 2009. Barriers，drivers and challenges for sustainable product recovery and recycling. International Journal of Sustainable Engineering, 2（2）: 80-90.

Rahmani M, Gui L, Atasu A. 2018. The implications of recycling technology choice on collective recycling. Georgia Tech Scheller College of Business Research Paper: 18-21.

Raz G, Druehl C T, Blass V. 2013. Design for the environment: Life-cycle approach using a newsvendor model. Production & Operations Management, 22（4）: 940-957.

Razeghian M, Weber T A. 2019. Strategic durability with sharing markets. Sustainable Production and Consumption, 19: 79-96.

Reeves K A. 2007. Supply chain governance: A case of cross dock management in the automotive industry. IEEE Transactions on Engineering Management, 54（3）: 455-467.

Ren Z J, Cohen M A, Ho T H, et al. 2010. Information sharing in a long-term supply chain relationship: The role of customer review strategy. Operations Research, 58（1）: 81-93.

Rennings K. 2000. Redefining innovation-eco-innovation research and the contribution from ecological economics. Ecological Economics, 32（2）: 319-332.

Richey R G, Roath A S, Whipple J M, et al. 2010. Exploring a governance theory of supply chain management: Barriers and facilitators to integration. Journal of Business Logistics, 31（1）: 237-256.

Ritchey T. 2006. Problem structuring using computer-aided morphological analysis. The Journal of the Operational Research Society, 57（7）: 792-801.

Roberts S. 2003. Supply chain specific? Understanding the patchy success of ethical sourcing initiatives. Journal of Business Ethics, 44(2/3): 159-170.

Rocha C, Silvester S. 2001. Product-oriented environmental management systems (POEMS): From theory to practice - experience in Europe. Project "Start IPP" —Starting with the Integrated Product Policy: 1-5.

Roper W E. 2006. Strategies for building material reuse and recycle. International Journal of Environmental Technology and Management, 6 (3): 313.

Rosenau J N. 1992. Governance without Government: Order and Change in World Politics. Cambridge: Cambridge University Press.

Roth A E. 1979. An impossibility result concerning n-person bargaining games. International Journal of Game Theory, 8 (3): 129-132.

Runkel M. 2003. Product durability and extended producer responsibility in solid waste management. Environmental & Resource Economics, 24(2):161-182.

Rusinek M J, Zhang H, Radziwill N. 2018. Blockchain for a traceable, circular textile supply chain : A requirements approach. Software Quality Professional, 21 (1): 4-24.

Sachs N. 2006. Planning the funeral at the birth : Extended producer responsibility in the European Union and the United States. Harvard Environmental Law Review, 30 (1): 51.

Sala S. 2007. Gone tomorrow: The hidden life of garbage. The Journal of Environmental Education, 39 (1): 60-61.

Salari M, Bhuiyan N. 2018. A new model of sustainable product development process for making trade-offs. International Journal of Advanced Manufacturing Technology, 94: 1-11.

Santana F S, Barberato C, Saraiva A M. 2010. A reference process to design information systems for sustainable design based on LCA, PSS, social and economic aspects. IFIP Advances in Information and Communication Technology, 328: 269-280.

Saphores J D M, Nixon H, Ogunseitan O A, et al. 2007. California households' willingness to pay for "Green" electronics. Journal of Environmental Planning and Management, 50 (1): 113-133.

Sarkis J, Gonzalez-Torre P, Adenso-Diaz B. 2010. Stakeholder pressure and the adoption of environmental practices: The mediating effect of training. Journal of Operations Management, 28 (2): 163-176.

Scheijgrond J W. 2011. Extending producer responsibility up and down the supply chain, challenges and limitation. Waste Management Research, 29 (9): 911-918.

Schnoor J L. 2012. Extended producer responsibility for e-waste. Environmental Science & Technology, 46 (15): 7927.

Schoenherr T, Swink M. 2012. Revisiting the arcs of integration: Cross-validation and extensions. Journal of Operations Management, 30 (1/2): 99-115.

Seuring S. 2013. A review of modeling approaches for sustainable supply chain management. Decision Support Systems, 54 (4): 1513-1520.

Seuring S, Müller M. 2008. From a literature review to a conceptual framework for sustainable supply chain management. Journal of Cleaner Production, 16 (15): 1699-1710.

Sewchurran K, Dekker J, McDonogh J. 2019. Experiences of embedding long-term thinking in an environment of short-termism and sub-par business performance: Investing in intangibles for sustainable growth. Journal of Business Ethics, 157 (4): 997-1041.

Shashi S，Cerchione R，Centobelli P，et al. 2018. Sustainability orientation，supply chain integration，and SMEs performance：A causal analysis. Benchmarking An International Journal，25（9）：3679-3701.

Sheehan B，Spiegelman H. 2005. From beginning to end：EPR in the U.S. and Canada. Resource Recycling：North America's Recycling and Composting Journal，24（3）：18-21.

Sheu J B，Chen Y J. 2012. Impact of government financial intervention on competition among green supply chains. International Journal of Production Economics，138（1）：201-213.

Shi V G，Koh S C L，Baldwin J，et al. 2012. Natural resource based green supply chain management. Supply Chain Management：An International Journal，17（1）：54-67.

Shuaib M，Seevers D，Zhang X，et al. 2014. Product sustainability index（ProdSI）：A metrics-based framework to evaluate the total life cycle sustainability of manufactured products. Journal of Industrial Ecology，18（4）：491-507.

Siiskonen M，Watz M，Malmqvist J，et al. 2019. Decision support for re-designed medicinal products—assessing consequences of a customizable product design on the value chain from a sustainability perspective. Design for Healthcare，1（1）：867-876.

Silva N，Jawahir I S，Dillon O. 2009. A new comprehensive methodology for the evaluation of product sustainability at the design and development stage of consumer electronic products. International Journal of Sustainable Manufacturing，1：251-264.

Silveira G T R，Chang S Y. 2010. Cell phone recycling experiences in the United

States and potential recycling options in Brazil. Waste management, 30 (11): 2278-2291.

Silveira G T R, Chang S Y. 2011. Fluorescent lamp recycling initiatives in the United States and a recycling proposal based on extended producer responsibility and product stewardship concepts. Waste Management & Research: the Journal of the International Solid Wastes & Public Cleansing Association Iswa, 29 (6): 656-668.

Sirmon D G, Hitt M A, Ireland D R, et al. 2011. Resource orchestration to create competitive advantage: breadth, depth, and life cycle effects. Journal of Management, 37 (5): 1390-1412.

Sivaprakasam R, Selladurai V, Sasikumar P. 2015. Implementation of interpretive structural modelling methodology as a strategic decision making tool in a Green Supply Chain Context. Annals of Operations Research, 233 (1): 423-448.

Slawinski N, Bansal P. 2015. Short on time: Intertemporal tensions in business sustainability. Organization Science, 26 (2): 531-549.

Song H H, Gao X X. 2018. Green supply chain game model and analysis under revenue-sharing contract. Journal of Cleaner Production, 170 (1): 183-192.

Song H, Yu K, Zhang S. 2017. Green procurement, stakeholder satisfaction and operational performance. International Journal of Logistics Management, 28 (4): 1054-1077.

Song M L, Zhang W, Qiu X M. 2015. Emissions trading system and supporting policies under an emissions reduction framework. Annals of Operations Research, 228 (May): 125-134.

Spencer B J. 2005. International outsourcing and incomplete contracts. Canadian

Journal of Economics/Revue canadienne d'économique, 38 (4): 1107-1135.

Spicer A J, JohnsonM R. 2004. Third-party demanufacturing as a solution for extended producer responsibility. Journal of Cleaner Production, 12 (1): 37-45.

Spiegelman H, Sheehan B. 2004. The future of waste. Biocycle, 45 (1): 59.

Spiegelman H, Sheehan B. 2006. The next frontier for MSW. Biocycle, 47 (2): 30-32.

Sroufe R. 2017. Integration and organizational change towards sustainability. Journal of Cleaner Production, 162: 315-329.

Sroufe R, Curkovic S, Montabon F, et al. 2000. The new product design process and design for environment " Crossing the chasm" . International Journal of Operations & Production Management, 20 (2): 267-291.

Steiger J H. 1990. Structural model evaluation and modification: An interval estimation approach. Multivariate Behavioral Research, 25 (2): 173-180.

Stuart I, McCutcheon D, Handfield R, et al. 2002. Effective case research in operations management: A process perspective. Journal of Operations Management, 20 (5): 419-433.

Subramanian R, Gupta S, Talbot B. 2009. Product design and supply chain coordination under extended producer responsibility. Production and Operations Management, 18 (3): 259-277.

Sunar N , Plambeck E. 2016. Allocating emissions among co-products : Implications for procurement and climate policy. Manufacturing and Service Operations Management, 18 (3): 414-428.

Swami S, Shah J. 2013. Channel coordination in green supply chain management. Journal of the Operational Research Society, 64 (3): 336-351.

Székely F, Knirsch M. 2005. Responsible leadership and corporate social responsibility: Metrics for sustainable performance. European Management Journal, 23 (6): 628-647.

Tachizawa E M, Wong C Y. 2015. The performance of green supply chain management governance mechanisms: A supply network and complexity perspective. Journal of supply chain management, 51 (3): 18-32.

Taghipour H, Nowrouz P, Jafarabadi M A, et al. 2012. E-waste management challenges in Iran: Presenting some strategies for improvement of current conditions. Waste Management & Research: the Journal of the International Solid Wastes & Public Cleansing Association Iswa, 30 (11): 1138-1144.

Tang C S, Zhou S. 2012. Research advances in environmentally and socially sustainable operations. European Journal of Operational Research, 223 (3): 585-594.

Tao J, Yu S R. 2018. Product life cycle design for sustainable value creation: Methods of sustainable product development in the context of high value engineering. Procedia CIRP, 69: 25-30.

Tate W L, Bals L. 2018. Achieving shared triple bottom line (TBL) value creation: Toward a social resource-based view (SRBV) of the firm. Journal of Business Ethics, 152 (3): 803-826.

Thurston T. 2007. Leasing and extended producer responsibility for personal computer component reuse.International Journal of Environment and Pollution, 29 (1/2): 104-126.

Toffel M W. 2002. End-of-life product recovery: Drivers, prior research, and future directions. Conference on European Electronics Take-back Legislation: Impacts on Business Strategy and Global Trade.

Tojo N, Lindhqvist T, Davis G A. 2001. EPR programme implementation: Institutional and structural factors. Paris: Proceedings of OECD Seminar on Extended Producer Responsibility, EPR: EPR Programme Implementation and Assessment.

Tokoro N. 2007. Stakeholders and corporate social responsibility (CSR): A new perspective on the structure of relationships. Asian Business & Management, 6 (2): 143-162.

Tong X, Lifset R, Lindhqvist T. 2004. Extended producer responsibility in China: Where is "best practice"?. Journal of Industrial Ecology, 8 (4): 6-9.

Tsai W, Hung S. 2009. Treatment and recycling system optimisation with activity-based costing in WEEE reverse logistics management: An environmental supply chain perspective. International Journal of Production Research, 47 (19): 5391-5420.

Tunca T I, Zenios S A. 2006. Supply auctions and relational contracts for procurement. Manufacturing & Service Operations Management, 8 (1): 43-67.

U.S. Environmental Protection Agency. 2021. The United States Experience with Economic Incentives for Pollution Control. https://www.epa.gov/environmental-economics/united-states-experience-economic-incentives-pollution-control.

Vachon S, Klassen R D. 2006. Extending green practices across the supply chain: The impact of upstream and downstream integration. International Journal of Operations & Production Management, 26 (7): 795-821.

Vachon S, Klassen R D. 2008. Environmental management and manufacturing performance: The role of collaboration in the supply chain. International Journal of Production Economics, 111 (2): 299-315.

van Meter D S, van Horn C E. 1975. The policy implementation process: A conceptual framework. Administration & Society, 6（4）: 445-488.

Venkatraman N, Ramanujam V. 1986. Measurement of business performance in strategy research : A comparison of approaches. The Academy of Management Review, 11（4）: 801-814.

Verespej M. 2011a. Group wants general mills, P&G to cut packaging waste. Plastics News（Detroit）, 23（8）: 12.

Verespej M. 2011b. PET recycling capacity growing rapidly. Plastics News （Detroit）, 23（1）: 22.

Vermeulen W J V. 2015. Self - governance for sustainable global supply chains: Can it deliver the impacts needed?. Business Strategy & the Environment, 24（2）: 73-85.

Villena V H, Gioia D A. 2018. On the riskiness of lower-tier suppliers: managing sustainability in supply networks. Journal of Operations Management, 64: 65-87.

Vurro C, Russo A, Perrini F. 2009. Shaping sustainable value chains: Network determinants of supply chain governance models. Journal of Business Ethics, 90（4）: 607-621.

Waage S A. 2007. Re-considering product design: a practical "road-map" for integration of sustainability issues. Journal of Cleaner Production, 15（7）: 638-649.

Waddock S A, Graves S B. 1997. The corporate social performance-financial performance link. Strategic Management Journal, 18（4）: 303-319.

Wagner T P. 2013. Examining the concept of convenient collection : An application to extended producer responsibility and product stewardship frameworks. Waste management, 33（3）: 499-507.

Wang D, Zamel N, Jiao K, et al. 2013. Life cycle analysis of internal combustion engine, electric and fuel cell vehicles for China. Energy, 59（September 15）: 402-412.

Wang J, Dai J. 2018. Sustainable supply chain management practices and performance. Industrial Management & Data Systems, 118（1）: 2-21.

Wang L, Chen M. 2013. Policies and perspective on end-of-life vehicles in China. Journal of Cleaner Production, 44: 168-176.

Warfield J N. 1974. Developing subsystem matrices in structural modeling. IEEE Transactions on Systems, Man, and Cybernetics,（1）: 74-80.

Wen L, Lin C, Lee S. 2009. Review of recycling performance indicators: A study on collection rate in Taiwan. Waste Management, 29（8）: 2248-2256.

Wiengarten F, Longoni A. 2015. A nuanced view on supply chain integration: A coordinative and collaborative approach to operational and sustainability performance improvement. Supply Chain Management, 20（2）: 139-150.

Wiesmeth H, Haeckl D. 2011. How to successfully implement extended producer responsibility: Considerations from an economic point of view. Waste Management & Research: the Journal of the International Solid Wastes & Public Cleansing Association Iswa, 29（9）: 891-901.

Wilts H, Bringezu S, Bleischwitz R, et al. 2011. Challenges of metal recycling and an international covenant as possible instrument of a globally extended producer responsibility. Waste Management & Research, 29（9）: 902-910.

Winter S, Lasch R. 2016. Environmental and social criteria in supplier evaluation — Lessons from the fashion and apparel industry. Journal of Cleaner Production, 139: 175-190.

Wolf J. 2011. Sustainable supply chain management integration: A qualitative analysis of the German manufacturing industry. Journal of Business Ethics, 102 (2): 221-235.

Wong C W Y. 2013. Leveraging environmental information integration to enable environmental management capability and performance. Journal of Supply Chain Management, 49 (2): 114-136.

Wong C W Y, Wong C Y, Boon-itt S. 2015. Integrating environmental management into supply chains : A systematic literature review and theoretical framework. International Journal of Physical Distribution and Logistics Management, 45 (1/2): 43-68.

Wong C W Y, Wong C Y, Boon-itt S. 2018. How does sustainable development of supply chains make firms lean, green and profitable? A resource orchestration perspective. Business Strategy and the Environment, 27 (3): 375-388.

Wood D J, Jones R E. 1995. Stakeholder mismatching: A theoretical problem in empirical research on corporate social performance. International Journal of Organizational Analysis, 3 (3): 229-267.

Woon K S, Lo I. 2014. Analyzing environmental hotspots of proposed landfill extension and advanced incineration facility in Hong Kong using life cycle assessment. Journal of Cleaner Production, 75 (July 15): 64-74.

Wu G C. 2013. The influence of green supply chain integration and environmental uncertainty on green innovation in Taiwan's IT industry. Supply Chain Management: An International Journal, 18 (5): 539-552.

Wu S J, Melnyk S A, Calantone R J. 2008. Assessing the core resources in the environmental management system from the resource perspective and the contingency perspective. IEEE Transactions on Engineering Management, 55（2）: 304-315.

Wu Z, Pagell M. 2011. Balancing priorities: Decision-making in sustainable supply chain management. Journal of Operations Management, 29（6）: 577-590.

Xia Y, Chen B, Kouvelis P. 2008. Market-based supply chain coordination by matching suppliers' cost structures with buyers' order profiles. Management Science, 54（11）: 1861-1875.

Xiang W, Ming C. 2011. Implementing extended producer responsibility: Vehicle remanufacturing in China. Journal of Cleaner Production, 19（6/7）: 680-686.

Xiong Y, Zhou Y, Li G, et al. 2013. Don't forget your supplier when remanufacturing. European Journal of Operational Research, 230（1）: 15-25.

Yamaguchi M. 2022. Extended producer responsibility in Japan—introduction of "EPR" into Japanese waste policy and some controversy. ECP Newsletter-JEMAI, 1（19）: 1-12.

Yang J, Lu B, Xu C. 2008. WEEE flow and mitigating measures in China. Waste Management, 28（9）: 1589-1597.

Yang M, Vladimirova D, Rana P, et al. 2014. Sustainable value analysis tool for value creation. Asian Journal of Management Science and Applications, 1（4）: 312-332.

Yang Y, Xu X. 2019. A differential game model for closed-loop supply chain participants under carbon emission permits. Computers & Industrial Engineering, 135（September）: 1077-1090.

Yenipazarli A. 2016. Managing new and remanufactured products to mitigate environmental damage under emissions regulation. European Journal of

Operational Research, 249（1）: 117-130.

Yenipazarli A. 2017. To collaborate or not to collaborate: Prompting upstream eco-efficient innovation in a supply chain. European Journal of Operational Research, 260（2）: 571-587.

Yenipazarli A, Vakharia A. 2015. Pricing, market coverage and capacity: Can green and brown products co-exist?. European Journal of Operational Research, 242（1）: 304-315.

Yepsen R. 2009. Compostable products go mainstream. Biocycle, 50（7）: 25-33.

Yin J, Gao Y, Xu H. 2014. Survey and analysis of consumers' behaviour of waste mobile phone recycling in China. Journal of Cleaner Production, 65（2）: 517-525.

Yin R K. 2014. Case Study Research: Design and Method. Thousand Oaks, CA: Sage Publications.

Yu J, Hills P, Welford R. 2008. Extended producer responsibility and eco-design changes: Perspectives from China. Corporate Social Responsibility and Environmental Management, 15（2）: 111-124.

Yu J, Welford R, Hills P. 2006. Industry responses to EU WEEE and ROHS directives: Perspectives from China. Corporate Social Responsibility and Environmental Management, 13（5）: 286.

Zaman A U. 2012. Developing a social business model for zero waste management systems: A case study analysis. Journal of Environmental Protection, 3（11）: 1458-1469.

Zanghelini G M, Cherubini E, Orsi P, et al. 2014. Waste management life cycle assessment: The case of a reciprocating air compressor in Brazil. Journal of Cleaner Production, 70: 164-174.

Zawislak P A, Cherubini Alves A, Tello-Gamarra J, et al. 2012. Innovation capability: From technology development to transaction capability. Journal of Technology Management and Innovation, 7 (2): 14-27.

Zegher J F, Iancu D A, Lee H L. 2019. Designing contracts and sourcing channels to create shared value. Manufacturing & Service Operations Management, 21 (2): 271-289.

Zhan Y Z, Tan K H, Ji G J, et al. 2018. Green and lean sustainable development path in China: Guanxi, practices and performance. Resources, Conservation and Recycling, 128: 240-249.

Zhang F, Rio M, Allais R, et al. 2013. Toward a systemic navigation framework to integrate sustainable development into the company. Journal of Cleaner Production, 54: 199-214.

Zhang K, Schnoor J L, Zeng E Y. 2012. E-waste recycling: Where does it go from here?. Environmental Science & Technology, 46 (20): 10861-10867.

Zhang Q, Vonderembse M A, Lim J S. 2002. Value chain flexibility: A dichotomy of competence and capability. International Journal of Production Research, 40 (3): 561-583.

Zhang Y, Gregory M. 2018. Value Creation through Engineering Excellence: Building Global Network Capabilities.London: Palgrave Macmillan Cham.

Zhao X, Huo B, Selen W, et al. 2011. The impact of internal integration and relationship commitment on external integration. Journal of Operations Management, 29 (1/2): 17-32.

Zhong H, Schiller S, Ma Z. 2011. Exploratory proposal for E-waste recycling deposit system under EPR. International Conference on Transportation Engineering: 3171-3176.

Zhou H, Yang Y, Chen Y, et al. 2018. Data envelopment analysis application in sustainability: The origins, development and future directions. European Journal of Operational Research. 264（1）: 1-16.

Zhou K Z, Zhang Q, Sheng S, et al. 2014. Are relational ties always good for knowledge acquisition? Buyer–supplier exchanges in China. Journal of Operations Management, 32（3）: 88-98.

Zhu Q H, Sarkis J, Lai K H. 2007. Green supply chain management: Pressures, practices and performance within the Chinese automobile industry. Journal of Cleaner Production, 15（11/12）: 1041-1052.

Zhu Q, Dou Y, Sarkis J. 2010. A portfolio-based analysis for green supplier management using the analytical network process. Supply Chain Management: An International Journal, 15（4）: 306-319.

Zhu Q, Geng Y. 2013. Drivers and barriers of extended supply chain practices for energy saving and emission reduction among Chinese manufacturers. Journal of Cleaner Production, 40（2）: 6-12.

Zhu Q, Sarkis J. 2006. An inter-sectoral comparison of green supply chain management in China: Drivers and practices. Journal of Cleaner Production, 14（5）: 472-486.

Zhu Q, Sarkis J, Cordeiro J J, et al. 2008. Firm-level correlates of emergent green supply chain management practices in the Chinese context. Omega, 36（4）: 577-591.

Zhu Q, Sarkis J, Geng Y. 2005. Green supply chain management in China: pressures, practices and performance. International Journal of Operations & Production Management, 25（5）: 449-468.

Zhu Q, Sarkis J, Lai K H. 2018. Regulatory policy awareness and environmental supply chain cooperation in China: A regulatory-exchange-theoretic perspective. IEEE Transactions on Engineering Management, 65(1): 46-58.

Zvezdov D, Akhavan R M. 2018. Interactions along the supply chain for building dynamic capabilities for sustainable supply chain management. Social and environmental dimensions of organizations and supply chains. Part of the Greening of Industry Networks Studies Book Series, 5: 35-48.

附　录

附录 A　第八章消费者回收行为影响因素调查问卷

尊敬的先生/女士：

您好！为探究影响消费者回收行为的影响因素，特做此问卷调查。本问卷的全部结果仅供学术研究专用，决不作其他用途，请您放心。

废旧电子产品回收管理是指将废旧电子产品移交给专业的回收机构（制造商、零售商、第三方回收机构等），并进行环保处置。目前我国虽然出台了相关法律与激励政策，但是回收率依然不高。保证回收率是废旧电子产品回收管理系统的基础，这有赖于居民的积极参与。而居民参与废旧电子产品回收管理的积极性受多种因素的影响，本调研的目的是了解我国居民参与废旧电子产品回收行为的影响因素和行为意向。

完成每一份问卷的时间最多不超过 10 分钟，我们深信您能很好地完成这份问卷，并希望您能对我们所关注的问题感兴趣。您完整地回答整份问卷对于本调研的有效性具有重要意义！再次感谢您的大力支持！

1. 基本信息：

性别　　○男　　　○女

年龄　　○<25 岁　　○25~40 岁　　○41~60 岁　　○>60 岁

学历　　○初中及以下　　○高中　　○本科　　○硕士及以上

月收入　　○≤1500 元　　○1501~3000 元　　○3001~5000 元

　　　　　○5001~8000 元　　　○>8001 元

职业　　○国企职工　○公务员　○外企职工　○私企职工

　　　　○个体工商业者　○教师　○学生　○待业　○退休　○其他

2. 您对废旧电子产品回收相关法律的了解：

问卷项	非常符合	符合	一般	不太符合	不符合
您非常了解国家对废旧产品逆向回收制定的相关法律政策					
您是通过苏宁、国美等销售商了解电子产品回收相关政策					
您是通过媒体宣传了解过逆向物流的相关知识					
媒体对逆向物流的相关宣传您会非常关注					

3. 阻碍您参与废旧电子产品回收的因素：

问卷项	非常同意	同意	一般	不太同意	不同意
回收过程太复杂					
收益小，不值得					
没有能力参与回收					
时间和精力不允许					

4. 您对废旧电子产品的环境影响的了解：

问卷项	非常了解	了解	一般	不太了解	不了解
废旧家电中含有大量重金属，随意丢弃会污染环境					
废旧家电是城市固体废弃物中重金属的主要来源					
废旧家电零部件的燃烧会通过烟灰粉尘污染环境					
处理后的废液随意倾倒会污染地下水					

续表

问卷项	非常了解	了解	一般	不太了解	不了解
废旧家电再生循环利用可减少环境污染					
废旧家电再生循环利用可减少自然资源消耗					

5. 您周围哪些人会影响您的回收行为：

问卷项	影响很大	有影响	一般	影响不大	没有影响
您的家人认为您应该参与政府回收，这对您参与回收_____					
您的朋友、邻居认为您应该参与政府回收，这对您参与回收_____					
小区的居民都积极参与政府回收，这对您参与回收_____					

6. 您对于下列回收激励方面的看法：

问卷项	非常符合	符合	一般	不太符合	不符合
参与电子产品回收为了获得一定收入					
参与电子产品回收可以获得一定收入					
是否有偿回收对我来说很重要					

7. 您对于下列说法的态度是：

问卷项	非常同意	同意	一般	不太同意	不同意
我认为每个消费者都应该分担废旧家电回收的责任					
我愿为减少废旧电子产品的危害做出贡献					
我认为随着废旧电子产品数量的增加，其危害性将不可预测					

8. 您认为现在回收渠道的问题在于：

问卷项	非常同意	同意	一般	不太同意	不同意
苏宁、国美等销售商不回收废旧电子产品					
现在找不到合适的回收渠道进行提交					
附近没有回收点					
没有机构提供上门回收服务					

9. 关于您之前的废旧产品回收经历：

问卷项	非常符合	符合	一般	不太符合	不符合
您以前是否经常参与电子产品以旧换新或回收					
若参加过，您对以前的回收经历非常满意并愿意再次参加					

10. 回收行为意向：

问卷项	非常符合	符合	一般	不太符合	不符合
愿意参与回收活动					
愿意参与销售商提供的以旧换新折扣购物活动					
愿意参与政府或专业机构提供的免费上门回收服务					
愿意接受厂家售后服务部门提供的免费上门回收服务					
希望卖给走街串巷进行收购的小商小贩					
我愿意自行将废旧电子产品送至负责回收的部门或回收箱					

附录 B 第十四章我国电子行业 EPR 实施机制研究调查问卷

尊敬的参与者：

您好！本调查问卷的目的在于了解您对国内电子行业 EPR 实施的影响因

素以及它们之间关系相关问题的看法，以探究生产者责任延伸制在中国的推广与实施。问卷采用匿名方式填答，您的个人意见仅供本次学术研究之用，绝对保密。

您的意见对此项研究十分重要，希望您客观地填写此表格，非常感谢您的帮助和付出的宝贵时间！

第一部分：基本情况

请您根据个人情况在选项后面的方格里在相应的字母上画"√"。

您的公司性质：	A. 国有企业	B. 民营企业	C. 外商独资企业
	D. 中外合资/合作企业	E. 台港澳资企业	F. 其他
公司的员工人数：	A. 100 人以下	B. 100~299 人	C. 300~499 人
	D. 500~999 人	E. 1000~2000 人	F. 2000 人以上
公司的年收入 （人民币）：	A. 50 万元以下	B. 50 万~100 万元以下	C. 100 万~500 万元以下
	D. 500 万~1000 万元以下	E. 1000 万~5000 万元以下	
	F. 5000 万元及以上		

第二部分：EPR 影响因素

填写说明：本部分的问项均以陈述句形式呈现，请您根据您所在的企业进行生产者责任延伸行为时，所对应的具体情况进行填答。每道题有五个选项，请您根据个人情况在选项后面的方格里在相应的数字上画"√"。

在填写过程中涉及 EPR 概念，以下对 EPR 概念简单进行解释：EPR 全称为"生产者责任延伸"，其含义为将生产者环境责任延伸到产品消费后阶段，以产品的报废阶段为重点。具体的 EPR 行为包含对环境友好的产品设计、废旧产品的回收、翻新、再制造、无害化处理等行为。请认真阅读后作答。

请您回答以下因素对您的企业实施 EPR 行为的影响程度	完全不影响	影响较小	有一定影响	影响较大	关键性影响
政府方面：					
1. 法律规制措施	1	2	3	4	5
2. 政府的政策（补贴政策和产业支持政策）	1	2	3	4	5
3. 政府的监管	1	2	3	4	5
4. 政府对 EPR 的宣传与推行力度	1	2	3	4	5
消费者方面：					
1. 消费者对 EPR 制度的认知	1	2	3	4	5
2. 消费者对实施 EPR 的产品偏好（翻新、再制造产品）	1	2	3	4	5
3. 消费者对企业实施 EPR 行为的关注	1	2	3	4	5
4. 消费者参与废旧产品回收行为的积极程度	1	2	3	4	5
5. 消费者的环保意识	1	2	3	4	5
企业内部方面：					
1. 高层管理者的支持	1	2	3	4	5
2. 高层管理者对企业社会责任的认知程度	1	2	3	4	5
3. 企业的战略	1	2	3	4	5
4. 企业品牌形象	1	2	3	4	5
5. 企业高效的回收体系	1	2	3	4	5
6. 企业的市场竞争能力（市场份额）	1	2	3	4	5
7. 企业资金及人力情况	1	2	3	4	5
8. 企业拥有的回收处理、拆卸、再制造技术	1	2	3	4	5
9. 企业回收利用的经济价值、环保成本	1	2	3	4	5
竞争者方面：					
1. 竞争者 EPR 战略实施	1	2	3	4	5

续表

请您回答以下因素对您的企业实施 EPR 行为的影响程度	完全不影响	影响较小	有一定影响	影响较大	关键性影响
2. 竞争对手的实力	1	2	3	4	5
3. 竞争对手在市场中的地位	1	2	3	4	5
供应链方面：					
1. 企业获得上游供应商的支持	1	2	3	4	5
2. 企业与上游供应商的伙伴关系	1	2	3	4	5
3. 企业获得下游销售商、回收处理商的支持	1	2	3	4	5
4. 企业与下游销售商、回收处理商的伙伴关系	1	2	3	4	5
其他：					
1. 金融机构对企业实施 EPR 的支持	1	2	3	4	5
2. 环保 NGO 对 EPR 的宣传与推广	1	2	3	4	5
3. 环保 NGO 对企业 EPR 实施情况的评价与监督	1	2	3	4	5
4. 媒体的关注和监督	1	2	3	4	5

第三部分：选择题

填写说明：本部分的问项均以陈述句形式呈现，请您根据您所在的企业进行生产者责任延伸行为时，所对应的具体情况进行填答。每道题有五个选项，请您根据个人情况在选项后面的方格里在相应的数字上画"√"。

以下问项是对企业实施 EPR 影响因素变量的测量，请您作答：	完全不符合	不符合	一般	符合	完全符合
以下问项是对企业实施 EPR 的测量，请您作答：					
1. 本企业采用了环境友好的产品设计	1	2	3	4	5
2. 为了保护环境，本企业采用了模块化设计（易于拆卸、分解、重复使用零件的设计）	1	2	3	4	5
3. 在产品设计中对可重用部分进行了分离	1	2	3	4	5
4. 企业对废旧产品进行了回收再循环	1	2	3	4	5
5. 企业对废旧产品中的部分零件进行了再使用	1	2	3	4	5
6. 在产品维修的过程中会使用质量完好的旧零件	1	2	3	4	5
7. 企业开展了产品再制造或翻新业务	1	2	3	4	5
以下问项是对企业关系型治理变量的测量，请您作答：					
1. 本企业与现在的供应商长时间保持合作	1	2	3	4	5
2. 本企业与供应商都遵守对彼此的承诺	1	2	3	4	5
3. 本企业与供应商共同制定的短期及长期运营计划	1	2	3	4	5
4. 我们与供应商之间保持充分的信息共享	1	2	3	4	5
以下问项是对企业契约型治理模式的测量，请您作答：					
1. 本企业通过合同或契约对供应商零部件的环保设计做出明确的规定	1	2	3	4	5
2. 不可预见事件发生时，合同上规定有具体的应对措施	1	2	3	4	5
3. 当一方违反合同时，违约方会受到严厉的经济惩罚和法律制裁	1	2	3	4	5
以下问项是对企业控股型治理模式的测量，请您作答：					
1. 本企业持有供应商的部分股份	1	2	3	4	5
2. 本企业分享供应商的部分收益	1	2	3	4	5

续表

以下问项是对企业实施 EPR 影响因素变量的测量，请您作答：	完全不符合	不符合	一般	符合	完全符合
以下问项是对企业市场绩效变量的测量，请您作答：					
1. 显著地改进交货提前期	1	2	3	4	5
2. 提高市场中的企业产品地位	1	2	3	4	5
3. 提高在国际市场上销售产品的机会和竞争能力	1	2	3	4	5
4. 提高企业的品牌形象	1	2	3	4	5
以下问项是对企业财务绩效变量的测量，请您作答：					
1. 废旧产品处理费用降低	1	2	3	4	5
2. 零售渠道的营业收入提高	1	2	3	4	5
3. 废旧产品回收处理的成本减少	1	2	3	4	5
4. 库存投入减少	1	2	3	4	5
以下问项是对企业环境绩效变量的测量，请您作答：					
1. 产品在废弃阶段对环境的影响减小	1	2	3	4	5
2. 废旧产品的固体废弃物减少	1	2	3	4	5
3. 对环境有害的材料用量减少	1	2	3	4	5

问卷到此结束，再次感谢您的参与和支持！

附录 C　第十五章 48 项 EPR 实践的专家评估表

1. 确保供应商所提供原材料和零部件的安全性（无毒无害）		A_1	A_2	A_3	A_4	2. 鼓励供应商参与环境认证		A_1	A_2	A_3	A_4
B_1	EPR 实践行为的主要目的	√				B_1	EPR 实践行为的主要目的				√
B_2	EPR 实践行为的作用属性		√			B_2	EPR 实践行为的作用属性	√			
B_3	EPR 实践行为的技术复杂性	√				B_3	EPR 实践行为的技术复杂性		√		
B_4	EPR 实践行为的实施困难性	√				B_4	EPR 实践行为的实施困难性		√		
B_5	EPR 实践行为的协作力度	√				B_5	EPR 实践行为的协作力度		√		
B_6	EPR 实践行为对社会贡献度			√		B_6	EPR 实践行为对社会贡献度			√	
3. 优先向供应商采购可回收利用的原材料和零部件		A_1	A_2	A_3	A_4	4. 资助供应商开展可回收原材料和零部件研发		A_1	A_2	A_3	A_4
B_1	EPR 实践行为的主要目的		√			B_1	EPR 实践行为的主要目的				√
B_2	EPR 实践行为的作用属性			√		B_2	EPR 实践行为的作用属性				√
B_3	EPR 实践行为的技术复杂性	√				B_3	EPR 实践行为的技术复杂性			√	
B_4	EPR 实践行为的实施困难性			√		B_4	EPR 实践行为的实施困难性			√	
B_5	EPR 实践行为的协作力度		√			B_5	EPR 实践行为的协作力度		√		
B_6	EPR 实践行为对社会贡献度			√		B_6	EPR 实践行为对社会贡献度				√

续表

5. 按照国家绿色生产标准开展自产零部件制造和整车装配		A_1	A_2	A_3	A_4	6. 参与构建废旧产品收集网络		A_1	A_2	A_3	A_4
B_1	EPR 实践行为的主要目的	√				B_1	EPR 实践行为的主要目的	√			
B_2	EPR 实践行为的作用属性		√			B_2	EPR 实践行为的作用属性		√		
B_3	EPR 实践行为的技术复杂性		√			B_3	EPR 实践行为的技术复杂性		√		
B_4	EPR 实践行为的实施困难性	√				B_4	EPR 实践行为的实施困难性			√	
B_5	EPR 实践行为的协作力度	√				B_5	EPR 实践行为的协作力度			√	
B_6	EPR 实践行为对社会贡献度		√			B_6	EPR 实践行为对社会贡献度			√	
7. 设立独立的 EPR 管理机构		A_1	A_2	A_3	A_4	8. 实施可持续设计、再制造设计、可拆解设计		A_1	A_2	A_3	A_4
B_1	EPR 实践行为的主要目的		√			B_1	EPR 实践行为的主要目的				√
B_2	EPR 实践行为的作用属性		√			B_2	EPR 实践行为的作用属性				√
B_3	EPR 实践行为的技术复杂性		√			B_3	EPR 实践行为的技术复杂性			√	
B_4	EPR 实践行为的实施困难性			√		B_4	EPR 实践行为的实施困难性				√
B_5	EPR 实践行为的协作力度			√		B_5	EPR 实践行为的协作力度	√			
B_6	EPR 实践行为对社会贡献度		√			B_6	EPR 实践行为对社会贡献度				√

9. 获取国家授权资格并实施 OEM 再制造	A_1	A_2	A_3	A_4	10. 投入废旧产品回收再利用技术研发	A_1	A_2	A_3	A_4
B_1 EPR 实践行为的主要目的	√				B_1 EPR 实践行为的主要目的				√
B_2 EPR 实践行为的作用属性		√			B_2 EPR 实践行为的作用属性		√		
B_3 EPR 实践行为的技术复杂性	√				B_3 EPR 实践行为的技术复杂性			√	
B_4 EPR 实践行为的实施困难性	√				B_4 EPR 实践行为的实施困难性		√		
B_5 EPR 实践行为的协作力度	√				B_5 EPR 实践行为的协作力度	√			
B_6 EPR 实践行为对社会贡献度			√		B_6 EPR 实践行为对社会贡献度				√
11. 实施合同再制造	A_1	A_2	A_3	A_4	12. 通过与第三方合作收集废旧产品	A_1	A_2	A_3	A_4
B_1 EPR 实践行为的主要目的			√		B_1 EPR 实践行为的主要目的			√	
B_2 EPR 实践行为的作用属性		√			B_2 EPR 实践行为的作用属性			√	
B_3 EPR 实践行为的技术复杂性		√			B_3 EPR 实践行为的技术复杂性		√		
B_4 EPR 实践行为的实施困难性		√			B_4 EPR 实践行为的实施困难性			√	
B_5 EPR 实践行为的协作力度			√		B_5 EPR 实践行为的协作力度			√	
B_6 EPR 实践行为对社会贡献度				√	B_6 EPR 实践行为对社会贡献度				√

续表

13. 参与制定合理的第三方委托责任收费标准		A_1	A_2	A_3	A_4	14. 确保第三方废旧产品再利用过程的绿色化		A_1	A_2	A_3	A_4
B_1	EPR 实践行为的主要目的	√				B_1	EPR 实践行为的主要目的	√			
B_2	EPR 实践行为的作用属性			√		B_2	EPR 实践行为的作用属性		√		
B_3	EPR 实践行为的技术复杂性			√		B_3	EPR 实践行为的技术复杂性			√	
B_4	EPR 实践行为的实施困难性			√		B_4	EPR 实践行为的实施困难性			√	
B_5	EPR 实践行为的协作力度			√		B_5	EPR 实践行为的协作力度			√	
B_6	EPR 实践行为对社会贡献度			√		B_6	EPR 实践行为对社会贡献度				√
15. 要求第三方合作者标注合法的"再利用产品（再制造产品）"标识		A_1	A_2	A_3	A_4	16. 制造商和第三方合作者共享其产品信息		A_1	A_2	A_3	A_4
B_1	EPR 实践行为的主要目的	√				B_1	EPR 实践行为的主要目的		√		
B_2	EPR 实践行为的作用属性		√			B_2	EPR 实践行为的作用属性			√	
B_3	EPR 实践行为的技术复杂性		√			B_3	EPR 实践行为的技术复杂性			√	
B_4	EPR 实践行为的实施困难性		√			B_4	EPR 实践行为的实施困难性				√
B_5	EPR 实践行为的协作力度		√			B_5	EPR 实践行为的协作力度			√	
B_6	EPR 实践行为对社会贡献度		√			B_6	EPR 实践行为对社会贡献度		√		

17. 给予第三方合作者先进生产设备、专业技术人员等支持	A_1	A_2	A_3	A_4	18. 资助第三方合作者开展废旧产品回收再利用技术研发	A_1	A_2	A_3	A_4
B_1 EPR 实践行为的主要目的			√		B_1 EPR 实践行为的主要目的				√
B_2 EPR 实践行为的作用属性				√	B_2 EPR 实践行为的作用属性				√
B_3 EPR 实践行为的技术复杂性		√			B_3 EPR 实践行为的技术复杂性				√
B_4 EPR 实践行为的实施困难性				√	B_4 EPR 实践行为的实施困难性				√
B_5 EPR 实践行为的协作力度				√	B_5 EPR 实践行为的协作力度			√	
B_6 EPR 实践行为对社会贡献度		√			B_6 EPR 实践行为对社会贡献度				√
19. 设立"废品回收业务"战略合作与市场拓展投资专项	A_1	A_2	A_3	A_4	20. 建立专门的再利用产品（再制造产品）品牌	A_1	A_2	A_3	A_4
B_1 EPR 实践行为的主要目的			√		B_1 EPR 实践行为的主要目的			√	
B_2 EPR 实践行为的作用属性				√	B_2 EPR 实践行为的作用属性				√
B_3 EPR 实践行为的技术复杂性			√		B_3 EPR 实践行为的技术复杂性				√
B_4 EPR 实践行为的实施困难性			√		B_4 EPR 实践行为的实施困难性				√
B_5 EPR 实践行为的协作力度				√	B_5 EPR 实践行为的协作力度			√	
B_6 EPR 实践行为对社会贡献度				√	B_6 EPR 实践行为对社会贡献度				√

续表

21. 联合零售商开展再利用产品营销		A₁	A₂	A₃	A₄	22. 要求零售商在售前告知消费者有关再利用产品的真实信息		A₁	A₂	A₃	A₄
B₁	EPR 实践行为的主要目的	√				B₁	EPR 实践行为的主要目的	√			
B₂	EPR 实践行为的作用属性		√			B₂	EPR 实践行为的作用属性	√			
B₃	EPR 实践行为的技术复杂性	√				B₃	EPR 实践行为的技术复杂性	√			
B₄	EPR 实践行为的实施困难性	√				B₄	EPR 实践行为的实施困难性			√	
B₅	EPR 实践行为的协作力度	√				B₅	EPR 实践行为的协作力度			√	
B₆	EPR 实践行为对社会贡献度			√		B₆	EPR 实践行为对社会贡献度			√	
23. 联合零售商开展废旧产品收集业务		A₁	A₂	A₃	A₄	24. 联合零售商收集消费者的再利用品使用反馈信息		A₁	A₂	A₃	A₄
B₁	EPR 实践行为的主要目的	√				B₁	EPR 实践行为的主要目的			√	
B₂	EPR 实践行为的作用属性		√			B₂	EPR 实践行为的作用属性	√			
B₃	EPR 实践行为的技术复杂性	√				B₃	EPR 实践行为的技术复杂性			√	
B₄	EPR 实践行为的实施困难性	√				B₄	EPR 实践行为的实施困难性				√
B₅	EPR 实践行为的协作力度	√				B₅	EPR 实践行为的协作力度			√	
B₆	EPR 实践行为对社会贡献度			√		B₆	EPR 实践行为对社会贡献度				√

25. 联合零售商履行再利用产品（再制造产品）的售后质保承诺		A_1	A_2	A_3	A_4	26. 联合零售商提供"以旧换新"服务		A_1	A_2	A_3	A_4
B_1	EPR 实践行为的主要目的		√			B_1	EPR 实践行为的主要目的			√	
B_2	EPR 实践行为的作用属性		√			B_2	EPR 实践行为的作用属性			√	
B_3	EPR 实践行为的技术复杂性		√			B_3	EPR 实践行为的技术复杂性		√		
B_4	EPR 实践行为的实施困难性		√			B_4	EPR 实践行为的实施困难性		√		
B_5	EPR 实践行为的协作力度		√			B_5	EPR 实践行为的协作力度		√		
B_6	EPR 实践行为对社会贡献度			√		B_6	EPR 实践行为对社会贡献度			√	
27. 宣传并促使消费者履行汽车报废义务		A_1	A_2	A_3	A_4	28. 规范消费者交付废旧产品的正规操作流程		A_1	A_2	A_3	A_4
B_1	EPR 实践行为的主要目的		√			B_1	EPR 实践行为的主要目的	√			
B_2	EPR 实践行为的作用属性	√				B_2	EPR 实践行为的作用属性		√		
B_3	EPR 实践行为的技术复杂性	√				B_3	EPR 实践行为的技术复杂性		√		
B_4	EPR 实践行为的实施困难性		√			B_4	EPR 实践行为的实施困难性			√	
B_5	EPR 实践行为的协作力度		√			B_5	EPR 实践行为的协作力度		√		
B_6	EPR 实践行为对社会贡献度		√			B_6	EPR 实践行为对社会贡献度		√		

续表

29. 给予消费者再利用产品（再制造品）购买补贴	A_1	A_2	A_3	A_4	30. 疏通消费者产品使用后的信息反馈渠道	A_1	A_2	A_3	A_4
B_1 EPR 实践行为的主要目的		✓			B_1 EPR 实践行为的主要目的		✓		
B_2 EPR 实践行为的作用属性			✓		B_2 EPR 实践行为的作用属性	✓			
B_3 EPR 实践行为的技术复杂性		✓			B_3 EPR 实践行为的技术复杂性		✓		
B_4 EPR 实践行为的实施困难性			✓		B_4 EPR 实践行为的实施困难性			✓	
B_5 EPR 实践行为的协作力度		✓			B_5 EPR 实践行为的协作力度			✓	
B_6 EPR 实践行为对社会贡献度			✓		B_6 EPR 实践行为对社会贡献度		✓		
31. 政府制定广泛使用的EPR 法规和核心企业（制造企业）的废旧产品回收标准	A_1	A_2	A_3	A_4	32. 政府监控制造企业的EPR 实践	A_1	A_2	A_3	A_4
B_1 EPR 实践行为的主要目的	✓				B_1 EPR 实践行为的主要目的		✓		
B_2 EPR 实践行为的作用属性		✓			B_2 EPR 实践行为的作用属性		✓		
B_3 EPR 实践行为的技术复杂性		✓			B_3 EPR 实践行为的技术复杂性		✓		
B_4 EPR 实践行为的实施困难性		✓			B_4 EPR 实践行为的实施困难性			✓	
B_5 EPR 实践行为的协作力度		✓			B_5 EPR 实践行为的协作力度		✓		
B_6 EPR 实践行为对社会贡献度			✓		B_6 EPR 实践行为对社会贡献度			✓	

33. 政府设立独立的 EPR 管理机构		A_1	A_2	A_3	A_4	34. 政府制定"废旧产品回收奖励"政策（如提供生产和销售补贴）		A_1	A_2	A_3	A_4
B_1	EPR 实践行为的主要目的				√	B_1	EPR 实践行为的主要目的		√		
B_2	EPR 实践行为的作用属性				√	B_2	EPR 实践行为的作用属性			√	
B_3	EPR 实践行为的技术复杂性		√			B_3	EPR 实践行为的技术复杂性		√		
B_4	EPR 实践行为的实施困难性			√		B_4	EPR 实践行为的实施困难性			√	
B_5	EPR 实践行为的协作力度		√			B_5	EPR 实践行为的协作力度		√		
B_6	EPR 实践行为对社会贡献度				√	B_6	EPR 实践行为对社会贡献度			√	
35. 政府制定"废旧产品不回收惩罚"政策（如征收环境税和汽车回收处理费）		A_1	A_2	A_3	A_4	36. 政府给予第三方处理企业资源支持以鼓励其产业化发展		A_1	A_2	A_3	A_4
B_1	EPR 实践行为的主要目的		√			B_1	EPR 实践行为的主要目的				√
B_2	EPR 实践行为的作用属性			√		B_2	EPR 实践行为的作用属性				√
B_3	EPR 实践行为的技术复杂性		√			B_3	EPR 实践行为的技术复杂性			√	
B_4	EPR 实践行为的实施困难性			√		B_4	EPR 实践行为的实施困难性				√
B_5	EPR 实践行为的协作力度		√			B_5	EPR 实践行为的协作力度			√	
B_6	EPR 实践行为对社会贡献度			√		B_6	EPR 实践行为对社会贡献度				√

37. 政府构建一个统一而广泛使用的产品流信息查询平台		A_1	A_2	A_3	A_4
B_1	EPR 实践行为的主要目的		✓		
B_2	EPR 实践行为的作用属性				✓
B_3	EPR 实践行为的技术复杂性				✓
B_4	EPR 实践行为的实施困难性			✓	
B_5	EPR 实践行为的协作力度			✓	
B_6	EPR 实践行为对社会贡献度				✓

38. 行业协会定期汇报、公布汽车制造行业生产及废旧产品回收现状		A_1	A_2	A_3	A_4
B_1	EPR 实践行为的主要目的		✓		
B_2	EPR 实践行为的作用属性		✓		
B_3	EPR 实践行为的技术复杂性		✓		
B_4	EPR 实践行为的实施困难性			✓	
B_5	EPR 实践行为的协作力度				✓
B_6	EPR 实践行为对社会贡献度			✓	

39. 行业协会引导汽车制造行业达成废旧产品回收共识		A_1	A_2	A_3	A_4
B_1	EPR 实践行为的主要目的				✓
B_2	EPR 实践行为的作用属性	✓			
B_3	EPR 实践行为的技术复杂性		✓		
B_4	EPR 实践行为的实施困难性			✓	
B_5	EPR 实践行为的协作力度			✓	
B_6	EPR 实践行为对社会贡献度		✓		

40. 行业协会制定业内认可的行业生产标准和市场准入规则		A_1	A_2	A_3	A_4
B_1	EPR 实践行为的主要目的		✓		
B_2	EPR 实践行为的作用属性		✓		
B_3	EPR 实践行为的技术复杂性			✓	
B_4	EPR 实践行为的实施困难性			✓	
B_5	EPR 实践行为的协作力度			✓	
B_6	EPR 实践行为对社会贡献度				✓

续表

41. 行业协会定期组织业内重大问题、关键技术研讨会、优秀经验分享会等	A_1	A_2	A_3	A_4
B_1 EPR 实践行为的主要目的		√		
B_2 EPR 实践行为的作用属性			√	
B_3 EPR 实践行为的技术复杂性			√	
B_4 EPR 实践行为的实施困难性				√
B_5 EPR 实践行为的协作力度			√	
B_6 EPR 实践行为对社会贡献度		√		

42. 行业协会建立一个消费者与其他 EPR 参与者的对话互动平台	A_1	A_2	A_3	A_4
B_1 EPR 实践行为的主要目的		√		
B_2 EPR 实践行为的作用属性				√
B_3 EPR 实践行为的技术复杂性		√		
B_4 EPR 实践行为的实施困难性				√
B_5 EPR 实践行为的协作力度				√
B_6 EPR 实践行为对社会贡献度			√	

43. NGO 监督整个汽车制造行业利益相关者的 EPR 实践情况	A_1	A_2	A_3	A_4
B_1 EPR 实践行为的主要目的		√		
B_2 EPR 实践行为的作用属性		√		
B_3 EPR 实践行为的技术复杂性		√		
B_4 EPR 实践行为的实施困难性			√	
B_5 EPR 实践行为的协作力度		√		
B_6 EPR 实践行为对社会贡献度		√		

44. NGO 提供相关的协助，如协助回收废品，说服参与者允许信息共享等	A_1	A_2	A_3	A_4
B_1 EPR 实践行为的主要目的				√
B_2 EPR 实践行为的作用属性			√	
B_3 EPR 实践行为的技术复杂性			√	
B_4 EPR 实践行为的实施困难性				√
B_5 EPR 实践行为的协作力度				√
B_6 EPR 实践行为对社会贡献度			√	

续表

45. 银行、信贷公司等融资机构：不歧视第三方回收处理商，且给予 EPR 实践绩优者适当的信贷利率优惠		A_1	A_2	A_3	A_4	46. 高校、科研院所等：参与政府主导或企业主导的 EPR 学术研究项目，为攻克理论或技术上的 EPR 实践难题做出贡献		A_1	A_2	A_3	A_4
B_1	EPR 实践行为的主要目的	✓				B_1	EPR 实践行为的主要目的		✓		
B_2	EPR 实践行为的作用属性			✓		B_2	EPR 实践行为的作用属性			✓	
B_3	EPR 实践行为的技术复杂性			✓		B_3	EPR 实践行为的技术复杂性			✓	
B_4	EPR 实践行为的实施困难性			✓		B_4	EPR 实践行为的实施困难性			✓	
B_5	EPR 实践行为的协作力度		✓			B_5	EPR 实践行为的协作力度			✓	
B_6	EPR 实践行为对社会贡献度				✓	B_6	EPR 实践行为对社会贡献度				✓
47. 银行、信贷公司等融资机构：设计和开发更为有效的供应链金融产品，提供各类其他 EPR 相关服务		A_1	A_2	A_3	A_4	48. 高校、科研院所等：参与更多长期性、战略性的"高校–政府–企业"联合研发项目，且整合"管理咨询公司"等社会研究机构的智力资源，为综合治理汽车制造产业提供系统科学的理论和技术支持		A_1	A_2	A_3	A_4
B_1	EPR 实践行为的主要目的				✓	B_1	EPR 实践行为的主要目的				✓
B_2	EPR 实践行为的作用属性			✓		B_2	EPR 实践行为的作用属性			✓	
B_3	EPR 实践行为的技术复杂性				✓	B_3	EPR 实践行为的技术复杂性				✓

47. 银行、信贷公司等融资机构：设计和开发更为有效的供应链金融产品，提供各类其他 EPR 相关服务			A_1	A_2	A_3	A_4	48. 高校、科研院所等：参与更多长期性、战略性的"高校-政府-企业"联合研发项目，且整合"管理咨询公司"等社会研究机构的智力资源，为综合治理汽车制造产业提供系统科学的理论和技术支持			A_1	A_2	A_3	A_4
B_4	EPR 实践行为的实施困难性					√	B_4	EPR 实践行为的实施困难性					√
B_5	EPR 实践行为的协作力度				√		B_5	EPR 实践行为的协作力度					√
B_6	EPR 实践行为对社会贡献度					√	B_6	EPR 实践行为对社会贡献度					√

注：对于符合某项的评述用√勾选出，评估方法为德尔菲法

附录 D 第十五章基于 EPRM2 的案例评估结果

编号 (k)	$(1)^a$ "X-EPR 责任体" EPR 实践项目	EPR 实践参与者	$(1)^b$ EPR 实践类型	P_k	(2) EPR 实践所属阶段	当前 EPR 实践情况			
						宝马	通用	本田	一汽
1	确保供应商所提供原材料和零部件的安全性（无毒无害）	制造商→供应商	强制型	0.15	1、2、3、4、5	√	√	√	√
2	鼓励供应商参与环境认证	制造商→供应商	自主型	0.23	3、4、5	√	√	√	√
3	优先向供应商采购可回收利用的原材料和零部件	制造商→供应商	自主型	0.23	3、4、5	√	√	√	√
4	资助供应商开展可回收原材料和零部件研发	制造商→供应商	自主型	0.32	4、5	√	√		

续表

编号（k）	（1）a "X-EPR责任体" EPR实践项目	EPR实践参与者	（1）b EPR实践类型	P_k	（2）EPR实践所属阶段	当前EPR实践情况			
						宝马	通用	本田	一汽
5	按照国家清洁生产标准开展自产零部件制造和整车装配	制造商	强制型	0.15	1、2、3、4、5	√	√	√	√
6	参与构建废旧产品收集网络	制造商	强制型	0.25	3、4、5	√			√
7	设立独立的EPR管理机构	制造商	自主型	0.24	3、4、5	√	√		√
8	实施可持续设计、再制造设计、可拆解设计	制造商	自主型	0.32	4、5	√	√		√
9	获取国家授权资格并实施OEM再制造	制造商	自主型	0.16	1、2、3、4、5			√	√
10	投入废旧产品回收再利用技术研发	制造商	自主型	0.26	3、4、5	√		√	√
11	实施合同再制造	制造商→第三方	自主型	0.27	3、4、5	√			
12	通过与第三方合作收集废旧产品	制造商→第三方	自主型	0.30	4、5	√	√	√	
13	参与制定合理的第三方委托责任收费标准	制造商→第三方	强制型	0.28	4、5	√			
14	确保第三方废旧产品再利用过程的绿色化	制造商→第三方	强制型	0.29	4、5	√		√	√
15	要求第三方合作者标注合法的"再利用产品（再制造产品）"标识	制造商→第三方	强制型	0.19	2、3、4、5	√	√		
16	制造商和第三方合作者共享产品信息	制造商→第三方	自主型	0.29	4、5	√	√	√	

编号（k）	（1）[a]"X-EPR 责任体"EPR实践项目	EPR实践参与者	（1）[b]EPR实践类型	P_k	（2）EPR实践所属阶段	当前EPR实践情况			
						宝马	通用	本田	一汽
17	给予第三方合作者先进生产设备、专业技术人员等支持	制造商→第三方	自主型	0.31	4、5	√			
18	资助第三方合作者开展废旧产品回收再利用技术研发	制造商→第三方	自主型	0.38	5	√			
19	设立"废品回收业务"战略合作与市场拓展投资专项	制造商→第三方	自主型	0.35	5	√	√	√	
20	建立专门的再利用产品（再制造产品）品牌	制造商→第三方	自主型	0.35	5		√		
21	联合零售商开展再利用产品营销	制造商→零售商	强制型	0.15	1、2、3、4、5			√	√
22	要求零售商在售前告知消费者有关再利用产品的真实信息	制造商→零售商	强制型	0.16	2、3、4、5			√	√
23	联合零售商开展废旧产品收集业务	制造商→零售商	强制型	0.15	1、2、3、4、5	√			√
24	联合零售商收集消费者的再利用品使用反馈信息	制造商→零售商	自主型	0.23	3、4、5	√		√	
25	联合零售商履行再利用产品（再制造产品）的售后质保承诺	制造商→零售商	自主型	0.22	3、4、5	√		√	√
26	联合零售商提供"以旧换新"服务	制造商→零售商	自主型	0.24	3、4、5	√	√	√	√
27	宣传并促使消费者履行汽车报废义务	制造商→消费者	强制型	0.17	2、3、4、5	√	√	√	√

续表

编号 （k）	（1）[a] "X-EPR责任体"EPR实践项目	EPR实践参与者	（1）[b] EPR实践类型	P_k	（2） EPR实践所属阶段	当前EPR实践情况			
						宝马	通用	本田	一汽
28	规范消费者交付废旧产品的正规流程	制造商→消费者	强制型	0.21	2、3、4、5	√			
29	给予消费者再利用产品（再制造产品）购买补贴	制造商→消费者	自主型	0.25	3、4、5	√		√	√
30	疏通消费者产品使用信息的反馈渠道	制造商→消费者	自主型	0.23	3、4、5	√	√	√	
31	政府制定广泛使用的EPR法规和核心企业（制造企业）的废旧产品回收标准	政府	强制型	0.21	2、3、4、5	√		√	√
32	政府监控制造企业的EPR实践	政府	强制型	0.24	3、4、5	√		√	
33	政府设立独立的EPR管理机构	政府	自主型	0.30	4、5	√		√	
34	政府制定"废旧产品回收奖励"政策（如提供生产和销售补贴）	政府	自主型	0.25	3、4、5	√	√	√	√
35	政府制定"废旧产品不回收惩罚"政策（如征收环境税和汽车回收处理费）	政府	自主型	0.25	3、4、5	√	√	√	√
36	政府给予第三方处理商资源支持以鼓励其产业化发展	政府	自主型	0.36	5	√	√		
37	政府构建一个统一而广泛使用的产品流信息查询平台	政府	自主型	0.34	5	√	√	√	

编号 (k)	(1)a "X-EPR 责任体" EPR 实践项目	EPR 实践参与者	(1)b EPR 实践类型	P_k	(2) EPR 实践所属阶段	当前 EPR 实践情况			
						宝马	通用	本田	一汽
38	行业协会定期汇报、公布汽车制造行业生产及废旧产品回收现状	行业协会	强制型	0.28	4、5		√		
39	行业协会引导汽车制造行业达成废旧产品回收共识	行业协会	自主型	0.25	3、4、5	√	√	√	
40	行业协会制定业内认可的行业标准和市场准入规则	行业协会	自主型	0.30	4、5	√	√	√	
41	行业协会定期组织业内重大问题、关键技术研讨会、优秀经验分享会等	行业协会	自主型	0.29	4、5		√		
42	行业协会建立一个消费者与其他 EPR 参与者的对话互动平台	行业协会	自主型	0.32	4、5		√		
43	NGO 监督整个汽车制造行业利益相关者的 EPR 实践	NGO	强制型	0.22	3、4、5	√	√		
44	NGO 提供相关的协助，如协助回收废旧产品，说服参与者允许信息共享等	NGO	自主型	0.35	5	√		√	
45	银行、信贷公司等融资机构：不歧视第三方回收处理商，且给予 EPR 实践绩优者适当的信贷利率优惠	其他支持机构	强制型	0.28	4、5	√	√	√	√

续表

编号 （k）	（1）[a] "X-EPR 责任体" EPR 实践项目	EPR 实践参与者	（1）[b] EPR 实践类型	P_k	（2） EPR 实践所属阶段	当前 EPR 实践情况			
						宝马	通用	本田	一汽
46	高校、科研院所等：参与政府主导或企业主导的 EPR 学术研究项目，为攻克理论或技术上的 EPR 实践难题做出贡献	其他支持机构	强制型	0.31	4、5	√	√	√	√
47	银行、信贷公司等融资机构：设计和开发更为有效的供应链金融产品，提供各类其他 EPR 相关服务	其他支持机构	自主型	0.37	5	√	√		
48	高校、科研院所等：参与更多长期性、战略性的"高校–政府–企业"联合研发项目，且整合"管理咨询公司"等社会研究机构的智力资源，为综合治理汽车制造产业提供系统科学的理论和技术支持	其他支持机构	自主型	0.39	5	√	√	√	√
$PC = \sum_{k=1}^{n} D_k^i$						13.8	10.8	10.4	6.2
（3）"X-EPR 责任体"当前 EPR 实践阶段						阶段5	阶段4	阶段4	阶段3

标号 （1）	"X-EPR 责任体" EPR 实践评估指标	EPR 实践现状描述	当前 EPR 实践情况			
			宝马	通用	本田	一汽
1	"X-EPR 责任体"领导者 EPR 认知度	基本不了解				√
		了解一点	√		√	
		深入了解		√		

续表

标号 （1）	"X-EPR 责任体"EPR 实践评估指标	EPR 实践现状描述	当前 EPR 实践情况			
			宝马	通用	本田	一汽
2	"X-EPR 责任体"EPR 运营决策自由度	基本无决策权	√		√	
		部分决策权	▨		▨	√
		决策自由		√		
3	"X-EPR 责任体"EPR 实践流程标准度	无标准				√
		一般	√	√	√	
		高度标准化	▨			▨
4	"X-EPR 责任体"单周期废品回收量	低于行业均值				√
		基本等于行业均值		√	√	▨
		高于行业均值	√			
5	"X-EPR 责任体"废品主要处理方式	简单粗暴（主要是再销售、修理和简单拆解方式）				
		较高附加值（原材料再利用与再制造方式并存）	√		√	√
		高附加值且环境友好（主要是再制造方式）	▨	√		▨
6	"X-EPR 责任体"业务工作关系友好度（尤其制造商–供应商关系）	非常差或差		√		
		一般	√		√	√
		好或非常好	▨		▨	▨
7	"X-EPR 责任体"产品信息共享度	基本不共享			√	√
		部分共享	√			
		几乎全部共享	▨	√		▨
	$PQ = \sum_{l=1}^{i} L_l^i$		14	20	10	6
（4）"X-EPR 责任体"当前 EPR 实践水平			水平1	水平2	水平1	水平1

注：对于符合某项的评述用√勾选出，评估流程为（1）[a]—（1）[b]—（2）—（3）—（4）

附录 E　公文索引

表 E.1　法律索引

（编号）（文号）公文标题	P.页码
（A_0）中华人民共和国宪法	4
（A_1）（主席令 31 号）中华人民共和国立法法	5
（A_2）（主席令 4 号）中华人民共和国循环经济促进法	6
（A_3）（主席令 33 号）中华人民共和国可再生能源法	9
（A_4）（主席令 9 号）中华人民共和国环境保护法	15
（A_5）（主席令 31 号）中华人民共和国固体废物污染环境防治法	19
（A_6）（主席令 31 号）中华人民共和国大气污染防治法	26
（A_7）（主席令 72 号）中华人民共和国清洁生产促进法	48
（A_8）（主席令 77 号）中华人民共和国节约能源法	55

注：P.页码为课题组形成的《EPR 法规研究报告》中的页码

表 E.2　行政法规索引

（编号）（文号）公文标题	P.页码
（B_0）（国务院令第 321 号）行政法规制定程序条例	56
（B_1）（国务院令第 715 号）报废机动车回收管理办法	58
（B_2）（国务院令第 408 条）危险废物经营许可证管理办法	62
（B_3）（国务院令第 551 条）废弃电器电子产品回收处理管理条例	63
（B_4）（国发〔2013〕5 号）国务院关于印发循环经济发展战略及近期行动计划的通知	68
（B_5）（国发〔2012〕19 号）国务院关于印发"十二五"节能环保产业发展规划的通知	94
（B_6）（国发〔2012〕22 号）国务院关于印发节能与新能源汽车产业发展规划（2012—2020年）的通知	102

（编号）（文号）公文标题	P.页码
（B₇）（国发〔2005〕22号）国务院关于加快发展循环经济的若干意见	110
（B₈）（国发〔2016〕67号）国务院关于印发"十三五"国家战略性新兴产业发展规划的通知	115
（B₉）（国发〔2013〕30号）国务院关于加快发展节能环保产业的意见	121
（B₁₀）（国发〔2007〕37号）国务院关于印发国家环境保护"十一五"规划的通知	126
（B₁₁）（国发〔2011〕42号）国务院关于印发国家环境保护"十二五"规划的通知	145
（B₁₂）（国发〔2016〕65号）国务院关于印发"十三五"生态环境保护规划的通知	152
（B₁₃）（国发〔2016〕74号）国务院关于印发"十三五"节能减排综合工作方案的通知	157
（B₁₄）（国发〔2021〕33号）国务院关于印发"十四五"节能减排综合工作方案的通知	174
（B₁₅）（国发〔2011〕47号）国务院关于印发工业转型升级规划（2011—2015年）的通知	182
（B₁₆）（国发〔1991〕73号）国务院关于加强再生资源回收利用管理工作的通知	209
（B₁₇）（国办发〔2011〕49号）国务院办公厅关于建立完整的先进的废旧商品回收体系的意见	213
（B₁₈）（国办发〔2003〕100号）国务院办公厅转发发展改革委等部门关于加快推行清洁生产意见的通知	216
（B₁₉）（国办函〔2012〕147号）国务院办公厅关于印发国家环境保护"十二五"规划重点工作部门分工方案的通知	221
（B₂₀）（国办函〔2020〕18号）国务院办公厅关于生态环境保护综合行政执法有关事项的通知	224
（B₂₁）（国办发〔2022〕15号）国务院办公厅关于印发新污染物治理行动方案的通知	229
（B₂₂）（国办发〔2016〕99号）国务院办公厅关于印发生产者责任延伸制度推行方案的通知	234

表 E.3 部门规章索引

（编号）（文号）公文标题	P.页码
（C_0）（国务院令第 322 号）规章制定程序条例	234
（C_1）（信息产业部令〔2006〕39 号）电子信息产品污染控制管理办法	234
（C_2）（国家发展改革委公告〔2010〕24 号）《废弃电器电子产品处理目录（第一批）》和《制订和调整废弃电器电子产品处理目录的若干规定》	240
（C_3）（商务部、国家发展和改革委员会、公安部、建设部、国家工商行政管理总局、国家环境保护总局令〔2007〕8 号）再生资源回收管理办法	241
（C_4）（商务部令〔2005〕16 号）汽车贸易政策	246
（C_5）（商商贸函〔2011〕210 号）商务部 财政部 环境保护部关于进一步规范家电以旧换新工作的通知	248
（C_6）（中华人民共和国商务部令 2020 年第 2 号）报废机动车回收管理办法实施细则	250
（C_7）（商建发〔2009〕100 号）商务部关于健全旧货流通网络的意见	262
（C_8）（科技部 发展改革委 工业和信息化部 环境保护部 住房城乡建设部 商务部 中科院）关于印发《废物资源化科技工程十二五专项规划》的通知	264
（C_9）（环境保护部令〔2010〕13 号）废弃电器电子产品处理资格许可管理办法	280
（C_{10}）（环发〔2012〕110 号）关于组织开展废弃电器电子产品拆解处理情况审核工作的通知	285
（C_{11}）（环境保护部令〔2011〕12 号）固体废物进口管理办法	288
（C_{12}）（公告〔2010〕90 号）关于发布《废弃电器电子产品处理企业资格审查和许可指南》的公告	303
（C_{13}）（公告〔2010〕84 号）关于发布《废弃电器电子产品处理企业建立数据信息管理系统及报送信息指南》的公告	312
（C_{14}）（公告〔2010〕83 号）关于发布《废弃电器电子产品处理企业补贴审核指南》的公告	315
（C_{15}）（公告〔2010〕82 号）关于发布《废弃电器电子产品处理发展规划编制指南》的公告	320
（C_{16}）（公告〔2010〕1 号）关于发布《废弃电器电子产品处理污染控制技术规范》的公告	324

续表

（编号）（文号）公文标题	P.页码
（C$_{62}$）（国家统计局令第 34 号）节能环保清洁产业统计分类（2021）	493
（C$_{63}$）（工信部联节〔2021〕237 号）工业和信息化部 科学技术部 生态环境部关于印发环保装备制造业高质量发展行动计划（2022—2025 年）的通知	493
（C$_{64}$）（公告 2019 年第 52 号）关于发布《建设用地土壤污染状况调查技术导则》等 5 项国家环境保护标准的公告	494
（C$_{65}$）（公告 2019 年第 54 号）关于发布国家环境保护标准《规划环境影响评价技术导则 总纲》的公告	495
（C$_{66}$）（公告 2020 年第 20 号）关于发布国家环境保护标准《生态环境健康风险评估技术指南 总纲》的公告	495
（C$_{67}$）（环大气〔2022〕68 号）关于印发《深入打好重污染天气消除、臭氧污染防治和柴油货车污染治理攻坚战行动方案》的通知	496

表 E.4　地方公文索引

（编号）（文号）【省区市】公文标题	P.页码
（D$_0$）（东政发〔2012〕20 号）【北京】北京市东城区人民政府关于印发推进再生资源回收体系建设实施意见的通知	500
（D$_1$）（京商务交字〔2013〕79 号）【北京】关于印发《汽车以旧换新实施办法》的通知	505
（D$_2$）（京商务交字〔2012〕171 号）【北京】关于印发北京市家具以旧换新试点实施办法的通知	510
（D$_3$）（京财经一〔2009〕1989 号）【北京】关于印发《北京市家电以旧换新运费补贴办法》的通知	515
（D$_4$）（京财经一〔2009〕1849 号）【北京】关于印发《北京市家电以旧换新补贴资金管理暂行办法》的通知	523
（D$_5$）（京财综〔2012〕80 号）【北京】北京市财政局 北京市国家税务局转发财政部 国家税务总局关于进一步明确废弃电器电子产品处理基金征收产品范围的通知	527
（D$_6$）（京环发〔2013〕130 号）【北京】关于开展环境污染强制责任保险试点工作指导意见的通知	528

（编号）（文号）【省区市】公文标题	P.页码
（D₇）（京工促发〔2005〕157号）【北京】关于印发《北京工业实施循环经济行动方案》的通知	535
（D₈）（京发改规〔2013〕6号）【北京】北京市发展和改革委员会 北京市财政局 北京市环境保护局关于印发清洁生产管理办法的通知	540
（D₉）（京政发〔2021〕35号）【北京】北京市人民政府关于印发《北京市"十四五"时期生态环境保护规划》的通知	544
（D₁₀）（北京市人民代表大会常务委员会）【北京】北京市水污染防治条例	546
（D₁₁）（北京市人民代表大会常务委员会）【北京】北京市大气污染防治条例	547
（D₁₂）（津容办〔2012〕219号）【天津】天津市机关事务管理局关于加强公共机构废旧商品回收利用工作的通知	548
（D₁₃）（津商务流通〔2011〕71号）【天津】关于编制再生资源回收站点建设项目实施方案的通知	553
（D₁₄）（津商务流通〔2009〕79号）【天津】关于推动我市再生资源回收体系项目建设的通知	559
（D₁₅）（津政办发〔2007〕79号）【天津】关于加快我市再生资源回收体系建设指导意见的通知	560
（D₁₆）（津政办发〔2007〕21号）【天津】天津市人民政府办公厅转发市发展改革委拟定的天津市发展循环经济工作部门分工意见的通知	563
（D₁₇）（津政办发〔2007〕15号）【天津】天津市人民政府办公厅转发市发展改革委拟定的天津市试点园区企业循环经济发展指导意见的通知	564
（D₁₈）（津政发〔2006〕58号）【天津】天津市人民政府办公厅批转市发展改革委 市经委 市环保局关于发展循环经济建设节约型社会近期重点工作实施意见的通知	567
（D₁₉）（津政办发〔2009〕127号）【天津】转发市财政局等七部门拟定的天津市家电以旧换新实施方案的通知	574
（D₂₀）（津政办发〔2009〕140号）【天津】转发市商务委等九部门拟定的天津市汽车以旧换新实施方案的通知	580

续表

（编号）（文号）【省区市】公文标题	P.页码
（D₂₁）（津政办函〔2017〕21 号）【天津】天津市人民政府办公厅印发关于深入推进重点污染源专项治理行动方案的通知	585
（D₂₂）（津政发〔2018〕18 号）【天津】天津市人民政府关于印发天津市打好污染防治攻坚战八个作战计划的通知	587
（D₂₃）（天津市人民政府令第 1 号）【天津】天津港防治船舶污染管理规定	587
（D₂₄）（上海市人民政府令第 87 号）【上海】上海市再生资源回收管理办法	588
（D₂₅）【上海】上海市商务委、上海市财政局关于加快推进再生资源回收体系建设的实施意见	596
（D₂₆）（沪农委〔2009〕189 号）【上海】市农委等发布农药包装废弃物回收和集中处置试行办法	600
（D₂₇）（沪商商贸〔2010〕577 号）【上海】关于印发《上海市家电以旧换新实施细则（修订稿）》的通知	603
（D₂₈）（上海市经济委员会、上海市建设和交通委员会、上海市公安局、上海市工商行政管理局、上海市城市管理行政执法局〔2005〕）【上海】关于做好本市生产性废旧金属收购管理工作的通知	613
（D₂₉）（沪府办发〔2009〕17 号）【上海】上海市人民政府办公厅关于转发市商务委等五部门制订的《上海市鼓励老旧汽车淘汰更新补贴暂行办法》的通知	616
（D₃₀）（沪府办发〔2011〕62 号）【上海】上海市人民政府办公厅关于转发市发展改革委等三部门制订的《上海市加快高效电机推广促进高效电机再制造工作方案》的通知	619
（D₃₁）（上海市人民代表大会常务委员会）【上海】上海市环境保护条例	622
（D₃₂）（上海市人民政府令第 14 号）【上海】上海市促进生活垃圾分类减量办法	634
（D₃₃）（沪卫办规财〔2007〕21 号）【上海】上海市卫生局关于转发《关于在机关事业单位实行废弃电子产品集中交投回收处理的通知》的通知	642
（D₃₄）（沪环综〔2021〕224 号）【上海】上海市生态环境局关于印发《关于持续创新生态环保举措 精准服务经济高质量发展的若干措施》的通知	643
（D₃₅）（沪府〔2022〕22 号）【上海】上海市人民政府关于同意《上海市环境卫生设施专项规划（2022—2035 年）》的批复	644

（编号）（文号）【省区市】公文标题	P.页码
（D$_{36}$）（渝府发〔2013〕69号）【重庆】重庆市人民政府关于印发重庆市循环经济发展战略及近期行动计划的通知	645
（D$_{37}$）（市环保局）【重庆】2011年重庆市固体废物污染环境防治信息	661
（D$_{38}$）（市环保局）【重庆】2013年第三、四季度废弃电器电子产品拆解审核情况表	665
（D$_{39}$）（市环保局）【重庆】2013年第一、二季度废弃电器电子产品拆解审核情况表	665
（D$_{40}$）（市环保局）【重庆】重庆市废弃电器电子产品处理资格证书发放情况公示（截至2013年8月）	665
（D$_{41}$）（市环保局）【重庆】五措并举，重庆大力推进废弃电器电子产品处理基金审核工作	665
（D$_{42}$）（市环保局）【重庆】2012年重庆市固体废物污染环境防治信息	666
（D$_{43}$）（渝财企〔2010〕390号）【重庆】重庆市财政局关于印发《重庆市家电以旧换新补贴资金管理办法》的通知	673
（D$_{44}$）（渝府发〔2015〕60号）【重庆】重庆市人民政府关于印发重庆市加工贸易废料交易管理暂行办法的通知	685
（D$_{45}$）（重庆市人民代表大会常务委员会）【重庆】重庆市环境保护条例	687
（D$_{46}$）（渝府发〔2022〕11号）【重庆】重庆市人民政府关于印发《重庆市生态环境保护"十四五"规划（2021—2025年）》的通知	688
（D$_{47}$）（河北省人民政府令〔2011〕第16号）【河北】河北省再生资源回收管理规定	689
（D$_{48}$）（冀政〔2013〕68号）【河北】河北省人民政府印发关于进一步加快发展节能环保产业十项措施的通知	692
（D$_{49}$）（办字〔2003〕67号）【河北】河北省人民政府办公厅关于开展清理整顿不法排污企业保障群众健康环保专项行动的通知	697
（D$_{50}$）（办字〔2004〕73号）【河北】河北省人民政府办公厅关于印发《河北省整治违法排污企业保障群众健康环保专项行动实施方案》的通知	700
（D$_{51}$）（办字〔2005〕81号）【河北】河北省人民政府办公厅关于印发河北省整治违法排污企业保障群众健康环保专项行动工作方案的通知	704

续表

（编号）（文号）【省区市】公文标题	P.页码
（D_{52}）（冀政办函〔2004〕172号）【河北】河北省人民政府办公厅关于开展环境保护模范城市生态示范区环境优美城镇环保先进企业和绿色单位创建活动的通知	706
（D_{53}）（河北省环境保护厅办公室）【河北】关于印发《河北省废弃电器电子产品拆解处理情况审核工作实施细则》的通知	708
（D_{54}）（河北省环境保护厅办公室）【河北】关于印发《河北省废弃电器电子产品拆解处理环境监管工作方案》的通知	716
（D_{55}）（山东省人民代表大会常务委员会）【山东】山东省环境保护条例	720
（D_{56}）（山东省人民代表大会常务委员会山东省人大常委会）【山东】山东省资源综合利用条例	729
（D_{57}）（山东省人民政府令第138号）【山东】山东省环境污染行政责任追究办法	734
（D_{58}）（山东省人大常委会公告第105号）【山东】山东省实施《中华人民共和国固体废物污染环境防治法》办法	737
（D_{59}）（鲁环办函〔2013〕88号）【山东】关于组织开展全省2013年第2季度废弃电器电子产品拆解处理情况审核工作的通知	743
（D_{60}）（山东省商务厅）【山东】山东省再生资源回收体系建设"十三五"规划	745
（D_{61}）（鲁经贸资字〔2005〕179号）【山东】关于加强全省再生资源回收利用体系建设的意见	747
（D_{62}）（山东省经济和信息化委员会）【山东】关于认真做好废旧家电及电子产品回收处理管理工作的通知	750
（D_{63}）（鲁经贸循字〔2008〕208号）【山东】关于在机关事业单位国有企业等开展废旧家电及电子产品集中回收处理工作的通知	753
（D_{64}）（鲁农督办字〔2022〕171号）【山东】关于强化海洋渔业废弃物管理推动我省海洋渔业绿色发展的建议	755
（D_{65}）（山东省人民政府令第215号）【山东】山东省再生资源回收利用管理办法	757
（D_{66}）（鲁环函〔2013〕162号）【山东】山东省环境保护厅关于加强危险废物经营监管的通知	766

续表

（编号）（文号）【省区市】公文标题	P.页码
（D₆₇）（鲁财资环〔2021〕42 号）【山东】关于印发《山东省省级环境保护专项资金管理办法》的通知	771
（D₆₈）（鲁政发〔2021〕12 号）【山东】山东省人民政府关于印发山东省"十四五"生态环境保护规划的通知	776
（D₆₉）（本溪市人民政府令第 119 号）【辽宁】本溪市再生资源回收利用行业管理办法	777
（D₇₀）（辽环发〔2013〕10 号）【辽宁】关于印发辽宁省废弃电器电子产品处理补贴审核和拨付管理办法的通知	783
（D₇₁）（辽环发〔2012〕6 号）【辽宁】辽宁省危险废物处置、利用平台管理办法	787
（D₇₂）（辽宁省人民代表大会常务委员会）【辽宁】辽宁省大气污染防治条例	792
（D₇₃）（辽宁省人民代表大会常务委员会）【辽宁】辽宁省水污染防治条例	792
（D₇₄）（江苏省环境保护厅）【江苏】徐州市危险废物管理办法	793
（D₇₅）（江苏省环境保护厅）【江苏】南京市危险废物管理办法	797
（D₇₆）（江苏省环境保护厅）【江苏】《电子废物污染环境防治管理办法》解读	802
（D₇₇）（江苏省环境保护厅）【江苏】江苏省家电"以旧换新"拆解处理企业环境管理办法（试行）	811
（D₇₈）（苏经信节能〔2014〕733 号）【江苏】关于印发江苏省重点工业行业清洁生产改造实施计划的通知	812
（D₇₉）（苏政发〔2022〕8 号）【江苏】省政府关于加快建立健全绿色低碳循环发展经济体系的实施意见	817
（D₈₀）（苏政办发〔2022〕21 号）【江苏】江苏省人民政府办公厅转发省市场监管局等部门关于深入推进绿色认证促进绿色低碳循环发展意见的通知	818
（D₈₁）（政府令〔2010〕278 号）【浙江】浙江省农业废弃物处理与利用促进办法	819
（D₈₂）（浙环发〔2010〕41 号）【浙江】关于印发浙江省加油站储油库油罐车油气回收综合治理实施方案的通知	820
（D₈₃）（浙安监管危化〔2009〕128 号）【浙江】浙江省安全生产监督管理局关于化工过程回收利用危险化学品相关安全许可问题的批复	820

（编号）（文号）【省区市】公文标题	P.页码
（D_{101}）（环境保护部）【广西壮族自治区】进口废塑料环境保护管理规定	917
（D_{102}）（广西壮族自治区人民代表大会常务委员会）【广西壮族自治区】广西壮族自治区环境保护条例	918
（D_{103}）（自治区环境保护厅）【广西壮族自治区】广西壮族自治区《工业污染源监测管理办法》实施细则	924
（D_{104}）（自治区环境保护厅）【广西壮族自治区】实施排放水污染物许可证制度的若干规定	926
（D_{105}）（广西壮族自治区人民代表大会常务委员会）【广西壮族自治区】广西壮族自治区实施《中华人民共和国节约能源法》办法	928
（D_{106}）（广西壮族自治区人民代表大会常务委员会）【广西壮族自治区】广西壮族自治区新型墙体材料促进条例	934
（D_{107}）（政府办公厅）【广西壮族自治区】广西印发新污染物治理工作方案	938

附录 F 国家标准索引

（编号）标准号 标准标题	P.页码
（E_0）GB/T 21474—2008 废弃电子电气产品再使用及再生利用体系评价导则	939
（E_1）GB/T 16716.1—2018 包装与环境 第1部分：通则	939
（E_2）GB/T 16716.2—2018 包装与环境 第2部分：包装系统优化	939
（E_3）GB/T 16716.3—2018 包装与环境 第3部分：重复使用	940
（E_4）GB/T 16716.4—2018 包装与环境 第4部分：材料循环再生	940
（E_5）GB/T 16716.6—2012 包装与包装废弃物 第6部分：能量回收利用	940
（E_6）GB/T 16716.7—2012 包装与包装废弃物 第7部分：生物降解和堆肥	941
（E_7）GB/T 22529—2008 废弃木质材料回收利用管理规范	941

续表

（编号）标准号 标准标题	P.页码
（E_8）GB/T 22908—2008 废弃荧光灯回收再利用 技术规范	941
（E_9）GB/T 22802—2008 家用废弃食物处理器	942
（E_10）GB/T 26258—2010 废弃通信产品有毒有害物质环境无害化处理技术要求	942
（E_11）GB/T 26259—2010 废弃通信产品再使用技术要求	942
（E_12）GB/T 27610—2020 废弃资源分类与代码	942
（E_13）GB/T 27686—2011 电子废弃物中金属废料废件	943
（E_14）GB/T 27873—2011 废弃产品处理企业技术规范	943
（E_15）GB/T 28739—2012 餐饮业餐厨废弃物处理与利用设备	943
（E_16）GB 4706.49—2008/IEC 60335-2-16：2005(Ed5.0)家用和类似用途电器的安全 废弃食物处理器的特殊要求	943
（E_17）GB/T 22426—2008 废弃通信产品回收处理设备要求	944
（E_18）GB/T 28744—2012 废弃产品回收处理企业统计指标体系	944
（E_19）GB/T 29750—2013 废弃资源综合利用业环境管理体系实施指南	944
（E_20）GB/T 30102—2013/ISO 15270：2008 塑料 塑料废弃物的回收和再循环指南	944
（E_21）GB/T 26119—2010 绿色制造 机械产品生命周期评价 总则	945
（E_22）GB/T 26789—2011 产品生命周期管理服务规范	945
（E_23）GB 13318—2003 锻造生产安全与环保通则	945
（E_24）GB/T 21663—2019 小容量隐极同步发电机技术要求	945
（E_25）GB 21660—2008 塑料购物袋的环保、安全和标识通用技术要求	946
（E_26）GB/T 22470—2008 电气用环保型模塑料通用要求	946
（E_27）GB/T 24983—2010 船用环保阻燃地毯	946
（E_28）GB/T 25401—2010 农业机械 厩肥撒施机 环保要求和试验方法	947

（编号）标准号 标准标题	P.页码
（E₂₉）GB/T 28483—2012 地毯用环保胶乳 羧基丁苯胶乳及有害物质限量	947
（E₃₀）GB/T 17145—1997 废润滑油回收与再生利用技术导则	947
（E₃₁）GB/T 19515—2015 道路车辆 可再利用率和可回收利用率 计算方法	947
（E₃₂）GB 22128—2019 报废机动车回收拆解企业技术规范	948
（E₃₃）GB/T 22375—2008 压敏胶黏制品的制造、使用和回收导则	948
（E₃₄）GB/T 22425—2008 通信用锂离子电池的回收处理要求	948
（E₃₅）GB/T 22424—2008 通信用铅酸蓄电池的回收处理要求	949
（E₃₆）GB/T 22421—2008 通信网络设备的回收处理要求	949
（E₃₇）GB/T 22422—2008 通信记录媒体的回收处理要求	940
（E₃₈）GB/T 22423—2008 通信终端设备的回收处理要求	950
（E₃₉）GB/T 23384—2009 产品及零部件可回收利用标识	950
（E₄₀）GB/T 23685—2009 废电器电子产品回收利用通用技术要求	951
（E₄₁）GB/T 26989—2011 汽车回收利用 术语	951
（E₄₂）GB/T 28012—2011 报废照明产品 回收处理规范	951
（E₄₃）GB/T 27683—2011 易切削铜合金切削废屑回收规范	951
（E₄₄）GB/T 28292—2012 钢铁工业含铁尘泥回收及利用技术规范	952
（E₄₅）GB/T 28555—2012 废电器电子产品回收处理设备技术要求 制冷器具与阴极射线管显示设备回收处理设备	952
（E₄₆）GB/T 28522—2012 通信终端产品可回收利用率计算方法	952
（E₄₇）GB/T 28523—2012 通信网络设备可回收利用率计算方法	952
（E₄₈）GB/T 29236—2012 通信网络设备可回收性能评价准则	953
（E₄₉）GB/T 29237—2012 通信终端产品可回收性能评价准则	953

续表

（编号）标准号 标准标题	P.页码
（E$_{50}$）GB/T 29769—2013 废弃电子电气产品回收利用 术语	953
（E$_{51}$）GB/T 29773—2013 铜选矿厂废水回收利用规范	954
（E$_{52}$）GB/T 31088—2014 工业园区循环经济管理通则	954
（E$_{53}$）GB/T 32357—2015 废弃电器电子产品回收处理污染控制导则	954
（E$_{54}$）GB/T 33567—2017 工业园区循环经济评价规范	955
（E$_{55}$）GB/T 34152—2017 工业企业循环经济管理通则	955
（E$_{56}$）HJ 928—2017 环保物联网 总体框架	955
（E$_{57}$）HJ 364—2022 废塑料污染控制技术规范	955

附录 G　重要网站索引

网址	备注
http://www.gesetze-im-internet.de/	德国全法律网址
http://www.gov.cn/index.htm	中华人民共和国中央人民政府网址
http://www.chinalaw.gov.cn/	中国政府法制信息网
http://www.ndrc.gov.cn/	中华人民共和国国家发展和改革委员会网址
http://www.mee.gov.cn/	中华人民共和国生态环境部网址
http://www.miit.gov.cn/	中华人民共和国工业和信息化部网址
http://www.beijing.gov.cn/gongkai/zfxxgk/	北京市政府信息公开网址
https://www.tj.gov.cn/zwgk/zfxxgkzl/gkzn/	天津市政府信息公开网址
https://www.shanghai.gov.cn	上海市人民政府一网通办
http://www.cq.gov.cn/	重庆市人民政府网址

续表

网址	备注
http://info.hebei.gov.cn/	河北省政府信息公开网址
http://www.shandong.gov.cn/col/col93622/index.html	山东省政府信息公开网址
http://www.ln.gov.cn/	辽宁省人民政府网址
http://sthjt.jiangsu.gov.cn	江苏省生态环境厅网址
http://gxt.jiangsu.gov.cn	江苏省工业和信息化厅网址
http://www.jiangsu.gov.cn/	江苏省人民政府网址
http://www.fujian.gov.cn/zc/	福建省人民政府网址
http://www.rd.gd.cn/	广东人大网网址
http://sthjt.gxzf.gov.cn/	广西壮族自治区生态环境厅网址

索　引